실무를 위한 수산가공학

FISHERIES PROCESSING

실무를 위한 수산가공학

김진수 · 강상인

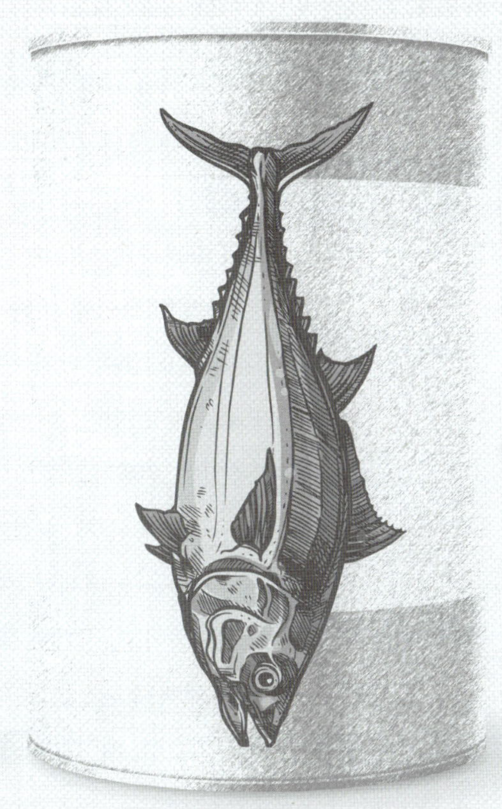

수학사

머리말

수산식품은 삼면이 바다인 우리나라에서 예로부터 매우 중요한 단백질 공급원이었을 뿐만이 아니라 2000년 이전까지는 주요 수출 품목으로 국가 경제에도 기여하였다. 최근 수산식품 산업은 수산물의 건강 기능성이 알려진 이래 수산식품의 국내 소비가 현저하게 늘어나면서 수출 주도형에서 소비 주도형으로 바뀌는 등 새로운 전환기를 맞고 있다.

우리나라에서 수산물, 수산식품 관련 업무는 해양수산부가 관할하고 있다. 그러나 2019년까지도 수산물을 생산하고 이를 즉시 유통하여 수산가공 산업의 활성화에 어려움이 있었다.

2020년 1월 수산식품 산업을 체계적이고 종합적으로 육성하기 위한 「수산식품산업의 육성 및 지원에 관한 법률」이 국회를 통과함에 따라 새롭게 수산가공 산업이 해양수산부의 주력 업무 중 하나로 자리 잡게 되었다. 해양수산부는 수산물의 생산(1차 산업)과 수산물을 고부가 가치화시키는 가공(2차 산업)을 접목하게 되었고, 이를 유통(3차 산업)하게 됨에 따라 자연히 6차 산업을 선도하게 되었다.

이러한 수산식품 산업에 대한 정부 차원의 관심 및 지원과는 별개로 '수산가공학' 전공자의 감소와 인터넷의 발전 등으로 간간히 발간되던 '수산가공학' 관련 도서가 최근 거의 발간되지 않고 있다. 아무리 '수산가공학' 도서에 담긴 우수한 기술을 적용하여 제조한 고품질의 수산가공품도 소비자의 요구needs가 반영되지 않았다면 시장에서 참패당할 수밖에 없다. 실제 수산가공품에 대한 소비자의 요구는 외국의 경우 자원의 지속 가능, 축육 제품을 대체할 수 있는 식물 대체식품, 유전자재조합 유무, 유기식품, 글루텐 프리식품 등이고, 국내에서는 고급화/다양화, 콜라보, 소포장, 지역/무MSG 등이었다. 이외에도 언택트Un-tact, 온택트On-tact, 간편성(가정간편식HMR), 특수 목적형 식품, 위생 안전성, 기호성, 패키징 다양화 등은 최근 국내는 물론 전 세계적으로 급격하게 관심을 끌고 있는 분야들이다.

그러나 기존에 출간된 '수산가공학' 관련 도서는 대부분 2007년 이전 것으로 현재의 수산가공 산업계의 적용 기술, 트렌드, 전문 용어와 큰 괴리가 있다. 이러한 문제들을 해결하고 새로운 기술과 소비자 요구 등을 반영한 '실무를 위한 수산가공학' 서적은 수산가공식품을 전공하는 학생은 물론 현장 실무자들의 절실한 요구로 발간되었다.

이 책은 수산가공 원료의 특성 및 종류, 주요 성분, 어획 후 사후 변화, 선도 판정 및 어획 후 취급과 관리 등과 같은 기초 분야는 물론이고, 냉동품 및 냉동식품, 건제품, 훈제품, 염장품, 조미 가공품, 수산 발효식품, 연제품, 통조림식품 및 수산가공 부산물의 이용 등 응용 기술을 고루 언급하고 있으며, 수산가공 관련 최신 기술과 트렌드를 최대한 반영하고자 노력하였다. 또 이번 출간으로 끝내는 것이 아니라 지속적인 개정을 통해 나날이 진보하는 기술, 소비자 트렌드, 용어 등을 보완해 나갈 것을 약속한다. 더불어 방대한 수산가공 기술과 트렌드를 빠짐없이 모두 반영하지 못한 것에 대한 관대한 이해도 부탁드린다.

판매 등 여러 가지 어려움이 예상됨에도 수산가공을 전공하는 학생과 수산가공 산업계의 전문 인력 양성이라는 큰 뜻을 가지고 흔쾌히 이 책의 발간을 도와주신 수학사 이영호 대표께 진심으로 감사를 드린다. 자료 정리에 물심양면으로 도와 준 경상대학교 수산식품산업화 기술지원센터의 박선영, 윤인성, 이창영 연구원, 경상대학교 해양식품공학과 대학원생 최유리, 김예율, 이지운, 김예진, 손숙경에게도 감사의 뜻을 전한다.

저자 일동

차례

PART I 수산가공의 기초

CHAPTER 01 수산물의 특성, 분류 및 형태

CHAPTER 02 수산물의 주요 성분

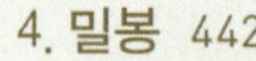

PART I

수산가공의 기초

CHAPTER 01

수산물의 특성, 분류 및 형태

1. 가공원료로서 수산물의 특성 | 2. 주요 수산가공식품 원료의 종류 및 특성
3. 수산물의 형태와 육량 | 4. 수산물의 조직

수산물은 바다 또는 강 등에 서식하고 있어 서식지에 따른 온도, 염도, 먹이의 종류와 양 등에 따라 특성이 다르다. 육상의 동식물과 비교해서는 물론이고, 같은 수산물 간에도 다양한 차이가 있으며, 분류도 다양하고 형태도 각양각색이다.

1. 가공원료로서 수산물의 특성

수산가공품의 품질은 원료에 크게 좌우되므로 수산물의 특성을 잘 알고 이에 대한 이해가 반드시 필요하다. 따라서, 여기에서는 우수한 수산가공품을 제조하기 위한 첫 단계로 수산가공품의 원료로서 수산물의 특성에 대하여 살펴보기로 한다.

(1) 어획량의 불안정성

수산물의 어획량 및 종류별 구성은 공장에서 생산하는 제품과 같이 일정할 수 없으며 시시각각 차이가 있어, 식량자원으로서 효율적으로 계획을 세워 이용하기에는 많은 문제가 따른다. 특히 양식 수산물보다는 자연산 수산물이면서 소비가 많은 정어리, 고등어, 전갱이, 오징어 등에서 이러한 특징이 두드러진다. 이를 해결하기 위해서는 수산업도 예전과 같이 단순히 어획에만 의존하기보다는 통계 등 자료에 기반한 체계적인 방류사업과 같은 자원관리가 필요하다.

(2) 다종다양성

수산물은 어류, 패류, 갑각류, 두족류, 해조류 등과 같이 다양하게 분류될 뿐만 아니라 그 종류들도 매우 많다. 따라서, 수산물의 식품 성분은 분류를 달리하는 수산물의 경우는 물론이고 동일 분류, 동일종의 경우에도 어획지, 어획 시기, 어체 부위 및 크기 등에 따라 차이가 있다.

(3) 부패, 변질의 용이성

어패류의 육질은 일반적으로 축산물의 그것보다 부패 및 변질이 일어나기 쉽다. 이와 같이 어패육의 선도 저하가 빠른 원인은 다음과 같다.

① 연약한 조직

수산동물은 형태학적으로 축산물보다 결합조직의 함량이 적어 근육이 연약하며, 이를 보호하는 근막, 외피가 얇고 비늘도 탈락하기 쉽다. 이 때문에 수산동물이 축산물에 비하여 외상을 입으면 부패세균이 침입하기 쉽고, 사후 표면에 생성되는 다량의 점질물질은 미생물 증식의 원인물질이 된다.

② 저온성 미생물의 높은 분포

식품 원료에 존재하는 주요 미생물의 경우 축산물은 중온성 미생물인 데 비하여 수산물은 수계 유래 저온성 미생물이다. 따라서, 수산물은 온도를 낮게 유지하여도 이들 저온성 미생물이 증식하여 동일 조건의 축산물보다 쉽게 선도가 저하된다.

③ 높은 효소 활성

사후에 관여하는 각종 효소의 활성은 일반적으로 수산물이 축산물보다 활발하여 수산물의 선도 저하가 신속하게 일어나는 원인이 된다.

④ 높은 수분 함량

어패육의 수분 함량은 일반적으로 축산물보다 높아 미생물이 증식하기 좋은 환경을 제공한다.

⑤ 라운드 상태로 수송 및 유통

축산물은 도살 후 오염 원인물질인 내장과 분리된 지육 상태로 수송 및 유통되는 데 반하여 신선 수산물은 내장이나 아가미 등을 제거하지 않고 붙어 있는 라운드round 상태로 유통된다. 이는 수송 및 유통 과정에서 수산물의 빠른 선도 저하 요소로 작용한다.

⑥ 높은 고도불포화지방산 비율

수산물의 지질 조성은 지방산 중 EPAeicosapentaenoic acid, 20:5n-3, DHAdocosahexaenoic acid, 22:6n-3 같은 고도불포화지방산의 비율이 높아서 자동산화되기 쉽다. 산화로 생성된 과산화물과 분해물은 단백질의 변성 등을 촉진시킬 수 있다.

(4) 수산물의 개체별 성분 조성의 차이

수산물은 매우 다종다양하여 분류상 차이에 따라 성분 차이가 있는 것은 물론이고, 동일종도 개체별로 크기, 부위, 어획 시기 등에 따라 성분에 차이를 보인다. 수산물의 성분 차이는 어류의 경우 지질 함량과 수분 함량이 역상관관계로, 굴은 단백질 함량과 글리코겐 함량이 역상관관계로 변동이 큰 편이다.

표 1-1 도미육의 부위에 따른 일반 성분 조성

부위	일반 성분 조성(g/100 g)			
	수분	단백질	지질	회분
머리육	71.9	18.1	7.9	1.2
등 쪽 육	74.0	20.5	4.1	1.4
배 쪽 육	73.1	19.7	6.0	1.2
꼬리육	74.3	19.5	5.0	1.2

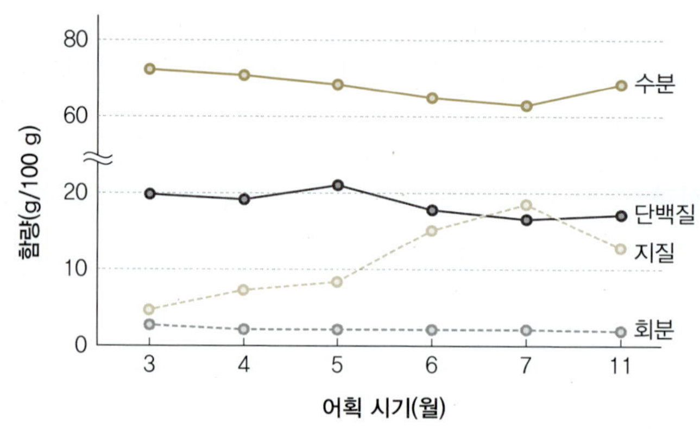

그림 1-1 계절에 따른 정어리의 일반 성분 함량 변화

(5) 적색육의 존재

어류의 근육은 백색육(흰살)과 적색육(붉은살)으로 나뉜다. 예를 들어 다랑어류, 고등어, 방어, 꽁치 등은 붉은살이 잘 발달되어 있어 붉은살생선이라 하고, 돔, 넙치, 대구, 조기 등은 흰살이 발달하여 흔히 흰살생선이라고 부른다. 붉은살은 흰살보다 선도 저하 및 부패가 비교적 빠르게 진행되며 비린내가 심하다. 비린내를 줄이기 위해 참치 통조림을 제조할 때 붉은살은 모두 제거한다.

(6) 생리활성물질의 존재

최근 EPA와 DHA로 대표되는 오메가-3 지방산 같은 지질계, 타우린taurine, 앤서린anserine, 카노신carnosine, 콜라겐과 같은 단백질계, 칼슘, 아연 등과 같은 무기질계, 키토산chitosan과 글리코겐glycogen 같은 탄수화물계 등 수산물에 함유되어 있는 다양한 성분의 건강 기능성이 주목받고 있다. 이들 성분은 특히 성인병 예방에 효과가 있는 것으

로 알려졌다.

(7) 유독 종의 존재

수산물은 종에 따라 생체 내에 독소를 갖고 있거나, 성장 상태에 따라서 일시적으로 독소를 생산하는 것들이 있다. 독소를 지닌 것들은 식용하면 식중독을 일으키거나 심한 경우 생명을 위협하기도 한다. 대표적인 수산물의 독성분으로는 복어의 테트로도톡신tetrodotoxin, 고둥류의 테트라민tetramine, 담치류와 같은 이매류의 삭시톡신saxitoxin, 바지락의 베네루핀venerupin, 해삼의 홀로수린holothurin, 불가사리의 사포닌saponin 등이 알려져 있다.

(8) 특유의 어취 존재

수산물의 특성 중 하나는 비린내로 대표되는 어취이다. 이는 수산물에 대한 기피 또는 거부감 같은 부정적 이미지를 갖게 하는 요소 중의 하나로 꼽힌다. 어취의 주 성분은 해수산 어류의 경우 트리메틸아민trimethylamine, TMA, 암모니아, 디메틸아민dimethylamine, DMA 등이고, 담수산 어류의 경우 피페리딘piperidine, 피리딘pyridine, 피라진pyrazine 등이다.

(9) 잔가시의 존재

수산물 중 어류는 등뼈와 같은 큰 가시 외에 잔가시를 가지고 있으며, 이는 소비자가 갖는 수산물에 대한 부정적 이미지 중의 하나이다.

2. 주요 수산가공식품 원료의 종류 및 특성

1) 수산가공식품 원료의 조건

수산가공식품의 원료로서의 조건은 어획량이 풍부해야 하고, 값이 싸면서 대량 구입할 수 있어야 하며, 근육조직의 가공성이 높아야 한다. 또한, 이용 가치가 큰 유효 성분이 많이 함유되어 있어야 제품으로 가공하였을 때 수익성이 높다.

2) 주요 수산가공식품 원료의 종류

수산가공식품 원료로서 수산물은 크게 수산동물과 수산식물로 분류하고, 수산동물은 다시 어류, 패류, 갑각류, 두족류, 극피동물과 기타로 세분되며, 수산식물은 갈조류, 녹조류, 홍조류로 나눌 수 있다.

표 1-2 수산가공식품의 원료로 이용되는 주요 수산물

분류		원료 수산물
수산동물	어류	갈치, 까나리, 고등어, 꽁치, 다랑어류(가다랑어, 날개다랑어, 눈다랑어, 참다랑어, 황다랑어 등), 대구, 멸치, 명태, 밴댕이, 베도라치, 남방대구, 서대(참서대), 아귀, 연어(왕연어, 홍연어, 은연어, 대서양연어, 송어, 백연어, 곱사연어 등), 옥돔, 자리돔, 쥐치, 가자미류, 조기류(참조기, 부세, 흑조기, 수조기, 보구치 등), 황강달이, 복어류(자주복, 까치복, 검은밀복, 졸복, 복섬 등), 홍어, 붕장어, 뱀장어 등
	패류	전복(둥근전복, 참전복), 물레고둥, 지중해담치, 굴(참굴), 피조개, 꼬막, 바지락, 큰가리비 등
	갑각류	게(꽃게, 털게, 대게, 붉은대게 등), 새우(대하, 보리새우, 닭새우, 도화새우, 홍다리얼룩새우, 흰다리새우, 꽃새우, 젓새우 등) 등
	두족류	낙지, 주꾸미, 오징어(살오징어 등), 꼴뚜기(화살꼴뚜기, 일명 한치), 문어 등
	극피동물	성게류(분홍성게, 말똥성게, 보라성게 등), 해삼류(참해삼, 광삼 등)
	기타	멍게(우렁쉥이), 해파리(노무라입깃해파리, 보름달물해파리), 명란, 창난, 갈치 내장 등
수산식물	갈조류	다시마, 미역, 감태, 모자반, 톳, 곰피 등
	녹조류	파래류(가시파래, 납작파래, 창자파래, 잎파래, 구멍갈파래 등), 매생이, 청각 등
	홍조류	김(참김, 방사무늬김, 잇바디돌김), 우뭇가사리, 꼬시래기, 진두발, 도박, 비단풀, 석묵, 싹새기, 돌가사리, 풀가사리, 지누아리 등

(1) 어류

① 고등어

고등어는 대표적인 붉은살생선으로, 복부에 반점이 있는 망치고등어와 복부에 반점이 없는 고등어가 있다. 오메가-3 지방산인 EPA 및 DHA 등의 함량이 높아 성인병 예방 및 치료, 노화 방지, 두뇌 활성화 등에 유용한 수산물이다. 그러나 고도불포화지방산은 가공 후 저장을 잘하지 않으면 산화되어 비린내와 과산화물 등이 생성되어 문제가 된다. 그뿐만이 아니라 염기성 아미노산인 히스티딘을 많이 함유하고 있어 신선도가 떨어지면 알러지allergy를 유발하는 히스타민histamine으로 변화하여 이를 섭취하면 식

고등어 망치고등어

그림 1-2 고등어

중독을 유발할 수 있다.

② **멸치**

멸치는 대표적인 일시 다획성 붉은살생선 중의 하나이다. 내장의 효소 활성이 매우 높아 어획 직후의 싱싱한 것은 회로 이용되기도 하지만 대부분은 즉시 가공하여 효소 활성을 억제시킨다. 자건품인 마른 멸치가 대표적인 제품이다. 한편 효소 활성을 적극적으로 활용하여 젓갈이나 액젓을 만들기도 한다.

그림 1-3 멸치

③ **다랑어류**

다랑어류에는 참다랑어bluefin tuna, 눈다랑어bigeye tuna, 황다랑어yellowfin tuna, 날개다랑어albacore tuna, 가다랑어skipjack tuna 등이 있으며, 대부분 원양 어업으로 어획한다. 일반적으로 횟감은 주로 주낙으로, 기타 통조림 및 가쓰오부시용은 선망으로 어획한다. 선망으로 어획한 일부가 횟감으로 쓰이기도 한다. 어종별로는 참다랑어, 눈다랑어, 황다랑어 및 일부 가다랑어가 횟감으로 이용되고, 통조림용은 가다랑어를 사용하나 황다랑어와 극히 일부 눈다랑어를 활용하기도 하며, 가쓰오부시는 가다랑어만을 사용한다.

그림 1-4 다랑어류

④ **갈치**

갈치는 여름과 가을에 맛이 좋으며 살아 있는 것은 회로 즐기기도 한다. 조림, 찌개,

그림 1-5 갈치

국, 구이 등 다양한 조리방법으로 이용되며, 최근에는 가정간편식으로 조림, 찌개, 구이 제품이 개발되어 유통되고 있다.

⑤ **꽁치**

대표적인 붉은살생선인 꽁치는 EPA나 DHA의 함량이 높아 우수한 건강식품으로 분류되며, 국내산과 수입산이 양립하고 있다. 주로 통조림이나 과메기로 가공되어 이용되는데 가공 및 저장, 유통 과정에서 주의하지 않으면 산화되어 문제가 생길 수 있다.

그림 1-6 꽁치

⑥ **명태**

명태는 대표적인 흰살생선으로 우리나라에서는 거의 어획되지 않아 원양 어업이나 수입에 의존하고 있다. 오래전부터 근육을 얇게 썰어 전의 소재로 이용하거나 찌개나 탕으로 즐겼다.

명태는 채육, 정제 공정 등을 거쳐 동결 연육frozen surimi 등으로 제조되어 연제품, 게맛 어묵으로 가공된다. 또 약간의 전처리를 거쳐 건조시켜 황태, 북어, 코다리 등으로 가공하거나, 발효시켜 식해로 가공하기도 한다. 명태의 알은 명란젓, 내장은 창난젓, 아가미는 아가미젓의 소재로 이용된다.

그림 1-7 명태

⑦ 조기류

조기류는 참조기, 흑조기, 보구치, 수조기, 부세 등 종류가 다양하다. 이 중 우리나라는 참조기를, 중국은 부세를 즐겨 먹으나, 일본에서는 조기류 자체를 거의 먹지 않는다. 우리나라에서 참조기는 굴비, 조기젓이나 연제품 가공용 연육의 원료로 사용한다.

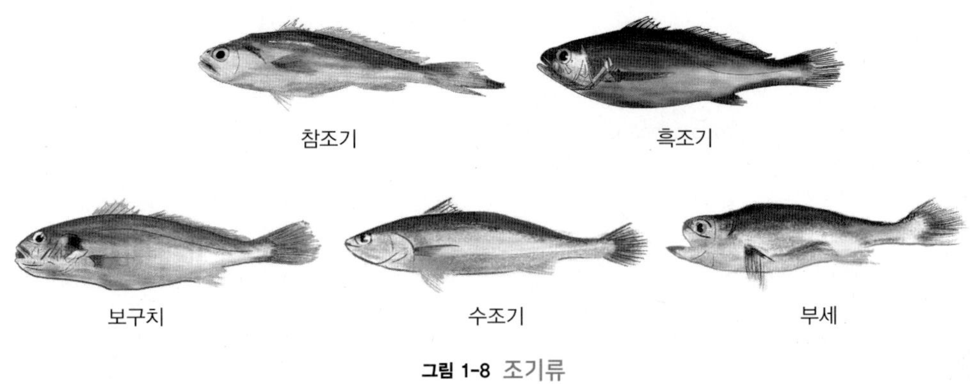

그림 1-8 조기류

⑧ 연어류

최근 연어류가 슈퍼푸드로 알려졌으며, 서구권에서는 다랑어류, 대구류, 가자미류 등과 함께 즐겨먹는 대표 어종 중의 하나이다. 우리나라에서도 식생활의 서구화로 소비량이 급격히 증가하고 있으며, 가공품의 종류도 다양해지고 있다.

연어류는 크게 왕연어king salmon, 홍연어sockeye salmon, 은연어silver salmon, coho salmon, 대서양 연어Atlantic salmon, 송어(시마연어cherry salmon), 백연어chum salmon, 곱사연어(핑크연어pink salmon) 등으로 분류되며, 국내에서는 연어라고 하면 백연어를 가리킨다. 연어류의 종류, 용도 및 품질 등의 특징을 표 1-3과 같이 정리하였다.

우리나라에서 연어 통조림에 사용하는 연어는 곱사연어와 은연어이다.

그림 1-9 연어 통조림 원료 연어

표 1-3 연어류의 종류, 특성, 용도 및 품질

분류	맛/품질 순위	명칭				이용	기타
		한국명	영명	학명	이명		
태평양 연어	1	왕연어	King salmon	*Oncorhynchus tshawytscha*	Chinook salmon/ 킹연어	주로 스테이크	• 외국의 고급 레스토랑에서 가장 선호 • 미국, 유럽, 일본 등에서 수입 • 냉동 유통
	2	홍연어	Sockeye salmon	*Oncorhynchus nerka*	삭아이/ 레드새먼	–	• 양식이 잘 되지 않아 대부분 자연산 • 강하형(바다로 나감)과 육봉형(하천, 호수에서만 생활) • 대부분 냉동 유통 • 속살과 외형이 모두 붉음
	3	은연어	Silver salmon (Coho salmon)	*Oncorhynchus kisutch*	코호새먼	훈제연어, 통조림 등	• 뷔페/레스토랑에서 소비 • 최근 양식에 성공 • 칠레산의 항생제 문제 야기된 적 있음
대서양 연어	4	대서양 연어	Atlantic salmon	*Salmo salar*	–	훈제연어, 통조림 등	• 자연산 채취 금지로 유통되는 것은 모두 양식산 • 대부분 생연어로 유통되는 종 • 국내 연어 소비량의 대부분
태평양 연어	5	송어	Cherry salmon	*Oncorhynchus masou*	시마연어/ 체리연어	횟감 등	• 강하형(바다송어, 최근 국내 양식 성공)과 육봉형(강이나 하천에서 생활하는 산천어) • 국내 서식종
	6	백연어	Chum salmon	*Oncorhynchus keta*	첨새먼/ 연어	–	• 가을에 산란을 위한 동해에서 회유하는 연어종 • 산란어는 포획 금지이며 연어알 제품 중 하급품 • 국내 연어의 대부분을 차지
	7	곱사 연어	Pink salmon	*Oncorhynchus gorbuscha*	핑크연어	통조림 등	• 생산량이 가장 많은 어종 • 봄에 한시적으로 동해 회유하나 산란 회유는 아님

⑨ 가자미류

대표적인 저서성 어류인 가자미류는 육색이 하얀 흰살생선으로, 담백하고 탄력이 있어 예로부터 조림, 구이, 식해 등으로 조리하여 즐겨 왔다. 최근에는 가정간편식 열풍에 편승하여 구이, 조림 등으로 가공되

그림 1-10 가자미

어 시판되고 있다.

⑩ **복어류**

복어류는 독소를 가진 대표 어종이다. 복어류의 독소는 계절, 개체, 지역 등에 따라 다소 차이가 있지만 주로 간이나 알을 포함한 내장과 생식기, 혈액, 그리고 껍질에 주로 분포하고 근육에는 별로 없는 것으로 알려져 있다. 식용 가능한 복어로는 복섬, 흰점복, 졸복, 매리복, 검복, 황복, 눈불개복, 자주복, 참복, 까치복, 민밀복, 은밀복, 흑밀복, 불룩복, 황점복, 강담복, 가시복, 리투로가시복, 잔점박이가시복, 거북복, 까칠복 등이 있다. 이들 복어 역시 독을 가지고 있어 전문 조리사가 조리해야 하며, 최근에는 복어국 형태의 가정간편식이 출시 판매되고 있다.

그림 1-11 복어류

⑪ **장어류**

장어류는 바닷물고기로 붕장어, 갯장어, 먹장어가 있고, 담수어로 뱀장어가 있다. 붕장어는 연중 맛에 큰 차이가 크지 않으나 여름(6~8월)이 제철이며 횟감, 초밥용 토핑, 탕 및 조미 구이 제품 등으로 활발히 가공되고 있다. 갯장어는 샤브샤브로 많이 이용하고, 먹장어는 식용보다는 부산물인 가죽 생산을 위해 양산되다가 구이로 이용하기 시작하여 이제는 주요 식품으로 자리 잡았다.

뱀장어는 민물에서 자란 뒤 늦가을에 산란을 위하여 먼바다로 나가 산란 후 죽는 것으로 알려져 있다. 주로 구이 등으로 소비되며 건강식품이란 인식이 강하게 각인되어 있다.

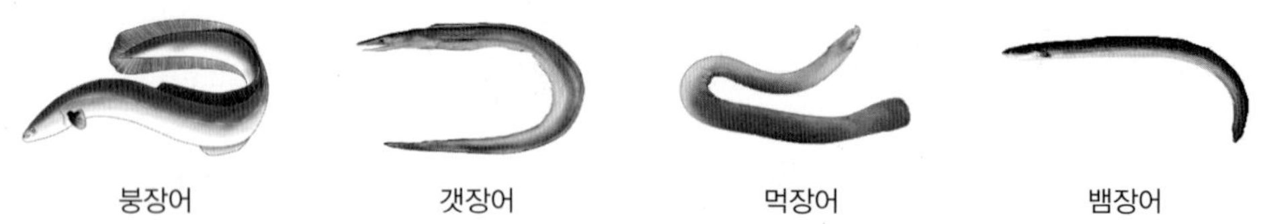

그림 1-12 장어류

(2) 패류

우리나라에서 산업적으로 비중이 큰 패류로는 전복, 굴, 바지락, 지중해담치 등을 꼽을 수 있다.

① 전복

전복은 참전복, 까막전복 등이 있으며 건제품, 통조림, 냉동품, 전복 내장 젓갈의 원료로 이용된다. 껍데기는 나전칠기 공예품을 만드는 원료로 사용한다.

② 굴

굴은 예로부터 세계 여러 나라 사람들이 즐겨 먹는 패류 중의 하나이며 칼슘, 철, 아연, 비타민류 등이 풍부하여 바다의 우유라고도 부른다. 10월부터 3월까지가 제철이므로 이때 채취하는 것은 주로 생굴로 이용하고, 3~4월에 생산하는 것은 냉동 굴로 사용한다. 이후 산란기에 접어들면 건제품 및 통조림식품 등의 원료로 이용한다. 통조림, 건제품, 냉동품 등과 같이 굴의 저장성을 확보한 제품은 주로 수출하고 있다. 최근 노로바이러스의 출현, 미세플라스틱과 같은 위생 문제로 어려움을 겪고 있다.

③ 바지락

바지락은 우리나라의 모든 연안에 분포하여 매우 친숙한 식재료 중의 하나이다. 국내에서는 주로 국과 찌개의 형태로 소비되고 있으며, 조미 건제품, 훈제 기름담금 통조림으로 가공된 제품은 전량 수출되고 있으나 그 양은 많지 않다.

④ 지중해담치

지중해담치는 자연산 홍합과 유사하게 생겼으나 맛은 홍합에 미치지 못한다. 가공품은 삶아서 건조한 자건품이 대부분이며, 예전에는 훈제 기름담금 통조림으로 가공하여 수출하기도 하였다.

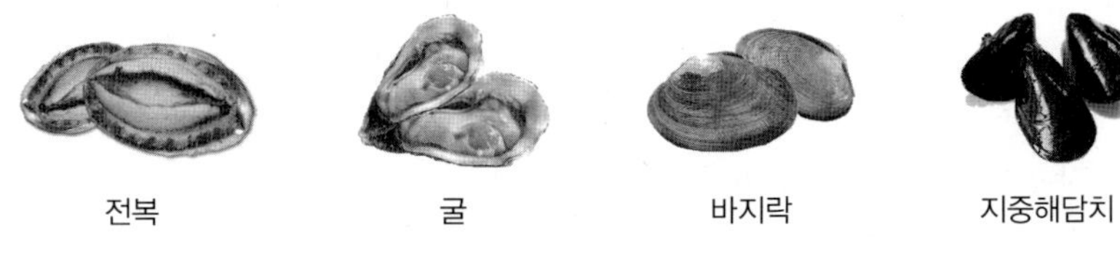

그림 1-13 산업적 비중이 큰 패류

(3) 갑각류

갑각류는 크게 새우류와 게류로 분류할 수 있다.

① 새우류

흰다리새우, 대하, 보리새우, 닭새우, 도화새우, 젓새우 등이 있다. 이 중 흰다리새우, 대하, 보리새우, 닭새우, 도화새우 등의 경우 국내산은 식당 등에서 소비되고, 수입산은 냉동식품의 소재로 이용된다. 젓새우는 젓갈의 소재로 많이 쓰인다.

② 게류

꽃게, 털게, 대게, 붉은대게 등 종류가 매우 다양하다. 이 중 꽃게는 찌개와 더불어 간장 게장과 양념 게장의 재료로 이용되고, 털게와 대게는 찜용으로 주로 쓰이며, 붉은대게는 통조림식품용으로 많이 이용된다.

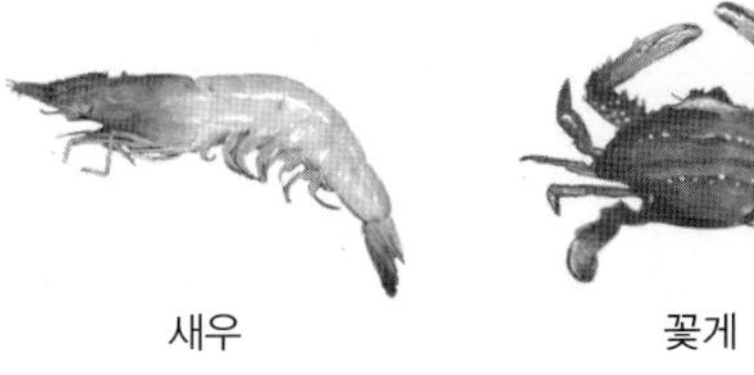

그림 1-14 산업적 비중이 큰 갑각류

(4) 극피동물

식용하는 극피동물에는 성게류와 해삼류가 있다. 성게류에는 분홍성게, 말똥성게, 보라성게 등이 있으며, 회나 성게알젓의 원료로 사용된다. 해삼류에는 참해삼, 광삼 등이 있고 친숙하게 접하는 건해삼 외에 해삼창자젓 등으로도 이용된다.

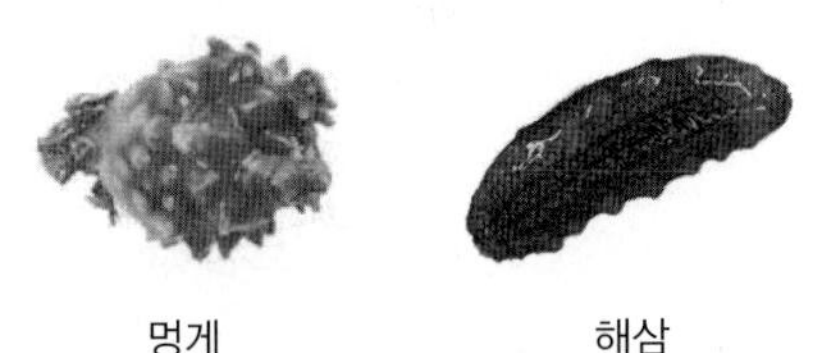

그림 1-15 산업적 비중이 큰 극피동물

(5) 해조류

해조류는 인간에게 유용한 해산물로 건강식품으로 알려져 있으며 색소에 따라 갈조류, 녹조류, 홍조류로 분류한다.

① **갈조류**

갈조류의 종류는 매우 다양하나 미역, 다시마, 톳, 곰피, 쇠미역 등을 대표 종으로 꼽을 수 있다. 갈조류는 대부분 건제품으로 가공하여 식용한다.

그림 1-16 주요 갈조류

② **녹조류**

녹조류 중에서는 파래류, 청각류 등을 주로 이용한다. 파래류에는 가시파래, 납작파래, 창자파래, 잎파래, 구멍갈파래 등이 있으며, 주로 건제품으로 가공하여 식용한다. 청각류는 종류가 매우 많고 형태도 다양하지만 식용하는 것은 청각뿐이다.

그림 1-17 주요 녹조류

③ **홍조류**

해조류 중에서 홍조류에 유용한 종이 많다. 특히 김은 건제품 또는 조미가공품으로 가공하여 가장 식탁에 많이 오르는 종으로 인기도 높다. 우뭇가사리, 비단풀, 꼬시래기, 석묵, 싹새기 등은 한천의 원료로 사용된다. 진두발, 돌가사리 등은 카라기난의 원료로

그림 1-18 주요 홍조류

이용되고, 풀가사리, 지누아리, 은행초 등은 호료의 원료로 쓰인다.

3. 수산물의 형태와 육량

1) 수산물의 형태

서식지가 물속인 수산동물은 육지에서 생활하는 육상동물과는 형태가 크게 다르며, 종류도 다양하고 각부 명칭에도 차이가 있다. 수산동물의 일반적인 형태와 각 부위의 명칭을 그림 1-19에 나타내었다.

2) 수산물의 육량

어패류의 육량은 가공 수율을 결정하는 중요 인자이다. 육량은 어종과 선도에 따라서 차이가 크며, 같은 어종이라도 계절, 성별, 연령, 어장 및 영양 상태 등에 따라서도 다르다. 또한, 가공 처리 과정에서 가식 부위의 분리 기술에도 영향을 받아 그 양이 달라진다.

어류 및 연체동물의 육량을 표 1-4에 나타내었다. 일반적으로 육량은 어류가 25~70% 범위, 패류가 13~50% 범위, 갑각류 중 보리새우는 44%, 두족류 중 오징어는 약 70%이다.

표 1-4 수산물의 육량

(단위 : %)

분류	수산물	육량(%)	분류	수산물	육량	분류	수산물	육량
어류	가다랑어	70	어류	붕장어	46	어류	숭어	27
	갯장어	68		임연수어	45		달강어	25
	고등어	50		조기	42	두족류	오징어	70
	곰치	50		농어	42	갑각류	보리새우	44
	가자미	46		성대	40	패류	전복	50
	연어	60		명태	40		백합	25~40
	갈치	50		대구	31		굴	24
	청어	48		도미	30		소라	20
	광어	47		게르치	30		바지락	13~20

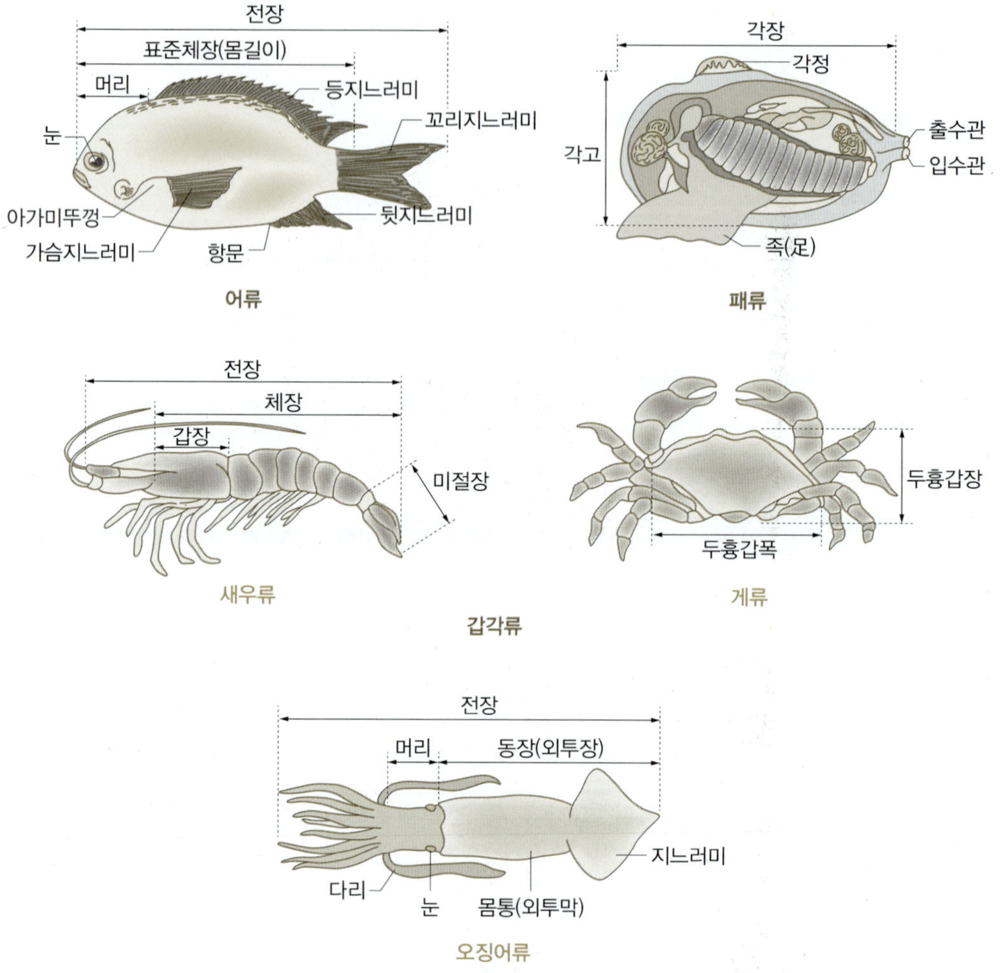

그림 1-19 수산동물의 일반적인 형태와 각 부위 명칭

한편, 수산물의 부위별 중량 비율은 표 1-5와 같다. 수산물의 부위별 중량 비율은 꽁치의 경우 근육 부위가 71~73% 범위, 내장 부위가 6.5~7.0% 범위, 기타(두부, 뼈, 지느러미 등) 부위가 20~22% 범위이고, 오징어는 근육 부위가 82~83% 범위, 내장 부위가 17~18% 범위, 기타(연골 등) 부위가 0.1~0.2% 범위이다. 바지락은 근육과 내장 부위가 약 70%, 기타(패각 등) 부위가 약 30%이며, 새우는 근육과 내장 부위가 40~45% 범위이고, 갑각이 55~60% 범위이다. 수산물의 각 부위별 중량 비율 역시 선도, 연령, 서식 해역, 환경, 어획방법, 어획 시기 등에 따라 차이를 보인다.

표 1-5 수산물의 총중량에 대한 각 부위별 중량 비율

수산물		부위별 비율(%)			수산물		부위별 비율(%)		
		근육	내장	기타*			근육	내장	기타*
어류	꽁치	71~73	6.5~7.0	20~22	두족류	오징어	82~83	17~18	0.1~0.2
	멸치	37~38	14~16	48~49	갑각류	새우	40~45		55~60
패류	바지락	약 70		약 30					

*기타 : 두부, 뼈, 지느러미, 패각, 연골, 갑각 등의 부위

4. 수산물의 조직

1) 어류의 조직

어류의 조직은 어종별로 차이가 크며 근육의 조직학적 구조도 복잡하다. 일반적으로 어류의 조직은 가축류에 비하여 연약하며, 소형어가 대형어보다 더 연약하다. 고등어의 체축에 대하여 직각 방향으로 절단한 면을 현미경으로 보면 표피epidermis, 진피dermis, 색소 세포층이 있고, 그 밑에 피하지방층, 붉은살, 흰살이 있다. 그리고 근절은 등 쪽 및 배 쪽에서 각각 동심원상으로 배열한다.

(1) 껍질

어류의 껍질은 표피와 진피로 되어 있다. 표피에는 끈적끈적한 점액을 분비하는 점액샘이 분포되어 있어 미끄럽고, 진피에는 칼슘과 인을 주로 하는 무기질과 콜라겐으로 구성된 비늘이 있다. 연골어류처럼 비늘이 표피에 위치하는 것도 있다. 어류의 껍질을

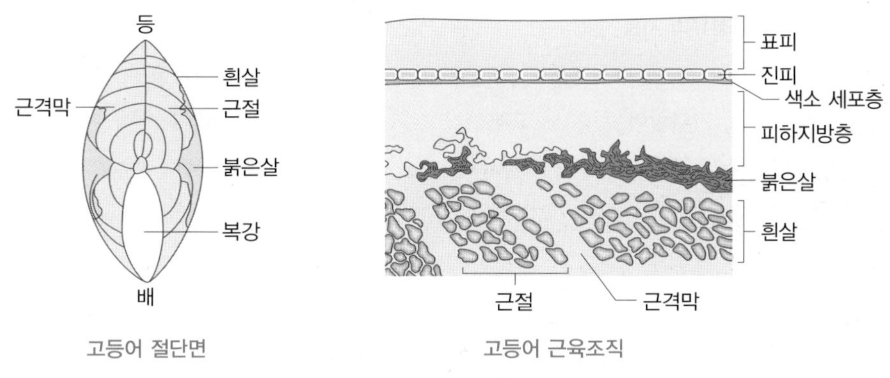

그림 1-20 어류의 근육조직

구성하는 표피와 진피 사이에는 색소 세포가 있는데, 어류의 다양한 몸 색깔은 주로 이 색소 세포에 들어 있는 색소와 비늘의 색소에 의하여 결정된다.

(2) 근육

① 구조

어류는 근육을 구성하는 단위체인 근섬유가 모여서 근육조직을 이루고 있다. 근섬유 속에는 수많은 근원섬유가 줄지어 있으며 그 사이에 근형질이 들어 있다. 근원섬유는 미오신과 액틴이 대부분을 차지한다. 근섬유의 크기는 동물의 종류에 따라 다르나 어육은 축육보다 짧고 굵은 편이다. 결합조직은 근섬유나 내부 기관을 결속하는 섬유 모양의 조직이다. 어육은 근육의 결합조직이 축육보다 적어 조직이 약하고 부드럽다.

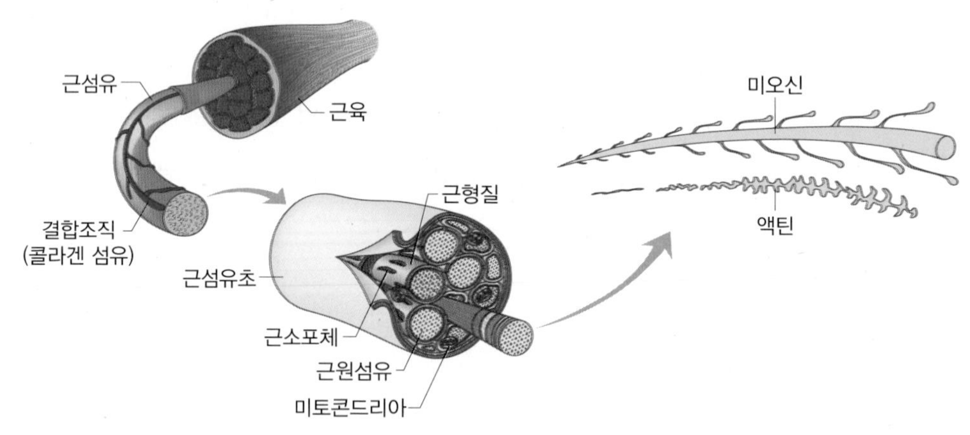

그림 1-21 어류의 근섬유 구성도

표 1-6 근섬유 및 근원섬유의 지름

(단위 : μm)

근육	수산동물		육상동물		
	가다랑어	고래	소	돼지	닭
근섬유	89.0	100.0	35.5	59.1	56.4
근원섬유	1.50	1.43	1.46	1.14	0.99

② 육색에 의한 분류

어류는 육색에 따라 붉은살생선과 흰살생선으로 분류한다. 회유성 어류인 가다랑어,

방어, 고등어, 정어리 등은 붉은살생선에 속하고, 정착성 어류인 광어와 가자미를 비롯하여 조기, 대구 등은 흰살생선에 속한다.

고등어 근육(그림 1-23 참조)을 보면 연한 육색의 흰살 부분과 갈색 근육의 붉은살로 이루어져 있으며, 흰살과 붉은살은 성분이나 생리적 면에서 차이가 크다. 붉은살은 흰살보다 수분, 총질소, 비단백태질소가 적은 반면 지질은 많다. 또 붉은살에는 미오글로빈myoglobin, 시토크롬cytochrome과 같은 색소가 많이 함유되어 있고, 결합조직과 비타민류, 각종 효소군도 풍부하다.

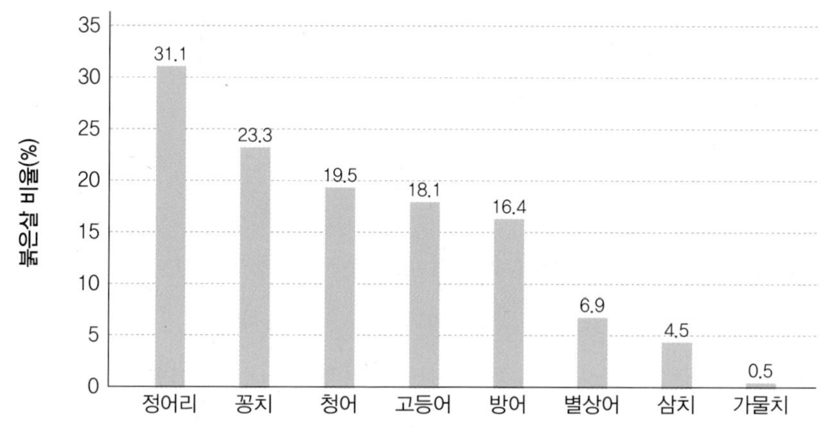

그림 1-22 어류 종류에 따른 흰살에 대한 붉은살의 비율

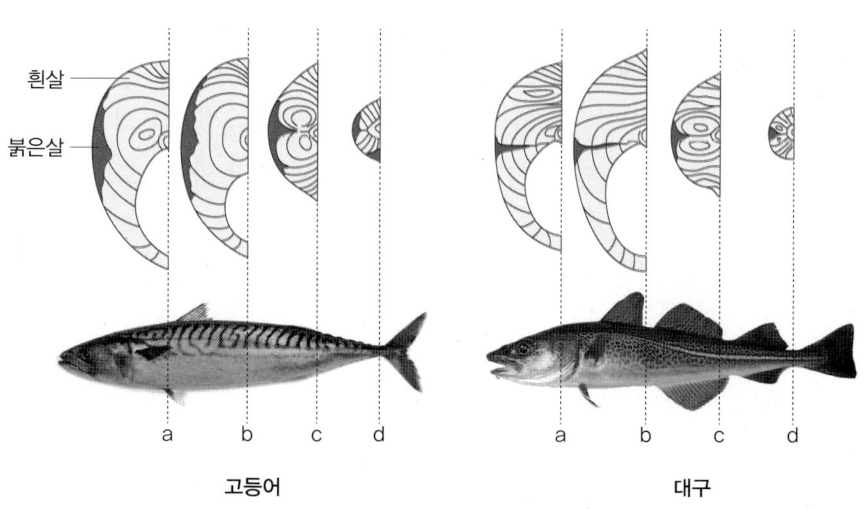

그림 1-23 고등어와 대구의 붉은살과 흰살의 분포 비교

2) 무척추동물

오징어의 근육조직을 그림 1-24에 나타내었는데 어류의 근육조직과는 다른 점이 많다.

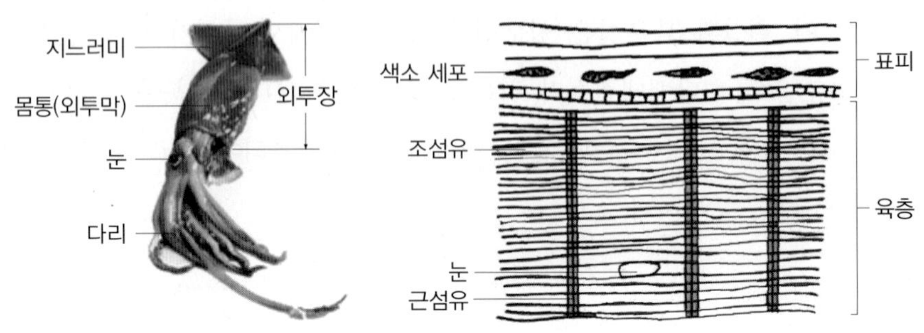

그림 1-24 오징어의 근육조직

(1) 껍질

오징어의 표피층은 4층으로 되어 있으며 표층부터 두께가 200, 150, 60, 40 μm 정도이다. 오징어의 1층과 2층 표피는 방향성이 없는 망상조직이고, 3층 표피는 핵이 풍부한 근육과 유사한 망상구조이다. 4층 표피는 전형적인 나선형 결합조직으로 세로 방향으로 뻗어 있는 섬유가 근육과 강하게 결합하고 있다.

(2) 근육

오징어의 근육 부분은 체축과 방향이 같은 섬유가 많이 분포되어 있어 마치 가마니 같은 모양을 하고 있다. 이와 같은 특수한 근육조직 때문에 오징어를 삶거나 구워서 찢으면 체축과 같은 방향으로는 잘 찢어지지 않지만 체축과 직각 방향으로는 잘 찢어진다.

단원정리

1 수산가공식품 원료로서 수산물의 특성은 어획량의 불안정성, 다종다양성, 부패 및 변질의 용이성, 수산물의 크기, 부위, 수확 시기에 따른 개체별 성분 조성의 차이, 붉은살의 존재, 생리활성물질의 존재, 유독 종의 존재, 특유의 어취, 잔가시 등을 들 수 있다.

2 수산가공식품의 원료는 어획량이 많아야 하고, 값이 싸면서 대량 구입이 가능해야 하며, 근육조직의 가공성이 높아야 한다. 또 가공품의 수익성이 높아야 한다.

3 수산가공의 제조에 이용되는 수산물의 종류는 크게 수산동물과 수산식물로 나눌 수 있으며, 수산동물은 다시 어류, 패류, 갑각류, 두족류, 극피동물, 기타로, 수산식물은 갈조류, 녹조류, 홍조류로 세분할 수 있다.

4 어류 껍질은 표피와 진피로 이루어져 있으며, 표피에는 점액샘이 있고 진피에는 비늘이 있다. 표피와 진피 사이에는 색소 세포가 있어 어류의 몸 색깔을 나타낸다.

5 어패류의 근육은 근섬유로 이루어져 있고, 근섬유는 근원섬유와 근형질로 되어 있으며, 결합조직과 연결되어 근육을 이룬다.

6 어류의 근육은 색깔에 따라 붉은살과 흰살로 분류하고, 붉은살의 함량에 따라 흰살생선과 붉은살생선으로 나뉜다. 붉은살은 흰살보다 수분, 총질소, 비단백태질소가 적은 반면 지질, 색소, 결합조직, 비타민류와 각종 효소군은 풍부하다.

7 어패류의 성분은 어종, 계절, 어체 부위 등에 따라 성분 조성에 차이를 보이는데, 대체로 어류는 수분과 지질의 함량 변동이 크고, 패류는 수분과 글리코겐의 함량 변동이 크다.

연습문제

1 수산물의 특성을 바르게 설명한 것이 아닌 것은?

① 종류가 다양하고 많다.
② 어획량의 변동이 크다.
③ 육질이 단단하고 세균의 부착 기회가 적다.
④ 수산물의 크기, 부위, 수확 시기에 따른 조직 성분 조성의 변동이 크다.

2 국내에 판매되고 있는 통조림식품의 원료로 가장 많이 사용되는 수산물은?

① 가다랑어 ② 연어
③ 굴 ④ 골뱅이

3 붉은살어류가 아닌 어종은?

① 가다랑어 ② 명태
③ 고등어 ④ 꽁치

4 고등어의 부위, 계절에 따라 일반 성분의 변동이 큰 성분은?

① 탄수화물 ② 무기질
③ 맛 성분 ④ 지방

정답 1 ③ 2 ① 3 ② 4 ④

CHAPTER 02

수산물의 주요 성분

1. 일반 성분 | 2. 엑스 성분 및 맛 성분 | 3. 색소 성분 | 4. 냄새 성분 | 5. 유독 성분

수산물의 주요 성분은 어종, 성별, 크기, 산란 유무, 어획 시기, 어장, 먹이(사료 또는 먹이생물) 등의 영향에 따라 변동이 크다. 수산동물의 일반 성분 함량은 대체로 어류는 수분과 지질 함량 간에 상관관계가 있고, 패류의 경우 수분 함량과 탄수화물, 특히 글리코겐과 상관관계가 있다. 어류는 지질이 많은 경우, 패류는 탄수화물이 많은 경우 상대적으로 수분이 적다. 이때 일반적으로 어류의 수분 함량과 지질 함량의 합계는 80% 정도로 추정한다.

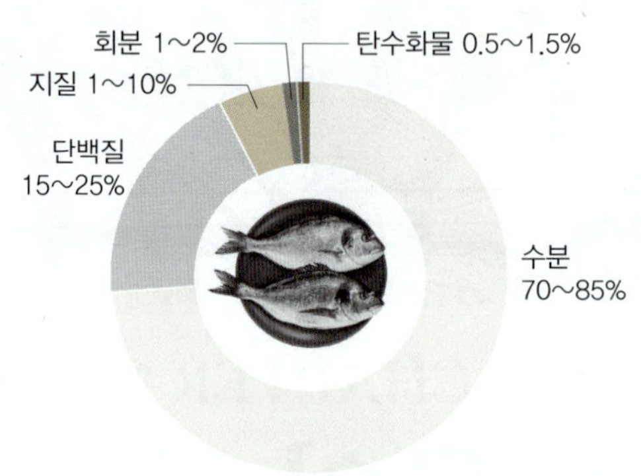

그림 2-1 수산동물의 일반 성분 함량

1. 일반 성분

수산동물의 일반 성분 함량은 일반적으로 수분 70~85% 범위, 단백질 15~25% 범위, 지질 1~10% 범위, 탄수화물 0.5~1.5% 범위, 회분 1~2% 범위이고 비타민은 미량으로 구성되어 있다(그림 2-1 참조).

어류의 경우 표준 단백질 함량은 20±2%, 표준 지질 함량은 3±2%이고, 수분을 제외하면 단백질이 주성분이며 지질도 무시할 수 없는 정도 함유되어 있다. 특히 고등어, 정어리, 곱상어, 뱀장어 등은 단백질 외에 지질도 많이 함유되어 있다.

패류의 일반 성분 함량은 수분을 제외하면 단백질이 주성분이며 어류보다 단백질 함량이 낮고, 수분과 탄수화물의 함량이 높으며, 계절적으로 변화가 큰 것이 특징이다.

두족류의 일반 성분 함량은 어류에 비하여 수분 함량이 높으나 단백질 함량이 낮다. 하지만 두족류의 일반 성분 함량은 수분을 제외하면 단백질이 주성분이다.

수산식물인 해조류의 일반 성분 함량은 수산동물인 어류, 패류, 두족류, 갑각류 등에

표 2-1 수산물의 일반 성분 함량

(단위 : %)

분류	수산물	일반 성분				
		수분	단백질	지질	탄수화물	회분
어류	가다랑어	70.3	25.9	1.8	0.3	1.7
	방어	75.6	21.7	0.8	0.4	1.5
	고등어	68.1	20.2	10.4	0.3	1.3
	꽁치	70.9	22.7	4.7	0.4	1.3
	정어리	69.2	20.0	9.1	0.2	1.5
	전갱이	72.6	20.7	4.8	0.1	1.8
	연어	75.8	20.6	1.9	0.2	1.5
	참돔	79.3	18.4	0.1	0.8	1.4
	대구	81.0	16.6	0.6	0.1	1.7
	광어	75.2	20.9	2.1	0.3	1.5
	곱상어	72.0	16.2	10.0	0.3	1.5
	잉어	76.5	17.5	4.0	0.3	1.3
	뱀장어	67.1	14.4	17.1	0.3	1.1
패류	바지락	81.5	12.5	1.2	2.3	2.5
	백합	79.9	11.7	1.0	3.6	3.8
	참굴	83.5	9.2	2.6	2.3	2.4
	둥근전복	78.4	14.3	0.7	4.5	2.1
두족류	살오징어	82.3	15.7	0.5	0.2	1.3
	낙지	80.7	16.3	0.5	0.4	2.1
갑각류	보리새우	82.8	15.1	0.7	0.1	1.3
	꽃게	81.4	13.7	0.8	2.0	2.1
기타	미더덕	87.6	4.3	1.2	4.1	2.8
해조류	참김	90.5	3.3	0.4	2.0	3.8
	다시마	91.0	1.1	0.2	4.2	3.5
	우뭇가사리	70.3	4.2	0.2	21.5	3.8

자료 : 국립수산과학원, 제8개정판 표준 수산물성분표 2018, 2018

비하여 수분, 탄수화물, 회분 함량이 높고, 단백질과 지질 함량이 낮다.

1) 수분

수산물의 수분 함량은 수산동물이 60~85% 범위, 수산식물이 90% 부근으로 구성되나 해파리(95% 이상) 같이 일부의 경우 이 범위를 벗어나는 것도 있다. 수산동물의 수분 함량은 대체로 육상동물보다 높은 편이다. 수산물에 함유되어 있는 수분은 영양적 가치는 없으나 가공 적성이나 맛, 색택 및 조직감에 지대한 영향을 미치며, 수산물의 저장성을 낮추는 이유가 된다. 수산물에 함유되어 있는 수분은 대부분 자유수이므로 수산물의 일반적인 수분 활성은 0.98~0.99 범위이고, 이는 거의 모든 미생물이 활동할 수 있는 범위이다.

2) 단백질과 아미노산

수산동물을 구성하는 단백질은 중성 염류 용액에 대한 용해도에 따라 이온 강도 0.05 이하의 용액에 녹는 수용성 단백질인 근형질단백질과 이온 강도 0.5 이상의 중성 염 용액에 녹는 염용성 단백질인 근원섬유단백질, 그리고 물과 염류 용액 어디에도 녹지 않는 불용성 단백질인 근기질단백질로 분류할 수 있다.

표 2-2 어육 단백질의 용해도에 따른 분류

용해도에 따른 단백질 분류		용해도	비율(%)[2]	존재 위치	해당 단백질
수용성	근형질 단백질[1]	이온 강도 0.05 이하의 용액에 용해	20~50	근세포 사이 또는 근원섬유 사이	해당효소, 크레아틴키네이스, 파브알부빈, 미오글로빈 등
염용성	근원섬유 단백질	이온 강도 0.5 이상의 중성염 용액에 용해	50~70	근원섬유	미오신, 액틴, 트로포미오신, 트로포닌 등
불용성	근기질 단백질	물이나 염용액에 불용	10 이하	근격막, 근세포막, 혈관 등의 결합조직	콜라겐, 엘라스틴 등

[1]근장단백질 또는 미오겐이라고도 함
[2]전 근육 단백질에 대한 해당 단백질의 상대 비율(%)

(1) 단백질

① 수용성 단백질

수용성 단백질은 이온 강도 0.05 이하의 용액에 녹는 근형질단백질sarco-plasmic protein(근장단백질, 미오겐이라고도 함)을 말하며, 전 단백질의 20~50% 범위에 있다. 근형질단백질의 비율은 흰살생선이 20~30% 범위로 붉은살생선의 30~50% 범위보다 낮다. 근형질단백질은 근세포 사이 또는 근원섬유 사이에 존재하는 해당효소, 크레아틴 인산화효소creatin kinase, 미오글로빈myoglobin, 헤모글로빈hemoglobin 등이 여기에 해당한다.

② **염용성 단백질**

염용성 단백질은 이온 강도 0.5 정도의 중성염 용액에 녹아 나오는 근원섬유단백질myofibrillar protein로, 전 단백질의 50~70% 범위에 있다. 근원섬유단백질은 미오신myosin(근원섬유단백질의 40~50% 범위), 액틴actin(근원섬유단백질의 약 20%), 트로포미오신tropomyosin(근원섬유단백질의 약 5% 차지), 트로포닌troponin(근원섬유단백질의 약 5% 차지), 액티닌actinin, 파라미오신paramyosin 등으로 구성되어 있다.

염용성 단백질 구성 성분의 역할을 살펴보면 액틴은 근원섬유의 얇은 필라멘트의 주성분이고, 미오신은 근원섬유의 두꺼운 필라멘트의 주성분이다. 이들은 중성염 용액에서 결합하여 90만 kDa 이상의 고분자 섬유상 단백질인 액토미오신actomyosin으로 된다. 또 트로포미오신, 트로포닌, 액티닌 등은 근육의 수축이나 이완 제어에 관여하여 조절단백질regulatory protein이라고 한다. 파라미오신은 무척추동물의 두꺼운 필라멘트를 구성하는 단백질로 이매패bivalve에서는 폐각근 특유의 운동에 관계한다. 일반적으로 근원섬유단백질의 비율은 흰살생선이 붉은살생선보다 많으며 70%를 넘어서는 경우도 있다.

③ **불용성 단백질**

불용성 단백질은 물이나 염용액에 녹지 않는 근기질단백질stroma protein을 말하고, 전 단백질에 대하여 10% 이하이다. 근기질단백질은 근격막, 근세포막, 혈관 등의 결합조직에 존재하며 콜라겐, 엘라스틴 등이 해당한다.

(2) 아미노산

단백질의 영양 가치는 구성 아미노산의 질과 양에 좌우된다. 어육 단백질의 아미노산 조성은 어종에 따라 큰 차이가 없고, 붉은살과 흰살도 조성은 비슷하다.

3) 지질

어류에서 지질은 피하조직, 장간막, 간, 췌장 등에 비교적 많은 양이 분포한다.

(1) 지질의 종류

수산동물의 조직 중에 함유된 지질은 에너지원으로 이용되는 축적지질과 생명 유지원으로 이용되는 조직지질로 나누어진다. 축적지질은 주로 피하조직, 장간막 등에 분포하며, 주성분은 트리글리세리드triglyceride이다. 그러나 조직지질은 근육세포, 뇌, 생식선 등에 함유되어 있는 것으로 주성분은 인지질phospholipid, 콜레스테롤cholesterol, 왁스wax, 알코올, 탄화수소 등이다.

표 2-3 흰살생선과 붉은살생선의 지질 함량

(단위 : %)

흰살생선				붉은살생선			
어종	지질 함량	어류명	지질 함량	어종	지질 함량	어종	지질 함량
참가자미	0.2	참돔	0.1	고등어	10.4	전갱이	4.8
광어	2.1	명태	0.7	까나리	4.8	전어	2.7
농어	1.9	민어	0.8	꽁치	4.7	정어리	9.1
대구	0.3	참조기	0.9	멸치	5.4	청어	15.1
도다리	0.2			삼치	2.7		

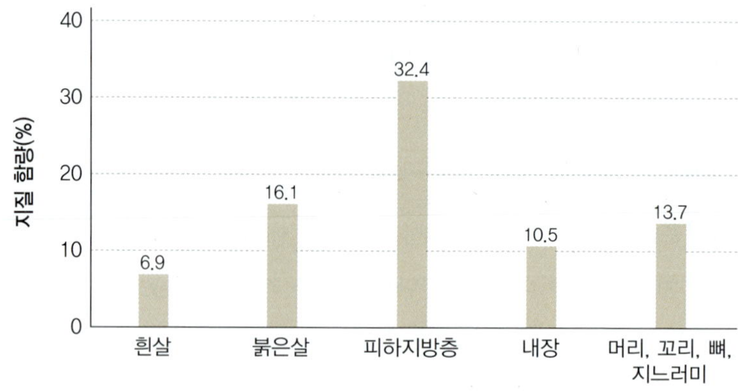

그림 2-2 고등어의 부위별 지질 함량

표 2-4 양식산과 자연산 어류 근육의 지질 함량

(단위 : %)

어종	지질 함량		어종	지질 함량	
	양식산	자연산		양식산	자연산
볼락	7.3	1.3	은어	7.3	3.6
쥐치	0.5	0.2	감성돔	4.9	2.0
방어	7.5~9.8	0.8~2.9	숭어	2.0	1.7
참돔	3.3~5.7	1.0~1.4	졸복	0.4	0.4

① **지방산**

어육의 지질을 구성하는 지방산fatty acid은 탄소 수가 24개까지, 2중결합 수는 6개까지로, 육상동물보다 종류가 매우 많다. 특히, 탄소 수가 20개로 2중결합 수가 5개인 EPAeicosapentaenoic acid, 20:5n-3와 탄소 수가 22개로 2중결합 수가 6개인 DHA docosahexaenoic acid, 22:6n-3 등의 고도불포화지방산의 조성비가 높은 것이 특징이다.

지방산은 트리글리세리드, 인지질로서 분포하는 것이 많다. 활어 또는 선도가 좋은 어류에서는 조직 중의 지방산이 유리 상태인 경우는 드물지만, 사후 시간이 경과할수록 효소에 의한 가수분해를 받아 지방산이 유리되어 축적된다.

표 2-5 고등어와 전갱이의 지질 조성 비교

지질			고등어	전갱이
총지질 함량(g/100 g 근육)			11.0	20.6
중성 지질	함량(g/100 g 근육)		10.4	20.0
	조성(g/중성지질 100 g)	트리글리세리드	97.6	96.2
		스테롤 에스터	2.4	3.8
인지질	함량(g/100 g 근육)		0.6	0.6
	조성(g/인지질 100 g)	스핑고미엘린	0.8	1.2
		포스파티딜콜린	61.7	82.4
		포스파티딜에탄올아민	37.5	16.4

자료 : 문수경·강지연·김인수·정보영, 조리방법에 따른 고등어(*Scomber japonicus*) 및 전갱이(*Trachurus japonicus*)의 일반 성분 및 지질 성분의 변화. 한국수산과학회지 46, 708-716. 2013

② **트리글리세리드**

근육의 축적 지방은 대부분이 트리글리세리드이며, 구성 지방산의 조성으로 알 수 있듯이 트리글리세리드의 분자 종 조성은 복잡하다.

③ **인지질**

흰살에서 인지질의 함량은 어종에 관계없이 1% 이하로 거의 일정하며, 대부분의 경우 인지질의 60~70% 범위가 포스파티딜콜린phosphatidylcholine과 포스파티딜에탄올아민phosphatidylethanolamine으로 되어 있다. 인지질은 콜레스테롤이나 단백질과 함께 생체막을 구성하는 중요한 지질이다.

④ **스테롤**

어류의 스테롤sterol은 포유동물과 같으며 대부분이 콜레스테롤이다. 근육 100 g 중의 콜레스테롤 함량은 50~100 mg이고, 어류의 알은 300~500 mg으로 높지만 달걀노른자의 1,030 mg보다는 낮다.

⑤ **스콸렌**

스콸렌squalene은 탄소 수 30개의 불포화탄화수소로 콜레스테롤 생합성 경로의 중간체이며, 심해성 상어와 대구의 간장 지질에 많이 함유되어 있다.

(2) 지질 함량의 연중 변화

① **어류의 지질 함량**

지질 함량은 어종, 조직, 계절, 서식 수온 등의 차이에 따라 크게 다르며, 일반적으로 붉은살생선이 흰살생선보다, 양식산 어류가 자연산 어류보다 높다. 또 동일 개체에서는 배 쪽 근육이 등 쪽 근육보다, 붉은살이 흰살보다 지질 함량이 높다.

어류 근육의 지질 함량은 대구, 명태, 가자미 같은 흰살생선의 경우는 낮으면서 대부분이 조직성 지질인 인지질로 구성되어 있는 반면에 고등어, 멸치, 청어 등과 같은 붉은살생선은 높으면서 대부분이 축적성 지질인 중성지질로 구성되어 있다.

② **어류의 연중 지질 함량 변화**

흰살생선의 경우 어류 근육의 지질 함량의 연중 변화는 크지 않으나, 붉은살생선은 산란기와 연동하여 매우 크게 변화한다. 예를 들어 청어는 산란기인 봄에는 낮으나 이

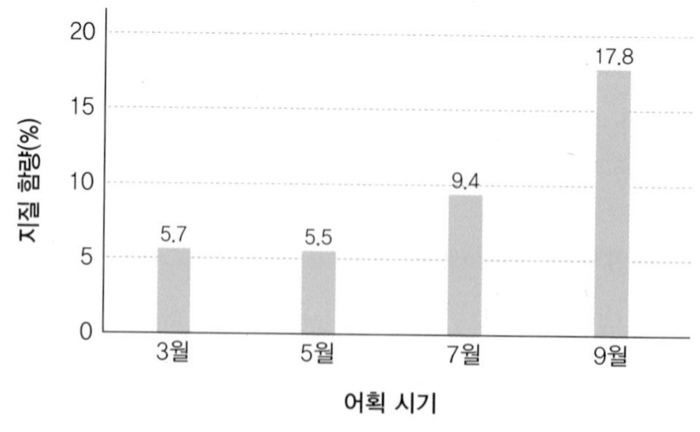

그림 2-3 고등어의 어획 시기별 지질 함량의 변화

후에 상당히 증가하는 경향을 보이며, 양식 방어는 3~7월에 낮고 8~2월에 높다. 정어리는 10월에 최대값을 보여 약 20%에 도달하나 산란기인 2~4월경에는 3% 전후까지 저하한다.

(3) 지질 산화와 억제

① 수산물의 지질 산화

수산물과 수산가공식품은 함유 지질이 산화되기 쉬운 오메가-3 지방산을 많이 함유하고 있어서 가공 및 저장 중 지질 산화가 쉽게 일어난다. 산화된 유지는 비린내가 발생하고 쓴맛이 느껴지며, 갈변하고 영양가가 저하됨은 물론 안전성이 결여된다.

지질 산화는 오메가-3 지방산의 비공액 수소가 어떤 원인으로 분자로부터 떨어져 나가면 에너지 준위가 높아 반응성이 풍부해져 자유라디칼free radical이 생성된다. 자유라디칼은 분자상 산소와 쉽게 결합하여 과산화라디칼peroxy radical을 생성하며, 일단 개시된 지질 산화는 연쇄적으로 진행하게 된다.

② 지질 산화에 의한 수산물의 품질 저하

산화반응으로 생성된 하이드로과산화물hydroperoxide은 분해하여 저급 알데하이드aldehyde, 케톤ketone, 알코올alcohol을 생성하며, 이들 휘발성 카보닐carbonyl 화합물은 좋지 않은 냄새를 만들어 내므로 식품의 품질에 나쁜 영향을 미친다.

한편, 산화생성물의 하나인 하이드록시지방산hydroxy fatty acid은 쓴맛을 띠고, 카보닐 화합물은 아민amine, 아미노산, 단백질과 반응하여 분자량이 큰 갈변물질을 생성하여 갈변한다(그림 2-4). 어패류의 염건품 등에 볼 수 있는 오일 변성oil burn이 좋은 예이다.

③ 수산물의 지질 산화 억제

지질 산화 억제는 지질 산화 연쇄반응에서 알킬라디칼alkyl radical과 과산화라디칼을 불활성화하여 연쇄반응을 종결시키면 된다.

- 토코페롤 처리 : 어패류에 많이 분포하는 토코페롤은 동결 저장 중 어육의 지질 산화를 억제한다.
- BHA와 BHT 등의 페놀 화합물 처리 : BHAbutylated hydroxy anisole와 BHTbutylated hydroxytoluene 등의 페놀phenol 화합물을 사용할 때는 침지액 kg당 생식용 외의 어패류 동결품의 경우 1 g까지, 건제품 및 염장품은 0.2 g까지 사용할 수 있도록 「식

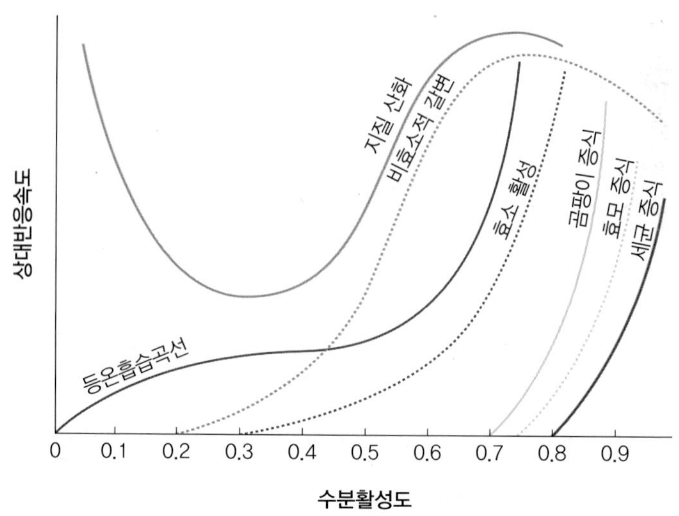

그림 2-4 수분활성도와 산화 변색과의 관계

품위생법」에 규정되어 있다.

- 탈산소제 처리 : 철을 주성분으로 하는 탈산소제는 고도불포화 지방산의 산화 억제에 효과적이다.

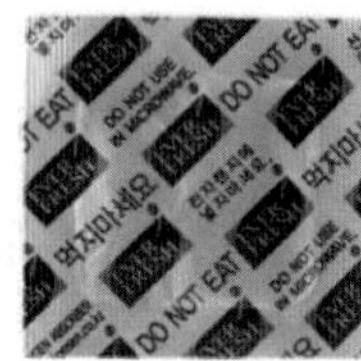

그림 2-5 탈산소제

4) 탄수화물

수산물 중 수산동물은 대부분이 단백질이 주성분인 데 비하여 수산식물은 대부분 탄수화물로 이루어져 있다. 수산동물 가운데 패류와 멍게도 주성분은 단백질이지만 상대적으로 탄수화물도 많이 함유되어 있다.

수산물에 함유되어 있는 탄수화물은 종에 관계없이 동물의 에너지원인 글리코겐 glycogen, 상어, 가오리 같은 연골어류의 물렁뼈에 함유된 콘드로이틴황산chondroitin

표 2-6 수산동물의 주요 탄수화물과 함유 부위

탄수화물	주요 대상 수산물		함유 부위
	분류	종류	
글리코겐	패류	굴, 바지락	근육
콘드로이틴황산	연골어류	상어, 가오리	연골(물렁뼈)
키틴·키토산	갑각류	새우, 게	껍질
셀룰로스	–	멍게	껍질

sulfate, 갑각류 껍질에 함유되어 있는 키틴chitin 및 키토산chitosan, 멍게 껍질의 튜니신tunicin이라고 하는 동물성 셀룰로스cellulose 등이 있다.

(1) 글리코겐

전분이 식물체의 저장 탄수화물인 데 비하여 글리코겐은 동물체의 저장 탄수화물이다. 글리코겐의 함량은 수산물 중에서 패류[바지락 2.0~6.5% 범위, 재첩 5~9% 범위, 굴 20~25% 범위(건물 기준)]에 다량 함유되어 있으며, 어류(다랑어류, 고등어와 같은 회유성 어류가 1% 정도, 광어나 가자미 같은 저서성 어류가 0.3~0.5% 범위)에도 미량 함유되어 있다.

글리코겐은 동물에 에너지를 공급하는 매우 중요한 물질이다. 그러나 어류에 산소가 공급되지 않는 사후 또는 어획할 때 심하게 요동치는 경우 등에는 글리코겐이 해당경로를 거쳐 근육 내에서 급속하게 분해되어 젖산을 많이 생산하여 근육의 pH가 저하된다.

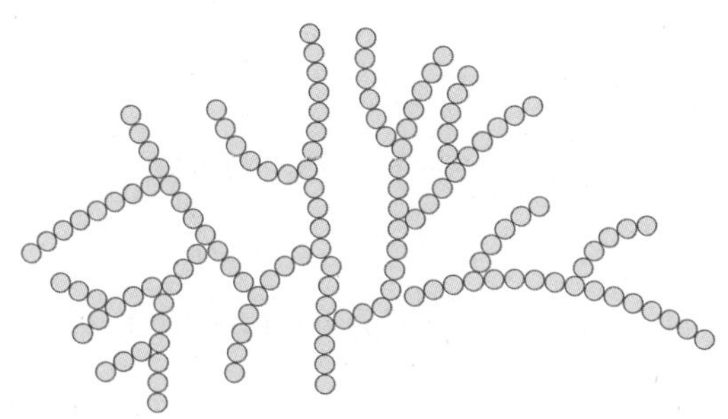

그림 2-6 글리코겐의 모형도

(2) 콘드로이틴황산

콘드로이틴은 N-아세틸갈락토사민, 우론산, 황산으로 이루어진 분자량 5만 정도의 뮤코다당류mucopolysaccharide로, 이당류 단위마다 한 개의 황산 잔기를 포함하고 있다. 사람의 경우 연골, 혈관 벽, 힘줄 등의 결합조직에 주로 분포하며, 수산동물의 경우 연골어류(상어, 가오리 및 홍어 등)의 물렁뼈, 멍게, 해삼, 오징어 등에도 존재하는 것으로 알려졌다.

콘드로이틴은 관절 속의 활액이 연골에 머물도록 하여 연골의 탄력성을 촉진시키고, 피부, 탯줄 등과 같은 각종 결합조직에 함유되어 각 조직 중에 수분과 영양분을 축적하는 역할을 한다.

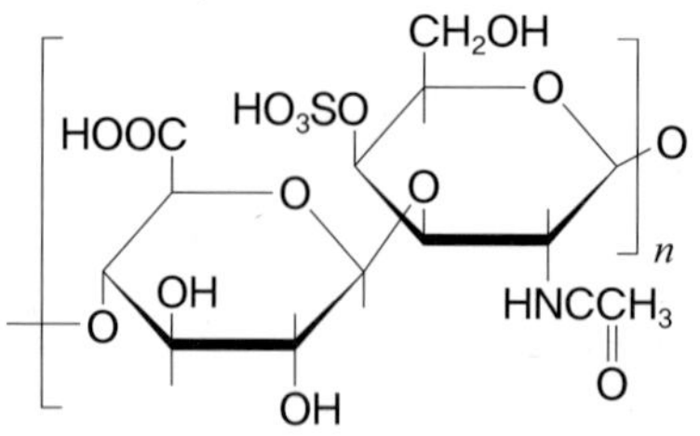

그림 2-7 콘드로이틴황산의 구조

(3) 키틴질

키틴질은 갑각류 껍질이나 오징어의 뼈 등에 함유된 다당류의 일종으로, 지구상에서 연간 약 1,000억 톤이 생합성되고 있어 셀룰로스에 이어 많이 생산되는 유용 다당류 중의 하나이다. 키틴질은 분자량에 따라 키틴, 키토산, 키토올리고당chitooligosaccharide으로 분류된다.

① 키틴

키틴은 갑각류 껍질이나 오징어 뼈 등에 함유된 천연의 고분자 화합물로, 아세틸글루코사민N-acetyl-D-glucosamine이 β-1,4결합으로 5,000개 이상이 결합되어 있으며, 인체 내에서 소화 흡수되지 않는 동물성 식이섬유라 할 수 있다. 현재 산업적으로 이용되는 키틴은 갑각류 껍질을 분쇄한 후 알칼리 및 산 처리를 연속적으로 실시하여 단백질과 칼슘 위주의 무기질을 제거하여 제조한다. 키틴은 분자 자체 내에 양전하기를 가지고 있지 않아 기능성이 거의 없어 주로 키토산과 키토올리고당의 제조 원료로 사용된다.

② 키토산

키토산은 키틴을 탈아세틸화하여 제조한 물질이다. 분자량은 약 1만 이상이며, 양전하를 가진 아미노기가 존재하여 여러 가지 기능성을 나타낸다. 즉, 키토산은 화학적으로 글루코사민glucosamine, 2-amino-2-deoxy-D-glucose이 β-1,4결합된 호모다당류homopolysaccharide이며, 구조는 셀룰로스와 유사한 당 구조를 가지나 기본 단위가 글루코스glucose가 아닌 글루코사민이고, 뼈대에 단백질 구성 성분인 질소를 가지고 있다.

따라서, 키토산은 셀룰로스에 없는 아미노기NH_2를 가지고 있어 양전하H^+를 나타내는 동물성 다당류로 다양한 기능성을 나타낸다. 일단 물에 녹지 않으나 유기산(개미산, 아세트산, 젖산, 아스코브산 등)에 잘 녹는다. 이와 같이 물에 대한 용해도가 낮아서 식품에 직

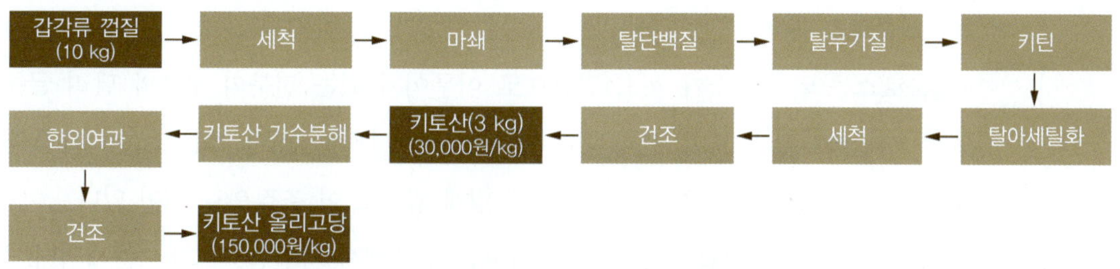

그림 2-8 키틴, 키토산 및 키토산 올리고당의 제조 공정

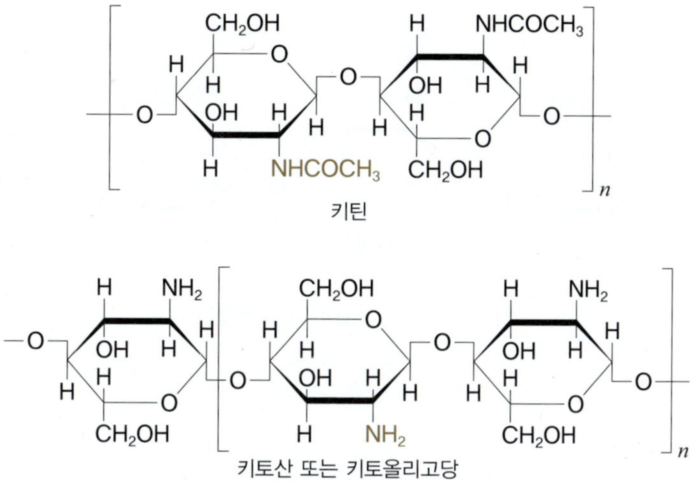

키틴

키토산 또는 키토올리고당

그림 2-9 키틴질의 구조

접 응용하기 어렵고, 주로 효소나 산으로 가수분해한 다음 키토올리고당의 형태로 만들어 이용한다.

③ 키토올리고당

키토올리고당은 키토산을 소재로 유기산이나 효소로 가수분해하여 분자량을 1만 이하가 되도록 만든 저분자 키토산이며, 일반적으로 분자량은 200~3,000 범위이다. 키토올리고당은 콜레스테롤에 흡착하여 배출하며, 항균 작용, 장내 유산균 증식 작용, 면역 기능 및 항암 작용에 활용된다.

키토올리고당은 여러 가지 건강 기능 효과가 고분자 키토산(분자량이 1만~10만 범위)보다는 약한 편이나, 분자량이 작아 물에 용해되기 쉽고, 점도도 약하여 식품산업에서 응용하기 용이하므로 다방면에 이용되고 있다.

④ **셀룰로스**

셀룰로스는 글루코스가 α-1,4결합으로 이루어져 있는 전분의 구조와 달리 글루코스가 β-1,4결합되어 있으며, 분자량은 약 100만에 달하는 직선상의 고분자 화합물이다. 셀룰로스는 고등식물의 주요 구조물인데 멍게 껍질도 이 조직으로 되어 있다.

셀룰로스는 β-1,4결합이 수분이 존재하는 상태에서 가열할 때 가수분해되며, 산, 알칼리 또는 셀룰로스 가수분해효소cellulase에 의하여 쉽게 가수분해되어 β-글루코스를 얻을 수 있다.

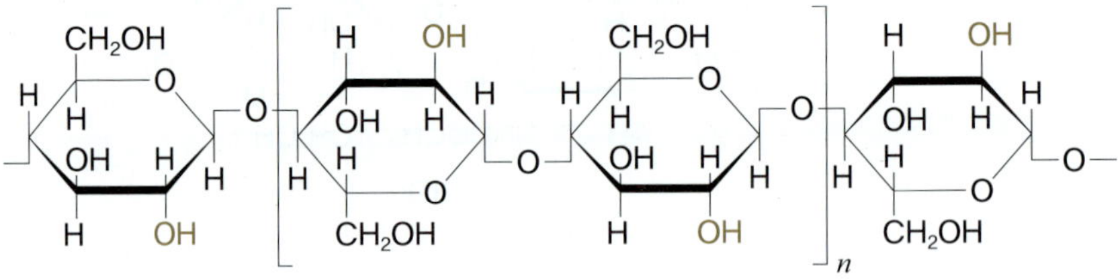

그림 2-10 셀룰로스 구조

5) 무기질

무기질은 식품을 태운 후에 남은 재의 성분으로, 회분이라고도 한다. 무기질은 에너지원은 아니지만 인체를 구성하고, 생리 작용을 조절하는 중요한 영양소이다. 체내에서 합성되지 않아 반드시 음식으로 섭취하여야 한다. 무기질은 우리 몸에서 4%를 차지하며, 하루에 필요한 양에 따라 다량 무기질과 미량 무기질로 구분한다.

표 2-7 다량 무기질과 미량 무기질의 비교

무기질	함량	역할	종류
다량	100 mg 이상	골격을 유지하는 등 신체에서 다양한 역할을 하는 중요 필수영양소	칼슘, 인, 나트륨, 칼륨, 염소, 마그네슘 및 황 등
미량	100 mg 미만	생명을 유지하기 위한 필수영양소	철, 요오드, 아연 등

(1) 다량 무기질

골격을 유지하는 등 신체에서 다양한 역할을 하는 중요 필수영양소로, 하루에 100

mg 이상을 필요로 하는 칼슘Ca, 인P, 나트륨Na, 칼륨K, 염소Cl, 마그네슘Mg, 황S 등이 있다. 다량 무기질의 함량은 총무기질 함량의 60~80% 범위이다.

표 2-8 다량 무기질의 종류 및 기능

무기질	기능	결핍 작용
나트륨	• 수분 평형 • 삼투압 조절 • 산과 알칼리의 균형 유지	거의 발생하지 않음
칼륨	• 삼투압 조절 • pH 조절 • 근육 이완 • 나트륨이온의 배출	• 식욕 감퇴 • 근육 경련 • 발작 • 심장박동 불규칙
칼슘	• 골격과 치아의 주요 구성 성분 • 근육 수축 • 근육에 신경 자극 전달 • 혈액 응고	• 구루병 발병 • 근육통, 근육 경련 • 손과 발이 저린 현상
인	• 골격과 치아의 구성 성분 • 에너지의 저장 및 이용에 관여 • 인지질의 구성 성분 • 혈액과 세포 내에서 완충 작용	거의 발생하지 않음
마그네슘	• 칼슘, 인과 함께 골격 구성 • 에너지 대사 과정에 필요한 효소 활성화 • 신경 안정 • 근육 이완 작용	거의 발생하지 않음
염소	• 세포외액의 수분 평형, • 삼투압 조절 및 완충 작용 • 트립신의 활성화 기여	거의 발생하지 않음
황	• 콜라겐과 케라틴 형성 • 산과 알칼리의 균형 • 페놀류, 크레졸류 등 독성물질의 배설	빈혈, 머리카락 성장 저해

① 나트륨

나트륨은 체액과 조직 사이의 삼투압을 조절하여 수분 평형, 혈장과 체액의 산, 알칼리 균형을 유지하고, 근육의 이완작용 등을 한다. 수산물의 나트륨 함량은 어류가 갑각류나 연체류보다 낮은 경향을 띤다.

일반적으로 나트륨은 모든 식품에 함유되어 있어 결핍 증세는 거의 나타나지 않으나, 과다 섭취하는 경우 고혈압과 부종이 나타날 수 있고 심장병과 신장병의 원인이 되므로 주의하여야 한다.

② 칼륨

칼륨은 세포내액의 삼투압 조절, pH 조절, 근육 이완, 나트륨이온의 배출 등의 작용을 하고 있다. 칼륨은 섭취가 부족할 경우 식욕 감퇴, 근육 경련, 발작 등이 일어나고 심장박동이 불규칙할 수도 있다.

수산물 100 g당 칼륨 함량은 어류, 갑각류, 연체류에 200~400 mg 범위로 함유되어 있으며, 대체로 패류가 어류, 두족류, 갑각류에 비하여 낮은 편이다. 수산물의 칼륨 함량은 축육류와 유사한 정도이다.

③ 칼슘

칼슘은 골격과 치아의 주요 구성 성분이며, 근육의 수축, 근육에 신경 자극 전달, 혈액 응고 작용 등에 관여한다. 칼슘은 인체 내에 가장 많이 들어 있는 무기질로 99%가 골격과 치아를, 1%가 체액과 연조직을 구성하고 있다. 섭취가 부족할 경우 구루병, 근육통, 근육 경련, 손발 저림 등이 나타난다.

수산물의 칼슘 함량은 일반적으로 어류와 두족류가 패류와 갑각류보다 낮으나, 뼈째 먹는 멸치, 껍질째 먹는 잔새우 등의 칼슘 함량은 매우 높다. 수산물의 칼슘은 대부분 머리, 뼈, 지느러미, 비늘 등에 많이 함유되어 있으며, 축육류의 칼슘 함량보다 대체로 높은 경향을 보인다.

④ 인

인은 골격과 치아의 구성 성분이며, 에너지 대사 과정에서 에너지의 저장 및 이용에 관여한다. 인지질의 구성 성분이며 혈액과 세포 내에서 산과 알칼리의 평형을 조절하는 완충 작용을 한다. 인체 내에는 칼슘 다음으로 많은 무기질이다. 수산물과 그 가공품을 비롯하여 모든 식품에 많이 함유되어 있어 결핍증은 거의 나타나지 않는다. 오히려 지나치게 많이 섭취할 경우 칼슘과 인의 균형이 깨져 뼈가 약해질 우려가 있다.

수산물 100 g당 인 함량은 150~300 mg 범위로 함유되어 있고, 근육에 약 35%가 존재한다. 이는 축육류와 비교하면 유사한 수준이다.

⑤ 마그네슘

마그네슘은 칼슘, 인과 함께 골격과 치아를 구성하며, 에너지 대사 과정에 필요한 효소를 활성화시키는 중요한 역할을 한다. 신경전달물질인 아세틸콜린의 분비를 감소시키고 분해를 촉진하여 신경을 안정시키며, 근육 이완 작용을 한다.

마그네슘은 어류를 비롯하여 녹색채소, 견과류, 도정하지 않은 곡류, 콩류, 축육 등에 많이 함유되어 있어 결핍증은 드문 편이다.

⑥ **염소**

염소는 세포외액에 음이온으로 존재하면서 세포외액의 수분 평형, 삼투압 조절 및 완충 작용을 할 뿐만 아니라 위액의 염산 성분으로서 트립신trypsin의 활성화에도 기여한다.

일반적으로 염소는 식염의 구성 성분이어서 결핍 증세는 거의 나타나지 않는다.

⑦ **황**

황은 인체의 콜라겐과 손톱, 발톱 등에 함유되어 있는 케라틴의 형성, 산과 알칼리의

표 2-9 수산동물 가식부의 무기질 함량

(단위 : mg/100 g)

수산동물		무기질 함량				
		나트륨(Na)	칼륨(K)	칼슘(Ca)	인(P)	철(Fe)
어류	가다랑어	44	410	10	270	1.9
	연어	95	330	14	210	0.9
	고등어	80	300	22	160	1.5
	상어	100	450	6	200	1.0
	대구	130	430	42	170	0.6
	광어	160	420	15	200	0.5
	방어(양식)	37	410	7	300	1.3
	인도다랑어	50	420	5	280	2.0
	정어리	360	340	70	200	1.7
패류	바지락	400	230	80	180	7.0
	굴	280	230	55	130	3.6
	백합	500	250	140	110	5.1
	큰가리비	250	310	49	170	1.0
두족류	오징어	200	290	18	170	0.2
갑각류	꽃게	320	380	60	170	2.0
	대게	350	290	90	170	0.5
	닭새우	130	380	70	250	1.0
	보리새우	140	450	50	260	0.8

균형, 페놀류와 크레졸류 등 독성물질과 결합하여 비독성물질로 전환하며 소변으로 배설되게 하는 기능을 한다.

황은 인체에서 이온의 형태가 아닌 황 함유 아미노산인 메티오닌, 시스테인, 시스틴의 구성 성분으로 함유되어 있어서 단백질이 풍부한 수산동물을 비롯하여 축육류, 달걀, 콩류, 우유 등에 다량 함유되어 있다.

(2) 미량 무기질

미량 무기질은 생명을 유지하기 위한 필수영양소로 하루에 100 mg 미만을 필요로 한다. 주요 미량 무기질은 철Fe, 요오드I, 아연Zn 등이 있다.

표 2-10 미량 무기질의 종류 및 기능

무기질	기능	결핍 증상
철	• 헤모글로빈과 미오글로빈의 구성 성분 • 세포와 근육에 산소를 공급하거나 축적	• 빈혈
요오드	• 체온 유지 • 기초 대사율 조절	• 갑상샘종
아연	• 효소 구성 성분 • 정상적인 성장과 상처 회복에 관여 • 감각기관의 정상적 기능에 기여	• 성장 장애 • 피부염 • 미각의 퇴화

① 철(Fe)

철은 혈액색소인 헤모글로빈과 근육색소인 미오글로빈의 구성 성분으로, 세포와 근육에 산소를 공급하거나 축적하는 역할을 한다.

수산물 100 g에는 대체로 패류, 붉은살생선 등에 철의 함유량이 높은 편으로 0.2~6.0 mg 범위로 함유되어 있다. 흰살생선, 두족류 및 갑각류 등은 1.0 mg 이하로 함유되어 있으며 조직 전체에 넓게 분포되어 있다.

철의 흡수율은 수산물을 비롯한 동물성 식품이 식물성 식품에 비하여 높다. 일상 식품에서 철의 보급원은 섭취 빈도까지 고려한다면 곡류로 만든 가공식품, 콩류 및 진한 녹색 채소 등도 무시할 수 없다. 섭취가 부족할 경우 적혈구 수가 감소하여 혈액으로 운반되는 산소량이 줄어 빈혈이 발생할 수 있다.

② **요오드**

요오드는 체온 유지를 위한 열을 생산하고, 기초 대사율을 조절하는 기능을 가지며, 70~80%는 갑상샘호르몬인 티록신thyroxine의 구성 성분이다. 김, 미역, 다시마와 같은 해조류에 다량 함유되어 있으며, 어류에도 일부 함유되어 있어 수산물은 요오드의 주요 공급원이다. 요오드는 섭취가 부족할 경우 요오드 결핍 증세가 발생하며, 대표적 질병은 갑상샘이 비대해지는 갑상샘종이다. 과다 섭취하는 경우 갑상샘 기능 항진으로 기초 대사율이 증가하여 자율신경계 장애를 유발한다.

③ **아연**

아연은 인체 내에서 효소의 구성 성분이며, 정상적인 성장과 상처 회복을 돕고 면역 작용을 한다. 또 미각이나 후각 등 감각기관이 정상적으로 기능하도록 돕는다. 아연은 굴, 새우와 같은 수산물과 쇠고기, 달걀, 우유 등의 축산물 식품에 많이 함유되어 있으며, 섭취가 부족할 경우 성장 장애, 피부염 및 미각의 퇴화 등이 발생한다.

6) 비타민

비타민은 신체에서 매우 적은 양을 필요로 하지만 정상적인 성장과 발달, 건강 유지에 반드시 필요한 영양소이다. 대부분의 비타민은 체내에서 합성되지 않으므로 반드시 음식으로 섭취하여야 한다. 적절한 비타민의 섭취는 만성적인 질병과 결핍증을 예방할 수 있다.

비타민은 물에 녹는 수용성 비타민과 기름에 녹는 지용성 비타민으로 나뉜다.

표 2-11 지용성 비타민과 수용성 비타민의 비교

비타민	정의	결핍증	과잉 독성	종류
지용성 비타민	기름에 녹는 비타민	배설되지 않고 체내에 저장되어 결핍증이 잘 나타나지 않음	나타남	비타민 A, D, E, K 등
수용성 비타민	물에 녹는 비타민	체내에 저장하지 않고, 배설되어 결핍증이 잘 나타남	거의 나타나지 않음	비타민 B 복합체, 비타민 C

(1) 지용성 비타민

지용성 비타민으로는 비타민 A, 비타민 D, 비타민 E, 비타민 K 등이 있다. 지용성 비타

민은 배설되지 않고 체내에 저장되므로 섭취량이 지나치게 많으면 과잉 증세가 나타난다.

표 2-12 지용성 비타민의 기능 및 결핍 증상

비타민	기능	결핍증
비타민 A	• 야맹증 개선	야맹증, 안구건조증
비타민 D	• 칼슘의 소장 흡수 개선 • 칼슘 배설 억제	구루병, 골연화증, 골다공증
비타민 E	• 산화방지 작용 • 면역 강화 • 심혈관 질환 예방 • 노화 억제	근육 통증
비타민 K	• 혈액 응고	혈액 응고

① 비타민 A

비타민 A는 어두운 곳에서 물체를 볼 수 있는 야맹증 개선 기능을 하여 결핍되는 경우 야맹증과 안구건조증이 일어난다. 과다 섭취할 경우 두통, 구토, 설사, 뼈의 통증, 기형아 출산 등이 발생할 수 있으나, 동물의 간이나 간유를 지속적으로 섭취하는 경우가 아니라면 과잉증은 잘 나타나지 않는다.

어류의 비타민 A는 일반적으로 간에 많이 함유되어 있고 근육에는 적은 편이나, 칠성장어의 경우 15,000~80,000 IU 범위, 뱀장어가 700~12,000 IU 범위, 곱상어가 1,000~5,000 IU 범위, 은대구가 6,300 IU 정도가 근육에 함유되어 있다.

표 2-13 어종별 비타민 A의 함량

간			근육		
어종	지질 함량 (%)	비타민 A 함량 (1,000 IU/g 간유)	어종	지질 함량 (%)	비타민 A 함량 (1,000 IU/g 간유)
귀상어	30~40	30~120	칠성장어	-	15~80
청어	3~5	30~60	뱀장어	-	0.7~12
뱀장어	3~14	0.2~54	곱상어	-	1~5
가다랑어	4~6	30~60	은대구	-	6.3
돗돔	11~25	81~650			
대구	7~58	0.4~650			

② 비타민 D

비타민 D는 칼슘의 소장 흡수를 돕고, 배설 억제 기능을 한다. 햇빛으로부터 합성되는 것이 주요 급원이지만, 햇빛을 충분히 받지 못하는 경우 식품으로부터 섭취하여야 한다. 비타민 D가 결핍될 경우 어린이는 구루병, 어른은 골연화증이나 골다공증 등이 나타난다.

비타민 D는 어류의 경우 주로 간에 많이 함유되어 있고 근육에는 적은 편이다. 근육에는 정어리, 가다랑어, 방어, 꽁치, 고등어 같은 붉은살생선이 흰살생선보다 많다. 연골어류, 연체류, 갑각류에도 적다.

표 2-14 어종별 간의 비타민 D 함량

어종	지질 함량 (%)	비타민 D 함량 (IU/g 간유)	어종	지질 함량 (%)	비타민 D 함량 (IU/g 간유)
펜두상어*	30	13	날개다랑어	7~20	25,000~250,000
곱사연어	3~6	100~600	황새치	3~35	2,000~2,500
고등어	-	1,400~5,400	대구	12~45	85~500

*연골어류

③ 비타민 E

비타민 E는 산화방지 작용에 의한 활성산소의 무력화, 면역 강화, 심혈관 질환 예방, 노화 억제 등의 기능을 한다. 비타민 E는 산소, 금속, 빛 등에 쉽게 파괴된다. 비타민 E는 식품에 널리 분포되어 있으며 인체에 저장되므로 결핍되는 경우가 적으나, 부족할 경우 근육 통증이 나타난다.

수산물의 경우 비타민 E는 뱀장어, 보리새우 및 소라 등에 함유량이 높다. 일반적으로 섭취량의 약 30~50% 정도가 흡수되며, 식이지방과 같이 섭취하면 흡수율은 올라간다.

표 2-15 수산동물 가식부의 총 토코페롤 함량과 동족체의 조성

수산동물	총 토코페롤 (mg/100 g)	동족체의 조성(%)			
		α	β	γ	δ
고등어	0.89	98.8	0.3	0.4	0.5
정어리	0.61	96.8	0.6	1.9	0.7

표 2-15 수산동물 가식부의 총 토코페롤 함량과 동족체의 조성(계속)

수산동물	총 토코페롤 (mg/100 g)	동족체의 조성(%)			
		α	β	γ	δ
은어	3.98	98.1	0.7	1.2	0
잉어	0.55	78.4	3.7	13.6	4.3
곤들메기	0.69	70.2	8.1	19.4	2.3
뱀장어	3.16	99.5	0	0.5	0
소라	1.44	95.5	0.9	1.6	2.0
피조개	0.38	83.1	0	7.3	9.6
큰가리비	0.51	87.3	0	5.7	7.0
화살오징어	1.03	97.9	0	2.1	0
보리새우	2.02	98.6	0	1.4	0

④ 비타민 K

비타민 K는 혈액 응고 기능을 가지고 있다. 건강한 사람에게 결핍증은 거의 없으나, 결핍이 되는 경우 혈액 응고가 잘되지 않는다.

비타민 K는 수산물의 경우 붉은살생선과 김 같은 해조류에 풍부하게 함유되어 있다. 붉은살생선 외에 축육류, 달걀 등과 같은 동물성 식품과 김, 녹색채소, 콩, 과일, 곡류 등과 같은 식물성 식품에 풍부하게 함유되어 있다. 장내 미생물에 의해 합성되며, 조리 과정에서 손실도 적은 편이다.

(2) 수용성 비타민

수용성 비타민은 신장을 통하여 쉽게 배설되므로 결핍 증상이 빠르게 나타나 매일 섭취하여야 한다. 또한, 물에 쉽게 용해되므로 조리 과정에서 손실이 크다.

① 비타민 B_1

티아민thiamine이라고도 하며, 탄수화물의 에너지 생산 과정에서 보조효소 기능과 신경전달물질인 아세틸콜린의 합성 과정에서 보조효소 기능을 한다. 결핍될 경우 신경 장애, 피로, 식욕 부진, 신장 및 간 기능의 저하, 심장 장애 등이 발생한다.

어류의 티아민 함량은 근육보다 간에 많고, 근육 중에는 붉은살생선에서 붉은살이 흰살보다 많으나 흰살생선에서는 흰살과 붉은살의 차이가 적다.

표 2-16 수용성 비타민의 기능 및 결핍 증상

비타민	기능	결핍증
티아민	• 에너지 생산 • 신경전달물질인 아세틸콜린 합성의 보조효소	신경 장애, 피로, 식욕 부진, 신장 및 간 기능 저하, 심장 장애 등
리보플라빈	• 에너지 생산의 보조효소	구각염, 구순염, 설염, 지루성 피부염, 안구건조증 등
나이아신	• 탄수화물, 단백질, 지질 대사 • 에너지 생산의 보조효소	피부염, 설사, 우울증, 펠라그라 등
비타민 B_6	• 단백질 대사의 보조효소로 작용 • 신경전달물질의 합성 • 헤모글로빈 합성	구토, 빈혈, 피부염, 우울증, 두통, 신경 장애 등
엽산	• 유전전달물질과 신경전달물질의 합성 보조효소로 작용 • 적혈구 생성	빈혈, 설염, 설사, 성장 장애, 정신적 혼란, 신경 이상 등
비타민 B_{12}	• 적혈구의 분열과 성장 • 신경계의 정상적 유지 역할 • 엽산의 작용을 돕는 기능	마비와 빈혈 등
비타민 C	• 콜라겐 합성 • 산화방지 • 칼슘과 철의 흡수 촉진	상처 회복 지연, 괴혈병 등

표 2-17 어류의 티아민 함량

(단위 : mg/kg)

어종	근육			간
	전 근육	흰살	붉은살	
고등어	1.8~2.0	0.47	2.56	6.0
가다랑어	2.1	0.61	5.23	16.0
방어	1.5	1.44	4.76	-
가자미	0.8~2.1	0.40	0.35	2.5

자료 : 국립수산과학원, 제8개정판 표준수산물성분표 2018, 2018

② 비타민 B_2

리보플라빈riboflavin이라고도 하며, 생체 내에서 유리형 또는 인산에스테르형(flavin mononucleotideFMN, flavin adenine dinucleotideFAD의 2종이 존재)으로 존재한다. 이는 효소단백과 결합하여 플라빈단백질Flavoprotein로서 탄수화물, 단백질, 지질의 대사에서 보조효소로 작용하며 에너지 생산 과정에서 보조효소 기능을 한다. 결핍 시에 구각염, 구순염, 설염, 지루성 피부염, 안구건조증 등이 발생한다. 어류의 리보플라빈 함량은 붉

은살생선이 흰살생선보다 많다.

표 2-18 어류 근육 중의 리보플라빈 함량

(단위 : mg/100 g)

어종		함량	어종		함량
붉은살생선	고등어	0.46	흰살생선	각시가자미	0.15
	꽁치	0.28		광어	0.12
	멸치	0.26		대구	0.16
	정어리	0.35		명태	0.13
	청어	0.25		부세	0.18

자료 : 농촌진흥청. 2016 제9개정판 국가표준식품성분표 II, 2017

③ 나이아신

나이아신niacin은 비타민 B_3라고도 하며, 자연계에 니코틴아마이드nicotinamide와 공존하고 그 생리작용은 동일하다. 섭취가 부족할 경우 피부, 소화기관, 중추신경에 장애를 일으키고 피부염, 설사, 우울증이 나타나며, 심할 경우 사망에 이르게 하는 펠라그라(나이아신 또는 트립토판 결핍증)가 발생한다.

수산물의 나이아신 함량은 붉은살생선이 흰살생선보다 많고, 패류 또는 두족류는 흰살생선과 비슷하다.

표 2-19 수산물 근육 중의 나이아신 함량

(단위 : mg/100 g)

수산물		함량	수산물		함량	수산물		함량
붉은살 생선	가다랑어	15.3	흰살 생선	각시가자미	4.5	패류	참굴	4.5
	고등어	8.2		감성돔	2.8		지중해담치	3.4
	꽁치	6.4		대구	2.4		재첩	2.6
	멸치	8.8		명태	2.3	두족류	꼴뚜기	2.4
	청어	6.3		부세	3.0		문어	2.2

자료 : 농촌진흥청, 2016 제9개정판 국가표준식품성분표 II, 2017

④ 비타민 B_6

비타민 B_6은 피리독신pyridoxin이라고도 하며, 단백질 대사의 보조효소로 작용하고 신경세포의 신경전달물질을 합성하며, 적혈구에서 헤모글로빈을 합성한다. 모든 식품에 함유되어 있어 결핍 증상은 매우 드문 편이나, 섭취가 부족할 경우 구토, 빈혈, 피부염, 우울증, 두통, 신경장애 등이 발생한다. 수산물의 비타민 B_6 함량은 붉은살생선이 흰살생선보다 많이 함유되어 있다.

표 2-20 어류 근육 중의 비타민 B_6 함량

(단위 : mg/100 g)

어종		함량	어종		함량
붉은살생선	참다랑어	0.013	흰살생선	대구	0
				우럭	0.003
	고등어	0.012		조기	0

자료 : 농촌진흥청, 2016 제9개정판 국가표준식품성분표 II, 2017

⑤ 엽산

엽산folic acid은 프테리딘pteridine, 파라-아미노벤조산*p*-aminobenzoic acid, 글루탐산glutamic acid이 1개씩 결합한 물질로, 세포 내에서 유전전달물질을 합성하고, 뇌에서 신경전달물질을 합성하는 보조효소로 작용하며 적혈구 생성을 돕는다. 부족할 경우 적혈구 생성이 제대로 되지 않아 빈혈이 발생하며, 설염, 설사, 성장 장애, 정신 혼란, 신경 이상 등이 나타난다.

수산물의 엽산 함량은 갑각류가 가장 많고, 다음으로 패류, 어류의 순이며, 두족류는 흰살생선과 유사하다. 어류의 엽산 함량은 붉은살생선이 흰살생선보다 많다.

표 2-21 수산물 근육 중의 엽산 함량

(단위 : μg/100 g)

수산물		함량	수산물		함량
붉은살생선	고등어	24	패류	굴	33
	참다랑어	13		꼬막	30
흰살생선	광어	10		바지락	32
	볼락	5	두족류	낙지	9
	조기	3			
갑각류	흰다리새우	40		오징어	11

자료 : 농촌진흥청, 2016 제9개정판 국가표준식품성분표 II, 2017

⑥ **비타민 B_{12}**

비타민 B_{12}는 코발라민cobalamin이라고도 한다. 구조식이 대단히 복잡하며 특징적으로 중심부에 코발트Co를 가지고 있어 적색을 띤다. 적혈구의 분열과 성장에 관여하고, 신경계를 정상적으로 유지하는 역할을 하며, 엽산의 작용을 돕는다. 섭취가 부족할 경우 신경계 손상으로 마비가 발생하거나 적혈구가 정상적으로 성장하지 못해 빈혈이 나타난다.

비타민 B_{12}는 동물성 식품에만 함유되어 있으므로 수산동물에도 많이 함유되어 있다. 비타민 B_{12} 함량은 패류가 가장 많고, 어류는 붉은살생선이 흰살생선보다 많다.

표 2-22 수산물 근육 중의 비타민 B_{12} 함량

(단위 : μg/100 g)

수산물		함량	수산물		함량
붉은살생선	고등어	10.94	패류	가리비	22.90
	참다랑어	1.66		굴	28.41
흰살생선	광어	1.06		꼬막	45.90
	대구	0.54		바지락	74.01
	볼락	0.67	두족류	낙지	0.75
갑각류	꽃게	4.30		오징어	4.37
	흰다리새우	1.04			

자료 : 농촌진흥청, 2016 제9개정판 국가표준식품성분표 II, 2017

⑦ **비타민 C**

비타민 C는 아스코브산ascorbic acid이라고도 하며, 강한 환원력을 가지고 있고 산화되면 데하이드로아스코브산dehydroascorbic acid으로 된다. 천연물에 존재하는 것은 대부분 유리형이다. 일부 식품 가공품에서는 비타민 C를 항산화제로 사용하는데 이는 D-이소아스코브산D-isoascorbic acid으로, 에리토브산erythorbic acid이라고 한다. 에리토브산의 비타민 C 생리 효과는 L-아스코브산L-ascorbic acid의 약 1/20 정도이다.

비타민 C는 콜라겐을 합성하고, 산화 억제능이 있으며, 칼슘과 철의 흡수를 촉진하는 기능을 한다. 섭취가 부족할 경우 콜라겐 합성의 지연으로 상처회복이 지연되며, 괴혈병이 발병하기도 한다.

어류에서 비타민 C는 일반적으로 난소와 뇌에 많이 함유되어 있고, 근육과 간의 경우 이들보다 함량이 낮다. 비타민 C는 열, 산소 등에 쉽게 파괴되므로 가공 과정에서 유의하여야 한다.

2. 엑스 성분 및 맛 성분

1) 엑스 성분

수산물 또는 수산가공품을 잘게 썰어서 물이나 열수로 추출하면 여러 가지 수용성 성분이 추출된다. 이 추출액에서 단백질, 지질, 색소 및 기타 고분자 화합물을 제거한 나머지 성분을 엑스 성분extractives이라고 한다.

이들 수산물 또는 수산가공품의 엑스 성분은 구성 성분의 질소 함유 여부에 따라 질소 함유 엑스 성분nitrogeneous extractives과 무질소 엑스 성분nitrogen-free extractives으로 분류할 수 있다. 질소 함유 엑스 성분에는 유리아미노산, 저분자 펩타이드(올리고펩타이드), 핵산 관련 물질, 베타인betaine, 트리메틸아민옥사이드trimethylamine oxide, TMAO, 요소urea 등이 있으며, 무질소 엑스 성분에는 유기산, 당류, 무기질 등이 있다.

수산물의 맛은 일반적으로 엑스 성분이 많을수록 진하게 느껴진다. 한편, 수산물 또는 수산가공품의 맛 성분 함량은 질소 함유 엑스 성분이 대부분이다.

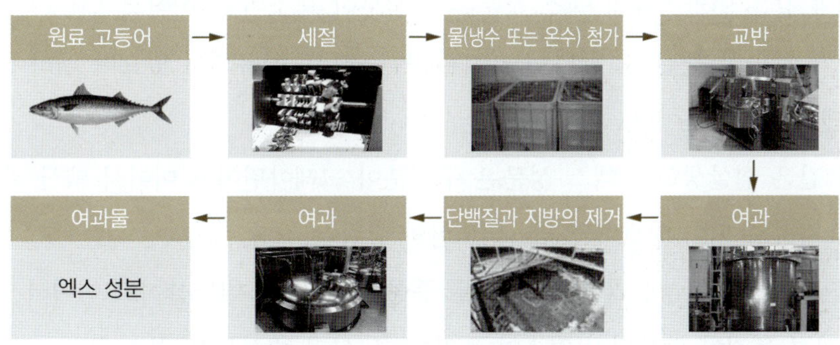

그림 2-11 엑스 성분의 제조 공정

표 2-23 수산동물 엑스 성분의 분류 및 종류

대분류	소분류	관련 물질
엑스 성분	질소 함유 엑스 성분	• 유리아미노산 • 저분자 펩타이드 • 핵산 관련 물질 • 베타인(betaine) • 구아니디노 화합물(guanidino compound) • TMAO(trimethylamine oxide) • 요소(urea) 등
	무질소 엑스 성분	• 유기산 • 당류 • 무기질 등

(1) 질소 함유 엑스 성분

① 수산동물의 종류별 질소 함유 엑스 성분의 특성

수산동물의 엑스 성분 함량은 갑각류가 10~12% 범위로 가장 많고, 연체류가 7~10% 범위, 어류가 1~5% 범위로 뒤를 잇는다. 어류는 연골어류 > 경골어류, 붉은살생선 > 흰살생선이고, 붉은살생선 내에서는 흰살 > 붉은살이며, 흰살생선과 상어류는 흰살과 붉은살의 함량이 유사하다.

a. 어류

악상어와 같은 연골어류의 엑스 성분은 주성분이 요소이고, 이어서 TMAO, 크레아틴creatine, 핵산 관련 물질 및 펩타이드peptide의 순으로 함유되어 있으며 펩타이드의 대부분은 앤서린anserine이다.

참돔과 같은 흰살생선의 엑스 성분은 주성분이 크레아틴이고 이어서 핵산 관련 물질 및 TMAO가 함유되어 있으며 유리아미노산의 함량은 적다.

고등어 같은 붉은살생선의 엑스 성분은 주성분이 유리아미노산이고 이어서 크레아틴 및 핵산 관련 물질이 함유되어 있으며 유리아미노산의 주성분은 히스티딘histidine이다.

b. 갑각류

보리새우, 대게와 같은 갑각류의 엑스 성분은 유리아미노산이 주성분이고, 이어서 TMAO, 베타인 등이 함유되어 있으며, 유리아미노산이 전체 엑스 성분의 70~80% 범위를 차지한다.

표 2-24 수산동물의 총질소 함량 및 엑스 성분의 질소 함량

수산동물		총질소(A) (mg/100 g)	엑스 성분 질소(B) (mg/100 g)	B/A (%)
어류	악상어	3,840	1,450	37.8
	별상어	3,820	1,410	36.9
	노랑가오리	3,040	1,280	42.1
	가다랑어	3,720	735	19.8
	꽁치	3,810	599	15.7
	고등어	3,490	509	14.6
	전갱이	3,070	354	11.5
	참돔	3,410	389	11.4
	쥐치	2,960	340	11.5
	용가자미	2,910	356	12.4
	잉어	2,840	346	12.6
	숭어	3,670	321	8.7
	뱀장어	2,310	290	12.6
두족류	창오징어	3,370	884	26.2
	살오징어	2,900	728	25.1
패류	키조개	3,700	787	21.3
	소라	3,010	507	16.8
	전복	2,280	506	22.2
	백합	2,010	450	22.4
	바지락	2,000	429	21.5
	굴	1,310	311	23.7
갑각류	닭새우	3,150	803	25.5
	보리새우	3,730	766	20.5
	왕게	2,620	863	32.9
	대게	2,960	618	20.9
	꽃게	2,660	564	21.2

자료 : 박영호·장동석·김선봉, 수산가공이용학, 형설출판사, 1995

c. 두족류

오징어와 같은 두족류의 엑스 성분은 유리아미노산이 많이 함유되어 있지만, 이외에도 TMAO, 옥토파인octopine의 함량도 높은 편이다.

② 질소 함유 엑스 성분의 구성 성분

a. 유리아미노산

수산물의 엑스 성분 중 매우 중요한 성분 중의 하나가 유리아미노산이다. 유리아미노산은 단백질을 구성하는 구성 아미노산이 유리된 것뿐만이 아니라 단백질의 구성에 관여하지 않는 타우린taurine, 베타-알라닌β-alanine, 사코신sarcosine, 알파-아미노-n-부티르산α-amino-n-butyric acid, 시트롤린citrulline 등도 포함된다.

수산물의 유리아미노산 함량은 새우, 게, 패류 등의 무척추동물에 많다. 무척추동물의 주요 유리아미노산은 타우린, 글리신glycine, 프롤린proline, 아르지닌arginine이지만, 새우류는 글리신의 함량이, 전복은 타우린의 함량이 특히 많다.

어류의 주요 유리아미노산은 가다랑어, 전갱이 등과 같은 붉은살생선의 경우 히스티딘이고, 참돔, 넙치, 복어 등의 흰살생선은 타우린이다.

한편, 어류 100 g당 히스티딘 함량은 회유성 어류인 다랑어류가 700~1,800 mg 범위이며, 고등어, 멸치 등과 같은 붉은살생선과 전갱이 등과 같은 중간색 어류의 경우 200~750 mg 범위이고, 참돔, 광어 등과 같은 흰살생선은 10 mg 이하이나, 동일 어체에서는 흰살이 붉은살보다 함량이 많다. 어류의 유리아미노산 중 타우린은 어종에 관계없이 함유되어 있다. 참돔과 같은 흰살생선 100 g은 120~140 mg 범위로 높은 편이나, 붉은살생선은 10~110 mg 범위로 낮다. 어류의 부위별 함유량은 붉은살에 많이 함유되어 있는 반면 흰살에는 적다.

b. 올리고펩타이드

수산물의 엑스 성분은 추출물에서 고분자 화합물을 제거함으로써 질소 화합물 중 고분자 화합물인 단백질이 제거되나 이보다 저분자 화합물인 올리고펩타이드oligo-peptide가 존재하게 된다.

수산물의 엑스 성분에 함유되어 있는 올리고펩타이드는 트리펩타이드인 글루타티온glutathione, γ-L-glutaminyl-L-cysteinyl-glycine, 디펩타이드인 카노신carnosine, β-alanyl-L-histidine, 앤서린anserine, β-alanyl-π-methylhistidine, 발레닌balenine 또는 오피딘ophidine, β-alanyl-τ-methylhistidine이다. 이 중 디펩타이드는 모두 이미다졸imidazole 고리를 가진 이미다졸 화합물에 속하고, 히스티딘 또는 히스티딘 메틸 유도체, 즉 π- 또는 τ-methyl-histidine과 베타-알라닌이 결합한 것이라서 히스티딘 관련 물질이라고 한다.

표 2-25 수산동물 근육의 유리아미노산 함량

(단위 : mg/100 g)

아미노산	흰살생선		붉은살생선					패류			갑각류		
	참돔	검복	방어	고등어	전갱이	멸치	가다랑어	전복	바지락	가리비	보리새우	닭새우	게
Tau	138	123	51	17	75	106	50	946	664	784	150	68	243
Asp	흔적량	1	1	-	1	흔적량	1	9	21	4	+	+	10
Thr	3	10	9	19	15	7	8	82	13	16	13	6	14
Ser	3	4	9	2	3	3	5	95	24	8	133	107	17
Pro	2	13	2	-	6	18	8	83	16	51	203	116	327
Glu	5	4	12	1	13	16	9	109	103	140	34	7	19
Gly	12	20	11	2	10	8	9	174	329	1,925	1,222	1,078	623
Ala	13	22	24	10	21	31	23	98	130	256	43	42	187
Val	3	2	4	+	6	10	9	37	14	8	17	19	30
Cys	-	-	-	-	-	1	-	-	5	8	+	+	-
Met	+	흔적량	3	1	1	4	5	13	11	3	12	17	19
Ile	3	2	3	1	1	6	6	18	10	2	9	17	29
Leu	4	3	5	2	5	10	10	24	20	3	13	12	30
Tyr	2	2	5	2	1	4	4	57	16	-	20	11	19
Phe	2	1	3	9	1	3	4	26	20	2	7	6	17
β-Ala	-	흔적량	-	3	-	-	-	-	-	-	-	-	-
Orn	흔적량	27	-	3	5	1	-	-	-	-	-	-	-
Lys	11	128	42	66	54	27	33	76	25	5	52	21	25
His	4	1	1160	754	289	481	1,340	23	9	2	16	13	8
Trp	-	-	-	-	-	-	-	20	-	-	+	+	10
Arg	2	2	1	10	3	3	흔적량	299	94	323	902	674	579
합계	207	365	1,345	902	510	739	1,524	2,189	1,524	3,540	2,846	2,214	2,206

표 2-26 수산물 엑스 성분에 함유된 주요 올리고펩타이드의 정의, 종류 및 함유 수산물

정의	올리고펩타이드(Oligopeptide)는 2~20개의 아미노산으로 이루어진 펩타이드	
종류/구조식	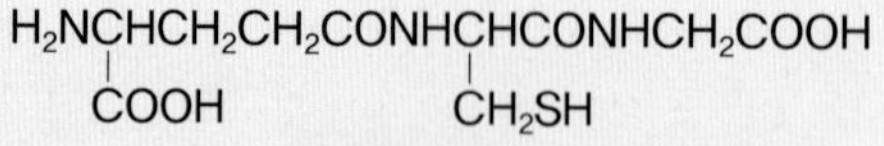 $H_2NCH(COOH)CH_2CH_2CONHCH(CH_2SH)CONHCH_2COOH$ Glutathione (γ-L-Glutaminyl-L-Cysteinyl-Glycine))	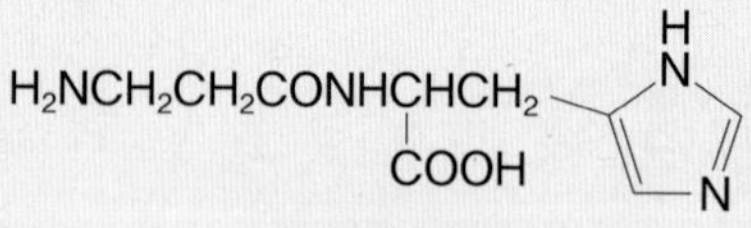 $H_2NCH_2CH_2CONHCH(COOH)CH_2$-(imidazole, N-H) Carnosine (β-Alanyl-L-Histidine)
함유 수산물	명태 등	다랑어류, 장어류, 새치류, 연어류, 고래류
종류/구조식	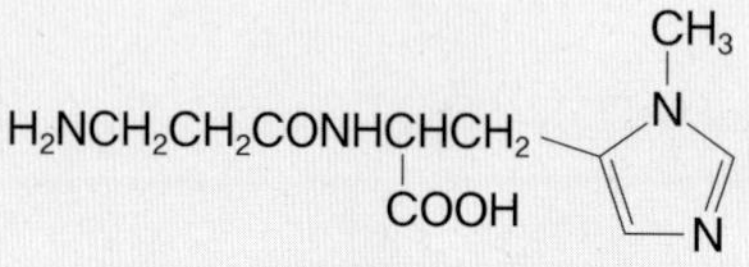 $H_2NCH_2CH_2CONHCH(COOH)CH_2$-(imidazole, N-$CH_3$) Anserine (β-Alanyl-π-Methyl-Histidine	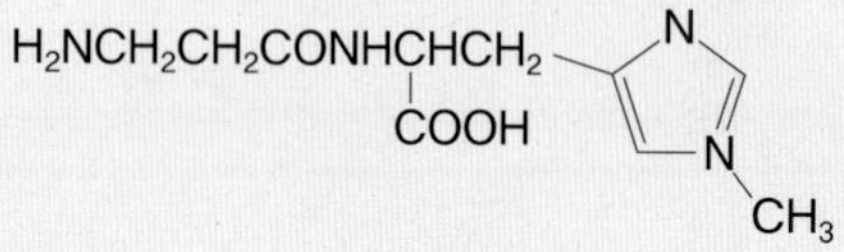 $H_2NCH_2CH_2CONHCH(COOH)CH_2$-(imidazole, N-$CH_3$) Balenine (β-Alanyl-τ-Methylhistidine)
함유 수산물	다랑어류, 새치류, 연어류, 상어류, 고래류	고래류

표 2-27 수산동물 근육 중 카노신, 앤서린 및 발레닌의 함량

(단위 : mg/100 g)

어류	올리고펩타이드 함량			어류	올리고펩타이드 함량		
	카노신	앤서린	발레닌		카노신	앤서린	발레닌
가다랑어	252	559	0	돌가자미	0	0	0
황다랑어	55	234	0	농어	0.1	0	0.4
청새치	130	370	0	잉어	0	0	자료 없음
방어	0	0	0	뱀장어	540	0	0
고등어	흔적량	흔적량	자료 없음	돔발상어	0.4	1,010	0.3
꽁치	0	0	0	노랑가오리	0	2.3	0
정어리	-	흔적량	자료 없음	참고래	134	2.8	1,520
전갱이	흔적량	0	자료 없음	보리고래	131	6.4	1,840
곱사연어	16	408	8	향고래	196	126	3.2
돔	0	1.8	0	돌고래	384	166	766

자료 : 박영호·장동석·김선봉, 수산가공이용학, 형설출판사, 1995

수산물의 엑스 성분에 함유되어 있는 올리고펩타이드 중 카노신은 뱀장어에 특이적으로 많고 고래 고기에도 함유되어 있으며, 앤서린은 가다랑어 및 다랑어류에, 발레닌의 경우 고래류, 특히 수염고래류에 많이 분포한다. 그러나 오징어, 문어, 패류 등의 무척추동물에서는 올리고펩타이드가 거의 검출되지 않는다.

c. 핵산 관련 물질

수산물에 양적으로 많이 함유되어 있는 핵산 관련 물질은 아데노신삼인산adenosine triphosphate, ATP, 아데노신이인산adenosine diphosphate, ADP, 아데노신일인산adenosine monophosphate, AMP, 이노신일인산inosine monophosphate, IMP, 이노신inosine, HxR 및 하이포잔틴hypoxanthine, Hx 등이다.

핵산 관련 물질의 분해는 어획과 같이 운동에 의하여 분해되고, 그 정도가 심할수록 신속하며, 저온 저장에 의해서도 분해가 진행된다. 일반적으로 ATP 분해 경로는 어류와 무척추동물 간에 차이가 있다. 어류의 ATP 분해 경로는 ATP로부터 순차적으로 ADP, AMP, IMP, HxR 및 Hx의 경로를 거치며, 분해산물을 양산한다. 그러나 어류를 제외한 수산 무척추동물의 ATP 분해 경로는 ATP로부터 순차적으로 ADP, AMP로 분

표 2-28 수산동물의 핵산 관련 물질 함량

수산동물		핵산 관련 물질				
		ATP	ADP	AMP	IMP	HxR과 Hx
어류(mg/100 g)	고등어	7	4	7	282	64
	전갱이	14	10	3	272	20
	검복	-	16	2	179	42
	아귀	-	9	5	4	86
	돔	11	6	10	342	15
	홍가자미	8	+	6	+	171
	돌가자미	8	8	10	196	77
	광어	8	-	+	138	74
	별상어	1	11.2	21.3	265	41
	악상어	-	6.5	5.0	112	15.6
	보리고래	58	39	31	108	18
패류(μmole/g)	큰가리비	3.48	1.18	1.56	-	-
	둥근전복	3.48	0.59	0.20	-	-
갑각류(μmole/g)	도화새우	6.61	2.09	0.94	-	-
	털게	5.87	1.75	0.29	-	-
두족류(μmole/g)	왜문어	2.48	1.43	0.67	-	0.68
	오징어	7.48	1.53	0.55	-	0.01

*+ : 흔적량　- : 불검출

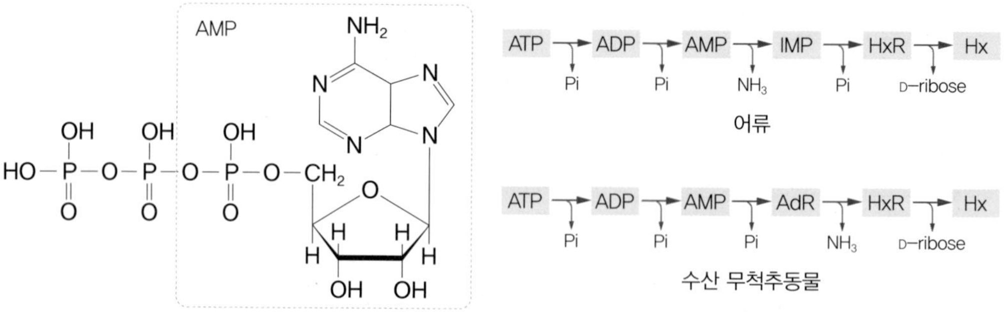

ATP → ADP → AMP → IMP → HxR → Hx (Pi, Pi, NH_3, Pi, D-ribose)

어류

ATP → ADP → AMP → AdR → HxR → Hx (Pi, Pi, Pi, NH_3, D-ribose)

수산 무척추동물

ATP의 구조

일반적인 분해 경로

그림 2-12 ATP의 구조와 분해 경로

해되지만, 어류와는 달리 IMP를 생산하지 않고 바로 아데노신adenosine, AdR으로 되고 이것은 HxR 및 Hx의 분해산물을 양산한다. 따라서, ATP 분해 생성물로 IMP는 어류의 근육에는 존재하나, 수산 무척추동물에는 없는 것이 일반적이다.

하지만, 최근 수산물의 IMP 생성은 어류 외에도 피조개, 굴, 오징어, 새우, 게, 멍게와 같은 다양한 무척추동물에서도 확인된다는 보고가 있다.

d. 베타인

수산동물에 함유되어 있는 베타인은 구조상으로 분류하면 사슬 모양 베타인과 고리 모양 베타인으로 구분된다. 사슬 모양 베타인으로는 글리신 베타인glycine betaine, 베타-알라닌 베타인β-alanine betaine(또는 β-homobetaine), 감마-부티로베타인γ-butyro betaine, 카니틴carnitine 등이 있으며, 고리 모양 베타인으로는 호마린homarine, 트리고넬린trigonelline, 스타키드린stachydrine 등이 있다. 일반적으로 수산동물의 베타인은 글리신 베타인을 의미한다.

e. 구아니디노 화합물

수산물의 엑스 성분에는 구아니디노 화합물, 즉 아르지닌, 크레아틴, 크레아티닌creatinine, 글리코시아민glycocyamine, 타우로시아민 아그마틴taurocyamine agmatine 등이 함유되어 있다. 여기서 구아니디노 화합물은 구아니디노기guanidino group를 가진 화합물을 말한다.

수산물 엑스 성분 중 가장 보편적이고 다량 함유되어 있는 구아니디노 화합물은 크레아틴이다. 크레아틴은 신선 어육에 많이 함유되어 있고, 붉은살보다 흰살에 함유량이

표 2-29 수산동물의 베타인 함량

(단위 : mg/100 g)

수산동물		Glycine betaine	Homarine	Trigonelline
붉은살 생선	가다랑어	45.5	44.7	-
	고등어	41.0	12.4	-
	꽁치	14.4	-	-
	멸치	42.7	23.1	-
	전갱이	19.8	0.6	-
	청어	25.7	6.1	-
흰살생선	광어	38.4	17.5	-
	도다리	39.2	0.8	-
	돌돔	47.5	0.9	-
	명태	81.5	1.9	-
	민어	39.2	3.0	-
	참돔	33.8	4.2	5.0
패류	굴	728.6	65.4	-
패류	바지락	273.9	66.1	-
	지중해담치	715.0	61.8	-
	피조개	824.4	22.8	-
두족류	낙지	454.8	101.1	-
	살오징어	773.9	151.5	-
	화살꼴뚜기	472.8	72.8	4.1
갑각류	꽃게	461.2	128.9	-
	보리새우	314.8	16.2	-
기타	대구 알	8.8	5.5	4.1
	명태 알	8.4	6.7	4.3
	참가자미 알	7.4	3.1	-
	청어 알	8.9	54.5	-

자료 : 국립수산과학원, 제8개정판 표준수산물성분표 2018, 2018

표 2-30 어류의 크레아틴 및 크레아티닌 함량

(단위 : mg/100 g)

어종	부위	구아니디노 화합물	
		크레아틴	크레아티닌
정어리	흰살	444	5
	붉은살	109	1
고등어	흰살	453	6
	붉은살	228	3
전갱이	흰살	446	6
	붉은살	241	3
방어	흰살	497	6
	붉은살	242	3
돔	흰살	439	6
	붉은살	246	3
감성돔	흰살	581	8
	붉은살	249	3
광어	흰살	675	9
말쥐치	흰살	600	8
잉어	흰살	452	6
뱀장어	흰살	341	5

많다. 반면에 크레아티닌은 신선 어육에 소량 함유되어 있지만, 이를 고온에서 가열하면 크레아틴에서 약 30%가 전환되어 다량이 생성된다.

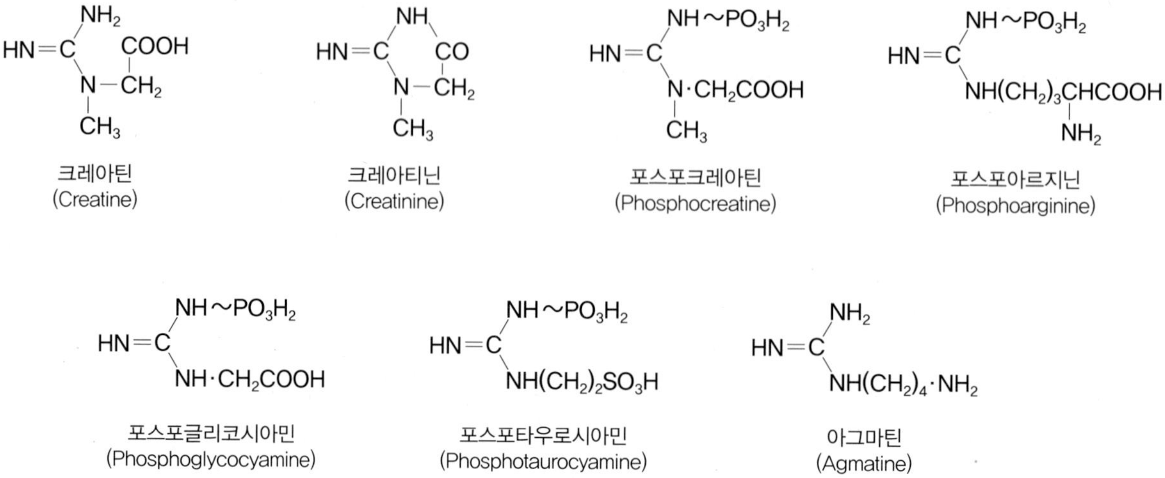

크레아틴
(Creatine)

크레아티닌
(Creatinine)

포스포크레아틴
(Phosphocreatine)

포스포아르지닌
(Phosphoarginine)

포스포글리코시아민
(Phosphoglycocyamine)

포스포타우로시아민
(Phosphotaurocyamine)

아그마틴
(Agmatine)

그림 2-13 구아니디노기 구조식

f. 트리메틸아민옥사이드 및 트리메틸아민

수산동물의 트리메틸아민옥사이드TMAO 함량은 해수산 > 담수산 또는 기수산이고, 연골어류 > 경골어류이며, 경골어류 중에서는 대구류에 많이 함유되어 있다. 연체류 중에서는 두족류에 많이 함유되어 있다.

표 2-31 수산동물의 TMAO 함량

(단위 : mg/100 g)

수산동물			함량	수산동물			함량
종류	서식지	부위		종류	서식지	부위	
별상어	해수	근육	1,410	흰오징어	해수	외투막근	1,473
청새리상어	해수	근육	1,390		해수	완근	627
정어리	해수	근육	30	살오징어	해수	외투막근	1,736
고등어	해수	근육	185		해수	완근	924
돔	해수	근육	365	재첩	담수	근육	0
검복	해수	근육	143	국자가리비	해수	패주	281
광어	해수	근육	375	굴	해수	패주	2
문치가자미	해수	근육	179	백합	해수	패주	0
은어	담수	근육	10	까막전복	해수	근육	0.6
붕어	담수	근육	0.6	소라	해수	근육	2
미꾸리	담수	근육	4	보라새우	해수	근육	391
왜문어	해수	외투막근	213	대게	해수	근육	357

TMAO는 고온에서 가열하면 디메틸아민dimethylamine, DMA과 폼알데하이드formaldehyde로 분해된다.

g. 요소

수산동물은 생체 내에서 질소 화합물의 최종 대사산물로 암모니아가 산생한다. 이는 독성이 강하여 무독화시키거나 체외로 배출하여야 한다. 수산동물의 최종 대사산물인 질소 화합물의 배설 형태는 종류에 따라 암모니아 배설형, 요산 배설형, 요소 배설형의 3종류로 나눌 수 있다. 즉, 어류의 배설 최종 대사산물은 담수산 경골어류의 경우 암모니아이고, 해수산 경골어류는 암모니아 또는 TMAO, 해수산 연골어류는 요소 및 TMAO이다. 표 2-32에 나타낸 바와 같이 요소 함량은 경골어류의 경우 극히 적으나, 연골어류는 1,700~2,000 mg/100 g 범위로 많은 양이 함유되어 있다.

표 2-32 수산동물의 요소 함량

(단위 : mg/100 g)

수산동물		함량	수산동물		함량	수산동물		함량
경골어류	날개다랑어	2.3	연골어류	괭이상어	1,830	패류	백합	5.8
	감성돔	2.6		환도상어	1,710	두족류	오징어	1.1
	정어리	3.0		노랑가오리	1,810	갑각류	꽃게	0
	참가자미	0.6		홍어	2,030	기타	해삼	1.9
연골어류	별상어	1,710		쥐가오리	1,830			
	개상어	1,680		흰가오리	2,000			

(2) 무질소 엑스 성분

무질소 엑스 성분에는 저분자 다당류, 유기산, 무기질 등이 있으나, 질소 함유 엑스 성분(유리아미노산, 올리고펩타이드, ATP 관련 물질, 베타인, 구아니디노 화합물, TMAO 및 TMA, 요소 등)에 비하여 종류는 물론이고 함량도 적다.

① 저분자 당류

수산동물의 엑스 성분 중 저분자 당류의 주요 성분은 글루코스glucose이다. 글루코스는 수산동물이 사후에 저장 탄수화물인 글리코겐의 아밀레이스amylase 등과 같은 효소에 의하여 분리되어 증가한다.

표 2-33 수산동물의 글루코스 함량

(단위 : mg/100 g)

수산동물	종류	부위	함량	수산동물	종류	부위	함량
어류	가다랑어	근육	77	갑각류	털게	다리육	7
	방어	근육	50			어깨육	9
	대구	근육	40		대게	다리육	12
	광어	근육	65		왕게	다리육	61

② **유기산**

수산동물의 엑스 성분에는 아세트산acetic acid, 프로피온산propionic acid, 피루브산pyruvic acid, 젖산lactic acid, 푸마르산fumaric acid, 말산malic acid, 숙신산succinic acid, 시트르산citric acid, 옥살산oxalic acid, 알파케토글루타르산α-ketoglutaric acid 등과 같이 다양한 유기산들이 존재한다. 수산동물의 엑스 성분 중에 주요한 유기산은 어류의 경우 젖산이고, 패류는 숙신산이다.

a. 어류

어류의 엑스 성분 중에 존재하는 젖산은 글리코겐으로부터 해당반응을 거쳐 생성되고 축적된다. 어류의 엑스 성분에 존재하는 젖산 함량은 어종, 어획방법, 사후 방치시간 등에 따라 차이가 있다. 어류의 엑스 성분 중에 존재하는 젖산 함량은 피로어 > 휴식어, 양식어 > 천연어, 흰살생선 > 붉은살생선 등의 경향을 보이고, 담수어는 해수어 흰살생선과 비슷한 수준이다. 수산동물 종류에 따른 엑스 성분의 젖산 함량은 갑각류인 새우와 게의 경우 흰살생선의 수준이고, 바지락, 재첩 등 같은 패류는 매우 낮다.

b. 패류 및 기타 수산동물

패류의 엑스 성분 중 주요 유기산은 숙신산이며, 숙신산의 함량은 수확 직후보다는 저장 처리한 패류에서 추출한 엑스 성분에 많이 함유되어 있다. 숙신산은 주로 사후 또는 혐기적 조건 하에서 근육 내에 축적되는 유기산 성분으로, 수중에 살아 있는 패류의 근육에는 그 함량이 적다. 오징어, 문어 등과 같은 기타 수산동물의 엑스 성분의 주요 유기산도 숙신산이다.

표 2-34 수산동물의 젖산 함량

수산동물				어획		함량 (mg/100 g)
종류			부위	방법	처리	
어류	가다랑어		근육	주낙	즉살	600~720
	날개다랑어		보통육	주낙	경직	1,110~1,220
			혈합육	주낙	경직	310~380
	고등어		근육	트롤	즉살	300
	참돔	자연산	근육	-	즉살	200~220
		양식산	근육	-	즉살	300~320
	대구	휴식어	근육	-	즉살	20~40
		피로어	근육	-	즉살	160~200
	농어		근육	-	즉살	82
	잉어	휴식어	근육	-	즉살	33
		피로어	근육	-	즉살	113
갑각류	보리새우		근육	-	-	130
	닭새우		근육	-	-	232
	대게		근육	-	-	30~100
	왕게		근육	-	-	130~200
	털게		근육	-	-	170~173
패류	바지락		근육	-	-	1~5
	굴		근육			0.4-0.6
	재첩		근육	-	-	1

표 2-35 저장 중인 바지락의 휘발성 염기질소 및 유기산의 함량 변화

채취 시기	저장 조건		VBN* (mg/100 g)	유기산 함량			
	온도	시간(시간)		푸마르산	숙신산	젖산	말산
12월	7°C	0	6	2	18	2	17
		10	7	1	30	3	20
		20	9	6	36	2	11
		32	6	4	34	2	5
		44	10	6	48	2	10
		64	8	3	50	2	9
		88	14	2	60	2	16

표 2-35 저장 중인 바지락의 휘발성 염기질소 및 유기산의 함량 변화(계속)

채취 시기	저장 조건		VBN* (mg/100 g)	유기산 함량			
	온도	시간(시간)		푸마르산	숙신산	젖산	말산
6월	25°C	0	12	10	40	5	12
		8	13	8	84	1	9
		20	14	6	120	2	6
		32	15	6	170	3	4
		44	17	10	204	3	6
		56	22	5	238	4	14

* VBN : volatile basic nitrogen, 휘발성 염기질소

③ **무기질 성분**

수산동물의 엑스 성분에 무기질 성분은 포함시키지 않으나 실제로는 Na^+, K^+, Cl^-, PO_4^{3-} 등과 같은 무기질 이온이 다량 함유되어 있다.

2) 맛 성분

(1) 맛의 감지 구조

식품의 맛은 맛 성분이 입안의 침에 녹아 혀의 유두에 있는 미뢰라는 맛세포를 자극하여 신경섬유를 거쳐 중추에 전달함으로써 감지된다. 혀에서 맛을 느끼는 위치는 주로 혀끝에 위치한다. 그림 2-14에 나타내었듯이 쓴맛은 혀의 안쪽, 신맛은 혀 안쪽 가장자리, 짠맛은 혀끝에서 강하게 느낀다.

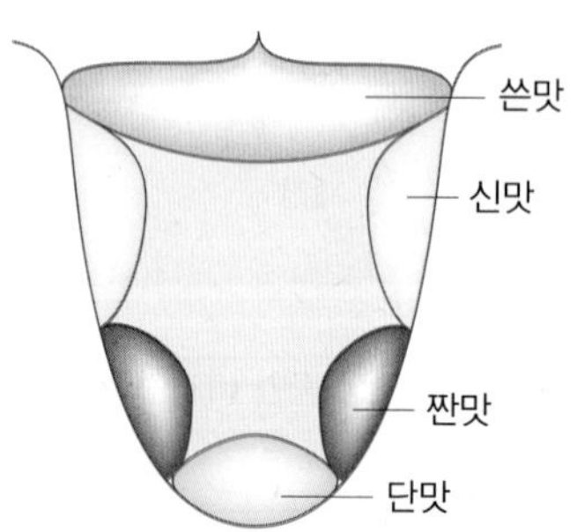

그림 2-14 맛을 느끼는 혀의 위치

(2) 여러 성분의 혼합에 의한 맛의 변화

① **맛의 상승효과**

맛의 상승효과는 같은 맛 성분을 가진 두 종류를 혼합하였을 때 맛의 정도가 원래 맛의 정도보다 훨씬 강해지는 현상을 말한다. 예를 들어 10% 설탕 용액에 상당하는 단맛은 사카린saccharine이 0.0525%, 둘신dulcin이 0.1430%이다. 그러나 동일한 10% 설탕 용액의 단맛은 사카린 0.02805%와 둘신 0.0120%를 혼합하여 실현할 수 있다.

② **맛의 대비 효과**

맛의 대비 효과는 서로 다른 두 종류의 맛 성분을 혼합하였을 때 주된 맛 성분이 강하게 느껴지는 현상을 말한다. 예를 들어 단맛이나 감칠맛은 약간의 짠맛을 더하면 강하게 느껴지고, 짠맛은 소량의 신맛을 가하면 더 강하게 느껴진다.

③ **맛의 소실현상**

맛의 소실현상은 각기 다른 맛을 내는 두 가지 물질을 혼합하였을 때 각각의 맛을 느낄 수 없고 조화된 맛을 내는 현상을 말한다. 예를 들어 커피에 설탕을 넣으면 쓴맛이 단맛에 의하여 억제되어 쓴맛이 소실된다.

(3) 수산동물의 주요 맛 성분

수산동물의 주요 맛 성분은 앞서 엑스 성분에서 언급된 성분들로 유리아미노산과 펩타이드, 핵산 관련 물질, 베타인, TMAO와 같은 질소 함유 엑스 성분과 저분자 당류, 유기산, 무기질 성분과 같은 무질소 엑스 성분 등이다. 수산동물의 맛은 감칠맛을 나타내는 아미노산인 글루탐산과 IMP, AMP가 주요 역할을 하고, 기타 아미노산, 베타인, TMAO와 같은 질소 함유 화합물과 유기산, 저분자 당류, 무기질 성분과 같은 무질소 화합물들이 서로 어우러져 맛을 보강한다.

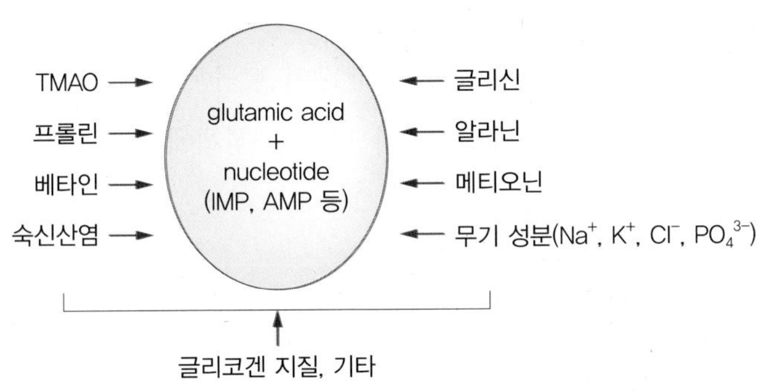

그림 2-15 수산동물의 주요 맛 성분

① **유리아미노산 및 저분자 펩타이드**

단백질과 펩타이드들은 아미노산으로 구성되어 있지만 분자량이 커서 맛을 나타내지 않으나 가수분해로 생성된 유리아미노산은 맛을 나타낸다. 유리아미노산의 종류에 따라 각기 다른 맛을 나타내는데 자연계에 존재하는 L-형 유리아미노산의 맛의 역치와 맛의 특징을 표 2-36에 나타내었다. 유리아미노산의 맛은 아미노산 종류마다 떫은맛, 신맛, 단맛, 쓴맛, 감칠맛의 5종 중 1~3가지 맛을 가지고 있으며, 이들이 어우러져 최종적으로 맛을 나타내기에 그 조합의 차이로 각기 다른 맛을 나타낸다.

이들 유리아미노산은 아미노산마다 맛의 역치taste threshold value(맛을 느끼는 최저 농도)가 달라 동일한 농도에서도 각기 맛의 강도가 다르게 나타난다.

a. 유리아미노산

글루탐산은 수산물의 맛에 가장 크게 영향을 미치는 유리아미노산으로, 나트륨염인 글루탐산모노나트륨monosodium glutamate, MSG은 화학조미료로 널리 사용되고 있다. 글루탐산은 대부분의 수산물에 함유되어 있으며, 함량이 역치(5 mg/100 mL) 이상인 경우가 대부분이나 역치 이하인 경우에도 사후 수산물에 축적되는 IMP와 맛의 상승효과를 일으켜 감칠맛에 크게 기여한다. 글루탐산은 감칠맛을 부여하는 것 외에도 맛의 지속성을 부여하여 맛을 진하게 느끼게 하는 효과가 있다.

글리신은 상쾌한 단맛을 부여하는 아미노산으로 패류나 갑각류에 많이 함유되어 있어 이들의 맛에 크게 기여한다. 알라닌은 단맛을 부여하는 아미노산으로 적은 양만으로도 단맛을 느낄 수 있으며, 대게나 큰가리비의 단맛에 기여하고 있다.

히스티딘, 아르지닌, 메티오닌methionine, 발린valine은 쓴맛에 관여하며, 맛을 농후하게 하는 역할을 한다. 히스티딘은 붉은살생선에 많이 함유되어 있고, 아르지닌은 패류나 갑각류에 다량 함유되어 있으며, 메티오닌과 발린은 성게에 함유되어 있으면서 이들의 맛에 기여한다.

b. 저분자 펩타이드

올리고펩타이드 등 저분자 펩타이드 중 카노신과 앤서린은 약한 단맛과 약간 쓴맛을 내는데, 카노신은 맛의 강도를 중후하게 하는 효과가 있는 반면 앤서린은 없다.

② 핵산 관련 물질

핵산 관련 물질은 수산동물에 20여 종이 존재하는데 우수한 맛 강도를 가지려면 다음과 같은 구조를 갖추어야 한다. 즉, 퓨린purine 핵의 6의 위치에 수산기를 가져야 하고, 리보스ribose의 5′ 위치에 인산기가 결합되어 있어야 한다. 실제로 이 두 가지 요건을 갖춘 핵산 관련 물질로는 5′-GMP, 5′-IMP, 5′-XMP가 있으며, 이들의 맛 강도는 5′-

표 2-36 유리아미노산의 맛 역치와 특징

아미노산	맛 역치 (mg/100 mL)	맛				
		떫은 맛	신맛	단맛	쓴맛	감칠맛
L-Ala	60			●		
L-Asp·Na	100	◎				◎
L-Gly	110			●		
L-Glu	5		●			◎
L-Glu·Na	30	○		○		●
L-His·HCl	5	○	●		○	
L-Ile	90				●	
L-Lys·HCl	50			◎	◎	○
L-Met	30				●	○
L-Phe	150				●	
L-Thr	260			●	○	
L-Trp	90				●	
L-Val	40			○	●	
L-Leu	380				●	
L-Arg	10				●	
L-Hyp	50			●	◎	
L-Pro	300			●	●	
L-Ser	150			●		○
L-Cit	500			◎	◎	
L-Gly·(NH_2)	250			○		○
L-Arg·HCl	30			○	●	
L-Orn	20			○	◎	
L-His	20				◎	
L-Asp	3			●		○
L-Asp·(NH_2)	100			◎	○	

* 맛의 강도 : ● 강함 ◎ 보통 ○ 약함

GMP > 5′-IMP > 5′-XMP의 순이고, 5′-AMP나 3′-IMP 등은 거의 맛을 느낄 수 없다.

5′-GMP, 5′-IMP, 5′-XMP 등 맛 강도가 강한 핵산 관련 물질은 글루탐산의 감칠맛을 상승시키는 효과가 있어 수산동물의 맛에 지대한 영향을 미친다.

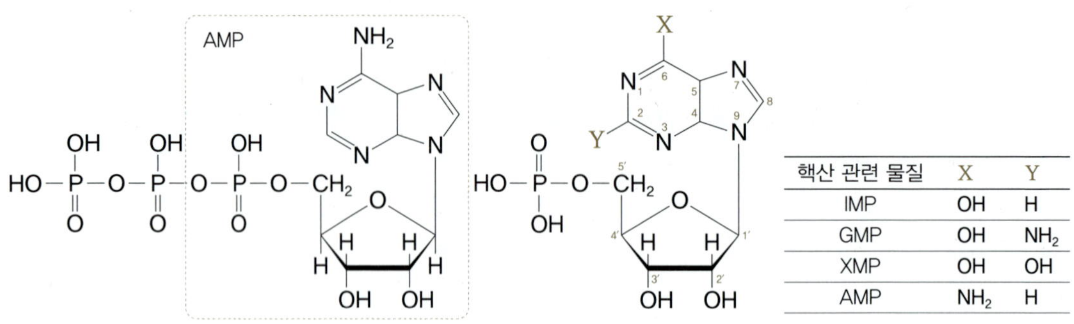

그림 2-16 핵산 관련 물질의 화학 구조

표 2-37 MSG에 대한 IMP의 맛 상승효과

혼합물				혼합물 맛 상당 MSG 양(g)
번호	MSG (g)	IMP (g)	합계 (g)	
1	99	1	100	290
2	98	2	100	360
3	97	3	100	430
4	96	4	100	520
5	95	5	100	600

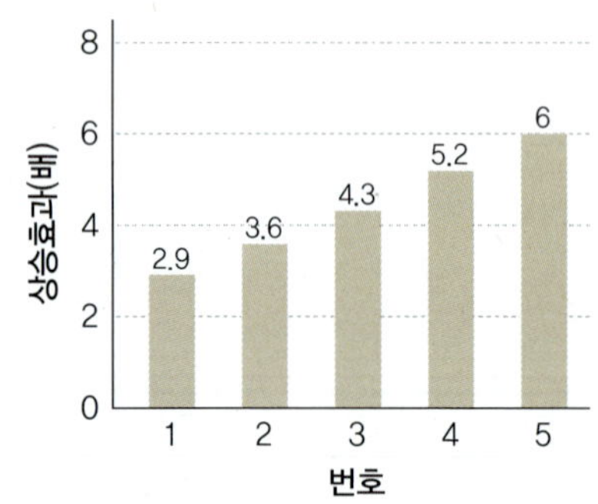

③ 베타인

베타인은 수산동물의 엑스 성분에 존재하는 염기성 화합물로 글리신 베타인이 주된 성분이다. 베타인은 상쾌한 단맛을 가지고 있으며 오징어, 문어, 새우 등의 무척추동물에 함유되어 있어 이들 근육의 단맛에 기여한다. 마른오징어의 흰색 분말이 베타인 성분이다.

④ TMAO

TMAO는 수산동물의 엑스 성분에 존재하는 염기성 화합물로 약한 단맛을 내므로 다량 함유되어 있어야 맛을 나타낸다. TMAO는 상어, 가오리와 같은 연골어류에 다량 존재하며, 체장이 증가함에 따라 그 함량도 증가하는 것으로 알려져 있다.

⑤ **유기산**

유기산은 수산동물의 맛에 보조적으로 관여하는 것으로 알려져 있는데 어류의 경우 대체적으로 젖산이 관여한다. 재첩, 바지락, 큰가리비 같은 패류는 숙신산이 주로 관여하며 패류를 쪘을 때 국물의 시원함에 관여한다.

⑥ **저분자 당류**

저분자 당류는 수산동물의 단맛에 관여하는 것으로 알려져 있으며 주요 성분은 글루코스이다. 어류에는 글루코스의 함량이 많지 않아 단맛에 크게 관여하지 않으나, 패류는 주요 저장 탄수화물인 글리코겐이 분해되면서 산생하는 양이 많아 단맛에 크게 기여하는 것으로 알려졌다.

3. 색소 성분

수산식품은 자체의 색을 가지고 있어 식품의 맛과 식욕을 돋우는 관능적 요소로 작용하는 한편, 식품의 품질 판정의 주요 지표가 되기도 한다. 수산동물의 색소 성분은 크게 근육 색소, 피부 색소, 혈액 색소, 내장 색소로 분류한다. 여기에서는 수산식품의 신선도와 기호도를 결정하는 주요 지표인 색에 대하여 살펴보고자 한다.

표 2-38 수산동물의 색소 성분의 대분류 및 소분류

대분류	근육 색소	피부 색소	혈액 색소	내장 색소
소분류	• 미오글로빈 • 카로테노이드 • 시토크롬	• 멜라닌 • 아스타잔틴 • 루테인 • 제아잔틴 • 옴모크롬 • 프테리딘류 • 구아닌	• 헤모글로빈 • 헤모시아닌 • 헤모바나딘 • 핀나글로빈	• 카로테노이드 • 멜라닌

1) 근육 색소

어류 근육의 주요 색소는 미오글로빈, 카로테노이드, 시토크롬cytochrome 등이 있다.

(1) 미오글로빈

① 구조

미오글로빈은 철 원자를 중심 원자단으로 함유하는 적색의 포피린porphyrin 색소와 글로빈globin이라는 단백질이 결합한 색소단백질이다. 즉, 미오글로빈은 헴heme 1분자에 글로빈 1분자가 결합되어 있는 형태이며, 분자량은 약 68,000이다.

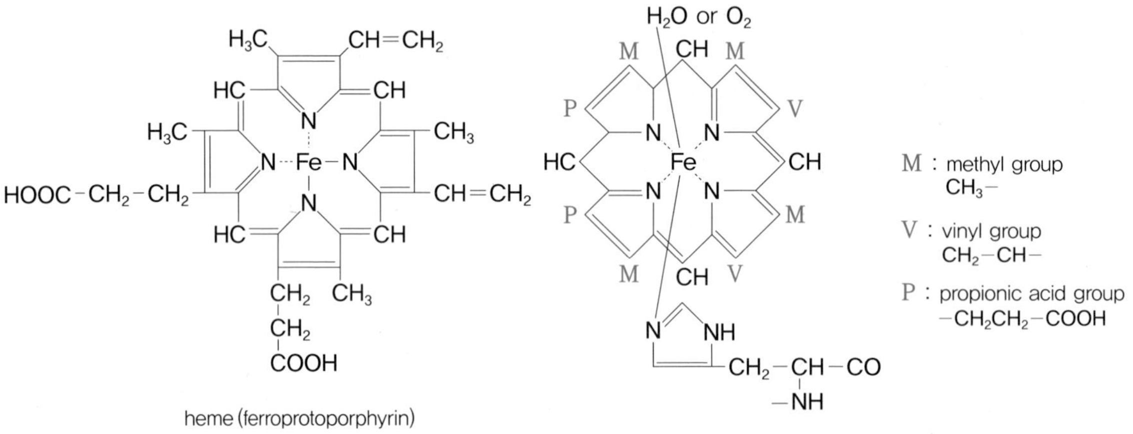

H_3C
$CH=CH_2$
HC
CH
N
H_3C
CH_3
N
Fe
N
HOOC-CH_2-CH_2
N
$CH=CH_2$
HC
CH
CH_2
CH_3
CH_2
COOH
heme (ferroprotoporphyrin)
H_2O or O_2
M
CH
M
P
V
N
N
HC
Fe
CH
N
N
P
M
M
CH
V
N
NH
CH_2-CH-CO
-NH
M : methyl group
CH_3-
V : vinyl group
CH_2-CH-
P : propionic acid group
-CH_2CH_2-COOH

그림 2-17 미오글로빈의 구조

② 분포 및 함량

미오글로빈은 근육에 분포하는 적색 색소이다. 연어와 송어류를 제외한 어류의 붉은 살의 색은 대부분 미오글로빈에 의하여 결정되며 근육의 모세혈관에 존재하는 혈액 색소인 헤모글로빈도 일부 기여한다. 어류의 미오글로빈 함량은 붉은살생선이 흰살생선보다 많고, 동일 개체에서도 붉은살이 흰살에 비해 많이 함유되어 있다(표 2-39).

근육 색소는 붉은살생선과 흰살생선 간의 근육 색 차이에 영향을 주는데, 이들 근육 색소 중에서도 수용성 근육 색소 중 80% 이상을 차지하는 미오글로빈의 영향이 가장 크다.

③ 역할

미오글로빈은 동물의 근육세포 내에 존재하고, 수용성 적색 색소이며, 헤모글로빈이 운반해 온 산소를 조직호흡에 이용할 때까지 근육 중에 저장하는 산소 저장체로서 역할을 한다.

표 2-39 어류 근육의 미오글로빈과 헤모글로빈의 함량

어종	흰살		붉은살	
	Mb+Hb (mg/100 g)	% Mb	Mb+Hb (mg/100 g)	% Mb
참돔	6	90	520	95
고등어	10~14	67	890~980	84
꽁치	14~35	-	480~510	81
방어	10~30	100	400~800	96~99
청새치	25~30	80	1,150~1,560	89
가다랑어	139~173	62~97	1,700~2,060	95
황다랑어	82~135	47~81	1,730~2,820	84~98
인도다랑어	490~590	100	3,580~5,090	82~93
잉어	53	78	360	80

*Mb : 미오글로빈 Hb : 헤모글로빈

(2) 카로테노이드

일반 어류의 근육 색소는 대부분 미오글로빈이지만, 연어와 송어류 등은 예외적으로 카로테노이드의 아스타잔틴이다. 아스타잔틴은 지용성 색소로 산화방지 능력이 강하며, 분자량은 597 정도이다. 근육 중에는 모두 유리형으로 근원섬유 단백질과 약하게 결합하고 있다. 연어와 송어류 근육의 아스타잔틴 함량은 어종에 따라 차이가 있고, 크기가 증가할수록 많이 함유하는 경향을 보인다.

(3) 시토크롬

시토크롬은 미오글로빈처럼 근육에 존재하며 헴을 함유하고, 수용성이며 적색 색소 단백질이다. 그러나 미오글로빈에 비하여 단백질과의 결합이 다르고, 헴의 중심 원자단인 철 원자가 2가일 때 분자상 산소나 이산화탄소와는 결합하지 않는다. 분자량은 약 13,000 정도이다.

2) 피부 색소

수산동물은 종류에 따라 각각 고유의 표피색을 가지고 있다. 해수산 어류의 표피색은 표층 어류의 경우 등 쪽이 진한 청녹색인 것이 많고 배 쪽은 은백색인 경우가 많으며, 심해성 어류는 암갈색이나 적색인 경우가 많다. 수산동물의 표피색은 어류의 표피

에 있는 흑색소포melanophore, 황색소포xanthophore, 적색소포erythrophore, 백색소포leucophore, 은백색guanophore의 색소세포가 수축하거나 늘어나면서 나타낸다.

피부 색소는 황색 또는 갈색에서 흑색을 주로 나타내는 멜라닌melanin, 적색이나 황색을 주로 나타내는 카로테노이드 중 붉은색의 아스타잔틴, 황색을 나타내는 루테인lutein 및 제아잔틴zeaxanthin, 황갈색, 적색, 흑자색을 나타내는 옴모크롬ommochrome, 다양한 형광색을 나타내는 프테리딘pteridine류, 은빛을 주로 나타내는 구아닌guanine 등이 있다.

(1) 멜라닌

멜라닌은 티로신tyrosine이 티로시네이스tyrosinase에 산화되어 3,4-디하이드록시페닐알라닌3,4-dihydroxyphenylalanine, DOPA, 도파퀴논dopaquinone을 거쳐 중합하여 생성되는 황색 또는 갈색에서 흑색을 나타내는 색소이다. 멜라닌 색소에 의한 다양한 색 발현은 티로신의 산화와 중합 정도에 따른 멜라닌의 생성 정도, 빛의 산란, 공존하는 다른 색소와의 관계에 영향을 받는다. 멜라닌은 물, 산 용액(진한 황산 제외), 유기용매 등에 용해하지 않는 안전한 색소이지만 알칼리 용액에는 서서히 용해한다. 멜라닌은 표피 외에도 오징어나 문어 등의 묵즙선ink sack에도 다량 함유되어 있다.

(2) 카로테노이드

카로테노이드는 이오논ionone 핵과 여러 개의 이중결합을 가지는 적색이나 황색을 나타내는 지용성 색소로, 이소프렌isoprene의 축합체인 카로텐carotene류와 −OH, =CO 등을 갖는 카로텐 유도체인 잔토필xanthophyll류로 분류된다. 카로테노이드는 붉은색의 아스타잔틴, 황색의 루테인 및 제아잔틴 등이 있다.

① 아스타잔틴

아스타잔틴은 −OH기를 가지는 잔토필류 색소의 일종이며, 체색이 붉은 연어와 송어류의 붉은색, 새우와 게 같은 갑각류 껍질의 붉은색을 나타내는 색소의 주성분이다.

아스타잔틴의 일부, 즉 갑각류 껍질 색소를 구성하고 있는 아스타잔틴은 단백질과 결합하여 카로테노프로테인carotenoprotein의 형태로 존재하고 황색, 적색, 갈색, 녹색, 청색, 자색 등과 같이 다양한 색을 나타내는데 가열하면 붉은색으로 발색한다. 꽃게, 보리새우, 닭새우 등의 껍질은 녹색, 청색, 자색 등을 나타내지만 이를 가열하면 붉은색을 띠는 것이 좋은 예이다. 이는 게나 새우 껍질에 있는 카로테노프로테인이 70℃ 이상의

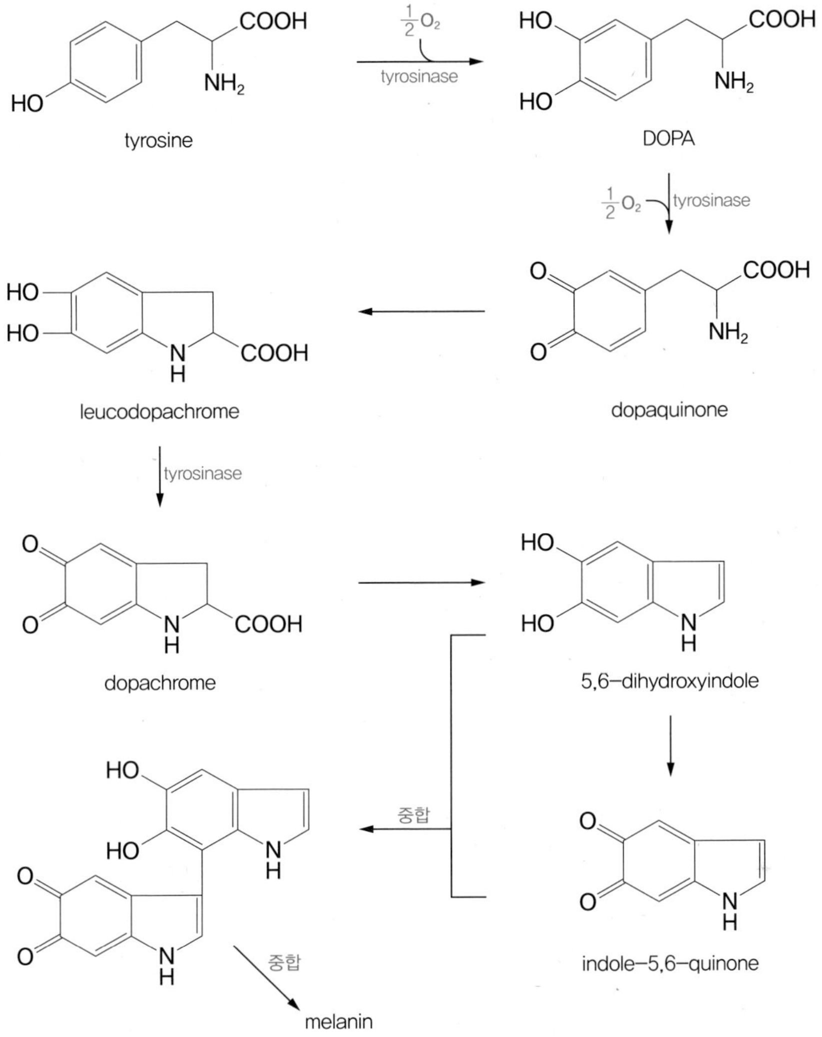

$\frac{1}{2}O_2$ tyrosinase

tyrosine → DOPA

$\frac{1}{2}O_2$ tyrosinase

dopaquinone → leucodopachrome

tyrosinase

dopachrome → 5,6-dihydroxyindole

indole-5,6-quinone

중합

중합

melanin

그림 2-18 피부 색소인 멜라닌의 생합성 경로

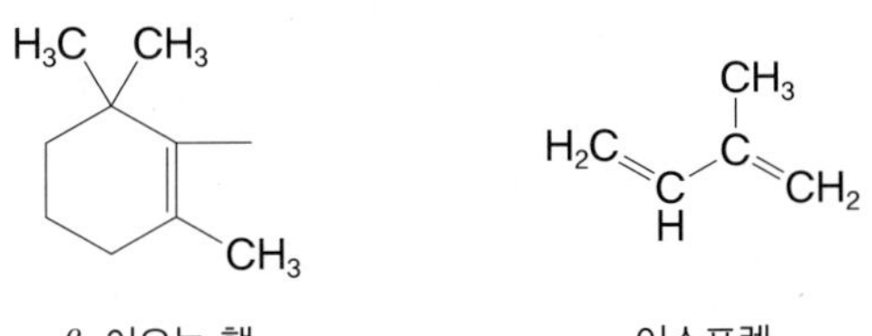

β-이오논 핵

이소프렌

그림 2-19 이오논 핵과 이소프렌의 일반 구조식

표 2-40 카로텐 유도체인 잔토필류의 구조

잔토필류	구조	분포
lutein	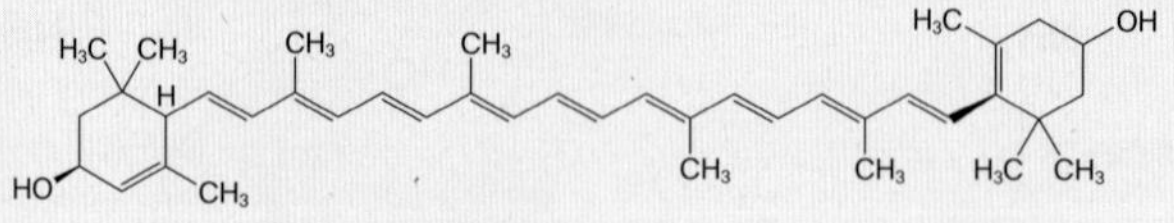	소라, 지중해담치, 가자미의 알
zeaxanthin	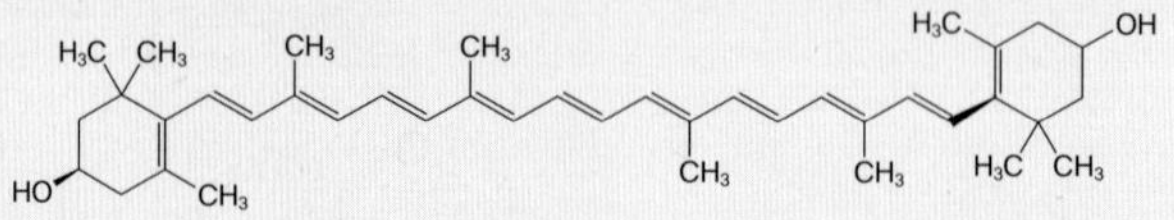	소라, 까막전복, 지중해담치의 근육, 연어, 가자미의 알, 꽃게, 대게, 북쪽분홍새우의 알
astaxanthin	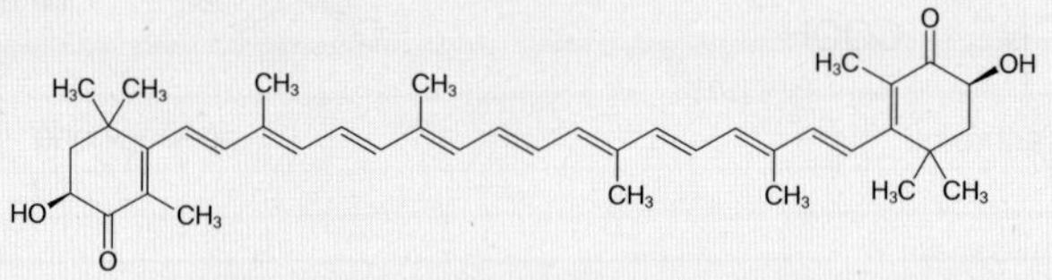	새우, 게

가열에 의하여 아스타잔틴에서 구성단백질이 분리되어 붉은색을 발색하기 때문이다. 연어와 송어류에 함유된 아스타잔틴 관련 내용은 근육 색소에서 언급한 것을 참고하기 바란다.

표 2-41 수산동물 근육 및 알의 총카로테노이드 함량 및 조성

수산동물		부위	총카로테노이드 함량 (mg/100 g)	조성(%)	
				제아잔틴	루테인
어류	명태	알	0.5	0	0
	대구	알	0.4	0	0
	연어	알	0.4	4	0
	가자미	알	2.0	21~27	19~21
패류	피조개	근육	0.84	0	0
	국자가리비	근육	1.0	0	0
	큰가리비	패주	0.043	0	0
		알	1.6	0	0
	지중해담치	근육	-	10.9	5.02
	진주조개	근육	0.23	0	0
갑각류	꽃게	알	2.4	1~2	0
	대게	알	5.9	6	0
	북쪽분홍새우	알	1.3	24~26	0

② **루테인 및 제아잔틴**

루테인 및 제아잔틴은 모두 황색을 띠는 잔토필계 카로테노이드 색소로, 한쪽의 이오논 핵의 이중결합 위치가 다르다. 루테인과 제아잔틴은 모두 수산동물의 조직에 함유되어 있다. 루테인은 소라, 지중해담치의 근육, 가자미의 알 등에 함유되어 있고, 제아잔틴은 소라, 까막전복, 지중해담치의 근육과 연어, 가자미, 꽃게, 대게, 북쪽분홍새우의 알 등에 함유되어 있다.

(3) 옴모크롬

옴모크롬은 트립토판을 출발 물질로 하여 오징어, 문어와 같은 두족류 피부에 생성되는 피부 색소로 황갈색, 적색, 흑자색 등을 나타낸다. 단백질과 결합하여 존재하는 경우도 있다. 옴모크롬은 물에 녹지 않고 수산화나트륨 용액, 폼산 등에 녹는다. 문어, 오징어 등과 같은 두족류를 물, 산 또는 알칼리로 자숙하는 경우 붉은색으로 된다. 이러한 현상은 옴모크롬이 가열로 용출되기보다는 색소 과립의 확산이나 카로테노프로테인과 같이 단백질로부터 색소가 유리되기 때문이다.

(4) 기타

기타 피부 색소로는 프테리딘류와 구아닌 등이 있다. 프테리딘류는 프테리딘 핵을 기본 골격으로 하는 화합물로 다양한 형광색을 나타낸다. 프테리딘류는 물, 아세톤, 알코올 등에 용해되고, 빛과 공기 중에서 산화되기 쉽다. 수산동물에서 프테리딘류는 색소로서의 의미보다는 엽산의 전구물질로, 또는 그 보조효소로 의미가 크다.

구아닌은 퓨린 염기의 하나로 핵산의 구성 성분이며, 무색의 결정으로 물에 녹지 않고 산, 암모니아, 수산화칼륨 등에 녹는다. 구아닌은 갈치 같은 일부 어류 몸을 은빛으로 빛나게 하는 원인물질이다. 어류의 피부세포 중에 구아닌 및 요산이 침착하여 광선이 굴절 반사하면 은빛을 띤다.

3) 혈액 색소

수산동물의 혈액 색소는 종류에 따라 중심원자단을 달리하는 여러 가지 색소, 즉 헤모글로빈, 헤모시아닌hemocyanin, 헤모바나딘hemovanadin, 핀나글로빈pinnaglobin 등이 있다.

(1) 헤모글로빈

헤모글로빈은 대부분 어류의 혈구 속에 존재하는 혈액 색소로 철을 중심원자단으로 하는 헴 4분자에 글로빈 1분자가 결합되어 있는 형태이고, 분자량이 약 68,000인 수용성 색소이다. 또한, 근육의 모세혈관에도 존재하여 근육의 색을 나타내는 데에도 일부 기여한다.

헤모글로빈은 수중에서 아가미로 흡수한 산소와 결합하여 옥시미오글로빈oxymyoglobin이 되어 산소 분압이 낮은 조직으로 운반된다. 여기에서 산소를 유리하여 세포호흡을 원활히 진행시키고, 여분의 산소는 미오글로빈과 결합하여 옥시미오글로빈의 형태로 세포 내에 저장하였다가 필요하면 다시 유리시켜 사용한다.

(2) 헤모시아닌

헤모시아닌은 철을 중심원자단으로 하는 혈액 색소인 헤모글로빈과는 달리 구리가 중심원자단이며, 게와 새우 같은 갑각류, 오징어와 문어 같은 두족류, 고둥류 같은 복족류의 혈액 색소단백질로 산소 운반 기능을 한다.

(3) 기타 혈액 색소

어류의 혈액 색소인 헤모글로빈과 갑각류, 두족류, 복족류 등의 혈액 색소인 헤모시아닌 외의 혈액 색소로는 헤모바나딘과 핀나글로빈 등이 있다. 헤모바나딘은 바나듐(V)을 중심원자단으로 하는 멍게 등의 혈액 색소이고, 핀나글로빈은 망간(Mn)을 중심원자단으로 하는 키조개 등의 혈액 색소이다.

4) 내장 색소

내장에도 앞에서 언급한 각종 색소들이 함유되어 있다. 내장 기관의 하나인 간에 함유되어 있는 색소로는 어류의 경우 아스타신astacin, 잔토필, 연체동물은 아스타신, 잔토필 외에 아스타잔틴이, 전복은 페오포비드pheophorbide 등이, 오징어와 문어 같은 두족류는 멜라닌과 카로테노이드 등이 있다.

4. 냄새 성분

수산물은 축산물과 달리 독특한 냄새가 있으며, 해산어는 선도가 저하되면 비린내가 발생하고, 내수면 어류는 흙냄새가 발생한다. 수산물의 비린내 또는 흙냄새는 소비자들이 수산물을 선택할 때 거부감으로 이어져 이를 줄이는 연구가 필요하다. 이를 위하여 여기에서는 수산물의 냄새 성분에 대하여 검토하고자 한다.

1) 수산물의 주요 냄새 성분의 종류

수산물의 냄새에 관여하는 주요 성분으로는 선도 저하에 따라 양이 늘어나는 휘발성 아민류, 휘발성 저급지방산, 휘발성 알데하이드, 휘발성 황 함유 화합물 등이 있으며 이들의 주요 성분은 다음과 같다.

(1) 휘발성 아민류

수산물 냄새에 관여하는 주요 성분 중 휘발성 아민류는 해수산 어류의 경우 암모니아, 디메틸아민DMA, 트리메틸아민TMA 등이 있고, 담수산 어류에는 피페리딘piperidine, 피리딘pyridine, 피라진pyrazine계 화합물 등이 있다.

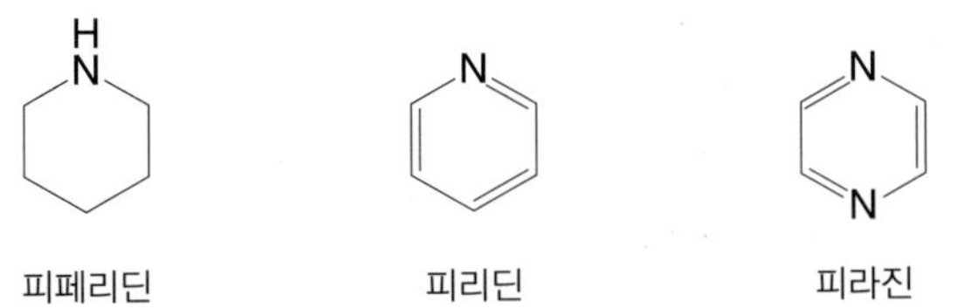

그림 2-20 담수어 비린내 성분인 피페리딘, 피리딘, 피라진의 구조식

(2) 휘발성 저급지방산

수산물의 냄새에 관여하는 주요 성분 중 휘발성 저급지방산은 폼산(개미산)formic acid, $HCOOH$, 아세트산CH_3COOH, 프로피온산CH_3CH_2COOH, 부티르산(낙산)butyric acid, $CH_3CH_2CH_2COOH$ 등이 있다.

(3) 휘발성 알데하이드

수산물의 냄새에 관여하는 주요 성분 중 휘발성 알데하이드는 프로판알propanal, 부탄알butanal, 펜탄알pentanal, 헥산알hexanal 등이다.

(4) 휘발성 황 함유 화합물

수산물의 냄새에 관여하는 주요 성분 중 휘발성 황 함유 화합물은 메탄티올methanethiol, 디메틸설파이드dimethyl sulfide 등이다.

표 2-42 수산물 냄새에 관여하는 휘발성 성분

분류	주요 성분
휘발성 아민류	해수어 : 암모니아, DMA, TMA 담수어 : 피페리딘, 피리딘, 피라진 등
휘발성 저급지방산	폼산, 아세트산, 프로피온산, 부티르산
휘발성 알데하이드	프로판알, 부탄알, 펜탄알, 헥산알
휘발성 황 함유 화합물	메탄티올, 메틸설파이드

2) 수산물의 냄새에 영향을 미치는 요인

수산물의 냄새에 영향을 미치는 요인으로는 유통 및 저장 온도의 상승, 저장 기간의 경과 등에 인한 선도 저하, 가공 등을 위한 열처리 외에도 수산물의 pH와 생성 성분의 냄새에 대한 역치 등이 있다. 따라서, 수산물의 냄새를 낮추려면 수산물의 선도 저하나 열처리에 의하여 냄새 성분의 발생 농도가 높은 조건이 아니어야 하고, 냄새 성분이 휘발되기 어려운 pH이어야 하며, 냄새 역치가 높아 낮은 농도에서도 쉽게 감지될 수 없는 성분이어야 한다.

3) 수산동물의 냄새 발생

(1) 어류의 냄새

어류의 주요 냄새 성분은 아민, 휘발성 지방산, 휘발성 알데하이드, 휘발성 황 함유 화합물이 각기 다른 농도로 작용하고 서로 어우러져 나타나지만, 이들 냄새 성분의 역치가 냄새에 상당히 크게 작용한다. 따라서, 대체로 해수어보다는 담수어에서 냄새가 농후하게 나타난다. 어류 냄새의 주성분은 염기성 물질이므로 냄새 대상 물질에 아세트산 등을 첨가하면 냄새가 중화되거나 휘발이 어려워져 약하게 느껴진다.

표 2-43 수산물의 휘발성 냄새 성분과 역치

분류	주요 성분		냄새 역치(μg/kg)
휘발성 아민류	해수어	암모니아	110,000
		DMA	30,000
		TMA	600
	담수어	피페리딘	-
휘발성 저급지방산	폼산		1,000,000
	아세트산		34,200
	프로피온산		32,800
	부티르산		3,000
휘발성 알데하이드	프로판알		9.5
	부탄알		9
	펜탄알		12
	헥산알		4.5
휘발성 황 함유 화합물	메탄티올		0.02
	메틸설파이드		0.33

(2) 무척추동물의 냄새

① 새우, 게 등 갑각류

새우, 게 등 갑각류의 자숙 냄새는 피라진, 티아졸thiazole 같은 복소환 화합물이 주성분이며, 아세트산 같은 저급지방산과 디메틸설파이드 등이 냄새를 강하게 한다.

② 오징어 등 두족류

마른오징어를 제조할 때 날씨가 좋지 않아 비를 맞으면 품질이 저하되어 악취가 나는데 그 주성분은 이소발레르산isovaleric acid이고, 아세트산, 프로피온산, 부티르산, 카프로산caproic acid 등이 보조적으로 관여한다. 또한, 오징어를 구울 때 나는 냄새는 타우린에서 유래한다.

(3) 해조류의 냄새

해조류에는 향기 성분과 좋지 않은 냄새 성분이 혼재한다. 갈조류, 녹조류, 홍조류는 향기 성분과 좋지 않은 냄새 성분의 비율이 다르며 특징도 다르다.

표 2-44 해조류의 분류

갈조류	녹조류	홍조류
미역, 다시마, 톳 등	납작파래, 구멍갈파래, 청각 등	방사무늬김, 참김, 참우뭇가사리 등

① 향기와 좋지 않은 냄새

a. 향기

해조류의 향기 성분은 벤즈알데하이드benzaldehyde, 발레르알데하이드valeraldehyde, 메틸푸르푸랄methylfurfural, 푸르푸랄furfural 등을 주체로 하는 카보닐 화합물과, 푸르푸릴알코올furfuryl alcohol, 1,8-시네올1,8-cineol, 리날로올linalool, 리모넨limonene, α-피넨α-pinene, 옥텐올octenol-3 등을 함유하는 화합물, 디메틸설파이드 화합물 등이 있다.

b. 좋지 않은 냄새

해조류의 좋지 않은 냄새는 황화수소, 메탄티올 등의 황 화합물, 폼산, 아세트산, 프로피온산, 부티르산, 이소발레르산 등의 저급지방산, 아크릴산acrylic acid, 리놀레산linoleic acid 등의 불포화지방산, TMA를 주체로 하는 아민류와 파라-크레졸ρ-cresol을 주체로 하는 페놀류가 있다.

② 해조류 종류에 따른 냄새 성분의 특성

향기 성분 중에 미량의 좋지 않은 냄새 성분이 혼재함으로써 해조류 종류에 따라 다른 특징을 나타낸다. 디메틸설파이드와 아크릴산은 녹조류와 홍조류에 많이 함유되어 있고 갈조류에는 적다. 황화수소와 메탄티올은 갈조류와 홍조류에 많고 녹조류에는 적다. 그리고 푸르푸랄알코올은 녹조류와 갈조류에 많고 홍조류에는 적다.

5. 유독 성분

수산동물이 가지고 있는 유독물질은 크게 생물이 생존에 필요한 독성분을 자체 체내에서 만들어 내는 자연 독, 자연환경의 영향을 받아 생물 체내에 축적된 공해 독, 생물의 사후 세균에 의하여 생긴 세균 독, 식품 성분의 분해, 변패에 의한 부패 독 등으로 분류할 수 있으며, 이를 표 2-45에 자세히 나타내었다. 여기에서는 수산동물의 자연 독에 대하여 중점적으로 언급하고자 한다.

표 2-45 수산동물의 유독 성분 분류

분류	원인	해당 독
자연 독	생존에 필요한 독성분을 자체에서 만들어 내는 독	복어 독, 시구아테라독, 장어류 혈액독
공해 독	자연환경의 영향으로 체내에 축적된 독	농약, 항생물질, 유해 중금속(납, 수은, 카드뮴, 비소 등), 방사능물질, 폴리염화비페닐(polychlorinated biphenyl, PCB), 다이옥신(dioxin), 비스페놀 A(bisphenol A) 등
세균 독	생물의 사후 세균에 의하여 생긴 독	황색포도상구균, 보툴리누스균 야기 분비 독
부패 독	식품 성분의 분해, 변패에 의하여 생긴 독	바이오제닉 아민(biogenic amine) 등

1) 어류의 독

(1) 복어 독

복어 독인 테트로도톡신tetrodotoxin은 무색, 침상의 결정으로 존재 유무를 관능평가로 감지할 수 없는 자연 독이다. 복어에 있는 독이라는 의미에서 붙여진 이름이지만 최근 나팔고둥과 같은 복족류, 표범무늬낙지 등의 두족류, 투구게 같은 절지동물, 단풍불가사리 같은 극피동물 등 다른 수산동물에도 존재하는 것으로 확인되었다.

테트로도톡신은 약염기성이고 물에 잘 녹지 않으나 묽은 아세트산 같은 산성 용액에 녹는다. 내열성이어서 일반적인 조리 조건에서는 무독화되지 않는 강한 독성 물질이다. 테트로도톡신은 복어과 어류 대부분의 난소, 간에 많이 함유되어 있으며 껍질에는 약간 함유되어 있는 것도 있다. 근육은 거의 무독하며, 암컷이 수컷보다 더 많이 함유하

표 2-46 복어의 부위별 독력과 독량

(단위 : unit*)

부위	검복		졸복		밀복	
	암	수	암	수	암	수
난소	4,000	100	20,000	1,000	<20	<20
간장	100,000	10,000	100,000	40,000	<20	<20
껍질	2,000	4,000	10,000	2,000	<20	<20
장	4,000	2,000	4,000	2,000	<20	<20
근육	100	100	100	100	<20	<20
혈액			100	40	<20	<20
독의 강도	맹독	맹독	맹독	맹독	거의 무독	거의 무독

*unit : 추출한 원액 1 mL가 치사시킬 수 있는 생쥐의 g

고 있다. 단, 열대산 및 아열대산 복어는 근육에 강한 독성을 가진 종도 있다.

복어 독은 신경계를 마비시키는 맹독이어서 주된 중독 증상은 마비이며, 이외에 두통, 복통, 구토를 수반하면서 지각 마비, 언어 장애, 호흡 곤란을 일으키고 심장 정지도 일어나는 등 치사율이 매우 높다.

(2) 시구아테라독

시구아테라ciguatera독은 열대 또는 아열대 해역의 산호초 주변에 서식하는 독성 어류가 와편모조류의 섭취에 의하여 가지는 자연 독을 말한다. 무늬퉁돔*Lutjanus monostigma*, 부시리*Seriola aureovittata* 등이 이 독성을 지닌 어류이다.

시구아테라독은 시구아톡신ciguatoxin, 스카리톡신scaritoxin, 마이토톡신maitotoxin, 시구아테린ciguaterin 등이 있으나 이 중 대표적인 독은 시구아톡신이다. 시구아톡신은 지용성 질소 함유 화합물로 콜린에스터레이스cholinesterase의 효소 기능 억제로 신경마비 독작용을 나타낸다. 시구아톡신에 중독되면 설사, 구토, 관절통, 권태감, 온도 감각 이상 등의 증상이 나타난다.

(3) 장어류의 혈액독

우리나라에서 붕장어는 구이, 탕 등으로 조리하여 먹을 뿐만이 아니라 회로도 즐긴다. 그러나 일본에서는 붕장어 혈액의 독 때문에 날것으로는 먹지 않는다. 붕장어의 혈액에는 이크티오톡신ichthyotoxin이라는 신경독 성분이 함유되어 있다. 이를 섭취하면 설사, 구역질, 구토 등의 중독 증상을 일으키고, 눈이나 피부에 묻으면 결막염이나 기타 염증이 생긴다. 이크티오톡신은 붕장어뿐만이 아니라 민물장어인 뱀장어의 혈액에도 많이 함유되어 있다. 이크티오톡신은 열에 약하여 60℃ 전후에서 분해되기 때문에 익혀 먹으면 독성에 대한 걱정은 하지 않아도 된다.

2) 패류 독

(1) 마비성 패류 독

마비성 패류 독paralytic shellfish poison, PSP은 홍합, 피조개, 가리비, 굴 등의 패류가 유독 플랑크톤인 와편모조류 *Alexandrium* spp.와 *Pyrodinium* spp., 담수 남조류 *Aphanizomenon flos-aquae*, 무각와편모조류 *Gymnodinium catenatum* 등을 섭취

하여 생기는 수용성 독소로, 삭시톡신saxitoxin, 네오삭시톡신neosaxitoxin, 고니아톡신gonyautoxin, 프로토고니아톡신protogonyautoxin 등 10여 가지 성분의 복합체이며 신경을 마비시키는 특징이 있다.

마비성 패류 독은 적조와 관련이 있어 적조가 지속되는 시기에는 독성이 강하나 적조가 끝나거나 그 이후에는 독을 배설하거나 분해하여 미약해지거나 나타나지 않는다.

마비성 패류 독에 의한 중독은 패류의 중장선에 축적된 독을 먹은 지 30분 정도 후에 나타나는데 입술, 혀, 목, 팔, 다리의 마비, 호흡 곤란, 구토, 언어 장애와, 심하면 호흡 마비로 사망할 수도 있다. 이 독소 성분은 냉장, 동결 등의 저온에서 파괴되지 않으며 100℃에서 6시간 이상 가열해야 파괴될 정도의 내열성이 강하다.

표 2-47 국내의 마비성 패류 독의 기준 규격(2021년 1월 기준)

대상 국가	패류 및 관련 제품	기준
한국	패류 및 그 가공품	Saxitoxin으로 80 μg/100 g
Codex	이매패류(가식부)	0.8 mg/kg
미국	조개, 홍합, 굴 (신선, 냉동, 통조림)	80 μg/100 g
일본	패류(가식부)	4 MU/g
호주/뉴질랜드	이매패류(가식부)	0.8 mg/kg
캐나다	패류	80 μg/100 g

*1 MU : 20 g의 쥐(mouse)를 15분에 사망시키는 독력

자료 : 식품의약품안전처, 식품공전, 2021; 국제식품규격위원회, Codex texts standards, 2021; 미국 식품의약국(FDA), Fish and fishery products hazards and controls guidance 4th Edition, 2021; 일본 후생노동성, Food safety information, 2021; 호주/뉴질랜드 식품규격, Food Standards Code, 2021; Government of Canada, Health Canada's maximum levels for chemical contaminants in foods, 2021

(2) 설사성 패류 독

설사성 패류 독diarrhetic shellfish poison, DSP은 유독 식물성 플랑크톤인 와편모조류에 속하는 디노피시스*Dinophysis* sp., 프로로센트룸*Prorocentrum* sp. 등이 생산하는 지용성 독소이며, 오카다산okadaic acid, 디노피시스톡신dinophysistoxin, 펙테노톡신Pectenotoxin 등의 복합체로 섭취하면 설사를 유발한다. 지중해담치, 홍합, 백합, 민물조개, 피조개, 굴 같은 이매패류가 위에서 언급한 유독 플랑크톤을 섭취함으로써 생성된 설사성 패류 독이 중장선에 축적되어 독성을 갖게 된다.

설사성 패류 독에 의한 중독은 패류의 중장선에 축적된 패류 독을 먹은 지 4시간 후에 가벼운 설사, 메스꺼움, 구토, 복통이 나타난다. 설사성 패류 독은 물에 녹지 않고 메탄올, 에테르, 아세톤 등과 같은 유기용매에 녹는 지용성 독소이며, 일반적인 조리법으로는 파괴되지 않는 내열성 성분이다.

(3) 베네루핀

베네루핀venerupin은 유독 플랑크톤이 생산하는 수용성 독소로, 바지락, 모시조개, 굴 같은 이매패류의 중장선에 축적된다. 고농도로 축적된 이매패류를 사람이 섭취하는 경우 메스꺼움, 구토, 복통, 변비, 피하출혈, 반점 등이 발현되며 치사율도 높은 편이다.

베네루핀 독성분의 화학 구조는 확실하지 않으나 에테르, 클로로폼, 에틸알코올에 녹지 않고 메탄올에 녹는다. 간 독성을 나타낸다.

(4) 테트라민

테트라민tetramine은 한류성 심해에 서식하는 육식성 권패류인 관절매물고둥, 조각매물고둥의 타액선에 축적된 아민류의 독성물질이며, 트리에틸렌 테트라민triethylene tetramine, 헥사메틸렌 테트라민hexamethylene tetramine, 테트라메틸렌 디설퍼테트라민 tetramethylene disulfotetramine 등이 있다.

테트라민 중독은 권패류인 관절매물고둥, 조각매물고둥 등을 섭취하고 30분 이후에 두통, 배멀미, 눈 밑의 통증, 두드러기 등의 증상이 나타나는 현상으로 보통 2~3시간 이내에 회복한다.

(5) 수랑 독

수랑 독은 진흙세균인 코리네형 그룹coryneform group이 생산하는 스루가톡신suruga-toxin, 네오스루가톡신neosurugatoxin, 프로스루가톡신prosurugatoxin 등의 독소이다. 육식성 소형 권패류인 수랑의 중장선에 위의 세균이 분비하는 독소가 축적됨으로써 독성을 갖는다.

수랑 독 중독은 권패류인 수랑을 섭취하고 1~24시간 이내에 복통, 설사, 의식 혼란, 시력 감퇴, 동공 확대, 혈압 강하, 언어 장애 등의 증상이 나타나며 약 1주일 후에 회복된다. 수랑 독은 물과 메탄올에는 녹지만 다른 유기용매에는 녹지 않으며, 조리에 의해서도 제거되지 않는다.

3) 극피동물의 독

(1) 홀로스린

홀로스린holothurin은 해삼의 유독 성분으로 A형과 B형의 두 종류가 있다. 홀로스린은 수용성이며 열에 약한 용혈성 독물이나 백만분의 1 정도 농도로도 어류를 죽이는 독성을 가진다.

(2) 사포닌

사포닌saponin은 불가사리의 위에서 분비하는 독성물질이다. 불가사리는 조개의 흡수강을 통해 사포닌을 주입하여 패각근을 마비 및 이완시켜 조개를 잡아먹는다.

단원정리

1 수산물의 수분은 영양적 가치가 없으나 어육의 가공 적성이나 맛, 색택, 조직감 등에 크게 영향을 미친다. 저장성에도 영향을 미치는 성분 중의 하나이다.

2 어패류의 근육단백질은 물이나 중성염의 용해도에 따라 근형질단백질, 근원섬유단백질, 근기질단백질로 구분한다. 근형질단백질은 이온 강도 0.05 이하의 완충액에 녹는 단백질이고, 근원섬유단백질은 이온 강도 0.5 이상의 중성 완충액에 녹아 나오는 단백질이며, 근기질단백질은 물은 물론이고 높은 이온 강도의 중성 완충액에도 녹지 않는 단백질이다.

3 어패류의 지질은 오메가-3 지방산의 조성비가 높아 건강 기능적으로 유익하지만, 다른 한편으로는 산화되기 쉽고 산패하여 불쾌한 냄새를 낸다.

4 수산동물의 저장 탄수화물인 글리코겐은 사후에 산소 공급이 중단되면 급격히 분해되어 젖산을 생성함으로써 어류 근육의 pH를 떨어뜨린다.

5 수산물의 주요 무기질로는 나트륨(Na), 칼륨(K), 칼슘(Ca), 마그네슘(Mg), 염소(Cl), 인(P), 황(S)의 7종을 꼽을 수 있으며, 이들은 전체 무기질 함량의 60~80%를 차지한다.

6 비타민은 인체에서 매우 적은 양을 필요로 하지만 정상적인 성장과 발달, 건강을 유지하기 위해서는 반드시 필요한 영양소이다. 일부 수산물에 한정되어 다량 함유되어 있으며, 근육보다 간에 더 많이 함유되어 있는 수산물도 있다.

7 수산물의 엑스 성분은 냉수나 열수 추출물 중에 단백질, 지질, 색소 등의 고분자 물질을 제외한 유리아미노산, 저분자 펩타이드, 핵산 관련 물질, 베타인, 트리메틸아민옥사이드, 요소와 같은 질소 함유 화합물과 유기염기, 유기산, 저분자 탄수화물과 같은 무질소 화합물을 말한다.

8 수산물의 색소 성분은 미오글로빈, 카로테노이드, 시토크롬 등으로 구성된 근육 색소, 멜라닌과 아스타잔틴, 루테인, 제아잔틴, 옴모크롬, 프테리딘류, 구아닌 등으로 구성된 피부 색소, 헤모글로빈과 헤모시아닌, 헤모바나딘, 핀나글로빈 등으로 구성된 혈액 색소, 그리고 카로테노이드, 멜라닌 등으로 구성된 내장 색소 등으로 분류할 수 있다.

9 어류의 냄새에 관여하는 주요 성분 중 휘발성 아민류는 해수산 어류의 경우 암모니아, DMA, TMA 등이 있고, 담수산 어류는 피페리딘, 피리딘, 피라진계 화합물 등이 있다.

10 어패류의 독성분으로 어류에는 테트로도톡신, 시구아테라독, 이크티오톡신 등이 있고, 패류에는 마비성 패류 독, 설사성 패류 독, 베네루핀, 테트라민, 수랑 독 등이 있다. 그 외에 해삼 내장의 홀로스린, 불가사리 위의 사포닌 등도 있다.

연습문제

1 근원섬유를 구성하고 있는 주요 단백질은?

① 미오신　② 콜라겐
③ 미오겐　④ 미오글로빈

2 굴에 많이 함유되어 있는 탄수화물은?

① 셀룰로스　② 키틴
③ 글리코겐　④ 콘드로이틴황산

3 어패류의 가식부에 가장 많이 함유되어 있는 무기질은?

① 아연　② 칼륨
③ 철　④ 요오드

4 어패류의 엑스 성분이 아닌 것은?

① 아미노산　② 올리고펩타이드
③ 뉴클레오타이드　④ 단백질

5 수산동물의 근육 색소가 아닌 것은?

① 헤모시아닌　② 미오글로빈
③ 카로테노이드　④ 시토크롬

6 복어 알에 들어 있는 대표적인 독성물질은?

① 홀로스린　② 삭시톡신
③ 베네루핀　④ 테트로도톡신

정답 1 ① 2 ③ 3 ② 4 ④ 5 ① 6 ④

CHAPTER 03

어패류의 사후 변화

1. 해당작용 | 2. 사후경직 | 3. 해경 및 자가소화 | 4. 부패

수산물은 살아 있는 동안 활발한 신진대사로 조화가 잘 이루어지나 죽으면 조화가 흐트러지면서 여러 가지 변화가 일어나고, 결국 미생물에 의하여 간단한 물질로 분해된다. 어획한 후 일어나는 수산물의 사후 변화는 초기에는 주로 근육 중의 효소에 의한 변화가 일어나다가 이어서 세균에 의한 부패가 시작된다. 즉, 수산물은 사후 산소 공급 부족으로 해당작용과 사후경직이 일어나고, 이어서 자가소화효소에 의한 자가소화와 동시에 경직현상이 풀리는 해경이 일어나며, 자가소화효소 또는 외인성 효소나 미생물에 의하여 최종적으로 부패가 진행된다. 이러한 변화 과정을 그림 3-1에 나타내었다. 수산물의 사후 변화 과정은 순차적으로 구분되어 진행되기보다는 몇 개의 과정이 어우러져 동시에 진행되는 경우가 많다.

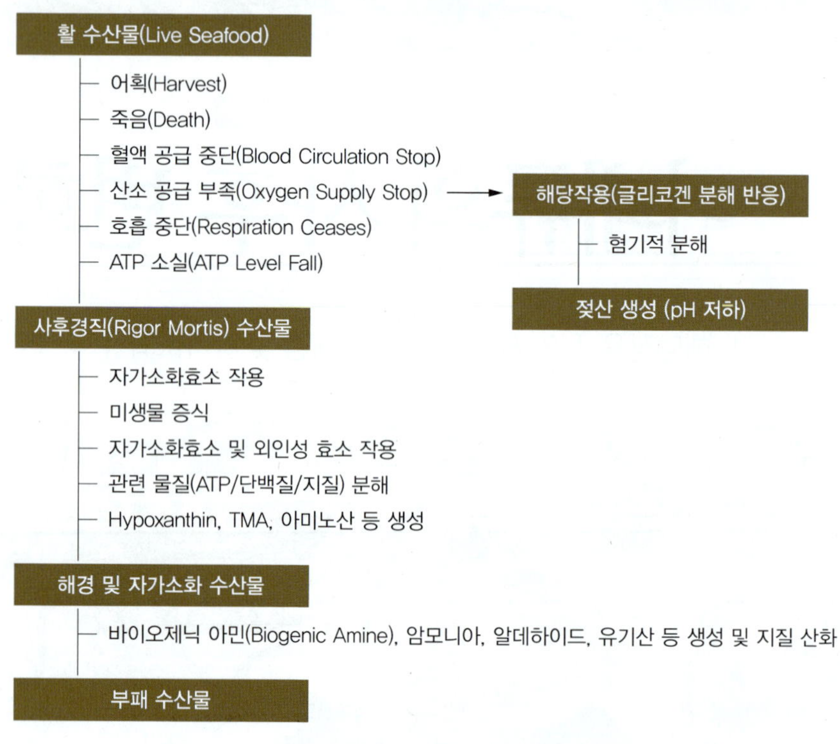

그림 3-1 수산물의 사후 변화

1. 해당작용

수산물의 사후 해당작용은 혈액 및 산소 공급의 중단으로 근육에 함유되어 있는 글리코겐glycogen이 혐기적 분해를 진행하여 최종적으로 근육에 젖산을 생성 및 축적하는 일련의 과정을 말한다. 어획 후 해당작용을 거친 어육의 pH는 활어 근육에 비하여 낮다. 이는 젖산의 생산, 아데노신삼인산adenosine triphosphate, ATP의 감소, ATP 분해 시 생성되는 수소이온에 의한 영향 때문이다.

1) 메커니즘

글리코겐에 대한 수산물의 해당작용은 그림 3-2에 나타낸 바와 같이 살아 있을 때의 호기적 반응과 사후의 혐기적 반응 간에 확연히 차이가 있다.

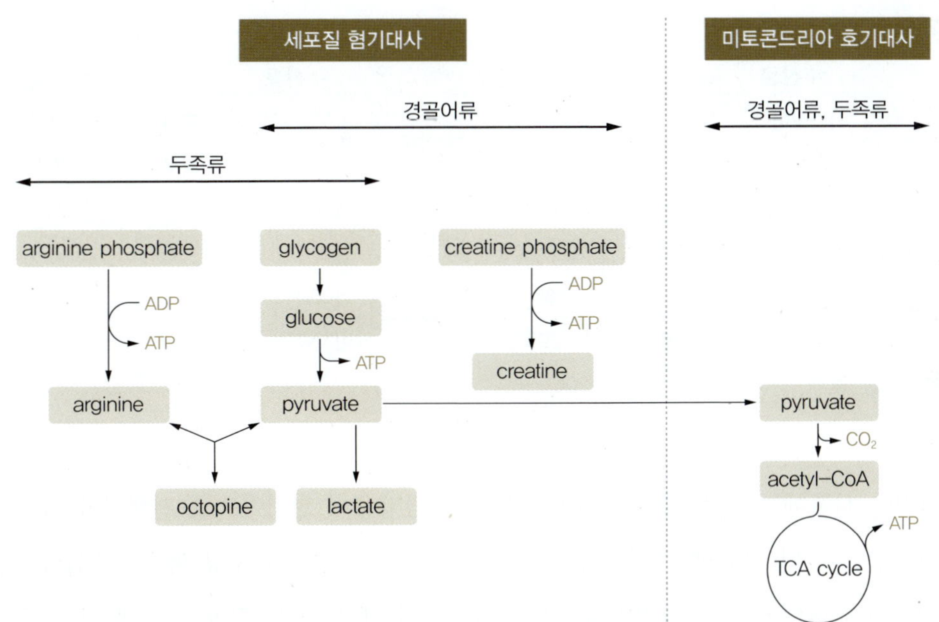

그림 3-2 수산물의 호기적 및 혐기적 조건 하에서 글리코겐의 해당작용

어류의 근육에 함유되어 있는 글리코겐은 살아 있는 호기적 상태에서는 체내 효소계에 의한 해당작용으로 피루브산pyruvic acid이 생성되고, 이는 미토콘드리아에서 트리카복실산 회로tricarboxylic acid cycle, TCA cycle로 들어가 산화 대사경로를 거쳐 최종적으

로 이산화탄소, 물, ATP가 생성된다. 해당작용의 최종 산물인 젖산은 일부가 글루코스 glucose로 재합성되는 과정을 거치므로 근육에 젖산이 축적되지 않는다. 그러나 어획된 어류는 체내 효소계에 의해 진행되는 호기적 해당작용이 중단되고, 산소 공급이 중단된 혐기적 해당작용을 거치게 된다. 즉, 어획된 후에는 혐기적 조건에서 글리코겐은 피루브산으로 되고, 이것은 최종적으로 어육 내에 해당작용의 산물인 젖산으로 축적된다.

2) pH의 변화

어류는 생존 시에는 산소가 공급됨으로써 일정한 수준의 ATP 존재 하에 액토미오신 actomyosin의 수축과 이완, 글리코겐의 호기적 분해와 재생 등이 이루어져 젖산이 축적되지 않아 근육의 pH는 일반적으로 7.2~7.4 정도를 유지한다.

표 3-1 수산물의 젖산 함량

(단위 : mg/100 g)

수산물			젖산 함량	수산물			젖산 함량
어류	가다랑어		530~720	어류	농어	휴식	45
	고등어		300			피로	225
	대구	휴식	20~40	갑각류	대하		130
		피로	160~200		털게		130~173
	광어	휴식	30	패류	가리비		0.3~0.5
		피로	206		바지락		1~1.5
	돔		200~300				

그러나 사후에는 산소 공급이 중단되므로 해당작용이 혐기적으로 진행되어 최종 분해산물인 젖산이 근육에 축적된다. 이 때문에 사후 어류는 회유성 붉은살생선의 경우 글리코겐 함량이 0.4~1.0% 범위로 많아지고, 이의 혐기적 해당작용으로 생성되는 젖산 함량도 증가하여 pH가 5.6~6.0 범위에 있는 것이 많다. 다만, 저서성 흰살생선의 경우 글리코겐 함량이 0.4%로 적고 혐기적 해당작용으로 생성되는 젖산의 함량도 적어 pH 6.0~6.4 범위에 있는 것이 많다. 오징어, 문어 같은 두족류와 큰가리비 같은 패류는 사후 혐기적 조건에서 해당작용의 최종 분해산물로 생성되는 산물은 젖산의 경우 적고 대부분이 피루브산이다.

2. 사후경직

사후경직은 수산물이 사후 일정 시간(몇 분 또는 몇 시간)이 경과하면 근육의 투명도가 떨어지고 수축하여 어류의 몸이 굳어지는 현상으로, 사후강직이라고도 한다.

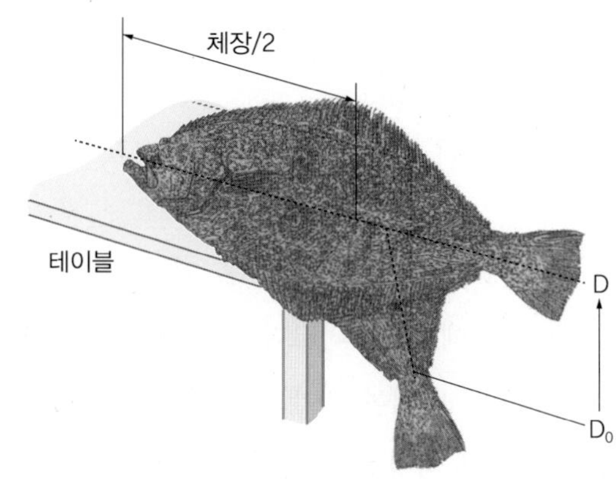

그림 3-3 사후경직기의 어류 조직감의 변화

1) 원인

사후경직은 해당작용으로 ATP가 소실되기 때문에 발생한다. 즉, ATP가 존재할 때에는 액토미오신의 중합 또는 해리에 따라 근육이 수축하거나 이완하지만, ATP가 소실되면 액토미오신의 해리가 억제되고 신장성을 잃어 수축하게 된다.

2) 메커니즘

사후경직의 메커니즘은 살아 있는 근육의 수축과 동일하다. 즉, 살아 있는 근육의 수축은 근원섬유의 길이가 짧아지는 것으로, 이는 얇은 근섬유인 액틴actin이 두꺼운 근섬유myosin 사이로 들어가기 때문에 일어난다. 근육의 수축과 이완은 칼슘이온Ca^{2+}의 농도 조절에 의하여 결정되는데, 칼슘이온은 대부분 소포체에 있으므로 이완될 때는 세포질 내의 농도가 낮고 수축할 때는 소포체 내의 칼슘이온이 유리되어 나와 증가한다. 이와 같이 증가한 칼슘이온이 트로포닌troponin C에 결합하면 신호가 트로포미오신tropomyosin을 통하여 액틴에 전달되고, ATPase 활성이 촉진되어 근육은 수축하게 된다.

그림 3-4 사후경직에 대한 도식화

3) 치사 조건과 경직 시간

사후경직 발생과 지속 시간은 동물은 물론이고 어류의 종류, 연령, 조성, 살아 있을 때의 활동, 죽은 상태, 사후 관리 및 환경 등에 따라 다르다. 일반적으로 어류의 사후경직 발생과 지속 시간은 어류의 서식 온도와 밀접한 관계가 있다. 즉, 서식 온도가 낮은 냉수성 어류는 0°C에 저장한 것이 10°C에 저장한 것보다 사후경직의 속도가 느리나, 열대성 어류는 반대로 10°C에 저장한 것이 0°C에 저장한 것보다 속도가 느리다. 뿐만 아니라 즉사한 어류가 고통사한 어류보다, 비활동성 어류가 활동성 어류보다, 어체의 크기가 큰 것이 작은 것보다, 영양 상태가 좋은 것이 나쁜 것보다 사후경직이 늦고 오래 걸린다.

3. 해경 및 자가소화

수산물의 해경 및 자가소화는 수산물이 사후경직이 일어나고 완전 경직에 도달한 후 바로 또는 일정 시간이 경과한 후 근육이 풀려 연해지는 현상을 말한다. 해경이 일어난 어류의 형태는 앞의 그림 3-3과 같다.

1) 메커니즘

해경과 자가소화는 최근까지도 자가소화효소의 작용으로 경직된 근육이 분해되고 연화되는 것으로 추정하였으나, 자가소화효소의 최적 온도가 아닌 저온에서도 신속히 진행되므로 자가소화효소 외에 pH 등 다른 다양한 요인이 있을 것으로 추정된다. 여기에서 언급하는 자가소화효소는 근육 조직에 존재하는 단백질 분해효소를 말하며, 해경과 자가소화 과정에 직간접적으로 관여하는 것으로 추정된다.

2) 자가소화효소

(1) 자가소화효소의 종류

자가소화효소는 카텝신 Dcathepsin D, 카텝신 Bcathepsin B, 카텝신 Lcathepsin L, 칼페인calpain 등과 같이 다양하게 존재한다. 그러나 이들의 최적 pH가 다르고, 수산동물의 근육 pH도 해당작용의 영향으로 변화하므로 작용하는 효소의 종류와 관여하는 정도도 달라진다.

(2) 사후 어류의 최저 pH

일반적으로 사후 어류의 최저 pH는 회유성 붉은살생선이 5.6~6.0 범위, 저서성 흰살생선은 6.0~6.4 범위이다.

(3) 자가소화효소의 특성

① 카텝신 D

카텝신 D의 최적 pH는 기질에 따라 다르나, 대체로 2.8~5.0 범위이어서 산성에서 작용을 잘하는 단백질 가수분해효소protease이며, 근형질단백질과 근원섬유단백질을 분해한다. 그러나 카텝신 D는 5% 이상의 식염이 존재하는 경우 거의 활성을 나타내지 못한다. 카텝신 D의 어육의 해경 및 자가소화에 관여 정도는 pH와 어육의 최적 pH 범위로 보아 왕성하지는 않다.

② 카텝신 B

카텝신 B의 최적 pH는 기질에 따라 다르나 대체로 3.5~6.0 범위이며, 미오신과 액틴과 같은 근원섬유단백질의 분해에 관여한다. 따라서, 최적 pH와 어육의 pH로 미루어 보아 카텝신 B의 어육의 해경 및 자가소화에 관여 정도는 왕성하지는 않고, 회유성 붉은살생선보다 저서성 흰살생선이 크다.

③ 카텝신 L

카텝신 L의 최적 pH는 기질에 따라 다르나 대체로 4.0~6.0 범위이며, 근육의 구성단백질에 높은 기질 특이성을 나타낸다. 근원섬유단백질인 미오신, 코넥틴connectin, 액틴, 액티닌actinin, 트로포닌troponin, 그리고 콜라겐collagen의 비나선 부분을 빠르게 분해시킨다. 따라서, 최적 pH와 어육의 pH로 보아 카텝신 L의 어육의 해경 및 자가소화에 관여 정도는 인정되나 그 정도는 카텝신 D나 카텝신 B보다는 왕성하다.

카텝신 L은 광어 근육을 젤리처럼 연화시키고, 오징어젓갈 같은 수산 발효식품의 제조를 위한 발효에도 관여한다.

④ 칼페인

칼페인은 최적 pH가 중성 부근이고 칼슘 의존성이 있으며, 근원섬유단백질의 소편화, 액티닌의 가용화에 관여한다. 칼페인은 어류의 해경 및 자가소화에 가장 크게 관여한다. 자가소화효소의 최적 pH, 사후 어육의 최저 pH 등을 고려할 때 자가소화효소의 작용 시점은 가장 먼저 칼페인이 작용하며, 이어서 카텝신 B와 카텝신 L의 순으로 적용되고, 카텝신 D는 거의 적용되지 않을 것이다.

(4) 해경 및 자가소화 수산물의 특성

① 조직 변화

a. 근원섬유의 소편화

근원섬유 소편화는 근원섬유가 Z선 부위에서 분리되어 근절이 짧아지는 현상으로, 이는 근육의 해경과 자가소화에 의한 근원섬유의 미세한 구조 변화이자 최초의 구조 변화이다. 이러한 결과는 근원섬유의 Z선 부위의 구조가 취약하여 물리적 강도가 떨어지기 때문이다. 근원섬유의 소편화는 사후경직 시 발생하는 장력 때문이라는 설과, 과다한 칼슘이온에 의한 칼페인의 활성화 때문이라는 설이 있다. 사후경직 시 발생하는 장력에 의한 근원섬유의 소편화는 뼈를 제거한 것과 제거하지 않은 것을 각각 냉장하였을 때 뼈가 있는 것이 경직 시 장력이 많이 작용하여 쉽게 발생한다.

근원섬유의 소편화는 어종에 따라 차이가 있으며, 일반적으로 육질이 연한 어종이 소편화되기 쉽고 저장 시간이 경과할수록 늘어나는 경향을 보인다. 즉, 소편화 비율은 고등어 > 참돔 > 북방산 어류(명태, 임연수어, 청어, 대구 등)의 관계를 나타낸다.

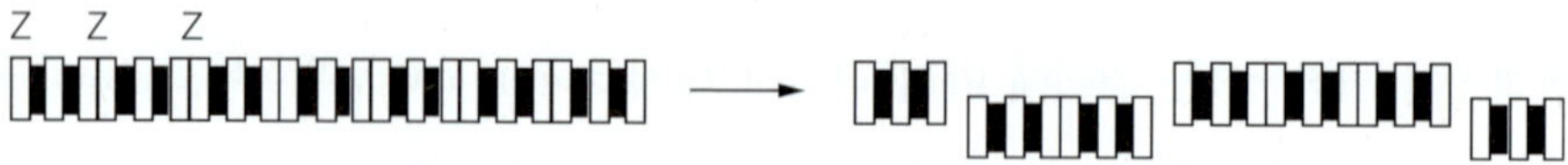

그림 3-5 근원섬유의 소편화

표 3-2 어류 근원섬유의 소편화 비율(%)[1)]

어종[2)]	근절 수			어종	근절 수		
	1~4개	5~10개	10개 이상		1~4개	5~10개	10개 이상
방어	12.8	38.1	49.1	감성돔	44.2	33.3	22.5
광어	13.7	26.6	59.7	돌돔	86.0	8.2	5.8
참돔	6.5	23.2	70.2	쥐치	49.5	19.8	30.7
벤자리	13.8	21.0	65.1	고등어	55.2	22.8	22.0

1)(각 근원섬유의 수/총근원섬유의 수) × 100　2)어류는 즉살한 후 1주일간 빙장한 것

b. 코넥틴의 분해

근원섬유에 탄성단백질인 코넥틴이 약 10% 존재하고, 이는 미오신 필라멘트myosin filament와 Z선을 연결하는 역할을 한다. 사후경직 후의 근육에 일어나는 탄성 저하는 이 코넥틴의 변화, 즉 저분자 성분으로 분해되기 때문일 것이다.

c. 액틴과 미오신 간의 결합 약화

사후경직이 최대로 진행되었을 때 근원섬유마디sarcomere 길이는 가장 짧지만 경직기를 지나면 다시 길어진다. 따라서, 사후경직 때 형성된 액틴과 미오신 간의 결합이 이 단계에서 약해졌을 것이라 예상되며, 이것도 역시 해경에 따른 근육 연화가 이유일 것이다.

d. 콜라겐 섬유의 단편화

콜라겐은 골격근과 함께 존재하는 결합조직으로 근육의 물성에 직접 관여하는 불용성 단백질이며, 근섬유 간에 존재하여 두 섬유가 여기에 접착되어 있다. 콜라겐은 저장시간의 경과나 선도 저하와 함께 소편화하는 경향을 띤다. 이는 명태 필릿fillet, 간고등어 냉동품 등에서 근절마다 갈라져 있는 현상(갭핑gapping)에서 확인할 수 있다.

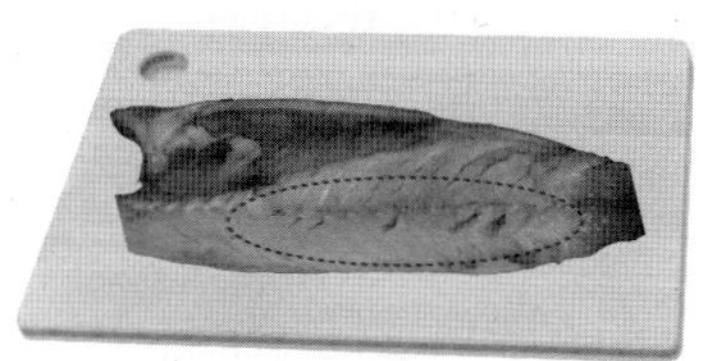

그림 3-6 간고등어의 갭핑 현상

② 성분 변화

a. 근원섬유단백질의 유리 및 가용화

근원섬유단백질은 저장 중 가용화되어 나오는데 온도가 높을수록, 저장 기간이 길수록 현저하게 나타난다. 저장 중 유리 단백질의 주요 성분은 0℃ 저장일 경우 α-액티닌, 액틴, 트로포미오신, 트로포닌 T, 트로포닌 I 등이다. α-액티닌의 유리와 함께 얇은 필라멘트thin filament가 유리되고, 15℃ 저장의 경우도 이와 유사한 패턴을 나타내나 칼슘이온이 존재하면 차이가 있어 트로포닌 I 대신에 트로포닌 I의 칼페인 분해물이 다량 검출된다. 이러한 결과는 칼슘이온이 존재할 때 칼슘 의존성 단백질 분해효소가 작용할 가능성이 크기 때문이라 할 수 있다.

b. 유리아미노산 함량의 증가

수산물 저장 중 유리아미노산 총함량은 저장 일수가 경과할수록, 저장 온도가 높을수록 증가하는 경향을 보이며, 각 유리아미노산의 함량은 유리아미노산의 종류에 따라 증가 또는 감소하는 경향을 나타낸다.

c. 핵산 관련 물질의 분해

수산물의 자가소화에 의한 변화 중 하나는 핵산 관련 물질의 분해이다.

표 3-3 수산동물의 핵산 관련 물질

(단위 : μmole/g)

수산물		핵산 관련 물질						
		ATP	ADP	AMP	IMP	Hx	HxR	Total
어류	송어	5.84	1.06	0.54	0.22	0	0	7.66
	잉어	4.68	0.95	0.04	0	0	0	5.67
패류	큰가리비	3.48	1.18	0	1.56	0	0	6.22
	동죽	3.98	0.50	0.33	0	0	0	4.81
	피조개	4.86	1.05	0.75	0	0	0	6.66
	전복	3.48	0.59	0.20	0	0	0	4.27
갑각류	게	5.87	1.75	0.29	0	0	0	7.91
	새우	6.61	2.09	0.94	0	0	0	9.64
두족류	오징어	7.48	1.53	0.55	0	0	0.01	9.57
	문어	4.00	1.02	0.20	0	0	0	5.22

- 어류 : 어류는 ATP가 아데노신이인산ADP, 아데노신일인산AMP, 이노신일인산inosine monophosphate, IMP, 이노신inosine, HxR 및 하이포잔틴hypoxanthine, Hx으로 분해되며 그 속도는 어종에 따라 차이가 있다. 이때 ATP는 급격히 감소하고 IMP는 축적되는 경향을 나타내며, 최종적으로 하이포잔틴Hx이 급격히 증가하는 경향을 보인다.
- 연체류 : 연체류는 ATP, ADP, AMP, 아데노신adenosine, HxR, Hx의 순으로 분해되고, 갑각류는 어류군과 연체류의 양쪽 경로를 모두 거치는 것으로 알려져 있다. 연체류에는 패류와 두족류가 포함된다.

4. 부패

부패는 유기물이 자가소화효소와 미생물의 작용에 의하여 사람들 생활에 부적당한 물질로 분해되어 불쾌한 냄새나 맛을 내고, 때로는 유독한 물질을 생성하여 이용하기에 부적합한 물질로 변화하는 과정을 말한다.

1) 부패 과정

어획한 어체의 표면, 아가미, 소화관 내 등에는 이미 세균이 부착되어 있다. 이들 세균은 근육의 엑스 성분이나 저분자 화합물을 영양원으로 증식한 다음 서서히 결합조직의 간격, 혈관 등을 통하여 근육 내부로 침입하여 들어간다. 이러한 부패 과정에 관여하는 세균의 종류는 항상 동일한 것은 아니며, 분해의 정도나 주위 조건의 변화 등에 따라 달라진다. 세균의 증식과 함께 이들이 생산하는 각종 효소에 의해 근육 성분은 서서히 분해되나 분해 양식은 매우 복잡하다.

2) 식품 성분의 분해

(1) 단백질의 분해

세균은 먼저 유리아미노산 등 저분자 화합물을 분해하고, 이를 영양원으로 하여 증식한다. 영양원이 다소 부족하면 세포막을 통과할 수 없는 단백질을 분해하기 위하여 균체 외에 단백질 분해효소를 내어 아미노산과 펩타이드 같은 저분자 물질로 만들어 이를 영양원으로 이용한다. 단백질 분해효소 생성균으로는 슈도모나스*Pseudomonas*, 비브리오*Vibrio*, 플라보박테륨*Flavobacterium*, 마이크로코쿠스*Micrococcus*, 바실루스*Bacillus* 등이 있다.

(2) 아미노산의 분해

근육 중의 단백질 분해로 생성된 유리아미노산은 세균이 분비한 효소에 의하여 탈탄산반응decarboxylation, 탈아미노반응deamination 또는 황 함유 아미노산의 분해 등이 일어난다. 대표적인 분해 형식은 다음과 같다.

① 탈탄산반응

아미노산의 탈탄산반응은 아미노산으로부터 카르복실기carboxy group가 이탈되어 아민과 이산화탄소를 생성하는 반응으로, 식품이 산성인 경우에는 작용하지만 중성이나 약알칼리성인 경우에는 작용하지 않는다.

$$R \cdot CH \cdot NH_2 \cdot COOH \text{ (아미노산)} \longrightarrow R \cdot CH_2 \cdot NH_2 \text{ (아민)} + CO_2$$

아미노산의 탈탄산반응은 라이신lysine이 카다베린cadaverine으로, 오니틴ornithine이 푸트레신putrescine으로, 아르지닌arginine이 아그마틴agmatine으로, 히스티딘histidine이 히

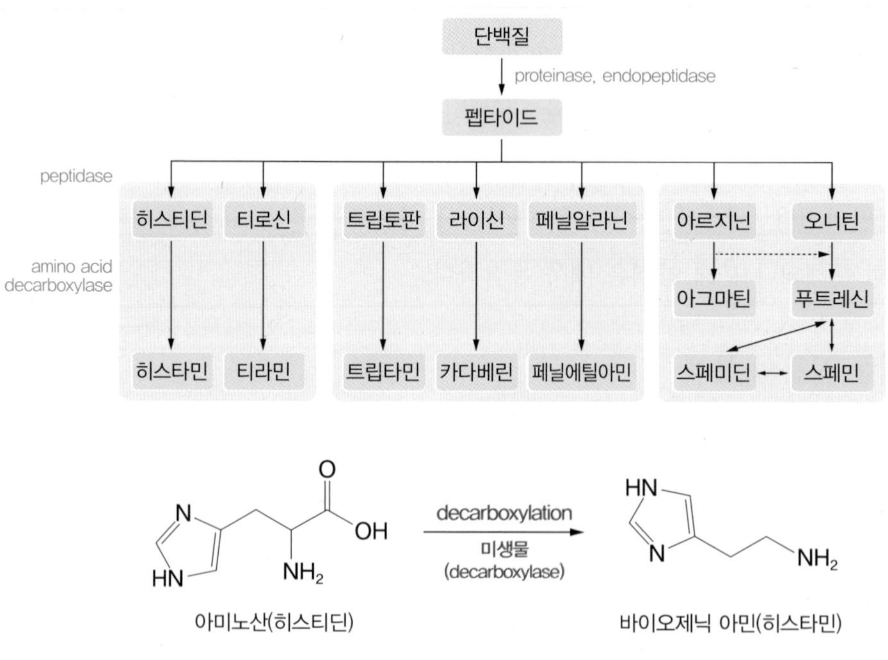

그림 3-7 수산물의 바이오제닉 아민 생성과 탈탄산반응 과정

스타민histamine으로 전환된다. 생성된 아민류는 아민산화효소amine oxidase 등의 작용으로 다시 저분자 물질로 분해된다.

② 탈아미노반응

세균이 분비하는 탈아미노효소deaminase에 의하여 아미노산에서 아미노기NH_2를 이탈시키는 반응으로, 4가지 형식이 있다.

a. 산화적 탈아미노반응

산화적 탈아미노반응에 의하여 케토산keto acid과 암모니아를 생성한다.

$$R \cdot CH \cdot NH_2 \cdot COOH \text{ (아미노산)} + 1/2\ O_2 \longrightarrow R \cdot CO \cdot COOH \text{ (Keto Acid)} + NH_3$$

$$R \cdot CO \cdot COOH \text{ (Keto Acid)} + H_2 \longrightarrow R \cdot CH \cdot OH \cdot COOH \text{ (Hydroxy Acid)}$$

$$R \cdot CO \cdot COOH \text{ (Keto Acid)} \longrightarrow R \cdot CHO \text{ (알데하이드)} + CO_2$$

b. 환원적 탈아미노반응

환원적 탈아미노반응에 의하여 포화지방산과 암모니아를 생성한다.

$$R \cdot CH \cdot NH_2 \cdot COOH \text{ (아미노산)} + H_2 \longrightarrow R \cdot CH_2 \cdot COOH \text{ (포화지방산)} + NH_3$$

c. 직접적 탈아미노반응

직접적 탈아미노반응에 의하여 불포화지방산과 암모니아를 생성한다.

$$R \cdot CH_2 \cdot CH \cdot NH_2 \cdot COOH \text{ (아미노산)} \longrightarrow R \cdot CH{=}CH \cdot COOH \text{ (불포화지방산)} + NH_3$$

d. 스틱랜드반응

스틱랜드반응stickland reaction은 서로 다른 아미노산이 존재할 때 한쪽 아미노산은 산화적으로 탈아미노화하고, 다른 쪽은 환원적으로 탈아미노화하는 반응을 말한다. 스틱랜드반응에 의하여 유기산과 암모니아를 생성한다.

$$R_1 \cdot CH \cdot NH_2 \cdot COOH \text{ (아미노산)} + R_2 \cdot CH \cdot NH_2 \cdot COOH \text{ (아미노산)} + H_2O$$
$$\longrightarrow R_1 \cdot CO \cdot COOH \text{ (Keto Acid)} + R_2 \cdot CH_2 \cdot COOH \text{ (유기산)} + 2NH_3 \text{ (암모니아)}$$

③ 황 함유 아미노산의 분해

황 함유 아미노산으로는 메티오닌methionine, 시스틴cystine, 시스테인cysteine 등이 있다. 이들 황 함유 아미노산은 주로 슈도모나스*Pseudomonas* 및 알테로모나스*Alteromonas* 등의 세균에 의하여 황화수소, 메틸메캅탄methyl mercaptan, CH_3SH, 에틸메캅탄ethyl mercaptan, C_2H_5SH, 디메틸설파이드dimethyl sulfide, $(CH_3)_2S$ 등을 생성한다.

(3) 트리메틸아민옥사이드의 환원

해수산 어류 근육에 함유되어 있는 트리메틸옥사이드trimethylamine oxide, TMAO는 환원되어 트리메틸아민trimethylamine, TMA을 생성하는데, TMA는 해수산 어류 비린내의 주요 성분 중 하나이다. TMAO의 환원은 자가소화효소에 의해 일어나는 경우도 있으나, 대부분은 부패세균이 분비하는 효소에 의하여 일어난다.

$$(CH_3)_3 \cdot NO\ (TMAO) \xrightarrow[\text{부패세균 분비 효소}]{\text{자가소화효소 또는}} (CH_3 \cdot)_3 \cdot N\ (TMA)$$

(4) 요소의 분해

요소urea는 상어, 가오리와 같은 연골어류의 근육 중에 다량 함유되어 있으며, 세균이 생산하는 요소 가수분해효소urease에 의하여 암모니아와 이산화탄소로 분해된다.

$$(NH_2)_2 \cdot CO\ (\text{요소}) \xrightarrow{\text{요소 가수분해효소}} 2NH_3\ (\text{암모니아}) + CO_2$$

(5) 당류의 분해

식품 중의 수크로스sucrose, 글루코스, 젖당lactose 등 당류는 각종 세균 및 효모에 의하여 대사되어 아세트산, 부티르산(낙산)butyric acid, 숙신산(호박산)succinic acid, 젖산, 에탄올, 이산화탄소 등으로 분해된다.

(6) 지질의 분해

지질 함량이 많은 식품은 저장이나 유통 과정 중 지질의 자동산화나 분해에 의하여 불쾌한 냄새나 맛을 띠게 된다. 이러한 지질 산화는 빛, 산소, 가열, 금속 등의 영향을 받아 자동적으로 진행되는 경우 외에도 자가소화효소나 미생물에 의하여 분비되는 효소에 의해서도 촉진된다.

단원정리

1 어패류의 사후 변화는 해당작용→사후경직→해경→자가소화→부패의 과정을 거친다. 수산물의 사후 변화 과정은 순차적으로 구분되어 진행되기보다는 몇 개의 과정이 어우러져 동시에 진행되는 경우가 많다.

2 어획 후 수산물의 해당작용은 혈액 및 산소의 공급이 중단됨으로써 근육에 함유되어 있는 글리코겐(glycogen)이 혐기적 분해를 일으키고, 최종적으로 근육에 젖산이 생성 및 축적되는 일련의 과정을 말한다. 이로 인하여 해당작용 후에 생성된 젖산에 의하여 pH가 저하되는데 붉은살생선의 경우 pH 5.6~6.0 범위, 흰살생선의 경우 pH 6.0~6.4 범위에 이른다.

3 수산물의 사후경직은 사후 일정 시간(몇 분 또는 몇 시간)이 경과하면 근육의 투명도가 떨어지고 수축하여 어체가 굳어지는 현상으로 사후강직이라고도 한다. 사후경직은 해당작용으로 ATP가 소실되기 때문에 발생한다.

4 수산물의 해경 및 자가소화는 수산물이 사후경직이 일어나 완전 경직에 도달한 후에 바로 또는 일정 시간이 경과한 후 근육이 풀려 연해지는 현상을 말한다. 해경 및 자가소화가 진행된 수산물은 근원섬유의 소편화, 코넥틴의 분해, 액틴과 미오신 간의 결합 약화, 콜라겐 섬유의 단편화에 의하여 조직 변화가 발생하고, 근원섬유단백질의 유리 및 가용화, 유리아미노산 함량의 증가, 핵산 관련 물질의 분해 등과 같은 성분 변화가 일어난다.

5 부패는 유기물이 자가소화효소와 미생물의 작용으로 사람들의 생활에 부적당한 물질로 분해되어 불쾌한 냄새나 맛을 내고, 때로는 유독한 물질을 생성하여 이용하기에 부적당한 물질로 변화하는 과정을 말한다.

연습문제

1 어패류의 사후 변화를 순서대로 연결한 것은?

① 활수산물 – 사후경직 – 해당작용 – 해경 및 자가소화 – 부패
② 활수산물 – 사후경직 – 해경 및 자가소화 – 해당작용 – 부패
③ 활수산물 – 해당작용 – 사후경직 – 해경 및 자가소화 – 부패
④ 활수산물 – 해경 및 자가소화 – 사후경직 – 해당작용 – 부패

2 어패류의 자가소화에 관여하는 효소 중 최적 pH가 중성 부근이고, 칼슘 의존성이 있으며, 근원섬유단백질의 소편화, 액티닌의 가용화에 관여하는 것은?

① 카텝신 D
② 카텝신 B
③ 카텝신 L
④ 칼페인

3 히스티딘의 탈탄산반응에 의하여 생성되는 알레르기 물질은?

① 티라민
② 히스타민
③ 카다베린
④ 트립타민

정답 1 ③ 2 ④ 3 ②

CHAPTER 04

수산물의 선도 판정법

1. 관능적 판정법 | 2. 세균학적 판정법 | 3. 물리학적 판정법 | 4. 화학적 판정법

수산물의 선도 판정은 간편, 신속하고 그 결과가 정확하며 실용적이어야 하나, 수산물은 종류가 많고 사후 변화 과정이 복잡하여 한 가지의 지표물질이나 특성을 측정하는 것만으로는 정확하게 실시하기 어렵다. 따라서, 수산물의 선도 판정은 목적에 가장 적합하다고 생각되는 2~3종류 방법을 병행하여 종합적으로 실시하는 것이 바람직하다. 일반적으로 수산물의 선도 판정은 관능적 방법, 세균학적 방법, 물리적 방법, 화학적 방법 등이 있다.

1. 관능적 판정법

1) 원리

어류의 관능적 선도 판정법은 어류의 외관(체표, 안구, 아가미, 복부), 냄새, 경도 및 육질에 대하여 사람의 5가지 감각(시각, 미각, 후각, 청각, 촉감)으로 선도를 판정하는 방법이다.

2) 장단점

어류의 관능적 선도 판정법은 간편하고 신속하며 이미, 이취 등 미묘한 판별에 용이한 등의 장점이 있으나, 수량화가 어렵고 객관성 및 재현성이 적으며 숙련도가 요구된다는 단점이 있다.

표 4-1 관능적 선도 판정법의 장단점

장점	단점
• 간편하고 신속 • 이미·이취 등 미묘한 판별에 용이	• 수량화가 어려움 • 객관성 및 재현성이 적음 • 숙련도가 요구됨

3) 판정 항목 및 판정

어류의 관능적 선도 판정 항목은 외관(체표, 안구, 아가미, 복부), 냄새, 경도 및 육질이고, 이들의 신선한 상태 또는 선도가 저하된 상태의 판정 지표는 표 4-2에 나타낸 것과 같다.

표 4-2 어류의 관능적 선도 판정 항목과 기준

항목	부위		평가 기준	
			신선	선도 저하
외관	표피	광택	유지	소실
		색채	고유의 색 유지	변색 또는 퇴색
		비늘	유지	일부 탈락
		점질물	투명하고 점착성 유지	진득진득하고 황갈색화
	안구	혈액 침출	적음	많음
		위치	정상	내부 침하 또는 탈락
		탁도	맑음	혼탁
	아가미	색	엷은 붉은색 또는 짙고 어두운 붉은색	연한 회색, 최종 회녹색
	복부	경도	단단함	연화되고, 장 내용물 노출
냄새	전부위		해수 또는 담수 냄새	비린내 또는 부패취
경도	육질	등, 꼬리	탄력감 유지	탄력감 저하
		복부	단단함	연화, 누르면 장 내용물 노출
	근육	투명감	유지	혼탁화

2. 세균학적 판정법

1) 원리

수산물의 세균학적 선도 판정법은 어획물에 부착되어 있는 일반세균수로 측정하고 판정하는 방법이다.

2) 장단점

수산물의 세균학적 선도 판정법은 수치화에 의한 객관적 자료를 확보할 수 있다는 장점이 있으나, 측정에 장시간이 소요되고 조작이 복잡하여 숙련자가 필요하다는 단점이 있다.

표 4-3 수산물의 세균학적 선도 판정법의 장단점

장점	단점
• 수치로 표기되는 객관적 자료 확보	• 장시간(2~3일) 소요 • 조작이 복잡하여 숙련자 필요 • 부위에 따라 다른 결과 도출

3) 판정 항목 및 판정

수산물의 세균학적 선도 판정법은 신선 10^5 CFU/g 이하, 초기 부패 10^5~10^6 CFU/g, 부패 10^6 CFU/g 이상이다.

표 4-4 수산물의 세균학적 선도 판정 지표와 기준

판정 지표	신선	초기 부패	부패
일반세균수(CFU/g)	10^5 이하	10^5~10^6 범위	10^6 이상

3. 물리학적 판정법

1) 원리

수산물의 물리학적 선도 판정법은 수산물의 선도 저하에 따른 물리적 변화를 측정하여 선도를 판정하는 방법으로 경도, 전기 저항 및 안구 수정체의 혼탁도 등의 측정법이 있다.

2) 장단점

수산물의 물리학적 선도 판정법은 신속하고 조작이 간편하며, 결과의 수치화가 용이하다는 장점이 있으나, 어종, 어체에 따른 개체 차이로 재현성이 떨어지고, 센서가 가혹한 조건에서 안정성이 결여된다는 단점이 있다.

표 4-5 수산물의 물리학적 선도 판정법의 장단점

장점	단점
• 신속하고 조작이 간편 • 결과의 수치화가 용이	• 어종, 어체에 따른 개체 차이로 재현성이 떨어짐 • 센서(sensor)가 가혹한 조건에서 안정성 결여

3) 판정 항목 및 판정

수산물의 물리학적 선도 판정은 신선, 선도 저하의 지표에 대하여 경도 및 전기 저항의 경우 각각 높고 낮으며, 안구 수정체 혼탁도의 경우 각각 투명, 혼탁하다.

표 4-6 수산물의 물리학적 선도 판정 지표와 기준

판정 지표	경도	전기 저항	안구 수정체 혼탁도
신선	높음	높음	투명
선도 저하	낮음	낮음	혼탁

4. 화학적 판정법

1) 원리

수산물의 화학적 선도 판정법은 수산물의 선도 저하로 분해된 생성물의 양과 단백질의 변성 정도, 효소 활성, pH를 지표로 하여 선도를 판정하는 방법이다.

2) 장단점

수산물의 화학적 선도 판정법은 판정에 소요되는 시간이 짧고 재현성이 우수하다는 장점이 있다. 그러나 어종에 따른 판정 기준이 다양하고 조작이 복잡하여 숙련자가 필요하며, 신선어에 한하여 적용 가능하고, 일부 항목의 경우에는 고가의 장비가 필요하다는 단점이 있다.

표 4-7 수산물의 화학적 선도 판정법의 장단점

장점	단점
• 단시간 소요 • 재현성 우수	• 어종에 따른 판정 기준 다양 • 조작 복잡하고, 숙련자 필요 • 신선어 한정 적용 • 일부 항목의 경우 고가 분석 장비 필요

3) 측정방법

(1) 휘발성 염기질소

휘발성 염기물질은 암모니아를 주로 하여 TMA, 디메틸아민dimethylamine, DMA 등으로 구성된 4급 암모늄염이며, 어획 직후의 어육에는 그 양이 극히 적으나 선도 저하와 더불어 증가하는 물질이다. 따라서, 휘발성 염기질소 함량 측정법은 콘웨이 유니트Conway unit로 암모니아, TMA, DMA 등과 같은 휘발성 염기물질을 포집하여 측정함으로써 선도를 판정하는 방법이다.

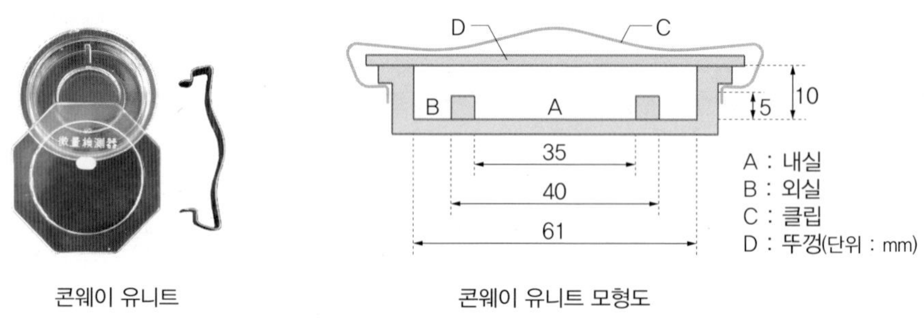

그림 4-1 휘발성 염기질소 측정을 위한 콘웨이 유니트

① 판정 항목 및 판정

수산물의 휘발성 염기질소 함량에 대한 선도 판정 지표와 기준은 표 4-8에 나타내었다. 상어나 가오리 같은 연골어류는 원래 다량의 요소나 TMAO를 함유하여 암모니아, TMA 및 DMA 등의 생성이 많으므로 이 판정 기준을 그대로 적용할 수 없다.

휘발성 염기질소 함량에 의한 수산물의 선도 판정은 신선 5~10 mg/100g, 보통 선도 15~25 mg/100g, 초기 부패 30~40 mg/100g, 부패 50 mg/100g 이상이다.

표 4-8 수산물의 휘발성 염기질소 함량에 대한 선도 판정 지표와 기준

판정 지표	신선	보통 선도	초기 부패	부패
함량(mg/100 g)	5~10	15~25	30~40	50 이상

② **기타**

어패류를 가공 원료(특히 통조림의 원료)로 사용하는 경우 일반적으로 휘발성 염기질소의 함량이 20 mg/100 g 이하의 것을 사용하지 않으면 좋은 제품을 얻을 수 없다. 따라서, 수산가공 산업계에서는 수산가공 원료로서 선도의 한계점을 휘발성 염기질소 함량으로 사용하며 그 값은 20 mg/100 g이다.

(2) 트리메틸아민

트리메틸아민TMA은 신선한 수산물에는 거의 존재하지 않으나, 근육에 함유되어 있는 TMAO가 사후 세균의 환원작용으로 환원되면서 생성되는 물질이다. TMA 함량 측정법은 TMA를 포집하고 측정하여 선도를 판정하는 방법으로, 휘발성 염기질소 중 증가율이 암모니아보다 크기 때문에 선도 판정의 좋은 지표 성분이다.

① **판정 항목 및 판정**

a. 해수어

수산물의 TMA 함량에 의한 선도 판정은 해수어에 한정하여 실시한다. 해수어의 초기 부패는 일반적으로 3~4 mg/100 g을 적용하고, 청어는 7 mg/100 g, 참다랑어는 1.5~2.0 mg/100 g을 적용한다.

b. 담수어

담수어는 TMAO 함량이 적어서 TMA 함량에 의한 일반적인 선도 판정의 적용이 어렵다.

c. 기타 수산물

그 외 수산물의 TMA 생성은 상어의 경우 TMAO 함량이 많음에도 느리고, 가열육은 가열로 인해 TMAO로부터 생성되는 것이 있으므로 판정할 때 주의하여야 한다.

표 4-9 수산물의 TMA 함량에 대한 선도 판정 지표와 기준

초기 부패 한계점(mg/100 g)	판정 시 고려 사항
• 일반 수산물 : 3~4 • 청어 : 7 • 참다랑어 : 1.5~2.0 • 담수어 : 적용 불가	• 상어 : TMAO 함량은 많지만, TMA로의 환원이 적음 • 가열육 : 가열로 TMAO에서 TMA로 전환이 가능

(3) K값

수산동물의 사후 ATP의 분해가 일어나는 패턴은 어류의 경우 ATP→ADPadenosine diphosphate→AMPadenosine monophosphate→IMPinosine monophosphate→이노신inosine, HxR→하이포잔틴hypoxanthine, Hx으로 이루어지고, 연체류와 같은 무척추동물의 경우 ATP→ADP→AMP→아데노신adenosine→이노신HxR→하이포잔틴Hx의 순으로 진행되며, 갑각류의 경우 이 양쪽 경로를 모두 거치는 것으로 알려져 있다. 따라서, 수산동물의 K값K value은 총 ATP 분해 생성물량에 대한 HxR과 Hx 양의 백분율로 나타낸다. 즉, 어류의 K값은 다음과 같이 나타낼 수 있다.

$$\text{K value (\%)} = \frac{\text{HxR} + \text{Hx}}{\text{ATP} + \text{ADP} + \text{AMP} + \text{IMP} + \text{HxR} + \text{HX}} \times 100$$

① 판정 항목 및 판정

K값은 낮을수록 선도가 좋다는 의미이며, 일반적으로 즉살어는 10% 이하, 횟감은 20% 전후이고, 선어(소매점)는 35% 내외이다.

표 4-10 수산물 K값에 의한 선도 판정 지표와 기준

선도	즉살어	횟감	선어(소매점)
K값(%)	10 이하	20 전후	35 이하

② 기타

K값은 사후 어육의 초기 변화, 즉 횟감에 대한 선도 판정 지표인 반면에, 휘발성 염기질소VBN 함량과 트리메틸아민TMA 함량은 주로 선어 판정 지표로 이용된다. K값은 어종에 따라 ATP 분해속도가 다르므로 K값 증가에 차이가 생기기 때문에 선도 판정 시에는 이러한 사항을 고려하여야 한다.

(4) 단백질의 변성

근원섬유단백질은 변성 정도에 따라 아데노신삼인산가수분해효소ATPase 활성이 달리 나타나고 용해도도 차이가 있다. 근원섬유의 이러한 특징적인 성질을 단백질 변성의 지표로 삼을 수 있다.

① **ATPase 활성**

근원섬유단백질은 ATPase 활성을 나타내며, 그 변성은 일반적으로 1차 반응에서 감소한다. 이 때문에 Ca-ATPase 활성은 근원섬유단백질의 변성 지표로 유용하게 이용된다. Ca-ATPase 활성값은 1 mg의 단백질이 1초 동안 분해하는 ATP의 몰수로 생성하는 무기인산의 양으로 한다.

Ca-ATPase 총활성값은 정제된 근원섬유단백질로 구성된 냉동연육frozen surimi의 겔 형성능과 상관관계가 높아서 연제품 중간 소재인 연육의 품질평가 지표로 활용하기에 적절하다. 그러나 Ca-ATPase 활성값은 어종은 물론이고 동일 어종에서도 어군 또는 개체에 따라 다르고, 동일 개체에서도 조직이나 기관에 따라 다르므로 주의하여야 한다.

② **용해도**

염용성 단백질인 액토미오신actomyosin은 근육을 구성하는 복합 단백질로 액틴과 미오신으로 이루어진 가늘고 길며 수축성이 있는 단백질이다. 액토미오신은 주성분인 미오신의 영향으로 염용액(0.6 M KCl)에 대한 용해성을 변성의 지표로 사용할 수 있다. 일반적으로 사후 염용성 단백질의 함량 변화는 흰살생선은 일어나기 어려운 반면 붉은살생선은 급격히 진행된다.

(5) pH

① **원리**

a. 일반 수산동물

- 글리코겐 함량(굴, 새우류 제외) : 일반 수산동물의 글리코겐 함량은 회유성 붉은살생선이 0.4~1.0%, 저서성 흰살생선이 0.4% 정도이다.
- 사후 pH : 초기에는 트리카복실산회로TCA cycle에서 글리코겐이 혐기적으로 분해되어 젖산이 생성되므로 pH가 감소하는 경향을 보이나, 후기에는 글리코겐이 모두 분해되어 고갈됨과 동시에 질소 함유 화합물의 분해로 염기성 물질인 TMA, DMA, 암모니아 등이 다량 생성되기 때문에 증가하는 경향을 나타낸다.

어육의 pH는 활어가 7.2~7.4 범위이나, 사후에 혐기적 조건에서 글리코겐이 거의 고갈될 때까지 분해반응에 의해 젖산이 생성되어 붉은살생선은 5.6~6.0 범위까지,

흰살생선이 6.0~6.4 범위까지 감소하며 최저치를 나타낸다. 이후에는 선도가 저하함으로써 생성되는 젖산의 양보다 암모니아, TMA, DMA 등 염기성 물질의 생성량이 많아 pH는 오히려 상승한다. 따라서, 어류의 선도를 pH로 판정하고자 할 때는 해당 시기가 하강기인지 또는 상승기인지 명확하지 않으므로 다른 선도 판정법과 병용하여야 한다.

b. 생굴

- 글리코겐 함량 : 생굴은 생굴 섭취 기간인 10~3월 사이에 2.0~3.5% 범위로 다량 함유되어 있다.
- 채취 후 pH : 채취 후 생굴의 일반적인 pH는 6.4~6.6 범위이고, 저장 중 혐기적 조건에서도 글리코겐의 함량이 많아 고갈되지 않고 분해반응이 지속적으로 일어난다. 이로 인하여 굴의 pH는 계속 감소하는 패턴을 보인다. 실제로 굴을 경매하는 수협에서는 경매 직전 굴에 대한 선도 판정으로 생굴 또는 이를 담고 있는 충전수의 pH를 측정한다.

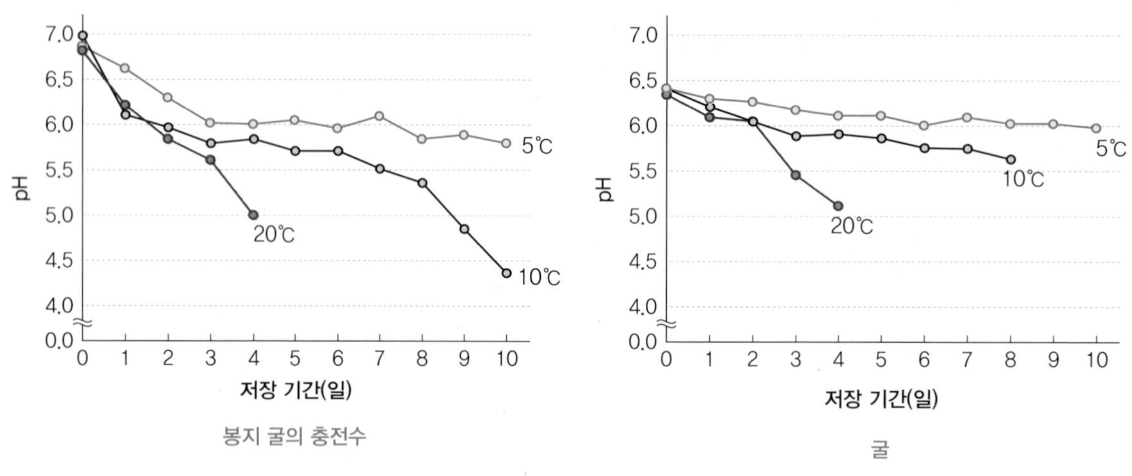

그림 4-2 굴의 수확 후 pH 변화

자료 : 손광태 외 7인. 굴(*Crassotrea gigas*)의 선도에 따른 pH, 글리코겐, 가용성 단백질, 탁도와의 상관관계, 한국수산과학회지, 2014

c. 새우류

어류와 패류의 수확 후 pH 변화와는 달리 새우는 염기성 물질의 생성량이 많아 지속적인 증가 패턴을 나타낸다. 하지만 최근 소비자가 많이 접하는 수입 탈각 새우류는 대부분 인산염 처리를 하기 때문에 pH에 의한 선도 판정에는 문제가 많다.

② **판정 항목 및 판정**

수산물의 pH에 의한 선도 판정 지표와 기준을 표 4-11에 나타내었다.

표 4-11 수산물의 pH에 의한 선도 판정 지표와 기준

판정 지표	어류		판정 지표	굴	판정 지표	새우
	붉은살생선	흰살생선				
초기 부패점	6.2~6.4	6.7~6.8	아주 신선	6.4 이상	선도 불량/식용 가능	7.7~8.0
			선도 양호	5.9~6.2		
			수출용	6.0 이상		
			선도 불량	5.2~5.8		
			부패	5.2 미만		

③ **기타**

어류의 pH에 의한 선도 판정은 어종과 어체 부위에 따라 pH 차이가 있어 공통적인 선도 판정의 기준을 정하기가 어렵다. 선도 판정 시에는 pH 단독보다는 다른 판정법과 병용하는 것이 효율적이다. 그러나 굴은 선도 판정을 위하여 pH를 적용하는 것도 좋다.

단원정리

1 어패류의 선도 판정방법에는 관능적 방법, 화학적 방법, 물리적 방법, 세균학적 방법이 있다. 이 중 관능적 방법은 산업계에서 많이 적용하고 있는 방법이고, 화학적 방법은 학계에서 많이 적용하고 있는 방법이다.

2 관능적 방법으로 어류의 선도를 판정할 때에는 어류의 껍질, 안구, 아가미, 복부의 상태와 근육의 강도, 냄새 등을 조사한다. 관능적 선도 판정법은 간편하고 신속하며, 이미, 이취 등 미묘한 판별에 용이한 등의 장점이 있으나, 수량화가 어렵고 객관성 및 재현성이 적으며, 숙련도가 요구된다는 단점이 있다.

3 세균학적 선도 판정법은 어획물에 부착되어 있는 일반세균수로 판정하는 방법이다. 이 방법은 수치화에 의한 객관적 자료 확보가 가능하다는 장점이 있으나, 측정에 장시간이 소요되고 조작이 복잡하여 숙련자가 필요하다는 단점이 있다.

4 화학적 방법으로 어류의 선도를 판정할 때에는 어육의 pH, 휘발성 염기질소, 트리메틸아민의 함량, K값, 단백질 변성의 지표 등을 조사한다.

5 살아 있는 어류의 pH는 7.2~7.4 정도이지만, 사후에는 젖산의 생성으로 pH가 낮아졌다가 부패가 시작되면 암모니아, 트리메틸아민 등의 생성으로 다시 높아진다. 이로 인하여 어류의 pH에 의한 선도 판정은 어종과 어체 부위에 따라 pH가 차이가 있고, 이 pH가 하강기의 것인지 상승기의 것인지 판정이 어려우므로 다른 방법과 병용하는 것이 좋다. 그러나 굴은 선도가 저하될수록 pH가 감소하여 선도 판정 항목으로 현장에서 많이 적용한다. 굴의 pH는 6.4 이상이 아주 신선, 선도 양호가 5.9~6.2 범위, 수출용은 6.0 이상, 선도 불량은 5.2~5.8 범위, 부패는 5.2 미만이다.

6 어육 100 g은 휘발성 염기질소의 함량이 5~10 mg이면 신선, 15~25 mg이면 보통 선도, 30~40 mg이면 초기 부패로 판정한다.

7 물리학적 선도 판정법은 수산물의 선도 저하에 따른 물리적 변화를 측정하여 선도를 판정하는 방법으로, 경도, 전기저항 및 안구 수정체의 혼탁도 등의 측정법 있다. 물리학적 선도 판정법은 신속하고 조작이 간편하며, 결과의 수치화가 용이하다는 장점이 있으나, 어종, 어체에 따른 개체 차이로 재현성이 떨어지고, 센서가 가혹한 조건에서 안정성이 결여된다는 단점이 있다.

연습문제

1 수산가공식품용 원료(어류)의 선도 판정 지표로 가장 많이 사용되는 것은?

① pH
② 디메틸아민
③ K값
④ 휘발성 염기질소

2 어류의 관능적 판정 부위가 아닌 것은?

① 입
② 눈
③ 아가미
④ 복부

3 살아 있는 어육의 사후 직후 초기 변화 지표로 주로 사용되는 것은?

① pH
② 트리메틸아민
③ K값
④ 휘발성 염기질소

4 휘발성 염기질소의 함량으로 어육의 선도를 판정하고자 할 때 초기 부패 지표로 옳은 것은?

① 5~10 mg/100 g
② 15~25 mg/100 g
③ 30~40 mg/100 g
④ 50 mg/100 g 이상

5 생굴 산업계에서 적용하고 있는 화학적 선도 판정법 중 가장 활성화되어 있는 방법은?

① 일반세균수
② pH
③ 트리메틸아민
④ 휘발성 염기질소

정답 1 ④ 2 ① 3 ③ 4 ③ 5 ②

CHAPTER 05

어획물의 취급과 관리

수산가공 원료인 수산물은 수분 함량이 많고 미생물이 부착할 기회가 많으며, 수계 생물이어서 저온 미생물의 분포도가 높고, 근육 조직이 연약하다는 등의 이유로 부패하기 쉽다. 뿐만 아니라 취급 및 관리 과정에서도 도살 직후 내장을 제거한 상태로 저장 및 유통하는 축산물과는 달리 대부분 부패하기 쉬운 내장과 아가미가 있는 통째로 저장 및 유통되어 세균의 발육과 자가소화가 빠르게 진행되므로 변패하기 쉽다.

그럼에도 수산가공품은 선도가 좋은 수산물을 원료로 선택하여야 품질이 우수한 제품을 생산할 수 있다. 따라서, 여기에서는 고품질의 수산가공품을 생산하기 위한 첫 번째 조건인 어획물의 취급, 관리, 선도 유지 등에 대하여 살펴보고자 한다.

그림 5-1 선상 어획물

1. 선상 어획물의 취급과 관리

1) 선상 처리

(1) 선별

① 어획방법에 따른 선별

선상 어획물은 연승어업과 같이 개별적으로 갑판에 올릴 때에는 올라오는 즉시 선별하여 신속히 처리하여야 하며, 갑판 위에 장시간 방치하여서는 안 된다. 반면 저인망과 같이 대량 어획되어 양망(던지거나 친 그물을 걷어 올림)되는 어획물은 한꺼번에 갑판 위로 쏟아지는데 어획물과 함께 막대기, 불가사리, 조개껍질, 펄 등도 섞여 올라오게 된다. 따라서, 먼저 불필요한 것은 제거하고, 냉장을 위하여 종류별, 크기별로 선별하여야 한다.

② **크기와 종류에 따른 선별**

a. 어류의 크기

일반적으로 생선은 작은 것이 큰 것보다 수분 함량이 많고 근육조직이 연약하여 부패되기도 쉽다. 어류를 크기별로 선별해야 할 때는 부패 속도가 빠른 작은 생선을 큰 생선보다 먼저 선별하여야 한다.

b. 어류의 종류

명태 등은 다른 생선보다 수분 함량이 많고 살이 연하여 변질되기 쉽다. 따라서, 어종별로 선별할 때는 명태처럼 육질이 연약한 어종을 다른 종보다 먼저 선별하도록 한다. 환경이 허락된다면 어창도 분리하여 보관하는 것이 좋다.

③ **선별 시 유의사항**

a. 이물의 혼입

펄이나 모래 등이 어체에 묻어 있을 경우에는 깨끗한 물로 씻어야 하는데 이때 사용하는 물은 항해 중에 펌프로 끌어올린 바닷물이 바람직하다. 항구 근처의 바닷물은 기름, 하수, 쓰레기 등으로 오염되어 있어서 사용해서는 안 된다.

b. 고려 사항

선별 및 세척 작업 중에는 상처가 나지 않도록 주의하여야 하고, 어획물을 밟거나 함부로 던져서도 안 된다. 특히 쇠고랑이나 갈고리는 어획물을 선별하는 데는 편리하지만 어체에 상처를 입힐 수 있어 사용을 지양하는 것이 좋고, 사용이 불가피할 때는 반드시 머리에 한정해서 사용하여야 한다. 근육 부위에 갈고리를 사용하면 상처난 근육으로 세균이 오염되어 다른 부분보다 빨리 부패가 진행된다. 따라서, 어체에 상처를 입히지 않고 신속하게 선별 처리하는 방법을 강구하는 것이 중요하다.

(2) 어체 처리

① **어획물의 즉살 처리**

즉살 처리한 어류는 고통사시킨 어류보다 품질이 좋다. 따라서, 작은 어류는 즉살 처리하지 않지만 상어, 광어, 민어, 돔, 방어, 삼치, 다랑어류 같은 대형 어종이나 고급 어종은 즉살시켜 좋은 선도를 유지하여야 한다.

어류는 어획 후에 사후경직 과정을 거치는데 이 기간이 길수록 선도가 오래 유지되고 부패는 늦게 일어난다. 어류의 사후경직 지속 시간과 정도는 살았을 때의 상태와 잡는 방법에 따라 다르다. 즉살 처리한 것이 그대로 방치하여 고통사한 것보다 경직이 훨씬 강하고 기간도 길다.

② **내장 제거**

어류 중 내장과 아가미에 가장 많은 미생물과 효소가 있다. 따라서, 죽은 후에 장내 세균과 효소를 다량 내재하고 있는 복부가 다른 부위보다 빨리 부패한다. 어획 직후 선상에서 내장을 제거하는 것이 선도 유지에는 매우 바람직하며, 이러한 어획물의 내장 처리는 어류의 상품 가치를 높이는 수단이기도 하다. 내장은 복부의 적당한 위치와 크기로 절개하여 제거하는 것이 좋고, 가능한 아가미도 함께 제거한 후 깨끗한 바닷물로 씻는다. 어획물의 내장과 아가미 등의 처리 여부를 결정하는 요소로는 어획 후 육상으로 하역할 때까지 소요되는 시간, 어체의 크기, 처리된 어체에 대한 소비자의 선호도 등이 고려된다.

(3) 세척

어획물은 수중에 있을 때부터 어체 표면에 많은 세균이 부착되어 있으며, 선상에서 불결하게 다루면 세균은 증식하게 된다. 뿐만 아니라 세균이 다량 분포하는 내장을 제거할 때에도 복부 내에 혈액이나 장내 오물이 남아 있게 된다. 따라서, 생선을 상자에 담기 전에 반드시 깨끗한 바닷물로 충분히 세척해야 선도를 오래 유지할 수 있다.

(4) 상자에 담기

생선을 상자에 담을 때에는 동일한 어종과 크기별로 선별하여 담아야 한다. 어획물을 걸치기 입상(생선 상자의 길이보다 어체의 길이가 더 긴 것을 걸쳐 담는 것)한다든지, 한 상자에 너무 많은 양을 담는 경우 선도가 매우 나빠질 수 있다. 어획물을 상자에 담는 과정에서 선도 저하에 가장 영향을 미치는 것은 과량 입상이다. 따라서, 상자에 생선을 담을 때에는 과량 입상을 피하고, 어체를 깨끗이 나란하게 배열하여 어체에 손상이 생기지 않도록 하며, 어체를 냉각시켜 선도를 유지하기 위해 채운 얼음의 녹은 물이 쉽게 빠져나가도록 하여야 한다.

어류의 배열방법은 어종에 따라 등을 위로 오게 하는 배립형背立形, 복부를 위로 오게 하는 복립형腹立形, 옆으로 가지런히 배열하는 평편형平便形, 잡어와 같이 아무렇게나 배열하는 산립형散立形 등이 있으며, 갈치나 장어 같이 길이가 긴 어종은 환상형還狀形으로 입상하기도 한다. 이와 같은 배열방법은 어종, 가공 원료, 일반 시판용, 생식용, 고급 요리용 등과 같은 용도, 이용 예정 시간이나 저장 기간(10일 미만은 배립형, 10일 이상은 복립형) 등을 고려하여 적절한 방법을 선택해야 한다.

표 5-1 어류의 상자 담기 형태와 대상 어류

	배립형(背立形)	복립형(腹立形)
대상 어류	• 도미, 민어 등 고급 어종	• 조기, 매퉁이 등
정의	• 등 쪽 부위를 위로 오게 하는 상자 담기 • 저장 기간이 10일 미만인 경우에 주로 적용	• 배 쪽 부위를 위로 오게 하는 상자 담기 • 저장 기간이 10일 이상인 경우에 주로 적용
	평편형(平便形)	**산립형(散立形)**
대상 어류	• 고등어 등	• 잡어
정의	• 옆으로 가지런히 배열하는 상자 담기	• 아무렇게나 배열하는 상자 담기
	환상형(還狀形)	
대상 어류	• 갈치, 장어류 등	
정의	• 상자의 길이보다 전장이 더 긴 어종에 적용하는 상자 담기	

2. 유통 어획물의 취급과 관리

1) 저온 유통

수산물은 선도가 저하되거나 부패되기 쉬워서 선상에서부터 소비지에 이르기까지 이를 억제할 수 있는 충분한 조치가 필요하다. 어획물의 선도 저하 및 부패 억제를 위한 가장 효과적인 방법은 어장에서 어획한 후부터 소비자에게 가기까지 전 과정을 저온 유통cold chain하는 것이다.

수산물의 저온 유통이 적절하게 이루어지려면 어시장에서의 위생적 관리가 선행되어야 한다. 이를 위해서는 어시장부터 위생적이고 청결한 환경으로 만들어야 한다. 우선 구조상으로 씻기 쉽고 설비의 능률을 높일 수 있는 배치와 어패류 하역 시설의 기계화 등이 중요하다.

① **냉장법**

현재 널리 사용하는 어패류의 냉각 수단은 쇄빙을 이용한 방법이다. 어류 냉각에 쇄빙을 이용할 때는 특히 사용량에 주의하여야 눌림에 의한 조직 손상을 줄일 수 있다. 쇄빙에 의한 냉각효과를 높이기 위하여 소금을 섞어 기한제 형태로 사용하기도 한다.

② **냉동법**

최근에는 냉동기술과 시설이 발전하여 냉동 어패류의 유통이 많아졌다. 냉동 어패류는 일단 해동시킨 다음에 식용하게 되므로 해동 조건에 따라 어패류의 품질은 크게 영향을 받는다. 지금까지 청결하게 유지되어 왔던 어패류가 해동 조건에 따라 식중독 세균에 오염될 수도 있으므로 각별히 주의하여야 한다.

2) 유통 체인

수산물의 유통 과정 중 최종 단계인 소매상에서 소비자로 넘어가기까지 오랜 시간이 걸리게 된다. 특히 소매상은 만족스러운 시설이나 설비를 갖추어 놓고 수산물을 위생적으로 다루지 못할 경우가 많으므로, 최종 소비 단계까지 위생적이고 안전성이 보장될 수 있도록 각별히 주의를 기울여야 한다. 이와 같은 관점에서 어패류의 선도 유지를 위한 기본 원칙을 정리하면 다음과 같다.

① **철저한 청결 상태를 유지하여야 한다.**

모든 어획물의 표피와 아가미 등에는 해수나 펄 등에 생존하는 세균에 오염되어 있을 수 있으므로 어획 후 반드시 충분한 양의 깨끗한 바닷물이나 청수로 씻어야 한다. 특히, 해저의 펄과 접촉이 많은 저인망 어획물은 특히 철저히 수세하여야 한다.

② 신속히 어체의 온도를 내려 주어야 한다.

선도 저하 및 부패의 원인이 되는 모든 세균과 분해효소는 온도가 낮을수록 그 활성이 급격히 저하되므로 어획 직후 가급적 빠르게 어체의 온도를 낮추는 방법을 강구하여야 한다.

③ 위생적으로 처리하여야 한다.

어획물의 아가미, 내장은 각종 세균과 자가소화효소가 다량 존재하여 부패의 원인 부위가 된다. 따라서, 내장과 아가미는 가능한 빨리 제거하고 그 흔적도 남지 않을 만큼 제거 및 처리 부위를 철저하게 씻어야 한다. 이때 제거 부분(내장의 조각 등)이 조금이라도 남게 되면 제거하지 않은 것보다 못한 결과가 초래될 수 있다.

④ 취급에 주의하여야 한다.

어획물을 갈고리로 찍거나, 발로 밟고 던지는 등 함부로 다루면 어체 표면에 상처가 생기거나 근육에 물리적 손상을 입게 된다. 어체의 상처 부위로 세균이 침입하거나 각종 효소의 분해 작용이 일어나게 된다. 이러한 과정을 거친 어획물은 선도가 빨리 떨어질 뿐만 아니라 다른 신선한 어획물까지 오염시킬 수 있으므로 모든 어획물은 조심스럽게 다루어야 한다.

3. 어획물의 선도 유지법

1) 빙장법

얼음을 사용하여 어체의 온도를 낮추어 어획물의 변질이나 부패를 지연시키는 방법이며, 변질이나 부패를 정지시키는 것은 아니다. 이때 사용하는 얼음의 종류는 담수를 얼린 담수빙, 약 3%의 식염수를 얼린 염수빙 등이 있다.

① 종류

빙장법에는 얼음 조각을 직접 어체에 닿게 사용하는 쇄빙법, 해수나 청수 또는 염수에 쇄빙을 넣어 0℃ 전후로 온도를 낮추고 여기에 어획물을 넣어 급속하게 냉각시키는 수빙법, 냉각 해수를 순환시킴으로써 냉각시키는 냉각 해수법 등이 있다.

② **얼음의 사용**

얼음 조각의 크기는 어체와 접촉이 잘 되고 얼음 녹은 물이 배수가 잘 되어야 하므로 너무 굵거나 작아서는 안 된다. 얼음의 사용량은 수온이나 대기의 온도, 그리고 얼음의 온도에 따라서 달라진다. 계절에 따른 얼음 사용량은 뒤에 설명하는 '07장 냉동(식)품'의 표 7-9에 언급하였다.

2) 동결법

어패류를 −30℃ 또는 그 이하의 온도에서 급속 동결하여 −20℃ 부근에서 저장하면 미생물이나 효소에 의한 변패나 지방 산패(포장한 것이 효과적) 등을 억제할 수 있다. 어획물의 종류에 따라서 저장 기간은 다르나 6~12개월 정도는 선도를 유지시킬 수 있다. 이때 동결 수산물에 얼음막glaze을 입히면 더욱 효과적이다.

동결에 의해 모든 세균이 사멸되는 것은 아니고 세균의 증식을 억제하는 것이 주목적이다. 그러나 동결 저장 기간이 길어지면 일부 세균은 사멸하기도 한다.

3) 방사선 및 자외선 조사법

(1) 방사선 조사법

투과력이 강한 γ선γ-ray은 통조림식품 등의 포장식품은 물론이고, 고기 등의 대량 살균에 유효하다. 그러나 취급, 안전, 설비 비용의 과다 등의 문제가 따른다.

(2) 자외선 조사법

자외선은 살균 효과가 큰 254 nm 정도의 파장을 쓰면 병원성 세균을 비롯한 부패세균의 살균에도 효과적이다. 이 방법은 방사선 조사법보다 훨씬 시설비가 적게 들고 취급이 간단하여 앞으로 여러 방면에서 그 활용이 확대될 것으로 보인다.

4) 첨가물 사용법

「식품첨가물공전」에서 수산가공품에 대하여 현재 사용을 허가하고 있는 보존료, 표백제, 산화방지제, 발색제, 착색료의 종류 및 대상 품목을 표 5-2에 정리하였다.

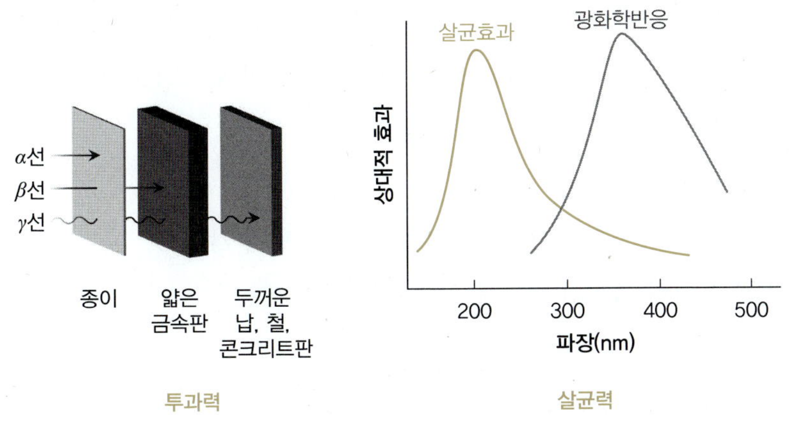

그림 5-2 방사선 선원의 투과력과 자외선 파장에 따른 살균력

표 5-2 「식품첨가물공전」에서 수산물 및 그 가공품에 사용이 허가된 첨가물, 용도 및 대상 품목(2021년 3월 기준)

첨가물	주용도	대상 품목
아황산 관련 물질[무수아황산, 아황산염(나트륨), 산성아황산염(나트륨), 메타중아황산염(나트륨, 칼륨), 차아황산염(나트륨)]	보존료, 표백제, 산화방지제	새우, 냉동 생게, 기타 수산물 가공품
소브산(sorbic acid) 및 그 염(칼륨 및 칼슘)	보존료	어육가공품류, 젓갈류(단, 식염함량 8% 이하의 제품에 한함), 성게젓, 소스, 어패 건제품, 절임식품
아질산염(나트륨)	보존료, 발색제	어육소시지, 명란젓, 연어알젓
안식향산(benzoic acid) 및 그 염(나트륨, 칼륨 및 칼슘)	보존료	절임식품
질산칼륨	보존료, 발색제	대구 알 염장품
파라옥시안식향산메틸 또는 에틸	보존료	소스
천연 보존료(자몽종자추출물과 ε-폴리리신)	보존료	모든 식품
디부틸히드록시톨루엔(dibutyl hydroxy toluene, BHT), 부틸히드록시아니솔(butyl hydroxy anisole, BHA)	산화방지제	어패 건제품, 어패 염장품과 어패 냉동품(단, 생식용 냉동 선어패류 및 생식용 굴은 제외)의 침지액
루틴	산화방지제, 착색료	어패류, 해조류 및 그 단순가공품
이디티에이이나트륨, 이디티에이칼슘이나트륨	산화방지제	통조림식품이나 병조림식품, 소스
터셔리부틸히드로퀴논(TBHQ)	산화방지제	어패 냉동품(생식용 냉동 선어패류, 생식용 굴은 제외)의 침지액, 어패 건제품, 어패 염장품
기타 천연 첨가물	산화방지제	모든 식품

자료 : 식품의약품안전처, 식품첨가물공전, 2021

(1) 보존료

「식품첨가물공전」에서 현재 사용을 허가하고 있는 식품 보존료는 미생물에 의한 품

질 저하를 방지하여 식품의 보존 기간을 연장시키는 식품첨가물을 말한다. 「식품첨가물공전」에서 제시한 식품에 사용하는 보존료가 갖추어야 할 조건은 다음과 같다.

- 변패를 일으키는 각종 미생물의 증식을 저지할 것
- 독성이 없거나 아주 낮을 것
- 공기, 광선, 열에 안정하고, pH에 의하여 영향을 받지 않을 것
- 식품 성분에 따라 효능의 변화를 일으키지 않을 것
- 장기간 효력을 나타낼 것
- 무미, 무취이고 자극성이 없을 것
- 사용하기 쉬울 것

(2) 산화방지제

「식품첨가물공전」에서 현재 사용을 허가하는 산화방지제는 자동산화 가능 물질에 의한 산화 발생을 늦추거나 산화 속도를 지연시킬 수 있는 물질을 말한다. 산화방지제는 이미 산화가 많이 진행된 유지나 식품 중의 지질 성분에 대하여는 효과를 기대하기가 어려워 반드시 유도기에 사용하여야 한다.

단원정리

1 어획물의 선상 처리는 선별→어체 처리→세척→상자 담기의 순서로 진행된다.

2 선상 어획물을 선별할 때에는 상처를 입지 않도록 주의하여야 하고, 어획물을 밟거나 함부로 던져서는 안 되며, 쇠고랑이나 갈고리는 사용을 지양하여야 한다. 갈고리의 사용이 불가피할 경우에는 머리에 한정한다.

3 대형 어종이나 고급 어종(상어, 광어, 민어, 돔, 방어, 삼치, 다랑어류 등)은 어획 후 즉살시켜 좀 더 좋은 선도를 유지할 수 있도록 한다.

4 생선을 상자에 담을 때는 어종에 따라 등을 위로 오게 하는 배립형(背立形), 복부를 위로 오게 하는 복립형(腹立形), 옆으로 가지런히 배열하는 평편형(平便形), 잡어와 같이 아무렇게나 배열하는 산립형(散立形) 등이 있으며, 갈치, 장어와 같은 길이가 긴 어종은 환상형(還狀形)으로 입상하기도 한다.

5 어획한 어류의 선도를 유지하면서 운송하거나 유통하는 방법은 다양하다. 연근해 어획물은 선도 유지를 위하여 주로 수빙이나 쇄빙과 같은 냉장법을 주로 이용하고, 원양 어획물은 장기 저장을 위하여 냉동법을 주로 이용하고 있다.

연습문제

1 **선어를 유통할 때 가장 많이 사용하는 방법은?**

① 냉동법　② 빙장법
③ 자외선 조사법　④ 가열살균법

2 **선상 어획물의 선별 처리 시 갈고리의 사용이 불가피할 경우 사용 가능 부위는?**

① 머리　② 복부
③ 지느러미　④ 등

3 **일반적으로 어획 후 즉살시키는 어종에 해당되지 않는 것은?**

① 다랑어류　② 방어
③ 상어류　④ 고등어

4 **잡어의 상자 담기형으로 적절한 형태는?**

① 배립형(背立形)　② 복립형(腹立形)
③ 산립형(散立形)　④ 평편형(平便形)

정답 1 ② 2 ① 3 ④ 4 ③

PART II
수산가공

CHAPTER 06

수산가공 및 수산물의 처리 형태

1. 수산가공 및 수산가공품의 분류 | 2. 수산가공식품의 제조를 위한 수산물의 처리 형태

1. 수산가공 및 수산가공품의 분류

일반적으로 수산가공은 수산물에 여러 가지 가공 기술(저온 처리, 건조, 소금 처리, 훈연, 조미, 단백질 추출, 가열 처리, 발효, 유용 성분의 추출, 다듬질 등)을 적용하여 선도를 유지시켜 저장을 오래할 수 있게 처리하거나 또는 유용한 고부가 제품(냉장·냉동 식품, 건제품, 염장품, 훈제품, 조미가공품, 연제품, 통조림식품, 수산발효식품, 수산식품 소재용품, 사료·비료, 공업용 소재 및 공예품 등)으로 만드는 생산 수단을 말한다.

표 6-1 수산가공의 정의, 적용 기술 및 생산 제품

항목	해설	
정의	수산물에 여러 가지 가공 기술을 적용하여 선도를 오래 유지시켜 장기 저장할 수 있게 처리하거나 고부가 제품으로 만드는 생산 수단	
적용 기술	저온 처리, 건조, 소금 처리, 훈연 처리, 조미, 단백질 추출, 가열 처리, 발효, 유용 성분 추출, 다듬질 등	
생산 제품	수산가공식품	냉장·냉동식품, 건제품, 염장품, 훈제품, 조미가공품, 연제품, 통조림식품, 수산발효식품 및 기타 제품(식용 어유, 농축 엑스분, 어류 단백질 농축물 등) 등
	수산식품 소재용품	식용어유(정어리유, 명태 간유 등), 농축 엑스 성분(어육 엑스 성분, 패류 엑스 성분 등), 어류 단백 농축물 등
	사료·비료	어분, 비료 및 사료 등
	공예품	진주, 조가비 공예품, 산호 등
	공업용 소재	산업용 어유, 수산 피혁, 어교 및 부레풀

1) 수산가공의 목적

수산물을 원료로 하여 수산가공품을 제조하는 목적은 다음과 같다.

(1) 저장성 부여(신선도 유지)

산호 등 일부 생물을 제외한 수산물은 어획 후 그대로 두면 근육의 생화학적 분해반응이 일어난다. 일차적으로는 자가소화효소에 의하여 자가소화가 진행되고, 이어서 오염된 미생물들이 생산하는 여러 가지 효소의 작용으로 선도 저하 및 부패가 일어난다. 하지만 저장성이 떨어지는 수산물을 미생물이 작용하기 어렵거나 작용할 수 없는 조건으로 만들어 수산가공품을 제조하면 저장성을 갖게 된다.

냉동품은 어는점 이하로 동결하거나 그 부근까지 온도를 낮추는 조건으로, 건제품은

직접적으로 수분을 제거하여 수분 활성을 낮추는 조건으로, 염장품은 소금을 사용하여 자유수를 감소시켜 수분 활성을 낮추는 조건으로, 훈제품은 수분을 직접 제거하는 동시에 훈연하여 미생물을 억제하는 조건으로, 통조림식품과 레토르트식품은 열을 가하여 미생물을 살균하는 조건으로 각각 가공하여 효소의 작용과 미생물의 증식을 막음으로써 저장성을 높인다.

표 6-2 수산가공식품의 저장법과 원리

저장법	저장 원리	생원료와의 차이	적용 제품
건조	• 자유수 감소로 수분 활성 저하	• 조직감 • 중량 부피	마른 멸치, 마른오징어, 어분 등
염장/당장	• 삼투압 작용 • 수분 활성 저하 • 염소이온의 미생물 살균 작용 • 산소 용해도 감소	• 짠맛 또는 단맛 부여	굴비, 연육, 조미오징어 등
초절임	• pH 저하 • 유기산의 살균 작용	• 신맛 부여 • 비린내 저하	초절임고등어 등
훈연	• 가열 • 건조 • 식염 첨가 • 훈연 성분 • 표층 피막 형성	• 조직감 변화 • 독특한 맛 부여 • 안전성 문제	훈제연어 등
가열	• 살균	• 조직감 • 영양 성분 파괴	다랑어 통조림(참치 통조림) 등
농축	• 자유수 제거	• 영양 성분 농축	농축 엑스분, 어류 단백질 농축물
첨가물	• 살균, 보존 효과 및 품질 개선	• 안전성, 안정성	유통 저장성이 낮은 제품 등
방사선	• 살균 및 보존 효과	• 안전성, 안정성	방사선 처리 제품
저온 저장	• 온도 저하 • 수분 활성 저하	• 조직감(동결에 한함)	냉장품, 냉동품

(2) 고부가가치화

수산물을 원물 그대로 판매하기도 하나 이를 가열, 냉동, 건조, 분쇄, 압착, 추출, 농축, 발효, 조미 등의 가공 공정을 거치면 부가가치가 올라간다. 즉, 수산물의 부가가치는 전처리를 하지 않고 판매하는 경우에 가장 낮고, 이를 가열, 냉동, 건조, 분쇄, 압착, 추출, 농축, 발효, 조미 등 적절한 가공 공정을 거치면 높아진다. 수산가공품의 부가가치화

그림 6-1 수산물의 고부가가치 창출의 예

정도는 단순 절단 등을 진행하는 단순 가공, 건조 등을 실시하는 저차 가공, 통조림식품의 제조 등과 같은 고차 가공에 따라 차이가 있다.

(3) 편의성 부여

수산가공품은 원료를 전처리하여 비가식부를 제거한 후 가공한 제품이다. 통조림식품, 북어, 마른미역, 조미김 등과 같이 가공 후에는 부피가 줄고 포장이 되어 취급, 운반, 저장이 용이할 뿐만 아니라 조리할 때에는 간편함도 부여한다.

(4) 가격 안정화

수산물의 가격은 공급과 수요의 균형이 맞지 않을 때 크게 변화한다. 어황이 좋아 어획량이 일시에 늘어나면 공급 과잉으로 가격이 급락하고, 어획량이 대폭 감소하면 가격은 급상승하게 된다. 이와 같은 어획량에 따른 공급과 수요의 불균형에 의한 가격 변화는 수산물을 가공하여 시장에 진입시킴으로써 조절할 수 있으며, 수산물의 가격 안정화에도 기여할 수 있다.

(5) 고급화

수산물은 자체의 비린내, 잔가시, 높은 염도 등으로 소비자가 선택을 주저하게 하는

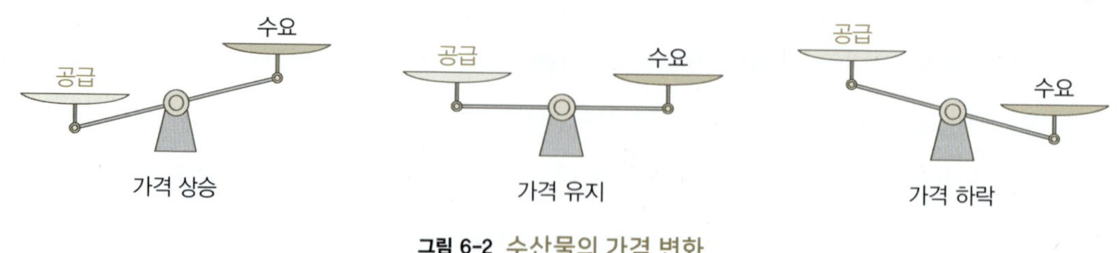

그림 6-2 수산물의 가격 변화

측면이 있다. 하지만 수산가공품 대부분은 소비자의 요구needs에 맞추어 비린내의 저감화, 잔가시 제거 또는 연화, 그리고 맛과 영양, 건강기능성의 강화로 원료 수산물에 비하여 고급화하였다.

2) 수산가공품의 관련 용어와 분류

수산가공품 관련 용어로는 수산물, 수산가공식품, 수산식품, 수산식품 소재용품, 수산가공품 등 다양하고, 건강기능식품과 같이 혼동되는 경우도 있어서 명확한 개념의 정의가 필요하다.

(1) 관련 용어의 정의

① 수산물

수산물은 바다, 강, 호수 등의 물에서 나는 산물을 총칭하는 용어이다. 수산물에는 고등어, 명태, 무지개송어, 붕어 등의 어류와, 굴, 바지락 등의 패류, 새우, 게 등의 갑각류, 오징어, 문어, 낙지 등의 두족류, 김, 미역, 다시마 등의 해조류 그리고 기타 성게, 멍게 등이 포함된다. 수산물은 수산가공식품, 수산가공품의 원료이어서 수산가공식품과 수산식품 소재용품에는 포함되지 않으나, 수산가공품과 수산식품에는 포함된다.

② 수산가공식품

수산가공식품은 수산물과 수산 가공하여 제조 및 가공 생산한 제품 가운데 즉시 또는 조리하여 식용할 수 있는 것을 말한다. 수산가공식품에는 냉동품, 건제품, 훈제품, 염장품, 연제품, 조미가공품, 수산발효식품, 통조림식품/레토르트식품 등이 있다.

③ 수산식품

수산식품은 수산물 또는 이것을 원료로 하여 제조·가공한 제품 가운데 즉시 또는 조리하여 식용할 수 있는 것을 말한다. 즉, 수산가공식품은 물론이고 수산물도 포함된다.

④ 수산식품 소재용품

수산식품 소재용품은 수산가공 부산물 또는 저이용 수산물 등으로부터 얻어진 1차 가공품으로, 이를 그대로 식용하기보다는 농축, 정제, 분리 공정을 거쳐 식용으로 사용할 수 있는 것을 말한다. 수산식품 소재용품은 식용어유(정어리유, 명태 간유 등), 농축 엑스 성분(어육 엑스 성분, 패류 엑스 성분 등), 어류 단백 농축물 등이 있고, 수산가공품에 속한다.

⑤ **수산가공품**

수산가공품은 저장성을 부여하고 이용 가치를 높이며, 운반·판매·소비하는 데 편리성을 제공하여 수산물을 보다 효율적으로 이용할 수 있도록 적절하게 처리한 것으로 식용 및 비식용 제품이 모두 포함된다. 「농수산물 품질관리법 시행령」 제2조에 의하면 수산가공품은 수산물을 원료 또는 재료의 50%를 넘게 사용하여 가공한 제품 또는 이 제품을 원료 또는 재료의 50%를 넘게 사용한 2차 이상 가공한 제품, 또는 수산물과 그 가공품, 농축산물과 그 가공품을 함께 원료, 재료로 사용한 가공품인 경우에는 수산물 또는 그 가공품의 함량이 농산물 또는 그 가공품의 함량보다 많은 가공품이어야 한다고 정의되어 있다.

수산가공품에는 수산가공식품, 2차 가공하여야 식용할 수 있는 수산식품 소재용품 같은 수산식용품은 물론이고, 수산비식용품인 수산공용품(수산 피혁, 공업용 어유, 어교 등), 수산공예품(진주, 산호, 가리비 공예품 등), 사료·비료 등을 모두 포함한다.

표 6-3 수산가공품 관련 용어의 정의 및 종류

용어		정의	종류
수산가공품	수산물	• 바다, 강, 호수 따위의 물에서 나는 산물 • 수산가공품의 원료 • 수산식품에 해당	• 어류, 패류, 두족류, 갑각류, 해조류 등
	수산가공식품	• 수산물을 주소재로 하여 제조 및 가공한 제품 중 즉시 또는 조리하여 식용할 수 있는 것	• 냉동품, 건제품, 훈제품, 염장품, 조미가공품, 수산발효식품, 연제품, 통조림식품/레토르트식품
	수산식품	• 수산물과 수산물을 주소재로 하여 제조·가공한 제품 중 즉시 또는 조리하여 식용할 수 있는 것	• 수산물, 수산가공식품
	수산식품 소재용품	• 수산가공 부산물 또는 저이용 수산물 등으로부터 얻어진 1차 가공품으로, 농축, 정제, 분리 공정을 거쳐 식용으로 사용할 수 있는 것 • 수산가공품에 속함	• 식용어유(정어리유, 명태 간유 등), 농축 엑스 성분(어육 엑스 성분, 패류 엑스 성분 등), 어류 단백 농축물 등
건강기능식품		• 식품의약품안전처에서 인정하는 원료를 사용하여 GMP* 시설에서 먹기 쉽게 제조한 특수 목적형 제품 • 건강기능식품은 특정 기능성을 가진 원료, 성분을 사용해서 안전성과 기능성이 보장되도록 제조되고, 일일섭취량이 정해져 있으며, 건강기능식품 문구나 마크가 있는 식품 • 건강기능식품에 관한 법률에 따름	• 식품의약품안전처에서 인정하는 원료는 어간유(비타민 A, D), 오메가-3 지방산 함유 유지, 스쿠알렌(squalene), 헴철, 키토산 및 키토올리고당, 어류(연어, 가쓰오부시, 정어리) 펩타이드 등

*GMP : good manufacturing practice (우수 의약품 제조·관리 기준)

건강기능식품

건강기능식품은 특정 기능성을 가진 원료, 성분을 사용하여 안전성과 기능성이 보장되도록 GMP(good manufacturing practice) 시설에서 제조되고, 일일섭취량이 정해져 있으며, 건강기능식품 문구나 마크가 있는 식품을 말한다. 식품의약품안전처에서 인정하는 원료는 어간유(비타민 A, D), 오메가-3 지방산 함유 유지, 스쿠알렌, 헴철, 키토산 및 키토올리고당, 어류 펩타이드 등이 있다.

(2) 분류

① 일반적 분류

수산가공품은 크게 먹을 수 있는 수산식용품과 먹을 수 없는 수산비식용품으로 나눌 수 있으며, 수산식용품은 수산식품과 수산식품 소재용품으로, 수산비식용품은 수산공용품, 수산공예품 및 사료·비료 등으로 나눌 수 있다. 수산식품은 수산가공품으로 분류되지 않는 수산물과 수산가공품으로 분류되는 수산가공식품으로 나뉜다.

그림 6-3 수산물, 수산식품 및 수산물을 활용한 여러 가지 제품의 종류 및 분류

[1)]수산물 : 수산가공품 및 수산물 활용 건강기능식품의 원료로 사용되나 수산가공품, 건강기능식품에 해당되지 않음
[2)]수산물 활용 건강기능식품 : 식품의약품안전처에서 인정하는 원료를 사용하여 GMP 시설에서 제조한 특수목적형 식품으로 건강기능식품에 관한 법률을 따름

② 안전 관리를 위한 분류

식품의약품안전처에서는 수산가공품에 대한 분류가 없고 수산가공품 중에서 식용품에 해당하는 수산물, 단순 처리 수산물, 수산가공식품, 그대로 섭취하는 수산물로 분류하고 있다. 이들에 대한 내용은 그림 6-4를 참조하기 바란다.

표 6-4 수산가공품의 일반적 분류 및 종류

분류			저장기술	정의	제품 종류
대	중	소			
수산식용품	수산가공식품	냉동품	저온저장	수산물을 크기별로 분류한 다음 냉장(0~10°C) 또는 냉동하여 저장(-18°C 이하)한 제품	• 참치회, 연육(surimi), 냉동 새우, 냉동 굴, 냉동 새우패티, 냉동 꽃게 등
		건제품	건조	건조하여 수분활성도를 낮춰 저장성 및 독특한 풍미를 가지도록 한 제품	• 황태, 북어, 마른 멸치, 굴비, 마른 전복, 마른오징어, 과메기, 마른 김 등
		훈제품	훈연	전처리한 원료를 훈연시켜, 건조와 동시에 훈연 중의 성분을 흡수시켜 독특한 향미와 보존성을 부여한 제품	• 훈제 조미오징어, 훈제굴, 훈제연어, 훈제 무지개송어 등
		염장품	염장	전처리 수산물을 소금 절임한 것으로, 단백질이 분해되지 않도록 만든 제품	• 간고등어, 염장해파리, 염장민어, 염장연어알, 염장미역, 염장다시마 등
		조미 가공품	당장, 조미	소형 어패류를 조미액에 침지한 후 건조하여 원료에 맛과 보존성을 부여한 제품	• 조미꽃포, 쥐치포, 조미명태포, 참치포, 무지개송어포, 조미김 등
		수산 발효 식품	염장	어패류의 근육, 내장, 난소, 정소 등을 소금 절임하여 부패를 억제하면서 자가소화효소 및 미생물의 작용에 의해 단백질을 가수분해시켜 각각 특유의 풍미를 갖도록 만든 제품	• 젓갈 : 멸치젓, 조기젓, 황석어젓, 새우젓, 굴젓, 성게젓, 창난젓, 명란젓 등 • 액젓 : 멸치액젓, 까나리액젓 등 • 식해 : 가자미식해, 명태식해, 오징어식해, 멍게식해 등
		연제품	동결, 당장/가열	어육을 마쇄하여 세척한 다음 근원섬유단백질을 추출하고 가열하여 응고한 제품	• 튀김어묵, 찐어묵, 구운어묵, 부들어묵, 게맛살어묵 등
		통조림/레토르트식품	가열	캔 또는 레토르트파우치에 살쟁임하고 탈기, 밀봉, 살균 및 냉각하여 저장성을 부여한 제품	• 보일드 통조림, 기름담금 통조림, 조미 통조림, 레토르트식품
	수산식품 소재용품		정제, 농축	수산가공 부산물 또는 저이용 수산물 등으로부터 얻어진 1차 가공품으로 농축, 정제, 분리 공정 등을 거쳐 식용으로 이용하는 제품	• 식용 어유 : 정어리유, 명태 간유 등 • 농축 엑스 성분 : 참치 자숙 엑스 성분, 굴 자숙 엑스 성분 등 • 어류 단백 농축물 등
수산비식용품	사료·비료		추출, 건조	저이용 수산물 또는 그 부산물을 이용하여 사료나 비료로 제조한 제품	• 어분, 어비 등
	수산공용품		추출, 건조, 농축	저이용 수산물 또는 그 부산물로 여러 공정을 거쳐 공업용으로 만든 제품	• 어유, 피혁, 어교 등
	수산공예품		다듬질	조가비 형성층 등의 천연 색채 또는 그 형상이나 형질을 이용하여 조각 또는 가공한 제품	• 진주, 산호, 패각 등의 공예품

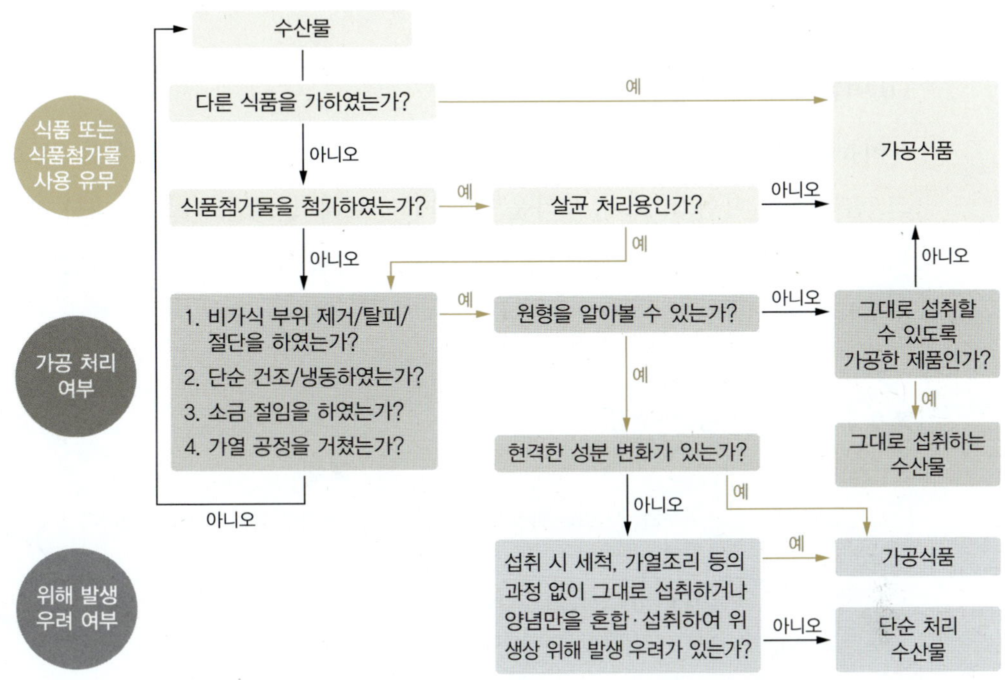

그림 6-4 「식품공전」에서 수산가공식품의 분류를 위한 흐름도

자료 : 식품의약품안전처, 가공식품 분류 지침, 2016

식품의약품안전처의 수산가공식품에 대한 분류 기준

국내 식품 안전관리 전문기관인 식품의약품안전처에서는 수산가공식품에 대한 정의와 종류를 달리하고 있다. 식품의약품안전처에서 관리하는 「식품공전(제1.3.42)」에는 수산가공식품을 수산물에 식품 또는 식품첨가물을 가하거나, 그 원형을 알아볼 수 없을 정도로 변형(분쇄, 절단 등)시키거나 이와 같이 변형시킨 것을 서로 혼합 또는 이 혼합물에 식품 또는 식품첨가물을 사용하여 제조·가공·포장한 식품을 말한다고 정의되어 있다. 이때 식품첨가물이나 다른 원료를 사용하지 아니하고, 원형을 알아볼 수 있는 정도로 수산물을 단순히 자르거나 껍질을 벗기거나 소금에 절이거나 숙성하거나 가열(살균의 목적 또는 성분의 현격한 변화를 유발하는 경우는 제외) 등의 처리 과정 중 위생상 위해 발생의 우려가 없고 식품의 상태를 관능으로 확인할 수 있도록 단순 처리한 것은 수산가공식품에서 제외한다.

2. 수산가공식품 제조를 위한 수산물의 처리 형태

수산물을 이용하여 다양한 가공품을 제조하기 위해서는 반드시 수산물의 여러 가지 처리가 동반된다. 따라서, 수산가공에 참여하는 종사원들은 수산물 전처리의 형태별 명칭과 그 내용에 대하여 반드시 숙지하여야 한다. 수산물의 처리 형태에 대한 명칭은 어류, 갑각류 및 패류에 대하여 별도로 제시되어 있으며, 그 상세한 내용은 다음과 같다.

1) 어류의 처리 형태 및 수율

(1) 어류의 처리 형태

어류는 처리 형태에 따라 라운드, 세미드레스, 드레스, 팬 드레스, 필릿, 청크, 스테이크, 슬라이스, 다이스, 초퍼, 그라운드, 슈레드, 브레드, 로인, 디스크, 피시 바, 피시 스틱, 브레드 스틱, 배터링, 프라이드 스틱 등으로 나눌 수 있고, 이들에 대한 해설은 표 6-5와 같다.

표 6-5 어류의 처리 형태와 명칭

처리 형태	해설
라운드(round)	• 아무런 전처리를 하지 않아 두부, 내장을 포함한 원형 그대로의 통마리 생선
세미드레스 (semi-dressed or eviscerated)	• 원형 그대로인 어체에서 아가미와 내장을 제거한 상태 • Drawn, gilled and gutted 또는 G&G라고도 함
드레스 (dressed)	• 통마리 생선에서 머리*, 내장을 제거한 어체 • 산업계에서는 H&G (Headed and gutted)라고도 표현
팬 드레스 (pan dressed)	• 통마리 생선에서 머리, 내장, 지느러미 및 꼬리를 제거한 어체
필릿(fillet)	• 통마리 생선에서 머리, 내장을 제거하고, 등뼈 부분을 제거한 후 크게 2개의 육편으로 처리한 것 • 껍질이 붙어 있는 것(skin on)과 붙어 있지 않는 것(skinless), 그리고 꼬리가 붙어 있는 것(tail on)과 붙어 있지 않는 것(tailless)이 있음
청크(chunk)	• 드레스 또는 필릿 처리하여 얻은 어체나 육편을 가로로 일정한 크기로 절단한 것
스테이크(steak)	• 드레스 또는 필릿 처리하여 얻은 어체나 육편을 약 2 cm 두께로 절단한 것
슬라이스(slice)	• 어육을 1~2 mm 두께로 얇게 썬 것
다이스(dice)	• 어육을 2~3 cm의 육면체형으로 절단한 것
초퍼(chopped)	• 초퍼(chopper)에 걸어서 파쇄, 세절한 어육
그라운드(ground)	• 고기 갈이 기계로 간 어육
슈레드(shredded)	• 아주 잘게 채를 썬 어육
브레드(breaded)	• 묽은 밀가루 반죽에 적신 후 빵가루를 묻힌 어육
로인(loin)	• 드레스 다랑어류 어체를 증기로 자숙한 후 붉은살, 껍질, 비늘 및 뼈를 제거하고 남은 흰살
디스크(disk)	• 로인을 통조림 용기에 살쟁임할 수 있도록 절단한 것

표 6-5 어류의 처리 형태에 따른 명칭(계속)

처리 형태	해설
피시 바(fish bar)	• 비가식 부분 제거 어육을 냉동 팬에 채워 동결하여 얻은 판상(fish block)의 어육을 긴 막대 모양으로 절단한 것
피시 스틱 (fish stick)	• 두꺼운 동결 판상(fish block)의 어육을 일정한 두께로 절단한 것
브레드 스틱 (breaded stick)	• 피시 스틱을 묽은 밀가루 반죽에 적신 후 빵가루를 묻힌 것
배터링(battering)	• 피시 스틱에 빵가루를 묻히지 않고, 밀가루 반죽만을 묻힌 것
프라이드 스틱 (fried stick)	• 브레드 스틱을 기름에 튀겨 급랭하여 급속 동결한 것

*머리는 아가미를 포함한 것

(2) 여러 가지 어류의 부위별 비율

수율은 가공 처리 전 원료의 중량에 대한 가공 처리 후 제품의 중량 비율을 말하며, 보통 %(w/w)로 표시한다. 어류를 전처리한 채육 수율은 날치, 다랑어가 50% 이상이고, 대구가 30% 이하이다.

표 6-6 어류의 부위별 비율

(단위: %)

어종	두부	내장	몸통 부위		
			중골	지느러미 및 껍질	육
청어	14	20	10	11	45
송어	15	19	8	8	48
날치	12	9	9	8	62
고등어	17	24	9	5	45
다랑어*	12	5	5	3	75
가다랑어	14	8	8	2	68
갈치	14	7	21	13	45
참돔	24	5	17	17	37
달강어	30	6	20	3	41
대구	15	48	5	5	27

*가다랑어 제외

2) 갑각류 처리 형태

새우는 처리 형태에 따라 껍질 붙은 형과 껍질 벗긴 형으로 나눌 수 있고, 게는 원형, 게살 등으로 나눌 수 있으며, 이들에 대한 해설은 표 6-7에 정리하였다.

표 6-7 새우의 처리 형태

<table>
<tr><td rowspan="6">새우</td><td rowspan="2">껍질 붙은 형</td><td colspan="2">Whole or Head on</td><td colspan="2">Headless or Shell on</td><td>Shell on, Tail off</td></tr>
<tr><td colspan="2">머리가 붙어 있는 것</td><td colspan="2">머리는 제거하고
꼬리는 붙어 있는 것</td><td>머리 및 꼬리를 제거한 것</td></tr>
<tr><td rowspan="3">껍질 벗긴 형</td><td colspan="2">Regular</td><td colspan="2">Deveined</td><td rowspan="2">Tail off</td></tr>
<tr><td colspan="4">Tail on</td></tr>
<tr><td colspan="2">꼬리가 붙어 있고,
탈장하지 않은 것</td><td colspan="2">꼬리가 붙어 있고, 탈장한 것</td><td>꼬리를 제거한 것</td></tr>
</table>

<table>
<tr><td rowspan="2">게</td><td>원형(round)</td><td>게살(crab meat)</td></tr>
<tr><td>날것 또는 자숙한 게를 원형 그대로 냉동한 것</td><td>게의 다리 또는 몸통 살을 블록(block)
상태로 냉동한 것</td></tr>
</table>

3) 패류의 처리 형태

패류를 손질하여 처리한 형태는 개별형과 블록형으로 나뉜다.

- 개별형form individual : 날것 또는 자숙한 것을 개체별로 동결I.Q.F한 것
- 블록형form block : 날것 또는 자숙한 것을 일정한 블록 형태로 냉동한 것

표 6-8 패류의 처리 형태

개별형(individual form)	블록형(block form)
날것 또는 자숙한 것을 개체별로 동결(I.Q.F)한 것	날것 또는 자숙한 것을 일정한 블록 형태로 냉동한 것

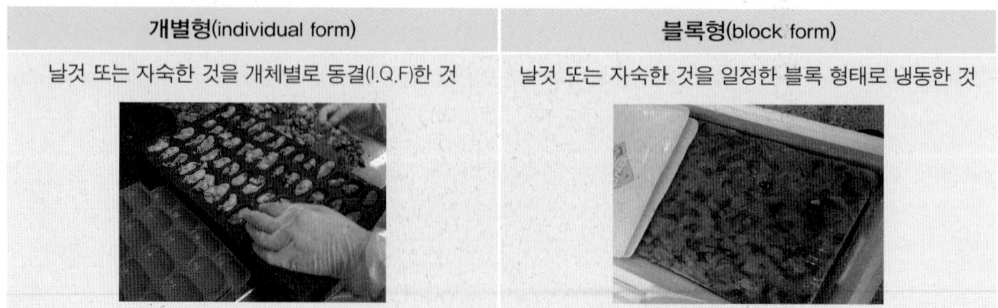

단원정리

1 수산가공은 수산물에 여러 가지 가공 기술을 적용해 선도를 유지하여 오래 저장할 수 있도록 처리하거나, 또는 유용한 고부가 제품으로 만드는 생산 수단을 말한다.

2 수산가공의 목적은 저장성 부여, 고부가가치화, 편의성 부여, 가격 안정화, 고급화에 있다.

3 수산가공품 관련 용어는 수산물, 수산가공식품, 수산식품, 수산식품 소재용품, 수산가공품 등으로 다양하다.

4 수산가공품을 제조하기 위한 어류의 처리 형태로는 라운드(round), 세미드레스(semi-dressed 또는 eviscerated), 드레스(dressed), 팬 드레스(pan dressed), 필릿(fillet), 청크(chunk), 스테이크(steak), 슬라이스(slice), 다이스(dice), 초퍼(chopped), 그라운드(ground), 슈레드(shredded), 브레드(breaded), 로인(loin), 디스크(disk), 피시 바(fish bar), 피시 스틱(fish stick), 브레드 스틱(breaded stick), 배터링(battering), 프라이드 스틱(fried stick) 등이 있다.

5 수산가공품을 제조하기 위한 갑각류의 처리 형태는 새우의 경우 껍질이 붙은 형은 머리가 붙어 있는 것(whole 또는 head on), 머리를 제거한 것(headless 또는 shell on), 머리와 꼬리를 모두 제거한 것(shell on, tail off) 등이 있고, 껍질을 벗긴 형은 꼬리가 붙어 있고 탈장하지 않은 것(regular, tail on), 꼬리가 붙어 있고 탈장한 것(deveined, tail on), 꼬리를 제거한 것(tail off) 등이 있다. 게의 경우는 원형(round), 게살(crab meat) 등이 있다.

6 수산가공품을 제조하기 위한 패류의 처리 형태는 개별형(individual form)과 블록형(block form)이 있다.

연습문제

1 **수산가공의 목적과 관계가 없는 것은?**

① 저장성 부여 ② 편의성 부여
③ 원료의 대량 생산 ④ 부가가치의 향상

2 **수산가공품에 해당되지 않는 것은?**

① 생고등어 ② 참치 통조림
③ 조가비 가공품 ④ 어교

3 **통마리 생선에서 머리, 내장을 제거하고, 등뼈 부분을 제거한 후 2개의 육편으로 처리한 형태는?**

① 라운드(Round) ② 드레스(Dressed)
③ 청크(Chunk) ④ 필릿(Fillet)

4 **껍질이 붙어 있는 새우로 머리도 붙어 있는 형태는?**

① Shell on ② Whole
③ Deveined ④ Tail off

정답 1③ 2① 3④ 4②

CHAPTER 07

냉동(식)품

1. 저온 저장의 기초 | 2. 저온 처리 및 저장 관련 용어와 발생 현상 | 3. 냉장법과 냉동법
4. 수산물을 활용한 냉장(식)품 및 냉동(식)품의 제조 | 5. 수산 냉장(식)품 및 냉동(식)품의 저장 중 변화
6. 수산 냉동(식)품의 해동 | 7. 수산 냉장식품 및 냉동식품의 기준 규격

식품의 저온 저장은 얼지 않는 온도 범위에서 저장하여 식품 내에 얼음 결정이 생기지 않는 냉각 저장(냉장cold storage)과, 어는 온도 범위에서 냉동 처리freezing하고 저장하여 식품 내에 얼음 결정이 생기는 냉동 저장frozen storage으로 나눌 수 있다. 이때 식품의 냉장은 냉각 처리와 저장이 분리되지 않고 저장 시설에서 실시하는 것이 일반적이나, 냉동은 급속 동결과 작업 효율을 고려하여 냉동기에서 별도의 동결 공정을 거친 후에 동결실에 저장하는 것으로 공정이 분리되어 있다.

1. 저온 저장의 기초

여기에서는 냉장품 및 냉동품의 제조와 그 특성에 대한 이해를 돕기 위하여 이와 관련된 여러 가지 기초 이론에 대하여 살펴보고자 한다.

1) 저온 저장의 목적

식품 산업에서 저온 저장의 목적은 식품의 가공, 품질 개선, 저장성 유지, 종사원의 작업환경 개선 등이다.

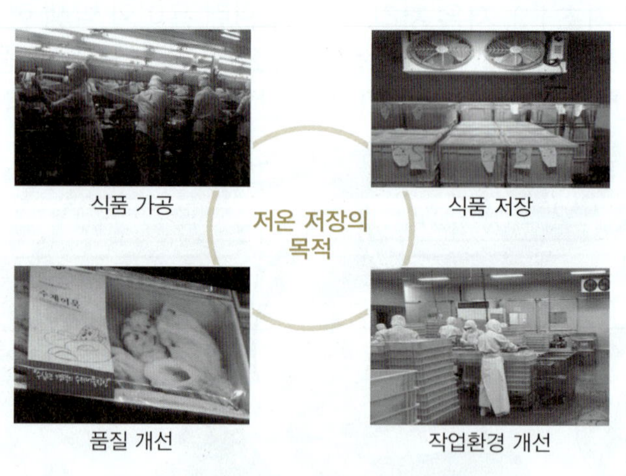

그림 7-1 저온 저장의 목적

2) 저온 저장의 원리

식품은 일반적으로 생물학적 요인, 물리학적 요인, 화학적 요인, 미생물학적 요인에 의하여 품질이 저하된다. 따라서, 이러한 품질 저하 요인들을 억제하는 경우 식품의 저장 수명은 연장된다. 식품의 저온 저장 원리를 표 7-1에 나타내었다.

표 7-1 식품의 저온 저장 원리

요인	원리	온도의 영향
생물학적 요인	• 농산물은 생체 식품이라 수확 후에도 호흡을 하나, 어는점 이하에서는 온도 저하로 대사 기능이 억제되어 호흡 속도도 억제됨 • 수산물은 비생체 식품이어서 저온 저장 중 생물학적 요인에 의한 영향은 거의 받지 않음	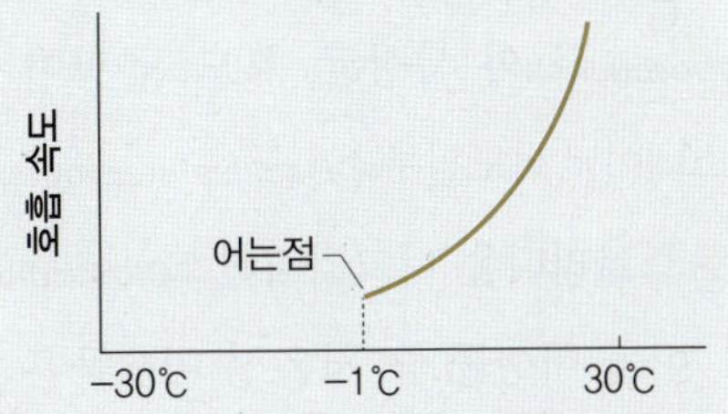 호흡 속도 어는점 −30℃ −1℃ 30℃
물리학적 요인	• 식품의 건조는 온도가 낮을수록 포화수증기압이 감소하여 억제됨 • 식품의 수분 활성은 어는점 이하에서 액상의 농도가 증가하여 감소함	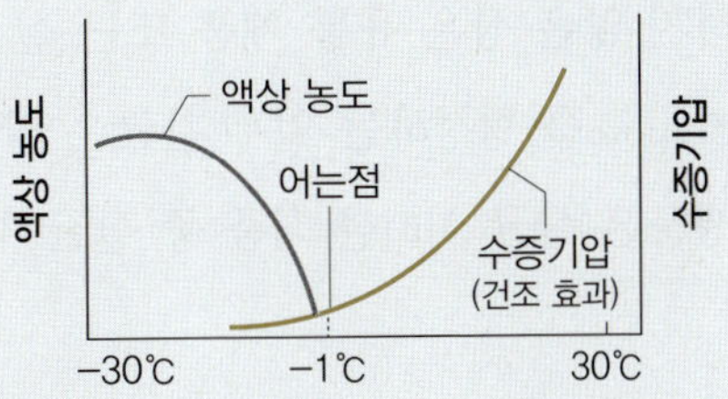 액상 농도 액상 농도 어는점 수증기압 (건조 효과) 수증기압 −30℃ −1℃ 30℃
화학적 요인	• 식품의 지질 산화, 변색, 선도 저하 등과 같은 화학적 및 생화학적 반응 속도는 일반적으로 온도가 10°C 감소할수록 1/3~1/2이 느려짐	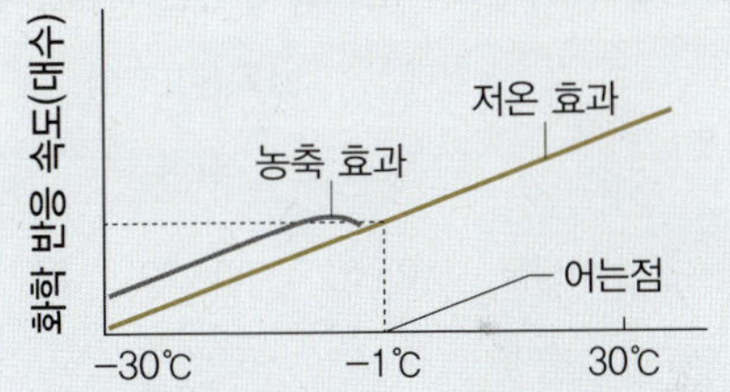 화학 반응 속도(대수) 저온 효과 농축 효과 어는점 −30℃ −1℃ 30℃
미생물적 요인	• 식중독 및 부패 원인이 되는 미생물 중 중온성 세균은 5°C 이하에서, 저온성 세균은 -10°C 부근에서 증식이 정지됨	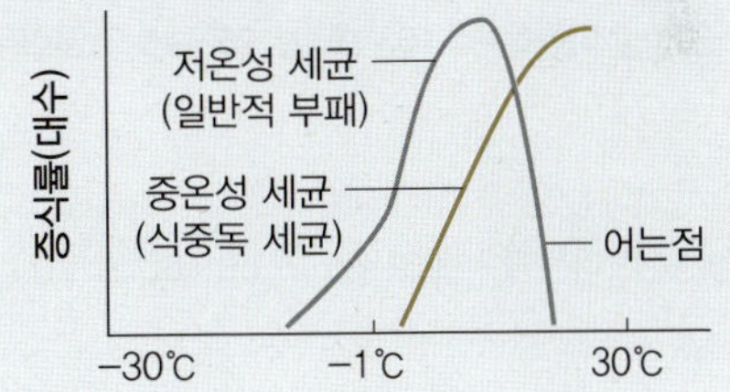 증식률(대수) 저온성 세균 (일반적 부패) 중온성 세균 (식중독 세균) 어는점 −30℃ −1℃ 30℃

3) 저온과 미생물

미생물은 발육 하한 온도, 상한 온도, 최적 온도가 있어서 이들 미생물의 발육 최저, 최고 온도 이상으로 온도를 낮추거나 올리면 증식이 늦어지거나 하지 못하게 된다. 이러한 미생물의 특징을 근거로 하여 미생물은 증식 최적 발육온도에 따라 저온성 미생물(10~20℃ 범위), 중온성 미생물(25~40℃ 범위), 호열성 미생물(50~60℃ 범위)로 분류한다. 대표적인 저온성 미생물은 비브리오*Vibrio* 및 슈도모나스*Pseudomonas* 등의 수서계 미생물 등이고, 중온성 미생물은 대부분의 병원성 미생물, 내열성 미생물인 바실루스 서브틸리스*Bacillus subtilis*, 클로스트리디움 보툴리눔*Clostridium botulinum*, 클로스트리디움 퍼프린젠스*Clostridium perfringens*, 클로스트리디움 스포로제네스*Clostridium sporogenes*와 사상균, 효모, 곰팡이 등으로 구성되며, 호열성 미생물은 온천균, 바실루스 스테아로서모필루스*Bacillus stearothermophilus*, 바실루스 코아굴란스*Bacillus coagulans*, 클로스트리디움 니그리피컨스*Clostridium nigrificans* 등이 해당된다.

이들 미생물 중 저온성 미생물은 냉동 및 냉장 식품의 변질에, 중온성 미생물은 살균하지 않은 상온 유통 제품 또는 살균 처리해도 밀봉 상태가 불량한 식품의 변질에, 포자spore를 형성하는 일부 간균은 살균이 부족한 식품 등의 변질에 관여한다. 호열성 미생물은 살균 처리한 식품 중 살균이 부족한 식품의 변질에 주로 관여한다.

표 7-2 최적 온도 기준으로 분류한 미생물의 종류

분류	발육온도(℃)			미생물 종류
	최저	최적	최고	
저온성 미생물	0~5	10~20	25~30	비브리오(*Vibrio*) 및 슈도모나스(*Pseudomonas*) 등의 수서계 미생물 등
중온성 미생물	10~15	25~40	40~50	대부분의 병원성 미생물, 바실루스 서브틸리스(*B. subtilis*), 클로스트리디움 보툴리눔(*Cl. botulinum*), 클로스트리디움 퍼프린젠스(*Cl. perfringens*), 클로스트리디움 스포로제네스(*Cl. sporogenes*) 같은 내열성 미생물, 사상균, 효모, 곰팡이 등
호열성 미생물	25~45	50~60	70~90	온천균, 바실루스 스테아로서모필루스(*B. stearothermophilus*), 바실루스 코아굴런스(*B. coagulans*), 클로스트리디움 니그리피컨스(*Cl. nigrificans*) 등

4) 저온 저장과 온도

식품에 사용되는 저온 저장 온도는 어는점보다 높은 온도에서 저장하는 냉각 저장(냉장), 어는점 이하에서 저장하는 냉동 저장이 일반적이다. 「식품위생법」에서는 냉장 저장은 0~10℃ 범위로 지정하고 있고, 냉동 저장은 -18℃ 이하로 지정하고 있다. 이러한 저온 저장의 온도 조건 외에 냉장할 때 품질 수명 연장을 위하여 얼지 않는 범위에서 가

능한 낮은 온도를 유지하고자 어는점보다는 높으면서 1℃ 이하의 범위에서 저장하는 빙온 저장이 있다. 또한, 냉동 저장은 최대빙결정생성대 온도 범위(어는점~-5℃)인 -3~-5℃ 범위에 저장하는 부분냉동법partial freezing이 있다.

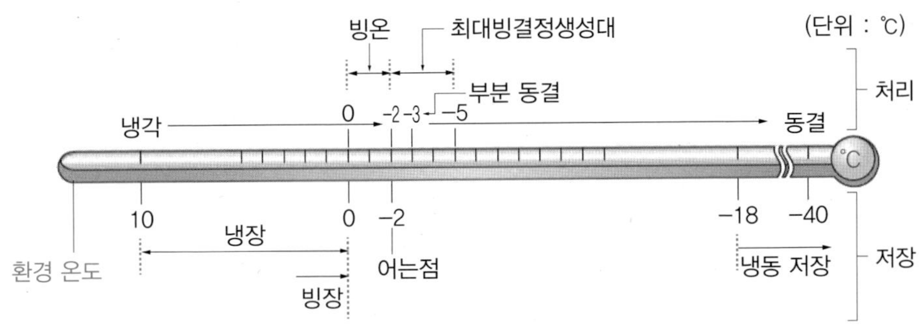

그림 7-2 식품 냉동 기술의 응용 온도 범위

2. 저온 처리 및 저장 관련 용어와 발생 현상

1) 어는점 및 공정점

(1) 어는점

어는점freezing point은 피동결물 내에 얼음 결정이 생성되기 시작하는 온도로 동결점, 빙결점이라고도 한다.

① 순수한 물과 수용액

순수한 물의 어는점은 0℃이나 수용액의 어는점은 라울의 법칙Raoult's law에 따라 농도가 높을수록 낮아지는 어는점 강하가 일어난다.

② 식품

식품의 어는점도 수용액의 어는점과 같이 반드시 0℃ 이하이다. 이와 같이 순수한 물의 어는점은 과냉각이 없는 이상 0℃에서 얼지만 식품 중의 수분은 수용액 상태로 존재하여 농도가 높을수록 낮아지는 어는점 강하 현상이 일어난다. 다양한 식품의 어는점은 일반적으로 염류나 당류의 함량이 높은 식품이 낮은 식품보다 낮으며, 어류의 어는점은 담수어(평균 -0.5℃)가 가장 높고 다음이 회유성 어류(평균 -1.0℃)이며, 저서성 어류(평균 -2.0℃)가 가장 낮다.

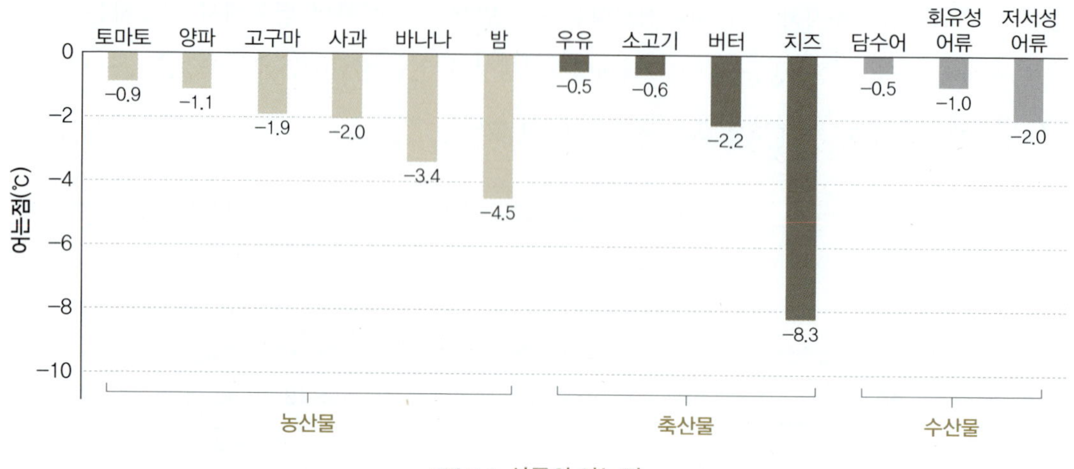

그림 7-3 식품의 어는점

(2) 공정점

수용액을 냉각시키면 어는점에서 얼음이 석출되며, 최초 석출된 얼음은 순수한 물이어서 남은 용액의 어는점은 내려간다. 수용액의 온도를 지속적으로 냉각시키면 얼음 생성의 증가와 더불어 용액이 농축되면서 어는점은 계속 하강하지만 일정 온도에 이르면 수용액이 완전히 얼게 된다. 이와 같이 공정점eutectic point은 대상 물체의 수분이 모두 어는 온도를 말한다.

2) 과냉각

냉각 대상 물체가 어는점에 도달하여도 얼지 않는 현상을 과냉각supercooling이라고 한다. 과냉각은 준안정 상태이므로 동결될 수 있는 조건, 즉 어는점 이하의 온도, 충격 등이 가해지면 과냉각 상태가 깨지면서 얼게 된다.

3) 동결률

수분의 동결률freezing ratio은 어는점 이하로 온도를 낮출수록 증가한다. 이와 같이 수분의 동결률은 최초 수분량에 대하여 일정 온도에서 얼은 얼음의 비율로, Heiss는 동결률을 다음과 같이 나타내었다.

$$동결률(\%) = \left(1 - \frac{식품의\ 어는점(^\circ C)}{식품의\ 온도(^\circ C)}\right) \times 100$$

Heiss식에 따르면 어는점이 -0.5℃ 또는 -1℃인 식품의 최대빙결정생성대인 -5℃에서 동결률은 각각 90%와 80%로, 식품에 따라 어는점이 달라서 동결률도 다양하다.

4) 동결곡선, 동결 3상 및 최대빙결정생성대

(1) 동결곡선

동결곡선freezing curve은 어떤 물체를 얼리고자 할 때에 그 물체의 온도 중심점에서 시간별 온도를 기록하여 연결한 곡선이다(그림 7-4). 이를 좀 더 자세히 구별하면 어는점 초과 온도-물체 온도 미만 범위의 냉각곡선cooling curve(그림 7-4의 A-B)과 어는점 이하의 냉동곡선freezing curve(그림 7-4의 B-D)으로 나뉜다.

① 물의 동결곡선

온도 T_1℃의 순수한 물을 냉각시켜 얼음으로 만들고, 냉각을 계속하여 얼음의 온도를 T_2℃까지 내릴 때의 동결곡선을 그림 7-4에 나타내었다.

- A-B구간 : 상의 변화 없이 냉각되고 있는 구간이며, T_0℃=0℃로 물의 어는점이다.
- B-C구간 : B점(0℃)에서 얼기 시작하는데 이는 물이 완전히 얼 때까지 물에서 제거되는 열량이 모두 상을 변화시키는 데 소요되는 잠열인 응고열로 소비되기 때문이다.
- C-D구간 : 물이 완전히 얼어도 냉각에 의해 얼음의 온도가 내려가는 것을 나타낸

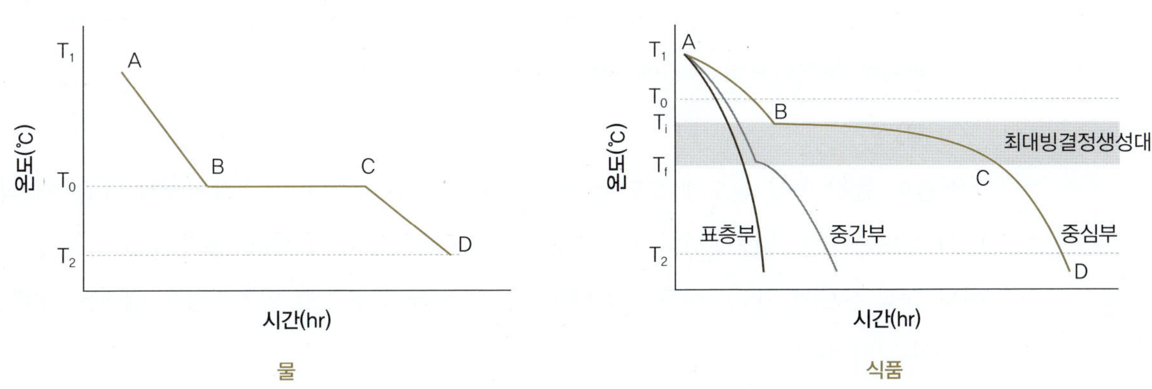

그림 7-4 물과 식품의 동결곡선

자료 : 김진수, 식품냉동냉장학, 도서출판 효일, 2003

것으로, D는 최종 온도인 T_2℃가 된다.

② **식품의 동결곡선**

식품의 동결곡선은 순수한 물의 경우와 유사하나, 다음과 같은 차이점이 있다(그림 7-4).

- B-C구간 : 물의 경우 직선 구간이나 식품은 완만한 곡선을 나타낸다.
- C의 온도 : C의 온도 T_f℃는 T_i℃보다 낮다.
- 어는점 : 물의 경우 T_0℃=0℃이지만 식품은 함유하고 있는 염류나 당류에 의해 T_0℃보다 낮은 T_i℃이다. 식품 중의 수분이 동결됨에 따라 나머지 용액의 농도는 점점 높아져 동결이 어렵게 되어 식품의 동결곡선은 직선이 아니고, 곡선인 B-C-D 형태로 얻을 수 있다.

(2) 동결 3상

동결 3상은 식품이나 물 등을 동결할 때 거치는 3형태의 과정을 말하며, 과정의 진행은 다음과 같고 과정별로 특성을 가진다.

① **제1상**

초기 온도에서 어는점까지의 냉각 구간을 말한다. 이 구간에서는 미생물이나 효소의 작용을 완전히 억제하지 못하기 때문에 이들의 영향을 최소한으로 줄이기 위하여 가능하다면 시간을 단축시키는 것이 바람직하다.

② **제2상**

식품이 동결 상태로 변화하는 구간이다. 이 구간에서 식품 중 대부분의 수분(86~98%)이 동결되므로 품질에 크게 영향을 준다.

③ **제3상**

식품이 동결 저장 온도에 도달할 때까지의 구간을 말한다. 동결장치에서 나올 때 식품의 온도는 균일하지 못하나, 냉동고에서 평균 품온을 갖게 된다. 동결 종료 온도는 적어도 중심 온도가 -15℃ 이하이고 냉동실에서 평균 품온으로 안정되었을 때에는 -18℃ 이하인 것이 좋다.

(3) 최대빙결정생성대

식품의 최대빙결정생성대zone of maximum ice crystal formation는 −5~−1℃(어는점) 범위의 온도대로, 용어의 의미대로 이 온도대에서 얼음 결정이 가장 많이 석출된다. 이때 −1℃는 일반적인 식품의 어는점을 의미하므로, 개별 식품에 적용할 때는 해당 식품의 어는점을 적용하여야 한다. 즉, 어는점이 −1℃인 식품은 품온을 −5℃로 내리면 식품 내의 수분이 약 60~80%가 얼게 된다. 이때 많은 응고열의 방출로 식품의 온도는 거의 변화하지 않고 동결되어 동결곡선상에서는 거의 평탄한 형태를 보인다.

최대빙결정생성대가 냉동품의 품질에 미치는 영향은 다음과 같다.

① 얼음 결정 상태

최대빙결정생성대에서는 조직 구조에 주된 영향을 주는 얼음 결정이 60~80% 정도가 생성된다. 이때 생성되는 얼음 결정의 수, 크기, 모양 및 위치는 이 온도대에 머무르는 시간에 좌우되며 이는 제품의 품질에 영향을 미친다.

② ATP, 글리코겐, 지질 및 단백질의 변화

최대빙결정생성대에서는 식품 조직 구조의 파괴로 ATP, 글리코겐 및 지질의 효소적 분해와 단백질의 동결 변성 등이 최대로 일어난다.

③ 전분의 변화

최대빙결정생성대에서는 전분의 β화가 매우 신속하게 촉진되는 온도대(−1~1℃)이므로 α전분을 함유한 식품은 이 온도대를 빨리 통과시켜야 한다.

④ 저온 미생물의 변화

저온 미생물 중에는 최대빙결정생성대에서도 발육 가능한 종이 있으므로 신속히 −10℃까지 낮추어야 한다. 이로 인하여 국제냉동협회에서는 냉동품의 품질을 고려하여 급속 동결을 추천하면서 급속 동결 시 최대빙결정생성대를 25~35분 이내에 통과하여야 한다고 주장한다. 그러나 실제 급속 동결장치에서 30분이 경과하였을 때 −5℃에 도달하는 층은 표면에서 겨우 0.75~1.5 cm 정도이므로 동결이 양쪽에서 진행되어도 1.5~3.0 cm 정도 두께이다. 실제 동결식품의 두께는 3 cm 이상인 경우가 많으므로 이를 실제로 적용하기는 어렵다.

5) 동결 과정 중 얼음 결정의 발생과 성장

(1) 얼음 결정의 발생

식품을 동결할 때에 발생하는 얼음 결정은 크기, 수, 모양, 분포 등에 따라 식품 품질에 영향을 미친다.

① 얼음 결정의 크기 및 수

식품을 동결하는 경우 식품 내의 액체가 얼어 상이 변한다. 이때 냉각 속도가 빠를수록 얼음 결정의 핵이 많이 생성되지만 정작 그 핵이 성장할 여유가 없어 작은 얼음 결정이 생성된다. 반대로 냉각 속도가 느릴 경우 얼음 결정의 핵 생성은 적지만 주변의 물이나 증기가 부착할 시간적 여유가 있기 때문에 큰 얼음 결정이 생성되어 식품의 조직에 손상을 입힌다.

② 얼음 결정의 분포

얼음 결정은 세포 내부의 미세한 결정이 세포 외부의 큰 결정보다 품질에 미치는 영향이 적다. 일반적으로 처음에는 얼음 결정이 세포 외부에 생기는데 급속 동결하면 세포 내에 많은 수의 작은 얼음 결정이 생기고, 완만하게 동결하면 세포 외부에 적은 수의 큰 결정이 생긴다.

(2) 얼음 결정의 성장

얼음 결정은 표면에서 중심으로 향할수록 생성이 늦어지고, 육질 조직의 차이에 의해 크기가 불균일하다. 이와 같이 얼음 결정의 크기가 불균일할 경우 작은 것은 소실되고 큰 것은 더 커지는 얼음 결정의 성장ice crystal growth이 일어난다. 물 또는 식품 내 얼음 결정의 성장 영향 요인은 다음과 같다.

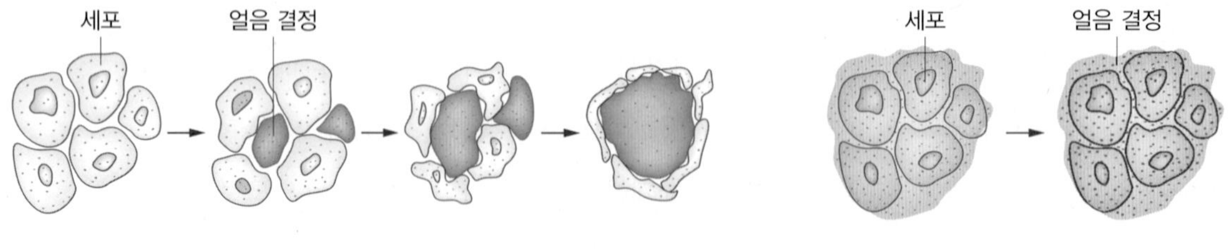

그림 7-5 동결 속도에 따른 어육 내 얼음 결정의 분포

① **얼음 결정의 수증기압**

일반적으로 얼음 결정의 수증기압은 큰 결정의 수증기압 < 작은 결정의 수증기압 < 액체 또는 기체의 수증기압과 같은 관계를 보인다. 따라서, 수증기압이 큰 것은 승화하기 쉽고, 승화한 것은 수증기압이 작은 것의 표면에 부착하여 결정이 성장한다.

② **얼음 결정의 크기**

얼음 결정이 근접해 있는 경우 작은 얼음 결정의 수증기압이 큰 얼음 결정의 수증기압보다 크므로 작은 얼음 결정 쪽에서 승화하는 수분이 큰 얼음 결정의 표면에 모여 작은 결정은 소실되고 큰 결정은 성장하게 된다.

③ **물과 얼음의 혼재**

동일 온도에서 얼음과 물의 수증기압은 물 > 얼음이므로, 얼음 결정은 근처에 존재하는 미동결 물에서 기화한 수분이 얼음 결정의 표면에 부착하여 성장한다.

④ **저장 온도의 변화**

동결 저장 중에 냉장고의 개폐 및 기타 원인으로 품온에 변동이 있으면, 우선 품온이 상승할 때는 작은 얼음 결정이 녹아 먼저 소실되고 큰 얼음 결정만 남게 된다. 반대로 품온이 저하되면 녹은 물이 큰 얼음 결정을 핵으로 하여 그 표면에 결정화한다.

(3) 얼음 결정의 성장 억제

얼음 결정이 성장하면 식품의 조직이 파괴되어 품질이 저하되므로 가능한 한 성장을 억제시켜야 한다. 그 방안으로는 급속 동결 처리, 심온 동결 저장, 저장 온도의 변동 억제 등이다.

6) 동결 팽창 및 팽압

(1) 동결 팽창

대부분의 물질은 온도가 상승하면 팽창하고 낮아지면 수축한다. 이와는 달리 물은 4℃에서 밀도가 가장 크고, 이보다 높거나 낮으면 부피가 늘어나는 특이한 성질이 있어서 0℃에서 얼게 되면 4℃의 부피가 약 1.09배, 즉 약 9% 증가한다. 따라서, 일반 식품은 함수율과 동결률이 클수록 동결 팽창도 커진다. 식품의 동결 팽창률은 물 이외 성분의 수축률을 무시한다면 다음과 같은 식으로 표현할 수 있다.

동결 팽창률(%) = 함수율 × 동결률 × 얼음의 팽창률

단, 지방이 많이 함유된 식품의 동결 팽창은 지방의 수축과 상쇄되어 아주 적다.

예제

수분 함량이 75%인 식품을 동결하여 함유 수분 중 80%가 동결되었을 때 동결 팽창률은?

풀이 동결 팽창률(%) = 함수율 × 동결률 × 얼음의 팽창률
= 75 × 0.80 × 0.09 = 5.4

따라서, 동결 팽창률은 5.4%이다.

(2) 동결 팽압

식품이 표면에서부터 동결되면 동결 팽창은 주로 동결되지 않은 상태의 내부로 향하게 되어 식품 내부는 압력을 받게 된다. 어체는 전처리를 전혀 하지 않은 라운드round 상태로 동결하면 팽압에 의하여 다음과 같은 현상이 발생한다.

① 내장기관의 조직 손상으로 배출된 분해효소에 의해 근육 조직이 변질된다.
② 얼음 결정에 의해 근육 조직이 손상된다.
③ 적혈구 막이 파괴되어 유출된 내용물(헤모글로빈 등)의 근육 침투로 근육이 변색 및 변질된다.

일본의 후지카와Huzikawa 등은 동결 팽압이 어육 조직 내부에 미치는 정도가 다음과 같다고 보고하였다.

① 브라인 온도가 낮을수록 크다.
② 최대값에 도달한 후 하강한다.
③ 최대값에 도달하면 압력의 변동이 현저하게 일어난다.
④ 용기 모양에 따라 차이가 있다.
⑤ 중심부가 동결되기 전에 현저히 증가한다.
⑥ 동결 후 표면에 약간이라도 균열이 발생하면 크게 감소한다.

7) 동결 속도

(1) 플랭크의 동결 속도

일반적인 속도의 의미는 시간에 대한 거리이며, 동결 속도를 이런 의미로 해석한다면 동결에 의한 온도 차이(동결 초기 온도와 동결 종료 온도와의 차이)를 동결시간으로 나눈 값이다. 이와 같은 동결 속도V를 플랭크Plank는 다음과 같이 정의하고 분류하였다.

$$\text{동결 속도(V)} = \frac{[\text{두께 (cm)/2}]}{\text{식품의 중심 온도(°C)가 -5°C로 내려갈 때까지의 시간(hr)}} \times 100$$

표 7-3 플랭크에 의한 동결 속도(cm/hr) 분류

급속	중속	완만
≥ 5~20	1~5	0.1~1

국제냉동협회에서는 최대빙결정생성대를 25~35분 이내에 통과하는 경우 급속 동결이라 하고, 그 이상의 시간이 걸려 통과하는 경우 완만 동결이라고 한다. 실제로 급속 동결장치를 이용하여도 25~35분 동안 -5℃ 온도에 도달하는 두께는 표면에서 0.75~1.5 cm 정도(양면 합쳐서 1.5~3.0 cm)에 불과하다. 이를 플랭크 동결 속도에 적용할 경우 V=0.75~1.5 cm/0.5 hr=1.5~3.0 cm/hr가 되어 중속 동결에 불과하다.

그러나 식품은 다양한 형태를 가지고 있으므로 식품의 형상과 관계없이 단지 최대빙결정생성대 통과 시간만으로 언급하는 것은 무리가 있다. 따라서, 급속 동결을 하고자 할 경우 가능한 두께는 얇게 하는 것이 좋다.

(2) 동결 속도가 품질에 미치는 영향

① 완만 동결

완만 동결 수산물은 주로 세포 사이 공간intercellular space에 큰 얼음 결정이 존재하고 수분이 세포 내에서 세포 밖으로 이동하여 얼음 결정이 성장함으로써 조직 파괴, 식품 중 단백질 고차 구조의 파괴, 염 농축에 의한 단백질의 동결 변성 등이 일어난다.

② 급속 동결

급속 동결 수산물은 세포 내외에 작은 얼음 결정이 많이 생성된다. 따라서, 완만 동

결 때 볼 수 있는 큰 얼음 결정의 생성 및 얼음 결정의 성장에 따른 조직 파괴와 단백질 고차 구조의 파괴를 억제할 수 있다. 뿐만 아니라 급속 동결은 작고 많은 얼음 결정이 생성되므로 전체 표면적이 넓어져서 조직 중의 염이온이 얇은 층상으로 작은 얼음 결정 표면에 분산되므로 세포 내외 동결의 어느 쪽도 품질에는 큰 차이가 없다. 하지만 급속 동결 냉동품도 저장 기간이 길어지면 세포 외부 동결이 품질 저하가 크다.

8) 냉동품과 냉동식품

냉동품은 넓은 의미에서는 다음에 설명하는 냉동품뿐만이 아니라 냉동식품도 포함한다. 그러나 좁은 뜻으로 해석하는 경우 다음과 같다.

(1) 냉동품

냉동품은 원료, 수산물을 장기 보존할 목적으로 일시에 다량으로 어획한 수산물을 일정 크기로 선별한 다음 전처리하지 않고 단순히 동결 처리한 것이다.

(2) 냉동식품

냉동식품은 전처리한 식품을 높은 품질의 제품을 만들기 위하여 급속 동결하고, 소비자가 사용하기 편리하도록 소비자용 포장 처리한 다음 고품질로 저장하기 위하여 심온동결 저장(-18℃ 이하의 품온이 되도록 냉동 보관)한 식품deep frozen foods을 말한다. 최근 가정간편식home meal replacement, HMR의 한 분야로 소비가 급증하고 있다.

표 7-4 냉동품과 냉동식품

항목	냉동품	냉동식품
정의	전처리를 하지 않고 동결한 수산물	냉동품을 전처리하고 소비자용 포장 처리한 후 급속 동결 및 심온동결 저장(-18℃ 이하의 품온으로 유지) 처리한 식품
공급	재래시장/수산가공 공장	소비자

9) 냉동 및 냉장 저장 변색

(1) 냉동 저장 변색

냉동 저장 중 대표적 변질은 냉동 변색(프리저번freezer burn)이며, 냉동 화상이라고도 한다. 냉동 변색은 동결 저장 중 승화한 다공질의 표면에 산소가 반응하여 갈변하는 현상으로, 맛과 풍미가 저하되어 소비자의 기호도를 떨어뜨린다. 냉동 변색은 소비자가 즉석에서 품질 저하 현상을 인지할 수 있어서 수산가공업계에서는 이를 줄이기 위한 노력으로 얼음막 처리(글레이징glazing)를 하고 있다.

(2) 아이스 번

아이스 번ice burn은 얼음이 어체에 닿지 않는 등의 이유로 냉각이 불충분하여 변색이나 악취가 발생하는 현상으로, 빙장법 중 쇄빙법을 적용할 때 자주 나타난다.

10) 해동 경직

사후경직이 일어나기 전에 동결한 근육 중에는 다량의 ATP가 존재하는데 이것이 해동 중에 분해되어 급격한 수축현상을 나타내고, 이로 인해 다량의 드립이 유출되는 현상을 해동 경직thaw rigor이라 한다. 해동 경직은 축산물에 많이 발생하나, 수산물은 어체가 큰 고래나 상어의 근육에서 발생할 수 있다. 해동 경직은 완만 해동(-1~5℃, 5~6시간)으로 일부분 방지할 수 있다.

11) 온도 중심점, 중심 온도 및 평균 품온

(1) 온도 중심점

온도 중심점thermal center은 포장 또는 비포장 식품을 동결하는 경우에 품온 강하가 가장 늦은 지점을 말한다. 냉동 저장 중 냉동품이나 냉동식품의 온도 중심점은 품온 저하가 가장 늦은 기하학적 온도 중심점이다. 수산물, 냉동품이나 냉동식품은 모두 고체로 이루어져 있어 전도에 의해 열이 전달되어 기하학적 중심점이 온도 중심점이지만, 액상이 있는 경우에는 다른 부위가 될 수도 있다.

(2) 중심 온도

중심 온도thermal temperature는 온도 중심점의 온도로 수산물, 냉동품, 냉동식품의 경우 대부분이 기하학적 중심부의 온도를 말한다(그림 7-6).

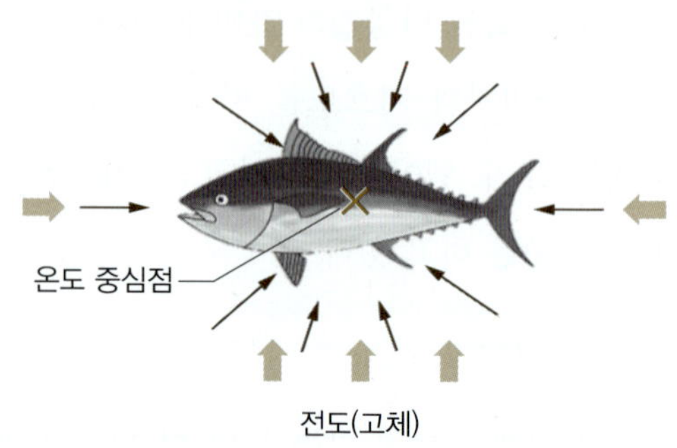

그림 7-6 식품의 온도 중심점

(3) 평균 품온

일반적으로 식품은 동결을 위하여 동결 처리하면 동결 3상 중 제2상의 경우 표면과 온도 중심점 간에 온도 차이가 있을 수 있다. 이러한 과정을 거친 냉동품을 저장하기 위하여 냉동 창고에 일정 시간 이상 보관하면 모든 지점에서 온도가 균일해진다. 이와 같이 식품의 평균 품온은 식품을 동결하기 위하여 일정 온도에 두었을 때 모든 지점에서의 온도가 균일하게 되었을 때의 온도를 말한다.

12) 품질유지기한, 소비기한 및 유통기한

현재 우리나라에서 사용하는 유통기한 관련 용어는 품질유지기한, 소비기한, 유통기한이 있다. 식품의약품안전처에서 발간한 『식품의 유통기한 설정 실험 가이드라인』에 제시한 이들 내용을 정리하면 표 7-5와 같다.

(1) 품질유지기한

품질유지기한best before date은 식품의 특성, 적절한 보존방법 및 그 기준에 따라 보관했을 때 해당 식품 고유의 품질이 유지될 수 있는 기한, 즉 최상의 품질을 유지할 수 있는 최종 기한을 말하며, 품질유지기한이 경과하였더라도 유통 판매가 가능하다. 품질유지기한 표시 가능 제품은 장기 보존 식품류(병·통조림, 레토르트식품, 냉동식품), 장류(메주

표 7-5 품질유지기한, 소비기한, 유통기한

구분	품질유지기한 (Best before Date)	소비기한 (Use by Date)	유통기한 (Sell by Date)
정의	• 식품의 특성, 적절한 보존방법 및 그 기준에 따라 보관 시 해당 식품 고유의 품질이 유지될 수 있는 기한, 즉 최상의 품질을 유지할 수 있는 최종 기한	• 식품을 먹어도 인체에 문제가 없는 기한 • 소비자가 안전성을 담보로 소비할 수 있는 기한	• 제품의 제조일로부터 소비자에게 판매가 허용되는 기한
적용 제품	• 아래 표기 제품에 한하여 유통기한이나 품질유지기한으로 선택적 표시 가능 • 장기 보존 식품류(병·통조림, 레토르트식품, 냉동식품), 장류(메주 제외), 절임류, 조림류, 전분, 밀가루, 맥주, 김치류, 젓갈류 등에 적용		
기한	• 유통기한보다 짧음	• 유통기한보다 길	• 소비기한의 60~80% 범위

제외), 절임류, 조림류, 전분, 밀가루, 맥주, 김치류, 젓갈류 등이다.

(2) 소비기한

소비기한use by date은 해당 식품을 먹어도 인체에 문제가 없는 기한으로, 일반적으로 기한이 유통기한보다 길다.

(3) 유통기한

유통기한sell by date은 제품의 제조일로부터 소비자에게 판매가 허용되는 기한이다. 일반적으로 유통기한은 소비기한의 60~80%로 설정하고 있다.

표 7-6 식품의 유통기한 경과 후 식용 가능 일수

식품	가능 일수	식품	가능 일수	식품	가능 일수	식품	가능 일수
냉동만두	25일	슬라이스치즈	70일	달걀	25일	고추장	730일
건면	50일	액상커피	30일	두부	90일	김치	180일
식빵	20일	우유	50일	요거트	10일		

13) 개별 급속 냉동식품

개별 급속 냉동식품individual quick freezing foods, IQF foods은 기존 시설을 이용하여 동결하고자 하는 식품을 한 개씩 나열하거나 용기(팬Pan)에 넣어 동결하는 식품으로, 동결 대상 식품의 두께가 얇아서 급속 동결되는 장점이 있다.

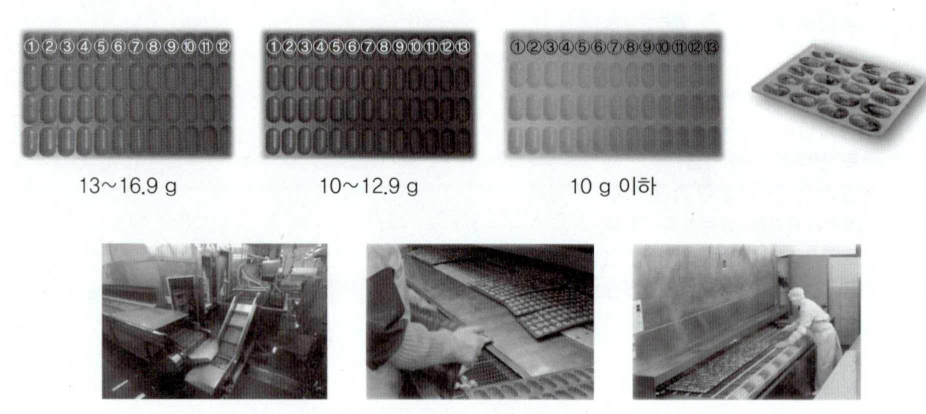

벨트 냉동기(belt-freezer)에서 굴 IQF 생산

그림 7-7 굴 개체의 급속 동결을 위한 용기 및 동결장치

3. 냉장법과 냉동법

냉장법과 냉동품의 동결 처리 및 저장법은 매우 다양하며, 이를 어떻게 적용하느냐에 따라 제품의 품질과 제조 단가가 달라진다. 따라서, 선도를 포함한 품질이 우수한 냉장품 또는 냉동품을 생산하기 위해서는 이들에 대한 처리법과 저장의 장단점을 명확히 알아야 한다. 이러한 측면에서 여기에서는 냉장법과 냉동법의 종류와 그 특징에 대하여 살펴보고자 한다.

1) 저온 처리 및 저장방법

(1) 냉장

일반적으로 냉장품은 대부분이 별도의 냉각 공정 없이 냉장실에서 냉각 처리와 저장이 동시에 이루어진다. 냉장법은 생육과 같은 조직감을 유지하기 위하여 어는점 초과 온도~10℃ 범위에서 저장함으로써 미동결 상태를 유지하면서 저장하는 방법이다. 저장

표 7-7 냉장법과 냉동법의 비교

<table>
<tr><th colspan="2">항목</th><th>냉장법</th><th>냉동법</th></tr>
<tr><td colspan="2">정의</td><td>• 식품을 얼지 않는 낮은 온도에서 처리 또는 저장하여 얼음 결정이 생성되지 않도록 처리하여 저장하는 방법</td><td>• 식품을 어는 온도에서 처리 및 저장하여 식품 내에 얼음 결정이 형성되도록 처리하여 저장하는 방법</td></tr>
<tr><td rowspan="2">저장 온도</td><td>법규</td><td>• 0~10℃ 범위</td><td>• -18℃ 이하</td></tr>
<tr><td>고품질</td><td>• 허용 범위에서 가능한 낮은 온도</td><td>• 허용 범위에서 가능한 낮은 온도</td></tr>
<tr><td colspan="2">얼음 결정</td><td>• 생성되지 않음</td><td>• 생성됨</td></tr>
<tr><td rowspan="2">공정</td><td>가공/저장</td><td>• 일반적으로 별도의 냉장 처리 없이 냉장실에서 냉장 처리 및 저장을 동시에 실시
• 가공과 저장이 일원화</td><td>• 일반적으로 별도의 동결 처리 후 냉동고에 저장
• 가공과 저장이 이원화</td></tr>
<tr><td>해동</td><td>• 이용을 위해 해동 공정이 필요 없음</td><td>• 이용을 위해 해동 공정이 필요</td></tr>
<tr><td colspan="2">방법</td><td>• 빙장법, 공기 냉장법, 빙온법</td><td>• 부분 동결법, 공기 동결법, 송풍 동결법, 접촉식 동결법, 침지식 동결법, 액화가스 동결법</td></tr>
<tr><td colspan="2">조직감</td><td>• 생육과 유사</td><td>• 조직 손상으로 생육과 완연한 차이</td></tr>
<tr><td colspan="2">저장 기간</td><td>• 단기간</td><td>• 장기간</td></tr>
<tr><td colspan="2">제품 가격</td><td>• 높음</td><td>• 낮음</td></tr>
</table>

방법은 얼음을 매체로 하는 빙장법과, 공기를 매체로 하는 공기 냉장법으로 나눌 수 있고, 저장 온도 구간이 0℃ 이하도 포함되는 빙온법 등도 포함시킬 수 있다.

생산자 입장에서는 냉장품은 냉동품에 비하여 육조직이 생육과 유사하여 소비자들이 선호하여 가격이 높게 책정되는 장점이 있으나 저장 수명이 짧은 것은 단점이다.

① 빙장법

얼음을 사용하여 수산물을 냉각시키는 방법으로 선어의 단기간 저장에 주로 이용한다. 이때 빙장 수산물은 대체로 라운드 상태이다. 빙장법으로 유통되는 제품은 물기가 흐르는 정도이므로 소비자의 외면 요인으로 작용하기도 한다.

빙장법은 냉각 매체로 얼음 조각(쇄빙)을 사용하는 쇄빙법과 얼음물을 사용하는 수빙법이 있다.

- 쇄빙법 : 수산물에 얼음 조각(쇄빙)을 직접 접촉시켜 얼음이 흡수하는 융해열에 의해 냉각 상태를 유지하는 저장법이며, 냉각의 종료 온도는 얼음의 녹는점인 0℃ 부근이다. 쇄빙법은 어체를 그대로 매몰시키나, 다랑어류 등과 같은 대형어의 경우는

표 7-8 여러 가지 냉장법의 종류 및 특성

냉장법		항목		설명
빙장법	쇄빙법	정의		• 얼음 조각을 매체로 하여 식품을 냉각 저장하는 방법
		냉각 매체		• 얼음 조각
		적용 온도		• 0°C 부근
		특징	장점	• 낮은 온도에 저장함으로써 신선도 유지 효과 우수 • 전기세 등 추가 경비 발생 없음
			단점	• 얼음 등의 준비가 필요 • 생선 및 냉각제 등에 의한 물의 발생으로 불편 • 얼음이 닿지 않는 등 냉각이 불충분하여 변색이나 악취 발생 현상인 아이스 번(ice burn) 발생 • 과다한 경우 조직이 허물어지고 내장이 돌출되어 얼음에 의하여 오염되기 쉬움
		적용 대상		• 무포장 라운드(round) 수산물
	수빙법	정의		• 얼음물을 매체로 하여 식품을 냉각 저장하는 방법
		냉각 매체		• 얼음물
		적용 온도		• 0°C 부근
		특징	장점	• 낮은 온도에서 저장하므로 신선도 유지 효과 우수 • 전기세 등 추가 경비 발생 없음
			단점	• 얼음물 담는 용기, 얼음 등의 준비 필요 • 생선 및 냉각제 등에 의한 물의 발생으로 불편
		적용 대상		• 무포장 라운드(round) 수산물
공기 냉장법		정의		• 찬 공기를 매체로 하여 식품을 냉각 저장하는 방법
		냉각 매체		• 찬 공기
		적용 온도		• 0~10°C 범위
		특징	장점	• 생선 및 냉각제 등에 물이 묻지 않음
			단점	• 전기세 등의 경비 발생
		적용 대상		• 농축산물/전처리 포장 수산물
빙온법		정의		• 수산물이 얼지 않는 범위에서 적용하되 어는점 가까이에서 저장
		냉각 매체		• 찬 공기/해수빙
		적용 온도		• -2~0°C 범위
		특징	장점	• 냉각 저장방법 중 가장 품질 수명이 긺
			단점	• 전기세 등의 경비 발생 • 「식품위생법」에서 제시한 냉장(0~10°C) 범위를 벗어나기 때문에 실제 산업현장의 가공 공정에서 제한적 적용
		적용 대상		• 가공 공정에 한정적 적용 가능하나 저장 공정에 적용이 어려움

세미드레스semi-dressed 처리한 다음 제거한 내장과 아가미 부위에 얼음을 채운다. 이때 쇄빙의 양은 계절이나 빙장 일수에 따라 달라지므로 적정량을 사용하여야 한다. 만약 얼음의 양이 적을 경우 선도 저하가 빠르게 진행되고, 과다한 경우에는 어체 조직이 허물어져 내장이 돌출되어 얼음에 의하여 오염되기 쉽다. 또한, 쇄빙 처리한 어체는 얼음에 직접 닿지 않는 등의 냉각 불충분으로 변색이나 악취가 나는 아이스 번이 발생할 수 있으므로 주의하여야 한다.

쇄빙 처리 어류　　　　개선 쇄빙 처리 전복 등

그림 7-8 쇄빙 수산물

표 7-9 쇄빙법 응용 시 얼음의 사용량

계절	빙장 일수	얼음 사용 비율(중량)	
		선어	쇄빙
여름	1	1	1
	2	1	2
	3	1	3
봄·가을	1	2	1
	2	1	1
봄·가을	3	1	2
겨울	1	5	1
	2	4	1
	3	3	1

- 수빙법 : 미리 냉각시켜 놓은 청수나 바닷물에 얼음을 넣은 다음 어체를 넣어 수산물의 선도를 연장하고자 하는 방법이다. 산업계에서는 조직이 연약한 굴이나 탈각한 새우 등 일부 수산물의 집하 과정에서 사용한다. 수빙법도 얼음을 충분히 사용하여야 하며 저장 중 간간이 교반하여 온도가 균일하게 유지되도록 한다. 해수어는 안구 백탁 현상을 방지하기 위하여 반드시 바닷물을 사용하여야 한다.

수빙 처리 새우

수빙 처리 굴

그림 7-9 빙장 수산물

② **공기 냉장법**

공기 냉장법은 냉각 매체가 공기이므로 냉각 매체가 얼음인 빙장법과는 차이가 있다. 냉장온도는 목적에 따라 0~10℃ 범위에서 선택한다. 냉장 처리 대상 수산물은 빙장품의 경우 라운드 상태인 반면에 일반 공기 냉장품의 경우 포장된 전처리 수산물이나 수산가공품이다. 따라서, 일반 공기 냉장법은 빙장법과는 달리 물이 묻지 않는 장점이 있어서 소비자가 선호한다.

그림 7-10 대형 마트의 냉장법과 해당 온도

③ **빙온법**

일반적으로 냉장법은 수산물이 얼지 않는 범위에서 저장하는 방법으로, 가능하다면 어는점 가까이에서 저장하는 것이 품질의 수명을 늘릴 수 있다. 수산물은 지질, 단백질, 탄수화물, 무기질이 함유되어 있어 어는점 강하 현상으로 0℃ 이하에서 얼음 결정이 형성되며, 이러한 현상은 염장품, 염건품, 수산 발효식품에서 더욱 뚜렷이 나타난다.

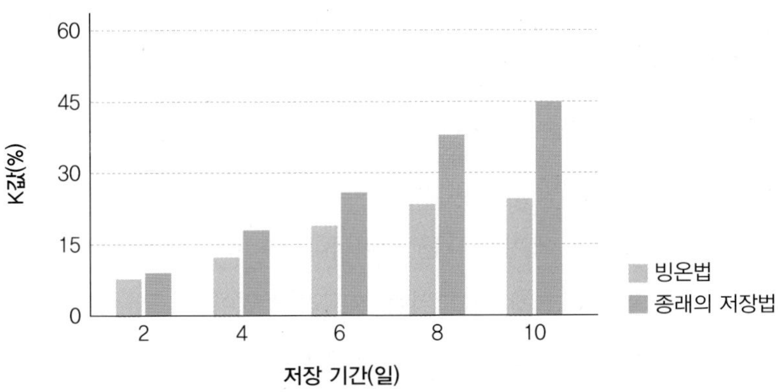

그림 7-11 일반 냉장법과 빙온법으로 저장한 가다랑어의 K값 비교

표 7-10 어류 및 수산가공품의 냉장 조건과 저장 유효기간

수산물 및 가공품	저장 조건		저장 유효기간
	온도(℃)	상대습도(%)	
다랑어류	-1~0	-	2~6주
가다랑어	-1~0	-	1~3주
해수어(저서성), 새우, 게, 해조류	-1~0	-	5~14일
해수성(회유어)	-1~0	-	4~10일
패류, 문어, 오징어	-1~0	-	3~7일
담수어	0~1	-	2~5일
어묵류	0~2	80~85	1~2주
어육햄·소시지	2~5	80~85	2~3주
식초담금 문어	0~5	80~85	1~2개월
마른오징어	-2~5	70~75	6~12개월
훈제어류	4.5~10	50~60	6~8개월
물간 염장어	4.5~10	90~95	10~12개월
염장 청어(브라인 10-23%)	-3	-	3~5개월
	0	-	2~4개월
	5	-	1~3개월
염장 캐비어	-3~-2	85~90	4개월
염장 어란	5~10	-	6개월

이러한 측면에서 빙온법은 수산물 또는 수산가공품을 얼지 않는 범위에서 가능한 낮은 온도를 유지하며 저장하는 방법으로, 수산물 및 수산가공품의 어는점 특성을 고려하여 일반적으로 -2~0℃ 범위에서 저장한다.

그러나 빙온 저장은 「식품위생법」의 보존(제조 완성 후 보관하거나 유통 중인 것) 과정 중 냉장의 온도 범위(0~10℃)에 벗어나는 범위이다. 따라서, 빙온 저장은 어획 후 원료의 선도 유지나 예냉 등의 가공 처리를 위한 전처리 방법이나 가공 공정에 적용하는 것은 가능하나, 제조 완성 후 보관하거나 유통 중에 적용하는 것은 곤란하다.

(2) 동결 처리와 동결 저장

동결 처리freezing와 동결 저장frozen storage은 어는점보다 낮은 온도에서 처리하여 수산물 내에 존재하는 수분을 얼린 후 저장하는 방법이다. 식품의 냉동은 냉동 속도가 제품 품질에 크게 영향을 미칠 뿐 아니라 냉동 속도가 빨라야 하루의 작업물량을 완수할 수 있다. 식품 산업계에서 냉동품 제조 과정은 제조를 위한 동결 처리 공정과, 품온을 유지하기 위한 저장 처리 공정으로 나누고, 동결을 소재로 가공을 하거나 소비자가 직접 이용을 할 때에는 반드시 해동 처리 공정이 동반된다.

이와 같은 동결 처리, 동결 저장 및 유통되는 냉동품은 조직 내에 얼음 결정으로 인한 단백질의 동결 변성, 조직 파괴, 해동 시 드립의 유출 및 풍미의 저하와 더불어 동결에 막대한 에너지가 소비된다. 이로 인하여 냉동품은 냉장품보다는 저렴하게 유통, 소비된다. 소비자와 생산자들은 각자 다른 이유로 가능하다면 냉동품보다는 냉장품을 생산, 판매하고 소비하기를 원한다.

동결 처리 방법으로는 부분 동결법, 공기 동결법, 송풍 동결법, 접촉식 동결법, 침지식 동결법, 전자기장 동결법, 액화가스 동결법 등이 있다.

생선스테이크

냉동 굴

해물경단

그림 7-12 수산 냉동식품

① **부분 동결**

부분 동결partial freezing은 최대빙결정생성대 온도 범위(어는점~-5℃)인 -3℃ 부근에서 저장하여 어체 수분의 일부가 동결되는 방법이다. 단백질의 변성, 지질 산화 등이 일어나지만 0℃에 저장하는 냉장품보다는 생균수와 휘발성 염기질소 기준으로 살펴보았을 때 위생 품질 보존 기간은 5~8배, K값에 의한 품질은 2~3배 우수하다는 보고가 있다. 그러나 부분 동결 방법으로 제조된 제품은 냉동품이므로 냉장품과 품질 보존 기간을 비교하는 것은 무리가 있으며, 실제 저장 온도가 「식품위생법」에서 제시하는 냉동온도 범위보다 높다.

그러나 부분 동결은 「식품위생법」의 보존(제조 완성 후 보관하거나 유통 중인 것) 과정 중의 냉동의 온도 범위(-18℃ 이하)에 어긋나는 적용 범위이다. 따라서, 빙온 저장은 어획 후 원료의 선도 유지나 예냉 등의 가공 처리를 위한 전처리 방법이나 가공 공정에 적용하는 것은 가능하지만, 제조 완성 후 보관하거나 유통 중에 적용하는 것은 곤란하다.

② **공기 동결**

공기 동결air freezing은 동결실 내의 냉각관에 피동결물을 올려놓고 정지한 공기 중에서 동결하는 방법이다. 공기 동결은 동결장치가 비교적 간단하고, 모양에 구애됨이 없어 대량 처리가 가능한 반면에 열전달이 늦은 공기를 이용하여 냉각하기 때문에 완만 동결이 되는 것은 단점이다.

③ **송풍 동결**

송풍 동결air-blast freezing은 식품을 잘 단열된 송풍 동결장치(비연속식)의 트레이 랙

공기 동결장치

증발 코일

대차

송풍 동결장치

그림 7-13 공기 동결장치 및 송풍 동결장치의 개략도

표 7-11 여러 가지 동결법의 비교

동결방법	항목		설명
부분 동결	정의		• 최대빙결정생성대 온도 범위(어는점~-5°C)인 -3°C 부근에 저장하여 어체 수분의 일부가 동결되는 방법
	특징	장점	-
		단점	• 다른 동결법에 비하여 저장 기간이 짧음 • 「식품위생법」에서 제시한 냉동 저장(-18°C) 범위를 벗어나기 때문에 실제 산업현장에서는 가공공정에 제한적 적용 • 현재 산업계에서 거의 적용하고 있지 않음
공기 동결	정의		• 단열이 잘된 동결실 내의 냉각관(선반 모양으로 구성) 위에 식품을 올려놓고 정지한 찬 공기로 동결
	동결 속도		• 완만 동결
	특징	장점	• 동결장치가 간단하여 운전 경비가 저렴 • 모양에 구애됨 없이 대량 처리가 가능
		단점	• 자연대류에 의한 냉각으로 완만 동결시켜 낮은 품질의 제품 생산
	응용 식품		• 대부분 저급 수산 냉동품
송풍 동결	정의		• 정지한 찬 공기를 강제 대류시켜 식품을 동결하는 방법으로 연속식과 비연속식이 있음
	동결 속도		• 급속 동결
	종류		• 냉각기와 송풍기를 단열 냉동실(비연속식) 또는 터널형 냉동실(연속식)에 설치하여 찬 공기를 강제순환
	특징	장점	• 고품질의 제품을 생산할 수 있음 • 수산물 동결에 가장 널리 사용하는 방법
		단점	• 시설비 및 운전 경비가 고가임
	응용 식품		• 대부분의 고품질 수산냉동품
접촉식 동결	정의		• 냉각된 냉매 또는 염수를 흘려 금속판을 냉각시킨 다음, 금속판 사이에 원료 수산물을 넣고 양면을 밀착하여 동결시키는 방법
	동결 속도		• 급속 동결
	특징	장점	• 식품이 금속판에 접촉하여 동결되므로 동결 속도가 빠름 • 동결장치의 면적이 적음
		단점	• 일정한 형태를 갖추고 있어야 하며, 장치 설비비가 많이 소요
	응용 식품		• 연육(surimi) 동결 등
침지식 동결	정의		• 냉각 부동액, 즉 2차 냉매 중에 식품을 침지하여 동결
	동결 속도		• 급속 동결
	특징	장점	• 조작이 간편
		단점	• 표층으로부터 급속히 냉각 • 염수가 혈액이나 점액으로 오염됨 • 얼음막 처리(glazing)가 어려움
	응용 식품		• 참치 통조림용 가다랑어, 황다랑어의 동결

표 7-11 여러 가지 동결법의 비교(계속)

동결방법	항목		설명
전자기장 동결	정의		• 송풍 동결식에 전자기장 기법(자석과 전자파 적용)을 응용하여 물 구성 분자인 수소와 산소 원자에 전자기장으로 미세 진동을 일으켜 얼음 결정의 생성 및 성장을 억제하면서 동결
	동결 속도		• 급속 동결
	특징	장점	• 얼음 결정이 미세하게 형성되고, 동결 및 저장 중 성장이 억제되어 식품의 조직 손상이 적으며 이로 인하여 해동할 때 드립의 양도 적음
		단점	• 설치 및 운영 비용이 고가 • 비연속식 • 유통 체인도 초저온 또는 자기장 동결고로 적용되어야 효과를 크게 기대할 수 있음
	응용 식품		• 고가의 수산 냉동식품
액화가스 동결	정의		• 액체질소나 액체탄소 등을 식품에 직접 살포하여 동결
	동결 속도		• 초급속 동결
	특징	장점	• 연속작업
		단점	• 설치 및 운영 비용이 고가 • 제품에 균열 우려
	응용 식품		• 반각굴(half shell oyster) 등의 고가 수산 냉동식품에 한정적 적용

tray rack이나 상자 터널형 동결실 컨베이어 위에 얹어 식품 표면에 차가운 냉풍을 팬으로 강제순환(10~15 m/sec)시켜 단시간에 동결하는 급속 동결 방법이다. 급속 동결 방법 중의 하나인 송풍 동결은 고품질의 제품을 생산할 수 있어 수산물 동결 시 가장 널리 사용되는 방법이다. 그러나 시설비와 운전 경비가 비싸다.

④ **접촉식 동결**

접촉식 동결contact freezing은 냉각된 냉매 또는 염수를 흘려 금속판을 냉각시킨 후 이 금속판 사이에 원료 수산물을 넣고 양면을 밀착(0.1~0.2 kg/cm²)시켜 동결하는 방법이다. 개발 초기에는 흔들리는 선박에서 식품을 고정시켜 동결하는 방법으로 고안되었으

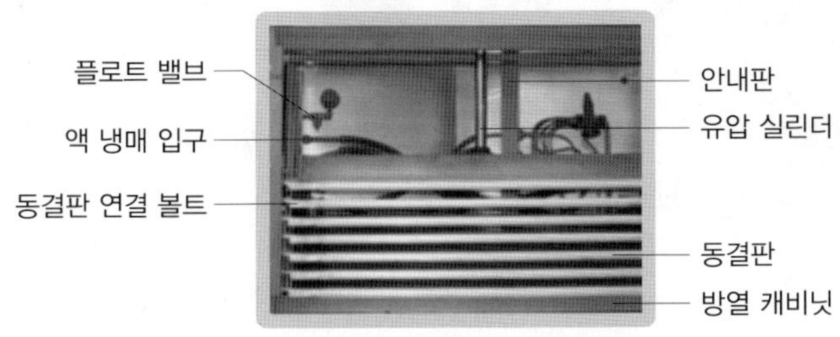

그림 7-14 접촉식 동결장치의 모형도

나, 전도에 의한 열전달로 급속 동결되므로 육상에서 동결할 때에도 응용하게 되었다.

접촉식 동결은 식품이 금속판에 직접 접촉하여 동결되므로 동결 속도가 빠르나, 피동결물이 일정한 형태를 이루어야 하고 장치 설비비가 비싸다는 단점이 있다. 주로 연육 surimi의 동결에 이용된다.

⑤ **침지식 동결**

침지식 동결immersion freezing은 냉각 부동액, 즉 2차 냉매에 식품을 침지하여 동결하는 방법이다. 이때 사용하는 2차 냉매는 23% 식염수(어는점 -21℃)를 -15~-16℃로 냉각한 것으로, 여기에 어류를 침지하여 냉동시킨다. 이 방법은 표층부터 급속하게 진행하므로 식염이 어체에 침입하는 양은 적지만 염수가 혈액이나 점액으로 오염된다. 따라서, 가공품 원료어의 동결에 많이 이용하며, 개체별로 포장하여 침지하기도 한다. 원양에서 통조림용 가다랑어 동결에 주로 이용되고 있다.

그림 7-15 침지식 동결 처리된 가다랑어

⑥ **전자기장 동결**

전자기장 동결electromagnetic freezing은 송풍 동결방식에 전자기장(자석과 전자파) 기법을 응용하여 식품 내에서 얼음 결정의 생성과 성장을 억제하면서 동결하는 방법이다. 즉, 동결할 때에 식품 내에 존재하는 물 분자의 수소와 산소 원자를 전자기장으로 미세 진동을 일으키면서 일정하게 배열시키는 동결방식이다.

전자기장 동결법을 적용한 냉동식품은 얼음 결정의 생성 및 성장이 억제되고 형성된

전자기장 동결기

동결 중 얼음 결정의 변화

그림 7-16 전자기장 동결기와 전자기장 동결시킨 식품의 얼음 결정

얼음 결정도 미세하여 조직 손상이 적으며, 이로 인하여 해동할 때 유출 드립의 양도 적으므로 고품질의 냉동식품을 생산할 수 있다. 그러나 설치비와 운영비가 비싸고 비연속식이며, 최대의 효과를 얻기 위해서는 유통 체인도 초저온 또는 전자기장 동결 시스템을 갖추어야 하는 단점이 있다.

⑦ 액화가스 동결

액화가스 동결cryogenic freezing은 액체질소나 액체탄소 등을 식품에 직접 살포하여 동결하는 방법으로, 급속 동결의 약 10배 빠른 동결 속도를 얻을 수 있다. 액화가스 동결은 초급속 동결되는 장점이 있는 반면에, 설비비가 많이 소요되고 가끔 제품 표면에 균열이 생기는 단점도 있다. 액화가스 동결은 반탈각 굴과 같은 고급 수산물의 IQF 동결에 주로 이용된다.

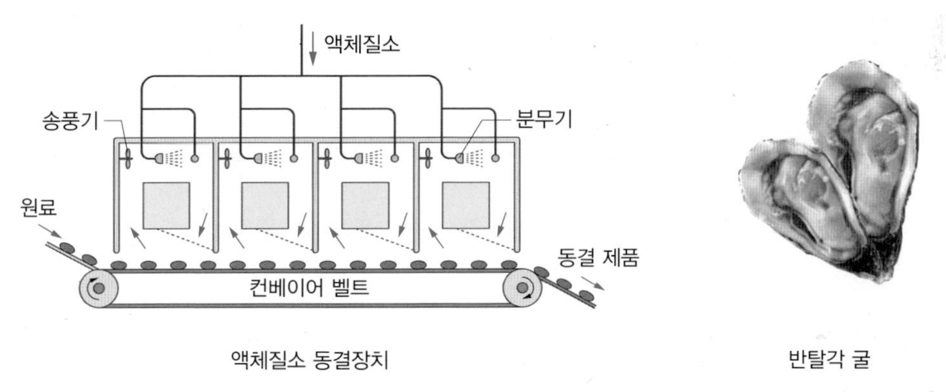

그림 7-17 액체질소 동결장치와 반탈각 굴

4. 수산물을 활용한 냉장(식)품 및 냉동(식)품의 제조

1) 냉장(식)품의 일반적 제조

원료 수산물이 수산가공 공장에 들어오면 크기, 상처 유무, 신선도 등에 따라 선별을 하고 찬물로 세척 및 탈수를 한다. 수산물은 라운드, 세미드레스, 드레스dressed, 팬 드레스pan dressed, 필릿fillet, 그라운드ground 등 목적에 맞게 어체 처리를 하고, 다시 혈액과 내장 등을 씻기 위한 재세척 및 탈수를 한 후 선별 및 포장하여 냉장(식)품을 제조한다.

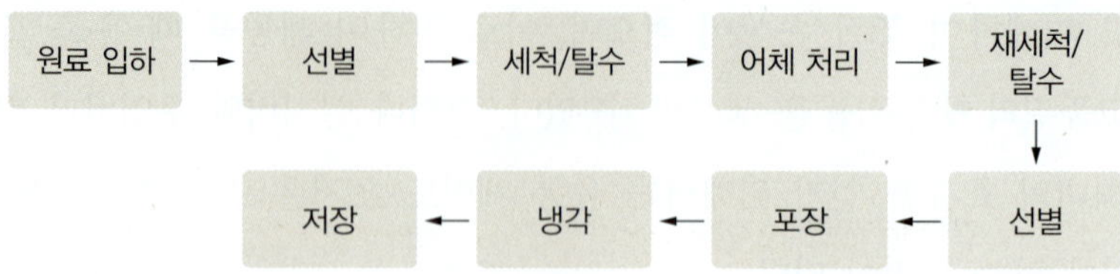

그림 7-18 수산물을 활용한 냉장(식)품의 제조 공정

2) 냉동(식)품의 일반적 제조

수산물을 활용한 냉동식품의 일반적 제조 공정은 크게 동결 전처리 공정과 동결 공정, 그리고 동결 후 처리 공정으로 나누어 진행한다. 세세한 공정은 그림 7-19와 같으며, 이 중 속포장이나 얼음막 입히기는 두 공정 중 한 공정만을 실시하면 된다.

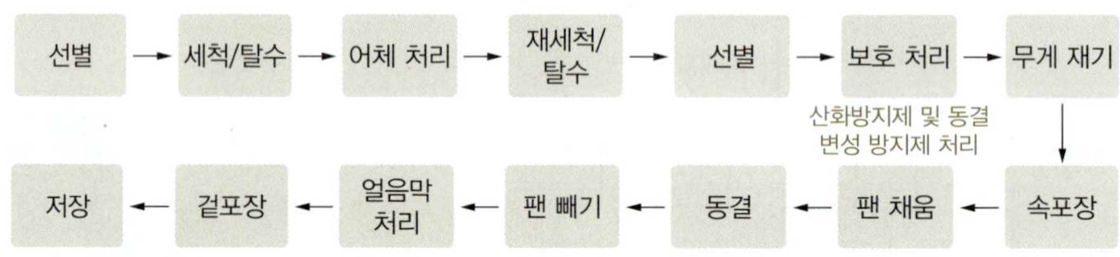

그림 7-19 수산물을 활용한 냉동(식)품의 제조 공정

(1) 동결 전처리 공정

원료를 공장에 입고한 후부터 팬 채움까지, 즉 동결하기 전까지의 공정을 말하며, 이를 동결 전처리 공정이라고 한다.

① 선별, 세척 및 탈수

입고된 원료는 적절한 크기 및 선도를 가진 어체별로 선별하고, 세척 및 탈수를 진행한다. 이때 대형어는 개체별로 분무하여 세척 및 탈수를 하지만, 소형어는 한꺼번에 침지하여 혈액, 점액, 유지, 기타 이물질을 제거한다. 세척에 사용하는 물은 담수어의 경우 담수나 해수 어느 것을 사용하여도 무방하나, 해수어는 눈의 백탁을 방지하기 위하여 반드시 바닷물을 사용하여야 한다. 어체에 물이 잔존하게 되면 동결 중 조직 손상이 우려되므로 적절하게 탈수를 한다.

② **어체 처리**

어종, 용도, 수요자의 요구 등에 맞추어 어체를 라운드, 세미드레스, 드레스, 팬 드레스, 필릿, 초퍼Chopped, 그라운드 등으로 처리한다.

③ **재세척, 탈수 및 재선별**

어체 처리가 끝나면 내장을 정리하고 혈액 등이 남지 않도록 반드시 재세척한다. 이때 어체에 잔존하는 뼈, 껍질 등의 이물질을 제거하고 크기, 손상 유무 등에 따라 재선별한다.

④ **특별 전처리**

동결 처리 과정에서나 저장 중에 품질 저하를 방지할 목적으로 가당 처리, 가염 처리, 인산염 처리, 산화방지제 처리, 얼음막 처리, 포장 처리 등과 같은 보호 처리를 한다. 이와 관련된 내용은 표 7-12를 참조하기 바란다.

표 7-12 고품질 수산 냉동(식)품의 제조를 위한 특별 전처리

특별 전처리	첨가물	사용법	원리	용도
가당 처리	소비톨(sorbitol) 및 설탕	• 연육 제조용 믹스에 소비톨 4%, 설탕 4% 첨가 및 냉동	자유수 저감	단백질 변성 억제
가염 처리	식염	• 3~5% 식염수(0~2°C)에 어육을 30분~1시간 침지	자유수 저감	단백질 변성 억제
인산염 처리	인산염	• 연육에 인산염 0.2~0.3% 첨가	pH 완충능, 금속 봉쇄능	단백질 변성 억제
산화방지제 처리	수용성〔비타민 C, 아스코르브산나트륨(sodium ascorbate), 에리토브산(erythorbic acid), 에르토브산나트륨(sodium erythorbate) 및 지용성(BHA[1]), BHT[2]), 토코페롤(tocopherol)〕 산화방지제	• 수용성은 0.5~2.0% 용액으로 만들어 사용 • 지용성은 알코올로 10~20%로 조제한 후 물로 희석하여 사용 • 유도기 이전에 사용해야 함	자유기에 수소 원자 공여	산화 방지
얼음막 처리	-	• 냉동한 것을 찬물(1~3°C)에 2~3회 넣었다 빼는 조작으로 얼음막을 만드는 것	얼음막으로 건조와 공기 접촉 억제	저장 중 건조 및 변색 억제
포장 처리	-	• 포장재로 포장 처리	포장재로 건조와 공기 접촉 억제	저장 중 건조 및 변색 억제

1) BHA : butylated hydroxyanisole 2) BHT : butylated hydroxytoluene

⑤ **칭량 및 속포장**

특별 전처리가 끝난 것은 내용물과 고형물의 양을 맞추기 위하여 저울로 칭량하고, 건조와 지질 산화 방지를 위하여 속포장을 한다. 단, 속포장을 하는 경우 후처리 공정에서 얼음막 처리(글레이징glazing)를 생략한다.

그림 7-20 냉동(식)품 제조를 위한 칭량

⑥ **팬 채움**

팬 채움panning 공정은 대형어와 중형어는 생략해도 개체를 동결할 수 있으나, 소형어는 동결 팬에 넣어 동결한다. 이때 보통 머리는 외부로 노출되도록 하고, 꼬리는 중앙으로 가도록 하며, 표면은 기복이 생기지 않도록 주의한다. 이 경우 반드시 동결 팽창도 고려하여야 한다.

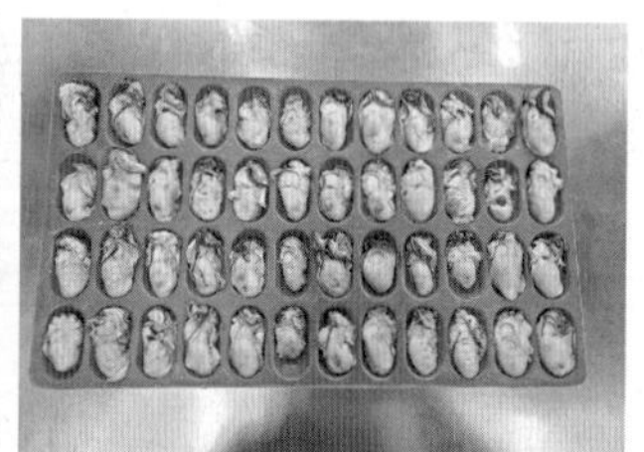

그림 7-21 냉동(식)품의 제조를 위한 팬 채움

(2) 동결 공정

동결은 공기 동결법, 송풍 동결법, 접촉식 동결법, 침지식 동결법, 전자기장 동결법, 액화가스 동결법 중 목적에 맞는 방법을 선택하여 실시한다.

그림 7-22 냉동(식)품의 제조를 위한 동결 공정

(3) 동결 후 처리 공정

① 팬 빼기

표면에 냉수를 뿌리거나 흐르는 물에 30~60초간 침지한 후 충격을 주어 냉동된 수산물을 팬으로부터 분리하는 것을 팬 빼기depanning라고 한다.

② 얼음막 처리

얼음막glaze은 동결 저장 중 건조나 산화에 의하여 발생하는 변색(냉동 변질)을 방지하기 위하여 냉동식품 표면에 처리를 한다. 이 경우 전처리 공정에서 속포장은 생략한다.

- 처리 조건 : 냉동품의 건조와 산화 방지를 위하여 처리하는 얼음막 조건은 실내온도 -5~-10℃, 용수온도 1~3℃(얼지 않는 온도 범위), 냉동품 온도 -15℃ 이하, 처리 시간 3~5초, 처리 횟수 2~3회, 얼음막 두께 2~3 mm 이상, 얼음막 무게 20% 미만이 적절하다(표 7-13). 실제로 제시한 이 조건으로 얼음막 처리를 하였을 때 얼음막 중량은 새우 냉동품의 경우 IQF(내용량 250 g)가 6.1~8.4% 범위, 블록(내용량 250 g)이 6.8~8.8% 범위이고, 낙지 냉동품은 IQF(내용량이 400 g)가 6.2~7.2% 범위이며, 주꾸미 냉동품은 IQF(내용량이 400 g)가 11.2~18.5% 범위이다. 얼음막 처리 방법은 찬물에 침지하는 방법과 컨베이어 벨트conveyor belt 위에서 분무하는 방법이 있다.

표 7-13 얼음막 처리 조건

처리 항목	처리 조건	처리 항목	처리 조건	처리 항목	처리 조건
실내온도	-5~-10℃	처리 시간	3~5초	얼음막 무게	20% 미만(권장)
용수온도	1~3℃	처리 횟수	2~3회		
동결품 온도	-15℃ 이하	얼음막 두께	2~3 mm 이상		

- 허용 내용량 : 일반적으로 얼음막 처리를 하는 경우 실제 무게보다 무거워진다. 이 때문에 건조 및 산화 방지 목적 이외에 중량을 속이는 데 이용되는 경우가 있다. 냉동품의 용기 또는 포장에 내용량을 표시하고 있으며, 냉동품을 해동하여 실제 내용량과 비교하였을 때 표시량보다 적을 경우 소비자 기만 행위로 판단하여 식품의약품안전처에서는 이에 상당하는 행정처분을 내린다. 이때 용기 또는 포장에 표기된 내용량과 약간의 오차는 허용하는데, 그 허용오차는 무게 또는 부피에 따라 달라서 자세한 내용을 표 7-14와 같이 정리하였다.

표 7-14 용기·포장에 표시된 양과 실제량에 대한 허용 오차 범위

표시량	허용 오차	표시량	허용 오차
50 g (mL) 이하	9%*	500 g (mL) 초과 1 kg (L) 이하	15 g
50 g (mL) 초과 100 g (mL) 이하	4.5 g	1 kg (L) 초과 10 kg (L) 이하	1.5%*
100 g (mL) 초과 200 g (mL) 이하	4.5%*	10 kg (L) 초과 15 kg (L) 이하	150 g
200 g (mL) 초과 300 g (mL) 이하	9 g	15 kg (L) 초과	1%*
300 g (mL) 초과 500 g (mL) 이하	3%*		

*%로 표시된 허용 오차는 표시량에 대한 백분율

자료 : 식품의약품안전처, 식품의약품안전처 고시 제2018-108호, 바. 내용량 1), 2018

- 허용 내용량 위반에 대한 행정조치 : 냉동품 제조회사는 냉동품의 내용량이 얼음막 중량에 따라, 표시 중량과 다른 경우 행정처분을 하게 된다. 즉, 냉동품의 실제 내용량이 표기 내용량에 비하여 허용 오차를 벗어나면서 얼음막 중량이 20% 이상인 경우 영업등록을 취소하는 매우 강력한 행정처분을 내린다. 또 냉동품의 얼음막 중량이 20% 미만이면서 내용물 중량이 표기 중량에 비하여 10% 미만인 경우에는 1차 위반 시엔 시정명령, 2차 위반 시엔 영업정지 7일, 3차 위반일 경우 영업정지 15일을, 10% 이상~20% 미만인 경우에는 1차 위반 시 영업정지 10일, 2차 위반 시에는 영업정지 20일, 3차 위반일 때는 영업정지 1개월을 내리고, 20% 이상인 경우에는 1차 위반 시 영업정지 20일, 2차 위반 시엔 영업정지 1개월, 3차 위반일 때는 영업정지 2개월의 행정처분을 내린다.

표 7-15 얼음막 중량에 따른 내용량 허용 오차 위반 시 행정처분 기준

얼음막 중량	내용량 부족량	행정처분 기준		
		1차 위반	2차 위반	3차 위반
20% 이상	허용 범위 초과	영업등록 취소		
20% 미만	10% 미만	시정명령	영업정지 7일	영업정지 15일
	10% 이상 20% 미만	영업정지 10일	영업정지 20일	영업정지 1개월
	20% 이상	영업정지 20일	영업정지 1개월	영업정지 2개월

자료 : 식품의약품안전처, 식품의약품안전처 고시 제2018-108호, 별표 13. 행정처분의 기준(제46조 및 47조 관련), 2018

- 냉동(식)품의 내용량 확인 : 냉동품에는 건조 및 산화 방지를 목적으로 얼음막 처리를 한다. 따라서, 냉동품의 내용물을 확인하려면 반드시 얼음막을 제거하는 공정을 거쳐야 한다. 냉동품의 얼음막 제거는 포장지 제거, 상온(15~25℃) 수조에 침수, 빠른 시간 내에 손으로 조심스럽게 블록 해체 과정을 거쳐 흐르는 물로 검체 표면에서 얼음이 느껴지지 않을 때까지 얼음막을 제거한다. 얼음막이 제거된 검체는 망체(2.8 × 2.8 mm)에 담아 상온에서 17~20° 기울기로 기울여 물을 뺀 다음 무게를 측정하여 실제 내용량으로 한다.

냉동 상태 검체

- 포장지 제거
- 상온(15~25℃) 수조에 침수
- 빠른 시간 내에 손으로 조심스럽게 블록 해체
- 유수에 검체 표면에 얼음이 느껴지지 않을 때까지 얼음막 제거
  주의사항
  ① 수압은 검체에 손상되지 않을 정도로 유지
  ② 드립(drip)이 검출되지 않도록 주의
- 얼음막이 제거된 검체를 망체(2.8 mm×2.8 mm)에 담음
- 상온(15~25℃)에서 17~20° 기울기로 2분간 물 빼기

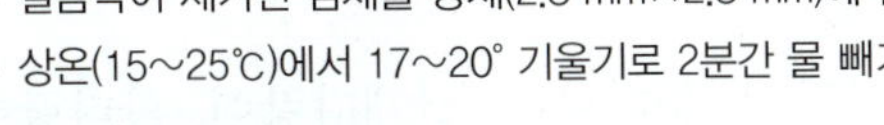

무게 측정, 실중량 확인

그림 7-23 얼음막 제거 공정 및 실제 내용량 측정

자료 : 식품의약품안전처, 식품공전 제 9.9.9.3 식품 중의 내용량, 2015

③ **겉포장**

냉동식품의 겉포장은 내수, 내유 및 방유, 방수성이 좋으며 온도에 민감하지 않으면서 기계적 강도가 크고, 인쇄할 수 있으면서 가격이 저렴한 포장재를 선택하여 포장한다.

④ **저장**

가공, 제조된 냉동식품은 유통을 위하여 냉동 창고에 저장하되, 저장 온도는 얼음 결정의 성장을 억제하여 품질 좋은 냉동 제품을 유지할 수 있는 심온동결 저장 온도인 -18℃ 이하를 유지하여야 한다.

그림 7-24 유통을 위하여 대기 중인 냉동식품

3) 다랑어 횟감용 냉동식품 및 통조림식품용 냉동품

다랑어는 열대에서 온대에 걸쳐 광범위하게 서식하는 전형적인 대형 회유어이며, 종류가 다양하나 산업적으로 중요한 어종은 참다랑어, 눈다랑어, 날개다랑어, 황다랑어, 가다랑어 등을 꼽을 수 있다. 다랑어는 주로 원양에서 어획하고 있으며, 어획 후 횟감용의 경우 즉시 전처리하여, 그리고 통조림식품용의 경우 전처리 없이 그대로 급속 동결한다.

(1) 횟감용 냉동식품의 제조

횟감용 다랑어로는 주로 참다랑어, 눈다랑어, 날개다랑어, 황다랑어 등이 사용된다. 이들은 대부분이 연승(주낙)으로 어획되고 있으며, 일부 선망으로 어획된 것도 있다. 이때 일반적으로 어체가 10 kg 미만의 것은 아무런 전처리 없이 급속 동결 처리하고, 10 kg 이상의 것은 다음 공정과 같이 처리한다.

표 7-16 주요 다랑어의 학명, 영명 및 일명

항목	다랑어				
	참다랑어	눈다랑어	날개 다랑어	황다랑어	가다랑어
학명	*Thunnus orientalis*	*Thunnus obesus*	*Thunnus alalunga*	*Thunnus albacares*	*Katsuwonus pelamis*
영명	Bluefin tuna	Bigeye tuna	Albacore	Yellowfin tuna	Skipjack tuna
일명	Kuromaguro	Mebachi	Binnaga	Kihada	Katsuo
형태			-		

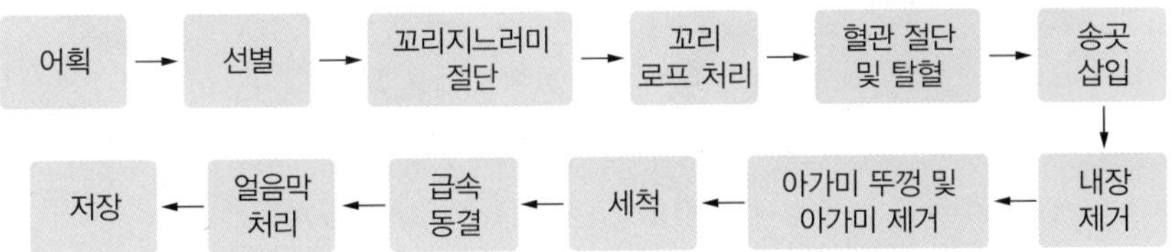

그림 7-25 다랑어 냉동 횟감의 제조 공정

① **선별**

다랑어는 살아 있는 상태로 어획한 후 선도, 손상 유무, 크기 등에 따라 선별한다.

② **꼬리지느러미 절단**

선별이 끝난 다랑어는 후부로부터 4번째 등지느러미와 5번째 등지느러미 사이(특히 5번째에 가까울수록 등뼈 사이에 해당되어 절단이 용이)에 해당하는 꼬리 부분을 가능한 한 한 번에 절단한다.

다랑어의 꼬리부터 절단하는 이유는 다음과 같다. 다랑어가 꼬리를 치며 심한 운동을 하면 체온이 상승하여 육질이 떨어지고 육색이 퇴색하며, 갑판에라도 부딪히면 부딪힌 부위에 내부 출혈이 일어나 피멍이 생기게 된다. 또 흥분하여 모세혈관이 파열되면 혈액이 근육질에 침투하게 되며, 이후의 작업 공정을 쉽게 하기 위함도 있다. 다랑어의 꼬리를 절단하면 꼬리로 가는 동맥이 절단되어 다량의 혈액이 방출되면서 혈압이 낮아져 육질 내 출혈을 방지하게 된다.

③ **꼬리에 로프 처리**

꼬리지느러미를 절단한 후 절단된 꼬리뼈의 신경중추를 꿰뚫는 구멍을 내서 전신의 신경까지 신속하게 죽게 하고, 운반을 용이하게 할 수 있도록 철사나 로프rope로 꿴다.

④ **혈관 절단 및 탈혈**

다랑어의 가슴지느러미 뒷부분에 있는 혈관을 절단한다. 이어서 육질에 생성되는 얼룩을 방지하고 체온을 낮추어 퇴색육이 발생하지 않도록 바닷물을 계속 뿌려 주며, 신진대사에 의하여 체내에 남아 있는 혈액을 신속하게 체외로 방혈한다.

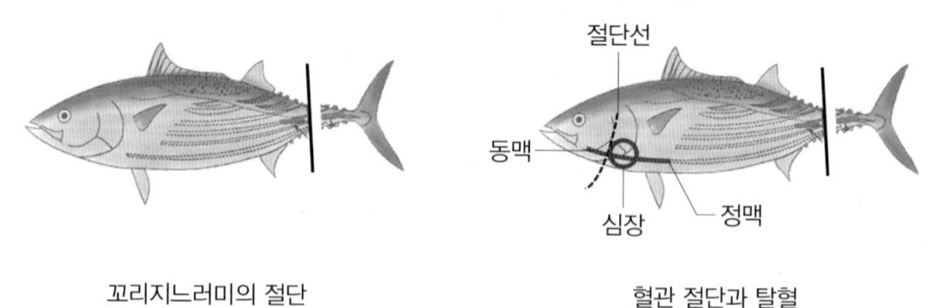

그림 7-26 다랑어의 꼬리지느러미 절단, 혈관 절단과 탈혈

⑤ **송곳 삽입**

다랑어의 고통사 억제, 즉 완전 사망을 위하여 뇌와 연수에 송곳을 45°로 찌른다. 송곳의 삽입은 반드시 완전 탈혈을 위한 탈혈 처리가 끝난 후에 하여야 한다. 수중에서 죽은 상태로 갑판에 올라온 다랑어도 완전하게 죽이기 위하여 송곳 삽입 과정을 거친다.

⑥ **내장 제거 및 세척**

다랑어가 완전히 사망하면 복부를 갈라 내장을 제거하고 바닷물로 깨끗이 씻어 낸다.

⑦ **아가미 뚜껑 및 아가미 제거**

횟감용 다랑어는 아가미가 오염원이므로 반드시 제거하여야 한다. 대형어의 경우 아가미는 동결시킬 때 전열 작용에 문제가 될 수 있다. 이를 해결하기 위하여 다랑어는 냉기 순환을 목적으로 아가미 뚜껑도 절반 정도 절단하여 제거한다. 또한, 지느러미도 제거한다.

⑧ **세척**

어체 처리를 끝낸 다랑어는 잔존 이물질 제거를 위하여 바닷물로 세척한다. 이어서

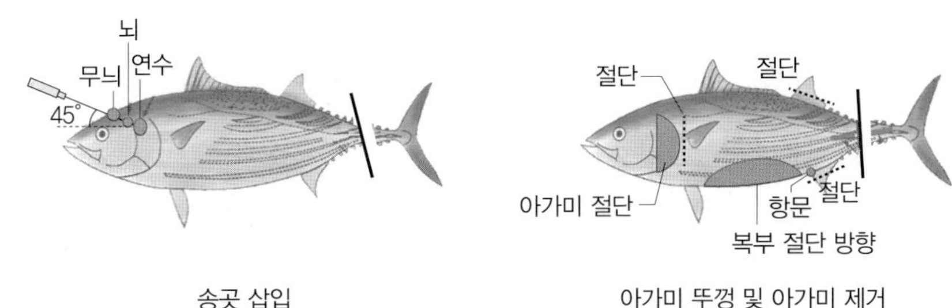

그림 7-27 다랑어의 송곳 삽입과 아가미 뚜껑 및 아가미 제거

신속한 냉기의 침투, 어체의 투명도를 고려하여 청수욕을 시킨다.

⑨ **급속 동결 및 얼음막 처리**

전처리가 끝난 다랑어는 온도(-60℃ 이하)와 습도(65~70%)가 조절된 급속 동결실에 넣어 중심 온도가 -55℃ 이하로 될 때까지 24~36시간 동결시킨다.

급속 동결 처리가 된 다랑어는 동결 저장 중 변색 및 건조freezer burn되는 것을 억제할 목적으로 얼음막 처리한다.

⑩ **저장**

얼음막 처리까지 끝난 다랑어는 공기 동결기에 의하여 -40~-45℃ 부근으로 조정된 어창에 입고하여 육상으로 운송한다.

⑪ **육상에서 횟감 생산지 창고로 이송**

다랑어는 인근 항만으로 이송하여 냉동장치가 설치된 식품 운반용 차량에 싣고 이동하여 생산업체의 냉동 창고에 입고시킨다.

그림 7-28 횟감용 냉동 다랑어의 육상 하역

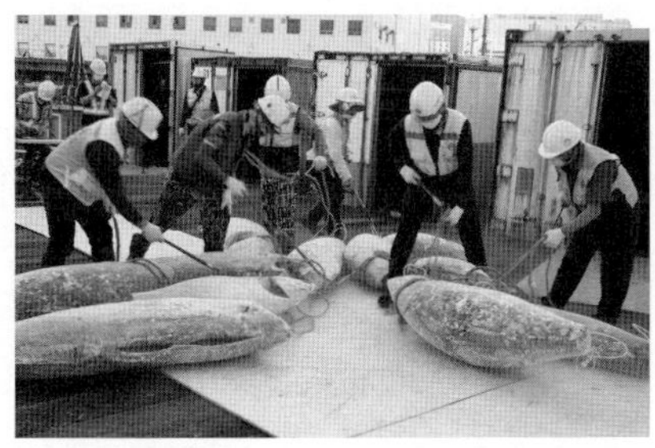

그림 7-29 다랑어의 운반용 차량 적재

⑫ **횟감 제조를 위한 절단**

횟감으로 만들기 위한 다랑어 절단방법은 냉동 절단법과 반해동 절단법이 있는데 최근에는 냉동 절단법을 많이 사용한다. 냉동 절단법은 동결 상태 그대로 토막을 내는 방법으로, 초저온 상태를 유지하면서 단시간 내에 절단하여 고품질을 유지하나 부스러기가 많아 수율이 낮아지는 단점이 있다.

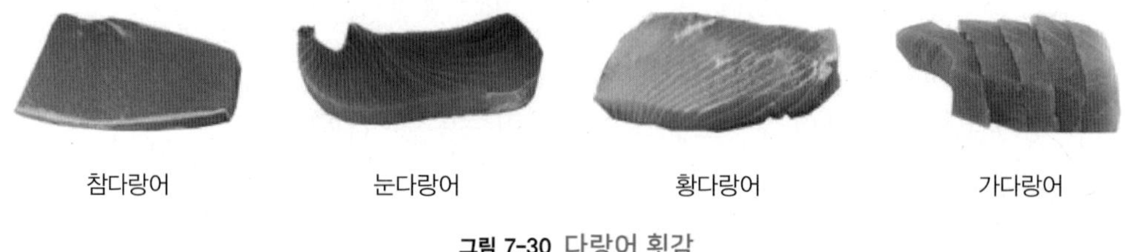

그림 7-30 다랑어 횟감

⑬ **포장 및 저장**

절단한 다랑어 횟감을 소비자용 포장을 하고, 이를 냉동 저장한다.

(2) 통조림식품용 냉동품의 제조

통조림식품용 다랑어는 대부분 가다랑어이며 일부 황다랑어를 사용하거나 극히 일부 날개다랑어도 쓴다. 통조림용 다랑어는 대부분 선망으로 어획된다.

그림 7-31 통조림식품용 다랑어의 냉동품 제조 공정

① **선별**

어획한 다랑어는 선도, 손상 유무, 크기 등에 따라 선별한다.

② **급속 동결**

선별이 끝난 다랑어는 전처리 없이 −20℃ 내외로 조절된 동결실에 넣어 침지 동결시킨다. 우리나라 어선은 침지 동결용 브라인brine으로 대부분 식염수를 사용하는데 일부 외국 어선은 한정적으로 염화칼슘을 사용하기도 한다.

③ **얼음막 처리**

급속 동결 처리가 된 다랑어는 동결 저장 중 변색과 건조freezer burn를 억제하기 위해 얼음막 처리를 한다.

④ **저장**

얼음막 처리를 한 다랑어는 어창에 입고하여 육상으로 운송한다.

그림 7-32 통조림식품용 냉동 가다랑어의 육상 하역

⑤ **하역 및 창고 입고**

다랑어는 육상에 도착한 다음 윙보디wing body가 설치된 식품 운반용 차량으로 옮겨져 통조림 공장의 냉동 창고에 입고된다.

하역 후 상차

공장 냉동 창고 입고

그림 7-33 냉동 가다랑어의 통조림 공장 입고

4) 대구 및 명태의 냉동 필릿

최종 가공품으로 어류 필릿 제품은 대구와 명태를 활용한 것이 많고, 자원 문제로 국내산보다는 수입산을 많이 활용하고 있다. 대구와 명태를 활용하여 냉동 필릿으로 만드는 공정은 다음과 같다.

그림 7-34 냉동 대구 및 명태의 제조 공정

① **원료 선별 및 세척**

원료어는 내장이 단단하면서 복부 근육이 갈변되지 않은 것, 즉 선도가 우수하고, 기생충이 적으면서 작업 능률을 고려하여 대형이나 중형 어류가 좋으며, 산란 직후(6월)의 어류는 수분이 많아서 동결 변성과 스펀지 현상이 발생하기 쉽기 때문에 비산란기(7~9월) 어류가 좋다. 일반적으로 원료어는 세척기로 세척하고, 표피에 부착된 오물과 세균 등도 제거하여 사용한다.

그림 7-35 원료 대구와 명태

② **필릿 처리**

두부 및 내장을 제거dressed, H&G한 후 세편을 뜬다. 이때 두 장의 육편fillet 부위를 취하고 뼈 부분frame은 분리, 제거한다.

③ **기생충 검사**

대구와 명태에는 *Anisakis*속의 선충과 *Niberia*속 유충 등의 기생충이 존재할 수 있다. 원료어 필릿을 유리판 위에 올려놓고, 아래 혹은 위 방향으로 빛을 통과시켜 반사 또는 투과광으로 기생충 검사를 실시한다. 어류에 존재하는 기생충의 양은 어기, 어장,

어체의 크기 및 선도 등에 따라 차이가 있다. 존재 부위도 선도와 방치 시간, 온도 등에 따라 차이가 난다. 선도가 좋은 어체는 복강 내 항문 부근에 집중되어 있어 근육을 채취할 때 쉽게 제거되지만, 선도가 저하할수록 기생충이 내부로 침입, 확산되어 제거가 어렵다.

④ **세척 및 탈수**

필릿을 냉각 청수로 잘 씻어 표면에 부착된 세균을 제거한다. 이때 침지 시간이 길어지면 필릿이 흡수 팽윤하므로 10분 이내로 진행하는 것이 좋다. 세척한 후에는 탈수를 충분히 실시하여 수분이 85% 정도가 되도록 하여야 한다.

⑤ **팬 담기**

팬 담기는 가로로 배열하는 cross pack(명태 필릿에 많이 사용)과 세로로 배열하는 long pack(대구 필릿에 많이 사용)이 있으므로 적절한 것으로 선택하고, 배열할 때에는 필릿 간 공간이 생기지 않도록 주의하여야 한다.

⑥ **동결**

여러 가지 동결방법 중 목적에 맞게 적절히 선택하여 적용하여야 한다. 일반적으로 -35~-40℃로 조정된 동결기에서 2.5~3.5시간 동안 급속 동결한다.

⑦ **팬 빼기, 포장 및 냉동**

동결된 냉동품을 팬에서 분리하여 겉포장을 한 후 -20℃에서 저장한다.

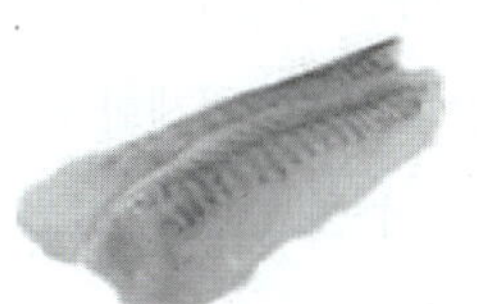

냉동 대구 필릿

냉동 명태 필릿

그림 7-36 대구와 명태의 냉동 필릿

5) 오징어 냉동식품

살아 있는 오징어는 백색으로 투명하고, 청록 또는 자갈색의 형광을 나타내나 죽은 후에는 투명함이 줄고 갈색을 띠다가 진한 흑갈색으로 변하며 사후경직을 나타낸다. 경직기가 경과하면 근육은 백탁 및 갈변을 일으키고 선도 저하와 더불어 4층의 표피 중 제2층의 적색 색소ommochrome가 알칼리로 용출되어 적색이 짙어진다.

원료 선별 → 내장 제거/세척 → 껍질 벗기기/정형 → 세척/탈수 → 무게 재기 → 포장 → 동결/저장

그림 7-37 냉동 오징어의 제조 공정

① **원료 선별**

오징어의 육질은 수분이 많고, 다량의 엑스 성분으로 세균 번식이 빠르므로 원료 선별에 주의하여야 한다. 오징어는 경직 전의 것을 선택하여야 하므로 백탁이 시작된 것이나 적색으로 변한 것은 사용하지 않는다.

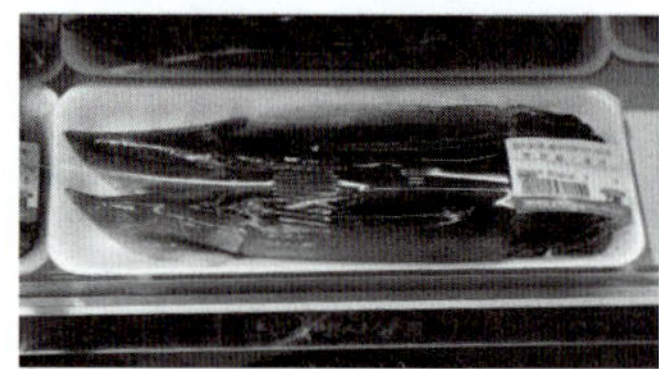

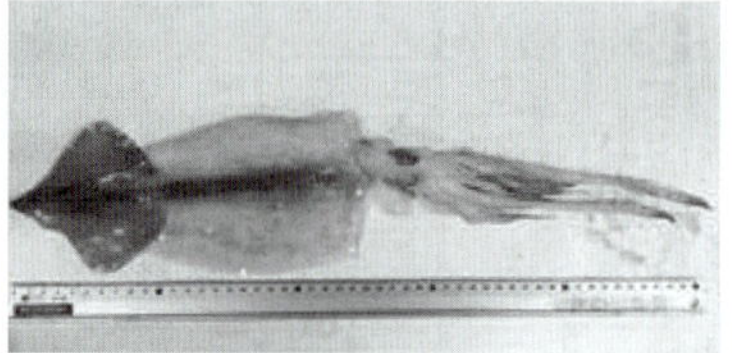

그림 7-38 살오징어

② **내장 제거 및 세척**

오징어의 몸통을 잡고 다른 손으로 다리를 잡아당겨 분리시킨다. 몸통 내부의 내장을 완전히 제거하고, 먹물주머니가 붙은 쪽에 칼을 넣어 절개한 후 먹물주머니를 제거한다. 이때 수율은 외투막(몸통)이 48%, 지느러미가 23%이다. 세척은 3~4% 식염수에 15~20분 정도 실시한다.

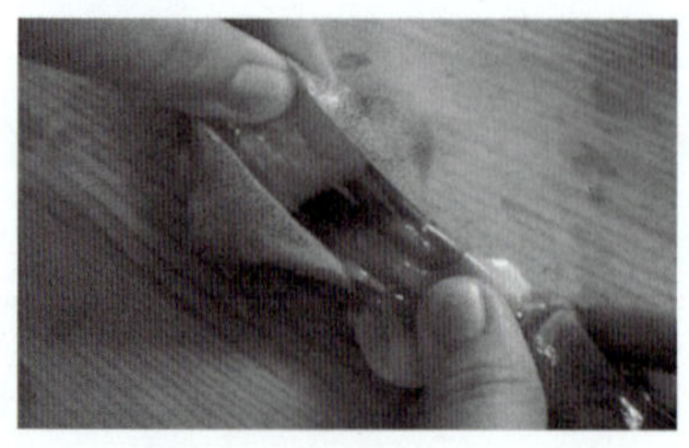

그림 7-39 냉동 오징어 제조를 위한 오징어의 내장 제거

③ **껍질 벗기기 및 정형**

먹물주머니를 제거한 오징어는 지느러미 끝에 칼집을 넣어 손으로 껍질을 벗긴다. 모양이 좋지 않은 것이나 손상이 있는 것은 정형을 한다.

④ **세척 및 탈수**

껍질을 벗긴 오징어는 흐르는 물이나 물이 넘치는 수조에서 세척한다. 이때 변색된 것은 선별하여 해당 부분을 제거한 후에 탈수한다.

⑤ **무게 재기**

일반적으로 육편의 수는 2~3편(1편 무게 30 g 이상)을 사용한다. 중량 조절용 이외의 것은 정형된 것을 사용한다.

⑥ **포장**

작업에 사용되는 용기는 200 mg/L의 염소수로 세척하고 포장할 때에는 고무장갑 등을 착용함은 물론이고 매회 염소수로 살균하여야 한다. 이어서 제품을 폴리에틸렌 필름에 넣어 열접착 또는 진공포장한다.

⑦ **동결 및 저장**

포장 처리한 오징어는 -45℃로 조절된 송풍공기 동결기를 사용하여 5~6시간 동안 동결시키고, -25℃ 이하로 조정된 동결고에서 동결 저장한다.

6) 새우 냉동식품

새우는 세계 각국에 관계없이 모든 소비자들이 즐겨 먹는 식품 원료 중의 하나이다. 새우는 우리나라 서해안에서 많은 양이 양식되고 있으나, 이는 주로 동결되지 않은 상태로 소비되고 있고, 냉동 새우는 대부분 수입산을 사용하고 있다. 냉동 새우는 주로 IQF로 제조되고 있고 일부 블록bolck 형태로도 제조되고 있다. 새우류를 냉동식품으로

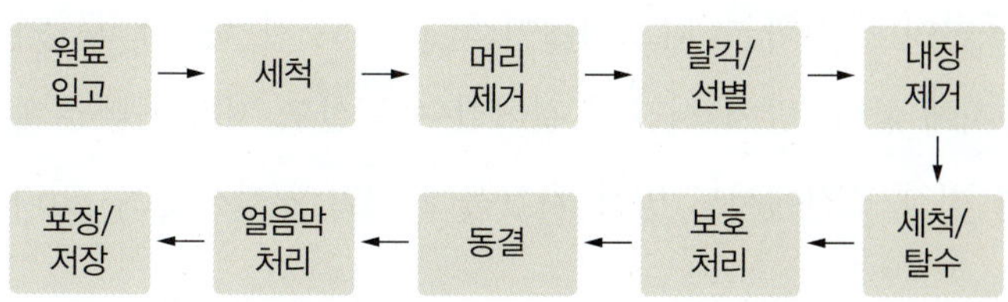

그림 7-40 새우 냉동식품의 제조 공정

만드는 공정은 다음과 같다.

① **원료 새우**

원료 새우는 주로 베트남, 태국, 중국 등 아시아권에서 수입을 많이 하고 있다. 휘발성 염기질소 함량이 25 mg/100 g 이상이 되는 경우 흑변하거나 관능적 이취 등이 발생한다. 원료 새우는 선도, 흑변 유무, 손상, 변색, 다른 품종의 혼입 등을 고려하여 수입하여야 한다.

그림 7-41 새우 종류

② **세척**

동결 후 제품에도 영향을 미치므로 깨끗한 청수를 넉넉하게 사용하여 충분히 씻어낸다. 세척 과정에서 색소를 충분히 유출시키면 흑변 방지에도 효과가 있다. 과도하게 세척할 경우 새우의 맛 성분이 많이 유출될 수 있으므로 유의하여야 한다.

③ **머리 제거**

두흉부에는 흑변에 관여하는 티로시네이스tyrosinase가 많으므로 어획 즉시 절단하는 것이 선도 유지에 좋다. 방치 시간이 길어질수록 선도 저하가 빠르게 진행된다. 두절 처리하면 동일한 빙장 조건에서도 빙장 기간을 2~3일 연장시킬 수 있다.

④ **탈각 및 선별**

탈각peeling해야 하는 제품은 손으로 껍질을 벗기면서 대, 중, 소의 크기와 파치 여부에 따라 선별한다. 탈각 과정에서 발생하는 파치는 수율에 영향을 주므로 주의하여야 한다.

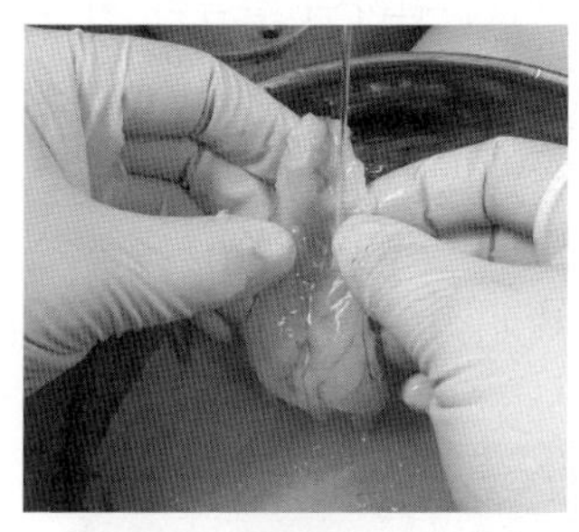
탈각

선별

그림 7-42 새우의 탈각 및 선별

⑤ **내장 제거**

내장을 제거하여야 하는 제품은 등 쪽에 있는 내장에 얇게 칼집을 넣어 세척 과정에서 씻어낸다.

⑥ **세척 및 탈수**

유수 탱크에서 세척하여 어체에 부착된 내장이나 기타 오물을 잘 씻어낸다. 이때 새우를 0.5~0.1% 아스코브산나트륨 용액 또는 0.7% 아황산수소나트륨 $NaHSO_3$ 용액에 10분간 침지한 후 다음 공정을 진행하면 해동시킨 후 2~3℃에서 3일간 흑변을 방지할 수 있다. 이어서 자연 탈수한다. 흑변을 방지하기 위하여 아황산수소나트륨을 처리한 경우 잔존량은 SO_2로 100 mg/kg 이하이어야 한다.

⑦ **보호 처리**

새우는 동결 저장 중 단백질이 변성되어 조직감이 나빠진다. 새우의 동결 저장 중 조직감 저하를 개선하기 위해 인산염 등과 같은 동결변성방지제를 포함하는 용액에 침지 처리하는 등 보호 처리를 한다. 그러나 동결 저장 중 단백질 변성의 억제 목적 이외에 중량 증가 목적으로 과잉의 인산염을 사용하여 문제가 되기도 한다. 이때 새우는 첨가물을 처리하는 경우 수산가공식품으로 분류되나, 첨가물을 처리하지 않는 경우 단순 처리 수산물로 분류되어 관리된다.

⑧ **동결 및 얼음막 처리**

개별급속동결IQF로 -35℃ 이하에서 동결시키거나 팬에 담아 블록 동결을 실시한다. 팬에 담아 블록 동결한 냉동품은 탈팬 과정을 거치게 된다. 개별급속동결품이나 블록 동결품은 냉동 저장 중 건조와 변색freezer burn을 억제하기 위하여 얼음막 처리를 한다. 이때 얼음막 처리는 찬물에 침지 또는 찬물을 분무한다.

⑨ **포장 및 저장**

냉동품은 포장지에 넣어 -25℃ 이하로 조정된 냉동고에 저장한다.

그림 7-43 새우 냉동식품

7) 게 냉동식품

어획한 게를 그대로 두면 간에 있는 단백질 분해효소에 의하여 어깨육이 분해되어 황변되고 수율이 저하하므로 탈갑하는 것이 좋다.

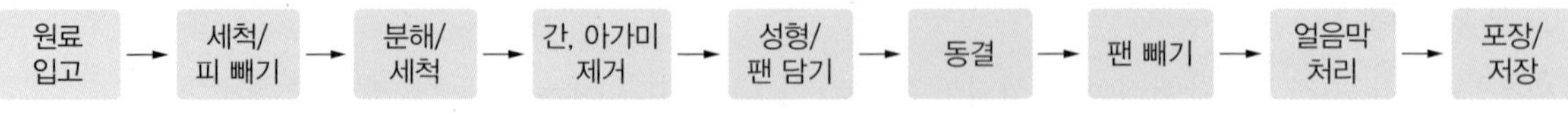

그림 7-44 게 냉동식품의 제조 공정

① **원료 입고**

대게, 왕게, 꽃게, 털게, 붉은대게(홍게) 등이 원료로 사용되는데, 우리나라에서는 주로

그림 7-45 원료 게

붉은대게가 사용되고 있다.

② 세척 및 피 빼기

탈갑한 것은 바닷물 또는 이와 동등한 농도의 소금물에 약 10분 동안 세척 및 피 빼기한다.

③ 분해 및 세척, 간과 아가미 제거

피 빼기 후 두 쪽으로 나누어 세척한 다음 효소 작용이 강하여 변색의 원인이 되는 간과 아가미 등을 제거한다.

④ 성형, 팬 담기 및 동결

성형 후 팬 담기를 하여 동결장치 등에서 -35℃ 이하로 급속 동결한다.

⑤ 팬 빼기, 얼음막 처리, 포장 및 저장

동결품은 팬 빼기한 후 얼음막 처리를 하고, 포장한 다음 -25℃ 이하로 조정된 냉동고에 저장한다.

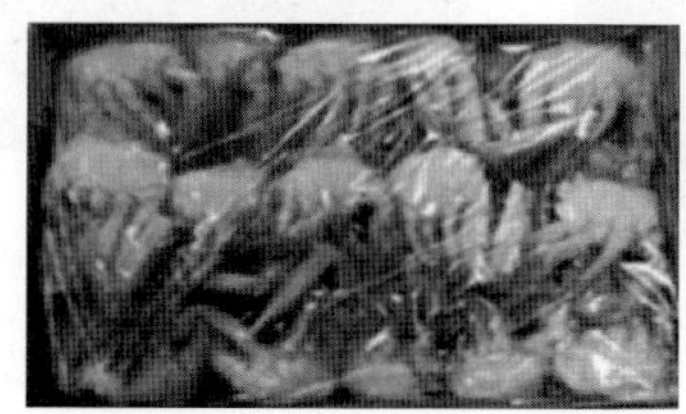

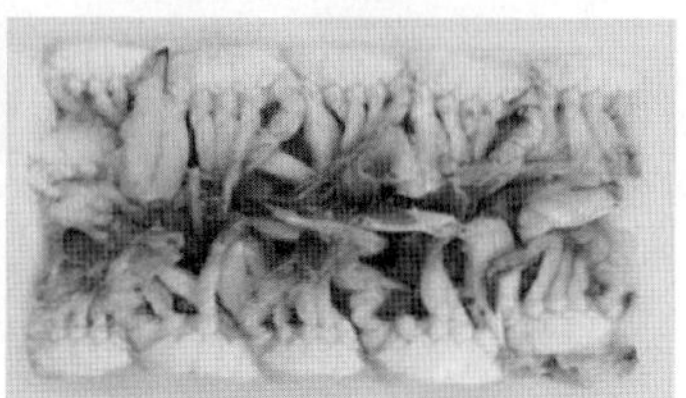

그림 7-46 냉동 게

8) IQF 굴

굴은 일반적으로 10월부터 이듬해 3월까지 생굴로 가공되어 소비된다. 3~4월에 냉동굴로 많이 가공되고 있으며, 이후 산란기인 5~7월에 주로 건조 굴 및 통조림식품용으

원료 입고	→	세척/냉각	→	박신	→	세척/탈수/선별	→	성형/팬 담기	→	개별급속 동결(IQF)	→	얼음막 처리	→	포장/저장

그림 7-47 IQF 굴의 제조 공정

로 이용된다. 채취한 굴을 냉동 굴로 만드는 과정은 다음과 같다.

① 원료 선택

원료 굴은 수출용인 경우 지정 해역(대장균군 70 이하/100 mL)에서 채취한 것을 반드시 사용하여야 하나, 내수용은 일반 해역에서 채취한 것도 사용할 수 있다. 원료 굴은 채취선에서 2시간 이내에 양륙하여야 한다.

② 세척 및 냉각

세척수(유효 염소 50~100 ppm)로 펄, 기타 이물질을 씻어낸 다음, 설빙 등으로 10℃ 이하로 냉각시킨다.

③ 탈각 처리

저온실(8~13℃)에서 탈각 처리한 알굴(패각을 제거한 굴)을 스테인리스 용기 등에 넣어 3~4℃로 유지한다. 이때 수율은 약 10% 정도이다.

굴의 탈각

탈각 알굴

그림 7-48 굴의 탈각

④ 세척, 탈수, 선별

탈각 처리한 알굴의 세척은 냉각 해수(2℃)를 흘리면서 원통형 세척, 계단식 세척, 공기방울 세척의 3단계로 실시한다. 세척한 후에는 금속성 다공판으로 탈수하여 이물질 등을 제거한 후 선별한다.

1차 세척(원통형 세척)

2차 세척(계단식 세척)

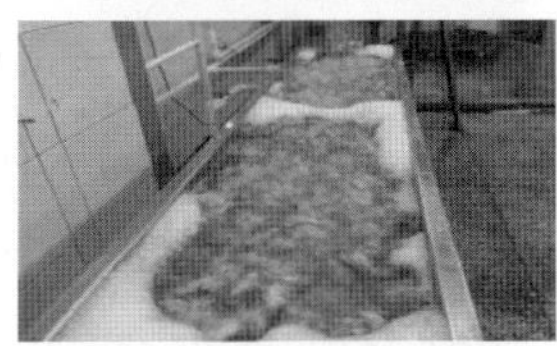
3차 세척(공기방울 세척)

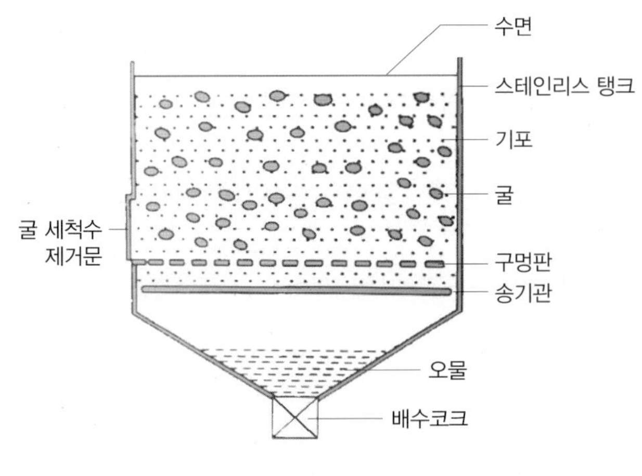

공기방울 세척 원리

그림 7-49 탈각 알굴의 세척

⑤ **개별급속동결(IQF), 얼음막 처리**

굴을 개별급속동결용 팬에 넣고, −35℃ 이하에서 급속 동결하여 냉동 굴을 제조한다. 동결 저장 중 변색과 건조를 억제하기 위하여 얼음막 처리를 한다.

IQF 굴

얼음막 처리

냉동 굴 제품

그림 7-50 IQF 굴의 제조를 위한 얼음막 처리

⑥ **포장 및 저장**

최종적으로 개별급속동결 굴을 폴리에틸렌 필름 백polyethylene film bag에 넣어 포장하여 −18℃ 이하로 조정된 냉동고에 저장한다.

9) 생선 커틀릿

생선 커틀릿fish cutlet은 생선살을 발라 빵가루를 입힌 다음 바삭하게 튀겨낸 음식으로, 일본에서 개발되었으나 우리나라에서도 대중적으로 인기가 있는 생선요리이다. 생선 커틀릿은 일본식으로 흔히 생선가스라고 부른다.

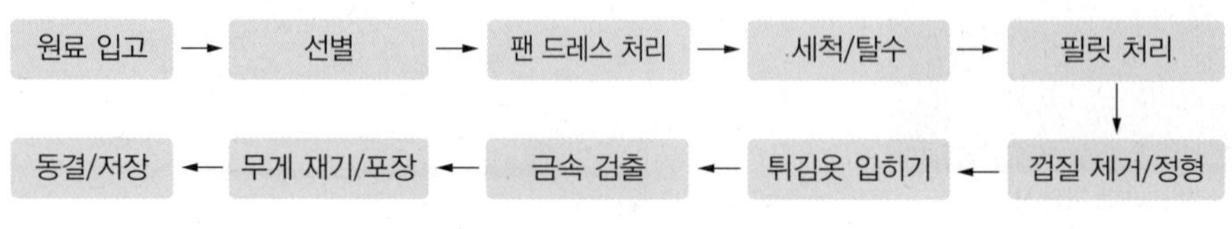

그림 7-51 생선 커틀릿의 제조 공정

① 원료어

생선 커틀릿의 원료어로는 대구, 명태, 민태, 가자미, 다랑어, 연어 등이 주로 이용되며, 가공 공정은 원료 어종에 관계없이 동일하다.

그림 7-52 생선 커틀릿의 원료어

② 선별

제품의 품질 균일화와 작업의 편리성을 고려하여 어체의 크기, 신선도, 손상 유무 등에 따라 선별한다.

③ 팬 드레스 처리, 세척 및 탈수

선별된 어체를 팬 드레스(두부, 아가미, 내장, 지느러미를 제거) 처리한 후 세척하여 혈액, 내장 및 미생물을 제거한다. 이어서 가볍게 탈수한다.

④ **필릿 처리, 껍질 제거 및 정형**

팬 드레스된 어체를 3편 뜨기하여 육편 2편을 취하는 필릿 처리를 한다. 탈피기로 껍질을 제거하여 스킨리스 필릿skinless fillet을 제조한 후 정형을 한다.

세척

껍질 제거

그림 7-53 생선 커틀릿의 제조를 위한 세척 및 껍질 제거

⑤ **튀김옷 입히기**

정형한 어체에 수분이 많으면 배터링battering 공정이 어려워지므로 타분기로 밀가루를 묻히고 배터 믹스(표 7-17)로 배터링한 후 최종적으로 빵가루(생빵가루 : 건조 빵가루 =7 : 3)를 입혀서 튀김옷 입히기를 마친다.

표 7-17 배터 믹스의 배합 예

원료명	배합 비율(%)	원료명	배합 비율(%)	원료명	배합 비율(%)
밀가루(박력분)	40~50	달걀흰자	2~3	향신료	약간
옥수수 전분	40~50	설탕	3~4		
정제염	2~3	조미료	0.5~1.0		

⑥ **금속 검출**

빵가루를 입힌 어체는 금속검출기를 통과시킨다.

⑦ **무게 재기 및 포장**

튀김옷 입힌 것을 일정한 무게로 저울질한 뒤 포장한다.

⑧ **동결 및 저장**

생선 커틀릿의 품질을 좋게 유지하기 위하여 급속 동결하여 최종 제품을 제조한다.

그림 7-54 생선 커틀릿 제품

최종 제품은 얼음 결정의 성장을 억제하기 위하여 -18℃ 이하로 조정된 동결고에서 심온동결 저장한다.

10) 생선 패티

생선 패티fish patty는 육가공 제품인 고기 패티와 제조 공정이 매우 유사하나 주원료로 어육을 사용하는 점이 다르다. 냉동식품은 해동하여 그대로 먹거나 간단히 가열 조리하여 먹을 수 있도록 가공한 후 동결 상태로 유통되는 식품이므로, 최근 트랜드인 간편성으로 인해 수요가 급증하고 있다. 생선 패티 역시 건강식이라는 이미지와 더불어 기호성이 좋아 소비가 늘고 있다.

원료 처리 → 배합/절단 → 혼합/성형 → 가열 및 냉각 → 금속 검출 → 동결/포장

그림 7-55 생선 패티의 제조 공정

① 원료 처리

연육 및 냉동 새우를 냉장실로 옮겨 얼음을 넣은 흐르는 물(10℃ 이하)로 반해동한다. 이때 새우는 해동하기 위해 품온이 상승하면 흑변이 급속하게 진행되므로 동결 블록frozen block의 바깥쪽부터 해동, 분리시켜 신속히 처리한다. 생선 패티는 어육을 40% 이상 사용하는데, 어육으로는 주로 연육을 많이 사용한다. 이 밖에 새우, 게살 등 다양한 수산물이 원료로 사용된다.

② 배합 및 절단

반해동된 연육은 사일런트 커터silent cutter로 절단하여 전분, 정제수, 조미료를 넣고

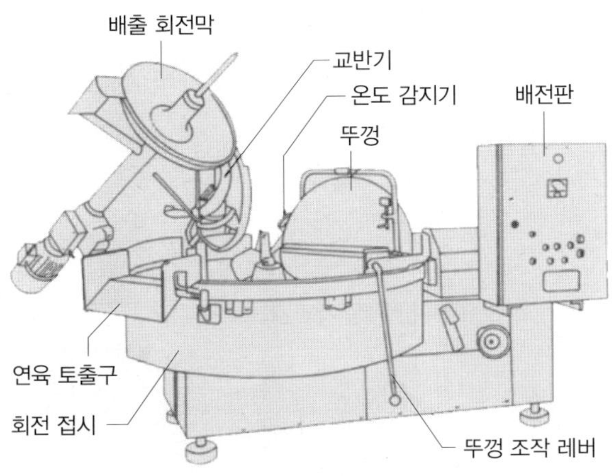

그림 7-56 사일런트 커터 모식도

함께 배합한다. 이어서 양배추, 당근, 양파 등의 채소를 세척, 선별한 후 고명으로 쓸 수 있도록 일정한 크기로 잘게 자른다. 채소는 필요한 경우 데치기blanching하여 사용한다.

③ 혼합

혼합기에 배합 연육, 해동 새우, 절단 채소, 기타 부재료를 넣고 3~5℃에서 3~5분간 충분히 혼합한다. 이송기를 이용하여 혼합물을 성형기의 호퍼hopper로 이송한다.

④ 성형

성형기 드럼에 있는 금형이 원활하게 움직이는지 확인하고, 컨트롤 박스의 전원을 작동하여 성형한다. 성형 중량은 배소 후 감량을 고려하여 3~5% 증량한다. 생선 패티의 유의미한 위생적 오염이 주로 성형기에서 유래하므로 성형이 끝난 후에는 반드시 성형기를 깨끗하게 세척해 놓는다.

그림 7-57 생선 패티의 성형

⑤ 가열, 냉각 및 금속 검출

성형 제품은 컨베이어를 이용하여 연속 배소기로 이송한다. 배소기 열판은 120~130℃를 유지하며, 제품이 100 g인 경우 10분간 가열한다. 가열 직후의 품온은 65℃ 이상이어야 한다. 배소가 끝난 것은 컨베이어로 이동시키는 동안 냉각시켜 동결기로 이송한다. 이송 컨베이어는 도중에 금속 검출기를 통과하도록 하여 금속 이물질이 함유된 제품은 제거한다.

⑥ **동결**

컨베이어로 이송된 제품은 나선형 동결기를 이용하여 연속적으로 동결시킨다. 동결기 내의 온도는 -35℃ 이하로 유지하고, 동결 시간은 컨베이어의 속도를 조절함으로써 제어한다.

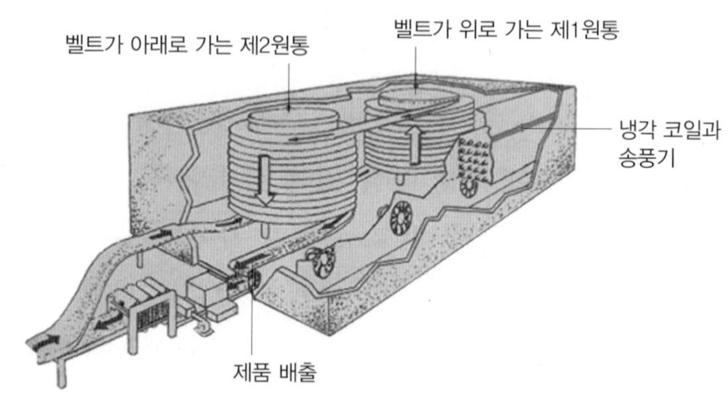

그림 7-58 나선형 송풍동결기

⑦ **포장**

동결된 생선 패티는 기체 투과성이 작은 플라스틱 적층 필름으로 포장한 후 -18℃ 이하에서 심온동결 저장한다.

그림 7-59 생선 패티 제품

5. 수산 냉장(식)품 및 냉동(식)품의 저장 중 변화

1) 수분의 증발

냉장 및 냉동(식)품은 보관하는 냉장실 또는 냉동실의 공기 습도가 냉장 및 냉동(식)품의 수증기압보다 낮으면 건조 또는 승화함은 물론이고 중량도 감소하는 등 가치가 하락하게 된다. 냉장 및 냉동 중 냉장 및 냉동(식)품의 건조를 억제하기 위해서는 냉장실 안의 습도를 냉장 및 냉동(식)품의 습도보다 약간 높게 설정하여야 한다. 또 온도의 변화 폭을 줄이고 방습포장 등을 실시하는 것이 바람직하다.

2) 산화 및 변색

냉장 및 냉동(식)품은 냉장 및 냉동 중에 효소에 의한 지질의 가수분해, 산소와의 반응으로 인한 산화 및 중합 등으로 지질 산화 변색, 비효소적 갈변 등과 같은 변색, 풍미 악화 등의 변화가 일어나 가치가 떨어지게 된다.

(1) 생선의 퇴색

감성돔, 붉돔, 어름돔 등 도미과 어류의 피하조직에 존재하는 카로테노이드carotenoid계 색소인 아스타잔틴astaxanthin은 이중결합이 많아 산화에 취약한 색소 성분이다. 이 때문에 도미과 어류와 이를 활용한 냉장식품 및 냉동식품은 냉장 및 냉동 중에 퇴색하여 -18℃에서 저장하는 경우 75일 이후에는 53%의 잔존율을 나타내나, -30℃에 저장할 때는 약간만 퇴색된다.

(2) 갈변

① 다지방 어류

수산물은 냉장 및 냉동 중 지질의 효소 가수분해, 산소에 의한 산화 및 중합 등으로 갈변, 풍미 악화 등이 일어나 가치가 하락하게 된다. 즉, 수산물의 지질은 EPAeicosapentaenoic acid, 20:5n-3, DHAdocosahexaenoic acid, 22:6n-3 등과 같은 고도불포화지방산을 다량 함유하고 있어 공기에 의하여 산화되기 쉽다. 이들은 건조나 승화에 의한 산화 갈변, 즉 냉동 변색freezer burn은 비린내 발생뿐만 아니라 유리지방산도 생성한다.

냉장 및 냉동 수산물의 산화를 억제하려면 산화방지제 처리, 진공포장 또는 질소가

산화방지제

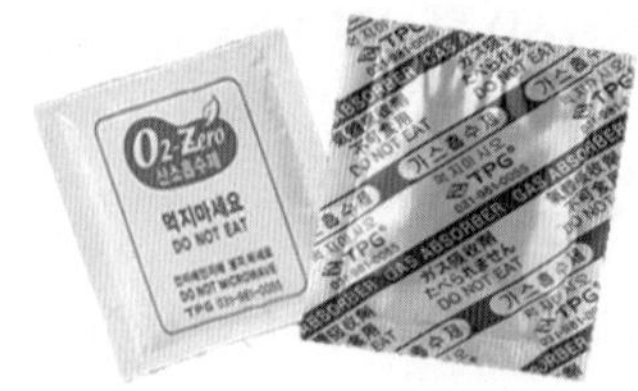

탈산소제

그림 7-60 다지방 어류의 갈변 억제제

스 치환 포장, 얼음막 처리, 산소 투과도가 낮은 포장지의 사용이나 탈산소제 봉입 포장 등을 하여야 한다.

② **굴**

냉동 굴은 냉동 저장 중 변색, 즉 냉동 변색이 잘 발생한다. 동결 저장 중 굴의 갈변 현상은 다음과 같은 요인으로 발생한다.

- 카로테노이드에 의한 갈변 : 굴에는 비교적 큰 간이 있으며 간에는 동물성 카로테노이드가 다량 함유되어 있다. 선도가 저하하면 육질의 연화와 함께 간이 파괴되어 색소가 용출되어 갈변한다. 이를 방지하기 위하여 선도 유지 및 취급에 주의가 필요하다. 채취 직후 급속 동결하여야 하며 −18℃ 이하에 저장하는 심온동결 저장하여야 한다.
- 지질 산화에 의한 갈변 : 굴은 지질 함량은 낮으나 고도불포화지방산의 조성비가 높아 동결 저장하는 경우 저장 중 건조에 의한 지질 산화가 진행되어 갈변한다. 냉동 굴의 동결 저장 중 일어나는 갈변은 얼음막 처리로 일부 억제가 가능하다.

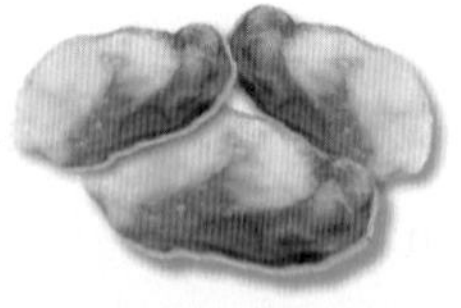

정상적인 냉동 굴

냉동 변색 굴

그림 7-61 동결 저장 중의 굴

(3) 어류의 녹변육

녹변육green meat은 냉동 저장 중 어육 일부가 녹색으로 변하고, 부패취 같은 이취를 내는 현상을 말한다. 휘발성 염기질소volatile basic nitrogen, 트리메틸아민trimethylamine, 세균 수 등의 농도가 높은, 즉 선도가 떨어진 원료로 제조한 제품에서 자주 발생한다.

① 발생 메커니즘

선도 저하로 단백질에서 생성된 황화수소H_2S와 근육 중의 육색소인 미오글로빈myoglobin과 혈액색소인 헤모글로빈hemoglobin이 산소 공존 하에 결합하여 녹색의 설프미오글로빈sulfmyoglobin 또는 설프헤모글로빈sulfhemoglobin을 생성하기 때문이다.

② 생성 어종 및 부위

녹변육은 황새치, 녹새치 같은 새치류, 마설가자미Pacific halibut 같은 가자미과 어류, 청상아리 등의 악상어과 어류, 눈다랑어 같은 다랑어의 피하조직이나 복강 주변의 근육, 필릿의 경우 절단면, 붉은살 주위, 복부 중 혈액이 고인 부분 등에서 쉽게 확인할 수 있다.

③ 억제 방안

어획 직후 내장을 제거하는 동시에 혈액을 제거하고, 동결할 때까지 선도 저하를 최대한 억제함으로써 녹변육을 저감화할 수 있다.

(4) 퇴색육

다랑어 등의 원래 어육의 붉고 투명하며 윤기가 있는 색조가 없어지고, 회갈색의 불투명하고 물기 많은 육질로 변화하는 현상을 퇴색육이라 한다.

① 발생 메커니즘 및 특성

어획할 때(특히 여름철)에 심한 몸부림으로 체온이 크게 상승하고 pH가 크게 저하함으로써 근원섬유단백질이 변성하여 발생하는 현상이다. 퇴색육은 어획 후 오랜 시간이 경과하지 않아도 발생하므로 냉동 중 발생하기보다는 어획 시 발생하는 현상이다. 고기색의 퇴색 외에도 미오신myosin계 단백질이 적으며 보수성이 낮고, 맛도 없어 횟감으로서의 가치가 낮다.

② **생성 어종 및 발생 부위**

퇴색육은 다랑어(황다랑어, 눈다랑어, 참다랑어 등)에 주로 발생하는 변색 현상이며, 발생 부위는 등뼈 주변 근육이 많고 대부분 흰살이다.

③ **억제 방안**

퇴색육은 어획 시 심한 몸부림을 치지 않도록 주의하고, 어획 후에는 체온을 -20℃ 이하가 되도록 급냉하면 억제할 수 있다.

(5) 게 및 새우의 흑변

게 및 새우류의 흑변blackening은 가공 및 저장 중에 근육이 백색에서 흑색으로 변하여 품질이 저하하는 현상을 말한다.

흑변 전

흑변 후

그림 7-62 흑변 전후의 새우

① **발생 메커니즘**

게 및 새우류는 가공 또는 저장 중에 흑변이 자주 발생하는데, 흑변의 발생 메커니즘은 다양한 경로를 거친다. 게류나 새우류의 흑변은 주로 근육이나 체액 중의 티로신tyrosine이 티로시네이스에 의하여 멜라닌melanin을 형성하는 효소적 갈변, 황 함유 아미노산에 의하여 생성되는 황화수소H_2S와 금속이온(Fe, Cu, Sn 등)의 반응에 의한 금속착화합물을 형성하는 황화흑변, 티로신의 산화 생성물과 금속이온(Fe, Cu 등)의 반응에 의한 흑변 등으로 나눌 수 있다.

② **발생 부위**

게와 새우류는 효소뿐만이 아니라 pH도 높아 흑변이 잘 발생하는 대표적인 수산물이며, 모든 냉장품이나 냉동품을 제조할 때에 유의하여야 하는 사항이다. 게의 흑변 발생 부위는 다리 관절, 껍질의 손상 부위 등이고, 새우는 머리, 내장, 다리 부분에서 흑변이 일어난다.

③ 흑변 방지

게나 새우류에서 흑변이 일어나는 것을 막는 방법은 다음과 같다.

- 선도 저하 억제 : 새우류는 선도 저하 억제를 위하여 어획 직후 바로 동결하여 효소의 활성을 억제시킨다. 새우류는 -10℃ 정도에서는 흑변의 완전 억제가 곤란하므로 급속 동결과 심온동결 저장과 같이 보다 낮은 온도로의 관리가 필요하다.
- 산소 접촉 억제 : 멜라닌의 생성에는 산소가 필수이므로 산소와의 접촉을 억제시키기 위하여 주수동결, 진공포장 등을 실시한다.
- pH 저하 : 티로시네이스는 pH 5 이하에서 구리를 해리하여 활성이 급격하게 저하되므로 구연산citric acid 등의 유기산 용액에 침지하여 pH 4 이하로 유지한다.
- 자숙 처리 : 자숙 등 가열을 하면 티로시네이스가 불활성화한다.
- 아황산수소나트륨 처리 : 생새우나 게는 아황산수소나트륨$NaHSO_3$으로 처리하면 효과가 크고, 이를 구연산 처리하거나 저온 저장을 병용하면 상승효과를 나타낸다.
- 금속이온과의 접촉 억제 : 구리, 철, 주석 등과 같은 금속이온 처리하면 황화흑변을 일으킨다. 갑각류는 혈액hemocyanin 중에 구리를 함유하고 있는데 이것이 근육의 선도가 저하하거나 분해되는 경우 발생하는 황화수소와 결합하게 되면 황화흑변이 발생한다.
- 오염원의 제거 : 새우는 두부, 혈액, 꼬리 등을 제거하여 티로신 생성의 근원적 원인을 없애고, 충분한 세척으로 혈액 및 효소를 제거한다.

3) 젤리 미트

젤리 미트jelly meat는 부패와 관계없이 근육이 연화하여 허물어져서 어체 근육의 일부(구더기형) 또는 대부분(팥형)이 젤리상 또는 액상으로 된 현상을 말한다. 젤리 미트는 식품 위생적으로 검토된 바가 없으나 아직 사람에 감염을 일으킨 적은 없다.

(1) 종류

젤리 미트는 외관상이나 원인에 따라 근육의 일부에만 발생하는 구더기형과 대부분의 부위에 발생하는 팥형이 있다.

① 구더기형

구더기형 젤리 미트는 쌀알맹이 또는 콩알(대두) 크기의 반투명하고 유연한 백색 이물질에 의하여 발생한다. 초기에는 근육에 젤리상 구멍(5~10 mm)이 일부 발생하나 서서히 확장되며 최종적으로는 액화된다.

- 원인물질 : 구더기형 젤리 현상의 원인물질은 쌀알 또는 콩알(대두) 크기의 반투명하고 유연한 백색의 이물질로 알려져 있다.
- 대상 어류 : 구더기형 젤리 미트는 가다랑어, 눈다랑어 등의 근육에서 자주 볼 수 있다.
- 발생 : 구더기형 젤리 현상에서는 점액포자충을 볼 수 없고, 어획 직후에도 쌀알 또는 콩알(대두) 크기의 반투명하고 유연한 백색 이물질을 볼 수 있으며 이것의 주변이 젤리화된다.
- 억제 : 구더기형 젤리 현상을 억제하기 위해서는 어획 후 신속하게 급속 동결하고, 해동 후에도 신속히 소비 또는 가공 처리하여야 한다.

② 팥형

팥형의 젤리 미트는 어류에 존재하는 점액포자충의 포자에 의하여 발생한다. 초기에는 근육에 쌀알 또는 팥알 크기의 액화된 구멍이 발생하고, 이어서 서서히 근육이 녹아 젤리화된다. 최종적으로는 근육 전체가 붕괴되어 유동상이 된다.

- 원인물질 : 팥형 젤리 현상의 원인물질은 점액포자충으로 알려져 있다.
- 대상 어류 : 다랑어(황다랑어), 황새치, 연어, 농어, 날치, 민대구 등의 흰살에서 자주 발생하고, 붉은살에서는 거의 일어나지 않는다.
- 발생 : 원양에서 어획하여 선상 동결된 점액포자충 기생 다랑어도 해동 시 젤리화하는 경우가 없으나, 해동육 품온이 실온 또는 그 이상일 경우 발생한다. 팥형 젤리 미트의 진행은 매우 신속하여 어획 후 빙장 1~2일 후에 거의 젤리화된다.
- 억제 : 어획 후 신속하게 내장(기생충 존재)을 제거하거나 급속 동결하면 억제할 수 있다.

4) 스펀지화 현상

어류를 원형 또는 필릿으로 처리하여 동결 저장하였다가 해동하였을 때 스펀지처럼 작은 구멍이 많은 육질이 되는 것을 스펀지화 현상이라고 한다. 어육이 물을 많이 머금고 있으며 푸석하고 맛도 없는 상태가 된다.

(1) 발생 메커니즘

스펀지화 현상은 얼음 결정의 성장으로 근육단백질이 동결 변성되어 보수력이 떨어져 발생한다.

(2) 대상 수산물

스펀지화 현상은 일반적으로 수분 함량이 많은 게와 같은 갑각류와, 대구나 명태 등의 흰살생선에서 많이 발생한다.

(3) 억제 방안

수산물의 스펀지화는 지유수 함량이 많아 동결시킬 때 세포 외 동결을 일으키기 쉬우므로 이를 억제하기 위해서는 선도가 우수한 것을 사용하고, 급속 동결하여 미세 얼음 결정을 만든 다음, 얼음 결정이 성장하지 못하도록 -20℃ 이하에서 변동 폭이 적게 냉동 저장하여야 한다. 수산물의 스펀지화는 앞에서 설명한 것과 같이 억제하고자 하는 것이 일반적이나, 스펀지화 현상을 이용하여 가공품을 개발한 황태도 있다.

6. 수산 냉동(식)품의 해동

냉동(식)품을 조리하거나 가공하기 위하여 식품 내에 형성된 얼음 결정을 공기, 물, 얼음, 증기, 금속판, 오븐 등과 같은 매체를 이용하여 다시 녹이는 조작을 해동이라 한다. 해동은 종류와 정도에 따라 복원 형태가 달라지고 드립의 발생 정도도 달라 용도에 맞추어 적절하게 처리하여야 한다. 해동은 얼음이 생성되지 않는 냉장(식)품에는 적용되지 않는 공정이다.

1) 해동방법

수산 냉동(식)품의 해동방법은 공기, 물, 금속, 전기와 같은 해동 매체에 따라 공기 해동법, 송풍 해동법, 물 해동법, 접촉식 해동법, 수증기 해동법, 고주파 해동법 등으로 분류한다. 해동의 종류와 그 특징을 표 7-18에 정리하여 나타내었다.

2) 해동에 의한 복원 형태

해동에 의한 복원은 해동 중 발생한 물의 대부분이 세포 내로 흡수되어 본래의 모양으로 회복되는 현상을 말한다. 그러나 실제 해동에 의한 복원은 본질적 복원이 일어나는 것도 있으나 형태적 복원도 일어난다.

(1) 본질적 복원

세포 내로 흡수된 물의 대부분이 단백질과 결합하여 쉽게 유리되지 않는 상태의 복원을 본질적 복원이라 한다. 해동품이 생어육과 유사한 보수성 및 맛을 가지기 위해서는 해동 시에 본질적 복원이 이루어져야 한다. 본질적 복원은 압출 드립이 제거된 상태의 해동품이다.

(2) 형태적 복원

해동 중 발생한 드립의 대부분이 단백질의 변성으로 단백질과 결합하지 못하고, 세포에 존재하는 상태로 복원되는 것을 형태적 복원이라 한다. 형태적 복원은 유출 드립이 제거된 상태의 해동품이다.

3) 드립

드립drip은 냉동(식)품을 해동한 경우 얼음 결정이 녹아서 생성된 수분이 동결 전의 상태로 육질에 흡수되지 못하고 유출된 액즙을 말한다. 즉, 동결에 의한 식품 조직의 물리적 손상으로 보수력이 떨어져 해동할 때 녹은 수분이 유출되는 것이다.

(1) 종류

드립은 해동 중에 자연적으로 흘러나오는 유출 드립과, 유출 드립이 나온 후 일정 압력(1~2 kg/cm^2)으로 가압할 때에 흘러나오는 압출 드립의 두 종류가 있다. 유출 드립은 형태적 복원에 관여하고, 압출 드립은 본질적 복원에 관여한다.

표 7-18 해동방법의 종류와 특징

해동방법		특징
공기 해동	정의	• 상온의 공기 중에서 해동하는 것으로, 대체로 영세기업에서 적용
	장점	• 설비가 필요 없음 • 식품의 종류에 관계없이 적용 가능
	단점	• 해동이 완만 • 주위 환경(공기의 온도, 습도, 방향 및 속도)이 일정하지 않아 해동 시간 예측이 어려움 • 건조와 오염이 용이
송풍 해동	정의	• 다습한 공기를 순환(2~6 m/sec)시켜 해동
	장점	• 해동 시간이 짧음
	단점	• 표면 건조와 오염이 용이 • 가습공기 송풍으로 운전 경비 소요
물 해동	정의	• 정지 또는 유동하는 물에 직접 침수시키거나 물을 분무시켜 해동
	장점	• 해동 시간이 짧음 • 표면 건조 등이 없음
	단점	• 액량이 적은 경우 완만 해동이 됨 • 물의 사용으로 경제적 손실 발생 • 폐수 발생
수증기 해동	정의	• 감압(10~15 mmHg)하에서 수증기(15°C)를 사용하여 해동
	장점	• 해동 속도가 신속 • 미생물 오염 등에 의한 변질이 적음 • 균일한 해동
	단점	• 장비 설치로 경제적 투입비용 큼
접촉식 해동	정의	• 온수를 흘린 금속관 사이에 해동 원료를 끼워 해동
	장점	• 해동 속도가 신속 • 균일한 해동
	단점	• 장비 설치로 경제적 투입비용 큼 • 부정형 식품에 적용하기 곤란
고주파 해동	정의	• 고주파(915~2450 MHz)를 이용한 해동
	장점	• 단시간 해동 • 드립 양이 적음 • 변색, 이미, 이취가 적음 • 용기째로 해동 가능
	단점	• 해동 종온이 균일하지 않음 • 해동 경비가 많이 소요

(2) 발생량

드립의 발생량은 동결방법의 경우 급속 동결이 완만 동결보다 적고, 저장 온도는 낮은 때가 높은 경우보다 적으며, 저장 온도의 변화 폭은 좁은 경우가 넓은 때보다 적다. 저장 기간은 짧을수록 적게 발생한다.

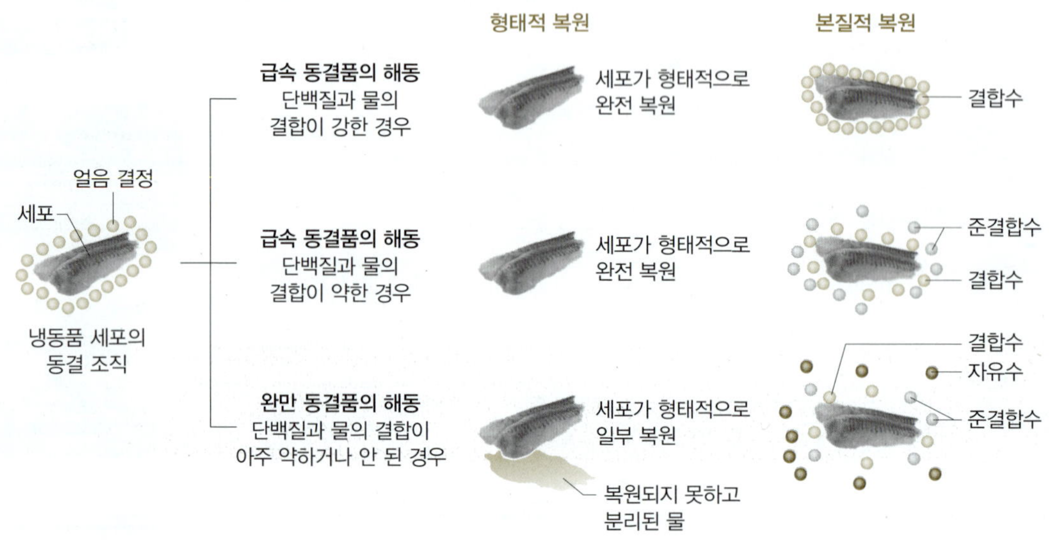

그림 7-63 해동에 의한 복원 형태

(3) 드립 발생의 영향 요인

냉동(식)품에 드립이 발생하는 경우 단백질, 엑스 성분, 염류, 비타민 등과 같은 수용

드립(drip)량

다량		소량
저하	신선도	신선
완만 동결	동결방법	급속 동결
높음	저장 온도	낮음
많음	저장 온도 변화	적음
길	저장 기간	짧음

그림 7-64 냉동(식)품 드립 발생의 영향 요인

성 성분이 손실되고 맛 성분의 감소로 맛이 떨어지며, 중량 및 조직감이 감소된다.

4) 수산 냉동품의 해동 정도

수산 냉동품을 해동하여 이용하고자 할 때에는 완전 해동, 반해동, 별도의 해동이 불필요한 경우, 해동하면 안 되는 경우의 4종류 해동방법 중 하나를 선택하여 실시한다. 이때 해동 종료 온도는 완전 해동은 어는점 이상의 온도에서 가능한 낮은 온도가 좋고, 반해동의 경우는 칼로 절단할 수 있는 정도가 좋다.

표 7-19 최종 수산가공식품 생산을 위한 원료 냉동품의 해동 정도

해동 종류	해동 정도			
	완전 해동	반해동	해동 불필요	해동하면 안 됨
원료	Box 냉동 수산물 냉동 수산물 냉동 수산물 냉동 고등어	냉동 연육	냉동 굴	냉동 마쇄 고등어 육
최종 가공품	간고등어	어묵	굴튀김	패티
품온	어는점 이상	-3℃ 부근	-	-

7. 수산 냉장식품 및 냉동식품의 기준 규격

수산 냉장식품 및 냉동식품의 기준 규격은 여러 가지가 제시되어 있으나 여기에서는 식품의약품안전처에서 제시하는 기준 규격에 대하여 소개하기로 한다.

1) 냉동식품

냉동식품이란 제조·가공 또는 조리한 식품을 장기 보존할 목적으로 냉동 처리 및 냉동 보관하는 것으로, 용기에 넣거나 포장한 식품을 말한다.

(1) 분류

냉동식품은 가열하지 않고 섭취하는 냉동식품(가열 과정 없이 그대로 섭취할 수 있는 냉동식품)과 가열하여 섭취하는 냉동식품(섭취 시 별도의 가열 과정을 거쳐야만 하는 냉동식품)으로 분류하여 관리하고 있다.

(2) 냉동식품의 제조·가공 기준

냉동식품의 제조 및 가공의 기준을 표 7-20에 정리하여 나타내었다.

표 7-20 「식품공전」에서 제시한 냉동식품의 정의와 기준규격(2021년 3월 기준)

항목		냉동식품	
		가열하지 않고 섭취하는 냉동식품	가열하여 섭취하는 냉동식품
해당 제품		참치회 등	새우튀김 등
정의		제조, 가공 또는 조리한 식품을 장기 보존할 목적으로 냉동 처리, 냉동 보관하는 것으로 용기, 포장에 넣은 식품을 말함	
제조·가공 기준		살균 제품은 그 중심부의 온도를 63°C 이상에서 30분 가열하거나 이와 같은 수준 이상의 효력이 있는 방법으로 가열살균하여야 함〔단, 식육, 포장육, 유가공품, 식육 가공품, 알 가공품, 식육 함유 가공품(비살균 제품), 어육 가공품류(비살균 제품), 기타 동물성 가공식품(비살균 제품)은 제외〕	
기준 규격* (CFU/g)	세균 수	n=5, c=2, m=1.0×10⁵, M=5.0×10⁵ (다만, 발효 제품, 발효 제품 첨가 또는 유산균 첨가 제품은 제외)	n=5, c=2, m=1.0×10⁶, M=5.0×10⁶ (살균 제품은 n=5, c=2, m=1.0×10⁵, M=5.0×10⁵, 다만, 발효 제품, 발효 제품 첨가 또는 유산균 첨가 제품은 제외)
	대장균군	살균 제품에 한하여 n=5, c=2, m=10, M=100	
	대장균	비살균 제품에 한하여 n=5, c=2, m=0, M=10	
	유산균 수	유산균 첨가 제품에 한하여 표시량 이상	

*미생물 기준규격 : n(검사하기 위한 시료의 수), c [최대 허용 시료 수, 허용 기준치(m)를 초과하고 최대 허용 한계치(M) 이하인 시료의 수로 결과가 m을 초과하고 M 이하인 시료의 수가 c 이하일 경우에는 적합으로 판정, m(미생물 허용 기준치로 결과가 모두 m 이하인 경우 적합으로 판정), M(미생물 최대 허용 한계치로 결과가 하나라도 M을 초과하는 경우는 부적합으로 판정)

자료 : 식품의약품안전처, 식품공전(제1 총칙, 3. 용어의 풀이; 제4. 장기보존식품의 기준 및 규격, 3. 냉동식품), 2021

2) 냉장식품 및 냉동식품의 보존 및 유통 기준

(1) 일반적인 냉장 및 냉동 식품

냉장(식)품 및 냉동(식)품은 별도로 보관온도를 정하고 있지 않은 경우에는 냉장(식)품 0~10℃에서, 냉동(식)품 -18℃ 이하에서 보관 및 유통하여야 한다.

(2) 택배 배송 냉장 및 냉동 식품

냉장(식)품 및 냉동(식)품의 택배 배송은 크게 포장 단계, 배송 단계, 수취 단계로 나뉜다. 이때 일반 냉장(식)품 및 냉동(식)품의 유통 관리 온도는 각각 0~10℃ 및 -18℃ 이하로 관리되어야 하나, 소비자에게 직접 배송되는 택배의 경우 예외 조항을 적용하고 있으며 배송 단계별 내용은 표 7-21과 같다.

표 7-21 냉동식품의 택배 배송 단계별 주의사항*

포장 단계	배송 단계	수취 단계
• -18°C 이하로 완전히 냉동 • 작업장 실내온도 15°C 이하 권장 • 스티로품 박스 두께 2 cm 이상 • 보랭제는 드라이아이스 사용 권장 • 이음새는 꼼꼼히 밀봉 포장 • 냉동식품 식별 스티커 등 부착	• 냉동식품 우선 접수 및 집하 • 상하차 시 외기 노출 최소화 • 상단에 적재하여 파손 주의 • 당일 또는 익일 배송 권장 • 익일 배송 어려운 경우 접수 지양	• 안내 메시지 발송하여 소비자가 빨리 수취할 수 있도록 안내 • 소비자가 수취 후 박스 및 내용물 이상 여부 확인하도록 안내 • 수취 후 신속히 냉동 보관하고, 빠른 시일 내에 섭취할 것을 안내

*일반적인 권고사항을 제시한 것으로서, 대외적으로 법적 효력을 가지는 것은 아님

자료 : 식품의약품안전처, 냉동식품 택배 가이드, 2019

① 보랭제의 종류 및 특성

- 보랭제의 종류 : 일반적으로 사용되고 있는 보랭제로는 드라이아이스와 젤 아이스팩이 있다. 드라이아이스는 이산화탄소를 높은 압력, 낮은 온도의 조건을 맞추어 고체로 변화시킨 것으로, 온도는 -78.5°C까지 내려가므로 취급 시 주의가 필요하다. 드라이아이스가 승화될 때 발생하는 이산화탄소는 세균과 곰팡이 등 미생물의 번식을 억제하는 효과가 있는 것으로 확인되었으며, 특히 고체 상태에서 기체로 변화하는 승화성은 주위의 열을 흡수하여 온도를 급격히 낮추는 특성이 있기 때문에 냉동식품의 보관에 적절하다. 단, 가격이 비싸고 구입이 어려워 이용에 제한을 받고 있다. 드라이아이스와 함께 많이 사용하고 있는 젤아이스팩은 겔화된 고흡수성

수지super absorbent polymer로 충전되어 있는데 이것은 자체 무게의 약 500배의 물을 흡수할 수 있고 한번 흡수되어 겔화되면 외부로부터 압력이 가해져도 물을 배출하지 않는 특성이 있다. 일반 얼음보다 보랭 효과가 뛰어나고 지속력도 좋으며 재냉동하여 반복 사용할 수도 있다.

- 보랭 효과 : 냉동식품을 택배로 발송할 때 통상적으로 제품 발송 후 소비자가 인계하기까지 24시간 이상 경과되므로 투입하는 보랭제의 보랭 효과는 지속력이 있어야 한다. 상대적으로 젤 아이스팩보다 드라이아이스의 보랭 효과가 뛰어나기 때문에 냉동식품의 택배 발송을 위한 포장에는 가급적 드라이아이스의 사용을 권장하고 있다.

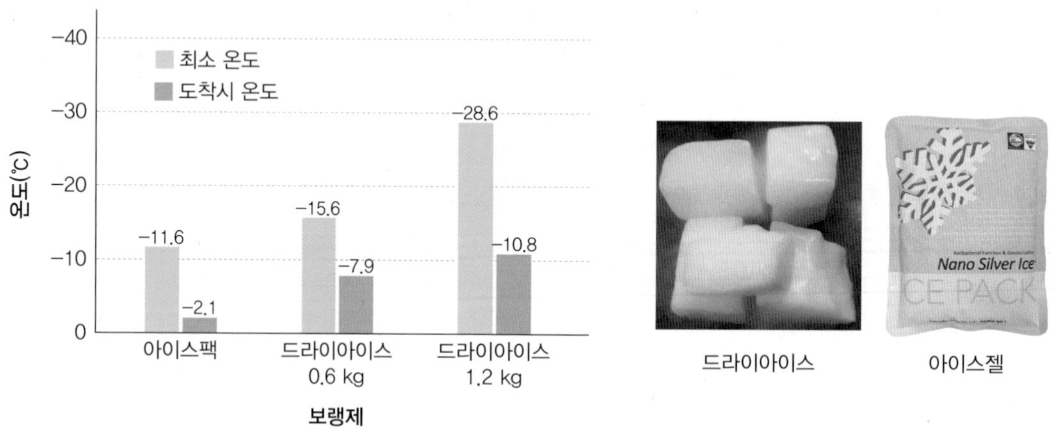

그림 7-65 보랭제 사용에 의한 택배 배송 중 내부 온도의 변화

*일반적인 권고사항을 제시한 것으로서, 대외적으로 법적 효력을 가지는 것은 아님

자료 : 식품의약품안전처, 냉동식품 택배 가이드, 2019

(3) 다랑어 통조림 원료의 배송

염수로 냉동된 통조림 제조용 어류에 한해서는 -9℃ 이하에서 운송할 수 있으나, 운송할 때에는 위생적인 운반 용기, 운반 덮개 등을 사용하고 -9℃ 이하의 온도를 유지하여야만 한다.

하역

운송

저장

그림 7-66 다랑어 통조림 원료의 이동

냉장·냉동 장치가 설치된 배송 차량의 온도 이탈 시 행정처분

「식품위생법」 제7조 제4항에는 "제1항 및 제2항에 따라 기준과 규격이 정하여진 식품 또는 식품첨가물은 그 기준에 따라 제조·수입·가공·사용·조리·보존하여야 하며, 그 기준과 규격에 맞지 아니하는 식품 또는 식품첨가물은 판매하거나 판매할 목적으로 제조·수입·가공·사용·조리·저장·소분·운반·보존 또는 진열하여서는 아니 된다"고 되어 있으며, 식품의약품안전처장이 정하여 고시한 「식품의 기준 및 규격」 중 '보존 및 유통기준'에서는 "냉장 제품은 0~10℃, 냉동 제품은 -18℃ 이하에서 보관 및 유통하여야 한다"라고 규정하고 있다.

이와 관련하여 「식품위생법」에 따른 영업자로서 「식품의 기준 및 규격」에 따른 '보존 및 유통기준'을 준수하지 않는 경우, 「식품위생법 시행규칙」 제89조 관련 [별표 23]에 따른 동법 제7조제4항의 보존 및 유통기준을 위반한 경우로 보아 행정처분 대상에 해당될 수 있다. 다만, 「식품위생법」에 따른 영업자가 아니라 식품 제조·가공업소에서 만들어진 완제품을 단순히 유통만 할 때에 '완제품의 보존 및 유통기준'을 준수하지 않은 경우라면 「식품위생법 시행규칙」 제100조 관련 [별표 27] 1. 법 제3조를 위반한 경우 다.에 해당하여 과태료 100만 원(1차 위반)에 해당될 수 있다.

현행 「식품의 기준 및 규격」 제1. 3. 36)에 "냉장·냉동 온도 측정값이라 함은 냉장·냉동고 또는 냉장·냉동 설비 등의 내부 온도를 측정한 값 중 가장 높은 값을 말한다"라고 정하고 있다. 동 고시 제2. 4. 5)에는 "이 고시에서 별도로 보관온도를 정하고 있지 않은 냉장제품은 0~10℃에서, 냉동제품은 -18℃ 이하에서 보관 및 유통하여야 한다"고 정하고 있으며, 기계적 결함에 따른 온도 이탈은 상기 규정 위반에 해당한다. 다만, 제상(서리를 제거하는 것)으로 인해 불가피하게 일시적으로 온도가 상승한 것이라면 관련 규정 위반으로 보기 어려울 것으로 판단되나, 이 경우도 온도 변화가 최소화되도록 위생 안전 관리에 만전을 기해야 한다.

단원정리

1 식품의 동결은 식품을 어는점 이하에서 저장하는 조작을 말하며, 식품의 냉각은 식품을 어는점에서부터 환경 온도까지의 범위에서 저장하는 조작들을 말한다. 저온 저장 온도는 어는점보다 높은 온도에서 저장하는 냉각 저장(냉장)과 어는점 이하에서 저장하는 냉동 저장이 일반적이다. 「식품위생법」에서는 냉장은 0~10°C 범위로, 냉동 저장은 -18°C 이하로 지정하고 있다.

2 온도 중심점은 포장 또는 비포장 식품을 동결하는 경우 품온 강하가 가장 늦은 지점을 가리키며, 이 부위에서 측정한 온도를 중심 온도라고 한다.

3 식품의 어는점은 피동결물 내에 얼음 결정이 생성되기 시작하는 온도로, 동결점 또는 빙결점이라고도 한다. 어는점은 순수한 물의 경우 0°C이나, 식품은 0°C보다 낮다. 식품의 최대 빙결정생성대는 -5°C~어는점 범위의 온도대로, 급속 동결의 경우 이 온도대를 식품(두께 3 cm 이하)이 25~35분 이내에 통과하여야 하며 이보다 장시간 소요되면 완만 동결이다.

4 냉동식품은 전처리한 식품을 품질이 우수한 제품을 만들기 위하여 급속 동결하고, 소비자가 사용하기 편리하도록 소비자용 포장 처리를 한 다음 품질을 유지하며 저장하기 위하여 품온이 -18°C 이하가 되도록 냉동 보관한 식품을 말한다. 냉동식품은 가정간편식의 한 분야이다.

5 냉각 처리 및 저장방법으로는 빙장법(쇄빙법, 수빙법), 공기 냉장법, 빙온법 등이 있으며, 동결 처리 및 저장방법으로는 부분 동결법, 공기 동결법, 송풍 동결법, 접촉식 동결법, 침지식 동결법, 전자기장 동결법, 액화가스 동결법 등이 있다.

6 냉동식품은 원료의 선별, 세척/탈수, 어체 처리, 재세척/탈수, 선별, 보호 처리, 무게 재기, (속포장), 팬 채움, 동결, 팬 빼기, (얼음막 처리), 겉포장, 저장 등의 공정을 거쳐 제조되며, 동결 전의 공정을 동결 전처리 공정, 동결 후의 공정을 동결 후처리 공정으로 구분한다.

7 냉동식품으로는 횟감용 다랑어류, 대구 및 명태의 냉동 필릿, 오징어, 새우 및 게의 냉동식품, IQF 굴, 생선 커틀릿, 생선 패티 등이 있다.

8 냉동식품의 저장 중 성분 변화는 얼음막 처리, 동결변성방지제, 산화방지제, 포장 처리 등에 의하여 억제할 수 있다.

9 해동은 식품 내에 형성된 얼음 결정을 공기, 물, 얼음, 증기, 금속판, 오븐 등과 같은 해동 매체를 사용하여 다시 녹이는 조작을 말한다. 해동방법은 공기, 물, 금속, 전기와 같은 해동 매체에 따라 공기 해동법, 송풍 해동법, 물 해동법, 수증기 해동법, 접촉식 해동법, 고주파 해동법 등으로 분류한다.

연습문제

1 냉동식품의 정의 조건에 해당하지 않는 것은?

① 전처리 ② 상업용 포장
③ 급속 동결 처리 ④ -18°C 이하 저장

2 「식품공전」 고시에서 별도로 보관온도를 정하고 있지 않은 냉장 제품의 냉장 온도 범위로 올바른 것은?

① -1~-5°C ② 빙결점 이상
③ 0~5°C ④ 0~10°C

3 식품의 최대빙결정생성대의 상한 온도로 올바른 것은?

① 어는점 ② 0°C
③ -2°C ④ -5°C

4 유통기한이 가장 긴 저장법으로 올바른 것은?

① 쇄빙법 ② 수빙법
③ 동결법 ④ 빙온법

5 냉동 저장 변색(freezer burn)을 억제하기 위한 처리로 옳은 것은?

① 인산염 처리 ② 얼음막 처리
③ 동결변성방지제 처리 ④ 소브산 처리

6 선상에서 어획한 통조림용 가다랑어의 동결방법으로 많이 적용되는 방법은?

① 송풍 동결법 ② 접촉식 동결법
③ 침지식 동결법 ④ 액화가스 동결법

7 냉동품의 드립 발생을 적게 하기 위한 처리는?

① 저장 온도의 변화를 크게 함 ② 완만 동결 처리
③ 저장 온도를 높게 처리 ④ 신선한 원료를 사용

정답 1② 2④ 3① 4③ 5② 6③ 7④

CHAPTER 08

건제품

1. 건조의 기초 | 2. 건조방법의 분류 및 특성 | 3. 건제품의 제조

건제품dried products은 수산물에서 장기 저장을 목적으로 태양열 또는 인공적인 열로 수분을 제거하여 미생물이나 효소 등의 작용을 억제시켜 저장성을 높인 제품이다. 따라서, 수분량의 감소로 중량이 줄어들기 때문에 수송이 편리하고, 가공방법이 간단하여 옛부터 즐겨 이용된 고전적인 식품 저장법 중의 하나이다.

마른오징어

마른 멸치

굴비

황태

가쓰오부시

그림 8-1 다양한 건제품

1. 건조의 기초

1) 건제품의 제조 목적

예전에는 건제품이라 하면 수산물을 건조시켜 보존성을 좋게 한 제품이 대부분이었으나, 최근에는 저온이나 포장 등 다른 보존 기술을 함께 사용하여 제품의 맛이나 조직감을 향상시키고 소비자의 기호를 고려하여 수분 함량이 높은 제품들이 많이 유통되고 있다. 건제품의 제조 목적은 다음과 같이 정리할 수 있다.

(1) 저장성 부여

건제품은 수분을 제거하고 건조시킴으로써 식품 중의 수분 활성이 미생물 증식 가능 범위 이하로 유지되어 미생물이나 효소 작용에 의한 부패와 변패를 억제할 수 있다.

(2) 수송 및 포장의 간편성 부여

건제품은 수분 증발로 중량이 감소할 뿐 아니라 수분 감소로 포장재 등의 선택 폭이 다양해져 수송과 포장의 간편성이 부여된다.

(3) 성분의 농축에 의한 독특한 풍미 부여

수분이 증발함으로써 제품의 성분이 농축되어 독특한 풍미를 갖게 된다.

(4) 조직감 개선

적당히 수분을 증발시킨 건제품은 일반 수산물의 조직감에 비하여 쫀득함이 있어 최근 소비자들의 기호에 부합하는 품목이다. 그러나 지나치게 건조시키는 경우 조직감이 딱딱해져 소비자로부터 외면을 받을 수 있다.

2) 식품 건조의 메커니즘

공기 중에 방치된 식품은 표면의 증발이 먼저 일어나 내부와 표면의 수분 불균형, 즉 밀도차가 생긴다. 이때 수분은 밀도가 높은 내부에서 밀도가 낮은 외부로 이동 확산하며 표면의 수분을 보충한다. 이와 같이 건조는 내부 확산internal diffusion과 표면 증발surface evaporation의 두 요소에 의해 이루어므로, 건조 속도 역시 두 요소에 좌우된다. 이상적인 건조는 내부 확산 속도와 표면 증발의 속도가 같을 때이다. 산업계에서는 고품질의 건제품을 제조할 때 내부 확산 속도와 표면 증발 속도가 동일하게 이루어질 수 있도록 건조 속도, 습도, 공기 속도 및 흐름 방향과 같은 외적 건조 조건은 물론 재료의 두께, 형상, 배열 등의 내적 조건도 잘 맞추어 건조한다.

건조할 때 공기의 온도는 높고 상대습도가 낮으면 표면 증발이 내부 확산보다 크므로 표면이 과도하게 건조되어 표면 경화 현상이 일어난다. 표면 경화 현상은 건조 시 해결

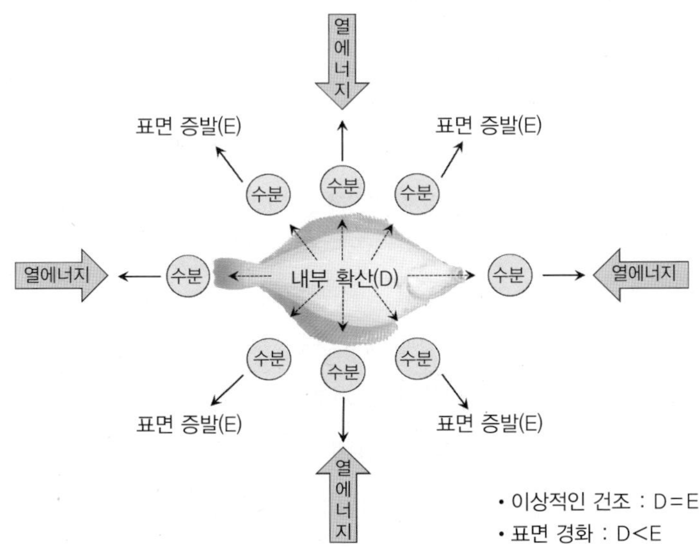

그림 8-2 식품의 건조 메커니즘

해야 하는 가장 어려운 과제 중의 하나이며, 이를 해결하기 위해서는 순환되고 있는 상대습도와 공기의 온도를 조절하여야 한다. 산업계에서는 표면 증발이 내부 확산보다 클 때 표면 경화를 억제하기 위해 건조를 중단하고 식품을 일정 시간 쌓아 놓아 충분히 내부 확산이 이루어진 후 건조시킴으로써 표면 경화를 억제한다.

최근에는 표면 경화를 억제하기 위하여 변온 건조기를 사용하기도 한다. 즉 30~50℃에서 적정 시간 건조 후 저온으로 온도를 내려 내부 확산이 이루어지게 한 다음 다시 30~50℃로 올려 건조할 수 있도록 하는 방법을 사용하기도 한다.

3) 건조 특성 곡선

여기에서는 건조 특성을 건조 시간에 따른 수분 함량과 건조 속도로 나누어 살펴보았다.

(1) 예열 기간

예열 기간은 건조 특성 곡선의 a~b에 해당하는 기간으로, 식품을 건조기에 넣고 건조하는 초기 단계이다.

(2) 항률 건조 기간

항률 건조 기간은 건조 특성 곡선의 b~c에 해당하며, 식품 건조 초기에 표면 증발은 건조물 표면에 유리 수분이 충분하여 별로 저항이 없고, 시간이 경과함에 따라 단위시간당 건조량도 거의 일정한 시기이다. 항률 건조 기간은 건조 속도가 가장 빠르고 표면 증발량과 내부 확산량이 같으며, 공급된 열이 모두 증발 잠열로 소모되어 식품의 온도도 거의 일정한 시기이다. 일반적으로 항률 건조 기간은 감률 건조 기간보다 짧다.

(3) 한계 함수율

한계 함수율은 건조 특성 곡선의 c에 해당하는 부분으로, 건조 속도가 항률 건조에서 감률 건조로 옮겨갈 때의 수분 함량을 가리킨다. 원료의 종류와 건조 조건이 같으면 한계 함수율은 거의 일정한 수치를 나타낸다. 일반적으로 내부 확산은 건조가 급속히 이루어져 표면 증발이 왕성해지면 촉진된다. 그러나 재료의 수분 함량이 감소하는데 따라 내부 확산이 점차 곤란해지므로 건조 속도가 빠를수록 극한값에 도달하는 시

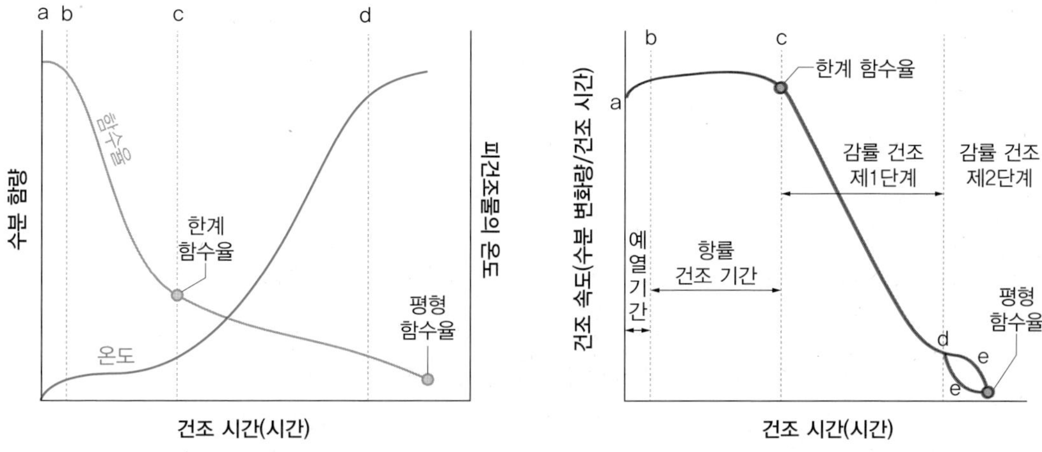

그림 8-3 건조 시간에 따른 수분 함량과 건조 속도의 변화

*a~b : 예열 기간, b~c : 항률 건조 단계, c : 한계 함수율, c~d : 감률 건조 제1단계, d~e : 감률 건조 제2단계

간이 빨라 한계 함수율이 높게 나타난다. 일반적으로 한계 함수율은 건조 온도가 높을수록, 습도가 낮을수록, 풍속이 클수록, 재료가 두꺼울수록, 밀도가 클수록 커진다.

(4) 감률 건조 기간

감률 건조 기간은 건조 특성 곡선의 c~e에 해당한다. 항률 건조 후에는 건조가 진행될수록 표면의 수분이 점차 감소하므로 건조물의 내부 확산(중심부로부터 수분이 모세관을 통하여 표면층으로 이동하는 현상)이 일어나는 데 저항이 생겨 시간이 경과할수록 건조 속도는 떨어진다. 감률 건조 기간은 표면 증발 속도가 내부 확산 속도보다 크기 때문에 일어나는 현상으로, 식품의 온도가 급격히 상승한다.

① 감률 건조 제1단계

감률 건조 제1단계는 건조 특성 곡선의 c~d에 해당하는 기간으로, 식품 내부에서 표면 쪽으로 함수율 기울기가 생겨 내부 확산 속도의 영향이 점차 커지는 단계이다. 일반적으로 이 기간은 짧은데 특히 건조 속도가 빠를 때에는 나타나지 않고 항률 건조기에서 바로 감률 건조 제2단계로 옮겨가는 경우도 있다.

감률 건조 제1단계는 증발 속도가 감소하면 필요한 증발 잠열도 줄어들어 건조물의 온도가 상승하므로 열의 유입 속도도 감소한다. 이로 인하여 건조 수축이나 표면 경화 case hardening, skin effect 현상 등이 일어나는 시기이다.

② **감률 건조 제2단계**

건조 특성 곡선의 d~e에 해당하는 기간으로, 건조물 표면의 건조 부분이 늘어나 유효 증발 표면적이 감소하고, 건조 수축 및 표면 경화 등에 의하여 건조 속도가 급격히 감소한다. 이 기간에는 일부 결합수도 제거되며, 건조 시간이 가장 오래 걸린다.

표 8-1 항률 건조와 감률 건조의 비교

항목		건조 단계	
		항률	감률
수분 이동량		표면 증발량 = 내부 확산량	표면 증발량 > 내부 확산량
식품의 온도		거의 일정	급속히 상승
건조 속도		빠르면서 거의 일정	점차 감소
건조 속도 결정 요인		표면 증발	내부 확산
수분 함량 범위		한계 수분량 도달 전 상태	한계 수분량 도달 후 상태
건조 요인	외적 요인	건조 속도, 공기 온도, 습도, 기압 등	
	내적 요인	재료의 두께(표면적), 배열, 성분 조성	

4) 수분 건조에 영향하는 요인

(1) 수분 증발량

수분 증발량은 다음과 같은 수식으로 표현할 수 있다.

$$E = \alpha \cdot S \cdot (W_s - W_e) \cdot (F - f)$$

E : 식품 표면의 단위시간당 증발량(kg/hr) α : 비례상수 S : 표면적(m^2) W_s : 식품 표면의 단위면적당 수분량
W_e : 식품의 평형 수분 함유량 건조에 사용된 공기에 오래 두어 그 온도 및 습도 하에서 더 이상의 증발이 일어나지 않게 되었을 때의 수분 함량
F : 식품 표면의 수증기압(mmHg) f : 공기의 수증기압(mmHg)

(2) 건조에 영향하는 요인

건조에 영향하는 요인은 공기 속도, 공기 온도, 습도, 공기 방향, 식품의 크기 및 모양, 식품 성분 조성, 포차(식품 표면의 수증기압 − 공기의 수증기압) 등이며 자세한 내용은 표 8-2에 정리하였다.

표 8-2 건조에 영향하는 요인

영향 요인	영향
공기 속도	• 빠를수록 수분 증발 속도 신속
공기 온도	• 높을수록 건조 속도 신속
습도	• 낮을수록 건조 속도 신속
공기 방향	• 식품 표면에 평행 : 건조 속도 가장 신속 • 식품 표면에 수직 : 건조 속도 가장 완만
식품의 크기 및 모양	• 표면 증발 속도는 표면적에 비례 • 내부 확산 속도는 두께의 제곱에 반비례 • 가늘게 썰어서 건조하는 것이 효과적
식품 성분 조성	• 당류, 지질 등은 건조 지연
포차	• 식품 표면의 수증기 압력과 공기 중의 수증기 압력과의 차이를 말함 • 클수록 건조 속도 신속

5) 식품의 건조 중 품질 변화

식품은 건조 중 가용성 물질의 이동, 수축, 표면 경화 등과 같은 물리적 변화와 함께 갈변현상 및 색소 파괴, 지질의 산화, 단백질의 변성 및 아미노산 분해, 비타민의 파괴 등이 발생한다.

(1) 물리적 변화

① 가용성 물질의 이동

식품의 건조가 진행되면 수분에 녹아 있는 가용성 성분이 수분과 함께 내부 확산에 의하여 표면으로 이동하며, 최종적으로 표면에서 수분은 증발되고 가용성 성분은 축적된다.

② 수축

건제품은 수분의 표면 증발과 내부 확산에 의해 제조되므로 자연히 건조 과정에서 형태가 수축하게 된다. 수축 정도는 건조 속도에 크게 영향을 받는데, 대체로 최종 부피는 초기 건조 속도가 빠른 경우 식품의 외층이 굳어져 크지만 초기 건조 속도가 느리면 작아진다. 이와 같은 건제품의 수축현상은 승화에 의하여 건조되는 진공동결 건조 제품의 경우 일어나지 않는다.

③ **표면 경화**

식품은 일반적으로 고온에서 건조하면 식품 표면에서 증발되는 수분량이 내부에서 표면으로 확산하는 양보다 매우 크기 때문에 식품 표면은 건조되어 단단한 불투과성의 막을 형성한다. 이와 같은 현상을 표면 경화 현상이라고 한다. 표면 경화 현상이 발생한 식품은 겉은 건조하여 딱딱하나 내부에는 수분을 다량 함유하고 있으며, 건조 온도에 의하여 미생물이 발육하기 좋은 온도로 되어 변패한 건제품이 되기 쉽다. 일반적으로 표면 경화 현상을 억제하기 위해서는 자연건조의 경우 반드시 낮에는 건조하고 밤에는 쌓아 놓음으로써, 기계 건조는 10~12시간 정도 건조한 후에 냉장실에 10~12시간 넣어 놓아서 내부의 수분이 표면으로 확산되도록 하는 단속적 과정을 반복하여 실시하면 된다. 이러한 것을 개선하기 위하여 변온 건조기가 개발되어 적정 온도에서 건조를 실시하고, 내부 확산을 위하여 냉장 온도까지 냉각한 다음 다시 적정 온도에서 건조를 실시하여 건제품을 만들기도 한다.

표면 경화 현상은 당류나 그 밖의 용질의 농도가 큰 식품에서 더욱 현저하게 나타난다. 수분활성도와 식품의 변질 속도 변화에 대한 그래프는 제1부 '02장 수산물의 주요 성분'의 그림 2-4를 참조하기 바란다.

(2) 화학적 변화

① **갈변현상 및 색소의 파괴**

식품의 갈변에 영향을 미치는 인자로는 pH, 온도, 수분 활성, 당과 아미노산의 종류 등이 있다. 일반적으로 갈변 속도는 수분활성도가 0.6~0.8 범위에서 가장 높으며, 수분활성도가 낮을 때에는 갈변반응에 필요한 수분이 충분하지 않아서, 높을 때에는 반응물의 농도를 희석시키기 때문에 낮은 것으로 추정된다. 건조 중의 갈변은 건조 후기, 즉 식품의 수분 함량이 낮을 때 가장 활발하게 진행되기 때문에 건조 후기에 온도를 낮추면 다소 억제할 수 있다.

② **지질의 산화**

지질의 산화는 산패, 떫은맛과 불쾌취의 발생, 지용성 비타민의 파괴와 밀접한 관련이 있다. 일반적으로 지질 산화 속도는 수분 활성이 낮을 때 크며, 수분활성도가 증가함에 따라 감소하다가 중간 범위 이후에는 다시 증가하는 경향을 나타낸다.

③ **단백질의 변성 및 아미노산 분해**

단백질의 변성에 영향을 미치는 요인으로는 식품의 수분 함량, 온도, 산, 전해질 및 pH 등이 있다. 일반적으로 단백질의 변성은 식품의 수분 함량이 많은 경우 비교적 저온에서 일어나고, 수분이 적으면 고온에서 일어난다. 또한 건조 초기의 식품 온도가 55℃ 이상인 경우 진행되는데 식품의 조직감, 보수력, 용해성, 거품성 및 수축 등에 영향을 미친다. 건조 중에 열에 약한 아미노산인 라이신lysine이 파괴되고, 기타 아미노산들과 환원당이 반응하여 메일라드 반응Maillard reaction이 진행되기 때문에 아미노산 함량이 감소한다.

④ **비타민의 파괴**

식품의 건조 과정에서 대체로 지용성 비타민은 안정한 편이지만, 수용성 비타민은 불안정한 편으로, 특히 열에 민감한 비타민 C, 티아민thiamin, 비타민 B_1의 경우 파괴율이 높은 편이다. 비타민 C는 대체로 수분 함량이 높을 때 열에 불안정하므로, 비타민 C의 보존을 위해서는 건조 초기에는 온도를 낮추고 수분 함량이 낮아지는 건조 후기에는 온도를 높이는 경우 파괴가 적다.

2. 건조방법의 분류 및 특성

1) 건조장치와 건조방법의 분류

(1) 열전달 방식에 따른 분류

건제품의 제조는 천일 건조와 자연동결 건조를 제외하고는 대부분이 건조장치를 사용한다. 자연동결 건조도 최근 건조장치가 개발되어 제품 생산에 응용하고 있다. 건제품의 생산을 위한 건조장치는 열전달 형식(대류, 전도 및 복사)과 식품 또는 열풍의 유동형식(식품 정치형, 식품 교반형, 열풍 반송형) 등에 따라 분류할 수 있으며, 정리하여 나타내면 표 8-3과 같다.

① **대류형 건조기**

대류형 건조기convection type dryer는 식품을 건조실에 넣고, 가열된 공기를 송풍기로 불어넣어 주는 강제 대류식에 의하여 건조하는 장치이다. 대류형 건조기는 열풍 건조기, 냉풍 건조기, 유동층 건조기, 분무 건조기 등이 있다.

표 8-3 외부 열전달 방식에 따른 건조장치의 분류

열전달 방식	대류			전도		복사
유동 형식	• 식품 정치형 또는 반송형	• 식품 교반형	• 열풍 반송형	• 식품 정치형 또는 반송형	• 식품 교반형	• 식품 정치형
건조장치	• 열풍 건조기(캐비닛형, 터널형, 컨베이어형) • 냉풍 건조기	• 유동층 건조기	• 분무 건조기	• 진공 건조기 • 동결 건조기 • 드럼 건조기	• 팽화 건조기	• 적외선 건조기 • 마이크로파 건조기

대류형 건조기는 식품 또는 열풍의 유동 형식에 따라 식품 정치형 또는 반송형, 식품 교반형, 열풍 반송형으로 분류할 수 있다. 식품 정치형은 열풍 건조기 중 캐비닛형과 냉풍 건조기가 있고, 식품 반송형은 열풍 건조기 중 터널형 및 컨베이어형 등이 있으며, 식품 교반형은 유동층 건조기 등이, 열풍 반송형은 분무 건조기 등이 있다.

대류형 건조기는 식품의 종류나 상태에 따라서 열풍의 온도, 풍속, 풍향 등을 알맞게 조절하여야 한다.

② 전도형 건조기

전도형 건조기conduction type dryer는 열판 접촉형 건조기라고도 한다. 전도형 건조기는 가열 표면에 직접 식품을 접촉하여 식품의 온도를 높이는 데 필요한 현열과, 증발에 필요한 기화열 또는 승화열을 전도에 의하여 전달하여 건조하는 장치이다.

전도형 건조기는 식품 또는 열풍의 유동 형식에 따라 식품 정치형 또는 반송형, 식품 교반형으로 분류할 수 있으며, 식품 정치형은 진공 건조기, 동결 건조기 등이 있고, 식품 반송형은 드럼 건조기 등이 있으며, 식품 교반형은 팽화 건조기 등이 있다.

③ 복사형 건조기

복사형 건조기radiation type dryer는 열전달 매체 없이 식품이 정치되어 있는 상태로 복사열로 건조하는 장치이다. 일반적으로 복사에 의한 건조는 열풍 건조에서 벽과 트레이, 가열된 금속으로부터 약간의 열이 복사되는 것과 같이 대류형 건조나 전도형 건조 모두 어느 정도의 복사열에 의한 건조가 일어난다.

대표적인 복사형 건조기로는 적외선 건조기, 마이크로파 건조기 등이 있다.

(2) 적용 압력에 따른 분류

품질 좋은 건제품을 제조하기 위해서는 식품의 물성이나 제품의 형태 및 품질 등을 고려하여 알맞은 건조장치와 건조방법을 선택하여야 한다. 건조방법은 크게 자연 건조법과 인공 건조법으로 나뉘며, 압력의 조정 여부에 따라 가압 건조법, 상압 건조법, 감압 건조법 등으로 분류된다(표 8-4). 건조방법 중 수산물 가공에 많이 활용되고 있는 것으로는 천일 건조법, 자연 동결 건조법(동건법), 열풍 건조법, 냉풍 건조법, 분무 건조법, 진공 건조법 및 (진공)동결 건조법 등이 있으며, 여기에서는 이들 건조방법에 대하여 살펴보기로 한다.

표 8-4 적용 원리에 따른 건조장치의 분류

건조기 사용 유무	압력 적용 유무	건조방법	건조기 종류	대상 건조물
자연 건조	상압 건조	천일 건조	-	마른오징어, 해조류 등
		자연 동결 건조(동건)	-	한천, 황태 등
인공 건조	가압 건조	팽화 건조	팽화 건조기	튀밥 등
	상압 건조	열풍 건조	열풍 건조기	대부분 수산물
		냉풍 건조	냉풍 건조기	마른 멸치 등
		유동층 건조	유동층 건조기	콩 등 일부
		분무 건조	분무 건조기	조미소스 등
		드럼 건조	드럼 건조기	α화 전분 등
		적외선 건조	적외선 건조기	적용 단계
		마이크로파 건조	마이크로파 건조기	적용 단계
	감압 건조	진공 건조	진공 건조기	적용 단계
		(진공)동결 건조	(진공)동결 건조기	대부분 수산물

① 자연 건조법

자연 건조법은 건조장치를 가동하지 않고, 태양열과 자연 바람에 의하여 건조를 시키거나 자연 동결과 자연 해동의 반복 등 자연환경을 이용하여 건조시키는 방법이다.

자연 건조법은 태양열과 자연 바람에 의하여 건조시키는 천일 건조법과, 자연의 동결과 융해 과정을 반복하는 자연 동결 건조법(동건법)이 있다. 자연 동결 건조법은 동결과 승화에 의하여 건조되는 인공 (진공)동결 건조법과는 차이가 있다. 최근에는 자연 동결 건조법도 기계에 의하여 동결 및 융해를 반복시키는 방법을 사용하기도 한다.

② **인공 건조법**

인공 건조법은 자연환경에 의존하지 않고, 건조장치를 가동하여 인위적으로 건조를 시키는 방법을 말한다.

자연조건에 의존하여 건조하는 것이 아니라 건조장치를 사용하여 건조하는 인공 건조법은 다시 가압 건조법, 상압 건조법, 감압 건조법으로 분류할 수 있다. 가압 건조법은 팽화 건조기를 활용하는 팽화 건조법 등이 있으며, 상압 건조법은 열풍 건조기를 사용하는 열풍 건조법, 냉풍 건조기를 활용하는 냉풍 건조법, 유동층 건조기를 이용하는 유동층 건조법, 분무 건조기를 사용하는 분무 건조법, 드럼 건조기를 활용하는 드럼 건조법, 적외선 건조기를 이용하는 적외선 건조법, 마이크로파 건조기를 활용하는 마이크로파 건조법 등이 있다. 감압 건조법은 진공 건조기를 사용하는 진공 건조법, (진공)동결 건조기를 활용하는 (진공)동결 건조법 등이 있다.

2) 건조방법의 특성

(1) 천일 건조법

천일 건조법sun drying은 식품을 태양열과 바람에 의하여 건조하는 방법으로, 예전에

표 8-5 천일 건조법의 특성

요인	특성
개요	• 식품을 태양열과 바람에 의하여 건조하는 방법
건조장치	• 필요 없음(자연 건조법)
응용 식품	• 중소 업체의 마른 멸치, 해조류 등의 건조
장점	• 특별한 설비 필요 없음 • 방법 간편 • 대량 처리 가능 • 경비가 거의 소요되지 않음
단점	• 날씨에 지대한 영향을 받음 • 건조 중 자외선에 의한 지질 산화, 착색 및 퇴색 등 화학적 변화가 용이 • 건조 초기에 효소 분해가 용이 • 미세먼지 등과 같은 환경 오염물질의 오염 용이

는 수산물 건조의 대부분에 이용되었으나, 최근에는 여러 가지 단점이 노출되어 기계적 건조방법을 많이 활용하고 있다.

(2) 자연 동결 건조법

자연 동결 건조법(동건법)은 식품을 자연 속 추운 곳에서 수분을 얼리고, 10℃ 정도의 자연 온도에서 녹이는 조작을 반복함으로써 수분을 증발 또는 유출시키는 건조법으로, 대류식 열전달 방식이며 상압식, 비연속식 건조방법이다. 최근에는 환경오염, 기후의 이상 변화 등을 고려하여 자연 동결 건조보다는 변온 건조기 등을 활용하기도 한다.

표 8-6 자연 동결 건조법의 특성

요인	특성
개요	• 식품을 자연의 저온으로 수분을 얼리고, 자연의 온도(10°C 정도)에서 녹이는 조작을 반복함으로써 수분을 증발 또는 유출시켜 건조하는 방법
건조장치	• 필요 없음(자연 건조법)
응용 식품	• 황태, 한천 등
장점	• 특별한 설비 필요 없음 • 대량 처리 가능 • 경비가 거의 소요되지 않음
단점	• 날씨에 지대한 영향을 받음 • 건조 중 자외선에 의한 지질 산화, 착색 및 퇴색 등의 화학적 변화가 용이 • 수용성 물질의 유출이 심함 • 미세먼지 등과 같은 환경 오염물질의 오염 용이 • 스펀지(sponge)화 되기 쉬움

(3) 열풍 건조법

열풍 건조법hot-air blast drying은 여러 가지 형태의 열풍 건조기를 이용하여 원료 중의 수분을 열풍으로 가열, 증발시키고 증발된 수분은 송풍기로 강제 제거하여 건조하는 방법이다. 상압에서 인위적으로 생산한 열풍을 이용하는 건조방법으로, 대류식 열전달 방식이고 상압식, 비연속식 건조방법이다. 일반 수산물의 건조에 다양하게 사용되나 대체로 고온에서 장시간 처리함으로써 고품질의 제품을 생산하기 어렵다. 건조방법의 장단점은 열풍 건조기의 종류(캐비닛형, 컨베이어형, 터널형 등)에 따라 달라지므로 열풍 건

표 8-7 열풍 건조법의 특성

요인	특성
개요	• 열풍 건조기에서 발생한 열풍을 활용하여 원료 중의 수분을 가열, 증발시키고, 송풍기로 강제 순환시켜 제거하여 건조하는 방법
건조장치	• 표 8-8 참조
응용 식품	• 일반 수산물의 건조
장단점	• 열풍 건조기의 종류에 따라 달라지므로 표 8-8의 열풍 건조기 장단점을 참조할 것

조기의 장단점에 대하여 자세히 알아 보고 사용해야 한다(표 8-8).

① **열풍 건조장치의 종류**

열풍 건조장치는 열풍의 생산과 수분의 증발에 사용되는 형태와 방법에 따라 캐비닛형cabinet type, 컨베이어형conveyor type, 터널형tunnel type 등이 있다.

- 캐비닛형 : 트레이형이라고도 한다. 단열한 캐비닛 안에 팬fan과 히터를 설치하고, 식품이 담긴 선반 사이에 열풍을 수평 또는 수직으로 순환시켜 건조하는 비연속식 건조장치이다.
- 컨베이어형 : 터널형과 원리가 유사하지만 건조식품을 운반차 대신에 컨베이어 벨트로 수송하는 연속식 건조장치이다. 열풍과 식품의 이동 방향을 향류, 병류, 중앙 배기식, 교차류식 중 하나로 선택할 수 있다.

표 8-8 열풍 건조기의 종류 및 특성

종류	요인	특성	모형
캐비닛형	개요	• 식품을 고정된 선반에 얹어 놓고, 팬으로 열풍을 순환시켜 식품 중의 수분을 증발, 제거하는 장치	공기 흡입구 / 통기조절장치 / 히터 / 습구습도계 / 건구습도계 / 선반
	주요 장치	• 공기 흡입구와 배출구가 설치된 단열 캐비닛, 공기 가열기, 팬, 온도계, 선반	
	장점	• 간단한 구조로 시설비, 운영비 저렴 • 용도 다양 • 대규모 건조 가능	
	단점	• 건조 불균일로 건조 중 재배치 필요 • 비연속식 건조 • 재료의 투입 또는 재배치 중 열손실 우려 • 고온에 장시간 처리로 지질 산화 등 진행	

표 8-8 열풍 건조기의 종류 및 특성(계속)

<table>
<tr><th colspan="2">종류</th><th>요인</th><th>특성</th><th>모형</th></tr>
<tr><td colspan="2" rowspan="4">컨베이어형</td><td>개요</td><td>• 식품을 벨트 위에 올려놓고, 열풍을 팬으로 보내어 식품 중의 수분을 가열, 증발시키는 장치</td><td rowspan="4">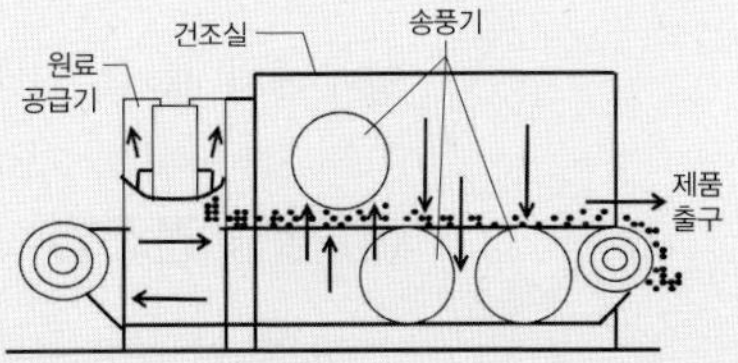</td></tr>
<tr><td>주요 장치</td><td>• 공기 흡입구와 배출구가 설치된 건조실, 스크린 벨트, 원료 공급기, 공기 가열기, 팬, 온도계</td></tr>
<tr><td>장점</td><td>• 건조 속도 신속
• 연속식 건조</td></tr>
<tr><td>단점</td><td>• 장치 고가
• 벨트 접착 식품에 적용 곤란</td></tr>
<tr><td rowspan="12">터널형</td><td rowspan="3">병류식</td><td>풍향</td><td>• 식품과 열풍이 같은 방향으로 진행</td><td rowspan="3">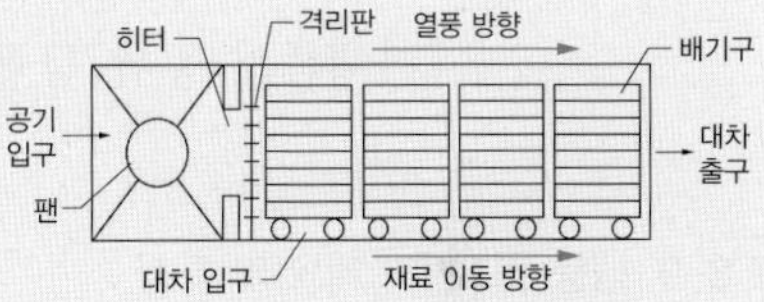</td></tr>
<tr><td>장점</td><td>• 초기 건조 신속하여 초기 변패 우려 적음
• 소요 증발량에 비하여 공기량 적음</td></tr>
<tr><td>단점</td><td>• 초기에 고온 저습한 공기와 접촉하여 건조 속도 신속
• 수축이 적으나 표면 경화 우려
• 후기에 저온 고습한 공기와 접하여 저수분 식품 제조에 어려움</td></tr>
<tr><td rowspan="3">향류식</td><td>풍향</td><td>• 식품과 열풍이 다른 방향으로 진행</td><td rowspan="3">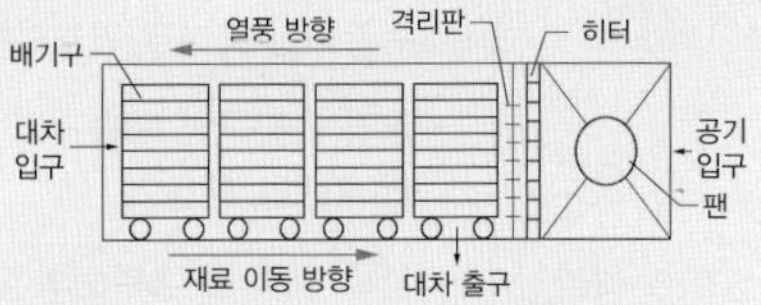</td></tr>
<tr><td>장점</td><td>• 저수분 식품 제조 가능
• 병류식에 비해 열 이용이 경제적임</td></tr>
<tr><td>단점</td><td>• 초기 건조 속도 완만하여 건조 중 변패 우려
• 건조 말기 과열에 의한 갈변 등 우려</td></tr>
<tr><td rowspan="3">중앙 배기식</td><td>풍향</td><td>• 열풍이 식품의 앞뒤 방향에서 진행되고 중앙부에서 배기</td><td rowspan="3">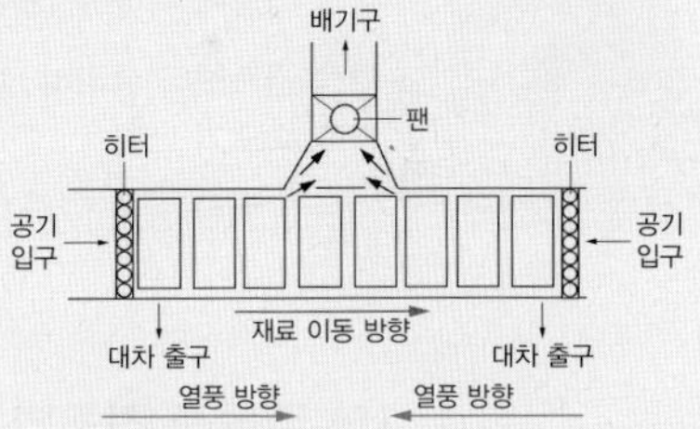</td></tr>
<tr><td>장점</td><td>• 열전달 우수
• 건조 시간 짧음
• 건조 조건 조작이 가능</td></tr>
<tr><td>단점</td><td>• 운영 경비 고가</td></tr>
<tr><td rowspan="3">교차류식</td><td>풍향</td><td>• 열풍이 식품의 측면에서 진행</td><td rowspan="3">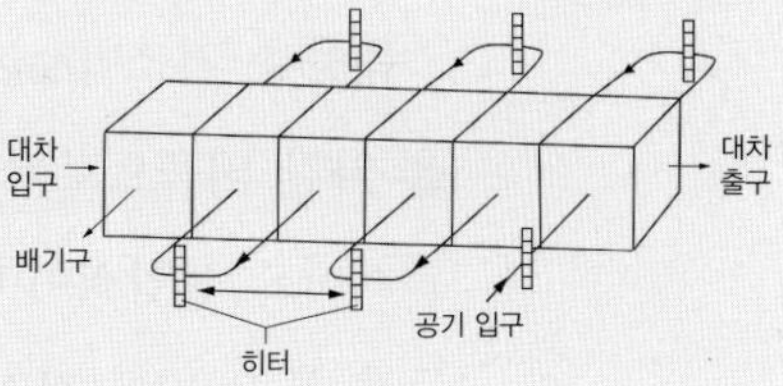</td></tr>
<tr><td>장점</td><td>• 열전달률 우수
• 건조 조건의 조절 가능</td></tr>
<tr><td>단점</td><td>• 운영 경비 고가</td></tr>
</table>

- 터널형 : 반연속식으로 수산물을 대량 건조하는 데 사용된다. 건조실을 터널(일반적으로 단면 2×2 m, 길이 20~30 m 규모)로 만들어 가열공기를 흘려보내고, 식품을 운

반차에 얹어 그 속을 통과하는 사이에 건조가 이루어지는 건조장치이다. 열풍이 흐르는 방향과 식품이 이동되는 방향에 따라서 병류식(열풍과 식품의 이동 방향이 같은 것), 향류식(열풍과 식품의 이동 방향이 반대), 중앙 배기식(열풍이 식품의 앞뒤 방향에서 진행되어 중앙부에서 배기), 교차류식(열풍이 식품의 측면에서 진행) 등이 있다.

(4) 냉풍 건조법

냉풍 건조법cold-air blast drying은 습기를 제거하고 수증기압을 낮춘 냉풍을 식품에 송풍하여 냉풍과 식품 표면의 수증기압 차이에 의하여 수분을 증발시키는 건조방법으로, 열전달 형태는 대류식, 상압 건조식이며 비연속식이다. 냉풍 건조법의 특징, 적용 수산 건제품의 종류 등을 표 8-9에 정리하였다.

표 8-9 냉풍 건조법의 개요 및 특성

요인	특성
개요	• 제습하고 수증기압을 낮춘 냉풍을 식품에 송풍하여 냉풍과 식품 표면의 수증기압 차이로 건조하는 방법
주요 장치	• 공기 흡입구와 배출구가 설치된 단열 캐비닛, 공기 가열기, 팬, 온도계, 트레이(선반), 냉동기
적용 제품	• 마른 멸치 등 대부분의 수산물에 적용
장점	• 열풍 건조에 비하여 산화 및 갈변 억제 등 고품질 유지가 가능
단점	• 열풍 건조보다 설비비, 운영 경비가 고가 • 건조 속도가 느림 • 비연속식 건조

(5) 유동층 건조법

유동층 건조법fluidized bed drying은 건조실 아래쪽에서 가압된 열풍을 불어넣어 식품을 약간 띄움으로써 식품과 열풍의 접촉을 많게 하는 건조방법으로, 열전달 형태는 대류식이고 상압식이며, 연속식이다. 유동층 건조법의 특징과 적용 수산 건제품의 종류 등을 표 8-10에 정리하였다.

표 8-10 유동층 건조법의 개요 및 특성

요인	특성
개요	• 건조실의 아래쪽에서 가압된 열풍을 불어넣어 식품이 유동화되어 식품과 열풍과의 접촉을 좋게 한 건조법
주요 장치	• 공기 흡입구와 배출구, 원료 투입구와 배출구, 가압 열풍 투입기가 설치된 절연 후드(hood), 플리넘 체임버(plenum chamber), 다공성 플레이트, 유동층(fluidized bed)
적용 제품	• 수산가공품 제조에는 크게 응용되지 않음
장점	• 건조 속도가 신속 • 균일한 제품 생산 가능 • 연속식 건조
단점	• 원료는 쉽게 띄워질 수 있는 크기의 고형물로 한정

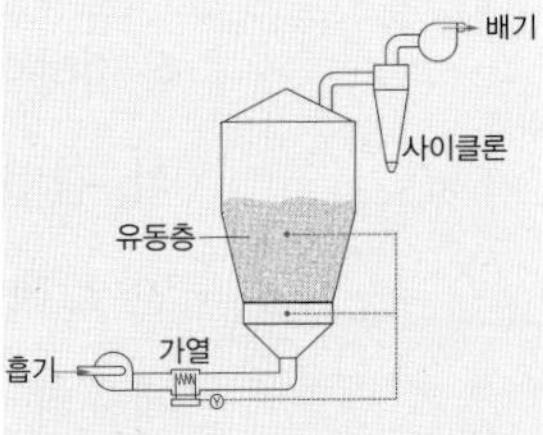

(6) 분무 건조법

분무 건조법spray drying은 액상 또는 슬러리slurry 상태의 식품을 표면적을 넓히기 위해 10~250 μm의 미세한 입자로 건조실 내의 고온(150~300℃) 열풍에 분무한 다음 1~10초 정도의 짧은 시간에 건조하는 방법으로, 상압식, 연속식 건조방법이다. 분무 건조법의 특징과 적용 수산 건제품의 종류 등을 표 8-11에 정리하였다.

표 8-11 분무 건조법의 개요 및 특성

요인	특성
개요	• 액상 또는 슬러리 상태의 식품을 미세입자(10~250 μm)로 건조실의 고온 열풍(150~300℃)에 분무한 다음 단시간(1~10초)에 건조하는 방법
주요 장치	• 공기 가열/순환/투입/배출 장치, 원료 투입장치, 분무장치, 건조실, 제품 회수장치
적용 제품	• 액젓, 소스의 분말화 등
장점	• 건조 속도가 신속하여 단시간 내 건조 • 균일한 제품의 생산 가능 • 연속식 건조 • 영양 성분, 냄새 성분 등의 변화가 적어 양질의 분말 제품 생산 가능 • 용해성, 분산성이 우수
단점	• 적용 가능한 원료가 한정(액상 또는 페이스트상) • 다공질이어서 산화 및 변색에 용이 • 전처리(브릭스 조정 등) 후 사용

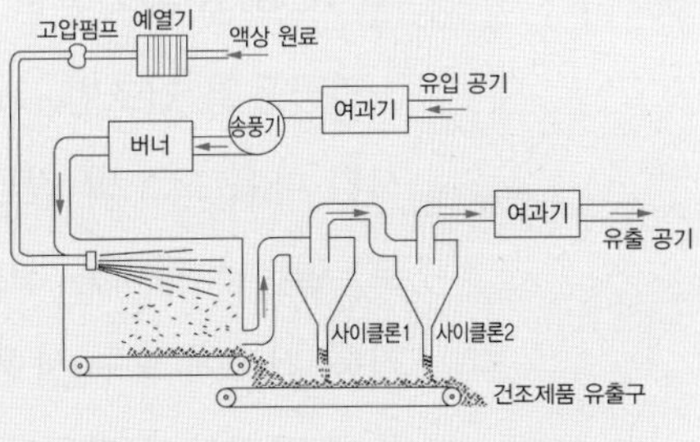

(7) 진공 건조법

진공 건조법vacuum drying은 식품을 트레이에 담아 선반(내부는 속이 비어 있으며 여기로 온수를 통과시켜 가열) 위에 올려놓고 밀폐한 다음 진공(실내의 압력 1~70 mmHg 범위)을 유지하여 끓는점을 낮추어 비교적 저온으로 건조시키는 방법이다. 열전달 형태가 전도식, 감압식, 비연속식이다. 건조 초기에는 건조 속도가 빠르나 식품이 건조되어 수축되면 트레이와의 접촉이 나빠져 열전달이 줄어든다. 진공 건조법의 특징과 적용 수산 건제품의 종류 등을 표 8-12에 정리하였다.

표 8-12 진공 건조법의 개요 및 특성

요인	특성
개요	• 식품을 트레이에 담아 선반 위에 올려놓고 밀폐한 다음 실내를 진공(1~70 mmHg)으로 유지하며 끓는점을 낮추어 비교적 저온으로 건조시키는 비연속 건조방법
적용 제품	• 당, 수분이 많아 다른 건조법으로 건조가 어려운 물엿, 연유, 꿀 등 • 열의 영향을 받기 쉬운 오렌지 과즙 등 • 인스턴트커피, 수프 등
장점	• 맛, 냄새 및 색이 우수하고, 영양 성분의 분해 및 산화 같은 화학반응이 최소화 • 다공질성 과립성으로 용해도 우수 • 저수분 식품의 제조 가능 • 공중 낙하 세균 등에 의한 2차 오염의 우려 없음 • 경비가 유사 제품을 생산하는 분무 건조보다 고가이나 진공동결 건조보다는 저렴
단점	• 처리 능력 적음 • 비연속식 생산 • 시설비가 고가

(8) (진공)동결 건조법

진공동결 건조법vacuum freeze drying은 동결 건조법이라고도 한다. 식품을 급속 동결시킨 다음 고도의 진공 하에서 식품 중의 얼음 결정을 직접 승화시켜 건조하는 방법으로, 열전달 형태는 전도식, 감압식, 비연속식이다. 건조 제품의 품질이 아주 우수하여 식품 건조에 모두 사용할 수 있으나 운전 경비가 고가이므로 경비를 고려하여 고가 제품에 한정하여 적용하고 있다. 진공동결 건조법의 특징과 적용 수산 건제품의 종류 등을 표 8-13에 정리하였다.

표 8-13 (진공)동결 건조법의 개요 및 특성

요인	특성
개요	• 식품을 급속 동결시킨 다음 높은 진공 하에서 식품 중의 얼음 결정을 직접 승화시켜 건조하는 방법
주요 장치	• 건조실, 진공장치(진공 펌프), 탈수장치(냉동기의 응축기), 가열장치, 제어장치
적용 제품	• 농수축산물 및 이를 활용한 가공품 등의 모든 식품
장점	• 외관의 수축 등과 같은 변형이 거의 없음 • 효소 등의 화학적 활성 유지 • 비타민 C 및 색소 등과 같은 열 민감성 물질의 보존 • 용해성, 분산성, 복원성 등이 우수
단점	• 부서지기 쉬움 • 다공질이고 표면적이 크므로 흡습 및 산화가 용이 • 보존성이 약하여 탈산소제, 흡습제 또는 산소 투과성이 없는 포장재 필요 • 운영 경비가 고가
제품 형상	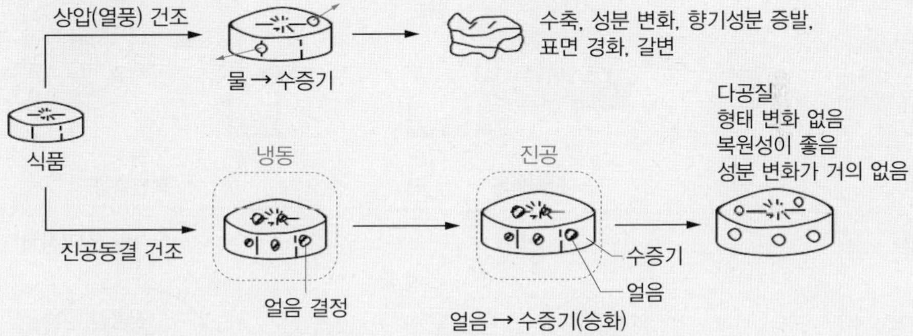  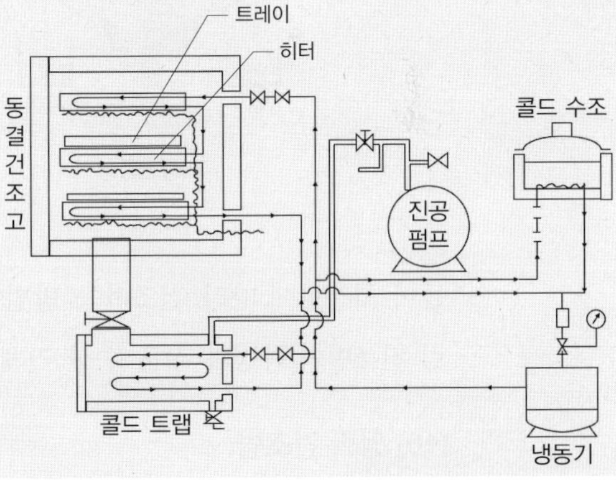 상압(열풍) 건조 물 → 수증기 수축, 성분 변화, 향기성분 증발, 표면 경화, 갈변 식품 냉동 진공 다공질 형태 변화 없음 복원성이 좋음 성분 변화가 거의 없음 진공동결 건조 얼음 결정 수증기 얼음 얼음 → 수증기(승화) 트레이 히터 동결건조고 콜드 수조 진공 펌프 콜드 트랩 냉동기

(9) 드럼 건조법

드럼 건조법drum drying은 액체, 슬러리 상태, 반고체형 원료 같은 각종 농도와 점도를 가진 식품을, 가열된 한 개 또는 두 개의 금속 원통이나 벨트 표면에 얇게 도포하여 이

표 8-14 드럼 건조법의 개요 및 특성

요인	특성
개요	• 액체, 슬러리상, 반고체형 원료를 가열된 금속 원통이나 벨트의 표면에 얇게 도포한 후 회전시켜 건조
주요 장치	• 금속 원통 또는 벨트, 긁는 칼(scraper knife), 원통 가열장치 또는 열수 공급장치, 원료 공급장치, 제품 회수장치
적용 제품	• 인스턴트 수프, 건조 유아식품 등
장점	• 건조 시간이 짧음 • 구조 간단하여 청소 용이 • 소량 다품종 건조에 용이 • 점도가 높거나 고형분 입자가 크거나 많아서 분무건조가 어려운 원료에도 적용 가능 • 용해성, 분산성이 우수한 제품의 생산 가능 • 연속식 건조
단점	• 처리 능력이 낮음
모형	원료 긁는 칼 제품 단원통형 원료 긁는 칼 제품 제품 복원통형 원료 공급 롤러 긁는 칼 제품 원료 제품 이중원통형 진공장치 진공실 긁는 칼 원료 제품 출구 진공원통형

들이 회전함에 따라 건조하는 방법이다. 열전달 형태는 전도식, 상압식, 연속식이다. 드럼 건조법의 특징과 적용 수산 건제품의 종류 등을 표 8-14에 정리하였다.

(10) 팽화 건조법

팽화 건조법puffing drying은 일반적으로 열풍 건조 과정의 중간 과정에 적용되는 건조법이다. 즉, 열풍 건조한 식품(15~40% 범위)을 건조기에 넣고 회전시키면서 고온·고압 조건(150~200℃, 100~200 kPa)으로 만든 다음, 이를 갑자기 개방시켜 상압에서 순간적으로 수분을 증발시키는 건조법이다. 팽화 건조시킨 식품은 다공성 구조가 되어 복원성은 아주 좋으나, 수분 함량이 너무 많으면 팽화할 때 식품이 완전 파열되고 적으면 팽화하지 않는다. 팽화 건조법의 특징과 적용 수산 건제품의 종류 등을 표 8-15에 정리하였다.

표 8-15 팽화 건조법의 개요 및 특성

요인	특성
개요	• 열풍 건조 식품(15~40% 범위)을 진공 건조기에 넣고 고온·고압 조건(150~200°C, 100~200 kPa)에서 갑자기 상압이 되도록 개방시켜 순간적으로 수분을 증발시키는 방법
장점	• 다공성이어서 복원성이 우수
단점	• 처리 능력 적음 • 비연속식 생산 • 수분 함량 조절 필요(너무 과다한 경우 파열되고, 적으면 팽화하지 않음)

(11) 적외선 건조법

일반적으로 적외선램프, 니크롬 히터 등의 열원에서 방출된 적외선(파장 0.75~400 μm)은 식품의 표면에 부딪히는 경우 흡수되어 열로 변환된다. 열전달 형태는 복사식이고, 상압식, 비연속식 장치이다. 적외선 건조법은 적외선을 이용하여 식품 표면의 온도를 상승시키고, 수분을 증발시켜 건조하는 방법이다.

(12) 마이크로파 건조법

일반적인 식품 건조는 외부에서 열을 받아 내부로 전달되지만, 마이크로파 건조는 내부에서 외부로 열이 전달되는 형식이다. 즉, 식품에 마이크로파(2,450 MHz)를 조사하면 식품 내부의 수분이 격렬하게 진동하여 열이 발생하는 유전가열 원리를 응용하여 건조하는 방법으로, 열전달 형태는 복사식이고, 상압식, 비연속식이다.

장점으로 건조가 단시간에 완성되고, 식품 형상에 관계없이 균일한 건조가 가능한 반면, 장치비가 고가라는 단점이 있다.

3. 건제품의 제조

건제품은 크게 마른오징어, 마른 대구, 마른 상어지느러미, 마른 김, 마른미역, 마른 다시마 등의 소건품과, 마른 멸치, 마른 해삼, 마른 전복, 마른 패주, 마른 새우 등의 자건품, 황태나 한천 등의 자연 동결 건조품(동건품), 그리고 굴비, 마른 옥돔 같은 염건품, 가쓰오부시 등의 자배건품 등으로 나눌 수 있다.

표 8-16 수산 건제품의 분류

분류	정의	해당 제품
소건품	수산물을 원형 그대로 또는 전처리하여 물에 씻은 후 건조시킨 제품	마른오징어, 마른 명태(노가리), 마른 김, 마른미역, 마른 다시마 등
자건품	수산물을 그대로, 또는 염지한 것을 삶은 후 말린 것	마른 멸치, 마른 해삼, 마른 전복, 마른 패주, 마른 새우 등
동건품	수산물을 얼렸다가 녹였다를 반복하여 말린 것	황태, 한천 등
염건품	수산물을 염지한 후 말린 것	굴비, 마른 옥돔 등
자배건품	수산물을 자숙한 후 배건하여 말린 것	가쓰오부시 등

1) 소건품

소건품은 수산물을 원형 그대로 또는 전처리하여 물에 씻은 후 건조시킨 제품을 말한다. 건조 외에는 저장성 확보를 위한 처리를 하지 않기 때문에 미생물이나 효소에 의하여 육질이 연화될 수 있으므로 신선한 원료를 사용하여야 한다. 세척할 때에 바닷물을 사용하면 소금에 의하여 제품의 흡습성이 높아져 보존성과 광택이 결여될 수 있으므로 최종적으로는 반드시 청수로 씻어야 한다. 소건품에는 마른오징어, 마른 대구, 마른 상어지느러미, 마른 김, 마른미역, 마른 다시마 등이 있다.

(1) 마른오징어

산업적으로 유통되고 있는 마른오징어는 완전 건조된 것과 반건조된 것이 있다. 마른오징어는 예전에는 보존방법이 별로 없어 장기간 보존할 목적으로 전처리한 다음 완전 건조하여 유통하였으나, 최근에는 보존 수단인 냉동 기술의 발달과 부드러운 조직을 선호하는 소비자의 기호 변화로 완전 건조보다는 덜마른(반건조) 오징어가 많이 유통되고 있다. 마른오징어와 덜마른(반건조) 오징어의 가공 공정은 건조 정도만 다를 뿐 나머지

원료 입하 → 선별 → 배 가름 → 내장 및 눈 제거 → 세척/탈수 → 1차 건조/정형 → 쟁이기 → 2차 건조 → 포장, 저장/출하

그림 8-4 마른오징어 제조 공정

과정은 거의 동일하다.

① 원료

원료인 오징어는 신선한 것을 사용하여야 한다. 신선한 생오징어를 즉시 처리하여 건조하면 색이 붉어질 수 있으므로 물에 잠시 담갔다가 처리하는 것이 좋다.

② 선별

제품의 품질을 균일화함과 동시에 작업의 편리성을 부여하기 위해 원료인 오징어를 크기에 따라 선별한다. 선도가 저하되면 미생물에 의하여 표피에 있는 색소세포에서 색소ommochrome가 녹아 나와 근육이 적갈색으로 착색되므로 선도가 좋은 것으로 선별하여 신속하게 처리하되, 흡반의 손실이 없는 것으로 선별한다.

③ 배 가름 및 내장과 눈의 제거

칼로 오징어의 외투막(몸통) 중앙부를 두부에서 지느러미까지 가르고, 두부의 눈 사이를 갈라서 내장과 눈을 제거한다. 내장의 불순물이 육질에 오염되면 품질이 나빠질 우려가 있으므로 내장이 손상되지 않도록 주의하여야 한다. 오징어 처리를 위한 부위별 명칭은 그림 1-19를 참고하기 바란다.

④ 세척 및 탈수

2~3% 식염수로 내장과 먹물의 오염이 없도록 깨끗이 세척한 후 담수로 다시 세척하여 염분을 제거한 다음 탈수한다.

⑤ 1차 건조 및 정형

건조대에 널어 자연 또는 기계로 1차 건조한다. 이때 오징어는 수용성 단백질의 함량이 많기 때문에 건조 중에 비를 맞으면 녹아 나와 근육이 얇아질 수 있으므로 주의하여야 한다. 이어서 지느러미와 외투막을 펴는 정형 작업을 실시한다.

⑥ 쟁이기

1차 건조와 정형을 마친 오징어는 겉마르기 현상을 방지하기 위하여 쟁이기를 실시하는데 덜마른(반건조) 오징어는 이 공정을 생략한다.

⑦ 2차 건조

3일에 걸쳐 2차 건조하여 수분 함량이 약 20% 정도가 되면 건조를 마무리한다. 덜마른(반건조) 오징어는 이 공정도 생략한다. 「수산물·수산가공품 검사기준에 관한 고시」

(2019)에서는 수분 함량을 23% 이하로 규정하고 있다.

⑧ **포장, 저장 및 출하**

건조 또는 덜마른(반건조) 오징어를 1축(20마리) 단위로 포장하고, 저장〔마른오징어는 상온 저장, 덜마른(반건조) 오징어는 냉동 저장〕 및 유통을 실시한다.

최종 제품의 품질이 좋은 것은 특유의 향미가 있고 황갈색 또는 황백색을 띠며, 다리나 흡반의 탈락이 적고 표면에 적당한 양의 흰 가루〔베타인과 유리아미노산(타우린, 글루탐산, 히스티딘 등)이 주성분〕가 덮여 있다. 마른오징어는 수분이 적기 때문에 습기에 주의하여야 하며, 곰팡이가 발생하지 않도록 햇볕을 쪼이거나 바람에 노출시키면 좋다.

오징어 건조

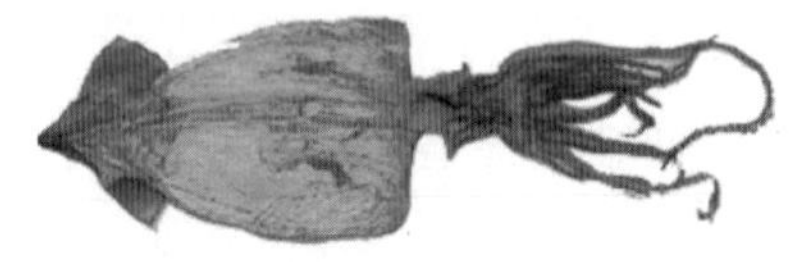

마른오징어

그림 8-5 오징어 건조와 마른오징어

(2) 마른 명태(노가리)

마른 명태(노가리)는 명태의 어린 새끼를 원료로 하여 간단한 전처리를 거친 후에 그대로 말린 대표적인 소건품이다.

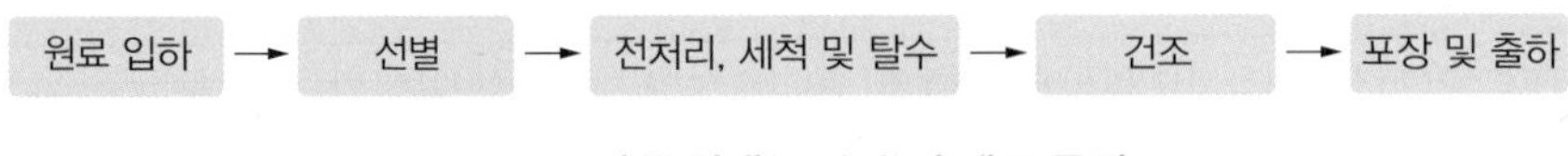

그림 8-6 마른 명태(노가리)의 제조 공정

① **원료**

원료어는 명태의 어린 새끼인 노가리로 한다. 노가리는 사전에 나오는 표준어이다.

② **선별**

제품의 품질을 균일화하고 작업의 편리성, 고품질 제품의 제조 등을 목적으로 어체의

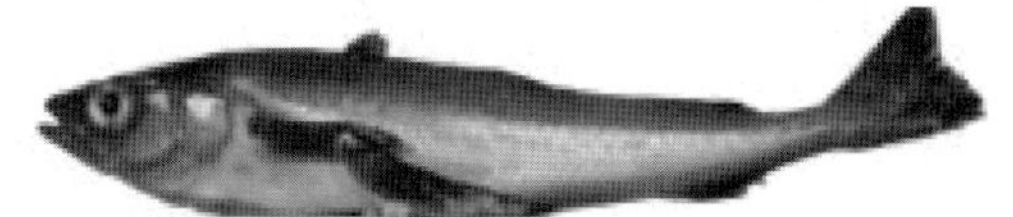

그림 8-7 원료 새끼 명태(노가리)

크기, 선도, 상처 유무에 따라 선별한다.

그림 8-8 세척 처리

③ **전처리, 세척 및 탈수**

팬 드레스pan dressed 처리(머리, 아가미, 내장, 생식소, 지느러미 제거)하고, 중골과 복강 내의 흑막을 제거한다. 혈액(피), 껍질과 내장 등에 오염된 부분과 미생물을 제거하기 위해 깨끗이 세척한 후 탈수한다.

④ **건조**

건조대에 널어 안쪽 부위가 햇빛을 받을 수 있도록 자리를 잡아 자연 건조 또는 기계 건조(일반적으로 열풍 또는 냉풍 건조)를 실시한다. 「수산물·수산가공품 검사기준에 관한 고시」(2019)에서는 수분 함량을 20% 이하로 규정하고 있다.

⑤ **포장 및 출하**

포장한 다음 입고한 후 시장으로 출하한다.

그림 8-9 마른 명태(노가리)

(3) 마른 김

김은 다른 해조류와 달리 바다에서 채취하는 즉시 마른 김으로 가공하여 2차 가공업자 또는 일반 소비자에게 판매된다. 마른 김의 제조방법은 과거에는 수작업으로 전처리한 후 발장에 널어 일광으로 건조하는 소규모 생산이 대부분이었으나, 최근에는 단기간에 대량 생산되는 김을 효율적으로 가공하기 위해 전처리 및 열풍 건조를 연속적으로 수행하는 등 대형화 및 자동화가 이루어져 있다.

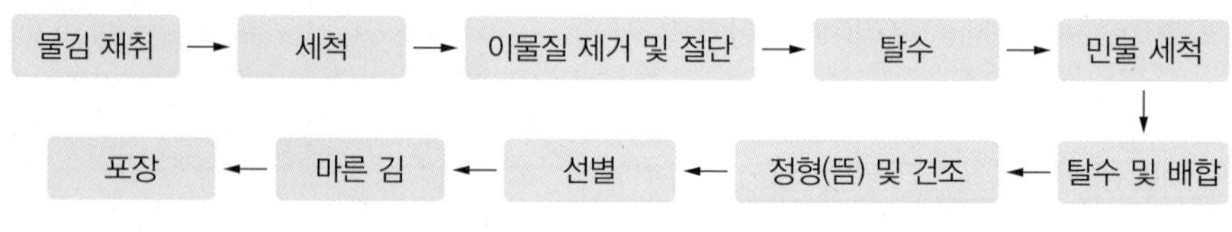

그림 8-10 마른 김 제조 공정

① 물김 채취

김 양식장에서 채취한 물김은 경매를 통하여 가공 공장에 입고된다. 원료인 물김은 11~4월에 구입을 하는데 대체로 2월까지가 품질이 우수하고, 그 이후 3~4월에 채취한 것은 그 이전에 채취한 것보다 품질이 떨어진다.

그림 8-11 김 양식장

② 세척

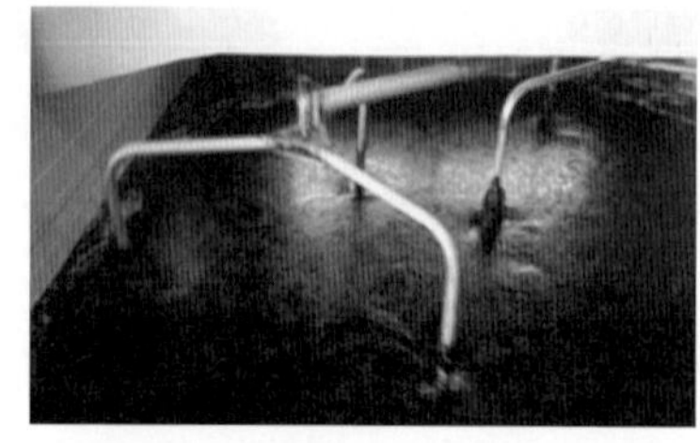

그림 8-12 물김을 세척하는 세척 탱크

세척 탱크에 깨끗한 바닷물을 채우고 물김을 넣는 다음 교반기를 천천히 회전시켜 탱크 속의 김을 약 8시간 정도 교반한다. 세척된 김은 이송 펌프를 이용하여 이물 제거기로 옮긴다.

③ **이물질 제거 및 절단**

부드러운 세척 김은 이물 제거기에서 회전하는 틈새로 통과되고, 잡태와 큰 이물질은 통과시키지 않는 방법으로 이물을 분리한다. 이어서 틈새를 통과한 세척 김을 절단한다. 즉, 이물 제거기에서는 세척 김의 이물 제거와 절단이 연속으로 실시된다.

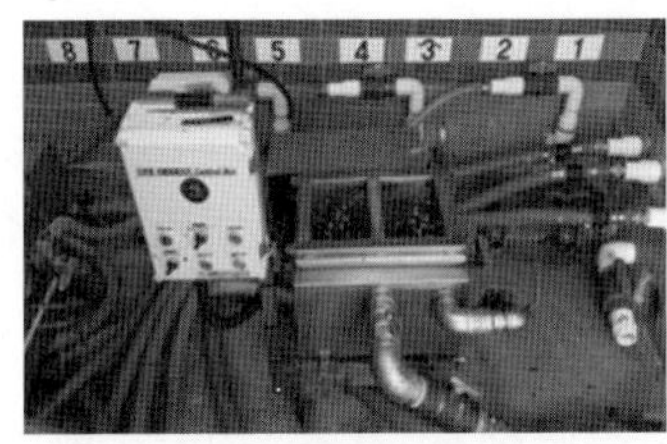

1차 이물 제거

해수 세척

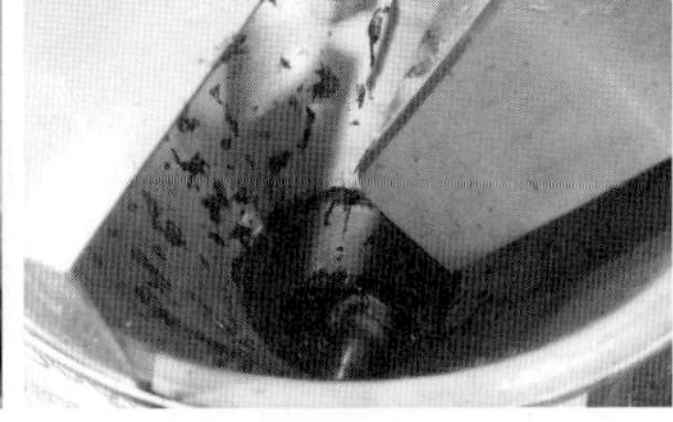

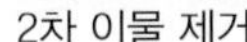

2차 이물 제거

절단기

그림 8-13 이물 제거와 물김의 절단

④ **탈수**

이물질이 제거된 김은 브러시가 부착된 회전 스크루screw를 따라 회전하면서 물은 망을 통하여 제거한다. 탈수 과정은 연속적으로 이루어진다.

⑤ **민물 세척**

민물 세척기에 깨끗하고 차가운 민물을 넣고 공급 밸브를 열어 잘게 썬 김을 민물 세척기에 채운 뒤 교반기를 서서히 회전시킨다. 세척 시간이 길거나 수온이 높아지면 품질이 급격히 떨어지므로 냉수를 지속적으로 공급하며, 세척 시간은 1시간 이내로 조절한다. 현장에서는 민물 세척 공정을 숙성

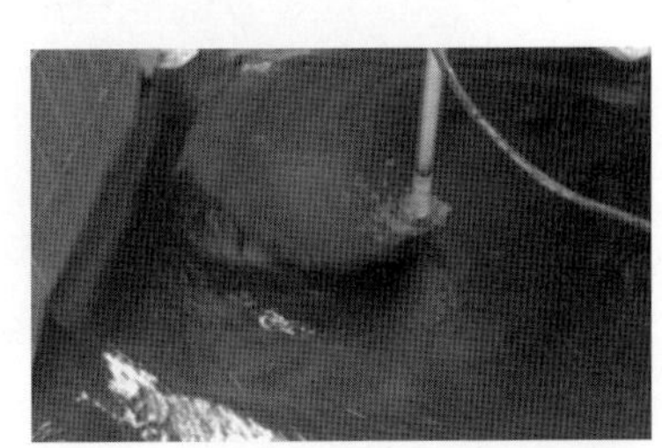

그림 8-14 민물 세척

공정이라고도 한다.

⑥ **탈수 및 배합**

민물 세척한 김이 브러시가 부착된 회전 스크루를 따라 회전하면서 물은 망을 통과시켜 제거한다. 배합기로 건조된 마른 김의 중량을 결정하기 위하여 이송 펌프로 초제기에 공급될 김과 물의 비율을 조절한다. 이때 마른 김의 중량을 증가시키기 위해서는 민물의 비율을 줄여야 한다.

⑦ **정형(뜸) 및 건조**

김의 건조는 자동 건조기(초제부, 탈수부, 건조부, 김 떼기부로 구성)로 실시한다. 잘게 썬 김을 균일하게 발장에 분산되도록 하는 동시에 중량이 균일하도록 발장에 정형을 한다. 초제부에서 전처리된 김은 자동 건조기 중 탈수부에서 건조 속도를 빨리하기 위하여 스펀지로 눌러 1, 2단으로 예비 탈수를 실시한다. 이때 스펀지부가 오염이 될 수 있으므로 주의하여야 한다.

탈수부에서 예비 탈수된 김은 자동 건조기에서 초제된 김이 붙어 있는 발이 연속적으로 건조기 내를 통과하게 된다. 이때 건조기에는 석유 버너로 가열한 공기를 송풍기로 연속적으로 발장 안으로 불어 넣는다. 건조부에서 건조된 김은 자동 건조기 중 김 떼기부에서 1단계, 2단계로 누른 후 3단계에서 롤러 흡입기를 사용하여 연속적으로 김을 떼어 낸다. 김 떼기 장치에는 김이 균일하게 쌓이도록 정전기 방지 장치가 부착되어 있다.

「수산물·수산가공품 검사기준에 관한 고시」(2019)에서는 수분 함량을 15% 이하로 규정하고 있으나, 이를 한 번 더 구운 얼구운 김은 5% 이하로 규정하고 있다.

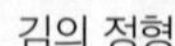

김의 정형

건조

그림 8-15 마른 김 제조를 위한 물김의 정형 및 건조

⑧ 선별

찢어지거나 오그라진 축, 파지 등을 선별하여 등급을 분류한다(표 8-17).

표 8-17 마른 김의 등급 분류

항목	특등	1등	2등	3등	등외
형태	길이 206 mm 이상, 너비 189 mm 이상이고 형태가 바르며 축파지, 구멍기가 없는 것. 다만, 대판은 길이 223 mm 이상, 너비 195 mm 이상인 것	길이 206 mm 이상, 너비 189 mm 이상이고 형태가 바르며 축파지, 구멍기가 없는 것. 다만, 재래식은 길이 260 mm 이상, 너비 190 mm 이상, 대판은 길이 223 mm 이상, 너비 195 mm 이상인 것	좌와 같음	좌와 같음	길이 206 mm, 너비 189 mm이나 과도하게 가장자리를 치거나 형태가 바르지 못하고 경미한 축파지 및 구멍기가 있는 제품이 약간 혼입된 것. 다만, 재래식과 대판의 길이 및 너비는 1등에 준함
색택	고유의 색택(흑색)을 띠고 광택이 우수하고 선명한 것	고유의 색택을 띠고 광택이 우량하고 선명한 것	고유의 색택을 띠고 광택이 양호하고 사태가 경미한 것	고유의 색택을 띠고 있으나 광택이 보통이고 사태나 나부기가 보통인 것	고유의 색택이 떨어지고 나부기 또는 사태가 전체 표면의 20% 이하인 것
청태의 혼입	청태(파래·매생이)의 혼입이 없는 것	청태의 혼입이 3% 이내인 것. 다만, 혼해태는 20% 이하인 것	청태의 혼입이 10% 이내인 것. 다만, 혼해태는 30% 이하인 것	청태의 혼입이 15% 이내인 것. 다만, 혼해태는 45% 이하인 것	청태의 혼입이 15% 이내인 것. 다만, 혼해태는 50% 이하인 것
고유의 향미	우수한 것	우량한 것	양호한 것	보통인 것	다소 떨어지는 것
중량(g/속)	250 g 이상	250 g 이상 (단, 재래식의 경우 200 g 이상)			
협잡물	토사·따개비·갈댓잎 및 그 밖에 협잡물이 없는 것				
결속	10매를 1첩으로 하고, 10첩을 1속으로 하여 강인한 대지로 묶음 다만, 수요자의 요청에 따라 첩 단위 또는 평첩의 상태로 포장할 수 있음				
결속 대지/문고지	형광물질이 검출되지 아니한 것				

자료 : 국립수산물품질관리원. 수산물·수산가공품 검사기준에 관한 고시(제3조 관련), 2019

⑨ 포장

건조된 김은 1첩(10장) 단위 또는 1속 (100장) 단위로 묶어 방습지를 깐 포장 상자에 넣는다. 이때 손 소독 등 위생을 철저히 하지 않는 경우 마른 김에 세균이 오염되어 문제가 될 수 있으므로 주의하여야 한다. 단기간 저장할 때에는 저온 저장을 하나, 장기 저장할 때에는 얼구운 김으로 재건조한 후 방습 포장하여 보관한다.

포장

완제품

그림 8-16 마른 김의 포장 및 완제품

(4) 마른미역

마른미역은 건조 전 미역의 전처리 방법에 따라 소건 미역(채취한 미역을 바닷물이나 청수에 씻은 다음 모래나 자갈 위에 널어서 말리거나 줄에 걸어 말린 제품), 자건 미역(생미역을 끓는 물에 넣어 녹색으로 변하면, 즉 색이 고정되었을 때 바로 건져 냉수에 식힌 다음 굵은 줄기를 제거하고 자연 건조한 제품으로, 최근 가장 많이 적용하고 있음), 회건 미역〔생미역에 초목을 태워 얻은 재를 25% 정도 혼합하여 묻힌 다음 줄에 널어서 말린 다음 재를 바닷물과 청수로 교대로 씻고 줄기, 마른 잎(고엽), 협잡물 등을 제거한 후 음지에서 건조한 제품〕 등으로 나뉜다. 여기에서는 상업적으로 많이 이용되고 있는 자건 미역의 원료, 제조 공정 및 최종 제품에 대하여 살펴보기로 한다.

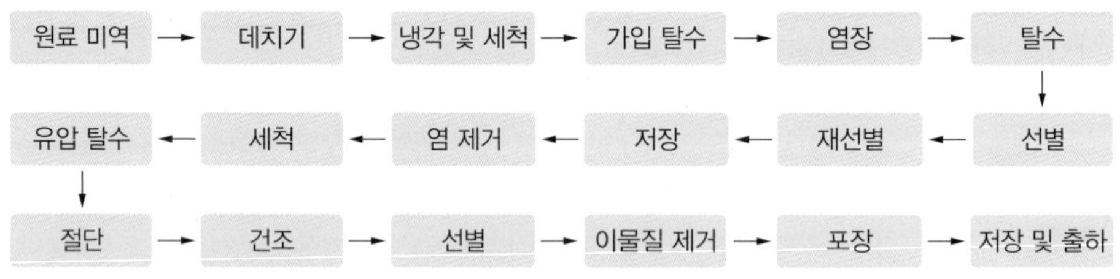

그림 8-17 마른미역(자건 미역)의 제조 공정

① 원료 채취

원료인 미역은 채취 적정기가 2~3월이며, 식용 해조류 중 생산량이 가장 많다.

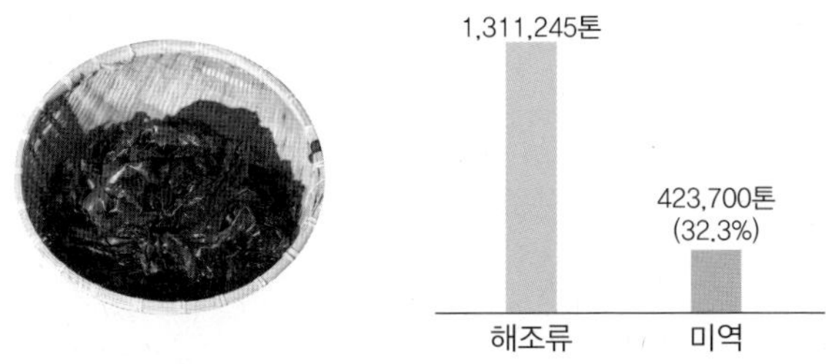

그림 8-18 원료 미역(왼쪽)과 미역 생산량의 비율(오른쪽)
2010~2019년, 10년간의 평균 생산량 기준

② **데치기**

미역의 색택 개선, 효소 불활성화로 저장성을 개선하기 위하여 자숙기에서 바닷물로 자숙(80~100℃)한다. 자숙기는 바닷물 공급 펌프, 보일러 장치, 교반장치로 구성되어 있으며 컨베이어가 연결되어 있다. 컨베이어를 이용하여 연속하여 자숙하되, 균일하게 자숙하기 위해서는 교반장치를 작동한다. 미역이 녹색으로 될 때까지 데치기를 실시하는데 지나치면 엽록소가 파괴되어 변색되고, 불충분하면 발색 및 효소의 불활성화가 이루어지지 않아 품질이 저하되므로 주의한다.

③ **냉각 및 세척**

자숙이 끝난 미역은 즉시 흐르는 바닷물(15℃ 이하)에 넣어 1분 이내에 실온으로 급냉한다. 탈염과 색택 개선을 위하여 담수로 빠르게 세척한다.

④ **가압 탈수**

냉각된 미역은 가압 탈수기의 컨베이어 벨트에 올려 고무벨트로 압착하여 수분 함량이 75% 정도가 되도록 탈수한다. 이때 탈수 조건은 압력 110~150 kg/cm^2, 시간 20~30분이 일반적이다.

⑤ **염장**

탈수 미역에 미역 중량의 35~40%에 해당하는 소금을 혼합기로 잘 혼합한 뒤 미역에 소금이 잘 침투하도록 염장 탱크에서 하룻밤 재운다. 이때 염장 침출액의 소금 농도(보메도 22~23°)를 측정하고, 부족하면 가염한다.

⑥ **탈수**

염장된 미역은 깔판 위에 높이 1.5 m 이하로 조체가 변질되지 않도록 차례로 쌓아 적재 압력으로 23~48시간 동안 탈수한다.

⑦ **선별**

탈수 염장 미역은 선별대에서 칼로 미역 줄기를 제거한 후 이물, 노쇄엽, 황갈엽 등을 골라내어 정상 엽체만을 선별한다.

⑧ **재선별**

선별 염장 미역은 다시 쌓아 엽체의 수분이 63% 이하가 되도록 48~72시간 동안 재탈수를 실시한다. 탈수된 염장 미역을 다시 선별대에서 다량 혼합된 소금이 엽체에 균일하게 섞이도록 하면서 이물질도 제거한다.

⑨ **저장**

선별이 끝난 제품은 포장한 후 냉동 저장(-8~-12℃)한다.

⑩ **염 제거**

염장 미역은 회전식 탈염기를 사용하여 소금과 이물을 제거하는 동시에 뭉친 미역을 풀어 헤친다.

⑪ **세척**

탈염 처리한 염장 미역은 컨베이어로 바닷물 세척 탱크로 이송하여 공기를 불어넣어 30분간 세척한다. 바닷물로 세척한 미역은 다시 민물로 빠르게 세척하여 색택을 개선하고 염을 제거한다.

⑫ **유압 탈수**

세척된 미역을 유압 탈수기에서 수분의 양이 75% 정도가 되도록 110~150 kg/cm^{2}의 압력으로 20~30분간 압착 탈수한다. 탈수 미역은 다시 회전식 이물 제거기를 이용하여 뭉친 미역은 풀어 주고 작은 이물질도 제거한다.

⑬ **절단**

유압 탈수를 마친 미역은 균일하게 절단하기 위하여 절단기 컨베이어로 가지런히 이송하여 절단하되, 제품에 따라 칼날기의 칼날을 교체하여 사용한다. 이때 일반적인 칼의 크기는 20×20 mm, 24×20 mm, 28×30 mm, 50×80 mm이다.

⑭ **건조**

열풍 건조기에 넣어 수분 함량이 30%가 될 때까지 골고루 건조되도록 수시로 뒤집어 주며 1차 건조한다. 이 공정을 생략하는 업체도 있다. 1차 건조된 미역은 회전 원통 건조기에서 건조를 하되, 초기 온도는 50~60℃를 유지하고 건조가 끝나는 시점의 온도는 100℃로 올려 건조한다. 「수산물·수산가공품 검사기준에 관한 고시」(2019)에서는 수분 함량을 16% 이하로 규정하고 있다.

⑮ **선별**

건조된 미역은 컨베이어를 이용하여 크기 선별기로 이송한다. 크기 선별기에는 목적에 맞게 구멍의 크기가 다른 망〔구멍 크기를 L(8~15 mm), M(5 mm), S(3 mm)로 달리함〕을 설치한 후 절단 건조 미역을 크기별로 선별한다.

⑯ **이물질 제거**

풍력 선별기로 먼지나 미세한 이물질(날려 제거됨), 돌(곧바로 떨어져 분리됨) 등을 제거한다. 이어서 정전기 선별기로 풍력 선별기로는 제거하기 곤란한 머리카락 및 기타 이물질을 제거한다. 정전기 선별기를 통과한 것은 컨베이어로 옮겨 형광등 아래에서 육안으로 이물질을 재차 제거한 뒤 자성 선별기로 앞의 과정에서 제거하지 못한 철분 같은 금속물질을 제거한다.

⑰ **포장, 저장 및 출하**

선별이 끝난 미역은 중량별로 포장하고 상온 저장 및 유통을 진행한다.

그림 8-19 마른미역 완제품

(5) 마른 다시마

대표적인 갈조류 중의 하나인 다시마는 알긴산, 라미난, 칼륨이 풍부하여 여러 가지 건강 기능성을 나타내는 식품 소재이다. 또한, 추출물 중에 다량의 글루탐산을 함유하고 있어 육수의 기본 맛을 중후하게 낸다. 마른 다시마는 맛을 내기 위하여 많이 사용되는 기본 소재 중의 하나로, 해조 산업에서 김, 미역과 함께 주요 종으로 자리 잡고 있다.

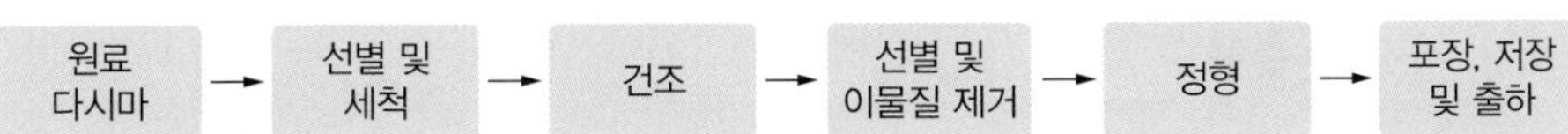

그림 8-20 마른 다시마의 제조 공정

① **원료 채취**

그림 8-21 원료 다시마 채취

다시마의 채취 적정기는 5~7월이며, 말린 다시마 제조에는 조체 발육이 우량한 것을 사용한다.

② **선별 및 세척**

품질 좋은 다시마를 제조하기 위해서는 병충해엽, 황갈색엽, 미숙엽 등은 모두 제거한다. 선별된 다시마는 깨끗한 담수로 세척하여 소금을 제거한다.

③ **건조**

그림 8-22 다시마 건조

세척 다시마는 햇빛이 잘 드는 깨끗한 장소에 엽체를 하나씩 널어 자연 건조한다. 한 번 또는 두 번 엽체를 뒤적여 주어 고르게 건조되도록 하고, 야간에는 표면 경화 현상을 억제하기 위하여 실내로 거두어들여 쌓아 두었다가(야간 퇴적) 다음날 다시 햇빛에 건조한다. 건조 기간은 제품의 종류에 따라 다르나 2~7일 정도이면 건조된다. 색택이나 맛을 좋게 하기 위해서는 가급적 빨리 건조시켜야 한다. 「수산물·수산가공품 검사기준에 관한 고시」(2019)에서는 수분 함량을 18% 이하로 규정하고 있다.

④ **선별 및 이물질 제거**

건조된 다시마는 이물질을 제거하는 동시에 엽체의 폭, 두께, 길이, 또는 건조 정도에 따라 선별한다.

⑤ **정형**

최종적으로 다시마를 일정한 크기로 절단(3~5 cm)하여 정형한다.

⑥ **포장, 저장 및 출하**

정형한 다시마는 중량별로 포장한 뒤 상온 저장 및 유통한다.

그림 8-23 마른 다시마

2) 자건품

자건품은 수산물을 그대로, 또는 염지한 것을 삶은 후 말린 것이다. 자건품은 원료를 자숙함으로써 원료 수산물에 존재하는 세균을 사멸시키고, 자가소화효소를 실활시키며, 근육단백질 변성에 의한 수분과 지질의 분리를 용이하게 하여 보존성을 개선하는 동시에 건조를 용이하게 한다. 그러나 자숙 과정에서 맛 성분인 엑스 성분이 용출된다는 단점이 있다. 자건품으로는 마른 멸치, 마른 해삼, 마른 전복, 마른 패주, 마른 새우, 마른 굴(건굴), 마른 홍합(건홍합) 등이 있다.

(1) 마른 멸치

멸치는 칼슘, 인과 같은 무기질, EPAeicosapentaenoic acid, DHAdocosahexaenoic acid 같은 오메가-3 지방산, 라이신, 트레오닌threonine 등과 곡류 제한 아미노산, 핵산 관련 물질 등이 다량 함유되어 있어 우수한 수산가공 자원이다. 하지만 내장 내 미생물이 분비하는 강력한 효소작용으로 선도 저하가 빠르고, 지질 함량이 높아 쉽게 산패하여 가치가 저하된다. 멸치의 저장성 확보를 위하여 어획 직후 수산물에 부착되어 있는 세균을 사멸시키고 자체 내 효소를 실활시키는 동시에 근육단백질을 응고시켜 수분과 지방을 일부 제거할 목적으로 삶고, 말려 제조한 것이 마른 멸치이다. 마른 멸치는 자건품의 90% 이상을 차지할 만큼 비중이 높다.

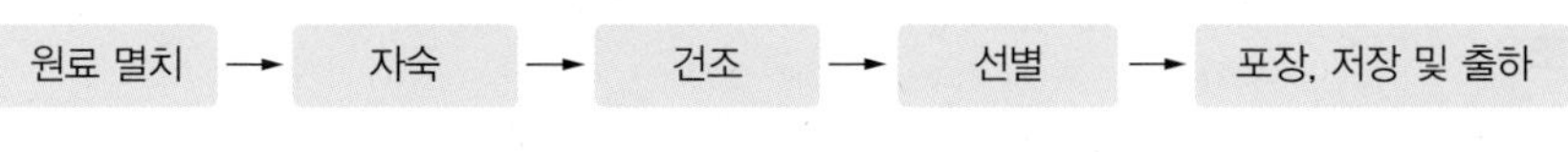

그림 8-24 마른 멸치 제조 공정

① **원료**

멸치는 주로 기선권현망 어업에 의하여 어획되고, 그 뒤를 정치망, 낭장망, 들망 등에 의한 어획이 따르고 있다. 따라서 마른 멸치의 생산량은 기선권현망에 의한 것이 가장 많으나, 기선권현망 어업에 의한 멸치 어업은 제한이 있어서 금어기인 3~6월에는 정치망 어업에 의하여 생산되는 것이 많다.

그림 8-25 원료 멸치

② **자숙**

기선권현망 어업으로 어획된 멸치는 배 위에서 자숙하고, 기타 어업에 의하여 어획된 멸치는 육지로 이송한 후 자숙 처리한다. 어획한 멸치는 선상 또는 육상에서 채발(120 × 120 cm) 위에 얇게 편다. 채발을 포개어 끓는 식염수(일반적으로 5~6% 농도이나 최근에는 저염화 경향으로 이보다 농도가 낮음)에 담가 어체가 떠오를 때까지 자숙(일반적으로 3~5분) 처리한다. 이때 자숙수 표면에 뜬 지방이나 그 밖의 불순물은 제거한다. 자숙용 식염수는 20회 정도 사용하면 교환한다. 자숙 과정에서 제품의 산패를 방지하기 위하여 산화방지제를 첨가하기도 하는데, 산화방지제는 열에 견뎌 낼 수 있는 것을 사용하여야 한다.

선상 자숙(기선권현망 어업)

육상 자숙(정치망 어업 등 기타 어업)

그림 8-26 멸치의 자숙

③ **건조**

자숙기에서 채발을 건져 건조 처리한다. 이때 기선권현망 어업의 경우는 자숙 후 선박에 두었다가 육상으로 이송하여 건조하고, 정치망 등 나머지 어업에 의해 어획된 멸치는 자숙 후 즉시 건조한다. 현재 기선권현망 어업에 의해 어획되어 선상에서 자숙 처리한 것은 HACCP 인증을 받기 어렵다.

마른 멸치 제조를 위한 건조는 대부분이 냉풍 건조를 실시하나, 일부 영세한 업체의 경우 자연 건조 또는 열풍 건조를 실시하기도 한다. 「수산물·수산가공품 검사기준」(2019)에서는 멸치의 수분 함량을 25% 이하로 규정하고 있으나, 세멸치에 한하여 30% 이하로 규정하고 있다.

냉풍 건조기

냉풍 건조 마른 멸치

그림 8-27 멸치의 건조

④ **선별**

멸치 이외의 이종어(풀치, 꼴뚜기 등)와 이물(스치로폼 등)을 선별한 후 제품 멸치의 크기에 따라 대멸치(7.7 cm 이상), 중멸치(5.1 cm 이상), 소멸치(3.1 cm 이상), 자멸치(1.6 cm 이상), 세멸치(1.6 cm 미만)로 선별한다.

마른 멸치 크기별 선별기

마른 세멸치

마른 자멸치

마른 소멸치

마른 중멸치

마른 대멸치

그림 8-28 크기별로 분류한 여러 가지 마른 멸치

표 8-18 마른 멸치의 등급 분류

항목		1등	2등	3등
형태		대멸치 77 mm 이상, 중멸치 51 mm 이상, 소멸치 31 mm 이상, 자멸치 16 mm 이상, 세멸치 16 mm 미만이어야 함		
자숙도		적당하여야 함		
혼입도	다른 크기/머리 없는 것	1% 이내	3% 이내	5% 이내
	이종품	없을 것	없을 것	거의 없을 것
	토사/기타 협잡물	없어야 함		
고유의 색택과 향미		우량	양호	보통
기름 핌		없는 것	적은 것	약간 핀 것

자료 : 국립수산물품질관리원, 수산물·수산가공품 검사기준에 관한 고시(제3조 관련), 2019

⑤ 포장, 저장 및 출하

마른 멸치는 일정 중량(0.5 kg, 1.0 kg, 1.5 kg, 2.0 kg) 단위로 포장하고, 저장은 지질의 산화 억제를 위하여 냉동 보관한다.

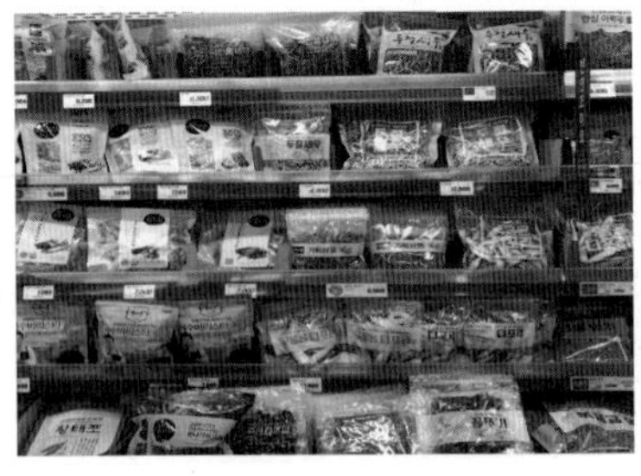

마른 멸치	대략적인 수율(%)
대멸치	30
중멸치	15
소멸치	12
자멸치	13
세멸치	17

그림 8-29 대형 마트에 진열되어 있는 다양한 마른 멸치 제품

(2) 마른 해삼

해삼은 건조하여 중화요리의 재료로 많이 사용되고 있으며, 중국으로 수출도 하는 수산가공품 중의 하나이다.

원료 → 토사 처리 → 내장 제거 → 자숙 및 교반 → 정형 및 선별 → 포장, 저장 및 출하

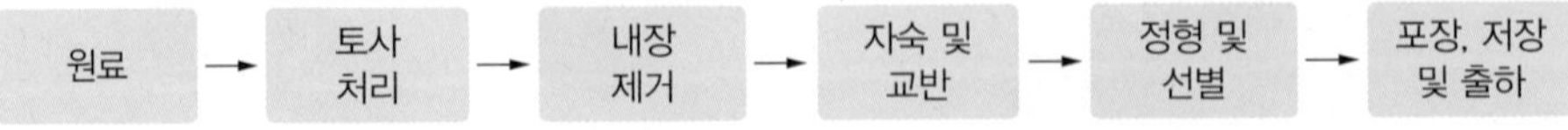

그림 8-30 마른 해삼의 제조 공정

① **원료**

해삼은 바다의 인삼이라는 뜻에서 붙여진 이름으로, 몸은 원통형으로 길쭉하고 돌기를 가지고 있다. 해삼을 말릴 때에는 살아 있는 것을 원료로 하여야 한다.

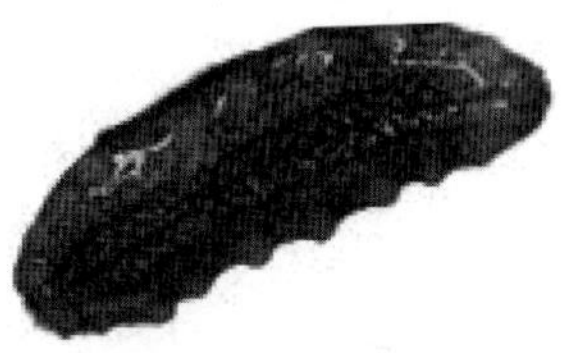

그림 8-31 원료 해삼

② **토사 처리**

살아 있는 해삼을 담수가 채워진 수조에 넣고 하룻밤 정도 두어 충분히 해감하게 한다.

③ **내장 제거**

배설공 부근을 2~3 cm 길이로 세로로 절단하여 내장을 제거하고, 복강 안을 해수를 이용하여 작은 솔 등으로 잘 세척한다. 신선할 때 제거한 해삼 내장은 해삼 창자젓 등 고급 원료로 사용한다.

④ **자숙 및 교반**

전처리한 해삼은 95℃의 바닷물과 농도(3%)가 유사한 소금물로 1.0~1.5시간 동안 자숙한다. 자숙 과정에서 해삼은 교반하면서 팽창하는 것이 있으면 침으로 찔러 복강 내의 수증기나 공기를 빼낸다. 자숙된 해삼은 건져내어 물을 빼고, 발에 널어 약 7일간 천일 건조하거나 기계 건조를 실시한다. 7일 동안 건조하는 과정에서 표면 경화 현상이 일어날 수 있으므로 건조와 퇴적(표면의 수분 증발은 억제하면서 내부의 수분을 표면으로 확산시키기 위해 쌓아 두는 것)을 반복하거나 변온건조를 진행한다. 「수산물·수산가공품 검사기준」(2019)에서는 수분 함량을 22% 이하로 규정하고 있다.

⑤ **정형 및 선별**

건조 해삼은 제품이 일정한 형태를 유지하지 않은 것들이 있어서 이를 고급화하기 위해서는 정형을 한다. 일반적으로 마른 해삼의 수율은 3~4% 정도이다. 건조 해삼은 크기, 상처, 품질 등을 근거로 선별한다. 마른 해삼의 품질은 검고 뿔이 많은 것이 우량품이며, 다음으로 갈색, 붉은 것의 순이다. 마른 해삼은 뿔이 있는 것을 유자삼, 없는 것을 무자삼 또는 백삼으로 분류하기도 한다.

그림 8-32 마른 해삼

⑥ **포장, 저장 및 출하**

최종적으로 제조된 제품은 포장을 한 후 저장 및 출하를 한다.

(3) 마른 전복

마른 전복에는 명포와 회포의 두 종류가 있으며, 일반적으로 명포가 회포보다 고급품에 해당한다. 회포는 소형이고 표면에 백분이 생겨 회백색을 띠며 육색은 빨간색이 도는 검은색이다.

① **명포**

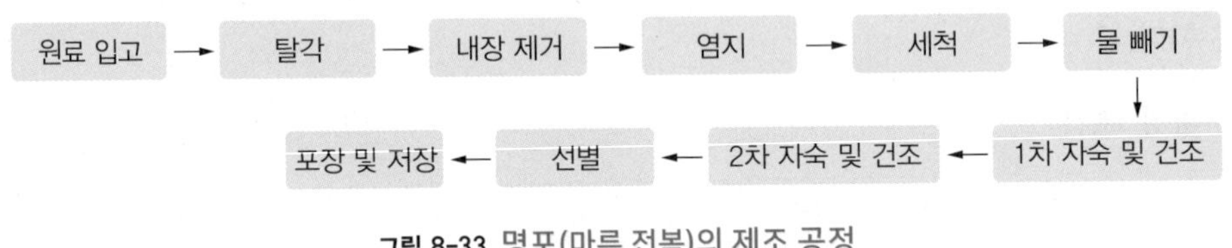

그림 8-33 명포(마른 전복)의 제조 공정

- 원료 입고 : 원료로는 말전복이 가장 좋고, 그 다음으로 둥근전복이 좋다.

그림 8-34 원료 말전복과 둥근전복

- 탈각 및 내장 제거 : 살아 있는 전복을 탈각하여 내장을 완전히 제거한다.
- 염지 : 염지는 전복의 육질을 단단하게 만들고, 근육에 부착된 오물의 제거를 용이하게 한다. 중량에 대하여 대형 전복은 10% 정도, 소형 전복은 6% 정도의 소금을 사용하며 1~2일 동안 마른 간을 한다.
- 세척 및 물 빼기 : 염지 전복을 통에 넣고 맑은 물을 부어 주면서 막대기로 교반하여 표면의 오물이나 점액질을 제거하고, 최종적으로 솔로 표면을 닦는다. 세척을 종료한 다음 물을 뺀다.
- 1차 자숙 및 건조 : 세척 전복에 더운 물(60℃ 정도)을 넣고 가열(약 95℃)하여 1~3시간 동안 자숙하는데, 짚으로 찔러 육이 쉽게 들어갈 수 있는 정도로 익힌다. 이

때 대형 전복은 낮은 온도에서 장시간, 소형 전복은 높은 온도에서 단시간 자숙하는 것이 바람직하다. 자숙 전복은 그늘에서 1시간 정도 말리고, 숯불을 열원으로 하는 건조로에 얹어 70℃ 전후에서 배건한다.

- 2차 자숙 및 건조 : 배건한 전복은 끓는 물에 넣어 다시 끓을 때까지 자숙한 후 건져 낸다. 건져 낸 전복은 배건과 음건을 5~6일 동안 하루에 한번 정도 반복 실시한다. 나머지 기간(대형은 1개월, 소형은 2주일) 동안 천일 건조하여 건조를 완료한다.
- 선별, 포장 및 저장 : 명포는 대형으로 선황색을 띤 고급품이 일반적이나, 일부 저급품의 경우 적갈색을 나타내는 것도 있다. 최종 제품은 크기, 형태, 색깔 등으로 선별한 후 포장 및 저장한다.

그림 8-35 명포 완제품

② 회포

회포의 제조방법은 명포와 거의 같으나 염지, 자숙 및 건조 공정 일부에서 차이가 있다.

원료 입고 → 탈각 → 내장 제거 → 염지 → 세척 → 물 빼기 → 자숙 및 건조 → 선별 → 포장 및 저장

그림 8-36 회포(마른 전복)의 제조 공정

- 원료 입고 : 회포는 명포에 비하여 저급품이어서 까막전복을 원료로 사용한다. 까막전복은 색이 검고 자숙한 후 정형하기가 어렵다.
- 탈각 및 내장 제거 : 살아 있는 전복을 탈각하여 내장을 완전히 제거한다.

그림 8-37 원료 까막전복

- 염지 : 전복의 육질을 단단하게 하고 근육에 부착된 오물의 제거를 용이하게 할 목적으로 염지를 실시한다. 염지는 근육 중량에 대하여 대형 전복은 10% 정도, 소형 전복은 6% 정도의 소금을 사용하여 1~2일 동안 마른 간을 하며, 명포보다는 소금 사용량이 많다.

- 세척 및 물 빼기 : 염지한 전복을 통에 넣고, 맑은 물을 부어 주면서 막대기로 교반하여 표면의 오물이나 점액질을 제거한다. 최종적으로 솔로 표면을 닦는다. 염지 전복의 세척을 마친 후에는 물을 뺀다.
- 자숙 및 건조 : 세척 전복에 더운 물(60℃ 정도)을 넣고 가열(약 95℃)하여 1~3시간 동안 자숙하는데 짚으로 찔러 근육이 쉽게 들어갈 수 있는 정도로 익힌다. 이때 대형 전복은 낮은 온도에서 장시간, 소형 전복은 높은 온도에서 단시간 자숙한다. 자숙한 전복의 건조는 70~80% 정도 건조되었을 때 용기에 넣어 1주일 정도 두어 표면에 흰 가루가 붙도록 한 다음 3~4일간 햇볕에 말린다.
- 선별, 포장 및 저장 : 최종 제품은 크기, 형태, 색깔 등으로 선별하여 포장한 후 저장한다.

(4) 마른 패주

마른 패주는 큰가리비, 키조개 등의 패주를 자숙하여 건조한 제품이다.

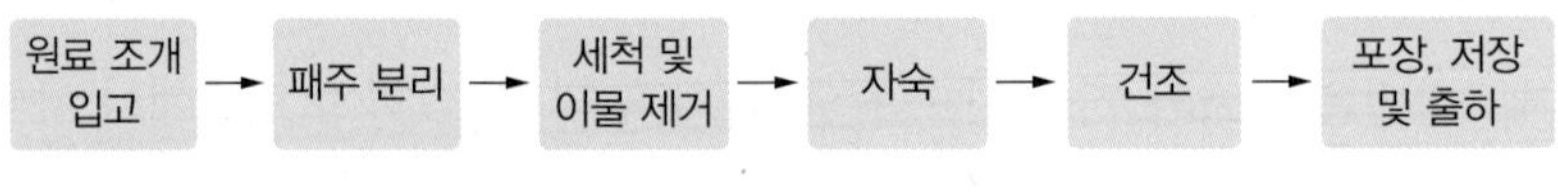

그림 8-38 마른 패주의 제조 공정

① 원료

원료 조개를 입고한다. 일반적으로 가리비와 키조개의 패주를 많이 사용한다.

② 패주 분리

원료 패류를 바구니에 넣고 끓는 바닷물이나 3% 소금물에 넣어 자숙하고, 패각이 열리면 꺼내서 패주를 떼어 낸다.

③ 세척 및 이물 제거

분리한 패주는 물로 잘 씻어 모래, 펄, 오물, 외투막 등을 제거한다.

④ 자숙

세척한 패주는 바구니에 넣고, 끓는 8.0~8.5% 소금물에 삶는데 소금물이 다시 끓어오르면 자숙을 완료하고 패주를 꺼낸다. 자숙 시간은 크기에 따라 다르나 10~20분 정도로 한다.

⑤ **건조, 포장, 저장 및 출하**

숯불을 열원으로 하는 100~150℃ 범위의 배건 건조로에서 약 1시간 건조한 다음 일건하여 건조를 완료한다. 포장한 후 저장한다.

그림 8-39 마른 패주

(5) 마른 새우

마른 새우는 새우 특유의 강력한 자가소화효소의 활성을 실활시키기 위해 자숙한 다음 건조하여 제조하는 수산가공품으로, 우리나라에서는 볶음, 조림 등의 원료로 많이 사용한다.

원료 입고 → 세척 → 자숙 → 건조 → 포장, 저장 및 출하

그림 8-40 마른 새우의 제조 공정

① **원료 새우**

원료는 크기가 작은 꽃새우 등을 주로 사용하는데 일부 다른 새우류를 사용하기도 한다. 새우는 선도 저하가 빠르기 때문에 선도가 우수한 것을 선택하는 것이 좋다.

그림 8-41 원료 꽃새우

② **세척**

새우는 이물질을 다량 포함하고 있으므로 이를 깨끗이 제거하기 위해 세척을 한다.

③ **자숙**

자가소화효소의 활성을 실활시키려면 끓는 2% 식염수에 넣어 자숙한다. 자숙은 새우가 떠오를 때까지 실시하는데 보통 원료 새우를 투입한 후 20~30초 소요된다.

④ **건조**

건제품의 제조를 위하여 예전에는 천일 건조, 열풍 건조를 주로 실시하였으나, 최근에는 냉풍 건조도 실시하고 있다. 「수산물·수산가공품 검사기준」(2019)에서는 수분 함량을 25% 이하로 규정하고 있다.

⑤ **포장, 저장 및 출하**

새우의 수율은 껍데기가 붙은 것은 20~30%, 껍데기를 벗긴 것은 15~20% 정도이다. 이를 일정 중량별로 포장한 후 저장하거나 출하한다.

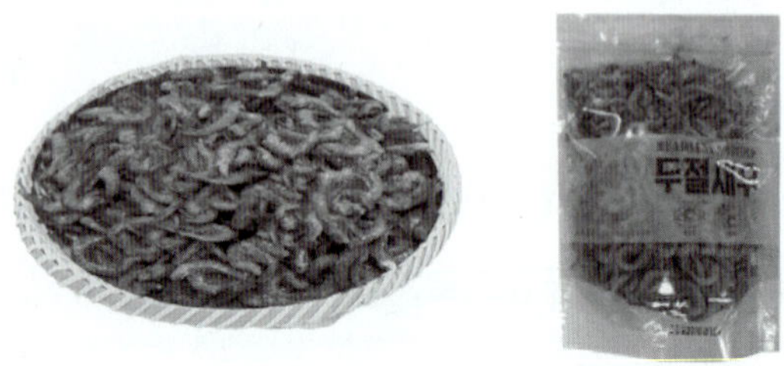

그림 8-42 마른 새우 완제품

3) 자연 동결 건조품(동건품)

동건품은 겨울철 야외에서 자연 저온을 이용하여 밤에는 수산물의 수분을 동결시키고 낮에는 녹이는 과정을 여러 번 되풀이하며 건조시킨 제품이다. 마른 명태(황태)와 한천 등이 대표적인 동건품이다.

(1) 황태

동건 명태는 동태를 해동하여 내장을 제거하고 아가미 또는 코를 꿰어 묶은 후 수침한 다음 보통은 자연 저온에서 동결 및 해동 공정을 반복하면서 건조하여 제조하며, 육질은 스펀지화되어 다공성이다. 예전에는 자연환경에 의존하는 동건법으로 제조하였으나, 근년에는 기계로 동결과 해동 과정을 반복하면서 건조하여 만들고 있다. 동건 명태를 제조하는 공정을 간략히 제시하면 다음과 같다.

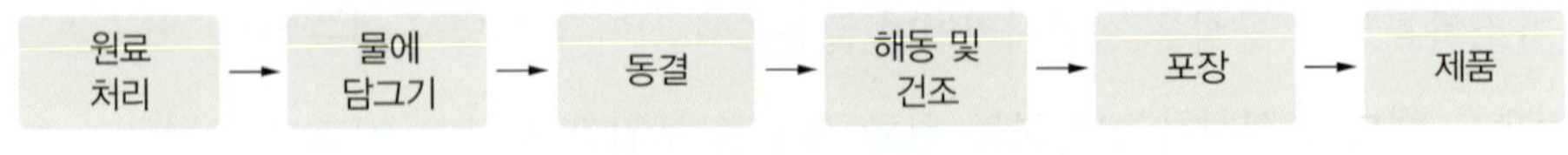

그림 8-43 동건 명태의 제조 공정

① **원료 처리**

원료인 명태는 수분 함량이 많은 산란기에 어획한 것이 좋다. 가슴지느러미가 붙은 곳부터 배설구까지 배를 갈라 내장을 제거한 후 가마니에 비벼서 비늘을 제거한다.

그림 8-44 원료 명태

② 세척

전처리한 명태의 오물을 제거하기 위하여 깨끗이 세척한다.

③ 물에 담그기

내장을 제거한 명태는 10마리 또는 20마리씩 아가미를 꿰어 연결한다. 2~3℃ 청수에 2~5일간 담가 두고 매일 4~5회씩 물을 갈아 준다. 이 과정에서 어체는 물을 흡수하므로 동결할 때 얼음 결정이 잘 생성되고 크게 형성되기 때문에 제품의 육질은 다공질이 된다.

④ 동결, 해동 및 건조

물에 담갔던 명태는 다시 흔들어 씻은 다음 옥외 건조장에 널어 겨울철 한랭한 자연 냉기에 완전히 동결시킨다. 주야간을 보내며 동결과 해동을 되풀이하며 탈수 및 건조시킨다. 수분 함량이 40% 정도 되었을 때 옥내에 3~4일간 쌓아 두었다가 다시 건조한다. 「수산물·수산가공품 검사기준」(2019)에서는 수분 함량을 20% 이하로 규정하고 있다.

⑤ 포장

동결 건조한 제품은 장기 저장이 가능하지만, 벌레나 곰팡이의 침해를 받기 쉬우므로 저장 온도와 습도에 유의하여 포장 및 보관하여야 한다.

완제품인 황태는 수축 변형이 작아 외관이 양호하고, 효소적 또는 비효소적 갈변이나 성분 간의 화학반응이 거의 일어나지 않으므로 향, 맛, 색택, 영양가의 변화가 적으

그림 8-45 황태 가공품

며, 제품의 조직은 다공질로 변성이 적어 물에 불리면 복원성이 좋다. 또한 거의 품질 저하 없이 수분 함량 2~3%까지 건조할 수 있다는 것 등을 장점으로 꼽을 수 있다. 반면에 조직이 다공질이므로 표면적이 커서 흡습하기 쉽고, 지질이나 색소가 산화되기 쉬우며 저수분, 다공질이어서 포장하거나 수송 중 부스러지기 쉽다는 것은 단점이다.

(2) 한천

한천은 우뭇가사리 등의 홍조류에서 추출한 다당류로 찬물에는 불용성이나 끓는 물에는 가용성이 되는 열가역적 특성이 있다. 이와 같은 특성으로 식품첨가물, 미생물 배지, 의약품 등 다양한 용도로 사용되고 있다. 한천의 제조방법은 자연 한천 제조법과 공업 한천 제조법이 있다. 여기에서는 현재 산업적으로 많이 적용되는 공업 한천의 제조에 대하여 살펴보고자 한다.

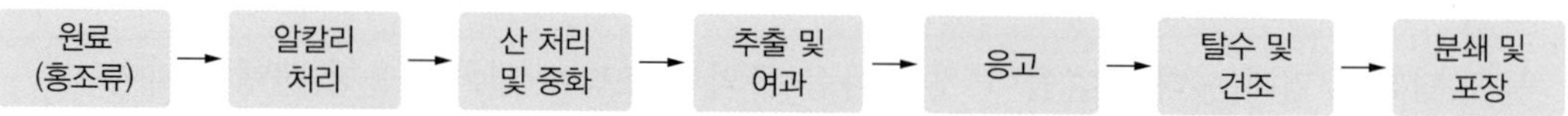

그림 8-46 한천 제조 공정

① 한천의 원료

한천의 원료는 우뭇가사리, 꼬시래기, 석묵, 개우무, 새발 같은 홍조류이다. 주요 원료로는 공업 한천은 꼬시래기이고, 자연 한천은 우뭇가사리이다.

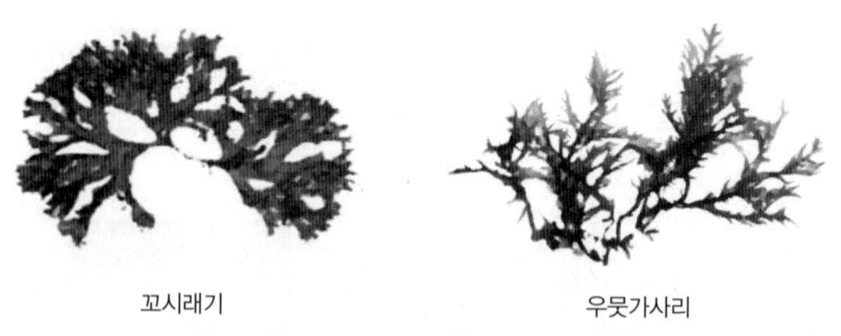

그림 8-47 한천의 원료

② 알칼리 처리

자숙 탱크에 꼬시래기 400 kg, 물 1,700 L, 수산화나트륨 140 kg을 투입하고, 탱크 내의 온도를 70~90℃로 조절하여 1.5~4.0시간 동안 가열한다. 알칼리 처리 후에는 pH가 9~10 부근이 되도록 과잉의 알칼리는 물로 여러 번 세척하여 제거한다.

③ **산 처리 및 중화**

알칼리 처리 및 세척한 후 황산, 아세트산 등의 산을 첨가하여 pH를 2.0으로 조절하고 10℃ 부근에서 1시간 정도 교반한다. 산 처리는 원료 해조류 내의 한천을 부분 절단하여 여과 효율성을 높여 수율을 증가시키는 효과가 있으나, 온도가 높은 상태에서 산 처리하면 오히려 한천이 과도하게 분해되어 수율 및 품질이 저하된다. 산 처리 후 과잉의 산은 물로 세척하여 제거한다. 이어서 수산화나트륨으로 pH를 7.0 부근으로 조절하고 물 6,000 L을 추가한다.

④ **추출**

한천은 90℃ 내외에서 4시간 정도 자숙한 후 추출하는데, 추출액은 80℃ 정도로 여과할 때까지 보온한다.

⑤ **여과**

자숙 추출액을 금속망으로 조여과하여 보온 탱크에 저장한다. 조여과액 1만 L에 여과 조제인 펄라이트 7~80 kg을 넣고 교반하여 혼합한다. 필터 프레스filter press에 끓는 물을 여러 번 통과시켜 미리 가온한다. 조여과액과 펄라이트 혼합액을 여과하여 여과막에 여과 조제를 코팅한다. 여과 조제를 코팅한 후 조여과액을 가압 펌프로 공급하여 본 여과를 실시한다. 여과는 신속하게 진행하여 여과액이 냉각되어 응고되지 않도록 한다.

⑥ **응고**

여과액을 연속 컨베이어식 응고기에 주입한다. 컨베이어에서 충분히 냉각되어 겔화가 일어날 수 있도록 컨베이어에 냉수를 살포한다. 냉각되어 응고된 한천은 연속 컨베이어 벨트 끝부분에서 적당한 크기로 연속 절단한다. 절단된 한천은 저장 탱크에 보관한다.

⑦ **탈수**

응고 절단된 한천을 압착기 용량에 맞추어 여과포에 나누어 넣는다. 유압 또는 수압을 이용하여 처음에는 낮은 압력에서 서서히 압착하고, 마지막 단계에서는 100 kg/cm^{2}의 압력으로 최종 압착하여 탈수한다.

⑧ **건조**

압착기로 탈수한 한천을 골고루 펴서 풍건한다. 풍건한 한천은 다시 최종적으로 열풍 건조기에 넣어 40~50℃에서 2시간 동안 건조한다. 「수산물·수산가공품 검사기준」(2019)에서는 수분 함량을 22% 이하로 규정하고 있다.

⑨ **분쇄 및 포장**

건조한 한천은 사용자 요구에 따라 분쇄기를 이용하여 적당한 크기로 분쇄한다. 분쇄된 한천은 방습지를 깐 포장상자에 넣어 일정량씩 포장한다.

그림 8-48 한천 완제품

4) 염건품

염건품은 수산물을 소금에 절인 다음 건조하여 만든 제품으로, 굴비, 마른 옥돔 등이 대표적인 제품이다.

(1) 굴비

굴비는 조기에 천일염을 고루 뿌리는 마른 간을 하고 건조하여 제조한 염건조기이다. 최근 유통되고 있는 굴비 중에는 간고등어처럼 가볍게 염지한 다음 탈수하여 건조 공정 없이 바로 냉동하여 유통하는 제품도 있으나, 이러한 제품은 염건품으로 분류할 수 없다.

① **원료 굴비**

내장을 제거하지 않고 염지 후에 건조하여 제조하기 때문에 신선한 참조기를 사용하는 것이 바람직하다. 선어를 사용하는 것이 좋으나

그림 8-49 원료 조기

냉동어를 사용하기도 한다. 조기는 20 cm 이상의 크기가 바람직하다.

② **해동**

원료가 담긴 상자를 해동대에 적재하여 공기 해동하거나 수중 해동을 한다. 공기 해동 시에는 직사광선을 피하고 통풍이 잘되는 장소에서 10~12시간 동안 해동한다. 이때 가끔 한 번씩 수돗물을 뿌려 준다.

③ **1차 선별**

해동한 참조기는 크기별, 품질별, 손상품 등을 선별하고 이물질은 분리하여 제거한다.

④ **염지**

- 물간법 : 물간을 하는 경우 포화 식염수에 7~10일간 염지하는데, 나무통에 넣고 윗돌로 눌러 놓는다.
- 마른간법 : 밀폐된 용기 바닥에 소금을 한 층 뿌리고 그 위에 조기를 놓은 다음 다시 소금을 뿌리는 과정의 작업을 반복한다. 소금의 사용량은 어체 중량의 20~30%이며, 윗부분에 소금을 마지막으로 뿌려 생선이 외부에 노출되지 않도록 한다. 용기에 채운 뒤 덮개에 누름돌을 얹어 7일간 염지한다.

⑤ **2차 선별**

어체 크기와 무게에 따라 특(크기 20 cm 이상, 무게 210 g 이상), 상(크기 15 cm 이상, 무게 160 g 이상) 등으로 선별한다.

⑥ **엮음**

건조하기 위하여 크기가 큰 것은 10마리씩을 한 묶음으로, 작은 것은 20마리를 한 묶음으로 엮는다.

⑦ **세척 및 탈수**

과잉의 소금과 이물질의 제거를 위하여 수돗물로 세척하고, 이어서 건조 시간 절약을 위하여 간단히 탈수한다.

⑧ **건조**

건조장 건조대에 걸어 그늘에서 3~5일 동안 건조시킨다. 「수산물의 품질인증 세부기준」(2019)에서는 수분 함량을 70% 이하로 규정하고 있다.

⑨ **포장, 저장 및 출하**

제품은 크기별로 포장하여 저장 및 유통한다.

그림 8-50 굴비

(2) 마른 옥돔

마른 옥돔은 옥돔의 두부와 내장을 전처리하고 염지 처리한 후 건조하여 제조한 것으로, 제주의 수산전통식품 중의 하나이다.

① **원료 옥돔**

원료인 옥돔은 25 cm 이상 크기의 선도가 양호하고 신선한 것을 사용하는 것이 바람직하다.

그림 8-51 원료 옥돔

② **선별**

원료 상태와 크기별로 선별하여 전처리 장소로 이동시킨다.

③ **전처리, 세척 및 탈수**

내장, 아가미, 비늘 등을 제거하고, 전처리 이물에 해당하는 비늘, 혈액, 내장 유래 이물 등을 제거하기 위하여 세척하고 가볍게 탈수한다.

④ **염절임**

물간법을 실시하는 경우 보메도 5° 정도의 소금물에 5시간 정도 염지하고, 마른간법을 실시하는 경우에는 원료 중량에 대하여 4~5%의 천일염을 골고루 뿌린 후 약 3시간 정도 음지에서 염지한다.

⑤ **세척 및 탈수**

표면의 과도한 소금과 염지 중 베어 나온 이물질 등을 수돗물로 세척하고 가볍게 탈수한다.

⑥ **건조**

절개한 복부 안쪽이 위로 향하도록 건조대에 나열하고 수분이 약 75%가 되도록 자연 건조 또는 냉풍 건조를 실시한다. 자연 건조를 할 때는 자외선에 의한 육질의 변질 및 산화 변색 등을 최소화하기 위하여 오전의 약한 햇빛을 이용한다.

⑦ **선별, 포장 및 냉동**

마른 옥돔은 크기, 상처 유무 등에 따라 선별하고, 얇은 폴리에틸렌polyethylene비닐봉지에 동일 크기의 옥돔을 1~2마리씩 넣은 후 급속 동결(-40℃ 이하에서 12시간 정도)한다.

⑧ **저장 및 출하**

완제품은 고품질을 유지하기 위하여 심온동결 저장(-18℃ 이하)한다.

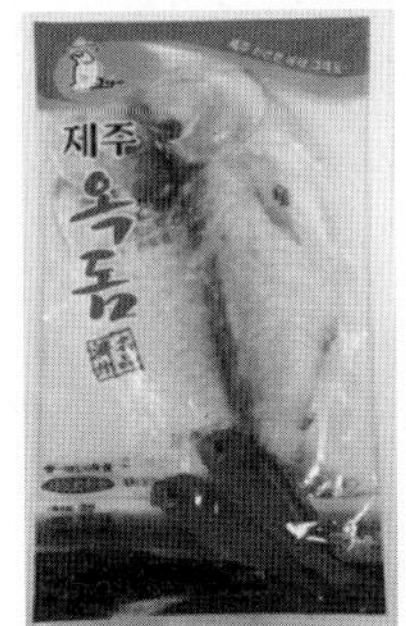

그림 8-52 마른 옥돔

5) 자배건품

자배건품은 어육을 자숙한 후 배건하여 말린 제품으로 나무 막대처럼 딱딱하게 건조시킨 가쓰오부시 등이 대표적인 제품이다.

(1) 가쓰오부시

가쓰오부시는 가다랑어를 원료로 하여 전처리 후 자숙 및 훈건한 후 나무 막대처럼 딱딱한 상태로 만든 제품을 말한다. 딱딱한 나무 상태의 가쓰오부시를 얇게 썰어서 포장하고 여기에 기체를 주입하여 유통한다. 가쓰오부시는 주로 수입에 의존하고 있었으나, 최근 국내 수요의 증가와 더불어 국내의 가공 공장에서도 생산, 유통되고 있다. 가쓰오부시의 종류 및 특징을 표 8-19에 정리하였다.

표 8-19 가쓰오부시의 종류 및 특성

가쓰오부시	특징
나마리부시	1차 배건만 하여 제품의 수분 함량이 많은 제품
아라부시	배건을 3~4회 실시한 제품
오니부시	배건을 모두 끝내고 곰팡이 붙이기를 하기 직전의 제품
혼부시	가다랑어육을 이용하여 곰팡이 붙이기를 4회 실시하여 제조한 제품으로, 오부시는 가다랑어 등 쪽을 원료로 한 제품이고, 메부시는 가다랑어 배 쪽을 원료로 한 제품
가메부시	소형 가다랑어(3 kg 이하)의 필릿을 이용하여 곰팡이 붙이기를 4회 실시하여 제조한 제품

① 원료어

신선한 다랑어를 원료어로 사용하는 것이 바람직하며, 국내에서는 대부분 가다랑어를 사용하고 있다.

가다랑어(skipjack tuna) 황다랑어(yellowfin tuna) 날개다랑어(albacore)

그림 8-53 다양한 종의 다랑어

② 선별 및 해동

간격이 다른 컨베이어를 이용하여 크기별로 선별하고, 동일 크기별로 유수 해동실로 보내어 해동 처리(여름에는 보통 6~8시간, 겨울의 경우 10~12시간)한다.

③ 전처리 및 세척

해동 다랑어는 머리, 아가미, 내장 등을 제거하는 드레스dressed 처리하고, 이 과정에서 생긴 이물질인 비늘, 혈액, 내장 등을 수돗물로 세척

그림 8-54 전처리

하고 가볍게 탈수한다.

④ **자숙 및 냉각**

일반적으로 100~105℃에서 일정 시간 자숙하는데 중심 온도가 65℃ 정도가 되도록 실시한다. 이때 자숙 시간은 어체의 크기, 선도, 동결 유무, 지방 함량 등에 따라 다르나 12~15 kg 정도일 경우 3.5~4.0시간, 3 kg 정도는 1~2시간 정도가 적절하다. 자숙한 다랑어는 육질이 긴축되어 적당한 경도를 가지고 근육을 분리할 수 있을 정도로 될 때까지 유수로 냉각 처리한다.

그림 8-55 자숙 및 냉각

⑤ **껍질 및 뼈 제거**

비늘과 생선 껍질을 제거하고, 근육을 두 쪽으로 포를 떠서 등뼈와 작은 뼈를 제거한다.

그림 8-56 이물 제거

⑥ **훈연 및 방랭**

훈연실에서 110~140℃로 1~2시간 훈연 처리한 뒤 하룻밤 동안 방랭 처리한다.

⑦ **손질 처리**

방랭 육편의 갈라진 부위를 혼합육(생육과 자숙육을 갈은 육)으로 손질하여 처리한다.

⑧ **훈연, 일건 및 정형**

첫 번째 배건보다 약간 낮은 온도에서 훈연을 실시하고, 배건한 후 천일 건조를 실시한다. 이어서 외형을 다듬는 정형 작업을 한다. 이와 같은 훈연, 일건 및 정형 공정을 10~15회 반복한다.

⑨ **곰팡이 붙이기, 일건, 솔로 털기**

혼부시를 제조하기 위해서는 곰팡이(주로 *Aspergillus glaucus*, *A. repens*, *A. ruber*)를 붙이고 천일 건조(일건)한 후 곰팡이를 솔로 털어 내야 한다. 곰팡이 붙이기와 일건 공정을 4회 정도 반복한다. 곰팡이를 붙인 혼부시는 추출액이 투명하고 특유의 향이 발생한다.

⑩ **포장, 저장 및 출하**

가쓰오부시를 박편으로 깎은 상태로 저장하는 경우 향이 급속하게 소실되므로 포장은 플라스틱 주머니에 넣고 불활성 가스로 충전하여야 한다. 제조한 가쓰오부시는 상온 저장하고 출하, 유통한다.

그림 8-57 가쓰오부시 완제품

단원정리

1 수산 건제품은 수산물을 태양열 또는 인공적인 열로 수분을 제거하여 미생물 및 효소 등의 작용을 억제시켜 저장성을 높인 제품이다.

2 건제품은 수산물의 저장성 부여, 수송과 포장의 간편성 부여, 성분의 농축에 의한 독특한 풍미 부여, 조직감 개선을 목적으로 제조하고 있다.

3 수산물의 건조는 내부 확산 속도=표면 증발 속도일 때 이상적이고, 내부 확산 속도가 표면 증발 속도보다 느리면 표면 경화 현상(겉마르기 현상)이 일어나 저급품이 만들어진다. 표면 경화 현상을 억제하기 위해서는 낮에는 건조하고 밤에는 쌓아 두거나 저온고에 저장하였다가 낮에는 다시 건조시키는 조작을 반복 실시하여야 한다. 최근에는 변온 건조기를 사용하여 30~50℃에서 일정시간 건조한 후 0~10℃로 일정시간 냉각한 다음 다시 건조하는, 즉 건조-냉각-건조 공정을 반복하여 표면 경화 현상을 억제하기도 한다.

4 수산물은 건조 중 가용성 물질의 이동, 수축, 표면 경화 등과 같은 물리적 변화와, 갈변현상, 색소 파괴, 단백질 변성, 아미노산의 분해, 지질 산화 및 비타민의 파괴 등과 같은 화학적 변화가 발생한다.

5 건조법에는 천일 건조법, 자연 동결 건조법(동건법), 팽화 건조법, 열풍 건조법, 냉풍 건조법, 유동층 건조법, 자배건법, 분무 건조법, 드럼 건조법, 적외선 건조법, 마이크로파 건조법, 진공 건조법, 동결 건조법, 변온 건조법 등이 있다.

6 수산 건제품에는 소건품(마른오징어, 마른 대구, 마른미역, 마른 김 등), 자건품(마른 멸치, 마른 해삼, 마른 새우, 마른 전복, 마른 패주, 마른 새우 등), 동건품(황태, 한천 등), 염건품(굴비, 마른 옥돔 등), 자배건품(가쓰오부시) 등이 있다.

7 수산 건제품은 유통 과정에서 고온 및 고습 환경에 방치되는 경우 미생물에 의한 불쾌취가 발생하고, 지질의 산화로 제품의 색깔이 갈색이나 적갈색으로 변화하며, 영양가가 저하되고 산패취가 발생하게 된다.

연습문제

1 **수산물을 냉동한 다음 냉동 수산물 중의 얼음 결정을 승화시켜 제품의 복원성을 좋게 한 건조방법은?**

① 드럼 건조법
② 열풍 건조법
③ 동결 건조법
④ 배건법

2 **이상적인 건조를 위한 내부 확산 속도와 표면 증발 속도와의 관계가 옳은 것은?**

① 내부 확산 속도=표면 증발 속도
② 내부 확산 속도 > 표면 증발 속도
③ 내부 확산 속도 < 표면 증발 속도
④ 관계없음

3 **수산물의 건조방법 중 복사에 의하여 건조되는 것은?**

① 열풍 건조법
② 냉풍 건조법
③ 유동층 건조법
④ 적외선 건조기

4 **자배건품으로 올바른 것은?**

① 마른 김
② 마른 멸치
③ 가쓰오부시
④ 한천

5 **마른 김 1속의 장 수는?**

① 10장
② 20장
③ 50장
④ 100장

정답 **1** ③ **2** ① **3** ④ **4** ③ **5** ④

CHAPTER 09

훈제품

1. 훈제품의 기초 | 2. 훈제품 제조 설비 및 훈제법 | 3. 훈제품의 제조

훈제품은 전처리한 원료에 나무를 불완전 연소시켜 발생하는 연기를 쐬면서 건조시킴으로써 독특한 풍미와 보존성을 갖도록 한 제품이다. 대표적인 제품으로는 오징어 훈제품, 연어 훈제품, 뱀장어 훈제품, 청어 훈제품 등이 있다.

1. 훈제품의 기초

1) 훈제품의 특성

(1) 저장성 부여

훈제품의 저장성은 가열, 건조, 식염 첨가, 훈연 성분 부착 및 표층 피막의 형성 등에 영향을 받는다.

① 가열

열훈법은 훈연실의 온도가 120~140℃ 범위이고 훈제품의 중심 온도가 40℃ 이상이므로, 가열에 의하여 단백질이 응고되고 살균 효과가 나타난다. 그러나 냉훈법은 열훈법보다 처리 온도 및 제품의 품온이 낮아 살균 효과를 기대하기 어렵다.

② 건조

건조는 훈제품의 저장성에 중요한 역할을 한다. 훈제품은 훈건에 의하여 수분 함량이 약 35%까지 감소하므로 미생물에 의한 변패가 억제되어 저장성을 가진다.

③ 식염 첨가

훈제품은 전처리 공정에서 처리되는 염지 공정에서 소금에 의한 수분 활성 저하, 훈연 중 생성되는 연기 중의 폼산이나 아세트산 등의 표면 부착에 의한 pH 저하 등으로 미생물의 생육이 다소 저지된다.

일반적으로 일반 미생물의 식염 내성은 pH가 저하됨에 따라 감소하나, 훈제품은 식염 농도로 미생물의 생육을 완전히 제어할 수 있을 만큼 높은 것은 아니다.

④ 항균 효과

훈제품의 항균 효과는 연기 중에 함유되어 있는 폼알데하이드formaldehyde, 페놀phenol류, 유기산류, 알코올 등과 같은 항균 성분에 의한 것과 표층 피막의 형성 때문이다.

- 항균 성분 : 훈제품의 항균 성분들의 효과는 폼알데하이드의 경우 가스 상태일 때 강하고 훈연액과 같이 수용액일 때는 약하다. 페놀류의 경우 그 자체만일 때는 인

정되나, 연기 중에 함유된 농도(20~30 mg/kg)일 때는 기대하기 어렵다. 유기산의 경우 직접적인 항균력은 상당히 인정되나, 훈제품에 흡착되는 정도, 연기 중의 농도 등을 고려하면 그 효과가 명확하지 않으며 오히려 산류에 의한 어육 표면의 pH 저하로 그 효과를 기대할 수 있다.

- 피막 성분 : 훈제품의 제조 중 표층의 단백질이 열이나 훈연 성분(폼알데하이드, 페놀류, 유기산류, 알코올 등)과의 상호작용 등에 의하여 변성, 응고되는 동시에 공존하는 여러 가지 성분과 복잡한 상호작용을 거쳐 일종의 단백질 변성 피막이 형성된다. 이러한 변성 피막은 2차 오염을 저지하는 동시에, 표면 오염에 있어서도 육질 내부에서의 수분이나 영양 성분 등의 침출을 방지하고 미생물의 증식을 억제하여 세균의 침투를 곤란하게 하며, 폼알데하이드, 페놀류, 산류 등과 같은 미생물 살균 효과를 가진 성분에 의해 항균 효과를 가지게 된다.

⑤ 산화 방지 효과

오메가-3 지방산omega-3 fatty acid과 같은 유지의 산화를 억제시킬 수 있는 훈제품의 산화 방지 효과는 훈연 성분 중의 하나인 페놀류, 메일라드 반응Maillard reaction 생성물(아미노-카보닐 화합물)과, 표면 피막 형성 등의 영향이다. 다만, 훈제품이 산화 방지 효과를 가지기 위해서는 메일라드 반응 생성물이 일정 성분 이상 함유되어 있어야 한다.

(2) 풍미 개선

예전에는 저장성을 확보하기 위하여 훈제품을 제조하였으나 최근에는 저장성보다는 풍미 개선의 비중이 높다. 연기에는 특유의 강한 냄새와 신맛 및 쓴맛 등을 지닌 성분들이 함유되어 있어서, 이들 성분이 식품에 부착하여 원료 자체의 풍미를 마스킹masking하는 동시에 새로운 풍미를 갖게 한다. 이 때문에 수산가공품의 비린내 등을 개선하는 방법으로도 많이 응용되고 있다.

훈제품 특유의 향은 많은 성분이 관여하는데 그중에서도 페놀류의 기여 비중이 높고, 이외에 카보닐 화합물, 비카보닐 중성 성분, 염기성 성분 등이 어우러져 발현된다.

(3) 안전성

훈제품 제조에 사용하는 훈연 성분에는 메틸알코올methyl alcohol, 폼알데하이드, 페놀류, 케톤ketone류 등과 같은 성분과 3,4-벤조피렌3,4-benzopyrene 등이 혼입되어 있어 제품의 안전성에 대한 문제가 제기되기도 한다. 훈제품에 함유되어 있는 이들 성분은 극히 미량이고, 연간 총섭취량 등을 고려한다면 염려할 수준은 아니나, 훈제품의 안전성을 확보하기 위해서는 훈연 및 훈제품에 대한 관리를 철저히 하여야 한다.

2. 훈제품 제조 설비 및 훈제법

1) 훈연실

훈제품의 제조 설비인 훈연실은 제조방법이나 제품의 양 등에 따라 여러 형태로 고안되어 있다. 훈연실의 규격과 형태는 다를지라도 그 기본 원리는 연기 발생장치에서 나온 연기가 훈연실 안에 균일하게 분산되도록 설계하는 것이다.

(1) 기본 시설 및 장비

훈연실의 기본 시설와 장비는 연기 발생장치(주철로판, 가스버너), 순환 및 배기 팬, 연기 배관, 온도 및 습도 감지기, 훈연 조절기, 격리판, 배출구, 흡입구, 습기 통풍장치 등이다.

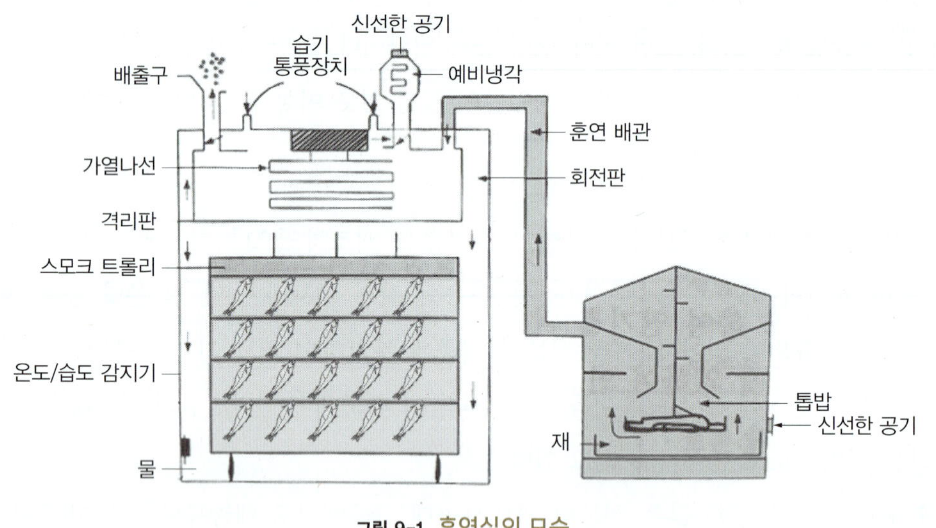

그림 9-1 훈연실의 모습

(2) 운전 체계

훈연실은 공기를 팬fan으로 순환하고, 제품을 가열하는 열원으로는 가스 또는 스팀을 사용하며, 온도는 자동 온도 제어장치에 의해 제어된다. 따라서, 전처리 원료는 온도 중심부가 일정 온도에 도달할 때까지 자동 온도 제어장치로 제어되며, 연기 발생장치 smoke generator에서 발생하는 연기에 의한 훈연과 함께 가열되어 훈제품이 제조된다.

2) 훈제품 제조용 목재

훈제에 쓰이는 나무로는 일반적으로 수지가 적고 단단한 활엽수가 좋다. 침엽수는 수지가 많아 그을음이 많고 불쾌한 맛을 내기 때문에 바람직하지 않다. 따라서, 참나무, 떡갈나무, 자작나무, 개암나무, 너도밤나무, 상수리나무, 호두나무 등이 주로 사용되고, 왕겨나 옥수수심을 쓰기도 한다.

3) 훈제방법

훈제는 원료의 특성, 제품의 종류에 따라 각각 적절한 처리 공정이 적용되는데 적용방법에 따라 제품의 풍미나 저장성에 차이가 크다. 훈제방법은 저장성에 목적을 둔 냉훈법과, 풍미 및 기호성에 목적을 둔 온훈법으로 크게 나뉘며, 그 밖에 열훈법, 액훈법 및 전훈법 등으로 분류하기도 하나, 현재 전훈법은 산업계에서 거의 사용되고 있지 않다. 온훈법은 다시 적용하는 온도에 따라 중온법과 고온법으로 세부 분류하기도 한다.

(1) 냉훈법

냉훈법cold smoking은 장기 저장을 목적으로 하며, 열에 의해 단백질이 응고하지 않을 정도의 저온(10~30℃ 범위, 보통 25℃)에서 1~3주일 정도 비교적 긴 시간 동안 훈제하는 방법이다. 훈연실 온도가 이 범위보다 낮으면 건조 속도가 떨어지고, 높으면 원료가 변패되기 쉽다. 훈연실을 25℃ 이하로 유지하기 위해서는 외기 온도가 16~17℃ 이하인 곳이 필요하므로 여름에는 제조가 곤란하다. 보통 냉훈법을 실시할 경우 야간에는 훈제 처리를 하고 주간에는 통풍을 시켜 방랭 및 건조를 진행할 때가 많다. 훈연 초기의 악변을 막기 위하여 약간 염도를 높여 염지를 한 후 염 빼기를 하여 육질을 건조시키기 쉬운 상태로 만들어 처리한다.

냉훈법은 일반적으로 수분 함량이 20~40% 범위로 제품의 건조도가 높아 1개월 이상 장기 보존이 가능하나 풍미는 온훈법으로 제조한 제품보다 떨어진다.

표 9-1 훈제방법과 처리 조건

훈연방법		처리온도(°C)	훈연 기간	장점	단점
냉훈법		10~30	1~3주	• 높은 보존성	• 따뜻한 기후에서 제조 부적당 • 풍미 낮음
온훈법	중온	30~50	3~8시간	• 풍미 우수	• 낮은 저장정
	고온	50~80			
열훈법		120~140	2~4시간	• 작업 시간 짧음	• 보존성 낮음 • 훈재 사용량 많음 • 온도 조절 어려움
액훈법		-	10~20시간	• 단시간 많은 제품 가공 가능 • 시설 간단 • 일손 적음 • 균일 제품 생산 가능	• 훈액 농도 및 침지 시간 조절 어려움

(2) 온훈법

온훈법hot smoking은 풍미 개선을 주요 목적으로 하며 30~80°C에서 단시간(3~8시간) 훈제하는 방법이다. 온훈법은 30~50°C 범위에서 훈연하는 중온법과 50~80°C 범위에서 훈연하는 고온법으로 세분할 수 있다.

온훈법은 일반적으로 수분 함량이 50~65% 범위로 건조도가 낮아 보존성은 대략 4~5일 범위로 짧으나 풍미가 풍부한 제품을 얻을 수 있다. 온훈품을 장기 저장하고자 할 때는 저온 저장, 통조림 등과 같은 보조 저장 수단 등을 공유하여야 한다.

(3) 열훈법

열훈법heat smoking은 온훈법보다 고온인 120~140°C 범위에서 단시간(2~4시간) 동안 훈연하는 방법으로, 배훈법이라고도 한다. 열훈법은 원료의 단백질이 열에 응고되고, 원료 표면의 일부 또는 전면이 불에 쬐어 구운 것과 같은 상태가 된다. 그러나 훈연 목재의 사용량이 많으며 훈연 과정에서 온도 조절이 어렵다. 열훈법은 냉훈법과는 달리 주간에 작업을 하고 야간에는 잘 진행하지 않는다. 열훈법으로 제조한 제품은 수분 함량이 60~70% 범위로 높고 저장성이 낮아서 제조 후 신속히 소비하여야 한다.

(4) 액훈법

활엽수로 숯을 만들 때 나오는 연기 성분을 응축 또는 물에 흡수시켜서 정제하여 훈연액을 만들어 훈제 효과를 대신할 수 있기 때문에 액훈법liquid smoking에 많이 사용된다. 시판 훈연액은 식용과 공업용이 있으므로 잘 확인하고 사용하여야 한다.

액훈법은 어패류를 직접 훈연액에 침지하거나 분무한 후 건조하든가, 훈연액을 가열하여 나오는 연기에 원료를 쐬어 훈제하는 방법이다. 다른 훈연법보다 짧은 시간에 많은 양의 제품을 가공할 수 있으며, 시설이 간단하고 일손이 많이 필요하지 않으며 균일한 품질의 제품을 제조할 수 있다는 장점이 있다. 반면에 훈연액의 농도나 침지 시간을 맞추기 어렵다는 단점이 있다.

3. 훈제품의 제조

1) 원료

훈제품을 제조하는 원료로는 주로 어패류가 사용되며, 다른 수산가공품의 원료와 같이 선도가 좋은 것이 바람직하다. 일반적으로 어류의 경우 연어, 송어, 뱀장어, 꽁치, 정어리, 고등어 등이 많이 사용되고, 패류는 굴, 바지락, 지중해담치 등이, 두족류는 오징어 등이 많이 쓰인다.

표 9-2 훈제품 제조에 많이 사용되는 수산물

어류	패류	기타
연어, 송어, 뱀장어, 꽁치, 정어리, 고등어, 멸치 등	굴, 바지락, 지중해담치 등	오징어 등

① 지방 함량

일반적으로 지방이 적은 원료로 훈제품을 제조할 경우 맛이 없고 훈연 향기도 남지 않으며, 어체가 단단해져 외관과 수율이 나쁘므로 바람직하지 않다. 반대로 지방이 과도하게 많은 원료를 사용하면 건조가 잘 되지 않고 저장성이 떨어질 뿐만 아니라 유지의 산화 변색이 일어나기 쉽다. 따라서, 훈제품의 원료는 지방 함량이 냉훈품의 경우 7~10% 범위, 온훈품은 10~15% 범위 정도가 적당하다. 지방이 적은 흰살생선의 훈연은 단시간 동안 실시하는 것이 좋다.

② **기타**

훈연품의 원료로는 선어가 좋으나 냉동어나 염장어도 사용할 수 있다. 다만, 냉동어의 경우 산화 변색이 일어난 것은 적합하지 않고, 염장어도 발효 냄새가 없는 것이 좋다.

2) 생산 경향

예전에는 훈제품 생산 목적이 주로 저장성이었으나, 최근에는 냉장 및 냉동 기술의 발달과 더불어 통조림과 같은 저장 수단도 크게 발달하여 저장성보다는 향과 맛을 고려한 풍미에 초점을 맞추어 생산하고 있다.

3) 제조 응용

(1) 오징어 조미 훈제품

훈제품의 대표적인 제품 중의 하나가 오징어 조미 훈제품이고, 이의 제조 공정은 그림 9-2와 같다.

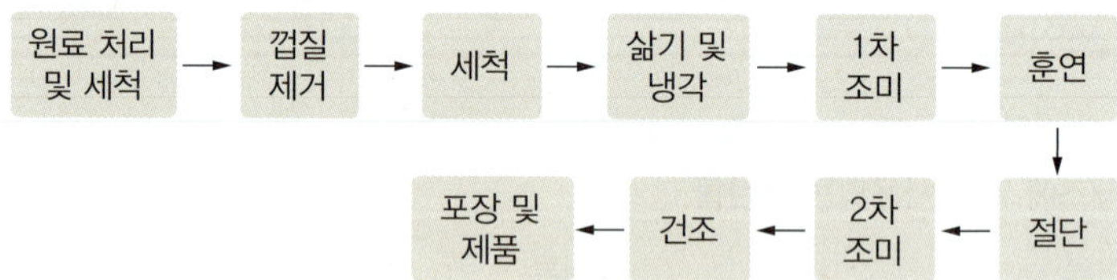

그림 9-2 오징어 조미 훈제품의 제조 공정

① **원료 처리 및 세척**

오징어 조직은 어육과는 다른 점이 많다. 표피층은 4층으로 되어 있으며, 1층과 2층 사이에 색소 세포층이 있다. 각 층의 두께는 표층부터 각각 약 200 μm, 150 μm, 60 μm, 40 μm이다.

오징어의 지느러미 양쪽을 한 손으로 잡아당기면서 몸통에 칼집을 내고 밑으로 내리면서 지느러미를 떼어 낸다. 몸통은 끝까지 절개하고, 다리를 잡아 위쪽 방향으로 당기면서 다리와 내장을 함께 떼어 낸다. 다리에 붙은 내장은 칼로 잘라 내고, 다리 윗부분을 절개하여 먹통, 눈, 입을 제거한다.

② **껍질 제거**

오징어 껍질을 벗기는 것은 손으로 하는 방법과 탈피기를 사용하는 방법이 있다. 산업계에서는 일반적으로 탈피기를 이용한다. 오징어 탈피기는 원통 안에서 날개의 회전과 뜨거운 물의 복합적인 작용에 의하여 껍질을 분리하며 이물질도 세척할 수 있다.

몸통을 탈피기에 넣고 냉수로 2분 정도 2~3회 세척한다. 온수를 공급하여 55~60℃를 유지하며 14~20분간 담가 놓고 계속 교반하여 서로 마찰시키면 껍질이 벗겨지면서 색소가 온탕으로 용출되며, 이어서 0.03%의 단백질 가수분해효소protease를 넣어 3피(껍질)를 제거한다.

③ **세척**

껍질 제거가 완료된 몸통은 부착된 이물을 제거하기 위하여 냉수로 신속하게 세척한다.

④ **삶기 및 냉각**

오징어 조미 훈제품 제조용 자숙기는 껍질을 벗기고 세척한 오징어를 뜨거운 물로 삶는 장치로, 압력계와 온도계가 부착되어 있으며 물을 가열하기 위한 증기관 또는 온수관이 설치되어 있다. 껍질을 제거한 몸통을 84~90℃ 탱크에서 4~6분간 삶는다. 삶은 몸통을 4℃의 깨끗한 냉수로 2~3분간 급랭한 뒤 15℃ 이하의 냉수에 30~60분간 침지한다. 이때 몸통이 물 표면 위로 노출되지 않도록 하여야 하며, 냉각수 온도가 상승하지 않도록 냉각수를 흘려보낸다. 최종적으로 과도한 물을 제거하기 위하여 풍건을 실시한다.

⑤ **1차 조미**

오징어 몸통에 조미를 하기 위한 조미 혼합기는 탱크를 회전시켜 오징어 몸통에 첨가물이 혼합되도록 하는 기계로, 1차와 2차 조미를 하는 데 사용된다. 자숙 오징어 몸통에 대한 조미 비율을 표 9-3에 예시로서 나타내었다. 이를 바탕으로 설탕, 식염, 글루탐산나트륨, 핵산계 조미료를 혼합하여 자숙 후 냉각한 오징어 몸통에 골고루 살포한 다음 가볍게 압력을 가하여 하룻밤 방치한다.

표 9-3 오징어 조미 훈제품(온훈품)의 조미료 배합의 예

조미료		배합 예(%)			
		A	B	C	D
1차 조미	설탕	20	5~20	10~15	20
	식염	6	3~5	3~5	5.3
	글루탐산나트륨	1	0.2~1	-	1.
	핵산계 조미료	-	-	-	0.05
2차 조미	설탕	12	5~15	5~15	10
	식염	3.6	2~5	2~5	2.7
	글루탐산나트륨	0.8	0.5~1.2	0.2~1.2	0.1
	핵산계 조미료	0.02	-	-	0.02

*1차 조미는 자숙육, 2차 조미는 훈건 후 절단육을 각각 100으로 했을 때의 비율

⑥ **훈연**

1차 조미를 마친 오징어 몸통은 막대기에 걸어 훈연한다. 처음 1~2시간은 20~25℃로, 이후 2시간째부터는 천천히 온도를 높이고, 마지막 2~3시간은 60~70℃에서 훈건하며, 총 7~9시간 동안 실시한다.

⑦ **절단**

훈연을 마친 것은 기계 또는 손으로 체축에 대하여 직각 방향으로 2 mm 정도 절단하고, 지나치게 건조된 양끝 부분은 제거한다.

⑧ **2차 조미**

절단한 육을 선별, 제거한 다음 표 9-3에 나타낸 것과 같은 비율의 조미료를 사용하여 2차 조미를 한다. 보존료 등을 첨가할 경우에는 본 단계에서 첨가한다. 훈연 및 조미 정도에 따라 적당히 살포하여 잘 혼합한 후 용기에 넣고 밀폐하여 조미가 균일하게 되도록 한다.

⑨ **건조**

조미료의 침투가 끝난 오징어 조미 훈제품은 숯불이나 적외선 등으로 적당히 건조시킨다. 「수산물·수산가공품 검사기준」(2019)에서는 수분 함량을 42% 이하로 규정하고 있다.

⑩ **포장**

제품은 파라핀 종이로 포장을 하거나, 폴리에틸렌polyethylene 비닐 백에 넣어 진공포장한다. 제품의 수율은 원료 오징어의 종류, 선도, 제품의 수분 함량 등에 따라 다소의 차이가 있으나 일반적으로 15~16% 정도이다. 저장성은 수분 함량, 조미료 함량에 따라 다르지만, 일반적으로 상온에서 2~3개월 이상 저장할 수 있으나 수분 함량이 많은 제품은 변패되는 경우도 있어 저온 저장하는 것이 바람직하다.

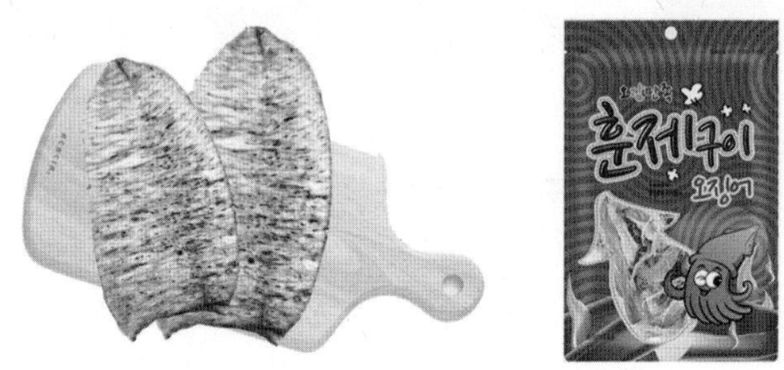

그림 9-3 오징어 조미 훈제품

(2) 연어 훈제품

연어 훈제품은 전처리한 후 맛을 부여하기 위하여 조미한 다음 연어 특유의 비린내를 억제하고 독특한 풍미와 조직감을 부여할 목적으로 훈연하여 제조한 제품으로 고급품에 속한다.

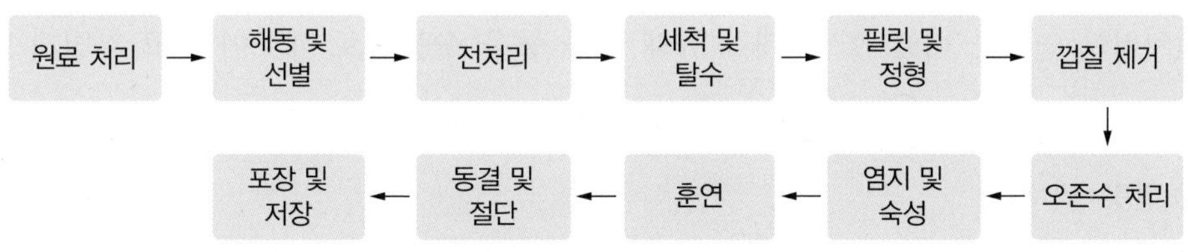

그림 9-4 연어 훈제품의 제조 공정

① **원료 처리**

우리나라에서 사용하는 연어 훈제품용 원료는 노르웨이와 칠레에서 각각 수입한 양식 대서양 연어Atlantic salmon, *Salmo salar*와 은연어coho salmon, *Oncorhynchus kisutch*를 주로 사용한다. 우리나라 남대천 등으로 회유하는 백연어chum salmon도 일부 사용하나 아직 자원이 적어 효율적으로 이용하지는 못하고 있다.

연어류는 크게 왕연어king salmon, 홍연어sockeye salmon, 은연어silver salmon, coho salmon, 대서양 연어Atlantic salmon, 송어(체리연어cherry salmon, 시마연어), 백연어chum salmon, 곱사연어(핑크연어pink salmon) 등으로 분류된다.

그림 9-5 연어 훈제품용 원료

② **해동 및 선별**

저온 해동실(10℃)에서 8~10시간 동안 해동 처리하는데, 원료로 선어를 사용하는 경우에는 해동 공정은 생략한다. 이후 크기, 선도, 손상 유무에 따라 선별, 분류한다.

③ **전처리**

전처리는 머리가 붙어 있는 유두 제품을 제조하고자 할 때는 아가미와 내장을 제거하고, 머리가 없는 무두 제품을 제조하는 경우에는 H&Gheaded and gutted 또는 dressed 냉동 연어를 사용한다.

④ **세척 및 탈수**

전처리한 연어는 비늘, 혈액, 내장 유래 이물 등을 수돗물로 깨끗이 씻고 가볍게 탈수한다.

⑤ **필릿 및 정형**

필릿 처리기fillet machine로 등뼈를 제거하고 몸통은 좌우 2편으로 분리 처리한 필릿으로 만든다. 전처리된 필릿은 정형 처리를 위하여 불필요한 뱃살과 비가식 부위(지느러미, 꼬리)를 제거하고, 핀 본 제거기pin bone machine로 뼈를 제거한 후 제거되지 않은 잔뼈는 핀셋으로 뽑아 낸다.

⑥ **껍질 제거**

껍질이 붙어 있는 필릿은 탈피기에 넣어 껍질을 제거한다.

⑦ **오존수 처리**

오존수 살균기로 분무되는 1 mg/L 농도의 오존수로 30초간 처리ozonizing하고 남은 이물을 제거하면서 살균 처리한다. 채반에 5분간 방치하여 잔존하는 오존을 제거한다.

⑧ **염지 및 숙성**

오존을 제거한 원료는 신속히 염지실로 옮겨 소금을 살포(소금은 제품 종류에 따라 다르나 정제염 기준으로 1~2%)한다. 조미 제품은 소금, 설탕, 후추, 로즈마리rosemary를 혼합한 염지제를 6%가 되도록 처리한다. 이어서 염지 또는 조미 처리된 연어는 숙성실(5°C에서 8시간)에서 숙성 처리한다.

⑨ **훈연**

숙성 연어는 훈연기에서 제품 종류에 따라 달리 훈연한다. 훈연 처리는 3가지 방법, 즉 26°C에서 1시간 동안 습도 80%, 신선한 공기 100%로 처리, 26°C에서 4시간 동안 습도 60~80%, 신선한 공기 100%로 처리, 26°C에서 8시간 동안 습도 54~65%, 신선한 공기 100%로 처리하는 방법 중 한 가지를 선택해 실시한다.

⑩ **동결 및 절단**

훈연이 완료된 연어는 급속 냉동 처리한 후 보랭실(0~5°C)에서 품온을 조절하고, 약 3~5 mm 두께로 절단한다.

⑪ **포장 및 저장, 출하**

절단한 훈제 연어는 폴리에틸렌 비닐 백에 진공포장(내포장)한다. 내포장이 끝난 제품은 포장실로 이동하여 외포장을 한 다음 금속탐지기를 통과시켜 마지막으로 이물 여부를 확인하고 냉동 창고에 보관 및 유통한다.

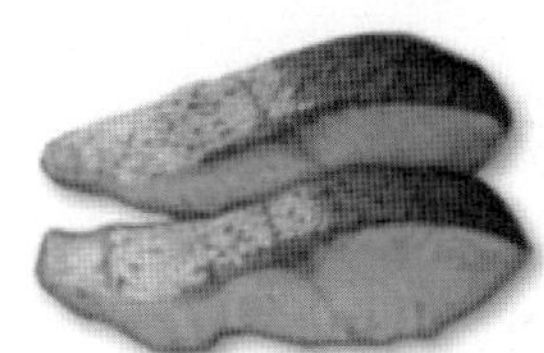

그림 9-6 시판 연어 훈제품

(3) 뱀장어 훈제품

뱀장어 훈제품은 온훈법으로 제조한다. 온훈품은 부패되기 쉬울 뿐 아니라 곰팡이도 발생하기 쉽기 때문에, 이를 방지하기 위하여 제품 1 kg당 1.5 g 이하의 소브산sorbic acid을 첨가한다. 온훈법 처리를 할 때는 처음 1~2시간은 20~25℃, 2시간째부터는 천천히 온도를 높여 가고, 마지막 2~3시간은 60~90℃에서 훈연함으로써 총 6~9시간 만에 완료한다.

원료 처리 → 염지 및 세척 → 풍건 → 훈연 → 암증 및 포장

그림 9-7 뱀장어 훈제품의 제조 공정

① 원료 처리

원료인 뱀장어는 200~300 g의 크기로 250 g 정도가 적당하며, 살아 있는 뱀장어는 흐르는 물에 2~3일간 담가 두었다가 두부, 내장 및 등뼈를 제거한다. 이때 뱀장어 혈액에는 이크티오톡신ichthyotoxin이라는 독이 있으므로 주의하여야 하나, 이 독은 단백질로 존재하여 60℃ 이상에서는 변성되어 독력이 없어진다.

그림 9-8 원료 뱀장어

② 염지 및 세척

식염 농도, 침지 시간은 원료어의 크기, 처리 능력에 따라 달라지는데 보통은 5~10% 정도의 소금물 중에 10시간 정도 침지하며, 과도한 소금은 세척하여 제거한다. 소금물에 글루탐산나트륨 1~3% 정도 첨가하면 맛이 좋아진다.

③ 풍건

수세가 끝난 뱀장어는 그늘에서 30분 정도 풍건(바람으로 건조)하거나, 열풍 건조기를 이용하여 표면을 건조한다.

④ 훈연

훈제품을 가공할 때 가장 중요한 공정이 훈연으로 제품의 품질을 좌우한다. 훈연은 60~90℃에서 처리한다. 처음에는 온도를 천천히 올려 5~6시간 정도 처리하는 것이

적당하며, 특별히 주의해야 할 점은 화염이 어체에 닿아 타지 않도록 화력을 조절하는 것이다.

⑤ **암증과 포장**

훈연한 뱀장어에 적당한 색과 향미가 부착되면 훈연실에서 꺼내 표면의 그을음과 오물을 제거한 후 충분히 방랭한다. 이어 종이상자에 넣어 하룻밤 정도 밀봉 방치(암증)함으로써 육중의 수분과 유지가 균일화되도록 한다. 한 마리씩 진공포장하여 -20℃에 보관한다.

⑥ **제품**

제품의 수율은 일반적으로 43~45% 정도이며, 저장성은 냉장고에서 약 1개월 정도이다.

그림 9-9 뱀장어 훈제품

단원정리

1 훈제품은 전처리한 원료에 목재를 불완전 연소시켜 나온 연기를 쐬어 독특한 풍미와 보존성을 가지도록 한 제품이다.

2 훈연실의 기본 시설 및 장비는 연기 발생장치(주철로판, 가스버너), 순환 및 배기 팬, 연기 배관, 온도 및 습도 감지기, 스모크 트롤리, 격리판, 배출구, 흡입구, 습기 통풍장치 등이다.

3 훈연에 사용하는 나무는 일반적으로 수지가 적고 단단한 활엽수가 좋다. 참나무, 떡갈나무, 자작나무, 개암나무, 너도밤나무, 상수리나무, 호두나무가 주로 사용되고, 왕겨나 옥수수심도 사용한다.

4 훈제방법에는 저장성이 주목적인 냉훈법, 맛이 주목적인 온훈법, 작업시간 단축이 주목적인 열훈법, 균일하고 간편한 액훈법 등이 있다.

5 수산 훈제품은 오징어 조미 훈제품, 연어 훈제품과 뱀장어 훈제품 등이 대표 제품이다.

연습문제

1 **훈제품의 제조 시 조미보다는 저장이 주목적인 훈제방법은?**

① 냉훈법　　② 온훈법
③ 열훈법　　④ 액훈법

2 **훈제품의 제조 시에 훈제 처리 온도가 가장 높은 훈제방법은?**

① 냉훈법　　② 온훈법
③ 열훈법　　④ 액훈법

3 **훈제 재료로 사용하기에 적당하지 않은 목재는?**

① 참나무　　② 떡갈나무
③ 자작나무　　④ 소나무

4 **훈연실의 기본 시설 및 장비로 옳지 않은 것은?**

① 연기 발생장치　　② 블리더
③ 온도 및 습도 감지기　　④ 스모크 트롤리

정답 1 ① 2 ③ 3 ④ 4 ②

CHAPTER 10

염장품

1. 염장의 기초 | 2. 염장방법 | 3. 염장품의 제조 | 4. 저장 중 품질 변화

염장품은 전처리한 수산물에 소금을 가하거나 소금물에 침지하여 짠맛을 부여하는 동시에 소금의 보존력을 이용하여 장기 저장할 수 있도록 만든 제품이다. 염장품은 특별한 설비 없이도 제조할 수 있다는 장점이 있어 예로부터 비교적 생산량이 많았다. 오히려 최근에 건강을 중시하는 소비자의 기호도 변화로 소금의 양을 줄이는 경향을 보인다. 염장방법으로는 마른간법, 물간법, 개량물간법, 특수 염장법 등이 있다.

1. 염장의 기초

1) 소금과 저장성

(1) 소금의 보존 효과

소금은 보존성, 위생상의 안전성, 사용 간편성, 제품의 풍미, 가격 면에서 볼 때 다른 식품 보존료와는 비교할 수 없을 정도로 많은 장점을 가지고 있다. 소금이 나타내는 보존 효과는 다음과 같은 복합 효과 때문이다.

① 탈수 작용

소금의 보존 효과는 탈수 작용으로 설명할 수 있다. 소금물의 높은 삼투압에 의하여 세균 세포는 탈수되고 이어 원형질 분리를 일으켜 사멸하며, 식품은 탈수 작용으로 수분 활성이 저하되어 미생물이 이용할 수 있는 자유수의 감소로 미생물의 작용이 어려워진다. 황산마그네슘 $MgSO_4$과 염화마그네슘 $MgCl_2$이 소금보다 탈수력이 강함에도 보존 효과는 낮기 때문에 소금의 보존 효과를 탈수 작용만으로 설명하기는 부족하다.

표 10-1 소금의 농도와 수분 활성

수분 활성	소금 농도 (%)	수분 활성	소금 농도 (%)	수분 활성	소금 농도 (%)	수분 활성	소금 농도 (%)
1.000	0	0.980	3.43	0.940	9.34	0.990	14.2
0.990	1.72	0.960	6.55	0.920	11.9	0.850	19.1

② 단백질 분해효소 작용의 억제

소금은 효소가 분해할 수 있는 펩타이드 결합 위치에 구성 원소인 나트륨이온 Na^+이 먼저 이 위치에 결합하여 효소가 결합하는 것을 원천적으로 봉쇄한다.

표 10-2 미생물의 발육 최저 수분 활성

세균		효모		곰팡이	
Pseudomonas	0.97	*Torulopsis utilis*	0.94	*Rhizopus*	0.92~0.94
Achromobacter	0.96	맥주 효모	0.94	*Mucor*	0.92~0.93
대장균	0.95~0.935	*Candida utilis*	0.94	*Aspergillus niger*	0.88-0.89
B. subtilis	0.95	*Schizosaccharomyces*	0.93	*Penicillium*	0.80~0.83
Cl. botulinum	0.95	*Mycoderma*	0.90	*Aspergillus flavus*	0.80
Aerobacter aerogenes	0.945	*Rhodotorula*	0.89	*Aspergillus candidus*	0.75
Salmonella newport	0.945	*Endomyces*	0.885	*Aspergillus chevalieri*	0.65
Sarcina	0.915	*Willia anomala*	0.88	*Aspergillus repens*	
황색포도상구균	0.86	내삼투압성 효모	0.60~0.61	*Aspergillus ruber*	
호염균	0.75	일반 효모	0.88~0.94	*Aspergillus amstelodami*	
일반 세균	0.94~0.99			일반 곰팡이	0.80

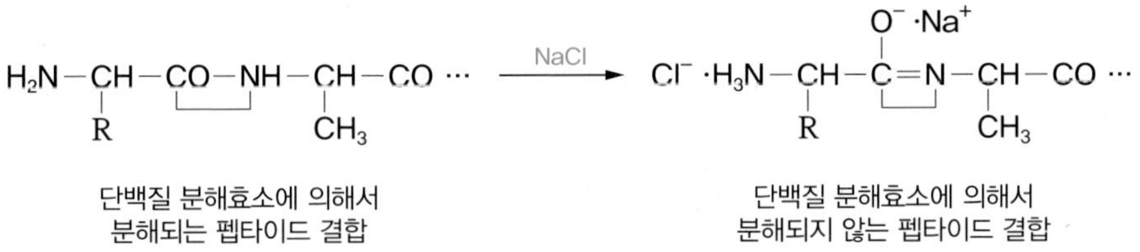

$$H_2N-\underset{R}{CH}-CO-NH-\underset{CH_3}{CH}-CO\cdots \xrightarrow{NaCl} Cl^-\cdot H_3N-\underset{R}{CH}-\overset{O^-\cdot Na^+}{C}=N-\underset{CH_3}{CH}-CO\cdots$$

단백질 분해효소에 의해서 분해되는 펩타이드 결합 / 단백질 분해효소에 의해서 분해되지 않는 펩타이드 결합

그림 10-1 소금에 의한 단백질 분해효소 작용의 억제 메커니즘

③ 소금물에 대한 산소 용해도 감소

산소 용해도는 소금물의 농도가 증가할수록 감소하여 호기성 세균의 발육이 억제된다.

④ 염소이온의 직접적인 보존 작용

소금을 구성하는 염소이온Cl^-은 미생물에 대하여 직접적인 살균 작용을 가진다.

(2) 소금과 미생물

소금의 정균 작용은 미약하여 1~3% 소금물에서는 부패 세균이나 병원균 등의 발육이 오히려 촉진되는 경우가 많다. 그러나 15% 이상 소금물은 일반 세균의 발육이 억제되나 호염성 세균은 발육할 수도 있으므로 염장품의 변패에 관여할 수 있다.

2) 염장 중의 변화

염장은 식품과 소금의 삼투압 차이에 의한 삼투와 확산의 두 가지 작용에 의해서 이루어진다. 염장 과정에서 식품의 소금 함량, 수분 함량 및 식품 중량 등이 변화하게 되며, 이는 염장 방법, 소금 사용량 및 염장 온도 같은 환경에 따라 차이가 생긴다.

(1) 소금의 침투

염장 중 소금에 의하여 수산물의 내부와 외부는 삼투압에 차이가 생겨 소금이 식품 내부로 침투한다. 이 작용은 수산물 내부와 외부의 소금물 농도가 균형을 이룰 때까지 계속된다. 소금의 침투 속도와 양은 소금의 농도와 순도, 식품의 성상, 염장 온도와 방법에 따라 달라진다. 대체로 10~20일 정도 염장하면 소금의 침투가 완료된다.

(2) 수분 함량의 변화

소금이 식품 내부로 침투하면 식품 중의 수분이 밖으로 빠져 나가는 탈수현상이 일어나 수분 함량이 낮아진다. 탈수는 식품 내부와 외부의 소금물 농도가 평형을 이룰 때까지 계속된다.

마른간을 장기간 실시하면 대부분의 자유수가 탈수하여 수분 함량이 30~40% 범위의 제품을 얻을 수 있으나, 일반적인 마른간 제품의 수분 함량은 55~60% 범위이다.

표 10-3 염장 중 소금의 침투 속도에 영향하는 인자

영향 인자	조건	침투 속도	기타
소금 농도	소금량/소금물 농도	높음 > 낮음	• 초기 신속, 일정 시간 후 완만
처리 온도	온도	높음 > 낮음	• 미생물 증식, 단백질 분해효소, 히스타민 생성효소에 의한 변패로 상품 가치 저하
어종·상태	지방 함량	높음 < 낮음	• 계절 차에 의한 지방 함량 차이에 유의
	껍질	유 < 무	• 초기에는 영향이 있으나 후기에 거의 영향 없음
소금 순도	칼슘염·마그네슘염	유 < 무	• 불순물이 소금 침투 저해 • 불순물이 쓴맛 발생
염장방법	염장 초기	마른간 > 물간	
	18% 이상 소금물	마른간 < 물간	

(3) 무게의 변화

염장품 제조 과정에서 수분 함량의 변화에 따라 최종 제품의 중량도 달라질 수 있다. 이와 같은 염장 중 수분 함량의 변화는 염장방법에 따라 차이가 있다.

① 마른간법

마른간법에 의한 염장품의 제조는 제조 조건에 관계없이 탈수만 일어나기 때문에 중량이 감소할 뿐이며, 중량이 감소하는 정도는 소금량에 비례한다.

② 물간법

물간법에 의한 염장품의 제조는 소금 농도가 9%일 경우에는 염장 기간 중 일방적으로 중량이 증가하고, 소금 농도가 18% 이상일 때는 염장 초기에 탈수로 중량이 감소한 후 일정 시간이 경과한 후부터는 중량이 증가한다. 그러나 물간법에 의한 염장 중 중량의 증감도 소금의 농도뿐만이 아니라 염수 용량, 원료 중량 등이 상호 작용을 한다.

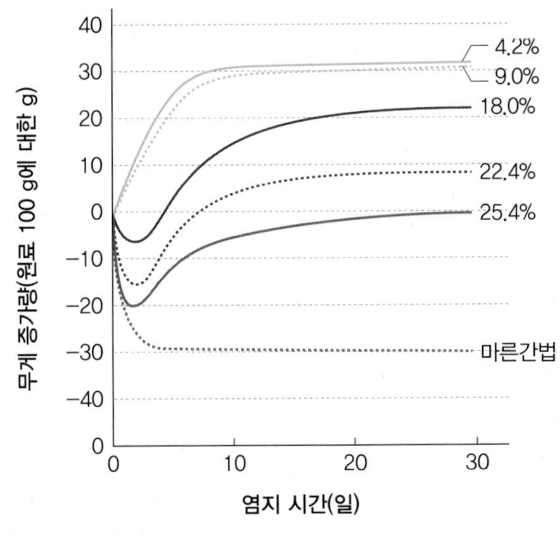

그림 10-2 물간법에 의한 청어 염장품의 제조 중 무게 변화

(4) 탄성의 변화

염장을 하면 근육 조직이 단단해지고 탄성이 있는 제품이 되는 경우가 있는데, 이것은 근원섬유단백질의 겔gel화에 의한 현상이다.

2. 염장방법

염장방법에는 일반적으로 산업계에서 응용하는 일반 염장법과, 특수 용도에 응용되는 특수 염장법이 있다. 일반 염장법에는 마른간법, 물간법, 개량물간법 등이 있고, 특수 염장법에는 변압 염장법, 염수 주사법, 압착 염장법, 마사지법 등이 있다.

표 10-4 염장법의 분류 및 종류

일반 염장법	특수 염장법
마른간법, 물간법, 개량물간법	변압 염장법, 염수 주사법, 압착 염장법, 마사지법

1) 일반 염장법

일반 염장법인 마른간법, 물간법, 개량물간법의 정의와 제조방법, 대상 원료, 특징 및 기타 사항에 대한 자세한 내용을 표 10-5에 정리하였다.

(1) 마른간법

마른간법은 수산물에 직접 소금을 뿌려서 염장하는 방법으로, 소금을 고루 뿌리기가 어려워 주로 전문가들이 선택하여 응용하는 방법이다.

① 제조방법

마른간법은 어체 전체에 소금을 고루 뿌리며 겹겹이 쌓아 올려 염장하며, 어체와 어체 사이에도 소금을 뿌린다. 이때 사용되는 소금의 양은 어종, 기후 등에 따라 차이가 있으나 일반적으로 원료 무게의 10~35% 정도이다. 주로 선상에서 염장할 때 적용하거나 라운드round 상태의 대형 어류를 염장할 때에 적용한다.

② 특징

장점은 설비가 간단하고 초기 침투 속도가 신속하며, 초기 부패가 적다는 것이다. 또한 염장 실패 시 손실이 일부에 한정되며 근육 중의 영양 성분 유실도 적은 편이다. 반면에 단점은 소금의 침투가 불균일하고, 탈수가 과도하며, 수율이 낮고 유지 산화가 많으며 짠맛 조절이 어렵다는 것이다.

표 10-5 일반 염장법의 종류 및 특징

염장방법	항목		해설
마른간법	정의		• 수산물에 직접 소금을 뿌려서 염장
	제조방법		• 어체 전체에 소금을 고루 뿌리고 비빔 • 겹겹이 쌓아 염장 • 어체와 어체 사이에도 소금을 뿌림 • 소금 사용량은 어종, 기후 등에 따라 차이가 있으나 원료 무게의 10~35% 정도 사용
	대상 원료		• 선상 염장 또는 라운드(round) 상태의 대형 생선
	특징	장점	• 설비 간단 • 초기 부패 적음 • 근육 중 영양 성분 유실 적음 • 초기 침투 속도 신속 • 염장 잘못 시 손실 일부
		단점	• 소금 침투 불균일 • 수율 낮음 • 짠맛 조절 어려움 • 탈수 과도 • 유지 산화 많음
	기타		• 전문가들이 주로 채택
물간법	정의		• 일정한 농도의 소금물에 수산물을 담가서 염장
	제조방법		• 소금물 제조 후 수산물 담금 • 수산물에서 스며 나온 수분으로 묽어진 소금 농도를 맞추기 위하여 수시로 소금 첨가 • 소금 농도를 일정하게 유지하기 위해 교반
	대상 원료		• 육상에서의 염장 또는 소형 생선
	특징	장점	• 소금 침투 균일 • 수율 높음 • 짠맛 조절 가능 • 탈수 적절 • 유지 산화 적음
		단점	• 초기 소금 침투 속도 완만 • 염장 실패 시 손실 큼 • 물이 새지 않는 용기 필요 • 염장 중 자주 교반 • 초기 부패 많음 • 근육 중 영양 성분 손실 많음 • 소금 사용량 많음
	기타		• 비전문가도 채택 가능
개량물간법	정의		• 마른간한 다음 누름돌을 얹어 염장하는 방법으로 마른간과 물간을 혼합하여 개량한 염장법
	제조방법		• 어체를 마른간하여 쌓아 올림 • 누름돌을 얹어 적당히 가압
	대상 원료		• 기온이 높을 때 또는 선도가 나쁜 원료의 수산물
	특징	장점	• 염장 초기 부패 억제 • 외관 및 수율 양호 • 소금의 침투 균일 • 유지 산화 변색 적음
		단점	• 초기 소금 침투 속도 완만 • 근육 중의 영양 성분 유실 많음 • 염장 실패 시 손실 많음
	기타		• 고품질의 제품을 얻기 어려움

(2) 물간법

물간법은 일정 농도의 소금물에 수산물을 담가서 염장하는 방법으로, 소금물이 골고루 침투되기 때문에 비전문가도 쉽게 응용할 수 있다. 이러한 이유로 산업계에서 가장 많이 사용하는 방법 중의 하나이다.

① **제조방법**

물간법은 소금물을 제조하고 여기에 수산물을 담가 놓는데 수산물에서 스며 나오는 수분으로 소금 농도가 묽어지므로 농도를 맞추기 위해서는 수시로 소금을 첨가하여야 한다. 또 소금 농도를 일정하게 유지하기 위해서 수시로 교반을 한다. 주로 육상에서 염장하거나 소형 어류를 염장할 때 적용한다.

② **특징**

장점으로는 소금 침투가 균일하고 탈수가 적절하며, 수율이 높고 유지 산화가 적다. 또 짠맛을 조절할 수 있다는 점을 꼽을 수 있다. 반면에 단점은 초기 소금의 침투 속도가 완만하고 초기 부패가 많으며, 염장이 잘못되었을 경우 손실이 크다. 또한 근육 중 영양 성분의 손실이 많으며, 물이 새지 않는 용기가 필요하고 소금의 사용량이 많으며 염장 중 자주 교반하여야 한다는 점이다.

(3) 개량물간법

개량물간법은 마른간한 다음 누름돌을 얹어 염장하는 방법으로, 마른간과 물간을 혼합하여 개량한 염장법이다.

① **제조방법**

어체에 마른간을 하여 쌓아 올린 다음 누름돌을 얹어 적당히 가압하여 염장하는 방법으로, 기온이 높을 때 또는 선도가 나쁜 원료 수산물을 염장할 때에 주로 적용한다.

② **특징**

장점은 염장 초기에 부패가 억제되고 소금의 침투가 균일하며, 외관 및 수율이 양호하고 유지 산화로 인한 변색이 적다. 반면에 단점은 초기 침투 속도가 완만하고, 염장이 잘못되었을 때 손실이 많으며, 근육 중 영양 성분의 유실이 많다는 것이다.

2) 특수 염장법

특수 염장법은 염장 속도를 빠르게 하거나 제품의 풍미를 개선할 목적으로 주로 사용하며, 변압 염장법, 염수 주사법, 압착 염장법, 마사지법 등이 있다.

(1) 변압 염장법

변압 염장법은 밀폐용기에 원료를 넣고 감압하여 식품 조직 안의 기체를 제거한 다음 염수를 주입하여 물간한 후 가압하여 소금의 침투를 용이하게 하는 방법이다. 장점으로는 염장 시간을 단축할 수 있고 소금의 침투가 균일하며, 유지 산화가 적고 짠맛 조절이 가능하며 초기 부패가 적은 것을 꼽을 수 있다. 반면에 단점은 장치 설치에 고액의 경비가 소요되고, 염장이 잘못되었을 경우 손실이 크다는 것이다.

(2) 염수 주사법

소금물을 주사기로 대형 어육(연어 등)에 주사한 후 일반 염장법으로 염장하는 방법이다. 실제로 연어 훈제품을 제조할 때 염지 및 조미 등을 위하여 적용하는 방법 중의 하나이다. 장점은 염장 시간을 단축할 수 있고 유지 산화가 적으며, 짠맛 조절이 가능하고, 근육 중 영양 성분의 손실이 적다는 것이다. 또한 소금 사용량이 적으며 소금 침투가 균일하다. 반면에 단점으로는 경비가 많이 소요되고 염장이 잘못되었을 때 손실 많다는 점을 꼽을 수 있다.

(3) 압착 염장법

마른간과 물간을 연속적으로 실시하여 소금의 침투를 완료시킨 후 소금물에서 건져내어 적당히 가압하여 과잉의 소금을 수분과 함께 압출 제거시켜 염장하는 방법이다. 짠맛의 조절로 풍미를 개선할 수 있으나 대량 생산에는 부적절하다.

(4) 마사지법

염장 원료를 마사지massage 또는 텀블러tumbler에서 교반함으로써 소금물의 침투, 염용성 단백질의 추출, 원료 표면의 조직 파괴를 촉진하여 염지 기간의 단축과 결착성을 향상시킨다.

그림 10-3 염지를 위한 텀블러

마사지법은 축산가공에서 많이 적용하고 있고, 수산가공에서는 어체가 큰 상어 등에 적용한다. 텀블러 이용은 실제로 명란 등의 제품에 염지 촉진을 위하여 적용하고 있다.

표 10-6 특수 염장법의 종류 및 특징

<table>
<tr><th>염장방법</th><th colspan="2">항목</th><th colspan="2">해설</th></tr>
<tr><td rowspan="5">변압 염장법</td><td colspan="2">정의</td><td colspan="2">• 감압하여 원료에서 기체를 제거하고 소금물을 주입한 다음 가압하여 소금의 침투를 용이하게 하는 염장법</td></tr>
<tr><td colspan="2">제조방법</td><td colspan="2">• 밀폐된 용기에 원료를 넣고 감압
• 소금물 주입
• 가압</td></tr>
<tr><td rowspan="2">특징</td><td>장점</td><td>• 염장 시간 단축
• 유지 산화 적음
• 초기 부패 적음</td><td>• 소금 침투 균일
• 짠맛 조절 가능</td></tr>
<tr><td>단점</td><td>• 많은 경비 소요</td><td>• 염장 잘못하면 손실 많음</td></tr>
<tr><td colspan="4"></td></tr>
<tr><td rowspan="4">염수 주사법</td><td colspan="2">정의</td><td colspan="2">• 염수 주사기로 어육(연어) 등에 주사한 후 일반 염장법으로 염장</td></tr>
<tr><td colspan="2">제조방법</td><td colspan="2">• 소금물 제조
• 염수 주사기로 소금물 주입
• 일반 염장법으로 염장</td></tr>
<tr><td rowspan="2">특징</td><td>장점</td><td>• 염장 시간 단축
• 짠맛 조절 가능
• 소금 사용량 적음</td><td>• 유지 산화 적음
• 근육 중 영양 성분 손실 적음
• 소금의 침투 균일성 우수</td></tr>
<tr><td>단점</td><td colspan="2">• 설치 경비 및 운영 경비 소요
• 염장 잘못하면 손실 많음</td></tr>
<tr><td rowspan="4">압착 염장법</td><td colspan="2">정의</td><td colspan="2">• 마른간과 물간으로 연속 염장하여 소금의 침투를 완료시키고, 이어서 가압하여 과잉의 소금과 수분을 제거하는 방법</td></tr>
<tr><td colspan="2">제조방법</td><td colspan="2">• 마른간과 물간을 연속적으로 실시
• 건져냄
• 압착</td></tr>
<tr><td rowspan="2">특징</td><td>장점</td><td>• 염장 초기 부패 억제
• 유지 산화 변색 적음</td><td>• 소금의 침투 균일
• 짠맛 및 풍미 적절</td></tr>
<tr><td>단점</td><td>• 초기 침투 속도 빠름
• 근육 중 영양 성분의 유실 많음</td><td>• 염장 잘못 시 손실 큼
• 유지 산화 변색 많음</td></tr>
<tr><td rowspan="4">마사지법</td><td colspan="2">정의</td><td colspan="2">• 명란 등의 원료를 마사지 또는 텀블러에서 교반</td></tr>
<tr><td colspan="2">제조방법</td><td colspan="2">• 원료 투입 후 소금 또는 소금물에서 마사지 또는 텀블러에서 교반</td></tr>
<tr><td rowspan="2">특징</td><td>장점</td><td>• 염지 기간 단축
• 소금의 침투성 우수
• 짠맛 조절 가능</td><td>• 결착성 향상
• 유지 산화 적음</td></tr>
<tr><td>단점</td><td>• 염장 잘못하면 손실 많음</td><td>• 근육 중 영양 성분의 유실 적음</td></tr>
</table>

3. 염장품의 제조

염장품은 다양한 수산물을 활용하여 제조할 수가 있으며 대표적인 제품으로는 간고등어(염장고등어), 염장미역 및 염장데친미역, 염장해파리, 염장명란, 염장연어알, 염장상어알(캐비아) 등이 있다.

1) 간고등어

간고등어는 염장고등어로, 자반고등어라고도 한다. 저장 기술이 발달하지 않았던 시기에 우리나라 내륙 지방에서 애용한 대표적인 수산가공식품 중의 하나이다. 과거에는 저장이 주목적이었으므로 간고등어를 전처리한 다음 과도한 소금 처리를 하여 제조하였으나, 저장 수단이 발달한 최근에는 짠맛을 줄이고 편리성 부여가 주목적으로 바뀌어 낮은 농도의 소금으로 처리하여 냉장 유통하고 있다. 사회, 경제적 변화로 맞벌이 가정이 대부분을 이루게 되어 전처리된 가정간편식을 선호하게 되었다. 소비자의 선호도 변화로 간고등어의 시장은 점차 증가하고 있다. 일부 제조회사에서는 마른간법(건염법)으로 소금 처리하여 염장하나, 대부분의 제조회사에서는 물간법(습염법)으로 소금 처리한다.

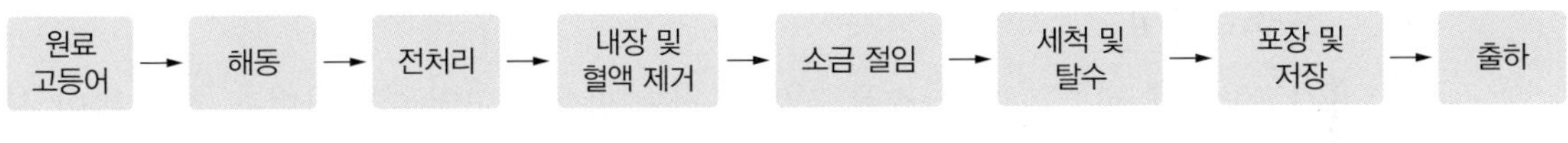

그림 10-4 간고등어의 제조 공정

① **원료 고등어**

간고등어의 원료어는 고등어*Scomber japonicus*, 망치고등어*Scomber australasicus*, 대서양 고등어*Scomber scombrus* 등이 있으며, 주로 고등어를 사용한다. 우리나라에서는 대서양 고등어를 노르웨이 고등어라고도 불린다. 원료 고등어는 무게가 300 g 이상이고 선도가 우수하며 지방이 많은 것이 좋다. 동결 고등어를 사용할 경우에는 급속 동결한 것이 좋고, 복부에 혈액이 보이지 않아야 한다.

그림 10-5 원료 고등어

한편, 「수산물의 품질인증 세부기준」(2019)에서는 간고등어의 마리당 무게가 300 g 이상이어야 한다고 규정하고 있다.

② **해동**

작업 전날 소금물(3~4%)에 넣어 해동시킨다. 선어는 이 과정을 생략한다.

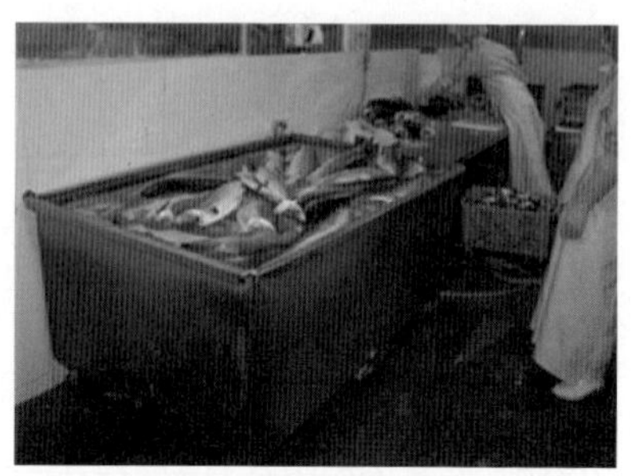

그림 10-6 냉동 고등어의 해동

③ **전처리**

간고등어 제조를 위한 전처리 방법으로는 배 가르기와 등 가르기가 있으며, 우리나라에서는 주로 배 가르기를 한다. 배 가르기는 칼끝으로 가슴 부위에서 내장까지 가른 다음 내장과 아가미를 분리하고, 등뼈 부근의 근육은 칼을 찔러 넣어 소금이 내부에 잘 침투되도록 처리한다. 등 가르기는 고등어의 아가미를 제거하고 칼로 머리에서 꼬리까지 등 쪽으로 절개하여 버터플라이 형태butterfly type로 제조한다.

④ **내장 제거 및 혈액 제거**

배 가르기 또는 등 가르기를 한 고등어는 3% 소금물에서 내장과 혈액을 제거한다.

⑤ **소금 절임**

간고등어의 제조를 위한 소금 절임은 전통 방식의 고염 마른간법과 최근 많이 사용하는 얼간식(저염식)의 저염 물간법 또는 마른간법이 있다. 전통 방식의 간고등어는 어체 중량에 대하여 20~30%의 소금을 미리 정량하여 놓고, 칼질해 놓은 고등어의 등뼈 부근의 속까지 소금을 채워 넣는다. 먼저 소량의 소금을 밀폐통 바닥에 한 층을 뿌리고, 처리한 고등어의 등이 밑쪽으로 가도록 하고 꼬리 부분을 중앙으로 오도록 하여 차곡차곡 쌓으면서 어체 사이에 소금을 충분히 뿌려 넣는다. 고등어 쌓기가 끝나면 맨 위에 소금을 두껍게 한 층 깔고 누름돌을 얹은 후 뚜껑을 덮어 시원한 곳에서 1주일 동안 염지하여 완료한다.

최근 많이 이용하는 얼간식 간고등어는 5% 정도의 소금을 뿌리고 1~2시간 염지하는 마른간법을 실시하거나 20% 소금물에 1시간 정도 실시하는 물간법을 실시한다. 한편, 「수산물의 품질인증 세부기준」(2019)에서는 간고등어의 염도가 5% 이하이어야 한다고 규정하고 있다.

⑥ **세척 및 탈수**

소금 절임에 의한 표면의 과도한 소금을 제거하기 위하여 염지 고등어를 3~4% 소금물에 30분간 침지시켜 고등어 표면에 묻어 있는 과도한 소금을 제거한 후 탈수한다.

⑦ **포장, 저장 및 출하**

제품은 다양한 무게로 출시되고 있으며, 1인 가구를 위해 토막으로도 출시하고 있다. 최근의 저염화 추세로 얼간식으로 많이 출시되고 있어 냉동 저장(-18℃ 이하)하였다가 해동하여 출하하는 제품이 많다.

그림 10-7 간고등어 제품

2) 염장 어란

어란은 어류가 새끼를 부화하기 전 단계에서 생성되는 산물로, 여기에 모든 영양분이 축적되어 있다. 어란은 영양적 특성뿐만이 아니라 특이한 조직감 등으로 인하여 고가임에도 전 세계 각국에서 즐겨먹는 식품 소재 중의 하나이다. 어란 중에서 식품으로 많이 활용하는 것은 상어의 알인 캐비아caviar에서부터 연어 알, 명태 알인 명란, 청어 알, 날치 알 등이 있다.

(1) 염장명란

염장명란salted Alaska pollock roe의 원료인 명란은 단일 어종의 어란 중 경제적으로 가장 가치 있는 소재 중의 하나이다. 특이한 조직감과 영양으로 일본과 한국에서 주로 소비된다.

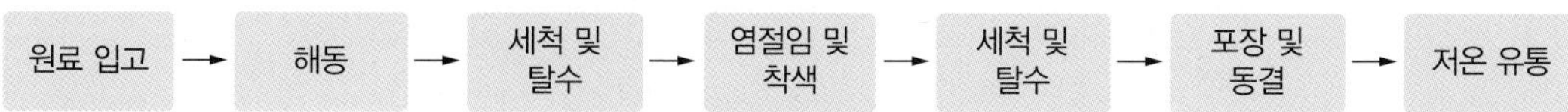

그림 10-8 염장명란의 제조 공정

① **원료 입고**

냉동 상태의 명란이 입고되는 경우 -18℃ 이하의 냉동고에서 보관한다.

명태　　　　명란

그림 10-9 명태와 명란

② **해동**

내부 온도가 26℃ 부근이고, 상대습도가 85%인 해동실에서 냉동 명란의 중심 온도가 5℃가 되도록 하여 해동한다.

③ **세척 및 탈수**

해동 명란을 3% 식염수로 세척하고 알 표면의 오물을 제거한 후에 탈수한다.

④ **염절임 및 착색**

세척 및 탈수 처리한 명란은 텀블러에 넣고, 짠맛과 선홍색을 부여하기 위하여 35℃로 조정된 소금과 발색제인 아질산나트륨을 넣은 소금물에 약 6시간 정도 절임한다. 발색제는 「식품공전」에서 최종 잔존 농도가 5 mg/kg 이하가 되어야 한다고 규정하고 있다. 최근에는 명란의 발색을 위하여 첨가하는 발색제를 천연 추출물로 활용하는 경향이다. 명란의 성숙도에 따른 염지 조건을 표 10-7에 나타내었다.

표 10-7 명란의 성숙도별 염지 조건과 수율

성숙도	명란의 수분	염절임 조건		수율
		소금 사용량(%)	처리시간(시간)	
미 숙	75~80%	15~20%	8~10시간	80~85%
성 숙	60~70%	10~15%	6~8시간	90~95%
과 숙	75~90%	18~25%	10~12시간	80% 이하

⑤ **세척 및 탈수**

염절임이 끝난 명란은 3% 소금물로 표면을 씻어 내고 다시 하룻밤 동안 탈수한다.

⑥ **포장, 동결 및 저온 유통**

최종적으로 세척 및 탈수 처리한 명란은 용기에 넣어 포장한 다음 동결하고, 저온 유통한다.

(2) 염장연어알

원료 어란은 선도가 좋은 원료어(어획 후 수 시간 이내)에서 채취한 성숙란을 사용한다. 염장연어알은 일본과 서구에서 매우 인기 있는 품목이나 우리나라에서는 유통량이 많지 않다.

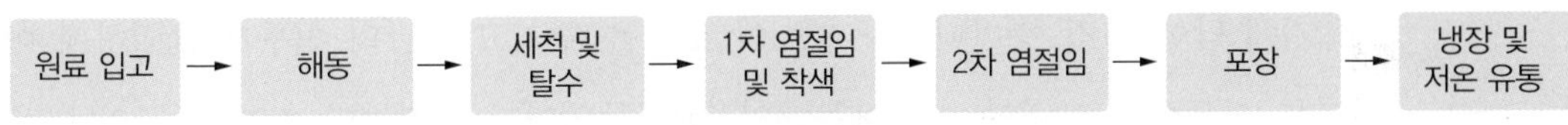

그림 10-10 염장연어알의 제조 공정

① **원료 어란**

냉동 상태에서 입고되는 경우 -18℃ 이하의 냉동고에 보관한다.

그림 10-11 연어와 연어 알

② **해동**

해동실(내부 온도 26℃ 부근, 상대습도 85% 부근)에서 냉동 연어 알의 중심 온도가 5℃가 되도록 해동한다.

③ **세척 및 탈수**

채취한 연어 알은 혈액을 비롯하여 내장 오물, 껍질에서 유래한 젤라틴 등을 부착하고 있으므로 2~3% 소금물로 세척한다. 이들 혈액, 내장 오물 및 젤라틴 등을 완전히 제거하려면 다른 용기에 넣어 한 번 더 세척하고 탈수한다.

④ 1차 염절임 및 착색

세척 및 탈수 처리한 연어 알은 텀블러에 넣는다. 이어서 연어 알의 짠맛과 선홍색을 부여하기 위하여 염절임 처리를 한다. 이때 사용하기 위한 염용액은 먼저 포화식염수에 아질산나트륨을 첨가하여 제조한다. 텀블러를 3~4분 동안 서서히 교반하면서 염절임, 착색한 뒤 소금물을 제거한다. 이때 발색제는 「식품공전」에서 최종 잔존 농도가 5 mg/kg 이하이어야 한다고 규정하고 있다. 최근에는 발색을 위하여 첨가하는 발색제를 천연 추출물로 활용하는 경향을 보인다.

⑤ 2차 염절임

용기에 담아서 각 층마다 10~12%의 소금을 뿌리고 소금의 침투가 균일하게 이루어지도록 겨울에는 5~6일, 여름에는 3일 정도 두었다가 뒤집는다. 이때 소금의 사용량은 3% 정도이며 2주간 정도 숙성시킨다.

⑥ 포장, 냉장 및 저온 유통

최종적으로 염지 및 착색 처리한 연어 알은 상자에 포장하여 냉소에서 동결되지 않도록 저장한다.

3) 해조류 염장품

해조류는 수산물 중 대표적인 알칼리 식품으로 단백질, 당질, 비타민, 무기질, 색소 등이 많이 함유되어 있다. 이들의 구성 성분인 아미노산, 식이섬유, 요오드, 폴리페놀 polyphenol 등에 의한 변비 완화, 빈혈 및 각종 성인병 예방에 효과가 있다고 알려져 있어 대표적인 건강식품 소재이다. 우리나라에서 널리 소비되고 있는 대표 해조류로는 김, 미역, 다시마 등이 있으며, 여기에서는 염장미역과 염장데친미역에 대하여 알아본다.

(1) 염장미역

염장미역은 일시에 대량 생산된 미역을 연중 공급하기 위하여 건조 제품 외에 저장성을 부여한 제품으로 제조하여 시판되고 있다. 염장미역은 생미역을 염장하여 탈수시킨 다음에 줄기를 잘라서 제거하고, 다시 10~20%의 소금을 넣고서 선별, 포장한 제품이다.

원료 입고	→	세척	→	1차 소금 처리 및 탈수	→	줄기 작업 및 선별	→	2차 소금 처리 및 탈수	→	포장, 냉장 및 출하

그림 10-12 염장미역의 제조 공정

① **원료 입고**

원료는 우상엽이 가늘고 긴 북방계 또는 중간계를 선택하고, 규조류의 부착이 없는 양질의 원료를 사용한다. 또한, 미역은 채취시기에 따라 표 10-8에 나타낸 것과 같이 수율이 다르므로 잘 선택하여야 한다.

그림 10-13 원료 미역

② **세척**

선택한 미역은 깨끗한 바닷물로 잘 씻어야 한다.

표 10-8 채취 시기별 수율

(생산지 : 부산광역시 송정)

채취일	수율(%)		채취일	수율(%)	
	1차 소금 처리	완제품		1차 소금 처리	완제품
1.16	47.0	41.9	4.19	57.4	51.9
2.22	64.5	44.6	5.10	45.9	44.0
3.19	70.4	44.8			

③ **1차 소금 처리 및 탈수**

탈수기 또는 흔들어서 물기를 제거한 다음, 염장 탱크에 소금을 골고루 뿌려서 담고 30분~1시간 방치한다. 이어서 마대에 넣어 누름돌을 얹고 하룻밤 동안 탈수시킨다. 이때 소금 첨가량은 원래 미역 무게의 50% 이상을 사용하나, 줄기 작업이 늦어질 경우 80% 정도를 사용한다.

④ **줄기 작업 및 선별**

줄기 작업은 뿌리 쪽부터 두 조각씩 손톱으로 금을 그어 한 나무를 둘로 가르거나 엽경이 두꺼울 때에는 줄기만 뽑아낸다. 줄기를 정리한 엽체는 대소별로 선별한다.

⑤ 2차 소금 처리 및 탈수

10~20%의 소금을 가하여 탈수한다. 소금은 재제염을 쓰는 것이 좋으며, 보통 미역의 표면에 소금이 포화 석출되어 있다. 「수산물의 품질인증 세부기준」(2019)에서는 염장미역의 수분 함량을 63% 이하, 염도를 40% 이하로 규정하고 있다.

그림 10-14 염장미역

⑥ 포장, 냉장 및 출하

탈수시킨 미역은 소금이 포화 석출된 상태로 포장한 후 5℃ 전후의 냉장고에 보관, 출하한다.

(2) 염장데친미역

염장데친미역은 생미역을 바닷물로 잘 씻어 85~100℃로 가열한 바닷물이나 4~5%의 소금물에 30~60초간 데친 후에 줄기를 제거하고, 이를 잘 선별하여 5~10% 정도 소금을 첨가하여 포장한 것이다.

그림 10-15 염장데친미역의 제조 공정

① 원료 미역

일반적으로 원료 미역은 우상엽이 가늘고 긴 북방계 또는 중간계를 사용하는 것이 좋으며, 수율을 고려하여 채취시기를 잘 선택하여야 한다.

② 세척

선택한 원료 미역은 깨끗한 바닷물로 잘 세척한다.

③ 데치기 및 급랭

가열(85~90℃) 처리한 바닷물에 5초 내외 담갔다가blanching 건져 내서 즉시 차가운 바닷물에 넣어 급랭 처리한다.

④ 줄기 처리

급랭한 미역은 뿌리 쪽부터 두 조각씩 손톱으로 금을 그어 한 나무를 둘로 가르거나 엽경이 두꺼울 때에는 줄기만 뽑아낸다.

⑤ **선별**

줄기를 정리한 엽체는 대소별로 선별한다.

⑥ **소금 처리**

염장 탱크에서 원료의 두께에 따라 40~45%의 소금(제재염이 좋음)을 가한다. 일반적으로 미역 엽체의 표면에는 소금이 포화 석출되어 있다.

⑦ **탈수**

제염한 미역의 탈수는 쌓아 두고 누름돌로 눌러 실시하거나, 또는 원심탈수기를 사용하여 실시한다.

⑧ **포장, 저장 및 출하**

탈수 미역은 모두 소금이 포화 석출된 상태에서 기밀한 포장시에 포장하고, 냉장고(5℃ 전후)에 보관 및 출하한다.

그림 10-16 염장데친미역

4) 염장해파리

원료 해파리는 주로 태국, 인도네시아, 말레이시아, 필리핀, 중국 등의 하구에서 어획된 조직이 단단하고 크기가 큰 것을 사용한다. 해파리를 소금과 백반으로 염절임하여 제조한 제품인 염장해파리는 함유하고 있는 콜라겐 때문에 꼬들꼬들한 조직감 등으로 인하여 많은 소비자층을 확보한 수산가공품이다. 우리나라에서는 특유의 꼬들꼬들한 식감으로 해파리냉채 등으로 만들어 먹는다.

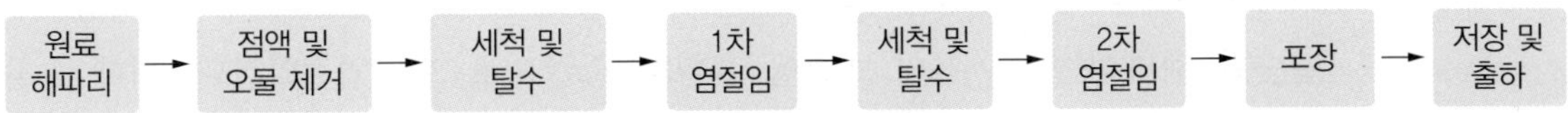

그림 10-17 염장해파리의 제조 공정

① **원료 해파리**

원료 해파리는 신선하여야 하며, 아시아 지역에서 많이 사용하는 종류는 숲뿌리해파리*Rhopilema esculenta*이다.

② **점액 및 오물 제거**

깨끗한 찬물에 약 10시간 정도 침지하여 점액을 제거하고, 해파리 내의 오물을 제거한다.

③ **세척 및 탈수**

깨끗이 세척한 후 발 위에 올려놓고 탈수를 실시한다.

④ **1차 염절임**

해파리 가공 공정에서 소금은 수분 감소에 의한 최종 제품의 탄력과 저장성 증가, 자포 독소의 독소력을 감소시키기 위해 첨가하고, 백반은 pH를 저하시키고 단백질을 침전시켜 경도를 강화하며, 응고제로서뿐만 아니라 보존제로도 작용하기 위해 첨가한다.

만약 백반을 넣지 않으면 불쾌취가 발생하기 쉽고, 소금이 부족하거나 없으면 조직의 액화가 일어난다. 따라서, 해파리를 가공할 때에는 반드시 백반과 소금을 혼합하여 사용한다. 염장해파리의 염절임을 위한 첨가물의 적절한 비율은 소금의 경우 약 30~35% 범위이고, 백반은 1.5~3.0% 범위이나, 이는 제조 국가별, 업체별, 품종별로 약간씩 차이가 있으며 제품의 품질에도 차이가 있다.

해파리 중량의 약 7%에 해당하는 백반이 혼합된 소금을 해파리에 골고루 발라 용기에 담고, 2~3일이 경과한 후 해파리의 주성분인 수분이 많이 탈수하여 육이 오므라들면서 콜라겐 특유의 단단하고 존득한 식감이 된다. 중량은 최초 중량의 약 60~70% 정도로 줄어든다.

⑤ **세척 및 탈수**

염절임한 해파리를 깨끗한 담수로 세척하고 가볍게 탈수한다.

⑥ **2차 염절임**

탈수한 해파리는 3~4%의 백반을 혼합한 소금으로 2차 염절임한다. 이때 수율은 40~50% 범위이다.

⑦ **포장, 저장 및 출하**

고급 염장해파리는 백색이며, 딱딱하고 부서지기 쉬운 조직감을 가지나 부드러워야 한다. 염장해파리의 평균 유통기한은 상온에서 1년 이상, 냉장에서 2년 이상이나 냉동하면 오히려 줄어든다. 적정 중량으로 포장한 후 저온 저장 및 출하한다.

그림 10-18 염장해파리

4. 저장 중 품질 변화

염장품은 저장 중 지질 산화, 자가소화, 기타 변색 및 결정성 물질의 석출 등이 일어나며, 이로 인해 품질에 변화가 생긴다.

1) 지질의 산화

염장품은 저장 중 지질의 산화로 불쾌취가 나거나 변색하게 되며, 그 정도는 염장방법에 따라 차이가 있다.

(1) 물간법

물간법으로 염장한 어체의 지질 산화는 효소 가수분해가 일부 진행되어도 소금물에 침지되어 있는 동안은 크게 문제되지 않으나 저장 중 산소에 노출되면 진행되기도 한다.

(2) 마른간법

마른간법으로 염장한 어체는 공기와 항상 접촉하고 있으므로 효소 가수분해와 동시에 산화가 진행된다. 염장 처리 중 산화는 소금 농도가 낮을수록 어육 중에 축적되는 유리지방산의 양도 많고 지질의 산화도 촉진된다. 유지의 산화를 억제하기 위하여 산화방지제를 사용하기도 한다.

2) 자가소화

염장 중 어육의 자가소화는 소금의 농도가 높아질수록 억제되지만, 포화 상태에 도달하여도 완전히 정지되는 것은 아니다. 소금의 농도가 낮은 경우에는 자가소화가 일어나 육질이 연하여지는 등 제품의 품질 변화가 크게 일어나기도 한다. 따라서, 염장 중 어육의 자가소화를 억제하기 위해서는 저온에서 저장하거나, 여러 가지 효소가 많이 함유되어 있는 내장을 미리 제거하는 것도 변화를 억제하는 데 도움이 된다.

3) 기타 변색

(1) 곰팡이에 의한 변색

곰팡이는 부패 세균이 생육할 수 없는 낮은 수분활성도에서도 발육할 수 있어 염장을 하여도 곰팡이가 발생하는 경우가 있을 수 있다. 곰팡이가 발육하면 염장품은 색소에 의해 흰색, 검은색, 붉은색 및 자주색의 반점이 생겨 외관이 좋지 않고 불쾌한 냄새가 발생하여 상품 가치가 떨어진다.

(2) 세균에 의한 변색

염장 어류는 고온 다습한 여름철에 색깔이 붉은색으로 변할 수 있는데, 적색 변화의 원인은 소금에 존재하는 호염성 세균인 사르시나속*Sarcina* spp., 슈도모나스속*Pseudomonas* spp.이 발육하여 적색 색소를 생성하기 때문이다.

4) 결정성 물질의 석출

염장 어류의 표면에 백색의 결정성 물질이 생기는 수가 있는데, 이 물질은 인산수소나트륨$Na_2HPO_4 \cdot 2H_2O$으로 어육 중 핵산 관련 물질nucleotide이 효소적 분해에 의하여 유리된 인산염이 소금에 의하여 포화되어 석출한 것이다. 이것은 원료의 선도가 떨어진 경우나 저온 저장 또는 건조되는 과정 중에 생성되기 쉬우며, 공기 중에 방치하면 탈수되어 분말상의 인산수소나트륨으로 변한다.

단원정리

1 염장품은 전처리한 수산물에 소금을 가하거나 소금물에 침지하여 짠맛을 부여하는 동시에 소금의 보존력을 이용하여 장기 저장이 가능하도록 만든 제품이다.

2 소금의 보존 효과는 탈수 작용, 단백질 분해효소의 작용 억제, 소금물에 대한 산소의 용해도 감소, 염소이온(Cl^-)의 직접적인 보존 작용 등에 의하여 나타난다.

3 염장방법에는 마른간법, 물간법, 개량물간법 등의 일반 염장법과 변압 염장법, 염수 주사법, 압착 염장법, 마사지법 등의 특수 염장법이 있다.

4 염장 과정에서 소금의 침투, 수분 함량의 변화, 무게 및 탄성의 변화가 일어난다.

5 수산 염장품으로는 염장고등어, 염장조기, 염장대구, 염장미역, 염장해파리, 염장명란, 염장연어알, 염장상어알(캐비아) 등이 있다.

6 염장품은 저장 중 지질 산화, 자가소화, 기타 변색 및 결정성 물질의 석출 등이 일어난다.

연습문제

1 **전처리한 수산물에 소금을 직접 뿌려서 수산가공품을 제조하는 염장법은?**

① 마른간법 ② 물간법
③ 개량물간법 ④ 압착 염장법

2 **전처리한 수산물의 염장 과정 중 소금의 침투에 대하여 가장 바르게 설명한 것은?**

① 지방 함량이 많으면 소금의 침투가 빠르다.
② 칼슘염이 많으면 소금의 침투가 촉진된다.
③ 염장 온도가 높을수록 소금의 침투가 빠르다.
④ 소금 침투 속도는 물간법과 마른간법이 동일하다.

3 **염장품의 제조 시에 사용하는 소금의 보존 효과 중 올바르지 않은 것은?**

① 탈수 작용 ② 단백질 분해효소의 작용 억제
③ 소금물에 대한 산소 용해도 감소 ④ 산화 방지 작용

4 **염장품의 저장 중 발생하는 현상이 아닌 것은?**

① 지질 산화 ② 스펀지 현상
③ 자가소화 ④ 결정성 물질의 석출

정답 1 ① 2 ③ 3 ④ 4 ②

CHAPTER 11

조미 가공품

1. 조미 가공품의 기초 | 2. 조미 가공품의 제조

1. 조미 가공품의 기초

1) 조미 가공품의 저장 및 풍미 부여 원리

조미 가공품은 수산물을 조미 처리한 다음 자숙, 건조, 배소, 발효 등의 공정을 거쳐 풍미 향상은 물론이고 저장성을 부여한 제품이다.

(1) 풍미 부여 원리

조미 가공품은 다양한 풍미를 가지고 있는데, 이를 부여하는 원리는 다음과 같다.

① 조미액에 의한 부여

조미 가공품을 제조하기 위해서는 반드시 조미액을 사용한다. 조미액에는 간장, 물엿, 설탕, 맛술 등 여러 가지 맛 성분을 첨가한다. 따라서, 조미 가공품은 제조 과정에서 이들 성분이 침투함으로써 풍미가 부여된다.

② 건조 및 배소 등의 수분 제거 처리에 의한 농축

조미 가공품은 조미 처리한 후 건조와 배소의 공정을 거친다. 이로 인하여 수분이 제거되면서 조미 가공품의 맛 성분은 농축되어 풍미가 풍부해진다.

③ 발효 등에 의한 새로운 맛 부여

조미 가공품은 쌀겨, 누룩 등으로 발효하여 제조하기도 한다. 이때 쌀겨나 누룩 등에 의하여 발효되거나 수산물의 자가소화로 풍미가 부여된다.

(2) 저장성의 부여 원리

① 고온 처리에 의한 살균

조미 가공품은 가공 과정에서 자숙, 건조, 배소 등과 같은 고온 가열 처리를 하게 되는데 이로 인하여 미생물이 살균되어 저장 기간이 늘어난다.

② 수분 활성 저하

조미 가공품은 전처리한 수산물에 조미액의 첨가, 건조, 배소 등의 과정을 거쳐 수분 함량이 30~50% 범위, 소금 함량이 10~15% 범위, 설탕 함량이 20~30% 범위, 그리고 수분 활성이 0.65~0.85 범위로 되어 저장성이 커진다. 그러나 이 범위의 수분 활성은 메일라드 반응Maillard reaction도 잘 일어나기 때문에 유의하여야 한다.

③ **소금 농도의 증가**

조미 가공품은 제조 과정에서 소금의 농도가 증가하므로 소금의 보존 효과로 미생물의 발육이 억제되어 저장성이 커진다.

2) 조미 가공품의 분류

조미 가공품은 일반적으로 조미 자숙품, 조미 건제품, 조미 구이 제품, 발효 조미 제품과 같이 4종류로 분류된다.

이들 가공품의 종류와 특성을 표 11-1에 정리하였다.

표 11-1 조미 가공품의 종류 및 특성

가공품	항목	특성	
조미 자숙품	정의	• 소형 어패류, 갑각류, 해조류 등의 원료를 간장, 설탕, 물엿, 맛술 등을 주재료로 만든 조미액으로 고온에서 장시간 자숙 또는 조미하여 제조한 제품 • 자숙 솥에 다량의 조미액을 넣고 끓인 다음 상당량의 원료를 넣어 조미액이 침투할 때까지 자숙한 다음 건조하는 자숙법과, 원료가 전부 흡수할 수 있을 만큼의 조미액과 원료를 밑바닥이 넓은 솥에 함께 넣고 교반하면서 모든 조미액이 원료에 흡수될 때까지 조리는 조림법이 있음	멸치볶음
	제품	• 멸치볶음, 다시마조미자숙품 등	
조미 건제품	정의	• 소형 수산물을 조미액에 담갔다가 건조하여 원료에 맛과 보존성을 부여한 제품	쥐치포
	제품	• 쥐치포, 복어포, 명태포, 아귀포, 대구포, 조미찢은오징어 등 • 생원료를 조미액에 침지하여 건조한 꽃포류(쥐치꽃포, 멸치꽃포, 꽁치꽃포, 복어꽃포, 명태꽃포, 정어리꽃포 등) • 자건 또는 배건 원료를 조미액에 침지하여 배건한 조미 배건품(찢은조미배건오징어, 압연조미오징어, 조미배건빙어, 조미배건가자미, 생선전병 등)	
조미 구이 제품	정의	• 수산물에 조미액을 바른 다음 숯불, 프로판가스, 적외선 등의 배소기로 구워서 만든 제품 • 조미 배소 제품이라고도 함	조미김
	제품	• 뱀장어, 붕장어, 방어, 고등어, 정어리 등의 조미 구이, 조미김	
발효 조미 제품	정의	• 수산물을 염장한 다음 쌀겨, 누룩 등으로 담금하여 발효하거나, 된장, 간장, 식초 등에 절임하여 독특한 풍미가 나도록 한 제품	고등어초절임
	제품	• 고등어초절임 제품 등	

(1) 조미 자숙품

조미 자숙품은 소형 어패류, 갑각류, 해조류 등의 원료를 간장, 설탕, 물엿, 맛술 등을 주재료로 만든 진한 조미액으로 고온에서 장시간 자숙 또는 조미하여 제조한 제품으로, 제조방법에 따라 자숙법과 조림법으로 나눌 수 있다. 자숙법은 자숙 솥에 다량의 조미액을 넣고 끓인 다음 가공할 원료를 넣어 조미액이 침투할 때까지 자숙한 다음 건조하는 방법이다. 조림법은 밑바닥이 넓은 솥에 원료가 전부 흡수할 수 있을 만큼 조미액과 원료를 넣고 교반하면서 조미액이 원료에 흡수될 때까지 조림하는 방법이다.

대표적인 제품은 오징어조미자숙품, 까나리조미자숙품, 다시마조미자숙품, 멸치볶음 등이다.

(2) 조미 건제품

조미 건제품은 소형 어패육류를 조미액에 침지하였다가 건조시켜 보존성과 풍미를 부여한 제품이다.

대표적인 제품은 쥐치포, 명태포, 아귀포, 대구포, 조미찢은오징어 등이다.

(3) 조미 구이 제품

조미 구이 제품은 어패육에 조미액을 바른 다음 숯불, 프로판가스, 적외선 등의 배소기로 구워서 만든 것으로 조미 배소 제품이라고도 한다.

대표적인 제품은 뱀장어, 붕장어, 방어, 고등어, 정어리 등의 조미 구이 등이며, 최근에는 과열증기구이장치를 이용하여 가정간편식 형태로 만든 제품이 출시되고 있다.

(4) 발효 조미 제품

발효 조미 제품은 어패육을 염장한 다음 쌀겨, 누룩, 주박, 된장, 간장, 식초 등에 담금하여 독특한 풍미가 나도록 한 제품이다.

대표적인 제품은 쌀겨 절임 제품, 식초 절임 제품(고등어초절임 제품) 등이다.

3) 조미액의 조성 및 사용 시 주의사항

(1) 조미액의 조성

조미액의 일반적인 조성비를 표 11-2에 나타내었으며, 용도에 따라 조정하여 사용하

표 11-2 조미 가공품 제조를 위한 일반적인 배합 비율

첨가물	꽃포			조미 오징어	조미 자숙품				
	정어리	복어	명태		까나리	오징어	새우	다시마	김
간장	-	-	80	-	32	-	-	50	59
물	11.5	33.7	-	86~95	-	21	27	25	31
설탕	40	30	15	3~6	20	36	9.3	8.3	7.5
캐러멜	-	-	-	-	-	-	-	6.9	2
MSG	0.1	0.3	0.1	0.2~0.5	0.3	-	-	0.2	0.5
한천	-	-	-	-	-	0.1	0.1	-	-
소금	6.4	3	-	2~6	1.7	1.6	4	4.1	-
물엿	40	3	-	-	46	41	60	-	-
사카린	-	-	-	0.2~0.3	-	-	-	-	-
맛술	2	-	8	-	-	-	-	-	-

면 된다.

(2) 조미액의 사용 시 주의 사항

① 곰팡이의 생육 억제를 위하여 가열하여야 한다. 조미액은 소금과 설탕을 많이 함유하고 있어 부패하지 않지만, 곰팡이가 생존하면 변패의 원인이 될 수 있으므로 일반적으로 가열하여 사용한다.

② 맛술 등 가열에 의해 향미가 소실되는 성분은 끓인 후에 첨가한다. 반드시 끓여야 하면 끓인 후에 넣는다.

③ 미생물로 인한 오염을 방지하기 위하여 뚜껑을 닫고 처리한다. 가열한 조미액은 공기 중의 미생물에 오염되지 않도록 뚜껑을 닫고 사용하여야 하며, 가공 대상 원료를 조미액에 침지할 경우에는 식힌 조미액을 사용한다.

2. 조미 가공품의 제조

여기에서는 조미 가공품의 제조에 대하여 알아보도록 하며, 조미(늘인)쥐치포, 조미찢은오징어, 간장게장류, 조미김, 김스낵 등의 제조 공정을 살펴보기로 한다.

1) 조미(늘인)쥐치포

조미쥐치포는 사전적 의미로 해석하는 경우 조미하여 말린 쥐치 또는 말쥐치(이하 쥐치로 통일)를 기계로 납작하게 눌러 만든 어포이다. 조미쥐치포는 남녀노소 모두가 즐겨 먹는 국민 간식 중의 하나이다.

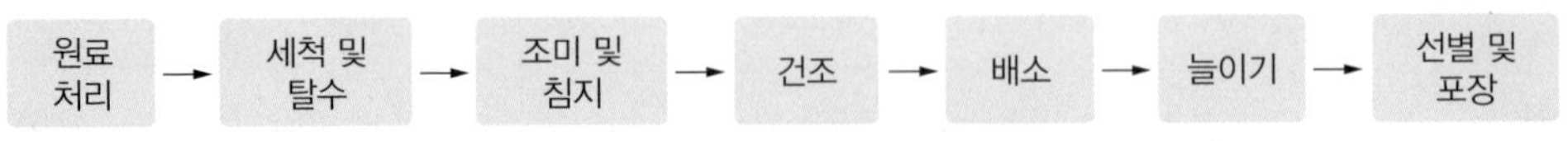

그림 11-1 조미(늘인)쥐치포의 제조 공정

① 원료 처리

선도가 좋은 쥐치 또는 말쥐치를 선택하여 머리 부분을 잘라 내고 내장도 제거한다. 요즈음에는 머리를 절단하지 않는 경우가 많다. 원료 쥐치는 몸통 위쪽에서부터 양쪽으로 껍질을 벗기는데 형태가 손상되지 않도록 한다. 껍질을 제거한 쥐치 또는 말쥐치를 필릿fillet으로 처리한 다음 채육한다.

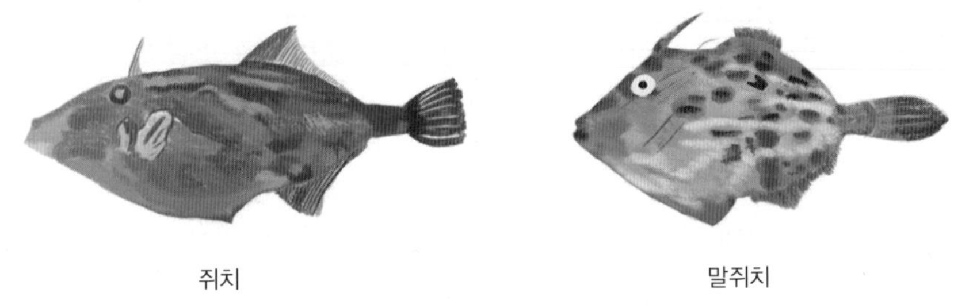

그림 11-2 조미쥐치포의 원료어

② 세척 및 탈수

육편의 선도를 유지하기 위하여 냉각수 또는 얼음물을 사용하여 오물과 혈액을 제거한다. 혈액은 유지 변색을 촉진시키기 때문에 7~10% 소금물로 깨끗이 씻어 제거하는데 흐르는 물에 씻는 것이 좋다. 세척이 끝난 다음 육편은 바구니에 담아 서늘한 곳에 방치하여 물방울이 떨어지지 않을 정도로 탈수한다.

③ 조미 및 침지

조미 혼합기에 원료와 혼합된 조미료를 일정량씩 넣고 잘 섞어 준다. 조미는 소비자의 기호에 따라 다르나 일반적으로 어육 1 kg에 설탕 150~200 g, 소금 30~50 g, L-글루탐산나트륨 20 g 정도의 비율로 혼합하여 사용한다. 조미할 때 육편이 덩어리지는 것을 방지하기 위하여 침지 중 침지액을 냉각하거나 어육의 두께를 조절한다. 적당한 다른 용기로 옮겨 조미료가 어육에 충분히 침투하도록 일정 시간(보통 1~2일) 동안 서늘한 장소에 놓아둔다.

④ **건조**

조미료의 침투가 끝나면 그물로 된 건조 발에 어체 내부가 위로 가도록 놓고 일정한 모양으로 붙여 수분 함량이 20% 정도가 되도록 건조시킨다. 건조대는 지상 50~100 cm의 높이에 햇볕 쪽으로 경사지게 건조 발을 설치한다. 최근에는 천일 건조보다는 냉풍 건조기를 주로 사용한다. 「수산물·수산가공품 검사기준」(2019)에서는 조미쥐치포류의 수분 함량을 25% 이하로 규정하고 있다.

⑤ **배소**

건조된 어육은 프로판가스나 전기 배소기(온도 120~170℃, 통과시간 1~2분)에서 덜 구워지거나 타지 않도록 알맞게 굽는다.

⑥ **늘이기**

조미늘인쥐치포를 제조할 때에는 알맞게 구워진 어육을 압착 롤러에 넣어 적당한 두께로 늘인다. 단, 조미쥐치포 제조 시에는 이 공정은 생략된다.

⑦ **선별 및 포장**

늘이기가 끝난 제품은 크기, 무게 또는 품질에 따라 선별하여 폴리에틸렌 등의 포장지로 포장한다.

조미쥐치포

조미늘인쥐치포

그림 11-3 조미쥐치포

2) 조미찢은오징어

조미찢은오징어는 조미 가공품 중 단일 어종으로 생산량이 가장 많다. 최근에는 국내산 살오징어의 생산량 저하 및 단가 상승 등으로 대왕오징어 같은 수입산 오징어를 주로 사용한다.

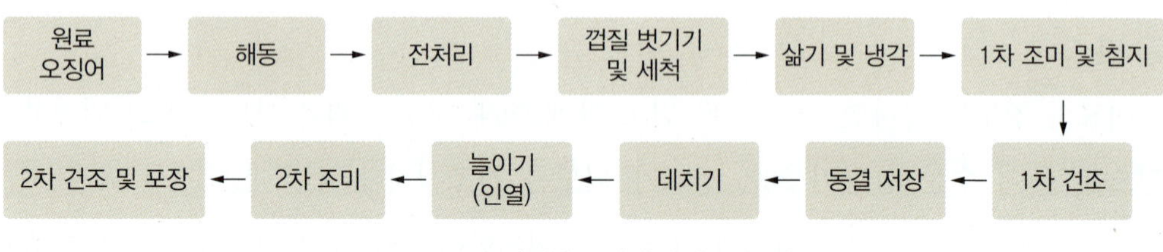

그림 11-4 조미찢은오징어의 제조 공정

① **원료**

신선 오징어 또는 냉동 오징어를 원료로 한다.

② **해동**

냉동 오징어를 사용할 경우에는 대부분 흐르는 물에 해동을 하나, 일부 자연 해동을 하기도 한다. 신선 오징어를 사용하는 경우 이 공정을 생략한다.

③ **전처리**

원료 오징어의 지느러미 양쪽을 한손으로 잡아당기면서 몸통에 칼집을 내고 밑으로 내려서 지느러미를 제거한다. 몸통은 끝까지 절개한 뒤 다리를 잡고 위쪽 방향으로 당기면서 다리와 내장을 함께 제거한다. 다리에 붙은 내장은 칼로 제거하고, 다리 윗부분은 절개하여 먹통, 눈, 입을 떼어 낸다.

④ **껍질 벗기기 및 세척**

몸통을 회전용 탈피기에 넣고 냉수로 2분에 2~3회 세척한다. 이어서 온수(55~60℃)를 공급하여 15~20분간 담가 놓고 계속 교반함으로써 서로 마찰시켜 껍질이 벗겨지면서 색소가 온탕으로 용출되며, 2번째 층 껍질이 완전히 벗겨지면 0.03%의 단백질 가수분해효소protease를 넣어 3번째 층 껍질을 제거한다. 껍질을 완전히 벗긴 오징어의 살은 효소에 의하여 단백질이 더 이상 분해되지 않도록 냉수로 재빨리 씻어 낸다.

⑤ **삶기 및 냉각**

탈피한 오징어 살은 85~90℃ 자숙 탱크에서 4~6분간 삶은 뒤 4℃의 냉수로 2~3분간 급랭 처리한다. 이어서 15℃ 이하의 냉수에서 30~60분간 침지 처리한다. 이때 오징어 살이 물 표면 위로 노출되지 않도록 주의하여야 하며, 냉각수 온도가 상승하지 않도록 지속적으로 흘려야 한다.

⑥ **1차 조미 및 침지**

세척한 오징어 살과 조미료를 조미 혼합기에 넣고 조미료가 녹을 때까지 교반한다. 조미된 몸통을 펴서 침지 통에 담아 침지 처리(15℃에서 18~20시간)한다.

표 11-3 조미료 혼합 비율

명칭	조미		명칭	조미	
	1차[1)]	2차[2)]		1차	2차
분말 설탕	15.00	-	시트르산	0.30	-
식염	0.45	2.0	아세트산	-	0.10
L-글루탐산나트륨	0.15	0.60	분말 소비톨	-	8.00
숙신산	0.15	0.80	글리신	-	1.00

[1)] 자숙 오징어 100 kg 기준 [2)] 찢은 오징어 100 kg 기준

⑦ **1차 건조**

조미된 오징어 살을 크기별로 선별하여 오징어끼리 육편이 붙지 않도록 하여 건조 대차 위에 올려놓는다. 대차를 건조실에 넣고 냉풍 건조한다.

⑧ **동결 저장**

1차 건조한 오징어는 식감을 좋게 하고 인열(늘이기) 작업을 용이하게 하기 위하여 건조한 반제품을 -18℃에서 15~40일간 저장한다.

⑨ **데치기**

물탱크에 수돗물 100 L, 소금 1.2 kg, 아세트산 0.6 L를 넣어 잘 녹인 후에 건조 반제품의 오징어를 90~100℃에서 3~5분간 데친다.

⑩ **늘이기(인열)**

건조 반제품을 압착 롤러에 넣고 1.5~2.0배 늘어나도록 롤러 간격을 적절히 조절하여 늘인다. 늘이기를 끝낸 반제품은 인열기에 넣어 1/3 정도 늘어났을 때 다른 반제품을 겹쳐지도록 투입한다.

⑪ **2차 조미**

인열한 반제품을 15 kg씩 계량하여 조미 혼합기에 넣고 첨가물을 추가하여 잘 교반하여 조미한 후 바구니에 담아서 1일간 방치한다.

⑫ **2차 건조 및 포장**

냉풍 건조기에서 수분 함량이 25% 이하가 될 때까지 건조시킨다. 건조된 제품은 바구니에 담아 하루 동안 방치한 후 일정한 양을 계량하여 용기에 담고 포장지에 넣어 밀봉한다. 한편, 「수산물·수산가공품 검사기준」(2019)에서는 조미오징어류의 수분 함량을 30% 이하로 규정하고 있다.

그림 11-5 조미찢은오징어

3) 간장게장류

(1) 간장게장

간장게장은 전처리한 게에 조미 간장을 첨가한 다음 끓이고 졸여서 저장성과 맛을 부여한 전통 수산가공식품 중의 하나이다.

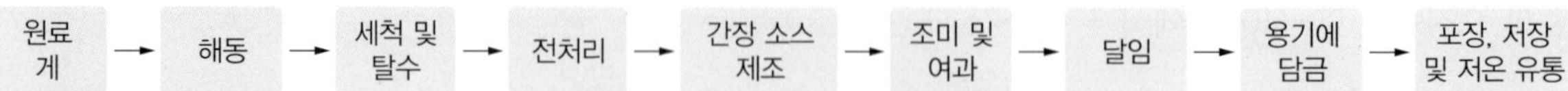

그림 11-6 간장게장의 제조 공정

① **원료**

간장게장의 원료로는 꽃게, 붉은대게, 털게 등 다양한 종류를 사용할 수 있으나, 꽃게를 가장 많이 사용한다.

② **해동**

원료로 사용하는 냉동 게는 바닷물의 염도와 동일한 소금물에서 해동한다. 신선 게를 사용할 경우 이 공정은 생략한다.

③ **세척 및 탈수**

2~3% 농도의 소금물로 세척하고 탈수한다.

④ **전처리**

게의 갑각을 분리하고 다리 끝부분은 잘라 낸다. 몸통은 먹기 편리한 크기로 절단한다.

⑤ **간장 소스 제조**

간장 소스는 진간장 20 L, 정제수 2 L가 담긴 용기에 맛과 비린내 개선을 위하여 무, 양파, 대파, 마늘, 청고추 등의 채소 약간과 배 3 kg을 넣고, 건강 기능성을 목적으로 오미자, 헛개나무, 함초 가루, 구절초, 맥문동, 황기, 오가피, 백편두, 우슬, 감초, 둥글레, 백출, 사삼, 천초 등을 추가하여 끓인다. 이때 간장 소스는 강한 불에서 끓이되, 거품이 나기 시작하면 중지하고 공중 낙하 세균의 오염을 방지하기 위하여 뚜껑을 비스듬히 닫은 채 냉각 및 여과하여 간장게장용 간장 소스로 사용한다.

⑥ **조미**

간장 소스에 선별 및 세척한 게를 넣고, 24시간 숙성한다.

⑦ **여과**

숙성 배합물의 간장 소스에서 조미 게를 건져 내고, 체로 간장을 걸러 낸다.

⑧ **달임**

간장 소스는 다시 강한 불에서 끓이고(거품이 나기 시작하면 중단), 여과 및 가열 처리한 물 첨가(여과한 간장 소스의 짠맛 저감화 목적으로 달임 전 간장 소스의 부피가 되도록 첨가) 및 냉각한다. 이와 같은 조미, 여과, 달임, 냉각 공정을 1~2회 반복한다.

⑨ **용기에 담금**

달인 갑각류 담금용 간장은 위생적인 용기에 넣고, 여기에 분리한 조미 게를 담근다.

⑨ **포장, 저장 및 저온 유통**

간장게장을 포장한 후 저장 및 유통한다. 이때 유통은 0~10℃ 범위에서 하되, 가능한 한 낮은 온도에서 한다.

그림 11-7 간장게장

(2) 양념게장

간장게장용으로 전처리 및 조미하여 분리한 게를 정제수에 담가 짠맛을 줄인 다음 미리 준비한 양념으로 버무린 제품이다. 따라서, 담백한 간장게장과는 달리 매콤달콤하다.

그림 11-8 양념게장의 제조 공정

① **간장게장의 제조**

앞의 간장게장의 제조 공정 ①~⑧까지와 동일하다.

② **짠맛 줄이기**

간장게장으로부터 분리한 게의 과도한 짠맛을 제거하기 위하여 정제수에 3~4시간 담금한 후 탈수한다.

③ **양념 제조**

게 8마리를 기준으로 양념(고춧가루 75 g, 고운 고춧가루 45 g, 마늘 45 g, 생강 5 g, 간장 105 mL, 매실액 30 mL, 청주 30 mL, 물엿 23 mL, 참기름 15 mL, 깨소금 15 g)을 넣어 잘 배합한다. 이때 양념은 제시한 첨가물을 토대로 첨가 또는 빼고, 배합비는 증감하여 사용하면 된다.

④ **양념 버무리기**

매운맛 등을 강화하기 위하여 만들어 놓은 양념에 게를 넣고 버무린다.

⑤ **포장, 저장 및 유통**

완성된 양념게장은 적당한 용기에 담아 포장한 후 0℃로 조정된 저온고에 냉장 및 유통한다.

그림 11-9 양념게장

4) 조미김

조미김은 물김으로 만든 마른 김을 중간 소재로 하여 건조, 기름 도포, 구이 공정을 거쳐 제조한 해조 가공품이다. 마른 김은 맛과 편의성으로 인하여 내수시장은 물론이고 외국에 수출까지 활성화되어 최근 매출이 급증하는 품목이다. 특히, 최근 조미김은 농축수산식품 중 단일 수출 품목으로는 수출액이 가장 높다.

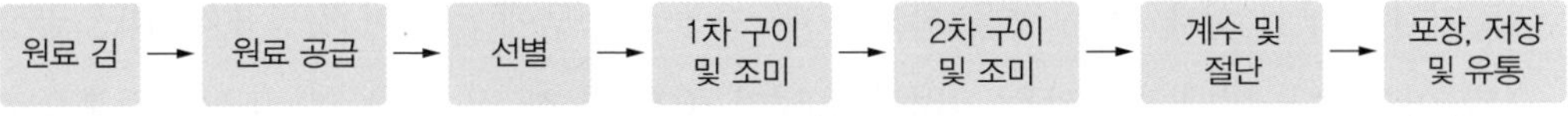

그림 11-10 조미김의 제조 공정

① **원료 김**

중간 소재로 사용하는 마른 김은 냉동 보관(-18℃ 이하)된 것을 사용하나, 수분 함량이 낮아 별도의 해동 처리는 필요하지 않다.

그림 11-11 조미김 원료인 물김과 마른 김

② **원료 공급**

원료인 마른 김은 김 자동 공급기로 구이 라인에 공급한다.

③ **선별**

이물질이 포함되어 있거나 파손 또는 구멍이 있는 마른 김을 선별해 낸다.

④ **1차 구이 및 조미**

소스와 같은 액상을 스펀지 롤러sponge roller로 화입 김(마른 김을 오래 저장하기 위해 습기를 없앤 김)의 표면에 바르고, 소금 같은 고형상 조미료를 뿌리면서 동시에 구이기로 구워(200~220℃에서 5~30초), 조미와 함께 김에 바삭함을 부여한다.

⑤ **2차 구이 및 조미**

1차 구이한 김의 표면에 식용유를 스펀지 롤러로 바르고, 2차 구이(280~300℃에서 2~5초)하여 더욱 바삭하게 만든다.

⑥ **계수 및 절단**

조미김은 구이 상태 및 수량을 확인한 후 자동 시스템에 의하여 일정량씩 절단 공정으로 이송한다. 이때 편의성을 고려하여 먹기 좋게 김 한 장을 8등분, 또는 9등분으로 절단한다.

⑦ **포장, 저장 및 유통**

자동 포장기를 이용하여 위생적으로 알루미늄 은박 포장지에 포장한다. 이때 흡습제인 실리카겔을 포장지에 1개씩 봉입하여 흡습을 방지한다. 박스에 일정 수량씩 넣고 포장하여 건조된 창고에 보관한다.

그림 11-12 조미김

5) 김스낵

과거에는 단지 마른 김의 형태로 가공되어 내수시장과 일본에만 수출하였으나, 건강 기능성이 알려지자 조미김 외에 건포류 등을 얹은 스낵 등으로 가공되어 국내외 시장에 유통되고 있다. 김스낵은 조미김과 더불어 김 가공 산업의 내수시장 성장은 물론이고, 수출 시장까지 활성화시키고 있는 주요 품목이다.

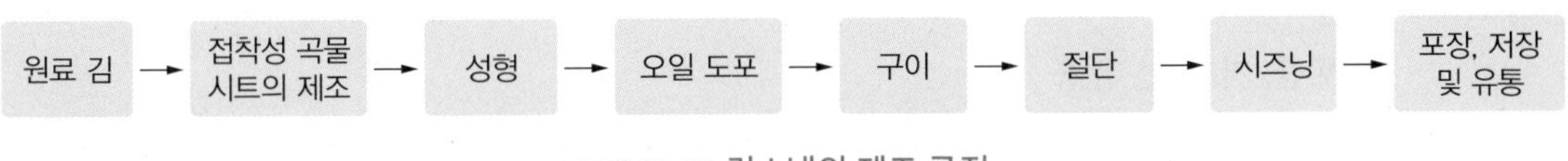

그림 11-13 김스낵의 제조 공정

① **원료 김**

원료 김으로 마른 김을 사용한다. 마른 김은 냉동 보관(-18℃ 이하)하던 것을 사용하며, 수분 함량이 낮아 별도의 해동 처리는 필요하지 않다.

② **접착성 곡물 시트 제조**

전분과 쌀가루를 주원료로 하여 새우, 참깨, 검은깨, 김 가루, 멸치, 오징어 또는 이들의 조합물을 혼합하여 만든 곡물 시트를 공급기로 투입한다. 곡물 시트에 물, 가미제(레몬 농축액, 생강 농축액, 매실 농축액, 녹차 분말, 계피 시럽 또는 이들의 조합물), 소금물, 당액(설탕, 말티톨, 폴리글리시톨, 올리고당, 꿀 또는 이들의 조합물) 등으로 만든 접합액을 도포하여 점착성을 부여한다.

③ **성형**

롤러 또는 프레스기로 접합액 바른 곡물 시트를 김에 접합 처리한다.

④ **오일 도포**

이중 시트에 옥배유, 대두유, 카놀라유, 포도씨유, 해바라기씨유, 참기름, 들기름 중 한 종류 또는 이들의 조합물에 바닐라, 계피, 버터 중 한 종류 또는 이들의 조합물, 산화방지제(허브 추출물, 차카테킨, 토코페롤, 자몽 추출물 중 한 종류 또는 이들의 조합물)를 함유한 오일을 도포한다.

⑤ **구이**

오븐으로 200~270℃에서 구워 낸다.

⑥ **절단**

먹기 편리하도록 절단하기 위하여 자동으로 일정량씩 절단 공정으로 이송하여 25등분한다.

⑦ **시즈닝**

오일을 바른 이중 시트에 소비자의 기호에 따라 시즈닝(설탕, 소금, 후추, 강황, 와사비, 녹차, 불고기, 김치, 떡볶이, 라임 중 한 종류 또는 이들의 조합물)을 도포한다.

⑧ **포장, 저장 및 유통**

자동 포장기를 이용하여 위생적으로 알루미늄 은박 포장지에 포장한다. 포장할 때는 흡습을 방지하기 위하여 흡습제인 실리카겔을 1개씩 넣어 봉입하고, 박스에 일정 수량씩 담아 포장하여 건조된 창고에 보관한다.

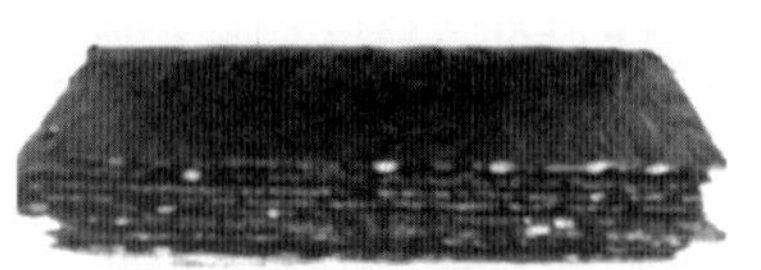

그림 11-14 김스낵

단원정리

1 조미 가공품은 수산물을 조미 처리한 후 자숙, 건조, 배소, 발효 등의 공정을 거쳐 풍미를 향상시킴은 물론이고, 저장성도 부여한 제품이다.

2 조미 자숙품은 소형 어패류, 갑각류, 해조류 등의 원료를 간장, 설탕, 물엿, 맛술 등을 주재료로 만든 조미액으로 고온에서 장시간 자숙 또는 조미하여 제조한 제품이다. 조미 자숙품에는 멸치볶음, 까나리조미자숙품, 다시마조미자숙품 등이 있다.

3 조미 건제품은 소형 수산물을 조미액에 담갔다가 건조하여 원료에 맛과 보존성을 부여한 제품이다. 조미 건제품에는 조미쥐치포, 조미복어포, 조미명태포, 조미찢은오징어 등이 있다.

4 조미 구이 제품은 수산물에 조미액을 바른 다음 숯불, 프로판가스, 적외선 등의 배소장치로 구워서 만든 제품으로 조미 배소 제품이라고도 한다. 조미 구이 제품에는 뱀장어, 붕장어, 방어, 고등어 등의 조미 구이, 조미김 등이 있다.

5 발효 조미 제품은 수산물을 염장한 다음 쌀겨, 누룩 등으로 담금하여 발효하거나 된장, 간장, 식초 등에 절임하여 독특한 풍미가 나도록 한 제품이다. 발효 조미 제품에는 고등어초절임 제품 등이 있다.

6 조미액을 사용할 때는 곰팡이의 생육 억제를 위하여 가열하여야 하고, 맛술 등 향미 소실 성분은 끓인 후에 첨가하며, 미생물의 오염을 고려하여 뚜껑을 닫고 처리한다.

7 주요 조미 가공품으로는 조미(늘인)쥐치포, 조미찢은오징어, 간장게장류, 조미김, 김스낵 등이 있다.

1 **국내 시판 조미 가공품의 원료로 가장 많이 사용되고 있는 것은?**

① 오징어 ② 청어
③ 멸치 ④ 복어

2 **조미찢은오징어의 가공을 위하여 많이 사용되는 기계로 올바르지 <u>않은</u> 것은?**

① 냉풍 건조기 ② 인열기
③ 탈피기 ④ 레토르트

3 **쥐치꽃포가 속하는 조미 가공품으로 올바른 것은?**

① 조미 조림품 ② 조미 건제품
③ 조미 구이 제품 ④ 발효 조미 제품

정답 **1** ① **2** ④ **3** ②

CHAPTER 12

수산발효식품

1. 수산발효식품의 정의 및 분류 | 2. 젓갈 | 3. 액젓 | 4. 식해류

1. 수산발효식품의 정의 및 분류

수산발효식품은 어류, 패류, 갑각류, 기타 수산동물의 근육이나 알, 내장 등에 소금을 가하여 부패세균의 발육을 억제하되, 효소에 의하여 단백질을 아미노산으로 분해시켜 맛 성분을 강화한 제품이다.

1) 분류

일반적으로 수산가공식품은 어패류에 식염을 첨가하고 발효 유무에 따라 염장품과 수산발효식품으로 나뉘며, 수산발효식품은 밥의 첨가 유무에 따라 식해와 젓갈 및 액젓군으로 나뉜다. 젓갈 및 액젓군은 다시 원료의 형태 유지 여부에 따라 젓갈과 액젓으로 분류한다. 즉, 수산발효식품은 크게 젓갈과 액젓, 식해류로 나눌 수 있다.

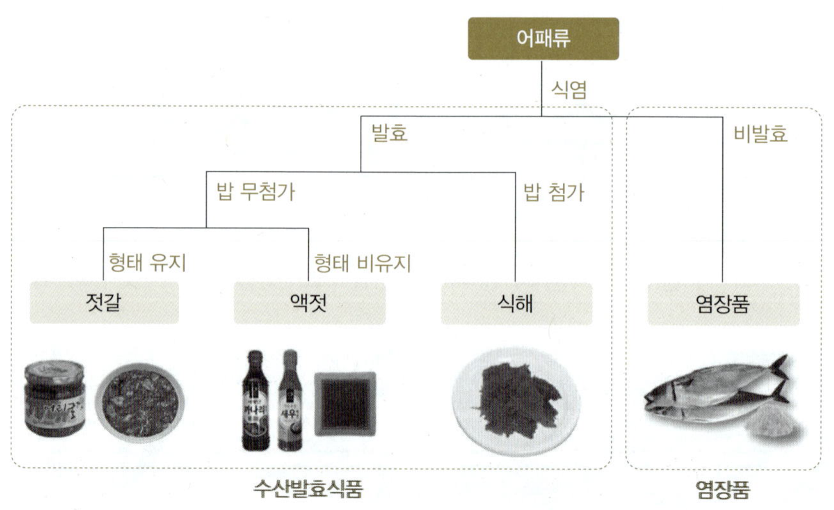

그림 12-1 수산발효식품의 분류

2. 젓갈

1) 젓갈의 기초

(1) 제조 원리

젓갈은 수산동물의 근육, 내장, 생식소 등의 원료에 고농도의 소금을 가하여 부패를 억제하면서 효소 작용으로 단백질을 아미노산으로 분해시켜 맛 성분을 강화한 전통 수산

발효식품이며, 장기 저장이 가능하다. 젓갈은 액젓과 제조 과정 및 방법은 모두 같으나, 액화시키는 액젓과는 달리 형태가 남아 있어야 하므로 숙성 기간이 2~3개월로 짧다.

(2) 종류

젓갈은 원료의 종류에 따라 근육을 주원료로 하는 멸치젓, 정어리젓, 오징어젓, 조기젓, 소라젓, 전복젓, 전어젓 등과, 내장을 주원료로 하여 만든 창난젓, 참치내장젓, 갈치창자젓, 해삼창자젓, 전어밤젓 등, 그리고 생식소를 주원료로 하는 명란젓, 성게알젓, 청어알젓, 연어알젓 등으로 분류한다.

표 12-1 원료의 종류에 따른 젓갈의 분류

사용 부위		
육	내장	생식소
멸치젓, 정어리젓, 오징어젓, 조기젓, 소라젓, 전복젓, 전어젓 등	창난젓, 참치내장젓, 갈치창자젓, 해삼창자젓, 전어밤젓 등	명란젓, 성게알젓, 청어알젓, 연어알젓 등

(3) 일반적 제조법

우리나라에서 생산하는 젓갈은 대부분 어패류에 8~30% 정도의 소금만을 사용하여 2~3개월 상온 발효시켜서 만든 발효 제품이다. 1년 이상 발효시키는 액젓과는 발효 기간이 크게 차이가 난다. 최근 우리나라에서는 고염 젓갈인 전통 젓갈과 전통 젓갈에 비

그림 12-2 전통 젓갈과 액젓의 제조 공정

하여 저염인 저염 젓갈이 주로 생산된다. 이 중 고염 젓갈은 멸치젓과 새우젓이, 저염 젓갈은 어리굴젓, 명란젓, 창난젓 및 기타 양념 젓갈 등이 많이 유통되고 있다.

① 전통 젓갈

전통 젓갈은 어패류에 20% 이상의 소금을 첨가하여 부패를 막으면서, 자가소화효소 등의 작용을 활용하여 숙성시킨 식품으로 맛과 보존성이 좋다. 식중독을 일으키는 장염 비브리오는 소금이 10% 이상 되면 증식할 수 없으므로 전통 젓갈은 이로 인한 식중독 염려는 없다.

② 저염 젓갈

저염 젓갈은 전통 젓갈보다 소금의 농도를 낮추고 짧은 기간 숙성시켜서 맛과 보존성이 낮다. 이러한 이유로 조미료를 사용하여 맛을 부여하고, 저온 저장하거나 보존료를 첨가하여 보존성을 높인다. 이때 일반적으로 사용하는 첨가물과 그 농도는 소금 8%, 젖산lactic acid 0.5%, 소비톨sorbitol 6.0%, 에탄올 4.0% 등이다. 이들은 수분 활성을 낮추거나 보존료의 역할을 한다. 한편, 식중독을 일으키는 장염 비브리오는 소금 2~5%에서도 증식이 활발하므로 저염 젓갈은 식중독의 염려가 있다.

표 12-2 저염 젓갈의 제조에 사용되는 첨가물의 일반적 배합 비율

(단위 : %)

소금	젖산	소비톨	에탄올
4~8	0.5	6.0	4~6

표 12-3 전통 젓갈과 저염 젓갈의 특성 비교

항목		전통 젓갈	저염 젓갈	항목	전통 젓갈	저염 젓갈
소금 농도		약 23~30%	약 4~8%	부패 억제	소금	보존료, 수분 활성 조정 및 냉장
발효/숙성	종류	발효	숙성	보존성	높음(상온 저장)	낮음(저온 저장)
	기간	약 2~3개월	단기간			
맛의 주체		유리아미노산 등 발효 생성물	맛 향상을 위해 첨가한 첨가물 등	종류	멸치젓, 새우젓, 까나리젓 등	명란젓, 오징어젓 같은 조미 젓갈

(4) 숙성 중 성분의 변화

① 맛 성분의 변화

a. 가용성 질소 함량, 아미노 질소 함량

멸치젓의 숙성 중 식품 성분은 최적 숙성기인 60~90일에 가까울수록 맛 성분의 지표인 엑스 성분 질소 함량, 아미노 질소 함량이 증가하고, 신맛과 관련된 pH가 감소하는 경향을 보인다.

b. 엑스 성분의 주요 구성 성분

전통 멸치젓의 맛 성분을 엑스 성분의 질소 함량과 그 구성 성분으로 살펴본 결과를 표 12-4에 정리하였다. 엑스 성분의 질소 함량은 멸치젓이 원료 멸치에 비하여 훨씬 증가한다. 멸치젓 엑스 성분 질소의 구성은 유리아미노산 질소가 38.5%로 가장 높고, 총크레아티닌 질소total creatinine nitrogen 22.8%, 암모니아 질소 9.6% 등이며 나머지 질소 성분은 1% 정도이다.

이와 같은 멸치젓의 맛은 숙성 중에 자가소화효소 및 미생물에 의하여 분해된 유리아미노산이 주도적인 역할을 하고, 핵산 관련 물질, 단당류, 유기산 등이 서로 어우러져 젓갈의 독특한 맛의 주체가 된다. 멸치젓의 숙성 중 식품 성분은 최적의 맛에 가까운 60~90일에 가까울수록 맛의 강도는 강해진다.

표 12-4 전통 멸치젓의 질소 화합물 함량

(단위 : mg/100 g)

질소 화합물	멸치		질소 화합물	멸치	
	원료	젓갈		원료	젓갈
엑스 성분 질소	1,529.3	2,526.2	베타인 질소	10.2 (0.6)	30.0 (1.2)
유리아미노산 질소	439.3 (27.6)	973.0 (38.5)	TMA-N	22.7 (1.4)	30.9 (1.2)
핵산 관련 물질 질소	51.4 (3.2)	28.4 (1.1)	TMAO-N	13.9 (0.9)	9.0 (0.4)
암모니아 질소	6.6 (0.4)	241.3 (9.6)	총크레아티닌 질소	433.1 (27.2)	575.8 (22.8)

*( )는 엑스 성분 질소 함량에 대한 각 질소 성분의 비율

c. 유리아미노산 함량

전통 새우젓의 주요 맛 성분인 유리아미노산 함량을 표 12-5에 나타내었다. 젓갈의 맛 성분 중 가장 크게 영향을 미치는 성분은 유리아미노산이며, 라이신, 글루탐산, 프롤린, 알라닌, 류신 등이 주요 유리아미노산이다. 이들 유리아미노산 중 맛의 역치까지 고려할 경우 맛에 영향을 미치는 가장 주요한 아미노산은 글루탐산이다.

표 12-5 전통 새우젓의 유리아미노산 함량(82일 숙성)

(단위: mg/100 g)

유리아미노산	새우		유리아미노산	새우	
	원료	젓갈		원료	젓갈
라이신	969.8	3,818.3 (16.5)	알라닌	1,287.8	2,609.1 (11.3)
히스티딘	148.4	315.5 (1.4)	발린	503.5	1,491.9 (6.4)
아르지닌	1,738.2	926.7 (4.0)	메티오닌	333.9	703.2 (3.0)
아스파르트산	323.2	흔적량 (-)	이소류신	328.6	1,255.3 (5.4)
트레오닌	487.6	흔적량 (-)	류신	699.5	2,622.2 (11.3)
세린	333.9	흔적량 (-)	티로신	270.3	흔적량 (-)
글루탐산	911.5	2,227.9 (9.6)	페닐알라닌	328.6	939.8 (4.1)
프롤린	2,209.9	4,547.8 (19.6)	합계	11,913.4	23,153.3 (99.9)
글리신	1,038.7	1,695.6 (7.3)			

*( )는 총유리아미노산 함량에 대한 각 유리아미노산의 비율

② 지질 산화의 정도

멸치젓의 지질 산화 지표인 과산화물값peroxide value, POV은 증가한 후 감소하는 경향을 나타내고, 냄새 성분의 지표인 휘발성 염기 질소 함량은 증가하는 경향을 보인다. 즉, 멸치젓의 숙성 중 식품 성분은 최적 숙성기에 가까운 60~90일에 가까울수록 맛이 증가하나 비린내 강도도 강해지는 것으로 추정되며, 비린내의 원인 성분 중의 하나인 지질 산화도 증가된다(그림 12-3).

2) 수산발효식품의 제조

(1) 멸치젓

신선한 멸치에 23% 이상의 소금을 첨가하여 부패를 막으면서 자가소화효소 등의 작

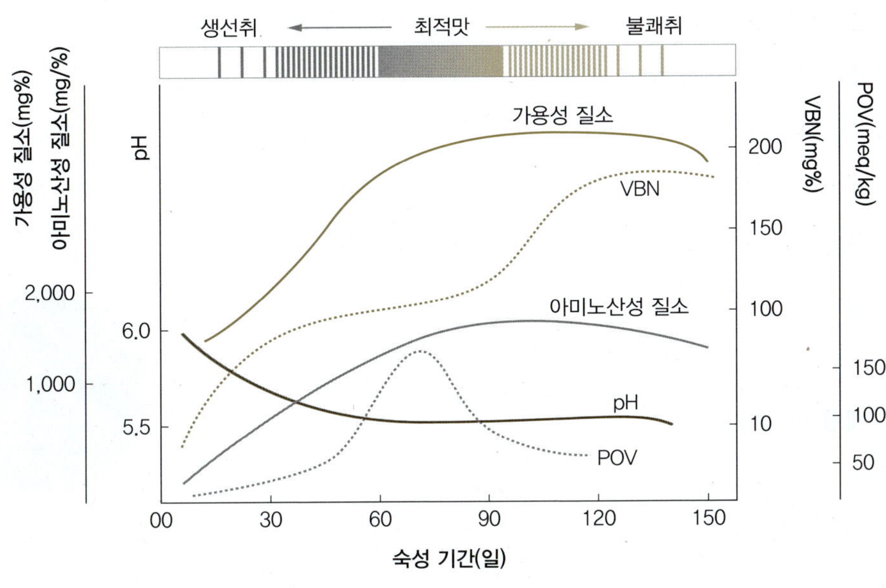

그림 12-3 멸치젓의 숙성 중 성분의 변화

용을 활용하여 발효시킨 멸치젓은 맛과 보존성이 좋아 우리나라에서는 새우젓과 더불어 가장 많이 생산되는 젓갈 중의 하나이다. 멸치젓과 새우젓은 김장용으로 많이 사용되며, 영남지방에서는 멸치젓을, 호남과 수도권에서는 새우젓을 선호한다.

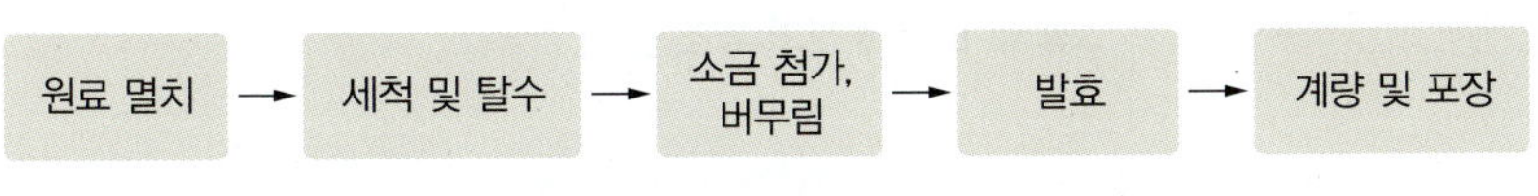

그림 12-4 멸치젓의 제조 공정

① **원료**

권현망, 정치망, 낭장망 등 다양한 방법으로 어획한 멸치를 원료로 사용한다. 특히 배가 터지지 않은 원료를 사용한다.

② **세척 및 탈수**

3% 소금물(10℃ 이하)을 원료 부피의 3~5배를 준비하여 세척 탱크에서 단시간에 세척하여 이물질과 혈액을 제거한다. 세척한 멸치를 다공성 용기로 옮겨 어체 표면에 물이 흘러내리지 않을 정도로 탈수한다. 산업계에서는 이 공정을 생략하기도 한다.

③ **소금 첨가, 버무림**

멸치의 23% 이상이 되도록 소금을 첨가하고 혼합기에서 잘 버무린 다음 숙성 탱크 또는 용기에 담은 후 윗부분에 소금을 다시 뿌려 원료가 공기에 노출되지 않도록 한다. 이어서 비닐을 덮고 누름돌을 올려놓는다. 이때 사용하는 소금의 양은 원료 멸치가 신선할수록 줄여 사용한다.

④ **발효**

시원하고 그늘진 곳에서 약 2~3개월 동안 발효시킨다.

⑤ **계량 및 포장**

봄에 만든 멸치젓을 춘젓, 가을에 담근 멸치젓은 추젓이라 하며, 춘젓이 추젓보다 맛이 좋다.

그림 12-5 멸치젓

(2) 새우젓

새우젓은 여러 음식의 간을 맞추는 데 사용되며, 특히 호남 지방과 수도권에서는 김장용 부원료로 많이 쓰인다.

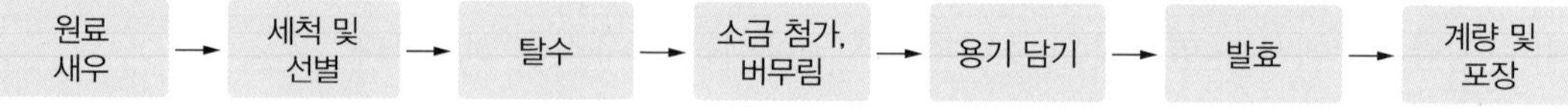

그림 12-6 새우젓의 제조 공정

① **원료**

원료인 새우는 주로 서해안에서 어획된 젓새우*Acetes japonicus*와 수입한 중국젓새우*Acetes chinensis*, 돗대기새우*Leptochela gracilis* 등을 많이 사용하며, 주로 젓새우가 사용된다. 원료 새우는 신선하고 투명한 것이 좋다.

② **세척 및 선별**

원료 새우의 선도가 불량하거나 이물질이 혼입되어 있는 경우 최종 제품인 새우젓의 향미와 색에 나쁜 영향을 줄 수 있다. 그러므로 3% 소금물(10℃ 이하)로 새우를 세척하면서 신선도가 결여되어 있거나 불투명한 새우와 여러 가지 이물질은 선별하여 제거한다.

③ **탈수**

밑바닥에 구멍이 있는 용기에 담아 탈수를 하는데 새우 표면에 물이 흐르지 않을 정도로 실시한다.

④ **소금 첨가, 버무림**

새우는 내장의 효소 활성이 높은 반면 갑각이 있어 소금의 침투량은 적기 때문에 다른 젓갈에 비하여 많은 30% 이상의 소금을 첨가한다. 소금은 혼합기통에서 원료인 새우와 버무리는데, 계절에 따라 소금 첨가량은 다소 변동이 있다(표 12-6). 새우젓을 제조에 사용하는 소금은 다양하지만 제재염을 사용하는 것이 좋다.

표 12-6 새우젓 제조 시기에 따른 소금 첨가량

제조 월(음력)	명칭	소금 첨가량 (kg)	
		생새우	소금
1~2월	동백하젓	120~150	80~120
3~4월	추젓	120	80~120
5~6월	오젓, 육젓	130~150	100~120
7~10월	자젓, 추젓	120	60~80

⑤ **용기 담기**

플라스틱 용기 내부에 폴리에틸렌 포장지를 깐 후에 염장 새우를 담은 다음 맨 위층에 1~2 cm 두께로 소금을 뿌려 공기가 들어가지 않게 밀봉하고 겉덮개를 덮는다.

⑥ **발효**

저온으로 조정(13~20℃)해 놓은 지하창고, 저온 숙성실, 토굴 등에서 4~5개월 동안 발효시킨다.

⑦ **계량 및 포장**

새우젓은 잘 발효되어 품질이 좋은 것은 육질이 토실토실하고 짠맛이 적당하며 단맛이 난다. 또한, 액즙은 유백색으로 악취가 없다.

새우젓은 원료 새우의 어획 시기에 따라 부르는 명칭이 다르다(표 12-7).

표 12-7 어획 시기에 따른 새우젓의 명칭 및 특성

어획 시기(음력)	명칭	품질 특성
1~2월	동백하젓	희고 깨끗하며 겨울철에 생산됨
3~4월	춘젓	어체가 작고 크기가 고르지 못하며 약간 붉은색을 띰
5월	오젓	어체가 고르지 못하고 붉은색을 띰
6월	육젓	어체가 비대하고 흰색 바탕에 붉은색이 섞여 있음
7~8월	자젓	어체가 작고 흰색을 띰
9~10월	추젓	어체가 작고 흰색을 띰

(3) 오징어 양념 젓갈

오징어 양념 젓갈의 사전적 의미는 오징어를 소금에 절인 후 양념에 버무려 만든 젓갈이라 되어 있으며, 전통 젓갈에 비하여 대표적인 저염 젓갈 중의 하나이다.

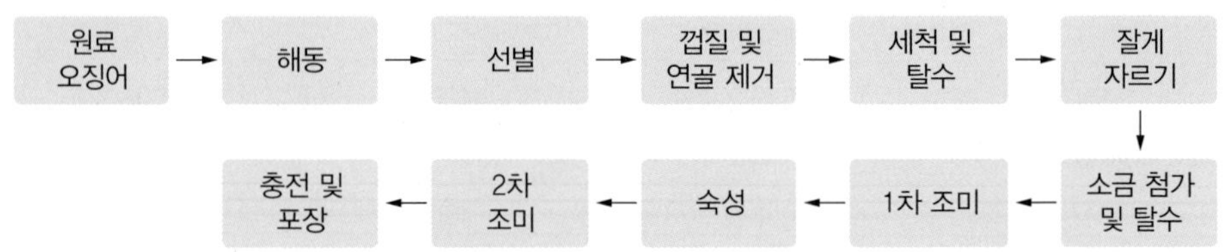

그림 12-7 오징어 양념 젓갈의 제조 공정

① **원료**

신선 오징어나 냉동 오징어를 모두 사용할 수 있다.

② **해동**

냉동 오징어를 사용할 경우 흐르는 물에 해동하거나 자연 해동을 한다. 자연 해동할 때는 상온에서 10시간 정도 실시한다. 해동하는 시간이 길어질 경우 유수 해동은 맛 성분이 빠져 나가 맛이 떨어지고, 자연 해동은 품온이 올라가 신선도가 결여될 수 있다.

③ **선별**

원료 오징어는 제품의 품질을 균일화하고 작업의 편리성을 부여하기 위하여 크기별로 선별하고, 선도가 떨어지면 미생물의 작용으로 표피에 있는 색소세포에서 색소 ommochrome가 녹아 나와 살이 적갈색으로 착색되므로 선도가 양호한 것을 선별한다.

또한 선별은 신속하게 이루어져야 한다.

④ **껍질 및 연골 제거**

칼로 오징어의 몸통 중앙부를 두부에서 지느러미까지 가르고, 두부의 눈 사이를 갈라 내장과 눈 등을 제거하고, 껍질에 붙어 있는 색소층을 탈피기로 탈피한다. 복부 중앙에 있는 연골은 손으로 제거한다.

⑤ **세척 및 탈수**

오징어 외부에 묻어 있는 이물질을 2~3%의 소금물로 내장과 먹물의 오염이 없도록 깨끗이 씻어 내고, 이어서 담수로 소금 성분을 제거하기 위하여 세척한 다음 탈수한다.

⑥ **잘게 자르기**

세척한 오징어는 세절기로 5~10 mm 길이로 자른다. 이때 다시 한 번 오징어 외부에 묻어 있는 점질물이나 껍질 등의 이물질을 완전히 제거한다.

⑦ **소금 첨가 및 탈수**

일정한 양의 소금과 잘게 자른 오징어의 살을 교반기로 혼합한다. 소금을 넣음으로써 과잉의 수분은 제거되고 맛은 좋아지는 효과가 있다. 분리된 수분 및 소금에 녹아 나오는 유백색의 염용성 단백질을 제거한다.

⑧ **1차 조미**

표 12-8에 나타낸 여러 가지 첨가물을 첨가하여 혼합기로 혼합한다. 혼합한 후 플라스틱통 등 발효 탱크에 담아 숙성실로 옮긴다.

표 12-8 오징어 양념 젓갈의 원재료와 부재료의 배합 비율

(단위 : %)

1차 조미 배합비		2차 조미 배합비	
오징어	100	숙성 반제품	100
소금	9~10	고춧가루	4.5
글루탐산나트륨	1.0	마늘	3.5
소비톨	2.5	소비톨	2.5
		설탕	2.0
		글루탐산나트륨	1.5
		기타	1.5

⑨ **숙성**

-2~0℃의 빙온 조건에서 30일간 자가소화효소에 의한 발효를 시킨다. 숙성 과정 중 아랫부분에서 가스가 발생하므로 숙성 초기에 교반하여 가스를 제거한다.

⑩ **2차 조미**

숙성이 끝난 제품은 여러 가지 첨가물(표 12-8 참조)을 혼합하여 조미한다.

⑪ **충전 및 포장**

조미가 끝난 오징어는 자동 충전기로 충전한다. 오징어 양념 젓갈의 포장 용기로는 주로 병을 사용한다. 포장한 후에는 5℃ 이하의 냉장고에 보관한다.

그림 12-8 오징어 양념 젓갈

(4) 명란젓

명란젓은 3년 이상 성장한 명태에서 수확한 알을 소금에 절여 숙성시킨 젓갈로, 우리나라에서는 예로부터 즐겨 먹는 전통 수산가공식품 중의 하나이다.

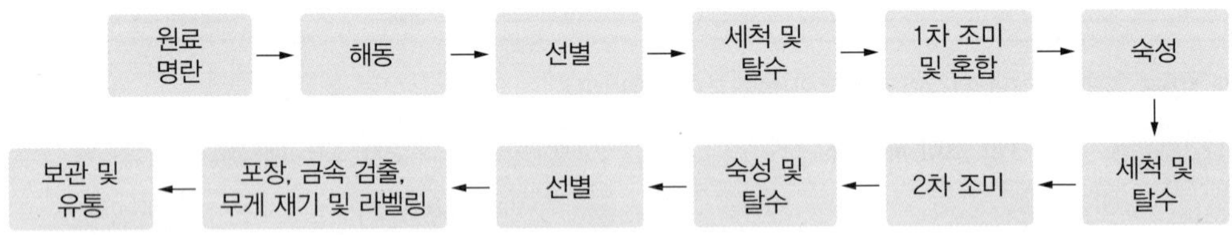

그림 12-9 명란젓의 제조 공정

① **원료**

원료인 명란은 대부분 미국, 러시아 등에서 수입한 것을 사용한다. 현지에서 전처리하여 분리한 후 냉동된 상태로 바이어들이 직접 수입하여 수산가공 공장 등에 공급하고 있다. 명란의 상태는 명란젓 등 다양한 명란 가공품의 최종 품질에 결정적인 역할을 하므로 선택에 신중해야 한다.

명란은 선도가 좋을수록 광택이 나고 윤기가 흐르며, 선도가 떨어짐에 따라 광택은 흐릿해진다. 명란의 선도가 좋고 성숙도가 높으며 어획에서 채란까지 걸린 시간이 짧을수록 탄력이 있다. 명란의 난막 두께는 성숙도에 따라 차이가 있는데, 난막이 얇고 탄력 있는 것이 고품질이다. 명란의 선도가 저하됨에 따라 자가소화로 인해 난막의 탄력이 떨어지고 손상되기 쉽다. 품질이 우수한 명란은 성숙한 명태에서 채취한 것으로 색상이 투명하면서 선홍색이고 알주머니가 얇으며, 탱글탱글하고 무게가 많이 나가는 것이다. 선상에서 급속 동결한 것이 좋다.

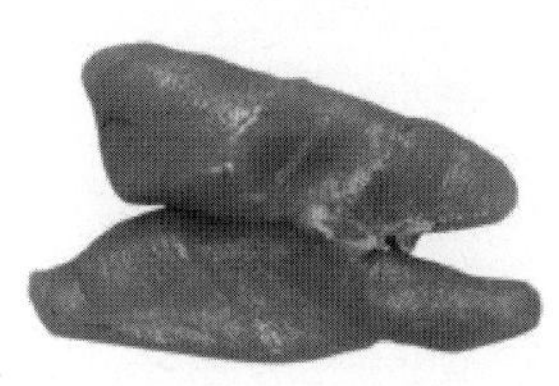

원료 명란

명란 경매 모습

그림 12-10 원료 명란과 경매 현장

② 해동

해동실(습도 95%에서 상온 해동을 실시하나 명란의 품온이 5℃가 되면 자동 제어에 의하여 10℃로 조정)에서 13시간 동안 해동한다. 이와 같은 해동실이 설비되어 있지 않은 경우에는 자연 해동한다.

③ 선별

명란은 알의 구성 수에 따라 명란이 한 개로 된 외알, 두 개로 된 쌍알, 성숙도에 따라 미숙란gamuko, 완숙란mako, 과숙란mizuko 등, 무게에 따라 L, M, S, SS 등과 같이 선별한다. 이외에도 색상에 따라, 난막에 상처가 나거나 찢어지는 등의 손상을 입은 것이나 지나치게 커서 절단한 것kireko, 난막에서 알이 나와 흩어진 것barako과 그렇지 않은 것 등과 같이 손상 유무에 따라 분류하여 선별한다.

④ **세척 및 탈수**

명란을 3% 소금물로 가볍게 세척하여 난막에 붙어 있는 이물질과 혈액 등을 깨끗이 제거한다. 밑바닥이 다공성인 플라스틱 바구니에 담아서 자연 탈수한다.

⑤ **1차 조미 및 혼합**

탈수한 명란은 무게를 측정한다. 명란 기준으로 소금 9~10%, 글루탐산나트륨 1.0%를 텀블러에 함께 넣고 난막이 터지지 않도록 조심스럽게 조미하며 혼합한다.

표 12-9 조미 명란젓의 원재료와 부재료의 배합 비율

(단위 : %)

1차 조미 배합비		2차 조미 배합비	
명란	100	조미 명란 반제품	100
소금	9~10	고춧가루	3.0
글루탐산나트륨	1.0	마늘	2.0~3.0
		소비톨	1.5~2.0
		설탕	1.0
		글루탐산나트륨	1.0
		기타	0.3

⑥ **숙성**

조미가 끝난 제품은 숙성 탱크(-2~10℃)에 조심스럽게 넣고 숙성을 하는데 예전에는 약 7~15일간 장기 숙성을 하였으나, 최근 24시간 단기 숙성을 많이 시도한다.

⑦ **세척 및 탈수**

숙성한 후 명란에 부착된 이물질과 과량의 소금을 제거하기 위하여 가볍게 세척한 후 탈수한다. 탈수한 후 명란에서 흑막, 혈관 등과 같은 이물질을 손으로 제거한다.

⑧ **2차 조미**

탈수한 명란 기준으로 고춧가루 3.0%, 마늘 2.0~3.0%, 소비톨 1.5~2.0%, 설탕 1.0%, 글루탐산나트륨 1.0%, 기타 0.3%를 텀블러에 함께 넣고, 난막이 터지지 않도록 조심스럽게 조미 및 혼합한다.

⑨ **숙성 및 탈수**

조미가 끝난 제품은 숙성 탱크(-2~10℃)에서 약 3일간 숙성한다. 조미가 끝난 제품에

서 분리된 수분을 제거한다.

⑩ **선별**

탈수한 명란은 공정 과정에서 터진 분란이나 미선별된 것을 선별할 목적으로 ③ 선별 과정에서 언급한 기준에 따라 다시 선별한다.

⑪ **포장, 금속 검출, 무게 재기 및 라벨링**

재선별한 명란은 포장 단위별로 포장한 후 금속 검출(철 1.5 mm 이상 불검출, 비금속 2.0 mm 이상 불검출) 및 중량을 체크하고 라벨링한다.

그림 12-11 명란젓

⑫ **보관 및 유통**

명란젓은 소금 농도가 매우 낮아 저장성이 좋지 않으므로 냉장 유통(0~10℃)을 하여야 한다.

(5) 창난젓

명태의 창자를 채 썰어 소금에 절인 다음 발효시켜서 양념에 버무린 젓갈을 창난젓이라고 한다. 콜라겐이 많은 창난(명태 내장) 특유의 조직감으로 인해 소비자의 선호도가 높은 편이며, 세계적으로 영문을 한글 발음(changnan jeot)대로 표기하는 몇 안 되는 우리나라 전통 수산발효식품이다.

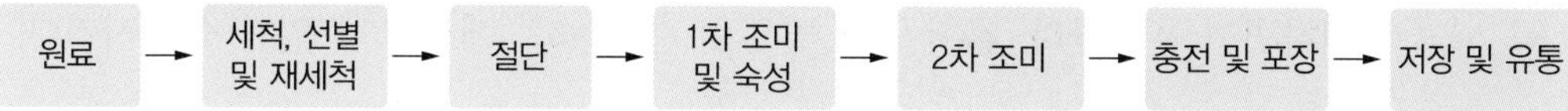

그림 12-12 창난젓의 제조 공정

① **원료**

명태의 내장을 원료로 사용하므로 무엇보다도 신선도 유지를 위한 노력이 중요하다.

그림 12-13 원료 창난

② **세척, 선별 및 재세척**

명태의 창자를 3% 소금물로 가볍게 세척하고 동결하거나, 또는 15~25% 범위의 소금과 혼합하여 가공 공장으로 운반한다. 운반된 원료를 작업대 위에 얇게 분산시켜 놓고 창자 속의 이물질, 기생충 등을 제거하고, 3% 소금물로 깨끗이 씻은 뒤 내장 속의 점질물을 훑어서 제거한다.

③ 절단

수세한 창난을 절단기를 사용하여 2 cm 길이로 자르고, 플라스틱 바구니에 담아 과잉의 수분을 자연 탈수한다.

표 12-10 조미 창난젓의 원재료 및 부재료의 배합 비율

(단위 : %)

1차 조미 배합비		2차 조미 배합비	
창난	100	조미 창난 반제품	100
소금	9~10	고춧가루	5.0
글루탐산나트륨	1.0	마늘	2.0~3.0
		소비톨	3.0
		설탕	1.0
		글루탐산나트륨	1.5
		기타	1.5

④ 1차 조미 및 숙성

절단 창난을 혼합기에 넣은 다음 창난 기준으로 소금 9~10%, 글루탐산나트륨 1.0%를 넣고 조미하면서 혼합한다. 혼합물을 빙온 조건(-2~0℃)에서 7~15일간 숙성시킨다.

⑤ 2차 조미

숙성한 창난 기준으로 고춧가루 5.0%, 마늘 2.0~3.0%, 소비톨 3.0%, 글루탐산나트륨 1.5%, 설탕 1.0%, 기타 1.5%를 혼합기에 함께 넣고 조미하면서 혼합한다.

그림 12-14 창난젓

⑥ **충전 및 포장**

포장 단위별로 용기에 넣어서 포장한다.

⑦ **저장 및 유통**

저장 및 저온 유통(0~10℃)을 실시한다.

(6) 어리굴젓

어리굴젓은 생굴에 소금과 고춧가루를 버무려 담근 젓갈이다.

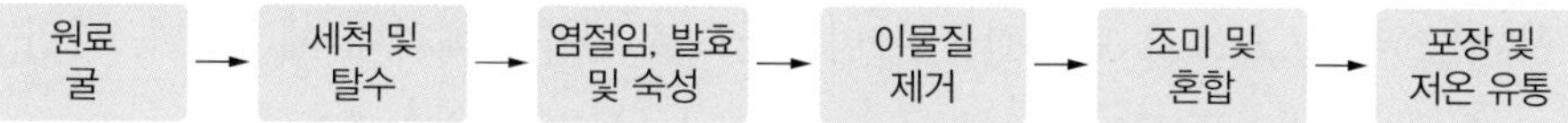

그림 12-15 어리굴젓의 제조 공정

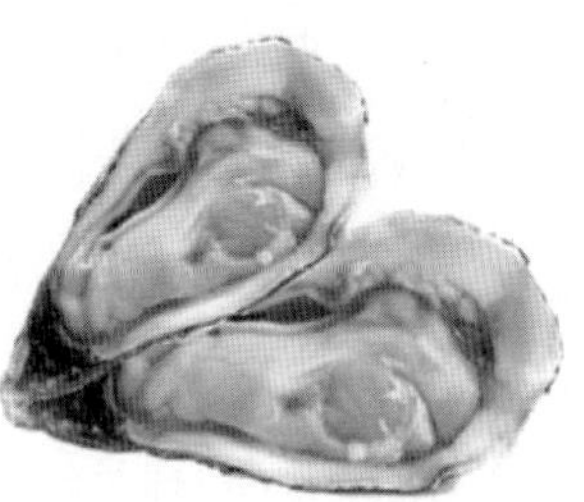

그림 12-16 원료 굴

① **원료**

선도가 양호한 굴을 원료로 사용하여야 한다. 따라서, 원료 굴의 pH는 6.0 이상이 되어야 한다.

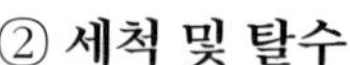

② **세척 및 탈수**

가공 용수로 인정되는 바닷물로 3회 정도 세척한 후 탈수한다.

③ **염절임, 발효 및 숙성**

천일염으로 염절임하고 발생 가스는 배출시키면서 발효한다.

④ **이물질 제거**

발효된 굴은 섬세한 바구니로 걸러서 미세한 이물질을 제거한다.

⑤ **조미 및 혼합**

태양초 고춧가루와 양념을 혼합한다.

그림 12-17 어리굴젓

⑥ **포장 및 저온 유통**

밀봉, 포장한 후 냉장 유통한다.

3. 액젓

액젓fish sauce은 수산동물의 근육이나 내장에 고농도의 소금을 가하여 부패를 억제하면서 효소 작용으로 단백질을 아미노산으로 분해시켜 액화시킨 전통 수산발효식품이며, 장기 저장이 가능하다. 액젓의 제조 과정은 젓갈과 같아 원료에 고농도의 소금을 가하여 부패는 막고, 효소로 단백질을 아미노산으로 가수분해하여 제조한다. 다만, 젓갈과는 달리 모두 액화시키기 때문에 숙성 기간이 길다. 우리나라에서는 12개월 이상으로 길게 숙성한다.

액젓은 우리나라에서도 많이 생산하여 산업화되어 있지만, 동남아시아에서도 많이 생산하고 있으며 일본과 유럽에서도 많이 이용한다. 우리나라에서 산업화된 대표적 액젓은 멸치액젓과 까나리액젓이다.

세계 여러 나라에서 생산되는 액젓으로는 일본의 숏쓰루Shottsuru, 베트남의 느억맘Nuoc-mam, 태국의 남플라Nam-pla, 말레이시아의 부두Budu, 미얀마의 나가피Nagapi, 필

표 12-11 세계 각국에서 생산되는 액젓

국가	제품명	배합비 원료 : 소금	숙성 기간
한국	멸치액젓	4:1~3:1	12~18개월
한국	까나리액젓	3:1	12개월
일본	숏쓰루(Shottsuru)	5:1	3~6개월
베트남	느억맘(Nuoc-mam)	5:1	5~12개월
태국	남플라(Nam-pla)	5:1~1:1	5~12개월
말레이시아	부두(Budu)	5:1~3:1 (설탕 첨가)	3~12개월
미얀마	나가피(Nagapi)	5:1	3~5개월
필리핀	파티스(Patis)	3:1	3~12개월
그리스	가로스(Garos)	9:1	8일
프랑스	피살라(Pissala)	4:1	2~8주
칠레	안초비 소스(Anchovy sauce)	2:1	6~7개월

리핀의 파티스Patis, 그리스의 가로스Garos, 프랑스의 피살라Pissala, 칠레의 안초비 소스 Anchovy sauce 등이 있다(표 12-11). 이와 같이 세계 각국에서 생산되는 액젓은 해당 국가의 기호, 기후 등에 따라 숙성 기간이 모두 다르나, 대체로 우리나라보다 짧거나 유사하다. 최근 우리나라에서는 소스의 베이스 물질로 맛이 중후한 액젓을 많이 사용하고 있다.

1) 액젓의 제조

(1) 멸치액젓 및 까나리액젓의 제조 공정

액젓은 수산동물의 근육이나 내장에 고농도의 소금을 가하여 부패를 억제하면서 자가소화효소에 의하여 만든 장기 발효 액상식품이다.

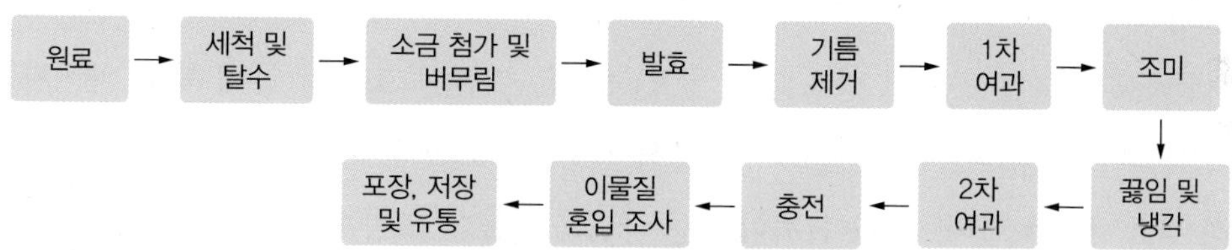

그림 12-18 멸치액젓 및 까나리액젓의 제조 공정

① 원료

액젓의 제조에 쓰이는 원료는 신선하고 비만도가 높은 것이 좋다. 또한, 효소 작용이 강한 어종 및 부위를 선정하여야 하며, 일시에 다량의 원료를 필요로 하므로 일시에 많은 양이 어획되는 다획성이고 가격이 저렴한 어종이어야 한다. 우리나라에서는 대체로 선도가 양호한 멸치나 까나리 등이 주요 소재로 활용된다.

그림 12-19 액젓의 원료어

② 세척 및 탈수

세척 탱크에 3% 소금물(10℃ 이하)을 원료의 3~5배로 준비하여 단시간에 세척하며

이물질과 혈액을 제거한다. 세척한 멸치 또는 까나리는 다공성 용기로 옮겨 어체 표면에 물이 흘러내리지 않을 정도로 탈수한다. 일반적으로 산업계에서는 이 공정을 생략하고 있다.

③ **소금 첨가 및 버무림**

소금은 멸치에 대하여 23% 이상이 되도록 첨가한다. 혼합기에서 버무린 다음 숙성 탱크 또는 용기에 담고 윗부분에 소금을 다시 뿌려 원료가 공기에 노출되지 않도록 한다. 최종적으로 비닐을 덮고 누름돌을 올려놓는다. 이때 사용하는 소금의 양은 원료 멸치가 신선할수록 줄여 사용한다. 한편, 「수산물·수산가공품 검사기준」(2019)에서는 멸치액젓에 대하여 염도가 23.0% 이하로 규정하고 있다.

④ **발효**

시원하고 그늘진 곳에서 발효한다. 발효 기간은 기온과 소금의 양에 따라 차이가 있으나 대략 1년 정도 걸린다. 발효가 충분히 진행되지 않으면 비린내가 심하게 나므로 충분히 발효시켜야 한다. 멸치나 까나리는 삭으면 윗물이 고이는데 이를 생젓국 또는 액젓이라고 하며, 일반적으로 숙성 5~6개월 이후부터 생성된다. 품질이 우수한 액젓을 얻기 위하여 장기 발효하기도 한다.

⑤ **기름 제거**

발효 중 표면에 낀 기름기는 액을 분리할 때 걷어 내어야 한다. 표면에 노출된 기름을 제거하지 않으면 산화되어 쓴맛과 떫은맛의 원인물질이 되며 뒷맛을 나쁘게 한다. 따라서, 충분히 발효된 액젓은 맛의 개선을 위하여 여과포로 여과하여 저장하는 것이 좋다.

⑥ **1차 여과**

숙성시킨 후 생성된 젓국은 이송 펌프를 사용하여 저장 탱크로 옮긴다. 저장 탱크에서는 맑은 액젓만을 분리하기 위하여 여과한다.

⑦ **조미**

1차 여과 액젓과 1차 여과하고 남은 고형물에 소금물을 가하고 발효, 자숙 여과한 액젓을 혼합하고, 이들의 맛 개선을 위해 조미한다. 이때 이 조미 공정은 조미액젓의 제조 공정에 한하여 실시하고, 1차 여과 액젓, 즉 순액젓은 조미 공정을 생략한다.

⑧ **끓임 및 냉각**

액젓에 함유되어 있는 효소의 불활성화와 용해도가 낮은 고분자량의 펩타이드의 석출을 목적으로 끓인다. 이어서 이들 효소와 고분자 펩타이드의 석출을 위하여 냉각한다.

⑨ **2차 여과**

석출 효소와 고분자 펩타이드를 걸러내기 위하여 여과한다.

⑩ **충전**

여과된 순수 액젓은 자동 충전기를 이용하여 폴리에틸렌레프탈레이트PET 병 용기에 충전한다. 충전한 것은 곧바로 뚜껑으로 밀봉한다.

⑪ **이물질 혼입 조사**

PET병에 충전한 제품 속에 이물질이 있는지는 투명도로 조사한다. 투명하지 않은 것은 제외한다.

⑫ **포장, 저장 및 유통**

이물질 혼합조사가 끝나면 병 외부를 필름으로 포장한 나음 서장 또는 유통한다. 「수산물·수산가공품 검사기준」(2019)에서는 멸치액젓에 대하여 전 질소 함량이 1.0% 이상이 되어야 한다고 규정하고 있다.

그림 12-20 멸치액젓

(2) 새우액젓의 제조

새우액젓은 새우젓을 원료로 보메 18°의 소금물을 새우젓과 동량으로 첨가하고, 가열(100℃에서 90분)한 다음 냉각하고 여과하여 제조한 것이다. 새우액젓의 제조 공정은 그림 12-21과 같다.

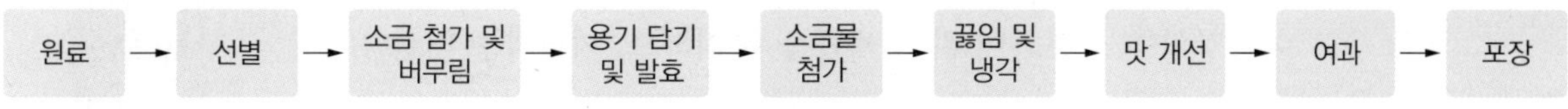

그림 12-21 새우액젓의 제조 공정

① **원료**

원료인 새우는 선도가 좋고 살이 충만한 신선한 원료를 크기별로 분류한다. 새우액젓은 담그는 시기에 따라 동백하액젓, 오액젓, 육액젓, 추액젓 등으로 분류할 수 있다.

② **선별**

새우는 일반 어패류보다 선도 저하가 빠르므로 신속히 선별한다.

③ **소금 첨가 및 버무림**

혼합기에 새우를 넣고 새우 중량에 대하여 30% 정도의 소금을 가한 다음 골고루 버무린다. 일반적으로 새우액젓을 제조할 때 일반 어류 액젓보다 소금의 양을 많이 사용하는데, 이는 껍질이 있어 소금의 침투가 어렵고 새우의 내장에 있는 효소의 활성이 강력하기 때문이다. 만약 소금이 부족할 경우에는 제품의 색이 검게 변할 수 있으므로 주의하여야 한다.

④ **용기 담기 및 발효**

소금을 혼합한 새우는 플라스틱제 숙성 용기에 담고, 윗부분에 소금을 뿌려 원료가 공기에 노출되지 않도록 한 다음 숙성실로 옮겨 숙성한다. 이때 숙성 조건은 멸치액젓과 동일하며, 숙성이 되면 유백색의 액즙이 생긴다.

⑤ **소금물 첨가**

액젓의 원료가 되는 새우젓을 숙성 통에서 꺼낸다. 새우젓과 소금물(보메 18°)을 1:1로 골고루 섞어 가열 통에 담는다.

⑥ **끓임 및 냉각**

새우젓과 소금물의 혼합물을 100℃에서 90분간 가열한 후 바로 30℃ 부근으로 냉각한다.

⑦ **맛 개선**

글루탐산나트륨을 소량 넣어 감칠맛을 높인다.

⑧ **여과**

여과장치를 사용하여 맑은 액즙을 분리하고, 찌꺼기는 버린다.

⑨ **포장**

여과된 액즙은 저장 탱크로 옮기고, 자동 충전기를 이용하여 용기에 담아 포장을 한다.

그림 12-22 새우액젓

4. 식해류

식해는 어패류에 소금과 밥 등의 전분질, 그리고 향신료를 혼합하여 젖산 발효시킨 식품이다. 식해는 일반적으로 저장성이 짧아 가을이나 겨울철에 주로 제조된다. 식해의 주된 원료로는 가자미, 광어, 명태, 오징어 등을 사용하며, 부원료로는 쌀밥 또는 조밥, 소금, 엿기름, 고춧가루 등이 들어간다. 식해는 지방에 따라 사용하는 재료와 담그는 방법이 약간씩 차이가 있다.

1) 식해의 제조

(1) 가자미식해

강원도 지방에서 주로 생산되는 가자미식해는 가자미를 주원료로 하여 곡류(조나 쌀밥)와 향신료(고춧가루) 등을 혼합한 후 젖산 발효시켜서 먹는 전통 수산발효식품이다. 젖산균 발효 제품이어서 저장성이 짧아 가을과 동절기에 주로 만든다. 가자미식해의 제조 공정을 정리하면 그림 12-23과 같다.

그림 12-23 가자미식해의 제조 공정

① 원료

원료인 가자미는 단백질 함량이 높은 대표적인 흰살생선이다. 원료 가자미로는 생가자미나 반건조 가자미를 사용한다. 가자미식해의 조직감은 반건조 가자미로 만든 것이 생가자미를 사용한 것보다 우수한 편이다.

그림 12-24 원료 가자미

② **전처리**

가자미는 머리, 아가미, 내장, 지느러미 등을 제거한 팬 드레스pan dressed 상태로 처리한다.

③ **세척**

전처리한 것을 3% 정도의 식염수로 충분히 세척한 후 다공성 용기에 넣어 물기를 뺀다. 반건조 가자미를 사용한 경우에는 이 공정을 생략한다.

④ **세절 및 염절임**

세척한 원료를 일정한 크기(3×2×1 cm 크기 내외)로 절단하여 원료 중량 대비 5~10%의 소금과 혼합하여 약 1일 정도 염절임한다.

⑤ **탈수**

염지 과정에서 원료 가자미로부터 분리된 수분은 제거한다. 반건조 가자미를 사용한 경우에는 이 공정을 생략한다.

⑥ **부재료 혼합 및 1차 숙성**

탈수 어육에 곡류와 향신료 등 부재료를 가하여 혼합한다. 곡류는 익힌 조나 쌀밥을 전체 중량 기준 20~50% 정도 되도록 혼합하고, 향신료는 붉은 고춧가루 5~10%, 다진 마늘 2~3%를 혼합하며, 기호성에 따라 적당량의 생강을 사용하기도 한다. 지방에 따라서는 1~3% 상당량의 엿기름가루 또는 설탕, 무채 등을 적당량 혼합하여 따뜻한 곳에서 1차 숙성(2~3일)하기도 한다.

⑦ **2차 숙성**

1차 숙성시킨 것을 다시 차가운 곳(4~5℃)에서 2차 숙성(13~15일)시킨다.

⑧ **포장 및 유통**

포장 단위별로 용기에 넣어 포장한 후 냉장(0~10℃) 유통한다. 일반적으로 유통기한은 1~2주이다. 실제 산업계에서는 냉동 유통을 하고 소비자가 해동하여 먹을 수 있도록 하는 방식으로 유통기한을 늘리는 경우가 많다.

그림 12-25 가자미식해

(2) 명태식해

북한에서 즐겨 먹는 전통 수산발효식품인 명태식해는 남한에서는 주로 강원도와 경상북도에서 만들어 먹었다. 현재는 전 국민이 선호하는 식품으로 자리 잡고 있다. 명태식해의 제조공정을 정리하면 그림 12-26과 같다.

원료 명태 → 해동 → 전처리/세척 → 세절 및 염절임 → 탈수 → 부재료 혼합 → 1차 숙성 → 2차 숙성 → 포장 및 유통

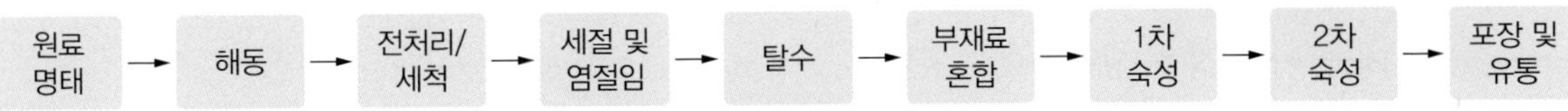

그림 12-26 명태식해의 제조 공정

① 원료

원료로는 원양산 냉동 명태를 주로 사용한다. 명태식해의 원료는 건조 정도에 따라 달리 사용하고 있다. 즉, 식해의 조직감이 부드러운 것을 선호하는 층을 겨냥할 경우에는 생명태를, 딱딱하거나 쫀득한 식감을 좋아하는 층을 겨냥할 경우에는 반건조 명태(코다리)를 사용한다.

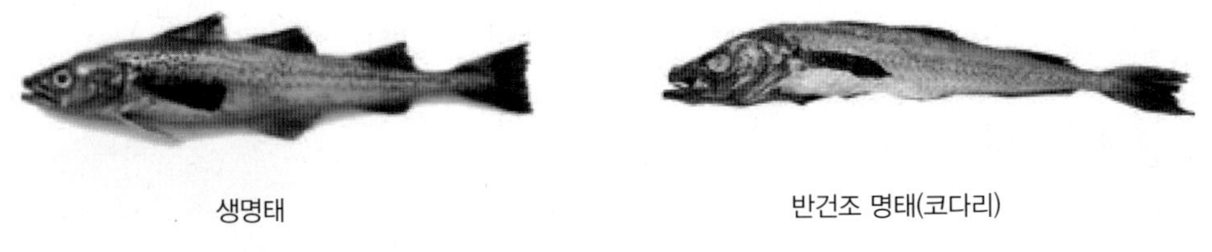

생명태 　　　 반건조 명태(코다리)

그림 12-27 원료 명태

② 해동

냉동 명태를 원료로 사용할 때에는 해동하여야 한다. 해동은 일반적으로 유수 해동을 많이 하나 영세한 경우 자연 해동을 하기도 한다.

③ 전처리

명태는 머리, 아가미, 내장, 지느러미 등을 제거한 팬 드레스 상태로 처리한다.

④ 세척

전처리한 명태의 육편에 묻어 있는 오물이나 이물을 세척하여 제거한다. 반건조 명태(코다리)를 사용하는 경우에는 이 공정도 생략한다.

⑤ **세절 및 염절임**

세척한 육편을 일정한 크기로 절단하여 소금으로 16시간 정도 염절임한다. 이 과정에서 분리된 수분은 제거한다.

⑥ **탈수**

염지 과정에서 원료 명태로부터 분리된 수분은 제거한다. 반건조 명태를 사용한 경우에는 이 공정을 생략하여도 된다.

⑦ **부재료 혼합 및 1차 숙성**

탈수 어육에 곡류와 향신료 등 부재료를 가하여 혼합한다. 곡류는 익힌 조나 쌀밥을 전체 중량 기준 20~50% 정도 되도록 혼합하고, 향신료는 고춧가루 5~10%, 다진 마늘 2~3%를 혼합하며, 기호성에 따라 적당량의 생강을 사용하기도 한다. 지방에 따라서는 1~3% 상당량의 엿기름가루 또는 설탕, 무채 등을 적당량 혼합하여 따뜻한 곳에서 1차 숙성(2~3일)시킨다.

⑧ **2차 숙성**

1차 숙성시킨 것을 다시 차가운 곳(4~5℃)에서 2차 숙성(15~20일)시킨다.

⑨ **포장 및 유통**

포장 단위별로 용기에 넣어 포장한 후 냉장(0~10℃) 유통한다. 유통기한은 일반적으로 1~2주이다. 이 때문에 산업계에서는 냉동 유통을 하고, 소비자가 해동하여 먹을 수 있도록 하는 경우가 많다.

그림 12-28 명태식해

단원정리

1 수산가공식품은 어패류에 식염을 첨가한 뒤 발효 유무에 따라 염장품과 수산발효식품으로 나뉘고, 수산발효식품은 밥의 첨가 유무에 따라 식해와 젓갈/액젓군으로 나뉜다. 젓갈/액젓군은 다시 생선 형태 유지 여부에 따라 젓갈과 액젓으로 분류할 수 있다.

2 젓갈은 어패류의 근육이나 내장 또는 알에 소금을 넣고 발효시킨 제품으로, 부패를 억제하면서 독특한 풍미를 부여한 우리나라 고유의 전통 수산발효식품이다. 멸치젓과 새우젓이 대표적인 제품이다.

3 액젓은 젓갈과 같은 방법으로 제조 및 발효하되, 발효시간을 더 길게 오랜 기간 숙성시켜 액화한 제품이다. 멸치액젓과 까나리액젓이 대표적인 제품이다.

4 식해는 염절임한 어패류에 쌀밥이나 조밥 등의 밥과 엿기름을 포함한 다양한 부재료를 혼합하여 숙성시킨 식품이다. 가자미식해, 명태식해 및 오징어식해가 대표적 식품이다.

연습문제

1 발효 공정이 적용되지 않는 제품으로 올바른 것은?

① 멸치젓 ② 간고등어
③ 가자미식해 ④ 까나리액젓

2 식염 함량이 가장 낮은 제품으로 올바른 것은?

① 멸치젓 ② 새우젓
③ 까나리액젓 ④ 가자미식해

3 염절임한 어패류에 쌀밥과 엿기름 등의 부재료를 혼합하여 숙성시킨 제품은?

① 멸치젓 ② 간고등어
③ 가자미식해 ④ 까나리액젓

4 젓갈의 숙성 과정에서 증가하는 성분으로 옳지 않은 것은?

① 단백질 ② 엑스 성분 질소
③ 유리아미노산 ④ 아미노 질소

정답 1 ② 2 ④ 3 ③ 4 ①

CHAPTER 13 연제품

연제품은 어육에 소량의 소금을 가하여 고기갈이 육meat paste에 맛과 향을 내는 부원료를 첨가하고 가열하여 겔gel화한 제품이다. 어종이나 어체의 크기에 관계없이 원료의 사용 범위가 넓고, 맛의 조절이 자유로우며, 어떤 소재라도 배합이 가능한 가공 특성을 가진다. 현재 전 세계적으로 소비가 많이 이루어지는 대표적인 연제품은 게맛살, 어묵이다.

1. 연제품의 기초

1) 어육의 겔 형성 원리

(1) 가열에 의한 겔 형성 원리

어육 단백질은 전처리를 전혀 하지 않고 가열하면 변성되어 어육 중의 수분이 드립drip으로 빠져나와 겔을 형성하지 못하고 부서지기 쉬운 살덩어리 상태가 된다. 어육에 2~3% 소금을 가하여 고기갈이grinding하면 근원섬유를 구성하고 있는 미오신myosin이 용해, 분산, 중합하여 액토미오신actomyosin의 졸sol로 되고, 서로 엉키어 매우 높은 점성을 나타내게 된다. 이것을 가열하면 엉킨 상태가 망상 구조로 고정되고, 수분은 그 망목 속에 갇혀서 탄력이 있는 겔, 즉 어묵이 된다.

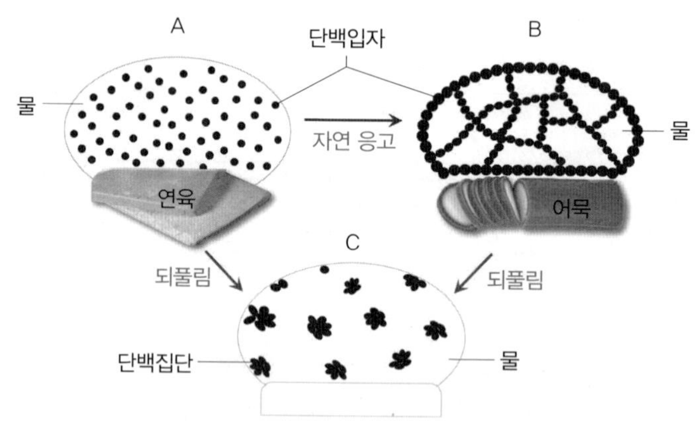

그림 13-1 어육의 가열, 자연 응고에 의한 망상 구조의 형성과 되풀림 현상

(2) 자연 응고

어육에 2~3% 소금을 가하여 고기갈이하면 미오신이 용해, 분산, 중합하여 액토미오

신의 졸이 되고 이는 서로 엉키어 점성이 매우 강해진다. 이 상태로 작업장에 방치하면 차츰 점성을 잃고 탄력이 강한 겔을 형성하는 현상을 자연 응고setting라고 한다. 자연 응고로 형성된 겔은 가열하면 점성이 떨어지는 어묵과는 달리 부드럽고 점성이 강한 물성을 나타내며, 백탁하여 불투명한 어묵보다는 투명성이 유지된다.

자연 응고는 방치하는 온도에 따라 저온에 의한 자연 응고와 고온에 의한 자연 응고로 분류할 수 있다.

① 저온에 의한 자연 응고

저온에 의한 자연 응고는 성형한 고기갈이육을 저온에서 일정 시간 방치한 후 가열하면 겔 강도가 증가하는데, 이를 저온에 의한 자연 응고라고 한다. 실제 어묵의 겔 강도를 높이기 위하여 저온에 의한 자연 응고를 적용하는 연육은 명태, 대구류 생선 Pacific whiting과 같은 냉수성 어종으로 만든 것이다.

② 고온에 의한 자연 응고

고온에 의한 자연 응고는 성형한 고기갈이육을 근원섬유단백질의 열 변성온도 부근(30~45℃)의 고온에서 방치하였다가 가열하면 겔 강도가 크게 증가하는데, 이를 고온에 의한 자연 응고라고 한다. 실제 어묵의 겔 강도를 높이기 위하여 고온에 의한 자연 응고를 적용하는 연육은 조기, 메퉁이, 실꼬리돔과 같은 온수성 또는 열대성 어종으로 만든 것이다.

(3) 되풀림 현상

되풀림 현상returning은 자연 응고된 어육의 겔 구조가 붕괴하여 취약화하는 현상을 말한다. 자연 응고된 어육 겔 구조의 되풀림 현상은 50~60℃에서 가장 잘 일어나며, 되풀림의 강약은 원료어의 종류, 연령, 어획 시기 등에 따라 다르다. 되풀림의 메커니즘은 자가소화효소의 작용에 의하여 미오신이 분해하여 겔 구조가 붕괴한다는 학설이 유력하다.

2. 냉동 연육

냉동 연육frozen surimi은 1960년에 일본 홋카이도 수산시험장의 니시타니Nishitani 등이 북태평양 명태 자원의 고도 이용에 관한 연구 결과로 개발되었다. 1970년 이후에는 수산 연제품 원료의 대부분을 냉동 연육으로 사용하고 있다.

1) 냉동 연육의 종류

냉동 연육은 수세한 어육에 동결변성방지제를 혼합하여 동결한 것으로, 수산 연제품의 중간 소재이다. 냉동 연육은 첨가물에 따라, 생산 장소에 따라 달리 분류하고 있다. 첨가물 기준에 의해 분류하는 경우는 설탕 4%, 소비톨sorbitol 4%, 폴리인산염polyphosphate 0.2~0.3%를 첨가하는 무염 연육과, 폴리인산염 대신 식염 1.0~2.5%를 첨가하는 가염 연육으로 나뉜다. 생산 장소에 따라 분류하는 경우는 선상 연육과 육상 연육으로 크게 나뉜다.

표 13-1 냉동 연육의 분류

분류 기준	연육 종류	해설
첨가물	무염 연육	설탕 4%, 소비톨(sorbitol) 4%, 폴리인산염 0.2 ~0.3%를 첨가하고, 소금은 첨가하지 않는 연육
	가염 연육	당과 식염 1.0~2.5%를 첨가하는 연육
생산 장소	선상 연육	선상에서 제조하는 연육
	육상 연육	육상에서 제조하는 연육

2) 냉동 연육의 제조

수산 연제품의 중간 소재로 활용되고 있는 냉동 연육의 제조 공정은 어종에 관계없이 모두 그림 13-2와 같이 나타낼 수 있다.

그림 13-2 냉동 연육의 제조 공정

(1) 원료어

연육의 원료로는 명태, 대구류, 임연수어 등의 냉수성 어종과, 실꼬리돔, 조기류, 매퉁

표 13-2 연육 원료의 특성

어종		특성	주요 어장
냉수성	명태	• 연제품 원료로 가장 많이 사용되며 감칠맛 없음 • 선도가 좋은 경우 탄력이 강함 • 폼알데하이드 생성으로 단백질 동결 변성 용이함 • 자연 응고 및 되풀림 현상이 용이함 • 맛살, 판 어묵, 부들어묵과 같이 고급 어묵의 원료	북태평양 해역 알래스카 베링해
	대구류(Pacific whiting)	• 단백질 분해효소의 활성이 강하여 겔 강도 약함 • 명태보다 백색도는 낮지만 감칠맛이 있음 • 자연 응고 및 되풀림 현상이 쉬움	캐나다 미국 북동 태평양 해역
	임연수어	• 북태평양에서 명태 다음으로 어획량이 많음 • 겔 형성능 크나 자연 응고가 어려움 • 감칠맛이 있어 구운 어묵, 튀김 어묵에 이용	일본 홋카이도 등 북태평양 해역
온수성	실꼬리돔	• 육색이 희고 감칠맛이 풍부하며, 겔 형성능이 좋아 명태 대체 어종으로 이용 • 고온, 저온에서 자연 응고와 되풀림 현상이 용이 • 60°C 부근에서 극단적으로 탄력이 저하됨	태국, 베트남, 인도 등의 동남아시아
	조기류	• 탄력이 좋은 고급 어묵용 원료임 • 자연 응고가 약간 쉽고, 되풀림 현상은 매우 쉬움 • 황조기 및 백조기가 주어종임	중국, 한국, 태국 일부, 베트남, 인도 해역
	매퉁이	• 육색이 대단히 희고 감칠맛이 강함 • 고온(40~50°C)에서 자연 응고 시 겔 강도가 강함 • 선도 저하 시 되풀림 현상이 쉬움 • 폼알데하이드 생성으로 단백질의 동결 변성 용이	태국, 베트남, 인도, 중국 남부 해역
	갈치	• 자연 응고가 거의 없고, 저급 어묵에 사용 • 우리나라에서는 풀치(갈치 치어)를 사용 • 감칠맛이 있어 튀김 및 구운 어묵에 사용	중국, 베트남, 태국 등
붉은살	정어리	• 겔 강도 약하고, 튀김 및 구운 어묵의 원료 • 육색이 있어 고급 어묵용으로는 적당하지 않음	한국, 인도, 일본
	전갱이	• 튀김 및 구운 어묵용으로 많이 이용 • 유럽에서 게맛살 어묵 제조에 일부 사용 • 자연 응고가 쉽고 되풀림 현상은 어려움	남미 칠레, 한국, 일본

이, 갈치 등의 온수성 어종, 그리고 정어리나 전갱이 같은 붉은살생선 등 다양한 어종이 사용된다(표 13-2).

연육의 원료는 신선한 어류를 사용하여야 하나, 사후경직이 진행 중인 것보다는 끝난 것이 좋다. 연육의 원료로 사후경직 중인 어류는 수율이 떨어지고, 머리와 내장을 제거할 때에 기계의 부하를 증가시킨다.

(2) 원료어 처리

연육의 원료어는 두부, 내장 등을 제거한 뒤 소형어는 그대로, 대형어는 두편 뜨기 또는 세편 뜨기를 하여 10℃ 정도의 물로 비늘, 어류 껍질 등의 협잡물을 씻어 낸다. 이때 규모가 큰 공장에서는 머리 제거기head cutter와 필릿 처리기fillet machine를 사용한다.

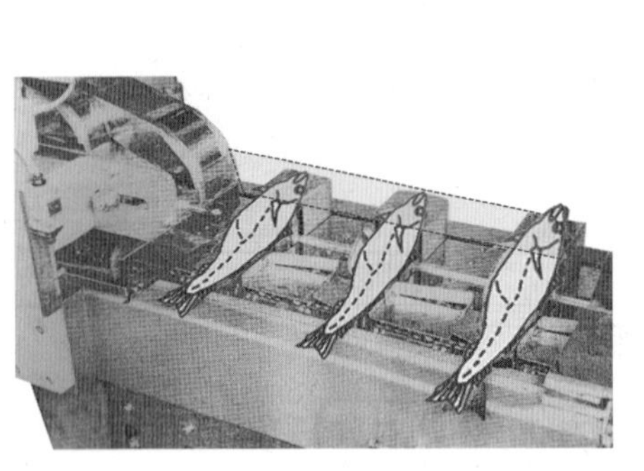

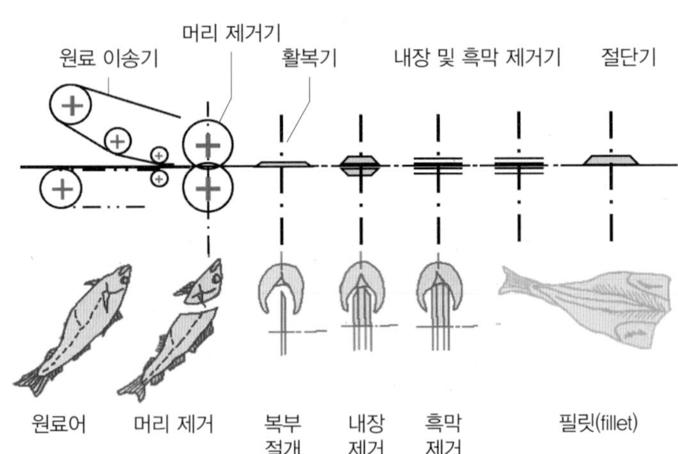

그림 13-3 머리 제거기와 모식도

(3) 세척

전처리한 어육에 부착된 혈액, 비늘 등의 협잡물을 제거하는 공정으로, 채육 전에 2번 세척하는 것이 일반적이다. 세척기로는 회전 드럼형을 많이 사용한다.

(4) 채육

채육기에 넣어서 살을 발라내는데, 채육기에는 롤roll식과 스탬프stamp식, 그리고 이 두 가지를 겸한 2중압축식이 있다.

① **롤식 채육기**

지름이 3.5~4.0 mm인 작은 구멍이 있는 금속판 롤과 고무벨트가 밀착하여 서로 반대 방향으로 회전하도록 되어 있다. 이 사이에 원료어를 넣으면 압착되어 연한 육부만 작은 구멍을 통하여 빠져 나와 채육이 된다.

그림 13-4 롤식 채육기

② **스탬프식 채육기**

채육용 작은 구멍(채육공)이 많이 뚫린 금속 원판 위에 원료어를 얹어 수평으로 회전하도록 하고, 밑바닥이 고무로 된 압착반이 수직으로 상하운동을 하면서 어체를 압축하여 살만 채육공으로 떨어지도록 되어 있다. 보통 한 번 처리해서는 살을 완전히 발라낼 수 없으므로 찌꺼기를 한 번 더 채육한다. 단, 2중압축식을 사용할 경우에는 한 번만 처리해도 충분히 채육할 수 있다.

그림 13-5 스탬프식 채육기

(5) 세척

세척 공정은 연육 제조 과정에서 매우 중요한 공정으로, 채육된 어육에 물을 혼합하여 교반하면서 혈액, 지방, 색소, 수용성 단백질, 표피 등을 제거한다. 따라서, 세척을 반복하면 근원섬유단백질이 농축되어 탄력이 보강된다.

① **이온 강도**

세척을 반복하면 물을 분리하기가 어려워지는 경우가 있다. 이는 이온 강도(전해질 용액 속의 이온 농도를 나타내는 양)의 영향으로, 이온 강도가 높으면 수분 흡수의 특성을 가지나 과도한 경우에는 분리가 잘 안 된다. 반대로 낮은 경우에는 수분 분리가 용이하나 수분 흡수가 잘 되지 않아 탄력에 문제가 생긴다. 따라서, 최종 세척수로는 소금 농도가 0.1~0.3% 정도인 물을 사용하는 것이 적절하다.

② pH

세척수의 pH가 단백질의 등전점인 pH 5.5 부근보다 높아지면 단백질의 음전하가 증가하여 반발하므로 근육의 입자 구조가 열려 가공 중 물을 흡수하게 된다. 즉, 육의 pH가 증가하면 물의 흡수력이 높아져 수세 후 탈수가 어려워진다. 한편, 탈수가 용이하도록 pH를 낮추면 단백질의 변성으로 겔 형성능이 떨어진다. 세척수의 pH는 중성 부근이 적절하다.

③ 온도

세척수의 온도가 높은 경우 단백질 변성이 촉진되므로 10℃ 이상으로 올라가지 않도록 하여야 한다.

(6) 정제

정제refining를 위한 결체 조직, 검은 껍질, 뼈, 붉은살 등의 협잡물 제거는 탈수 전에 회전체로 세척육의 물기를 제거한 후 육정선기refiner(리파이너)로 실시한다.

(7) 탈수

육정선기로 처리한 육은 주로 스크루 압착기screw press로 탈수시키며, 최종 수분 함량은 등급에 따라 70~80% 정도가 되게 한다. 탈수한 육은 온도가 상승하면 단백질 변성이 빠르게 진행되므로 압착 중 온도 상승에 주의하며 저온에서 신속하게 처리한다.

(8) 첨가물 혼합

탈수 후 사일런트 커터silent cutter를 사용하여 첨가물을 혼합하는데, 보통 3분 정도 섞어 준다. 혼합물은 보통 설탕 4%, 소비톨 4%, 폴리인산염 0.2~0.3% 정도를 첨가한다.

① 당의 첨가

당은 연육의 동결 변성을 방지하기 위하여 사용한다. 당이 물 분자의 배열을 질서화시켜서 단백질 주위의 물 구조를 강하게 하므로 단백질 내부 구조가 안정화되어 변성이 방지된다. 설탕, 소비톨 등과 같은 당류는 다수의 OH기를 갖고 있으므로 당 주위의

그림 13-6 육정선기(리파이너)

그림 13-7 사일런트 커터

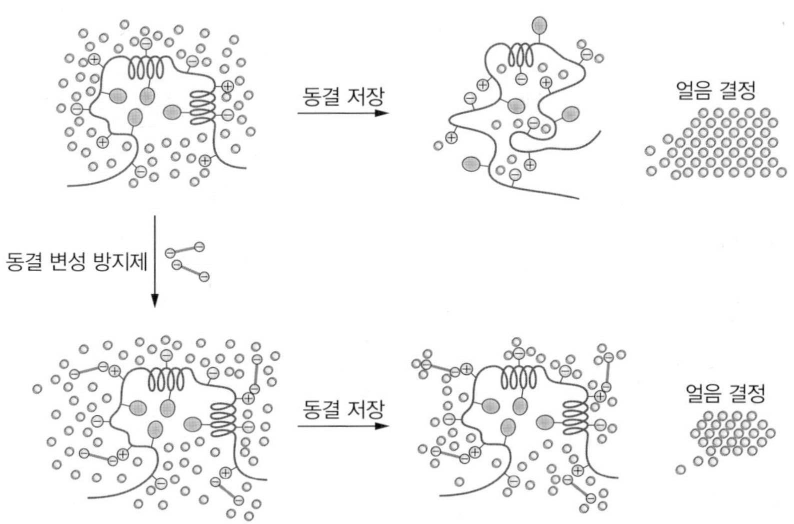

그림 13-8 당의 동결 변성 방지 메커니즘

물 분자는 당의 OH기에 끌어당겨져 규칙적으로 배열하게 된다.

② **인산염의 첨가**

연육에 폴리인산염을 첨가하는 것은 연육의 pH를 단백질 변성이 늦은 중성 부근으로 유지하고, 세척 후 탈수육의 보수성과 어육 단백질의 안정성을 유지하기 위해 이온 강도를 0.1 전후로 맞추는 역할을 하며, 각종 금속이온인 칼슘과 마그네슘의 봉쇄 작용을 기대하기 때문이다.

(9) 속포장, 팬 담기 및 무게 재기

첨가물을 혼합시킨 살은 충전기로 착색되어 있는 폴리에틸렌 비닐 백polyethylene vinyl

비닐 백에 포장 중인 연육(10 kg 단위)

비닐 백 포장 연육(10 kg 단위)

그림 13-9 냉동 연육의 포장

bag에 10 kg 단위로 충전하고, 팬pan에 담아 성형하고 무게 재기를 한다.

(10) 동결

연육의 동결은 접촉식 동결기contact freezer 또는 송풍 동결기air-blast freezer에서 급속 동결시킨다.

(11) 금속 탐지

동결을 끝낸 연육은 금속 탐지기를 통과시켜 금속의 존재 유무를 검사한다.

(12) 겉포장 및 동결 저장

동결이 끝난 연육은 종이 박스로 겉포장하고, -20℃ 이하에서 심온동결 저장한다. 저장 중 동결 연육의 품질은 저장 온도가 낮을수록, 온도 변화가 적을수록 좋으며, 선상 연육이 육상 연육보다 저장 중 품질 저하가 적다.

그림 13-10 연육에 대한 금속 탐지

그림 13-11 종이 박스 포장 연육(20 kg)

3) 연육의 품질관리

(1) 냉동 연육의 일반 관리 기준

냉동 연육의 일반 관리 기준은「농수산물 품질관리법 시행규격」제110조에 언급되어 있다. 이들의 검사 항목은 형태, 색택, 냄새, 잡물과 같은 관능적 4항목과 절곡시험 및 온도로 제시되어 있다. 냉동 연육에 대한 일반 관리 기준에 대한 내용은 표 13-3에 나타내었다.

표 13-3 냉동 연육의 일반 관리 기준

항목	합격 기준
형태	고기갈이 및 연마 상태가 보통 이상인 것
색택	색택이 양호하고, 변색이 없는 것
냄새	신선하여 이취가 없는 것
잡물	뼈 및 껍질, 그 밖에 협잡물이 없는 것
육질	절곡시험 C급 이상인 것으로 육질이 보통인 것
온도	제품 중심 온도가 -18°C 이하인 것

자료 : 농림축산식품부, 농수산물 품질관리법 시행규칙 제110조(수산물 등에 대한 검사기준), 2020

(2) 냉동 연육의 등급 판정

냉동 연육의 등급 규격은 일반적으로 UA, SA, FA, A, RA, M, B로 나누어져 있고, 이들에 대한 검사 항목은 수분, 탄력, 백색도 및 흑피 협잡물로 되어 있으며, 기준 규격도 제시되어 있다. 그러나 이들 냉동 연육의 등급 규격은 세계적으로 통일된 공인된 기준 규격이 아니라 각 연육 생산회사별로 품질관리 차원의 기준 규격이다. 냉동 연육의 등급 규격을 표 13-4에 나타내었다.

이때 겔 강도는 하중×심도로 나타나고, 이 값이 높으면 품질이 우수한 것으로 판정하고, 동일 겔 강도 연육은 심도가 높은 값을 나타낸 것이 우수하다. 예를 들어 겔 강도는 하중이 1,000 g이고 심도가 0.8 cm인 제품(A)와 하중이 800 g이고 심도가 1.0 cm인 제품(B) 모두 800 g×cm로 동일하여 품질이 동일하다고 판정할 수 있으나, 이와 같이 겔 강도가 동일한 연육의 경우 심도가 높은 제품이 우수하다고 판정한다. 이는 하중의 경우 전분에 의하여 지배받으나 심도는 연육에 의하여 지배받기 때문이다.

표 13-4 냉동 연육의 등급 규격[1)]

등급	수분(%)	탄력			백색도	흑피 협잡물 (1 mm 이하/10 g)
		하중(g)	심도(cm)	겔 강도[2)] (g×cm)		
UA	75.0~75.5	1,000 이상	1.4 이상	1,400 이상	30 이상	2개 이하
SA	75.0~75.5	1,200~1,400	1.3 이상	1,200~1,400	30 이상	4개 이하
FA	75.0~76.0	1,100~1,400	1.3 이상	1,100~1,400	30 이상	4개 이하
A	75.0~76.5	900~1,100	1.2 이상	900~1,100	25~30	7개 이하
RA	76.5~77.5	600~900	1.1 이상	600~900	25~30	11개 이하
M	76.5~77.5	500~750	1.0 이상	500~750	22 이상	15개 이하
B	78.0 이하	300 이상	0.9 이상	300 이상	22 이상	19개 이하

1)본 등급은 공인 기준 규격이 아니고, 각 회사에서 품질관리를 위한 등급 기준 규격임
2)겔 강도(gel strength, g×cm) = 하중(hardness, g) × 심도(depth, cm)

3. 연제품

1) 연제품의 종류

연제품은 형태와 가열방법에 따라 제품의 종류가 다양하다. 연제품을 형태에 따라 분류하면 판붙이어묵, 부들어묵, 틀에 넣어 가열한 제품, 포장어묵 및 어단으로 나눌 수 있으며, 가열방법에 따라서는 찐어묵, 구운어묵, 튀김어묵, 맛살어묵 등으로 분류할 수 있다.

2) 연제품의 탄력에 영향을 미치는 요인

(1) 어종 및 선도

어육의 겔 형성력과 단백질의 안정성은 어종에 따라 차이가 많다. 일반적으로 어육의 겔 형성력은 경골 어류 > 연골 어류, 해산 어류 > 담수산 어류, 흰살생선 > 붉은살생선의 관계가 성립한다. 또한, 선도가 좋을수록 겔 형성력이 좋은데 선도가 저하되면 근원섬유단백질이 변성하여 불용화하기 때문에 겔 형성력이 저하된다. 단백질의 안정성은 온수성 어류 단백질이 냉수성 어류 단백질이 보다 크다.

표 13-5 연제품의 형태 및 가열방법에 따른 분류

분류 기준	제품 종류	특성
형태	판붙이어묵	• 작은 판에 연육을 붙여서 찐 제품
	부들어묵	• 꼬챙이에 연육을 발라 구운 제품
	틀 성형 제품	• 집게다리, 바닷가재 및 새우 등의 틀을 사용한 어묵
	포장어묵	• 플라스틱 필름으로 포장, 밀봉하여 가열한 제품
	어단	• 공 모양으로 만들어 기름에 튀긴 제품
가열방법	찐어묵	• 동결 연육이나 신선한 어육을 원료로 하여 소량의 소금과 함께 갈아서 나무판에 붙여서 쪄 낸 제품
	구운어묵	• 고기갈이 한 어육을 꼬챙이(쇠막대)에 발라 구운 제품 • 모양이 식물 부들과 비슷하여 부들어묵이라고도 함
	튀김어묵	• 고기갈이한 어육을 일정한 모양으로 성형하여 기름에 튀긴 제품 • 우리나라의 연제품 중에서 소비량이 가장 많음
	게맛살어묵	• 동결 연육을 원료로 하여 게살, 새우살 또는 바닷가재 살의 풍미와 조직감을 가지도록 만든 제품 • 막대 모양의 스틱(stick), 스틱을 자른 덩어리 모양의 청크(chunk), 청크를 더 잘게 자른 가는 조각 모양의 플레이크(flake) 등이 있음

(2) 세척

어육 중에 존재하는 수용성 단백질(근형질단백질 등), 지질, 엑스 성분 및 근원섬유단백질 분해효소 등은 겔 형성을 방해한다. 어육을 세척하면 이들이 제거되어 색이 좋아지고, 겔 형성에 관여하는 근원섬유단백질이 점점 농축되므로 겔 형성이 좋아져 제품의 탄력이 좋아진다. 이때 세척수의 pH는 중성 부근(pH 7.1)이 좋고, 온도는 단백질 변성 등을 고려하여 10℃를 초과하지 않는 것이 좋다.

(3) 소금 농도

고기갈이 공정 중 소금 농도는 2~3%가 근원섬유단백질의 용출을 돕는 것은 물론이고, 짠맛 부여 역할에도 적절하다. 일반적으로 소금에 대한 근원섬유단백질의 용해도는 3%까지, 탄력은 5%까지 급격히 증가하나, 그 이상에서는 거의 일정하거나 감소한다. 또한, 연제품을 제조할 때에 제품의 짠맛을 고려하여 소금을 3% 이상 첨가할 수 없으므로 연제품에 대한 소금 사용량은 2~3% 범위로 한정된다.

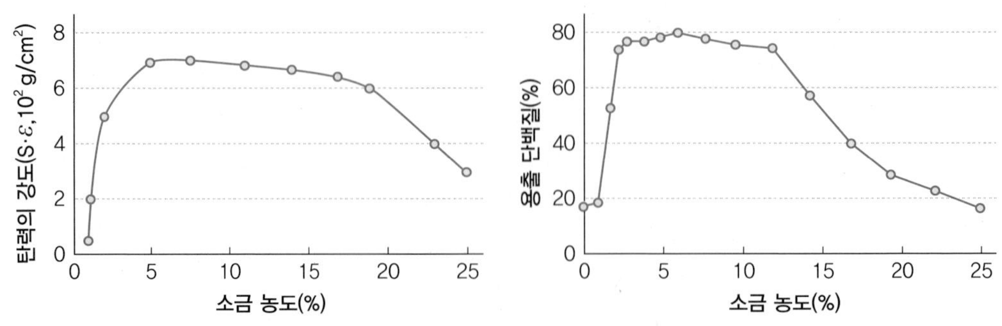

그림 13-12 연육의 탄력 형성 및 단백질 용출에 미치는 소금 농도의 영향

(4) 고기갈이육의 pH 및 온도

연제품의 탄력 강도는 고기갈이한 육의 pH에 크게 영향을 받으며, pH와 제품의 겔 강도는 상관성이 높다. 고기갈이육의 탄력은 살의 pH가 6.0 이하일 경우 점성을 잃어 가열하여도 탄력이 없으며 다량의 수분이 분리되지만, pH가 이보다 높아지면 탄력 있는 겔이 형성된다. pH 6.5~7.5 범위에서 가장 강해진다. pH 8.0 이상에서는 젤리 모양의 겔로 된다.

단백질은 0~10℃에서 변성이 극히 적으므로, 고기갈이 온도는 10℃ 이하에서 실시하는 것이 좋다.

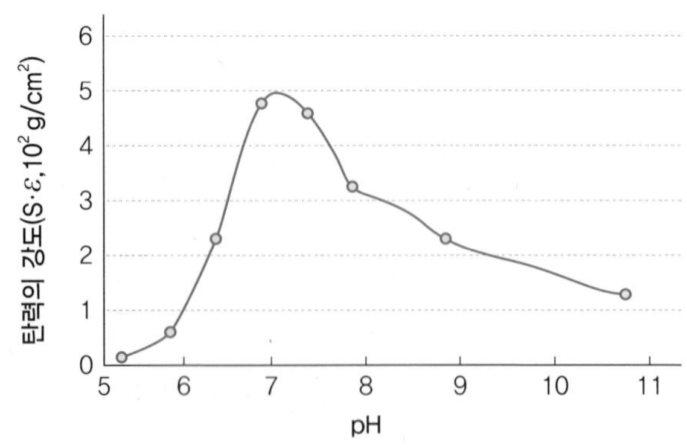

그림 13-13 고기갈이육의 pH에 따른 탄력 변화

(5) 가열 조건

연제품의 겔 형성은 가열 중 온도가 높고 속도가 빠를수록 강해지며, 저온에서 장시

간 가열하면 탄력이 약한 제품이 된다. 연제품의 가열은 일반적으로 완만 가열보다 급속 가열하는 것이 좋다.

(6) 첨가물의 종류 및 기능

연제품에 사용되는 첨가물은 조미료, 광택제, 탄력 보강제, 증량제 등이 있으며, 조미료로는 소금, 설탕, 물엿, 맛술, 글루탐산나트륨monosodium glutamate, MSG 등을 사용한다.

표 13-6 연제품의 제조에 사용되는 첨가물

부원료		첨가량	기능
전분	감자 전분, 밀 전분, 고구마 전분 등	5~20%	• 탄력 보강제 • 증량제
동물성 단백질	달걀흰자	10% 이하	• 탄력 보강제 • 광택 개선제 • 효소 활성 저해제
	혈청 단백질	0.5~2.0%	• 기능성 개선제 • 효소 활성 저해제
식물성 단백질	대두 단백	1~2%	• 탄력 보강제 • 증량제
유지	식물유, 돼지기름, 쇼트닝 등	10% 이하(단, 튀김 제외)	• 풍미 향상 • 튀김용
탄력 보강제	$KBrO_3$	0.035%	• 탄력 보강제
	염기성 아미노산	0.2~0.5%	• 탄력 보강제
	염화칼슘	0.1~0.3%	• 탄력 보강제
	폴리인산염	0.2~0.3%	• 탄력 보강제
조미료	MSG	0.3~1.5%	• 감칠맛 부여
	식염	2~3%	• 짠맛 부여
	설탕, 소비톨, 맛술	적정량	• 감미 부여
보존료	소브산/소브산칼륨/소브산칼슘	소브산으로 0.2% 이하	• 보존성 부여

① 전분

전분(녹말)은 탄력 보강제 및 증량제로 사용되고, 첨가량은 일부 고급 연제품을 제외한 보통 어육에 대하여 5~20% 정도이며, 가격이 낮은 하급 제품일수록 사용량이 많다. 어묵의 제조에 사용되는 전분으로는 감자 전분, 옥수수 전분, 타피오카 전분, 고구마 전분 등이 있다. 전분 종류에 따라 어묵의 탄력 및 식감이 달라 밀가루를 다량 첨가하면 연한 식감, 감자 전분을 첨가하면 단단한 식감이 되며 특히 저온 저장 과정에서 크게 단단해진다.

어묵에서 전분이 탄력 보강 효과를 최대로 나타내는 온도는 전분의 종류에 따라서 다르다. 예를 들어 타피오카 전분, 찹쌀 전분은 80℃, 감자 전분, 소맥 전분, 고구마 전분 및 옥수수 전분은 90℃이다. 전분의 어묵 탄력성 보강 효과는 가열 온도를 높이면 일단 상승하지만, 100℃ 이상이 되면 크게 저하된다. 탄력 보강 효과의 최대 온도가 낮은 전분일수록 고온 가열할 때 탄력 저하가 크다.

② 동물성 단백질

어묵 제조에 첨가물로 사용되는 동물성 단백질은 달걀흰자와 혈청 단백질의 2종류가 있다.

a. 달걀흰자

달걀흰자는 탄력 보강, 광택 개선 및 단백질 분해효소 활성 저해제 등의 용도로 첨가한다.

b. 혈청 단백질

혈청 단백질은 엄격한 위생 관리 하에 소나 돼지로부터 무균 상태로 혈액을 채취하여 적혈구를 제거한 혈청을 분무 건조하여 만든다. 겔화성, 보수성, 유화성 등과 같은 각종 기능성이 있으며, 단백질 분해효소 활성을 저해하는 기능을 가지고 있어 적절히 사용되고 있다. 그러나 혈청 단백질은 2% 이상 첨가할 경우 어묵의 백색도 저하는 물론이고 좋지 않은 냄새가 나므로, 원료 어육의 0.5~1.0%을 초과하지 않도록 한다. 현재 광우병, 돼지 콜레라 등으로 혈청 단백질은 거의 생산되지 않고 있다. 이러한 면에서 어류 혈액으로 혈청 단백질을 생산하는 경우 이러한 문제가 해결됨과 동시에 어묵 제조에도 사용 가능하리라 본다.

③ 식물성 단백질

어묵의 탄력 보강제 및 증량제로 대두 단백질 분말 제품이 많이 사용되고 있다. 분말 대두 단백질은 강한 유화성을 갖고 있어 동량의 식물유와 3~5배의 물을 가하여 고속으로 혼합시켜 유화한 대두 단백질을 사용하기도 한다. 대두 단백질을 고기갈이육에 혼합하면 연한 식감의 어묵이 되고 풍미도 좋아지며, 유화물의 미세입자가 어묵 내에 분산되므로 색택이 하얗게 보인다.

④ **유지**

유지는 어육 소시지의 풍미 향상을 위하여 사용하는 경우와, 튀김 어묵을 제조할 때 가열을 위하여 사용하는 경우가 있다.

⑤ **탄력 보강제**

어육 연제품에 사용되는 탄력 보강제에는 산화제, 아미노산, 염화칼슘, 폴리인산염, 트랜스글루타미네이스transglutaminase, TGase, 식물성 단백질 등이 있다.

a. 산화제

어육 연제품의 탄력 보강제로 브롬산칼륨$KBrO_3$이 사용되고 있으며, 사용량은 0.35 g/kg 이하이다. 브롬산칼륨은 산화제로 단백질의 SH기를 산화하여 S-S 결합으로 바꾸어 망상 구조를 강화한다. 이와 비슷한 반응에 의하여 탄력 증강 효과를 나타내는 것으로는 아스코브산ascorbic acid, 시스테인cysteine이 있다. 브롬산칼륨의 산화반응은 급격히 일어나므로 고기갈이 초기에 첨가하면 단백질의 용출을 저해하거나, 겔화를 촉진하여 오히려 탄력을 떨어뜨릴 수 있다. 그러므로 브롬산칼륨은 고기갈이 말기에 넣어야 하며, 고기갈이를 마치면 즉시 성형하여야 한다. 또한, 조기 등 탄력이 강한 원료육에 첨가하면 제품이 유연성을 잃어 오히려 탄력이 나빠지므로 겔 형성력이 낮은 원료어에 사용하여야 효과가 있다.

b. 아미노산

염기성 아미노산을 0.2~0.5% 범위로 첨가하면 탄력이 개선되는 것으로 알려져 있다. 그러나 가열에 의하여 글루코스glucose나 맛술 중의 환원당과 메일라드 반응Maillard reaction을 일으켜 제품을 갈변시킬 수도 있다.

c. 염화칼슘

겔화를 촉진하는 염화칼슘도 단백질의 전하기 사이에 가교결합을 형성하여 망상 구조를 강화하는 것으로 추정된다. 따라서 겔화를 촉진하는 효과가 있으므로 사용할 수 있는데, 고기갈이 말기에 넣고 첨가량은 0.1~0.3% 범위가 적당하다.

d. 폴리인산염

폴리인산염이 연제품의 탄력 증가 효과를 나타내는 것은 식염 등과 공존할 때 단백질의 용해성을 크게 높이는 효과가 있기 때문이다. 폴리인산염은 다염기성이므로 소량이라도 이온 강도를 높이는 효과가 크고, 가수분해하여 알칼리성이 되므로 pH를 높이는 효과도 커서 단백질의 용해성을 증가시킨다. 또한, 단백질의 수화를 방해하는 칼슘이나 마그네슘 이온을 봉쇄 작용으로 제거하는 것도 용해성을 높이는 작용이다. 폴리인산염이 0.5% 이상 첨가되면 제품에 이미를 느끼게 되고 단백질 용해성 증가 효과도 커지지 않으므로 0.2~0.3% 범위가 적당하다.

e. 기타

기타 탄력 보강제로는 트랜스글루타미네이스 및 식물성 단백질 등이 있다.

⑥ 조미료

식염은 어육의 근원섬유단백질을 용출시킬 뿐만 아니라 제품에 짠맛도 부여한다.

설탕, 소비톨, 맛술(정종과 같은 발효 첨가물) 등의 감미료는 제품에 단맛을 부여하고 갈변반응에도 관여하여 제품의 색택을 변화시키기도 한다. 백색어묵에는 감미료에 의한 갈변반응을 피하기 위하여 감초 추출물, 인공감미료 등을 이용한다.

글루탐산나트륨(MSG)은 가장 널리 이용되는 조미료로 어묵류에는 0.3~1.5% 범위를 첨가한다.

⑦ 보존료

어묵, 어육 햄, 소시지 등의 어육 연제품에는 보존료로 소브산, 소브산칼륨 및 소브산칼슘이 제품 1 kg당 소브산으로 2 g 이하의 사용이 허용되어 있다.

3) 연제품의 제조

우리나라에서 연제품은 대부분 냉동 연육을 이용하여 제조하므로 여기에서는 냉동 연육을 활용한 어육 연제품의 제조에 대하여 살펴보기로 한다.

(1) 일반 제조

① 냉동 연육의 해동

냉동 연육의 해동thawing은 자연 해동법과 기계적 해동법(접촉식 또는 고주파 해동)으로 반해동(품온 -5°C)한다. 반해동은 연육 표면을 칼로 눌러 칼날이 들어갈 정도로 약간 무른 느낌이 들면 해동을 종료하면 된다.

② 절단

시료는 가능한 잘게 절단cutting하여 사용하여야 가공시간을 단축할 수 있다.

③ 고기갈이

고기갈이는 염용성 단백질인 액토미오신을 용출하여 내면서 첨가물을 고루 혼합하는 공정이므로 연제품 제조에서 가장 중요한 공정이다. 고기갈이를 하는 정도는 기계의 종류, 어육의 종류와 양에 따라 다르다. 일반적으로 10~15분간 어육만 초벌갈이(공갈이)하고, 소금을 연육의 약 3%에 해당하는 정도로 가한 다음 20~30분간 두벌갈이(염갈이)를 한다. 이후 다른 부원료를 넣어 10~15분간 세벌갈이를 한다.

a. 고기갈이 장비

고기갈이 공정은 일반적으로 사일런트 커터를 사용한다. 사일런트 커터는 5~7분으로 단시간 내에 처리할 수 있어 능률적이지만, 부원료 등의 혼합 효과는 스톤 그라인더 stone grinder가 우수하여 탄력 강한 제품을 만들 수 있다. 따라서, 대규모 공장의 경우 사일런트 커터를 사용하지만, 고품질 제품을 생산하고자 하는 소규모 공장은 스톤 그라인더를 사용하는 것이 좋다.

사일런트 커터

스톤 그라인더

그림 13-14 고기갈이를 위한 장비

b. 고기갈이 중 pH의 관리

고기갈이 중 연육의 pH도 제품의 탄력에 영향을 미치는 중요한 인자이다. 연육의 pH가 6.0 미만이면 부서지기 쉬운 겔로 되고 8.0을 초과하는 범위에서는 젤리 같은 약한 겔로 되므로, 탄력이 강한 어묵류를 얻기 위해서는 pH의 범위를 6~8(최적 pH는 6.5~7.5)로 조정하여야 한다.

c. 고기갈이 중 온도 관리

고기갈이 중 단백질의 변성을 방지하기 위해서는 작업 온도의 유지가 매우 중요하다.

따라서, 저온에서 고기갈이를 하거나 냉각식 고기갈이기를 사용하기도 하고, 얼음을 넣어서 어육의 온도 상승을 억제하기도 한다. 이때 얼음을 과도하게 사용하면 수분 조절에 문제가 생길 수 있어 유의하여야 한다. 고기갈이 중 연육의 온도는 7~8℃ 이하로 유지하여야 한다.

④ **성형**

고기갈이를 마친 연육은 점착성을 이용하여 적당한 모양으로 성형molding, shaping한다. 즉, 판붙이어묵은 판에 올리고, 구운어묵은 꼬치에 붙이며, 어육소시지는 케이싱casing에 채운다. 성형은 기포가 들어가지 않도록 하여야 하고, 고기갈이한 육이 겔화를 일으키기 전에 신속히 진행하여야 한다. 기포가 들어 있으면 가열할 때 팽창하여 파열하거나 제품 조직을 손상시키고, 내부부터 변패되는 원인이 될 수 있다.

⑤ **가열**

가열 처리는 연제품 제조 공정에서 고기갈이와 더불어 중요한 공정으로, 가열 최종 도달 온도가 높을수록, 가열 속도가 신속할수록 탄력이 뛰어나다.

- 가열 목적 : 가열 처리는 근육단백질을 변성 응고시켜 탄력 있는 겔 형성과, 고기갈이육에 부착되어 있는 세균이나 곰팡이의 사멸 및 단백질 분해효소의 실활 등이 목적이다.
- 적정 중심 온도 : 일반적으로 연제품의 중심 온도는 어묵류가 75℃ 이상, 어육소시지, 햄 등은 80℃ 이상이 되도록 가열하여야 한다.

표 13-7 가열방법에 따른 연제품의 분류

항목	가열방법			
	증자법	배소법	탕자법	튀김법
가열 온도(℃)	80~90	100~180	80~95	170~180
가열 매체	수증기	공기	물	기름
제품 종류	찐어묵, 판붙이어묵	구운어묵	마어묵, 어육소시지	튀김어묵, 어단

• 가열방법 : 연제품은 제품의 종류에 따라 가열방법이 다르다. 찐어묵, 판붙이어묵은 증자법으로, 부들어묵은 배소법으로, 어육소시지, 마어묵은 탕자법으로, 튀김어묵은 튀김법으로 가열한다. 가열방법에 관한 상세한 내용은 표 13-7에 정리하였다.

⑥ **냉각**

가열을 마친 재료는 가능한 빨리 냉각하여야 한다. 어육소시지 같은 포장 제품은 냉수에 담가 냉각하나, 일반 연제품은 송풍 냉각을 많이 한다. 송풍 냉각기가 미생물에 오염되었을 경우 전 제품에 오염될 수 있으므로 송풍 냉각기의 관리에 유의하여야 한다.

⑦ **포장 및 제품**

제조된 연제품은 포장하고 최종적으로 출하한다.

(2) 어묵류

어묵류는 배합하는 소재의 종류가 많고 성형이 자유로우며 가열방법도 다양하게 활용할 수 있어 종류가 많다. 형태별로는 찐어묵, 구운어묵, 튀김어묵, 맛살어묵 등이 시판되고 있으며, 가열방법에 따른 분류도 다양하다. 가열방법에 따른 분류는 표 13-7과 같다.

① **찐어묵**

찐어묵steamed fish cake은 냉동 연육surimi이나 신선한 흰살을 원료로 하여 소량의 소금과 함께 갈아서 가열하여 탄력성을 부여한 제품이다.

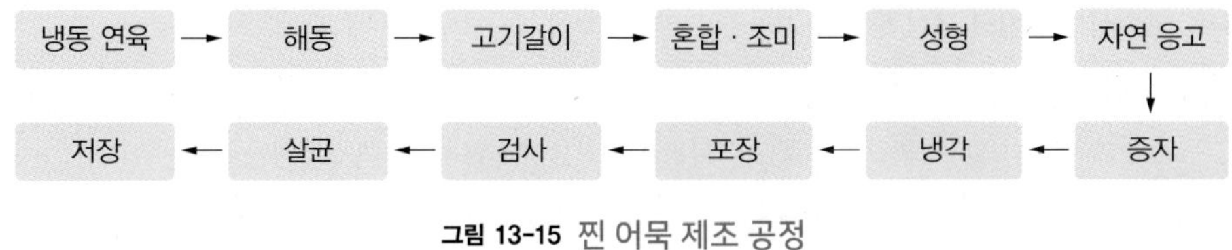

그림 13-15 찐 어묵 제조 공정

원료에 소금을 첨가하여 사일런트 커터로 고기갈이하면 단백질이 용출되어 점성이 있는 졸 상태가 된다. 졸 상태는 가열하면 탄력성이 있는 겔 상태로 바뀌고, 단백질과 첨가되는 전분 및 수분과 상호 결합하여 망상 구조를 이루어 독특한 조직감을 형성하게 된다.

찐어묵은 원료 연육을 해동하여 사일런트 커터에서 고기갈이 및 혼합 조미한다. 이를 호퍼hopper로 옮겨 나무판에 성형한다. 성형한 어묵은 자연 응고하는데 저온에서는 16℃

내외에서 20시간 정도, 고온에서는 30℃ 내외에서 4시간에 응고한다. 이를 90℃에서 45분 정도 증자한 후 냉각, 포장, 검사, 살균, 저장 등의 과정을 거쳐 제조를 완성한다.

② 구운어묵

구운어묵baked fish cake은 고기갈이육을 꼬챙이(쇠막대)에 발라 구운 제품으로, 그 모양이 식물 부들과 비슷하다고 하여 부들어묵이라고도 한다. 사용되는 연육의 제조를 위한 원료어는 갯장어, 임연수어, 매퉁이, 조기, 가자미, 명태 등이다.

제조방법은 일반 어묵과 큰 차이가 없으나 전분 사용량을 20% 내외로 많이 첨가한다. 구운어묵 제품의 제조 공정 중 성형과 가열은 대형 자동 성형기와 이에 연결된 배소기에 의해 진행되는 것이 특징이다.

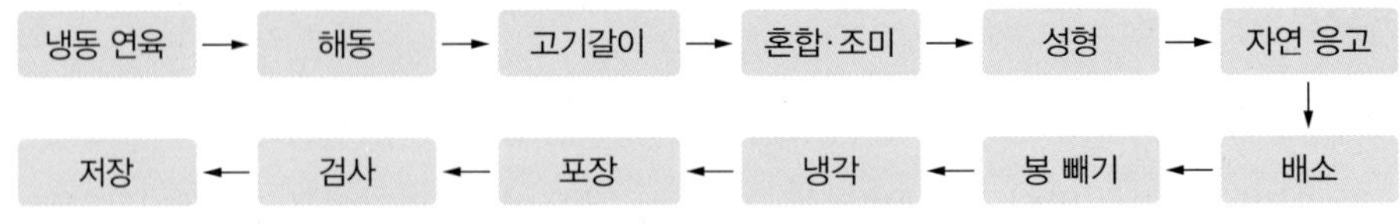

그림 13-16 구운어묵 제조 공정

제조방법은 먼저 원료 냉동 연육을 해동하여 사일런트 커터에서 고기갈이 및 혼합 조미한다. 이를 호퍼로 옮겨 쇠꼬챙이에 원통을 감아 성형 및 자연응고시킨다. 이어서 배소한 후 봉 빼기하고 냉각, 포장, 검사, 저장 등의 과정을 거쳐 완성한다.

표 13-8 연속식 배소기의 구성 부품과 기능

부품	기능
성형기	고기갈이가 끝난 배합물을 쇠꼬챙이에 연속적으로 성형하는 장비
봉 이송 스크루	쇠꼬챙이 및 쇠꼬챙이에 성형된 배합물을 다음 공정으로 이동시키는 장비
배소기	성형된 배합물을 회전시키면서 가스불로 배소시키는 장비
탈봉기	배소가 끝난 제품을 쇠꼬챙이로부터 분리시키는 장비
냉각기	연속식 냉각기에서 찬 공기로 냉각시키는 장비

③ 튀김어묵

튀김어묵fried fish cake은 고기갈이육을 일정한 모양으로 성형하여 기름에 튀긴 제품이다. 기름에 급속히 가열하므로 탄력이 강하고 맛이 있어 우리나라 연제품 중 가장 소비량이 많은 제품이다. 찐어묵과는 달리 제품의 색이 하얗지 않아도 되므로 다양한 원료를 사용할 수 있으며, 제조 공정도 비교적 단순하다. 튀김어묵에는 채소류를 잘게 썰어 첨가하거나, 참깨, 고추, 생강 등의 향신료와 치즈, 콩류 등도 첨가할 수 있다.

원형, 사각형 등 다양한 형태로 성형하여 생산할 수 있으며, 수작업으로 여러 가지 모양의 제품을 만들 수도 있다.

튀김용 기름으로는 콩기름, 채종유 등을 사용하며 170~180℃ 정도에서 튀긴 후 냉각하여 제품을 생산한다. 기름에 튀기는 목적은 열을 급속히 전달하여 가열 시간을 단축하고, 기름의 독특한 맛을 부여하며, 제품의 색을 갈색으로 변화시켜 소비자의 기호도를 높이기 위함이다.

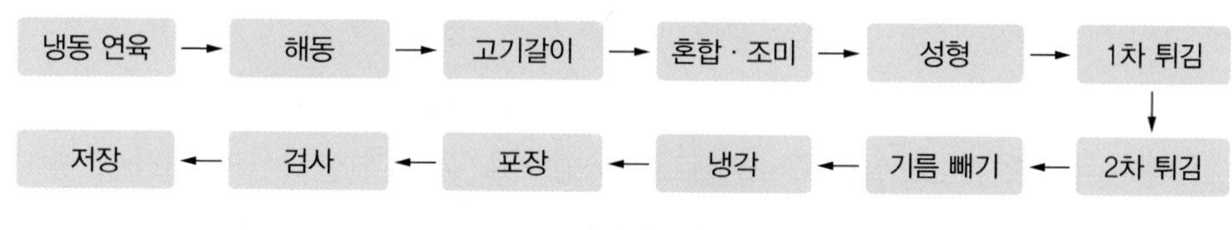

그림 13-17 튀김어묵 제조 공정

튀김어묵의 제조방법은 원료인 냉동 연육을 해동하여 사일런트 커터에서 고기갈이 및 혼합 조미한다. 이를 호퍼로 옮겨 평형 또는 막대 모양으로 성형한다. 130~150℃에서 2~3분 정도 1차 튀김을 한 후 다시 150~180℃에서 2~3분 정도 2차 튀김을 실시한다. 튀겨 낸 어묵은 기름 빼기, 냉각, 포장, 검사, 저장 등의 과정을 거쳐 완성한다.

표 13-9 튀김어묵의 제조장치와 기능

부품	기능
사일런트 커터	해동된 연육을 잘게 자르고, 부재료와 혼합을 용이하게 하는 장비
성형기	배합물을 이용하여 일정한 모양으로 성형하는 장비
튀김 탱크	성형된 배합물을 가열된 기름에 튀기는 장비
탈유기	튀긴 후 표면의 기름을 제거하는 장비
냉각기	찬 공기를 공급하여 가열된 제품을 15℃ 이하로 연속적으로 냉각시키는 장비

④ **게맛살어묵**

게맛살어묵imitation crab stick, shrimp stick은 냉동 연육을 원료로 보통 어묵류의 제조방법을 응용하여 게살 또는 새우살의 풍미와 조직감을 가지도록 만든 제품이다.

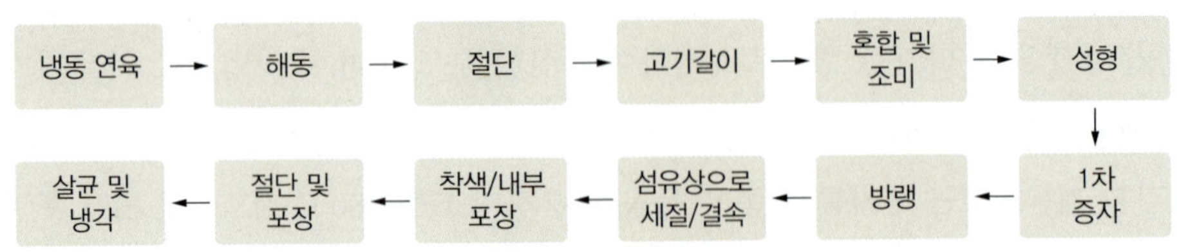

그림 13-18 게맛살어묵의 제조공정

a. 냉동 연육

일반적으로 냉동 연육은 -18℃ 이하의 냉동고에 보관하여야 하며 선입·선출하여야 한다. 냉동 연육은 원료 어종 또는 탄력에 따라 여러 등급으로 나뉘어 있어 적절한 원료를 선택하여야 한다. 맛살어묵의 원료로는 명태와 같은 흰살생선의 어육이 좋고, 어취가 적은 것이 바람직하다. 가능하다면 등급이 우수한 것을 사용하는 것이 좋다.

b. 해동

일반적으로 유압식 온수 순환 해동기의 상하 판 사이에 넣고 압착하여 해동하는데, 가온판의 온수 온도는 20~30℃로 조정하며 해동 시간은 약 20~40분이 소요된다. 해동을 과하게 진행하면 제품의 탄력이 저하되고, 해동을 덜하면 사일런트 커터의 칼날이 손상되거나 운전 시 과부하를 유발한다. 따라서, 적정 품온으로 해동하여야 한다. 이때 연육의 중심 온도는 여름에는 -5~-7℃, 겨울에는 -3~-2℃가 되도록 반해동하여 사용하는 것이 좋다. 연육의 표면을 손가락으로 눌렀을 때 1.0~1.5 cm 정도 들어가면 품온이 -5℃ 정도이다.

c. 절단

해동 연육은 블록 커터block cutter로 6~8토막으로 자른다. 일부 제조회사는 해동하지 않은 냉동 연육을 바로 블록 커터로 절단하기도 한다.

d. 고기갈이

사일런트 커터에 반해동 연육을 넣고 10분간 고기갈이(공갈이)를 실시한다. 이때 품온은 0℃ 이하가 되어야 한다. 공갈이를 끝낸 연육은 저속 운전하면서 소금을 20~30초

간격을 두고 2~3회 나누어 투입한다. 배합육이 광택을 내기 시작하면 각얼음을 넣은 후 고속 운전하면서 10분간 소금갈이(염갈이)를 실시한다. 이때 온도가 6℃를 초과하여서는 안 된다.

e. 혼합 및 조미

8℃ 이하로 온도를 유지하기 위하여 얼음과 냉동 달걀흰자를 공정 중간에 첨가한다. 여러 가지 첨가물을 혼합하여 미리 만들어 놓은 전분 용액을 넣고 10분간 저속으로 고기갈이를 한다. 고기갈이 공정을 마무리할 때 게의 향료를 첨가한다. 잘게 자르거나 혼합이 완료되면 배출막unloader을 회전시키면서 가장자리 공간에 얼음을 채운 호퍼로 옮겨 성형으로 이송한다.

표 13-10 게맛살어묵 제조 시 사용 첨가물의 종류 및 기능

원/부재료	규격	함량(%)	기능
냉동 연육	A급 또는 FA급 이상(명태)	100.0	
소금	정제염	2.8	조미 효과, 단백질 용출
조미액(맛술)	식품 첨가물용	1.0	풍미 향상, 비린내 저감
달걀흰자	냉동 흰자	4.0	광택제, 탄력 개선, 증량 효과
전분	옥수수 전분, 밀 전분	10.0	증량 효과, 탄력 증대
설탕	정백당	0.2	단백질 변성 억제, 단맛 부여
소비톨	식품 첨가물용	0.8	단백질 변성 억제, 식용색소 퇴색 방지
탄산칼슘	식품 첨가물용	0.2	결착력 강화, 칼슘 강화
글루탐산나트륨	식품 첨가물용	0.4	맛(감칠맛) 강화
카라기난	식품 첨가물용	0.5	탄력 증대, 보수력 증대
글리신(glycine)	아미노산	0.2	감칠맛 부여, 보존성 증진
게 분말	천연 게 분말	0.2	게맛 부여
게 추출물	액상 게 농축물	0.5	게맛 부여
게 향료	합성 향료	0.7	게향 강화
색소	식품 첨가물용 적색 색소	0.01	게 다리살과 유사하게 함

f. 성형

이송 펌프와 배관을 이용하여 배합육을 성형기로 옮긴다. 잘게 잘린 배합물은 스테인리스강 벨트stainless steel belt 또는 캐터필러caterpillar에 T자형 성형기로 두께가 1.5

mm, 폭이 120 mm의 얇은 시트sheet 형태로 분사 성형한다.

g. 1차 증자 및 방랭

얇은 시트는 90℃에서 2분 동안 증자를 하고 방랭한다. 1차 증자 공정에서는 겔화, 살균, 전분의 호화 등이 이루어진다. 송풍기를 이용하여 성형 시트를 냉각시킨다.

h. 섬유상으로 세절

응고된 면대상을 얇은 커터thin cutter로 섬유상으로 만드는데 완전 절단이 아닌 1.0~1.5 mm 폭의 맞물린 요철형의 세절 롤러로 누른다. 이는 살균 후 섬유상의 결이 생겨 쉽게 찢어지는 독특한 조직을 가지게 한다.

i. 결속

잘게 잘린 면대상을 막대 모양으로 감으면서 결속시킨다. 이때 면대상의 지름을 10~15 mm로 결속하면 게 다리 형태가 된다.

j. 착색/내부 포장

미리 소량의 원료육과 색소를 혼합하여 색소 통에 넣는다. 색소 첨가량은 원료의 0.01~0.02%가 적당하다. 색소육을 속포장지에도 바르고, 색소육이 도포된 포장지에 결속된 제품을 감싼다. 색소육은 장시간 사용하면 연육의 특성상 응고되므로 필요한 경우 얼음을 채운 보랭 상자에 담아 보관한다.

k. 절단 및 진공포장

색소육이 도포된 제품은 사양에 따라 자동 절단기로 집게살의 조직감을 갖게 한 스틱stick, 스틱을 자른 청크chunk와 청크를 더 잘게 자른 플레이크flake 등의 형태로 절단하고 진공포장한다.

l. 살균 및 냉각

포장된 것을 열탕(90~95℃)에서 45분 동안 가열살균한다. 이때의 중심 온도는 85~90℃가 되어야 한다. 살균이 끝나면 즉시 수온이 5~10℃인 연속 냉각기에 넣는다.

그림 13-19 다양한 형태의 게맛살 제품

냉각시킨 후 포장지 표면의 물기를 닦고, 냉각 또는 동결시킨 다음 저장한다.

(3) 어육소시지

제조 원리는 일반 연제품과 같으나 지방이나 향신료를 사용하여 축육소시지와 같은 풍미를 부여하고, 기체 투과성이 없는 열 수축성 포장 재료를 채워 고압 살균하여 저장성을 가지도록 한 것이 특징이다. 제조 공정을 그림 13-20에 나타내었다.

원료어 처리 → 고기갈이 → 충전 → 가열 → 주름 펴기 → 포장 및 저장

그림 13-20 어육소시지의 제조 공정

① 원료어 및 처리

원료는 과거의 경우 주로 다랑어류, 새치류, 전갱이, 고래 등이 사용되었으나, 지금은 대부분 명태 냉동 연육이 사용된다. 붉은살생선에서는 탄력이 강한 제품을 얻기가 힘드나 어육소시지는 어묵과 같은 강한 탄력을 필요로 하지 않으므로 문제되지 않는다. 냉동 연육은 해동 후 초퍼chopper에 들어갈 정도의 크기로 절단한다.

② 고기갈이

채육을 마친 어육 또는 냉동 연육은 사일런트 커터에서 식염을 2~3% 넣어 고기갈이를 한다. 고기갈이육의 수분은 81±2% 이하가 좋으며, pH는 명태 연육이 7.3 이하, 풀치 연육이 7.0 이하가 좋다. 고기갈이한 어육에 향신료, 전분 등은 처음부터 넣어 함께 갈고, 지방은 나중에 넣는다. 부원료의 양은 일반적으로 전분 3~8%, 설탕 2~3%, 식염 약 3%, 글루탐산나트륨MSG 0.2~0.5%, 향신료 0.4~0.8%, 폴리인산염 0.1~0.3%, 지방 7~10%, 발색제 약간량(질산염 0.1~0.15%, 아질산염 0.01~0.02%), 보존료 적당량을 첨가한다. 이외에 훈연액을 원료육 1 kg에 2~3 mL 비율로 첨가하여 훈연취를 내는 경우도 있으며, 아질산염에 의한 식육의 발색 과정을 생략하고 식용색소로 착색하기도 한다.

그림 13-21 충전기(stuffer)

③ 충전

어육소시지의 케이싱에는 대부분 플라스틱 필름plastic film이 사용된다. 즉, 내수성, 내한성, 내유성, 기체 투과 방지성이 좋으며

열 수축성이 있는 폴리염화비닐리덴polyvinylidene chloride이 주로 사용된다.

④ **가열**

충전이 끝난 제품은 레토르트에서 압력을 가하여 보통 120℃ 열탕에서 10~35분간 살균한다. 가열을 마친 제품은 바로 냉수 탱크에 넣어 제품의 중심 온도가 10℃ 이하가 될 때까지 냉각한다. 냉각 공정은 될 수 있는 대로 급속하게 진행하는 것이 좋다.

⑤ **주름 펴기**

가열 중인 제품은 케이싱 표면이 매끄러우나, 냉각하면 가열 중에 팽창하였던 어육이 수축하여 주름이 잡힌다. 주름을 펴기 위하여 제품을 약 95℃ 열탕에 30초 정도 담갔다가 꺼낸다.

⑥ **저장성**

제품은 상온에서 보존 가능하며, 저장 기간은 6개월 정도이다.

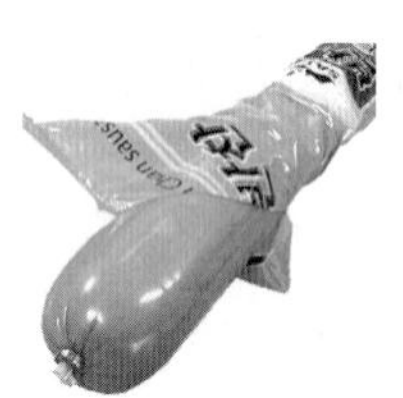

그림 13-22 다양한 어육소시지 제품

4) 연제품의 변패와 방지

연제품은 수분이 70% 정도이며 단백질, 전분, 설탕 등의 영양원을 많이 함유하고 있어서 미생물이 번식하기에 좋은 조건이므로 비교적 변패하기 쉬운 수산가공품 중의 하나이다. 이러한 이유로 살균 처리하지 않은 어묵은 일반적으로 10℃ 이하의 냉장 조건에서 유통한다.

연제품의 변패 원인은 가열할 때 제품 내부에 생존하는 내열성 포자와 가열 후 제품 표면에 2차 오염된 세균과 곰팡이들이다. 이들은 증식 속도와 부패방법이 다르므로 가열 조건과 가열 전후의 포장 조건에 따라 변패 양상도 크게 다르다.

(1) 연제품의 변패

① 포장어묵류

포장어묵은 연육을 내열성 포장재에 충전, 가열한 제품이다. 포장어묵류는 모두 2차 오염이 거의 방지되어 저장성이 매우 좋다. 진공포장어묵류는 포장 전 냉각 과정 중에 2차 오염을 받지만, 살균 과정에서 부착되었던 세균은 모두 사멸된다. 이들 제품의 부패는 완전 살균이 되지 않은 경우에 발생하는데, 주로 바실루스속*Bacillus* spp.이 원인 미생물이며 부패 양상은 다음과 같다(표 13-11).

표 13-11 진공포장어묵의 변패 형태와 원인균

변패		원인균	오염원
형태	부위		
작은 기포	표면	바실루스 폴리믹사(*B. polymyxa*) 바실루스 리체니포르미스(*B. licheniformis*)	원료
탄력 소실	전체	바실루스 리체니포르미스 바실루스 서브틸리스(*B. subtilis*) 바실루스 시르큘랜스(*B. circulans*)	원료
부분적 갈변	표면	바실루스 리체니포르미스 바실루스 스파이리쿠스(*B. sphaericus*)	원료
반점상 연화 점질물	표면과 내부	바실루스 리체니포르미스	원료

- 작은 기포 발생 : 어묵 표면에 작은 기포가 발생하는 변패로, 발생 부위에 물이 고이거나 분화구 모양의 돌기가 생긴다. 37℃에 보존할 때는 2~5일 후, 30℃에서 보존할 때는 10~15일 후에 나타난다. 기포 발생의 원인균은 바실루스 리체니포르미스*B. licheniformis* 바실루스 폴리믹사*B. polymyxa* 등으로 내열성 가스 생성균이며, 때로는 바실루스 코아굴란스*B. coagulans*도 증식한다. 오염원은 모두 원료육 중에 존재하는 것으로 가열 후에도 잔존할 수 있다.
- 탄력 소실 : 어묵을 눌렀을 때 특유의 탄력 없이 붕괴되는 변패로, 30℃에 보존할 경우 10~15일 후에 나타난다. 탄력 소실의 원인균은 바실루스 리체니포르미스, 바실루스 서브틸리스*B. subtilis*, 바실루스 시르큘랜스*B. circulans* 등이다.
- 갈변 발생 : 어묵 표면에 부분적으로 5~10 mm 정도의 원형 갈변이 발생하는 변패로, 30℃에 보존할 경우 15~30일 후에 발생한다. 갈변 발생의 원인균은 바실루스

리체니포르미스와 바실루스 스파이리쿠스B. sphaericus 등이며, 원료에서 유래된 내열성 세균이다.

- 반점상 연화 : 표면과 내부에 반점상의 연화가 발생하여 점질물이 고이는 변패로, 표면에 발생할 경우 포장 필름이 부풀어 외관에 굴곡이 생기기도 한다. 반점상 연화의 원인균은 바실루스 리체니포르미스이다.

② **간이포장어묵류**

간이포장어묵류는 보통 성형하여 가열한 후 충분히 냉각하여 포장한 제품들로, 엄밀하게 말하면 밀봉 포장이 아닌 피복 포장된 제품들을 말한다. 간이포장어묵류는 냉각 중 2차 오염을 받으며, 포장지도 대부분 살균되지 않아서 포장지로도 오염된다. 저장성은 무포장 제품과 큰 차이 없이 하절기에는 1~2일 정도이며, 보존료를 사용하더라도 3~5일 이상 보존하기는 어렵다. 이와 같은 종류의 제품 부패는 거의 2차 오염에 의한 것으로 표면에 발생하는 변패가 주체이나, 두께가 얇은 제품은 표면과 내부에서 거의 동시에 변패가 일어나는 경우도 있다. 일반적인 변패 양상은 표 13-12에 나타내었다.

표 13-12 간이포장어묵의 변패 형태와 원인균

변패		원인균	오염원
형태	부위		
투명한 점액	표면	류코노스톡 메센테로이데스(*Leuconostoc mesenteroides*)	2차 오염
불투명 점액	표면	세라티아 마르세센스(*Serratia marcescens*)	2차 오염
기타 발색	표면	스트렙토코쿠스(*Streptococcus*), 바실루스(*Bacillus*)	2차 오염
곰팡이 발생	표면	페니실륨(*Penicillum*), 아스페르길루스(*Asperigillus*), 무코르속(*Mucor spp.*)	2차 오염
갈변	표면/내부	아크로모박터 브루니피칸스(*Achromobacter brunificans*), 세라티아 마르세센스(*Serratia marcescens*)	원료, 2차 오염

- 투명한 점액 발생 : 이 변패는 어묵 표면에 투명한 점액이 나타나기 시작하여 전체를 덮는 양상을 띤다. 당을 다량 함유하면서 전분을 거의 함유하지 않는 제품에 흔히 나타나며, 악취나 이미는 없으나 약간 시큼한 냄새가 난다. 원인균은 젖산균인 류코노스톡 메센테로이데스Leuconostoc mesenteroides이고, 주로 가열 후 2차 오염된다. 설탕을 분해하여 덱스트란dextran을 생성하며, 이것은 점액의 주성분이다.

- 불투명한 점액 발생 : 이 변패는 어묵 표면에 불투명(유백색 또는 붉은색)한 점질물이 발생하여 전체를 단시간(20℃에서 10시간 정도 지나면 관찰 가능) 내에 덮는 양상을 보인다. 원인균은 세라티아 마르세센스*Serratia marcescens*라는 장내세균에 속하는 단간균의 일종이며, 주로 가열 후 2차 오염된다. 전염력이 특히 강하며 일단 발생하면 의복 등을 열탕 소독함은 물론이고 관련 기구, 자재, 용기, 공장 내부 등을 염소제로 충분히 살균하여야 한다.
- 기타 발색 : 앞에서 언급한 발색과 갈변을 제외한 나머지 발색(백색, 회백색, 유백색, 황색, 담황색 등 여러 가지 색조) 현상이 어묵 표면에 발생하는 변패로, 점질물을 생성하지 않는 것도 있으며 모양도 다양하다. 원인균은 스트렙토코쿠스*Streptococcus*, 바실루스*Bacillus* 등이며, 주로 가열 후 2차 오염된다.
- 변패 초기 곰팡이 발생 : 비교적 전분 함량이 많거나 수분 함량이 낮은 제품인 튀김어묵이나 구운어묵 제품 중 건물당 35% 이상의 전분을 함유한 제품의 변패로, 초기부터 곰팡이가 발생한다. 원인균은 주로 페니실륨*Penicillum*, 아스페르길루스*Asperigillus*, 무코르속*Mucor spp.*과 같은 곰팡이들이며, 주로 가열 후 2차 오염된다.
- 갈변 발생 : 당을 함유한 어묵을 상온에 방치하면 2~3일 후에 흑갈색으로 변하는 현상으로, 초기 제품 표면에 갈색 반점이 생기나 후기에는 점차 확대되어 내부까지 흑갈색을 띤다. 변패가 진행될수록 어묵의 pH는 저하되고 조직이 딱딱해지면서 부서지기 쉽게 변하여 어묵 특유의 탄력을 잃는다. 원인균은 아크로모박터 브루니피칸스*Achromobacter brunificans* 및 세라티아 마르세센스로 열에 약한 포자 비형성non-spore forming 간균이며, 포도당이 존재하여야 증식하고 주로 가열 후 2차 오염되나 원료에 잔존하던 것이 충분히 가열하지 않아 활성화되어 갈변을 일으킬 수도 있다.

③ 어육 햄 및 소시지

어육햄, 어육소시지는 산소 차단성이 있는 내열성 포장재에 충전한 후 가열살균하는 연제품이다. 따라서, 산소의 침입과 세균의 2차 오염 가능성이 거의 없으며, 저장성도 1~3개월로 다른 연제품보다 훨씬 길다. 변패 요인은 밀봉 불량이나 핀 홀pin hole 등에 의한 2차 오염이 없다면 1차 오염된 내열성 세균, 즉 바실루스균이 가열 후에도 잔존한 때문이며, 변패 양상은 다음과 같다.

- 반점상 변색 : 제품의 표면에 여러 가지 색(갈색, 적갈색 또는 적자색)과 형태(직경 1~7 mm, 깊이 1 mm의 원형 또는 부정형)의 반점이 다수 발생하는 변패로, 원인균은 바실루스 코아굴란스이며 오염원은 원료 연육이다.
- 기포 발생 : 포장재와 제품 사이 또는 제품의 1~2 mm 깊이에 소량의 가스가 차거나 물이 고이는 변패로, 포장재의 산소 차단성이 불량한 경우 미생물에 의하여 제조 공정 중 첨가된 아질산염nitrite이나 질산염nitrate이 분해되어 생성된 질소 가스 때문에 발생한다. 원인균은 바실루스 퍼머스*B. firmus*, 바실루스 시르클랜스 등이다.
- 조직 연화 : 제품 중의 전분 입자가 붕괴되어 제품 조직 일부(주로 내부)가 연약해지는 변패로, 특이한 냄새 발생이나 팽창 또는 변색이 없어 외관 관찰로 발견하기가 어렵다. 하지만, 제품을 절단하여 보거나 냄새를 맡으면 시큼한 냄새가 나고, pH를 측정해 보면 매우 낮게 형성되어 있다. 원인균은 바실루스 시르클랜스, 바실루스 판토텐티쿠스*B. pantothenticus*이다.
- 가스 팽창 : 부패 현상 중 가장 명확하다. 가스가 발생하여 내용물과 포장재 사이가 분리되며, 내용물에서 심한 부패취가 나는 것과 거의 정상인 경우로 나뉜다. 원인균은 부패취가 있는 경우는 내열성 균인 클로스트리디움속*Clostridium* spp.이고, 거의 정상인 경우는 비내열성 균인 락토바실루스속*Lactobacillus* spp.이다. 클로스트리디움속에 의한 팽창은 살균 부족으로 발생하는 것이라 추정되고, 락토바실루스

표 13-13 어육 햄 및 소시지의 변패 형태와 원인균

변패		원인균	오염 경로
형태	특성		
반점상 변색	• 색 : 갈색, 적갈색, 적자색 • 형태 : 직경 1~7 mm, 깊이 1 mm의 원형 또는 부정형의 반점	바실루스 코아굴란스(*B. coagulans*)	1차 오염
기포 발생	• 발생 부위 : 포장재와 내용물 사이, 내용물의 1~2 mm 깊이 • 발생 현황 : 소량의 가스가 차거나 물이 고임	바실루스 퍼머스(*B. firmus*), 바실루스 시르클랜스(*B. circulans*) 등	1차 오염
조직 연화	• 특이한 냄새의 발생 • 팽창 또는 변색이 없어 외관만으로 발견 어려움 • 절단하여 관능적 검토, 냄새 측정, pH 측정으로 발견	바실루스 시르클랜스, 바실루스 판토텐티쿠스(*B. pantothenticus*)	1차 오염
가스 팽창	• 내용물과 포장재 사이 분리 • 부패취 발생	클로스트리디움속(*Clostridium* spp.)	1차 오염
	• 내용물과 포장재 사이 분리 • 부패취 발생하지 않음	락토바실루스속(*Lactobacillus* spp.)	2차 오염

속에 의한 팽창은 2차 오염에 의한 것으로 추정된다. 2차 오염은 주로 살균 직후 냉각 중 냉각수로부터 결착부를 통하여 오염되는 경우가 많으며, 가끔 결착기 조절이 불량하여 발생하는 수도 있다. 이러한 부패 현상은 다른 부패 현상보다 훨씬 빨리 나타나는데 여름철에는 보통 2~3일 후에 나타난다.

(2) 연제품의 변패 방지

연제품의 변패를 방지하기 위해서는 미생물의 오염도가 낮은 원료를 사용하고, 고기갈이 중 혼입된 미생물을 가열살균한다. 가열 후 2차 오염을 막고, 저온 유통하는 것이 기본이다.

① 가열살균 처리

어묵바와 맛살어묵 등의 제품에 한정하여 저온 살균(92℃에서 30~40분)한 다음 30일 정도의 유통기한으로 저온 유통을 하며, 어육소시지와 일부 포장 어묵은 고온 가열살균(120℃에서 4분 이상)하여 3개월 정도의 유통기한으로 상온 유통을 한다.

표 13-14 가열 처리 연제품의 유통기한

연제품	가열 처리	저장	유통기한	연제품	가열 처리	저장	유통기한
사각어묵*	-	0~10℃	7일	게맛살	92℃, 30~40분	0~10℃	30일
어묵바	92℃, 30~40분	0~10℃	30일	어육소시지	120℃, 4분 이상	상온	90일

*보존료 및 산도 조절제 처리

② 포장 처리

연제품의 2차 오염을 방지하여 저장성을 향상시키기 위하여 다양한 형태로 포장한다. 연제품의 포장은 간이 포장과 완전 밀봉 포장으로 크게 나눌 수 있다. 최근 포장재로는 내열성이 높고 산소 투과성이 적은 필름이 대량생산되고 있다.

연제품의 진공포장은 저장성 향상, 지질 산화의 억제, 맛 성분 변화 방지, 무게 감소 방지 등에 매우 중요한 역할을 한다. 연제품은 포장하는 것만으로는 제품의 저장성 효과가 미미하므로 가열살균 처리를 함께할 경우 품질 보존 효과를 기대할 수 있다.

③ **보존료 처리**

우리나라는 「식품위생법」에서 연제품의 보존료로 소브산 및 그 염류만을 허가하고 있다. 소브산 및 그 염류는 산성 범위에서 곰팡이와 효모에 대하여 정균 작용을 나타내나, 저산성 식품인 어묵에 강한 보존 효과를 기대할 수 없다.

④ **저온 처리**

연제품은 제조한 직후부터 소비할 때까지 전 기간 동안 냉장 보관 및 유통하는 것이 좋다. 연제품의 동결은 변패 방지에는 효과적이나 해동 시 드립 발생으로 제품이 스펀지 상태가 된다.

⑤ **건조 처리**

연제품은 굽거나 기름에 튀겨 표면에 얇은 피막을 만들면 표면에 부착한 세균의 발육을 지연시킬 수 있다. 그러나 연제품 내부에는 많은 수분이 존재하므로 피막에 수분이 보급되어 비교적 낮은 수분에서도 발육할 수 있는 바실루스속*Bacillus* spp.이나 곰팡이류가 번식할 수 있다.

단원정리

1 연제품은 어육에 소량의 소금을 가하여 고기갈이한 육(meat paste)에 맛과 향을 내는 부원료를 첨가하고 가열하여 겔(gel)화시킨 제품으로, 찐어묵, 구운어묵, 튀김어묵, 게맛살어묵 등이 있다.

2 연제품은 어종이나 어체의 크기에 관계없이 원료의 사용 범위가 넓고 맛의 조절이 자유로우며, 어떠한 소재라도 배합이 가능한 가공 특성을 지닌다.

3 연육은 원료어, 원료어 처리, 세척, 채육, 세척, 정제, 탈수, 첨가물 혼합, 속포장/팬 담기 및 무게 재기, 동결, 금속 탐지, 겉포장 및 동결 저장의 공정을 거쳐 제조된다.

4 연육 제조를 위한 원료어로는 냉수성 어종인 명태, 대구류, 임연수어 등과 온수성 어종인 실꼬리돔, 조기류, 매퉁이, 갈치 등, 그리고 붉은살생선인 정어리, 전갱이 등이 많이 쓰인다. 우리나라에서는 냉수성 어종은 명태 연육을, 온수성 어종은 실꼬리돔 연육, 조기류 연육, 갈치 연육 등을 주로 사용한다.

5 연제품의 제조를 위한 고기갈이 공정은 2~3%의 소금을 첨가하여 근원섬유단백질을 용출시키고 조미료 등의 부원료를 혼합시키는 것이 목적이며, 연제품의 제조 공정 중 가장 중요하다. 제품의 강한 탄력성을 위하여 pH는 6.5~7.5, 온도는 10°C 이하로 조정하여야 한다.

6 어육 연제품의 가열 목적은 겔 형성과 동시에 미생물을 사멸시키기 위함이다.

7 어육 연제품의 탄력에 영향을 미치는 요인으로는 어종, 선도, 세척 조건, 소금 농도, pH 및 가열 조건 등이 있다.

8 연육은 무염 연육(설탕 4%, 소비톨 4%, 폴리인산염 0.2~0.3% 첨가)과 가염 연육(당과 1.0~2.5%의 소금 첨가)이 있으며, 국내에서는 대부분 무염 연육이 유통되고 있다.

연습문제

1 **연제품의 원료로 가장 많이 사용되는 냉수성 어종으로 옳은 것은?**

① 명태 ② 쥐치
③ 꽁치 ④ 상어

2 **연제품의 탄력에 기여하는 주요 성분은?**

① 지방 ② 탄수화물
③ 단백질 ④ 무기질

3 **연육과 연제품 제조에 사용하는 사일런트 커터의 역할은?**

① 충전 ② 성형
③ 수세 ④ 고기갈이

4 **증자에 의하여 제조되는 어묵은?**

① 튀김어묵 ② 판붙이어묵
③ 구운어묵 ④ 마어묵

5 **연육의 동결을 위하여 가장 많이 사용하는 동결기로 옳은 것은?**

① 공기 동결기 ② 접촉식 동결기
③ 침지식 동결기 ④ 액화가스 동결기

6 **구운어묵의 제조 시 넣는 첨가물 중 탄력 보강제로 사용할 수 없는 것은?**

① 녹말 ② 동물성 단백질
③ 염기성 아미노산 ④ 식물유

7 **다음 중 겔 강도가 가장 높은 어묵 제품으로 옳은 것은?**

① 하중 1,000 g, 심도 1.4 cm인 어묵 ② 하중 800 g, 심도 1.0 cm인 어묵
③ 하중 800 g, 심도 1.2 cm인 어묵 ④ 하중 600 g, 심도 1.0 cm인 어묵

정답 1① 2③ 3④ 4② 5② 6④ 7①

CHAPTER 14
통조림식품

통조림식품은 전처리한 식품을 금속 용기에 살쟁임하고 탈기(기체 제거 공정), 밀봉(기밀 유지 공정), 살균(가열 처리 공정) 및 냉각(급속 냉각 공정)하여 상온에서 장기 저장이 가능하도록 만든 제품이다.

그림 14-1 통조림 용기로 만든 캐릭터(미니언즈)

여기에서는 통조림식품에 대한 기초 원리(역사와 용기, 탈기, 밀봉, 살균, 냉각의 4대 제조 공정)와 제조 각론(보일드 통조림, 기름담금 통조림, 조미 통조림 및 기타 통조림의 제조를 위한 원료 및 전처리와 4대 공정 등)에 대하여 살펴보기로 한다.

1. 통조림식품의 특성 및 용기

1) 통조림식품의 특성

통조림식품은 보존성, 편의성, 위생성, 운반 수송성, 제품의 풍미 등에서 다른 가공식품에 비하여 많은 장점을 가지고 있으므로, 생산량은 일정 수준을 유지하거나 증가하고 있다.

① 위생적 안전성

통조림식품은 전처리한 원료를 금속 용기에 살쟁임하고 탈기, 밀봉, 살균 및 냉각 처리하여 제조함으로써 장기 저장성을 갖춘 식품이다. 첨가물의 존재 없이 상온에서 장기 저장이 가능하므로 미생물에 의한 식중독 야기, 첨가물에 의한 안전성 문제 등의 염려가 없는 안전 식품이라 할 수 있다.

② **가공 중 영양 파괴 적음**

통조림식품은 고온 처리하여 제조하는 대표적인 식품이지만, 진공 상태에서 열처리를 하여 열에 불안정한 비타민이나 기타 영양 성분의 파괴가 적은 편이다.

③ **운반(수송)의 용이성**

통조림식품은 전처리 과정에서 불필요한 부분을 제거하여 수송 부피가 줄고, 탈기, 밀봉, 살균, 냉각하여 포장까지 마침으로써 수송이 용이하다.

④ **편리성**

통조림식품은 불필요한 부위를 제거하는 전처리 등 일련의 과정을 거쳐 제조함으로써 소비자는 개봉 후에 맛의 개선을 위한 약간의 조미나 그대로 식용할 수 있으므로 매우 편리한 가공식품이다.

⑤ **상온 장기 저장**

통조림식품은 전처리한 수산물을 용기에 살재임한 후 탈기, 밀봉, 살균, 냉각 과정을 거쳐 제조하므로 유통기한이 최소 4년 이상으로 저장성이 우수하다.

⑥ **개봉의 편의성**

예전에는 손잡이tab가 없어서 별도의 따개를 사용하여야 하는 불편함이 있었으나, 최근의 통조림식품은 쉽게 따는 캔easy opening can이나 안심따개 캔easy peel can 등의 원터치 방식으로 개봉의 어려움을 줄였다.

일반 캔 뚜껑

쉽게 따는 캔 뚜껑

안심따개

그림 14-2 통조림식품에 사용되는 다양한 형태의 캔 뚜껑

⑦ **전자레인지 사용의 어려움**

통조림식품은 레토르트식품과는 달리 포장된 상태로 쉽게 가열하는 전자레인지를 사용할 수 없다. 통조림식품은 내용물을 가열하려면 다른 용기에 옮겨 담아야 하기 때문

에 레토르트식품보다 편의성 면에서 많이 부족하다.

2) 통조림식품용 용기

통조림식품용 금속 용기can는 내용물의 보호, 취급의 편리함, 판매 촉진 기능, 식품에 관한 정보 제공, 사용 후 재활용 및 폐기의 용이성 등이 담보되어야 한다. 통조림식품용 금속 용기는 장기 보존성, 편리성, 위생성, 외관성이 뛰어나 다른 식품 포장 용기보다 장점이 많다.

(1) 통조림식품용 금속 용기의 분류

통조림식품용 금속 용기는 구성 소재 종류, 모양과 구성 매수, 내면 도료의 사용 유무, 개봉하는 방법, 크기에 따라 분류한다.

① 구성 소재의 종류에 따른 분류

통조림식품용 금속 용기는 구성하는 소재에 따라 양철판으로 만든 양철 캔, 무주석 도금 강판(TFS 강판)으로 만든 TFS캔tin free steel can, 알루미늄 소재로 만든 알루미늄 캔으로 분류한다.

표 14-1 구성 소재에 따른 금속 용기의 분류

항목	양철 캔(tin plate can)	TFS캔(TFS can)	알루미늄 캔(alumium can)
구성 소재	양철판	TFS판	알루미늄판
구조	연강철판-합금층-주석층-산화주석층-기름막	연강철판-크롬층-크롬 수산화물 피막-기름막	-
구성 매수	대부분 3매	대부분 2매	2매
캔 높이	높음	낮음	낮음
적용 시판 통조림 제품	• 색이 옅은 과일 통조림 • 복숭아 통조림, 고등어 통조림, 꽁치 통조림 등	• 대부분의 통조림 등 • 참치 통조림 등	• 일부 수출용 사각형 통조림 등 • 굴 훈제 기름담금 통조림 등

② 모양에 따른 분류

금속 용기는 모양에 따라 원통형 캔, 사각형 캔, 타원형 캔 등으로 분류한다.

표 14-2 모양에 따른 금속 용기의 분류

항목	원통형 캔(cylindrical can)	사각형 캔(square can)	타원형 캔(oval can)
구성 매수	2매/3매	2매	2매
캔 높이	낮음(2매)/높음(3매)	낮음	낮음
적용 시판 통조림 제품	• 대부분의 통조림	• 굴 훈제 기름담금 통조림 • 일부 연어 통조림/깻잎 통조림 등	• 외국 정어리/꽁치 통조림

③ 구성 매수에 따른 분류

금속 용기는 분해하여 구성하는 매수에 따라 분류할 수 있다. 몸통can body, 뚜껑can cover, 밑바닥can end 3개로 분해되는 스리피스 캔three piece can과, 몸통과 밑바닥은 일체되어 있어 2개로 분해되는 투피스 캔two piece can으로 나뉜다.

표 14-3 투피스 캔과 스리피스 캔의 특성

항목	투피스 캔(two piece can)	스리피스 캔(three piece can)
분해 매수	2매	옆 이음매(side seam) 3매
용기 재질	기름막 크롬 수산화물 피막 크롬층 원 강판 TFS판(tin free steel sheet)	기름막 산화주석층 주석층 합금층 원 강판 양철판(tin plate)

표 14-3 투피스 캔과 스리피스 캔의 특성(계속)

항목	투피스 캔(two piece can)	스리피스 캔(three piece can)
캔 높이	낮음	높음
적용 시판 통조림 제품	참치 통조림 등	과일 통조림, 꽁치 통조림 등

④ 내면 도료의 도장 유무에 따른 분류

내면 도료의 도장 유무에 따라 내면 도장 캔과 내면 무도장 캔으로 나눌 수 있다. 내면 도장 캔은 일반 통조림식품에 적용하고, 내면 무도장 캔은 일부 과일 통조림 캔에 한정하여 적용하고 있다.

표 14-4 내면 도장 유무에 따른 금속 용기의 분류 및 특성

항목	내면 도장 캔	내면 무도장 캔
내면 도료	사용	사용하지 않음
금속 소재	대부분 TFS판/일부 양철판	양철판
용기 높이	낮음	높음
용기 구성 매수	2매/3매	3매
적용 통조림식품	일반 통조림식품	엷은 색깔의 과일 통조림(복숭아, 밀감, 배 등)

⑤ 개봉방법에 따른 분류

통조림 제조용 용기를 개봉하는 방법에 따라 분류할 수 있다. 캔 따개로 개봉하는 캔(일반 캔), 키로 따는 캔key opening can, 쉽게 따는 캔easy opening can, 안심따개 캔easy peeling can 등이 있다.

표 14-5 개봉방법에 따른 금속 용기의 분류 및 특징

항목	캔 따개 이용	키 이용	탭(tab) 이용	벗겨서 개봉
개봉도구				
대상 통조림식품				
특징	• 개봉 시 쇳가루 잔존 • 캔 따개 필요 • 현재 국내에서 적용 안 함	• 돌림띠가 있어야 함 • 현재 국내에서 거의 적용 안 함	• 가장 많이 사용함 • 개봉된 뚜껑에 대한 안전 문제 제기 • 고진공에도 잘 견딤	• 일부 기업 적용 • 개봉된 뚜껑에 의한 안전 문제 적음 • 고진공에 문제됨

⑥ 크기에 따른 분류

최근 통조림식품의 소비는 사회 환경의 변화로 급증한 1인 가구는 물론이고, 다인 가구나 급식 등 단체급식 식단에도 많이 적용되고 있다. 통조림식품의 용기는 가정용은 소형이고, 식당이나 급식용 등 단체급식용은 대형이다.

(2) 금속 용기의 구조

통조림식품용 금속 용기의 구조와 각 부 명칭은 그림 14-3과 같다.

그림 14-3 금속 용기의 구조와 명칭

① **몸통**

금속 용기의 몸통은 캔 보디can body 부분을 말한다. 캔의 몸통 부분은 플랜지flange, 옆 이음매side seam, 랩 부위lap, 밑 이음매end seam 등으로 구성된다. 옆 이음매와 랩 부위는 스리피스 캔에만 존재한다.

- 플랜지 : 밀봉하지 않은 캔 몸통의 윗부분 중 밖으로 휘어져 있는 부분을 말한다. 이 부분은 뚜껑의 컬curl 부위와 이중결합함으로써 밀봉이 완료된다.
- 옆 이음매 : 캔 몸통의 옆 부분 이음매를 말한다. 캔의 몸통부가 일반적으로 1겹인데 반하여, 옆 이음매는 용접을 하여 이음매를 완성하기 때문에 2겹으로 되어 있다.
- 랩 부위 : 랩lap 부위는 양철판이 2겹으로 겹쳐 있는 옆 이음매와 뚜껑 또는 밑바닥이 만나서 이중 밀봉이 되는 부분을 말한다. 랩 부위는 다른 밀봉 부위보다 두꺼워 밀봉 불량이 발생할 우려가 높아 반드시 특별 관리를 하여야 한다.
- 밑 이음매 : 밑바닥과 몸통이 만나서 밀봉되는 밀봉부를 말한다. 이 부분은 랩 부위 7겹, 기타 부분은 5겹으로 밀봉되어 있다.

표 14-6 투피스 캔과 스리피스 캔의 몸통과 뚜껑 비교

항목	캔 종류	
	투피스 캔	스리피스 캔
몸통 (can body)	플랜지	플랜지, 옆 이음매, 랩 부위, 밑 이음매
뚜껑 (can cover)	컬, 익스팬션 링, 손잡이, 각선, 실링 콤파운드	컬, 익스팬션 링, 손잡이, 각선, 실링 콤파운드
밑바닥 (end)	-	컬, 익스팬션 링, 실링 콤파운드

② **뚜껑 및 밑바닥**

스리피스 캔은 몸통, 뚜껑cover, 밑바닥end으로 구성되나, 투피스 캔은 몸통, 뚜껑으로 구성된다. 캔 뚜껑은 투피스 캔과 스리피스 캔이 모두 컬curl, 익스팬션 링expansion ring, 손잡이tab, 각선score 및 실링 콤파운드sealing compound 등으로 구성되어 있다. 캔 밑바닥은 투피스 캔에 없고 스리피스 캔에 한정되어 있으며, 컬, 익스팬션 링, 실링 콤파운드로 구성되어 있다.

- 컬 : 뚜껑의 가장자리가 안쪽으로 굽어져 있는 부분으로, 밀봉재의 도포나 밀봉 과정에서 캔의 몸통과 접합이 용이하게 하기 위하여 제조한다.
- 익스팬션 링 : 뚜껑과 밑바닥에 형성되어 있는 동심원의 요철로, 통조림식품을 밀봉한 후 가열살균을 하면 내부 팽압으로 뚜껑과 밑바닥이 밖으로 팽출하고 냉각하면 다시 복원된다. 이때 내부 팽압에 견디고 복원을 용이하게 하여 밀봉부에 비틀림이 생기지 않도록 하는 부위이다.
- 손잡이tab 및 각선score : 손잡이는 캔을 개봉할 때 잡는 부분이고, 각선은 손잡이를 잡아당길 때 쉽게 개관이 되도록 뚜껑에 만들어 둔 부위이다. 손잡이를 잡아당기면 캔 뚜껑에 있는 각선의 일부(액을 내용물로 하는 음료용 캔) 또는 전부(고형물을 내용물로 하는 농수축산물 통조림 캔)가 개관된다. 따라서, 손잡이와 각선은 캔을 개봉하기 위한 부위이다.
- 실링 콤파운드 : 뚜껑 가장자리 컬의 안쪽에 채워져 있는 물질로, 이중 밀봉부의 틈새를 채우는 데 사용되는 물질이다. 실링 콤파운드는 고무가 주성분이어서 탄력이 있다.

3) 통조림식품용 금속 용기의 도료

식품용 캔은 일부를 제외하고는 대부분이 도료를 사용한다. 이때 캔 내면에 도포하는 도료를 내면 도료라 하고, 외면에 도포하는 도료는 외면 도료라고 한다.

표 14-7 내면 도장 캔과 무도장 캔의 비교

항목	내면 도장 캔	무도장 캔(백관)
형태		
용도	대부분의 통조림 식품용	엷은 색깔의 과일 통조림용

(1) 도료의 도포 목적

① 내면 도료

통조림식품 용기에 내면 도료를 도포하는 것은 용기 내면의 부식과 흑변 같은 변색을 방지하며, 내용물의 풍미, 색택, 영양 등을 보호하고 유지하기 위해서이다.

② 외면 도료

통조림식품 용기에 외면 도료를 도포하는 것은 아름다움을 부여하여 소비자의 구매 의욕을 증진시키는 동시에, 소비자에게 통조림식품에 관한 정보를 제공하기 위함이다.

(2) 도료의 구비 조건

통조림식품용 용기의 도료로 사용하기 위해서는 다음과 같은 조건은 충족되어야 한다.

① 위생적이어야 한다.

② 내용물의 색깔이나 맛, 향기 등에 영향을 미치지 않아야 한다.

③ 용기의 부식이나 금속의 용출을 억제하여야 한다.

④ 내용물에 의하여 변성되지 않아야 한다.

⑤ 금속 가공에도 잘 견디어야 한다.

⑥ 내열성이 있어야 한다.

⑦ 가격이 저렴하여야 한다.

(3) 도료의 종류

통조림식품 용기용 도료의 선택은 제관방법, 금속의 종류, 내용물의 종류, 도장 횟수 등에 의하여 결정된다. 통조림 생산자는 통조림식품 용기용 도료의 특성을 이해하고 내용물에 따라 목적에 맞추어 적절하게 선택하여 사용하여야 한다(표 14-8).

용기의 내면 도료로는 유성 수지 도료, 에나멜enamel 도료, 페놀 수지계 도료, 비닐 수지계 도료, 에폭시 수지계 도료, 복합형 도료 등이 있으며, 용기의 외면 도료는 사이즈 코팅size coating, 백색 도료white coating, 마무리용 바니시varnish 등이 있다.

(4) 도료의 결정 시 고려사항

① 캔 제조방법 : 납땜, 접착, 용접, 타발, DRDdrawn and redrawn, DIdrawn & ironed, DTRdrawn and tin redrawn, 기타

표 14-8 통조림식품 용기 도료의 종류 및 특성

도료의 종류			특성
내면 도료	유성 수지 도료	정의	• 건성유에 수지를 용해하고, 소량의 건조제를 넣어 희석제로 묽게 한 고온 도포성 도료
		특성	• 내산성 및 피복력이 상당히 강함
		이용	• 과일 및 채소류의 통조림
	에나멜(enamel) 도료	정의	• 에폭시 수지에 아연(Zn) 분말을 혼합한 도료(C-에나멜 도료) 또는 알루미늄(Al) 분말을 혼합한 도료(V-에나멜 도료)
		특성	• 도료 피막 중에 분산되어 있는 아연 또는 알루미늄이 황화수소(H_2S)와 결합하여 백색이나 무색을 나타내는 황화아연 (ZnS) 또는 황화알루미늄(AlS)을 생성하여 흑변을 방지함 • 유지 중의 유리지방산에 의하여 도료 피막에 주름이 생기거나, 주름이 심한 경우 피막이 벗겨짐
		이용	• 단백질이 주성분인 수산물 또는 축산물 통조림용 용기의 내면 도료
	페놀 수지계 도료	정의	• 페놀-폼알데하이드 수지를 고급 알코올 또는 케톤에 녹여서 만든 것
		특성	• 황화수소는 투과성이 극히 적어 캔 내면의 황화 변색이 적음 • 유리지방산에 의한 도막 연화나 피막이 벗겨지지 않음 • 내용물에서 약간의 도료 냄새가 발생
		이용	• 유지 함량이 많은 어패류나 육류 통조림 용기의 내면/외면 도료
	비닐 수지계 도료	정의	• 염화비닐과 아세트산비닐의 공중합물로 만든 도료
		특성	• 강인한 피막을 만들고 제관 공정을 잘 견디며, 무미, 무취 및 무색 • 가열(93°C 이상)하는 경우 도막이 연화되어 주로 저온 살균에 적용 • 단독으로 사용하면 벗겨질 우려가 있으며, 금속 특히 철에 접촉하는 경우 열분해가 일어나 도막이 흑변함
		이용	• 맥주, 주류, 탄산음료, 포도주스 등의 통조림 용기의 도료
	에폭시 수지계 도료	정의	• 에폭시 수지에 경화제를 가하여 용제에 녹인 도료
		특성	• 가공성, 내열성, 밀착성 및 내약품성 등이 좋음 • 고온 살균 식품의 용기 내면에 주로 적용 • 황화 흑변이 일어나기 쉬우며, 값이 비쌈
		이용	• 알코올 음료의 용기, 세제 용기 등의 1차 도료
	복합형 도료	정의	• 두 가지 이상의 수지를 배합한 도료
외면 도료	사이즈 코팅(size coating)	정의	• 인쇄 잉크의 바탕색이 되는 백색 도료
		특성	• 인쇄 잉크의 밀착을 좋게 함
		이용	• 타발 캔(drawn can)과 같이 가공도가 큰 경우
	백색 도료(white coating)	정의	• 인쇄 잉크의 바탕색이 되는 것
		특성	• 백색 안료를 알킬 수지(alkyl resin)나 스티렌(styrene)화 알킬 수지 또는 비닐 수지와 배합하여 적당한 용제에 녹인 것
	마무리용 바니시(varnish)	정의	• 인쇄를 마친 후 그 표면에 도포되는 무색 도료
		특성	• 광택 효과가 우수함 • 인쇄면이 제관 시의 물리적 충격에 우수함 • 열에 우수하여 가열살균 시 인쇄물이 변색되지 않음

② 캔 소재 : 알루미늄, 양철판, 무주석 강판, 기타

③ 내용물 및 살균 조건 : 내용물의 pH, 향미 등과 살균 조건

④ 도장 구분 : 내면, 외면, 도장 횟수(1회, 2회), 백색 도료, 롤러roller나 스프레이spray 도장 등

2. 통조림식품과 미생물

1) 내열성에 따른 미생물의 분류

통조림식품은 수산물을 전처리한 다음 탈기, 밀봉, 살균, 냉각하여 제조하므로, 정상적으로 제조한 통조림식품은 미생물이 잔존할 수 없다. 그러나 통조림식품의 제조 공정에서 매우 드물게 가공, 저장 및 유통 중 밀봉부 파손에 의한 밀봉 불량이나, 살균 공정의 오작동에 의한 살균 부족으로 미생물에 의한 변패가 일어날 수 있다. 여기에서는 살균 부족으로 변패를 야기할 수 있는 내열성 균들과, 밀봉 불량으로 변패를 일으킬 수 있는 비내열성 균들에 대하여 살펴보기로 한다.

(1) 내열성 미생물과 통조림 변패에 관여하는 주요 미생물

통조림식품의 살균 부족으로 변패에 관여하는 주요 내열성 미생물은 바실루스속 *Bacillus* spp.과 클로스트리디움속*Clostridium* spp.이 있다. 이들 내열성 미생물 중 바실루스속은 대부분 통성 혐기성 균이며 주로 플랫사워flat-sour 변패에 관여하고, 클로스트리디움속은 대부분 혐기성 균이며 팽창 변패에 관여한다.

① **바실루스속(*Bacillus* spp.)**

바실루스속 세균 중 통조림식품에서 자주 문제가 되는 것은 호열성인 바실루스 스테아로써모필러스*B. stearothermophilus*와 바실루스 코아귤란스*B. coagulans* 등과 중온성 세균이다. 이들의 특성은 표 14-9에 정리하였다.

② **클로스트리디움속(*Clostridium* spp.)**

클로스트리디움속 미생물 중 통조림식품에서 자주 문제가 되는 세균은 내열성의 중온성 균 또는 호열성 균이며, 비산성 통조림에 출현한다. 클로스트리디움속 세균 중 통조림식품에서 특히 주요한 것은 클로스트리디움 보툴리눔*Cl. botulinum*, 클로스트리디움

니그리피컨스*Cl. nigrificans*, 클로스트리디움 써모사카로리티쿰*Cl. thermosaccharolyticum* 등이다.

(2) 비내열성 미생물

통조림식품의 밀봉 불량에 의한 변패에 관여하는 주요 미생물은 비내열성 미생물이며 곰팡이, 효모, 구균, 타원세균, 포자 비형성 간균non-spore forming rods 등이다.

표 14-9 통조림식품 변패에 관여하는 주요 내열성 미생물의 특성

주요 미생물		특성
바실루스(*B.*)	스테아로써모필러스(*stearothermophilus*)	• 내열성 • 호열성 • 포자 형성 • 간균 • 바실루스속 중 유일한 편성 혐기성 • 스위트콘(sweet corn)의 플랫사워 발생
	코아굴란스(*coagulans*)	• 내열성 • 호열성 • 통성 혐기성 • 포자 형성 • 간균 • 토마토 제품의 플랫사워 발생
클로스트리디움(*Cl.*)	보툴리눔(*botulinum*)	• 내열성 • 중온성 • 혐기성 • 포자 형성 • 간균 • 맹독성(A, B, E형) • pH 4.6 초과에서 증식 • 수분 활성 0.94가 증식 하한
	스포로제네스 PA 3679(*sporogenes* PA 3679)	• 클로스트리디움 보툴리눔보다 내열성이 강함 • 중온성 • 혐기성 • 포자 형성 • 간균 • 어육, 축육의 부패성 세균 • 살균 지표 미생물
	니그리피컨스(*nigrificans*)	• 내열성 • 호열성 • 혐기성 • 포자 형성 • 간균 • 펄에 서식 • 흑변 야기
	써모사카로리티쿰(*thermosaccharolyticum*)	• 내열성 • 호열성 • 혐기성 • 포자 형성 • 간균 • 바지락 통조림과 스위트콘의 팽창(hard swell) 야기

2) pH에 의한 통조림식품의 분류와 관련 부패 미생물

(1) pH에 의한 통조림식품의 분류

pH에 따른 산성 통조림식품과 저산성 통조림식품의 분류, 해당 식품에 대한 자세한 내용은 표 14-10에 나타내었다.

표 14-10 산성 통조림과 저산성 통조림의 분류

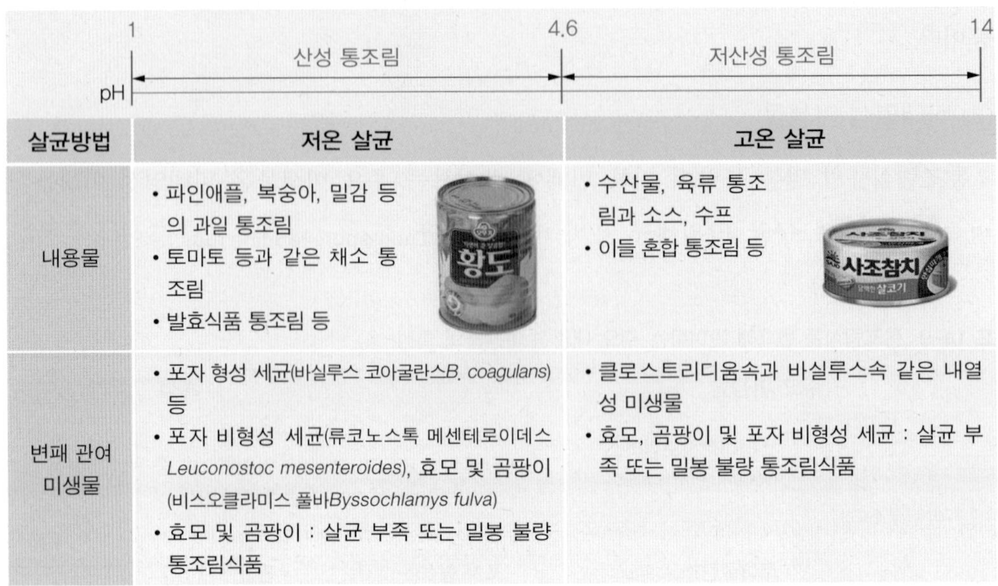

pH	1 — 산성 통조림 — 4.6	4.6 — 저산성 통조림 — 14
살균방법	저온 살균	고온 살균
내용물	• 파인애플, 복숭아, 밀감 등의 과일 통조림 • 토마토 등과 같은 채소 통조림 • 발효식품 통조림 등	• 수산물, 육류 통조림과 소스, 수프 • 이들 혼합 통조림 등
변패 관여 미생물	• 포자 형성 세균(바실루스 코아굴란스*B. coagulans*) 등 • 포자 비형성 세균(류코노스톡 메센테로이데스 *Leuconostoc mesenteroides*), 효모 및 곰팡이(비스오클라미스 풀바*Byssochlamys fulva*) • 효모 및 곰팡이 : 살균 부족 또는 밀봉 불량 통조림식품	• 클로스트리디움속과 바실루스속 같은 내열성 미생물 • 효모, 곰팡이 및 포자 비형성 세균 : 살균 부족 또는 밀봉 불량 통조림식품

① 산성 통조림

내용물의 pH가 4.6 이하이므로 클로스트리디움 보툴리눔이 증식할 수 없어 100℃ 이하에서 열처리하는 저온 살균을 하는 통조림이다. 산성 통조림에 해당하는 제품의 내용물은 주로 밀감, 복숭아, 파인애플과 같은 과일과, 젖산 발효에 의하여 산이 생성되는 식해 같은 발효식품 등이 있다.

② 저산성 통조림

저산성 통조림은 내용물의 pH가 4.6을 초과하여 클로스트리디움 보툴리눔이 증식할 수 있으므로 100℃ 이상에서 열처리하는 고온 살균을 한다. 저산성 통조림에 해당하는 제품의 내용물은 주로 단백질로 수산 및 축산물 통조림 등과 소스, 수프 및 이들 혼합 식품 등이다.

(2) pH 관련 부패 미생물

① 저산성 통조림식품의 주요 부패 미생물

내용물의 pH가 4.6을 초과하는 저산성 통조림은 주로 수산 및 축산물 통조림이 해당하며, 고온 살균을 하여 저장성을 확보한다. 저산성 통조림식품의 변패에는 클로스트리디움속 세균과 바실루스속 세균 같은 내열성 미생물과 효모, 곰팡이 및 포자 비형성 세균 등이 관여한다.

- 클로스트리디움속*Clostridium* spp. : 저산성 통조림식품의 주요 부패 미생물로, 중온성 균인 클로스트리디움 보툴리눔과 호열성인 클로스트리디움 니그리피컨스 등이 있다. 이 균들의 특성은 앞의 '내열성'에서 설명하였으므로 이를 참고하면 된다.
- 바실루스속*Bacillus* spp. : 저산성 통조림식품의 주요 부패 미생물으로는 호열성 균인 바실루스 스테아로써모필러스와 바실루스 코아굴란스 등이 있다. 이 균들의 특성은 앞의 '내열성'에서 설명하였으므로 이를 참고하면 된다.
- 효모, 곰팡이 및 포자 비형성 세균 : 통조림식품 용기의 밀봉 불량이나 파손으로 일어나는 변패를 제외하고는 내열성이 약한 효모, 곰팡이, 포자 비형성 세균 등은 저산성 통조림식품의 변패에서 크게 중요하지 않다.

② 산성 통조림식품의 주요 부패 미생물

내용물의 pH가 4.6 이하인 산성 통조림식품은 클로스트리디움 보툴리눔이 증식할 수 없으므로 저온 살균으로도 충분히 저장성을 확보할 수 있다. 산성 통조림식품의 변패에는 포자 형성 및 비형성의 내산성 세균, 효모 및 곰팡이를 포함하는 다양한 미생물이 관여한다.

- 포자 형성 세균 : 산성 통조림식품의 주요 변패 균으로는 토마토주스 통조림의 평면산패를 일으키는 바실루스 코아굴란스와, 과일 통조림(pH 3.8~4.0)이나 채소 통조림에 가스 생성형 변패를 야기하는 바실루스 마세란스*B. macerans*와 바실루스 폴리믹사*B. polymyxa* 등을 들 수 있다.
- 포자 비형성 세균 : 산성 통조림식품의 변패에 관여하는 포자 비형성 세균으로는 류코노스톡 메센테로이데스*Leuconostoc mesenteroides*(파인애플 통조림, 복숭아 통조림의 변패) 등이 있다.
- 효모 및 곰팡이 : 효모는 내열성이 약하므로 살균 부족이나 밀봉 불량 등을 제외하고는 가열살균 처리한 통조림식품에서 변패의 원인이 되기는 매우 드물다. 곰팡이도 효모와 같은 경향을 보이나 비스오클라미스 풀바*Byssochlamys fulva*는 과일 통조림의 변패에 관여한다.

3. 통조림식품의 탈기

통조림식품은 원료의 종류(농산물, 수산물, 축산물)에 관계없이 전처리, 살쟁임, 탈기, 밀봉, 살균, 냉각 및 포장의 공정을 거쳐 제품화한다. 여기에서는 통조림식품의 제조 공정 중 탈기 공정에 대하여 살펴보기로 한다.

1) 탈기의 목적

탈기는 통조림식품 내부의 공기를 제거하는 조작으로, 다음의 목적을 달성하기 위하여 실시한다.

① 가열살균 중 밀봉부의 느슨해짐이나 파손 방지

통조림식품 제조 중 탈기하지 않았거나 탈기를 잘못하였을 경우 가열살균 과정에서 공기의 부피 팽창으로 밀봉부가 느슨해지거나 파손될 우려가 있다.

② 용기 내면의 부식 억제

통조림 용기 안에 산소가 잔존하는 경우 다량의 수분과 산소가 금속 캔의 결합부에서 노출된 철과 결합하여 녹이 스는 부식 작용이 일어난다.

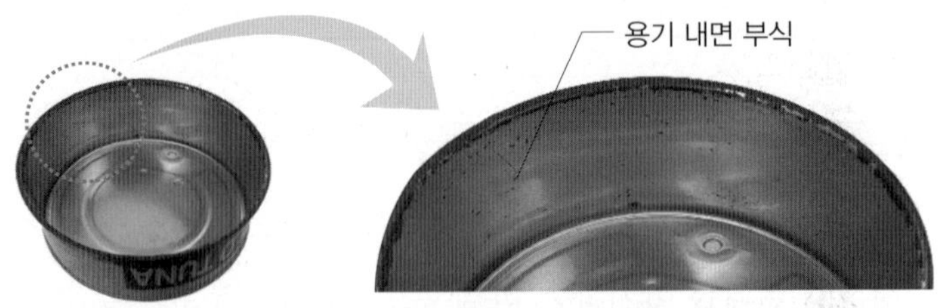

그림 14-4 용기 내면이 부식된 통조림 캔

③ 호기성 세균의 발육 억제

미생물은 산소 요구도에 따라 호기성(산소 존재 하에서 증식 가능), 편성 혐기성(산소 존재 하에서 증식 불능), 미호기성(미량의 산소 존재 하에서 증식 가능), 통성 혐기성(산소의 존재 유무와 관계없이 증식 가능)으로 나뉜다. 통조림식품은 제조 과정에서 탈기가 제대로 이루어지지 않았을 경우 호기성 세균이 발육할 수 있어 저장성에 문제가 생길 수 있다.

④ 변패 통조림식품과의 구별

탈기가 제대로 된 통조림식품은 캔이 내부로 오목한 상태인 반면에, 내부에 미생물이 증식하는 등 변패가 일어난 경우에는 가스가 생성되어 용기가 밖으로 팽창하게 된다. 따라서, 탈기를 거친 내부로 오목한 통조림의 용기는 변패하여 용기가 팽창한 것과는 쉽게 식별이 된다.

⑤ 내용물의 산화 및 변색 방지

식품에 산소가 존재하면 지질이나 색소 등을 산화, 변색시키거나 비타민 같은 미량 영양소를 산화시켜 영양적 품질의 저하를 일으킨다. 하지만 통조림식품은 탈기에 의하여 산소가 제거되어 내용물의 산화 및 변색이 억제된다.

2) 탈기방법

통조림식품의 제조 중 탈기방법으로는 가열 탈기법, 기계적 탈기법, 증기 분사법 및 가스 취입법 등 여러 가지가 있으나, 수산물 통조림에는 가열 탈기법, 기계적 탈기법, 증기 분사법이 주로 적용된다.

(1) 가열 탈기법

통조림식품은 가열 탈기하는 경우 다음 원리에 의하여 진공 상태로 된다.

① 내용물은 가열 팽창 및 냉각 수축으로 진공이 생성된다.

② 내용물 속에 존재하는 공기는 가열 체팽창 및 기화로, 헤드스페이스headspace의 공기는 가열에 의한 체팽창으로 진공이 생성된다.

① 탈기방법

통조림의 가열 탈기는 식품을 용기에 채운 후 탈기함을 사용하여 용기째 가열하여 바로 밀봉하는 방법을 사용한다. 가열 탈기의 순서는 원료 전처리→살쟁임→(가밀봉)→탈기함을 통한 가열 탈기→(자숙수 제거)→주입액 주입→진공 탈기와 동시에 밀봉하거나 진공 탈기 없이 밀봉만 실시→살균 및 냉각의 과정으로 진행된다. 제시한 이 방법은 예전 방법으로, 최근에는 ( ) 안 공정은 생략한다.

② 탈기 장비

가열 탈기를 하기 위해서 예전에는 가밀봉기와 탈기함이 필요하였으나, 최근에는 대부분의 산업체에서 가밀봉을 하지 않고 탈기함만을 사용한다. 탈기함은 가열 탈기에 사용되는 가열장치로, 탈기함 내 캔의 이동 상태에 따라 라이트 스미스 타입Wright

표 14-11 수산물 통조림에 적용하는 다양한 탈기방법

탈기방법	항목	설명	사진
가열 탈기법	원리	• 내용물 내에 존재하는 공기는 가열 체팽창 및 기화로, 헤드스페이스(headspace)의 공기는 가열에 의한 체팽창으로 진공 생성	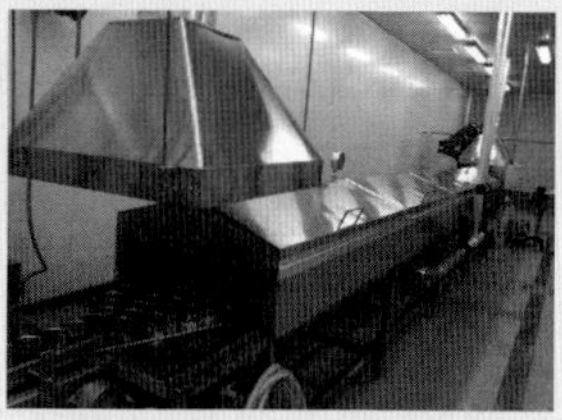
	방법	• 통조림 용기에 식품을 채운 후 용기째 가열하여 체팽창 및 기화에 의하여 탈기	
	장치	• 탈기함	
	특징	• 저장 중 진공도의 감소가 거의 없음 • 조직의 연화 및 커드(curd) 발생이 용이 • 탈기장치(탈기함)의 부피가 큼 • 증기의 사용량이 많음	
	이용	• 고등어나 꽁치 통조림 등과 같이 내용물이 어체 덩어리로 되어 있는 통조림에 적용	
기계적 탈기법	원리	• 내부에 진공 펌프가 연결되어 있는 진공 밀봉기를 사용하여 탈기	
	방법	• 통조림식품의 몸통 및 뚜껑이 터릿 포켓(turret porket)으로 이동되고, 진공 펌프로 감압 상태를 유지하고 있는 진공 밀봉기에 투입되는 경우 통조림식품 내부의 공기 제거와 동시에 다시 공기가 혼입되지 않도록 하는 밀봉이 이루어짐	
	장치	• 진공 펌프가 연결된 진공 밀봉기	
	특징	• 극히 단시간에 탈기가 완료됨 • 제거되는 공기 대부분이 헤드스페이스의 공기이고, 내용물 내의 공기가 제거되지 않음 • 내용물이 가열되지 않아 가열에 의한 성분 변화가 없음 • 소요 면적이 적음 • 증기가 사용되지 않음 • 위생적인 취급이 가능 • 진공도 조절이 가능 • 플러싱(flushing) 현상이 발생하기 쉬움 • 고진공도를 위해 적절한 헤드스페이스가 필요함	
	이용	• 참치/연어 통조림(기계적 탈기) • 고등어/꽁치 통조림(가열 탈기+기계적 탈기)	
증기 분사법	원리	• 헤드스페이스 내 잔존 공기를 증기로 치환 및 냉각하여 진공 효과	
	방법	• 헤드스페이스 내에 증기를 분사한 다음 냉각하여 진공 효과	
	장치	• 증기 분사장치	
	특징	• 내용물에 용해되어 있는 공기의 제거가 어려움 • 적당한 헤드스페이스가 있어야 탈기 효과가 나타남 • 건조식품에 적용 곤란	
	이용	• 참치 통조림	

& Smith type(직선 운동으로 캔 이동), 다이아몬드 체인 타입diamond chain type(왕복 운동으로 캔 이동), 디스크 타입disc type(회전 운동으로 캔 이동)의 3종류가 있다. 탈기함은 증기분사에 의하여 90~98℃로 유지되므로, 통조림식품을 10~20분 만에 통과시켜 내용물 안의 공기를 체팽창으로 제거한다.

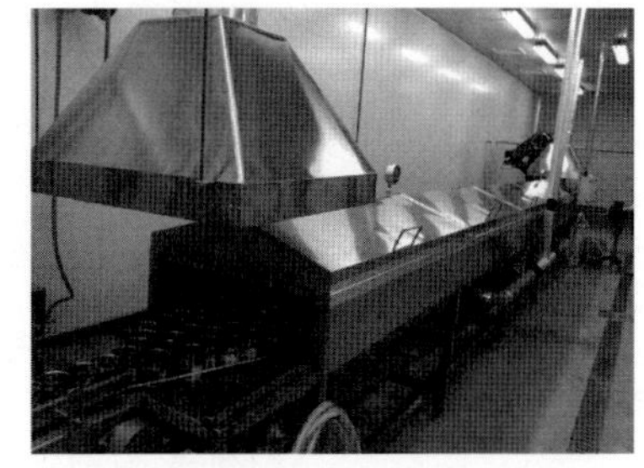

그림 14-5 가열 탈기장치인 탈기함

③ **특징**

- 진공도 감소 거의 없음 : 가열 탈기는 포장 용기를 포함한 통조림식품 전체가 가열되므로, 내용물 중에 존재하는 기체나 액즙에 용해되어 있는 기체가 모두 잘 제거된다. 이 때문에 가열 탈기는 밀봉한 후 진공도의 감소가 거의 일어나지 않는다. 제품의 품질, 작업 능률, 경비 등을 감안하지 않고 탈기 효과만을 고려한다면 탈기방법 중에서 가장 좋은 방법이다.
- 조직의 연화 및 커드 발생이 용이 : 가열 탈기는 통조림식품 전체가 장시간 가열되므로 식품에 따라서는 조직이 필요 이상 연화되거나, 어류 보일드 통조림의 경우 두부 모양의 응고물인 커드curd가 생성되기 쉽다.
- 탈기장치(탈기함)의 부피가 큼
- 증기 사용량이 많음 : 증기 분사에 의하여 90~98℃로 유지되는 탈기함 안을 10~20분 만에 통과함으로써 탈기되는 방법이므로 증기의 사용량이 많다.

④ **이용**

현재 가열 탈기는 고등어나 꽁치 통조림 같이 내용물이 어체 덩어리인 통조림에 적용한다. 이와 같이 내용물이 덩어리로 된 수산물 통조림에 가열 탈기법을 적용하는 이유는 내용물 속에 함유되어 있는 공기도 제거할 수 있기 때문이다. 최근 통조림식품 산업

고등어 통조림

꽁치 통조림

그림 14-6 가열 탈기 처리한 통조림식품

계에서 주로 적용하는 진공 밀봉기에 의한 기계적 탈기는 매우 빠른 시간 내에 탈기를 완료함에 따라 헤드스페이스의 공기만을 제거하여 어체 덩어리가 살쟁이되어 있는 고등어 또는 꽁치 통조림에는 적합하지 않다.

(2) 기계적 탈기법

기계적 탈기는 내부에 진공 펌프가 연결되어 있는 진공 밀봉기를 사용하여 탈기하는 방법이다. 진공 밀봉기가 탈기를 위해 가동되는 경우 밸브 터릿valve turret이 기밀을 유지하고, 진공 펌프는 통조림 내부의 공기를 제거함으로써 탈기가 이루어진다.

① 탈기방법

기계적 탈기는 통조림식품의 몸통 및 뚜껑이 터릿 포켓turret porket으로 이동하고, 진공 펌프로 감압 상태를 유지하고 있는 진공 밀봉기에 투입되는 경우 통조림식품 내부의 공기 제거와 함께 공기가 다시 혼입되지 않도록 밀봉이 동시에 이루어진다.

그림 14-7 기계적 탈기를 위하여 진공 펌프가 연결되어 있는 진공 밀봉기

② 탈기 장비

기계적 탈기는 진공 밀봉기에 의하여 이루어진다. 이에 대한 자세한 설명은 뒤의 '밀봉' 편을 참고하기 바란다.

③ 특징

- 극히 단시간에 탈기 완료 : 진공 밀봉기로 탈기가 이루어지기 때문에 매우 짧은 시간 내에 탈기가 완료된다.
- 제거 공기 대부분은 헤드스페이스의 공기 : 극히 단시간 내에 탈기가 이루어져 내용물 속에 잔존하는 공기의 제거는 곤란하고, 단지 헤드스페이스의 공기만 제거된다. 일반적인 특징은 가열 탈기법보다 우수하나, 내용물 안에 존재하는 기체의 제거 정도는 떨어진다. 그럼에도 제품의 품질, 작업 능률, 경비 등을 고려하는 경우 기계적 탈기법에 의한 탈기가 가장 효과적이다.
- 가열에 의한 변화 없음 : 가열 탈기법과는 달리 기계적으로 단시간 내에 탈기가 완료되므로 탈기 공정 중 가열에 노출되지 않는다. 따라서, 가열하기 곤란한 식품에 적용하기 좋다.

- 소요 면적이 작음 : 진공 밀봉기와 진공 펌프 만으로 탈기가 이루어지고, 탈기와 동시에 밀봉 공정도 이루어지므로 탈기를 위한 소요 면적은 넓지 않다.
- 증기 사용하지 않음 : 진공 밀봉기로 탈기를 실시하므로 탈기에 증기를 사용하지 않아 증기를 절약할 수 있다.
- 위생적 취급 가능 : 극히 단시간 내에 기계로 탈기가 이루어지기 때문에 매우 위생적으로 처리할 수 있다.
- 진공도 조절 가능 : 진공 밀봉기에 진공도를 설정하고 탈기하므로, 자유롭게 진공도를 조절할 수 있다.
- 플러싱 현상 발생이 쉬움 : 플러싱flushing 현상은 과일 통조림처럼 액즙이 많고 내용물에 용해된 기체가 많은 식품을 진공 밀봉기로 탈기할 경우 제거 배출되는 기체와 함께 액즙이 분출되는 현상이다. 플러싱 현상은 최종 진공도나 헤드스페이스 크기를 일정하지 않게 할 수가 있어 반드시 방지하여야 한다. 이를 방지하기 위하여 진공 밀봉 전에 주입액의 점도를 높이는 등의 전처리를 한다.
- 고진공도를 얻기 위하여 적절한 헤드스페이스 필요 : 밀봉기 내의 진공도가 용기 내 진공도보다 크다. 이는 내용물 중에 용해되어 있는 공기가 밀봉 후 용기 내압의 감소로 기화하여 진공도를 떨어뜨리고, 용기 내압의 감소로 용기의 탄성 변형이 일어나 헤드스페이스의 크기가 축소하기 때문이다. 이와 같이 밀봉기와 용기 내의 진공도 차이에 영향을 주는 요인으로는 내용물의 종류, 헤드스페이스의 크기, 밀봉 온도 등이 있다. 일반적으로 헤드스페이스가 좁을수록 이 차이는 커지므로 헤드스페이스를 좁게 하면 높은 진공도를 얻기 어렵다. 따라서, 진공 밀봉기를 사용하는 경우 통조림식품의 헤드스페이스는 적절히 확보되어야 한다.

④ **이용**

참치와 연어 통조림은 대형 크기의 식당용을 제외하고는 대부분 기계적 탈기로 탈기 공정을 마무리하지만, 고등어와 꽁치 통조림 등은 기계적 탈기 외에 가열 탈기를 보조적으로 실시한다. 고등어 통조림 또는 꽁치 통조림은 내용물이 덩어리로 되어 있어 기계적 탈기만으로는 완전 탈기가 어려워 가열 탈기를 동시에 실시한다.

그림 14-8 기계적 탈기 처리된 참치 통조림

수산물 통조림의 시장 점유율 1위인 참치 통조림과 연어 통조림은 가열하여 흰살을 분리하는 공정에서 근육 내부의 공기를 제거하기 때문에 기계적 탈기만으로도 충분한 진공도를 확보할 수 있다.

(3) 증기 분사법

증기 분사법은 통조림식품의 헤드스페이스 내에 잔존하는 공기를 분사하는 증기로 치환한 다음 밀봉하거나, 냉각할 경우에는 증기의 응축으로 진공시키는 방법이다.

① 탈기방법

통조림식품을 탈기하기 위한 증기 분사법은 용기 내의 헤드스페이스에 증기를 분사한 다음 냉각하여 진공을 얻는다.

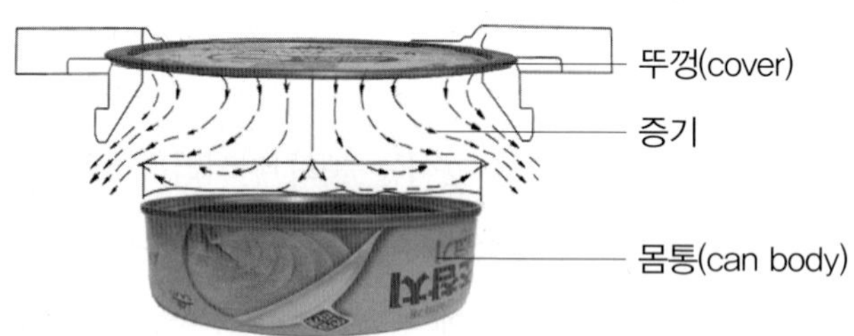

그림 14-9 증기 분사법의 원리

② 탈기장치

증기 분사법에 의한 통조림식품의 탈기장치는 밀봉기에 부착되어 있어 증기를 헤드스페이스 내에 분무함과 동시에 밀봉하도록 만들었다.

③ 특징

- 내용물에 용해되어 있는 공기는 거의 제거되지 않음 : 증기 분사법은 내용물의 표면만 약간 가열되므로 내용물에 흡장, 용해된 공기는 거의 제거되지 않는다. 따라서, 통조림식품의 높은 진공도를 얻기 위해서는 탈기 대상 식품이 흡장, 용해한 공기가 적어야 한다.
- 적당한 헤드스페이스 필요 : 증기 분사법은 헤드스페이스의 공기를 증기로 치환하여 탈기하는 방법이므로, 헤드스페이스가 좁은 경우 탈기 효과도 반감될 수 있다.
- 건조식품에는 적용 곤란 : 증기를 이용하여 탈기하는 증기 분사법은 증기가 액화되

어 내용물에 떨어지므로, 반드시 건조하여야 하는 분유 같은 제품 등에는 적용하기 곤란하다.

④ **이용**

증기분사법은 헤드스페이스 부분과 육 표면 부분의 탈기가 이루어진다. 이로 인하여 기계적 탈기법에 비해 약간 진공도가 높다. 참치 통조림의 탈기에 사용되기도 한다.

(4) 가스 취입법

질소, 이산화탄소 등과 같은 가스를 이용하는 가스 취입법은 주로 맥주, 청량음료, 분유, 녹차 등의 통조림에 이용된다.

3) 통조림식품의 탈기 정도 확인

(1) 진공도 측정의 필요성

통조림식품의 제조 과정 중 필수 공정의 하나가 탈기이므로, 탈기의 실행 적절성은 반드시 검토하여야 한다. 통조림식품에서 탈기의 적절성은 진공도 측정으로 확인한다.

(2) 진공도 측정의 원리

통조림식품의 진공도는 측정하는 장소의 기압(환경 기압)과 통조림식품 내의 기압과의 차이로 확인한다. 이를 수식화하면 다음과 같다.

통조림식품의 진공도 = 환경 기압 – 통조림식품 내의 기압

(3) 진공도 측정방법

통조림식품의 진공도 측정 원리를 적용하여 직접 환경 기압과 통조림식품 내의 기압을 측정한 후 진공도를 산출하려면 여러 가지 번거로움이 따른다. 이러한 불편함을 개선하기 위해 개발된 기기가 진공계이다. 진공계로 통조림식품의 용기를 눌러 측정하면 바로 진공도를 수치로 나타낸다. 이때 통조림식품의 헤드스페이스가 작으면 진공계의 부르동관Bourdon's tube 선단이 액상에 닿아 진공도 수치에 오류가 생길 수 있다. 따라서, 통조림식품의 진공도를 측정할 때에는 반드시 적정 높이의 헤드스페이스가 확보되어야 한다.

통조림식품의 진공도는 용기가 원통형인 경우 뚜껑의 익스팬션 링 부분에, 사각형과 타원형은 헤드스페이스 높이가 낮으므로 옆으로 세우고, 측정 안정성 확보를 위하여 길이가 짧은 단면이 밑바닥에 닿도록 하여 그 중간 부분에 진공계를 눌러 측정한다.

원통형 캔

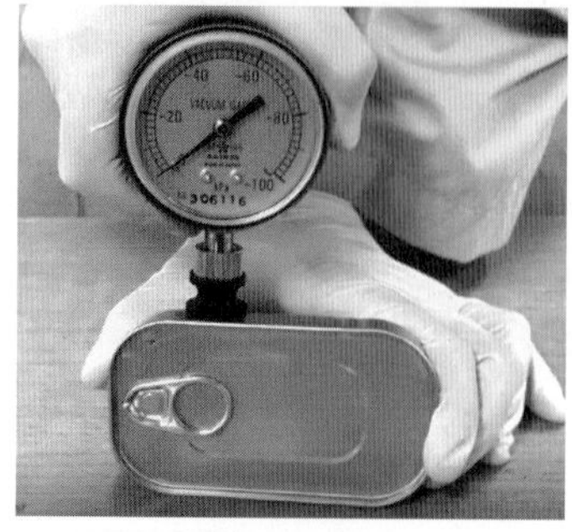

사각형 캔

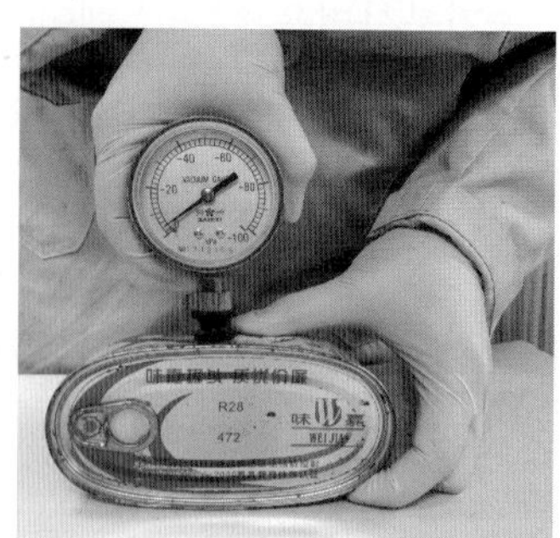

타원형 캔

그림 14-10 통조림식품의 진공도 측정을 위한 진공계 위치

(4) 진공도 계산

진공계는 부르동관이라는 곡관이 있으며, 이 곡관 내의 부피는 약 1.2 mL이고 공기가 존재한다. 앞에서 진공도를 측정한 통조림식품 중 헤드스페이스가 충분히 확보되는 원통형 용기 등은 부르동관의 곡관에 있는 공기가 크게 영향을 미치지 않으나, 헤드스페이스가 작은 사각형 용기와 타원형 용기 등은 부르동관의 곡관에 있는 공기에 크게 영향을 받는다. 따라서, 통조림식품의 진공도는 헤드스페이스의 부피 확보 정도에 따라 달리 계산하고 적용하여야 한다.

① 헤드스페이스가 충분히 확보된 통조림식품

원통형 통조림식품은 일반적으로 헤드스페이스가 충분히 확보되어 있다. 따라서, 원통형 통조림식품의 진공도는 진공계에서 나타낸 진공도 수치를 그대로 해석하여도 된다.

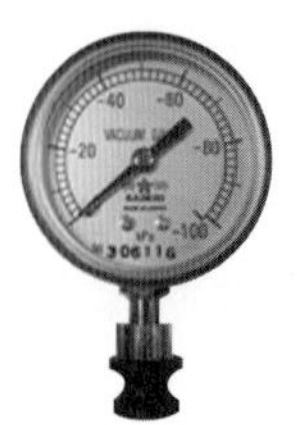

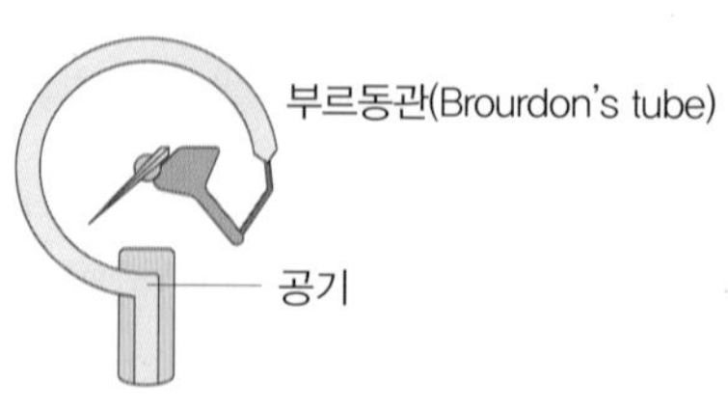

그림 14-11 부르동관의 구조

② **헤드스페이스가 좁은 통조림식품**

- 진공도 보정(진진공도)의 필요성 : 사각형과 타원형 통조림식품들은 일반적으로 헤드스페이스가 매우 좁아 이들 통조림식품의 진공도는 진공계에 나타낸 진공도 외에 진공계 부르동관의 곡관에 포함된 공기도 영향을 미쳤을 것이다. 따라서, 사각형과 타원형 통조림식품들의 진공도는 진공계에서 나타낸 진공도 이외에 진공계 부르동의 곡관에 포함되어 있던 공기까지 보정하여야 한다.
- 진공도 보정(진진공도)의 실제 : 진진공도는 사각형과 타원형 통조림식품과 같이 헤드스페이스가 매우 좁은 통조림을 진공계가 측정한 진공도와 진공계 부르동관의 곡관에 포함된 공기를 고려한 진공도를 말한다. 그 산출식은 다음과 같다.

$$\text{진진공도} = \text{지시 진공도} + \text{곡관 중의 공기를 고려한 진공도}$$
$$= \text{지시 진공도} + \text{지시 진공도} \times \frac{\text{부르동관의 내용적}}{\text{통조림식품의 헤드스페이스 면적}}$$

4) 통조림식품의 진공도에 영향을 미치는 요인

통조림식품의 진공도에 영향을 미치는 요인은 가열 탈기의 경우는 가열 온도와 시간, 기계적 탈기는 감압의 정도, 밀봉 온도, 헤드스페이스의 크기, 살균 온도, 내용물의 살쟁임 상태, 내용물의 선도, 내용물의 산성도, 주위 환경의 온도 및 기압 등이다.

표 14-12 통조림식품의 진공도에 영향을 미치는 요인

요인		조건	진공도	비고
가열 조건	온도	높을수록	상승	• 가열 탈기에 한정 • 가열에 의한 헤드스페이스와 내용물에 흡장 용해의 공기 체팽창에 의해 배출 • 냉각에 의한 증기 응축, 내용물의 수축
	시간	경과할수록	상승	
감압 조건		고진공일수록	상승	• 기계적 탈기에 한정 • 과도한 경우 플러싱 현상 발생
밀봉 온도		높을수록	상승	• 고온에 의한 헤드스페이스와 내용물에 흡장 용해의 공기 체팽창에 의해 배출 • 냉각에 의한 증기 응축, 내용물의 수축
헤드스페이스 크기		넓을수록	상승/감소	• 가열 탈기의 경우 감소 • 기계적 탈기 및 증기 분사의 경우 상승
살균 온도		높을수록	감소	• 내용물에 흡장 및 용해되어 있던 기체가 많이 기화

표 14-12 통조림식품의 진공도에 영향을 미치는 요인(계속)

요인	조건	진공도	비고
살쟁임 상태	과도할수록	감소	• 제거되지 않은 흡장 및 용해된 공기가 살균 중에 다량 배출
원료 선도	신선할수록	상승	• 선도가 좋지 않은 경우 가열살균 중에 가스가 발생
원료 산성도	강할수록	감소	• 통조림 용기와 작용하여 가스 발생
환경 온도	높을수록	감소	• 온도가 상승하는 경우 공기 팽창
환경 기압	높을수록	상승	• 진공도=(환경 기압-용기 내 기압)이어서 환경 기압이 높을수록 상승

4. 밀봉

1) 이중밀봉의 정의와 목적

이중밀봉은 밀봉기seamer로 컬curl(캔 뚜껑의 가장자리를 안쪽으로 굽힌 부분)을 플랜지flange(용기 상부의 가장자리를 밖으로 구부린 부분) 밑으로 말아 넣고, 압착하여 용기의 몸통과 뚜껑을 접착시켜 기밀을 유지하도록 하는 조작을 말한다.

이중밀봉의 목적은 살균 전후 주위 환경으로부터 미생물의 침입이나 공기의 유통을 방지함으로써 식품을 안전하게 보존하기 위함이다. 이중밀봉이 제대로 되지 않으면 미생물의 침입, 호기성 미생물의 발육, 내용물의 산화, 용기 내부의 부식 등으로 변패를 억제할 수 없어 식품의 안전성도 확보할 수 없다.

- 미생물의 침입 방지 : 통조림식품의 가장 큰 특징은 상온에서 장기간 저장할 수 있다는 것이다. 이를 위하여 식품을 전처리한 다음 탈기, 밀봉, 살균, 냉각의 4대 공정을 반드시 거치게 된다. 이 공정 중 이중밀봉을 하지 않을 경우 다음 공정에서 살균하고 미생물을 사멸하여도 주위 환경 미생물을 막을 수 없어 식품을 장기 저장할 수 없다.
- 공기의 유통 방지 : 밀봉하지 않을 경우 외부 환경에서 공기가 통조림식품 속으로 들어와 밀봉에 앞서 실시한 탈기 공정의 의미를 잃게 된다.

2) 이중밀봉기의 주요 3요소와 역할

이중밀봉기는 수동식에서 고속 자동식까지 다양한 형식과 종류가 있으나, 주요 3요소인 리프터lifter, 시밍 척seaming chuck, 시밍 롤seaming roll은 공통으로 구성되어 있다. 시밍 척과 시밍 롤은 모두 시밍 헤드seaming head라는 상부에 하나의 덩어리로 연결되어 있으며, 리프터는 이들과는 별도로 분리되어 있다.

(1) 시밍 척

밀봉기로 이중밀봉 시 시밍 척은 롤이 압착할 때에 흔들리지 않도록 용기를 고정하거나 한쪽 벽이 되어 주는 역할을 한다. 실제로 이중밀봉할 때에 시밍 롤의 대벽이 되어 주는 시밍 척 부위는 플랜지 부위이며, 이중밀봉한 캔의 카운터 싱크 깊이counter sink depth는 척 플랜지chuck flange의 두께에 의하여 결정된다.

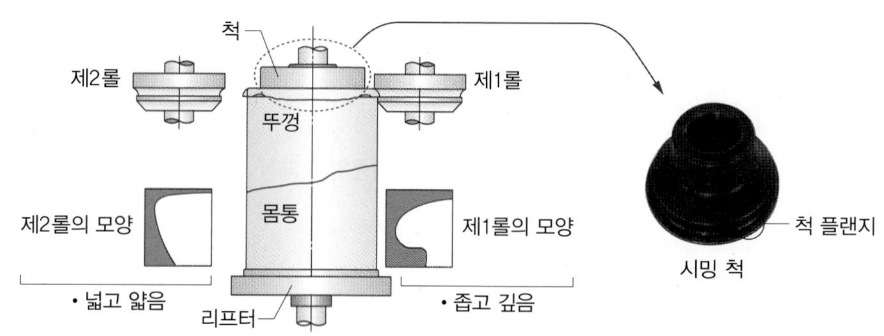

그림 14-12 이중밀봉기의 주요 부품인 시밍 척

(2) 시밍 롤

시밍 롤은 제1롤1st roll과 제2롤2nd roll로 구성되어 있다.

표 14-13 시밍 롤의 역할 및 구조

항목	시밍 롤	
	제1롤	제2롤
역할	이중밀봉 시 컬을 플랜지 밑으로 말아 넣는 역할	이중밀봉 시 압착하여 견고하게 이중밀봉을 마무리하는 역할
구조	홈의 폭이 좁고 깊음	홈의 폭이 넓고 얇음

• 제1롤 : 밀봉기로 이중밀봉할 때에 컬을 플랜지 밑으로 말아 넣는 역할을 하므로 홈은 좁고 깊다.
• 제2롤 : 밀봉기로 이중밀봉할 때에 제1롤이 이중으로 겹쳐 구부려 놓은 것을 더욱 압착하여 견고하게 이중밀봉을 마무리하는 역할을 한다. 이를 위해 홈의 폭은 넓고 얇다.

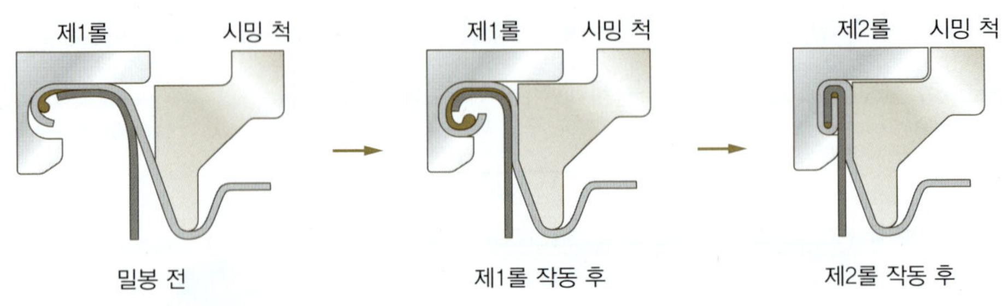

그림 14-13 시밍 롤에 의한 이중밀봉 과정

(3) 리프터

리프터는 통조림 용기를 들어 올려 시밍 척에 고정시키는 역할을 한다. 리프터는 용기의 크기가 맞도록 표면에 동심원의 홈이 패여 있으며, 용기가 회전하지 않는 밀봉기에서는 용기의 미끄럼을 방지하기 위하여 일정 방향으로 홈이 패여 있다.

3) 이중밀봉부의 명칭

통조림식품의 이중밀봉부의 단면을 그림 14-14에 나타내었다.

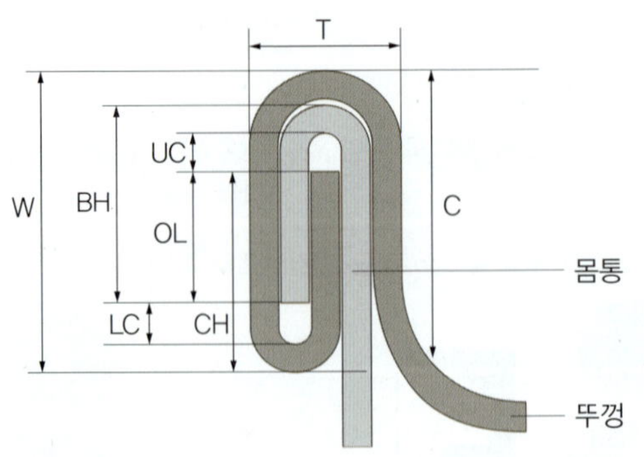

그림 14-14 통조림식품의 이중밀봉부 단면

(1) 밀봉 두께

밀봉 두께seam thickness, T는 금속판의 두께에 따라 달라지며, 제2롤의 압착력에 의하여 결정되어 제2롤의 압착력이 강하면 작아지고 약하면 커진다. 일반적으로 밀봉 두께는 실측하지만, 다음의 식으로도 산출할 수 있다.

$$T = 3\,t_c + 2\,t_b + G$$

여기에서 t_c는 용기 뚜껑의 금속판 두께를, t_b는 용기 몸통의 금속판 두께를, G는 밀봉부 사이의 간격 합계인 $g_1 + g_2 + g_3 + g_4$로 그 값의 표준치수는 0.15 mm이고 이 값은 0.25 mm를 넘어서는 안 된다.

(2) 밀봉 폭

밀봉 폭seam width, W은 일반적으로 제1롤, 제2롤, 리프터의 강약, 기타 시밍 롤의 마멸 상태 등에 따라 변화하며, 다음 식으로 산출할 수도 있다.

$$\begin{aligned} W &= 1.1\,t_c + BH + LC + 1.5\,t_c \\ &= BH + LC + 2.6\,t_c \end{aligned}$$

(3) 카운터 싱크 깊이

카운터 싱크 깊이count sink depth, C는 척 플랜지 두께에 의하여 결정된다. 일반적으로 통조림용 용기에서는 표준 치수의 범위 내에 있어야 한다. 맥주 또는 탄산음료의 용기 등은 뚜껑 형상이 특수하기 때문에 척chuck도 보통 식품용 용기와는 차이가 있으므로 카운터 싱크의 깊이도 달라진다.

(4) 보디 훅 길이

보디 훅 길이body hook length, BH는 용기의 플랜지가 밀봉부 내로 말려들어 간 길이로, 리프터의 압력, 플랜지의 구부러진 정도 등에 의하여 변화한다. 일반적으로 보디 훅이 짧으면 누설 캔이 되기 쉽고, 너무 길면 립lip의 원인이 되거나 커버 훅이 너무 짧아지는 원인이 된다.

(5) 커버 훅 길이

커버 훅 길이cover hook length, CH는 캔 뚜껑의 컬이 밀봉부 내에 말려들어 간 길이이며, 일반적으로 제1롤의 압력 강약에 따라 변화한다.

(6) 상부 공극과 하부 공극

상부 공극upper clearance, UC은 이중밀봉부 내에서 뚜껑의 컬 선단과 캔 몸통 플랜지 사이의 틈을 말하고, 하부 공극lower clearance, LC은 용기 플랜지 선단과 컬 사이의 틈을 말한다. 일반적으로 상부 공극과 하부 공극은 작을수록 밀봉이 양호하다. 즉, 밀봉부에 도포된 밀봉보조제(실링 콤파운드)는 밀봉할 때 받은 압력에 따라 밀봉의 틈새로 이동한다. 그러므로 상부 공극과 하부 공극이 너무 크면 밀봉보조제는 그 공극으로 이동, 밀착되어도 금속 용기 사이에 견고히 압축되지 않아 밀봉 효과를 떨어뜨린다.

상부 공극과 하부 공극의 값이 큰 경우는 일반적으로 제1롤이 제대로 말아 넣지 못하였거나 제2롤의 압력이 너무 강하여 롤의 밑 턱으로 커버 훅의 밀림이 아래로 밀려 내려왔거나, 보디 훅, 커버 훅이 너무 짧을 때이다.

(7) 밀봉 훅 중합부 길이

밀봉 훅 중합부 길이overlap length, OL는 보디 훅과 커버 훅이 겹쳐진 부분의 길이이며, 다음 식에 따라 산출할 수 있다.

$$OL = BH + CH + 1.1\ t_c - W$$

$$OL \fallingdotseq BH + CH + 0.25 - W$$

여기에서 t_c는 뚜껑을 구성하는 양철의 두께를 의미한다.

일반적으로 밀봉 훅 중합부 길이는 1.10 mm 이상이 되어야 한다.

(8) 밀봉 훅 중합률

밀봉 훅 중합률percentage of overlap hook, OL%은 밀봉부 내에서 보디 훅과 커버 훅의 겹쳐진 정도를 나타내는 것으로, 그림 14-15에 나타낸 b부분에 대한 a부분의 백분율을 말한다. 실제로 a와 b 양 부분을 실측한 값으로 산출하는 것이 가장 정확하나, 다음 식으로도 근사치를 구할 수 있다.

$$OL\ \% = \frac{a}{b} \times 100 = \frac{BH + CH + 1.1\ t_c - W}{W - (2.6\ t_c + 1.1\ t_b)} \times 100$$

여기에서 t_b는 용기의 금속 소재 두께를, t_c는 뚜껑의 금속 소재 두께를 의미한다.

일반적으로 수산물 통조림 산업계에서 관리하고 있는 밀봉 후 중합률은 원통형 용기의 경우 45% 이상, 타원형 용기와 사각형 용기의 경우 40% 이상이다.

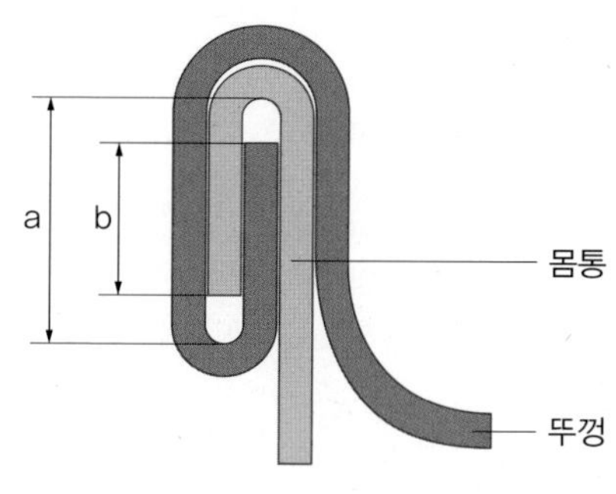

그림 14-15 밀봉 훅의 중합부

5. 살균

1) 통조림식품의 살균 처리 목적

통조림식품은 상온 유통이 가능한 장기 저장식품이다. 상온 유통 및 장기 저장성을 확보하기 위해서는 반드시 영양세포뿐만이 아니라 포자까지도 살균 처리되어야 한다. 따라서, 통조림식품의 살균 처리 목적은 내용물에 부착되어 있는 미생물(영양세포 및 포자)을 살멸하거나, 또는 그러한 증식 능력을 상실시켜 부패의 근원을 제거하는 데 있다.

2) 통조림식품의 살균방법

(1) 살균 기준

통조림식품의 살균 기준점으로 가장 많이 활용하는 요인은 식품의 pH이다. 통조림식품의 살균 정도를 pH에 따라 분류하는 것은 내열성, 중온성, 혐기성, 맹독성, 포자 형성 미생물인 클로스트리디움 보툴리눔*Cl. botulinum*의 발육 한계 pH가 4.6이기 때문이며, pH 4.6을 초과하면 증식하나, 이하인 경우에는 증식하지 않는다. 따라서, 식품의 pH가 4.6을 초과하는 경우 클로스트리디움 보툴리눔이 증식할 수 있기 때문에 100℃

이상의 고온 살균을 하고, pH가 4.6 이하일 때는 클로스트리디움 보툴리눔의 증식 우려가 없으므로 100℃ 미만의 저온 살균을 한다.

(2) 살균방법

통조림식품에 저장성을 부여하기 위한 가열살균은 개방 여부에 따라 개방식 가열살균법과 밀폐식 가열살균법으로, 용기의 동요 여부에 따라 정치식 가열살균법과 동요식

표 14-14 통조림식품의 살균방법과 특성

분류 기준	살균방법		개요
개방 여부	개방식 가열살균		• 상압 살균으로, 저온 살균에 해당 • pH 4.6 이하의 과일 및 발효식품의 살균에 적용
	밀폐식 가열살균		• 고압 살균으로, 고온 살균에 해당 • pH 4.6 초과 어육 및 축육 식품의 살균에 적용
동요 여부	정치식 가열살균		• 열전달 형태가 전도인 고체를 주로 하는 어육 및 축육 통조림식품의 살균에 많이 응용
	동요식 가열살균		• 열전달 형태가 대류인 액체나 페이스트상(죽) 통조림식품이나 레토르트 식품의 살균에 많이 응용
연속 여부	연속식 가열살균		• 개방식 정수압 레토르트에 해당
	비연속식 가열살균		• 대부분 통조림식품의 살균이 여기에 해당
가열 매체	증기식 가열살균		• 가압 증기로 살균하는 방식 • 레토르트 가격이 저렴 • 살균 부족이 발생하기 쉬움 • 레토르트식품의 살균 시 파열 발생이 용이함 • come up time이 길
	열수식 가열살균		• 가압 열수로 살균하는 방식 • 레토르트 가격이 고가 • 살균이 고르고 살균 부족 우려 적음 • 레토르트식품의 파열 우려가 적음 • 최근 많이 활용 • come up time이 짧음
기타	특수 가열 살균	무균 살균	• 용기와 식품을 미리 살균 및 냉각한 후 무균 조건에서 살쟁임 및 밀봉하는 방식
		성층 살균	• 통조림식품 내용물을 액상과 고상으로 분리한 후 살균하는 방식
		화염 살균	• 통조림식품을 회전하면서 단속적으로 배열한 불꽃 위를 통과시켜 가열살균하는 방식
		전기 살균	• 식품에 직접 전극을 접촉시켜 전류를 흘리거나, 고주파 전자장에 넣어 가열살균하는 방식
		방사선 살균	• 방사선을 통조림식품에 조사하여 비가열살균하는 방식

가열살균법으로, 살균 처리의 연속 및 비연속에 따라 연속식 가열살균법과 비연속식 가열살균법으로 구분하고, 기타 특수 살균법으로 분류할 수 있다. 통조림식품의 살균 방법에 대하여 분류한 것을 표 14-14에 나타내었다.

우리나라에서는 내용물의 pH가 4.6을 초과하는 수산물 통조림의 살균에는 밀폐식, 정치식, 비연속식 가열살균을 주로 채택하여 적용하고 있다.

3) 레토르트

레토르트는 통조림식품 또는 레토르트식품의 살균에 사용되는 고온 가압장치이다.

(1) 레토르트의 분류 및 특성

레토르트는 모양에 따라 사각형 레토르트와 원통형 레토르트로, 입구의 위치에 따

표 14-15 우리나라 수산물 통조림 업계에서 채택하는 레토르트의 종류

분류 기준	살균방법	개요	
개방 여부	밀폐식 가열살균	• 고온·고압 살균에 해당 • pH 4.6을 초과하는 어육 및 축육 식품의 살균에 적용	
동요 여부	정치식 가열살균	• 열전달 형태가 전도인 고체를 주로 하는 어육 및 축육 통조림의 살균에 많이 응용 • 밀폐식 레토르트와 동일	
	동요식 가열살균	• 열전달 형태가 대류인 액체나 페이스트상(죽) 통조림의 살균에 많이 응용	
연속 여부	비연속식 가열살균	• 대부분 통조림식품의 살균이 여기에 해당	• 밀폐식 레토르트와 동일
가열 매체	증기식 가열살균	• 가압 증기로 살균하는 방식 • 살균 부족이 발생하기 용이 • 밀폐식 레토르트와 동일	• 레토르트 가격이 저렴 • 레토르트식품의 살균 시 파열 발생 용이
	열수식 가열살균	• 가압 열수로 살균하는 방식 • 레토르트 가격이 고가 • 살균이 고르고 살균 부족의 우려가 적음 • 레토르트식품의 파열 우려가 적음 • 최근 많이 활용	

라 수직형 레토르트와 수평형 레토르트로, 동요 여부에 따라 정치식 레토르트와 동요식 레트로트로, 가열 매체의 종류에 따라 증기식 레토르트와 열수식 레토르트로 분류한다.

우리나라의 수산물 통조림 업계에서 사용하는 레토르트는 모두 원통형, 수평형, 정치식의 증기 순환식 또는 열수 순환식이다. 단, 수산물 죽 통조림 제조업계에서는 일부 원통형, 수평형, 동요식의 증기 순환식 또는 열수 순환식 레토르트를 사용한다. 여기에서는 원통형, 수평형, 정치식의 증기 순환식 레토르트에 대하여 살펴보기로 한다.

(2) 주요 레토르트의 구성 장비

레토르트에는 가열 매체를 도입하여 살균 온도를 정확히 조절, 유지하고, 또 취급할 때는 안전 및 편리를 도모하기 위하여 증기 공급관, 증기 도입구, 증기 방출관, 증기 제어장치, 지시 수은온도계, 온도 기록계, 압력계, 블리더bleeder, 배기구vent, 레토르트 쿨러retort cooler, 급수시설 등과 같은 여러 가지 부속장치가 설치되어 있다.

(3) 레토르트 처리 시간에 관한 용어

① 살균 온도 도달 시간

살균 온도 도달 시간come up time은 증기 도입 시부터 살균 온도에 도달할 때까지의 시간으로, 동일 조건에서 살균을 시작할 때 열수식 레토르트가 증기식 레토르트보다 훨씬 빠르다.

② 살균 시간

살균 시간sterilization time은 레토르트의 목적 온도에 도달하고 난 후부터 증기를 배출할 때까지의 시간이다.

③ 냉각 시간

냉각 시간cooling time은 살균을 종료한 후 냉각수가 살수되기 시작한 때부터 냉각을 종료한 시간까지를 말한다.

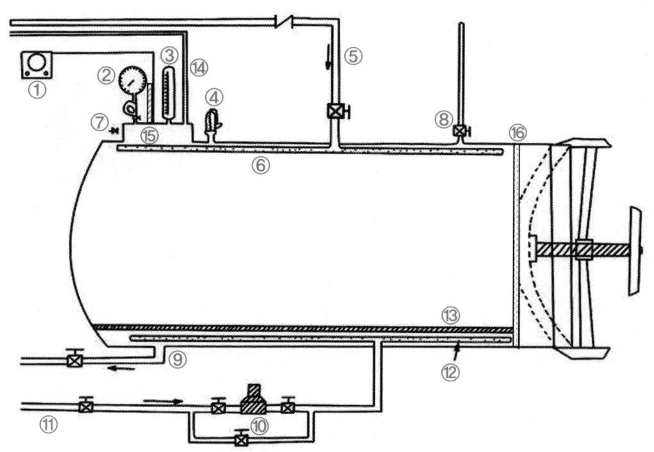

① 자동 온도/압력 기록계
② 압력계
③ 지시 수은온도계
④ 안전밸브
⑤ 냉각수 공급관
⑥ 냉각수 살수장치
⑦ 블리더(bleeder)
⑧ 배기구
⑨ 배수관
⑩ 증기 제어장치
⑪ 증기 공급관
⑫ 증기 분사장치
⑬ 대차용 레일
⑭ 가압냉각관
⑮ 압력 조절기
⑯ 수위 레벨 센서

그림 14-16 수평형 증기식 레토르트의 구조 및 부속 장비

표 14-16 레토르트 부속 장비의 종류

부속 장비	역할	위치	번호*
증기 도입구	• 증기를 레토르트 외부의 증기 공급관에서 내부의 증기 방출관으로 공급	• 배기구 반대편에 위치 • 레토르트 외부의 증기 공급관과 증기 방출관의 이음매 부위	-
레토르트 쿨러	• 통조림식품을 살균할 때 담는 용기	• 레토르트와 별도의 장비	-
자동 온도 기록계	• 살균 시간에 따른 레토르트 내의 온도 변화를 기록	• 레토르트가 설치되어 있는 주위의 벽 등에 위치	1
압력계	• 레토르트 내부의 압력 표시	• 레토르트 외부의 상부에 위치	2
지시 수은온도계	• 레토르트 내부의 온도 표시	• 레토르트 외부의 상부에 위치	3
냉각수 공급관	• 살균 후 통조림식품의 냉각을 위한 냉각수 공급장치	• 레토르트 외부의 상부에 위치	5
냉각수 살수장치	• 살균 후 통조림식품의 냉각을 위한 냉각수 살수장치	• 레토르트 내부의 상부에 위치	6
블리더(bleeder)	• 레토르트 내로 증기와 더불어 오는 미량의 공기 제거 • 레토르트 내부의 증기 순환 • 온도계 하부의 응결 수분을 제거하여 정확한 온도 표시	• 레토르트 외부의 상부에 위치	7
배기구(vent)	• 레토르트에 증기 도입 시 레토르트 내의 공기 제거	• 레토르트 외부의 상부에 위치	8
증기 제어장치	• 레토르트 내 온도를 일정하게 유지하기 위하여 증기 송입 조절	• 증기 공급관에 위치	10
증기 공급관	• 증기를 레토르트 외부에서 내부로 공급	• 레토르트 외부에 위치	11
증기 분사장치	• 레토르트 내에 증기 분산 방출	• 증기 공급관에 뚫린 구멍	12
압력 조절기	• 레토르트 내부의 압력을 일정하게 유지하기 위하여 조절	• 레토르트 외부의 상부에 위치	15
수위 레벨 센서	• 레토르트 내부의 냉각수 수위 조절	• 레토르트 출입문 내부에 위치	16

*번호는 그림 14-16의 수평형 증기식 레토르트의 위치 번호

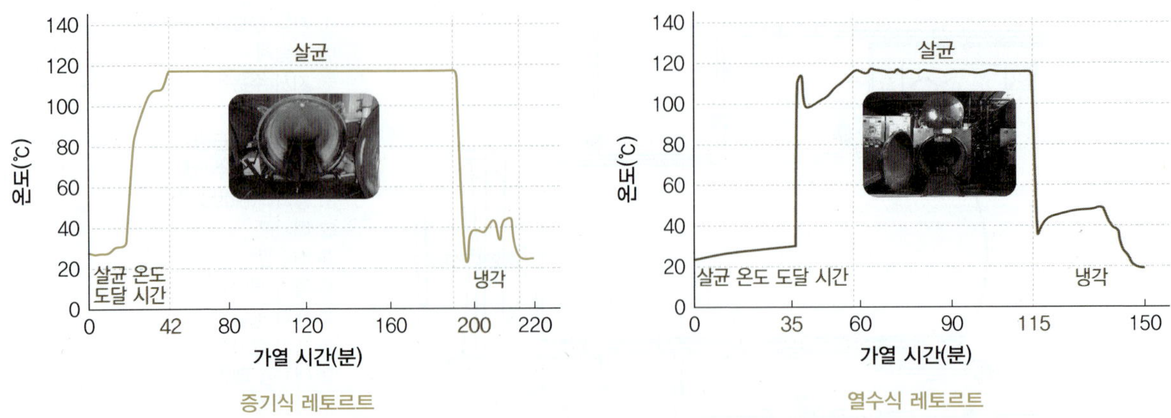

그림 14-17 증기식 및 열수식 레토르트의 열분포도 곡선

(4) 레토르트의 오작동에 의한 변형 캔

레토르트 오작동에 의한 변형 캔은 가열 매체(가압 증기 또는 가압 열수)의 도입 부주의로 발생하는 수축 변형 캔panelled can과, 증기 배출 부주의로 발생하는 팽창 변형 캔buckled can으로 나눌 수 있다. 변형 캔은 대형 캔일수록 발생하기가 쉽다.

- 수축 변형 캔 : 주로 증기 도입 시에 급격한 증기 도입으로 레토르트 압력이 통조림식품 내압보다 클 때 용기가 수축하여 발생한다.
- 팽창 변형 캔 : 주로 냉각을 위해 증기를 배출할 때에 급격한 증기 배출로 레토르트 압력이 통조림식품 내압보다 작을 때 용기가 팽창하여 발생한다.

그림 14-18 레토르트 오작동에 의한 변형 캔

4) 통조림식품의 열전달

통조림식품은 상온에서 장기 저장성을 가지기 위하여 반드시 적정한 살균 처리가 동반되어야 한다. 이의 체계적인 관리를 위해서는 반드시 가열 처리에 의한 레토르트 및

통조림식품 내의 온도 분포를 정확히 파악하여야 한다.

(1) 통조림식품의 열 분포도 측정장치

통조림식품의 살균장치인 레토르트에는 레토르트 내의 온도를 감지할 수 있는 수은 온도계와 자동 온도 기록계가 설치되어 있다. 이는 레토르트 내의 온도만을 측정하는 것이며, 이 또한 특정 위치로 한정된다. 그러나 통조림식품의 안전한 살균을 실시하기 위해서는 레토르트와 통조림식품 내의 온도 중심점cold point과 이들의 온도 분포도 및 F_0값을 정확히 파악하여야 하며, 이를 위한 설비도 구축하여야 한다. 레토르트와 통조림식품 내의 온도 분포도, 살균 정도(F_0값) 등을 측정하는 장치는 구형인 유선형과 신형인 무선형이 있다.

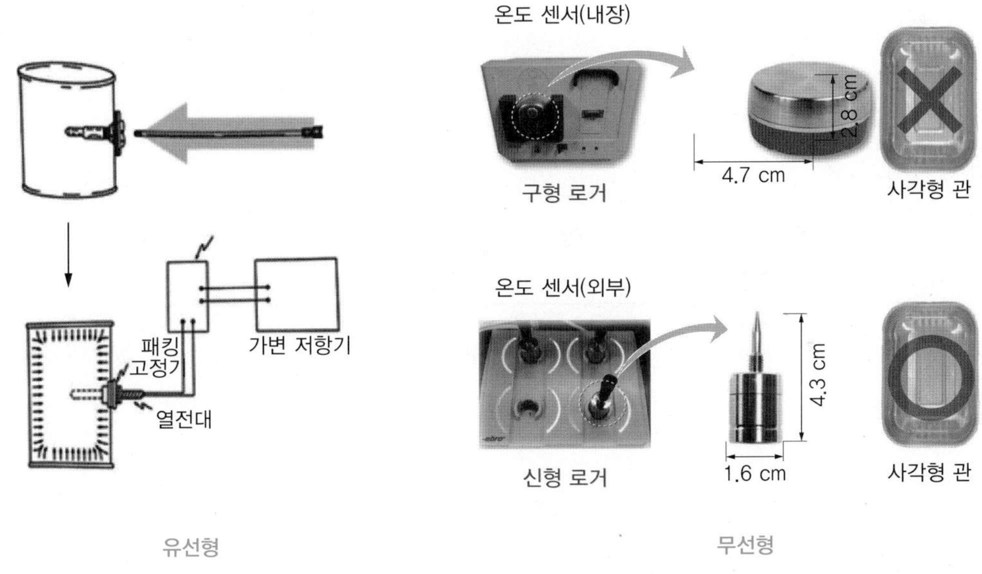

그림 14-19 통조림식품의 열 분포도 측정장치

(2) 통조림식품의 온도 중심점

통조림식품의 온도 중심점은 식품을 가열 또는 냉각한 경우에 온도 변화가 가장 늦게 변화하는 부위를 말한다. 일반적으로 통조림식품의 내용물에 관계없이 모두 기하학적 중심점으로 생각하기 쉬우나 액상 식품은 열전달 형태가 대류이어서 바닥부에서부터 약 1/10이 되는 위치이고, 고체상 식품은 기하학적 무게중심점이다.

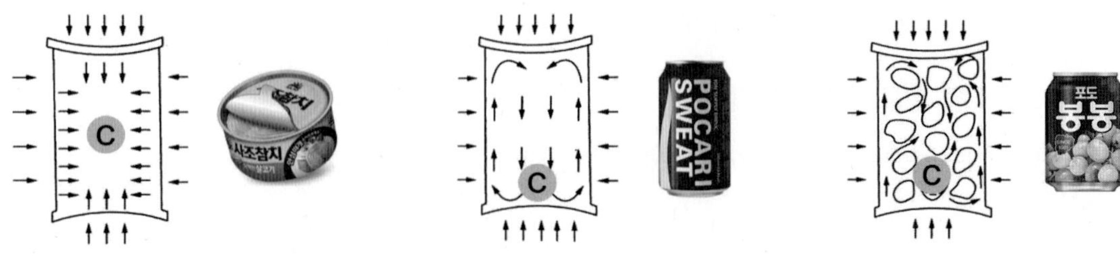

그림 14-20 통조림식품의 온도 중심점

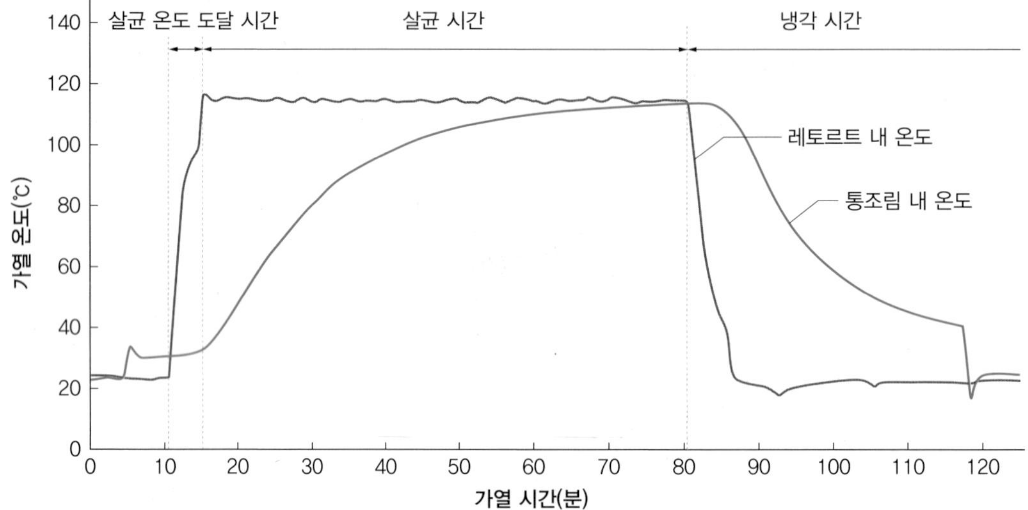

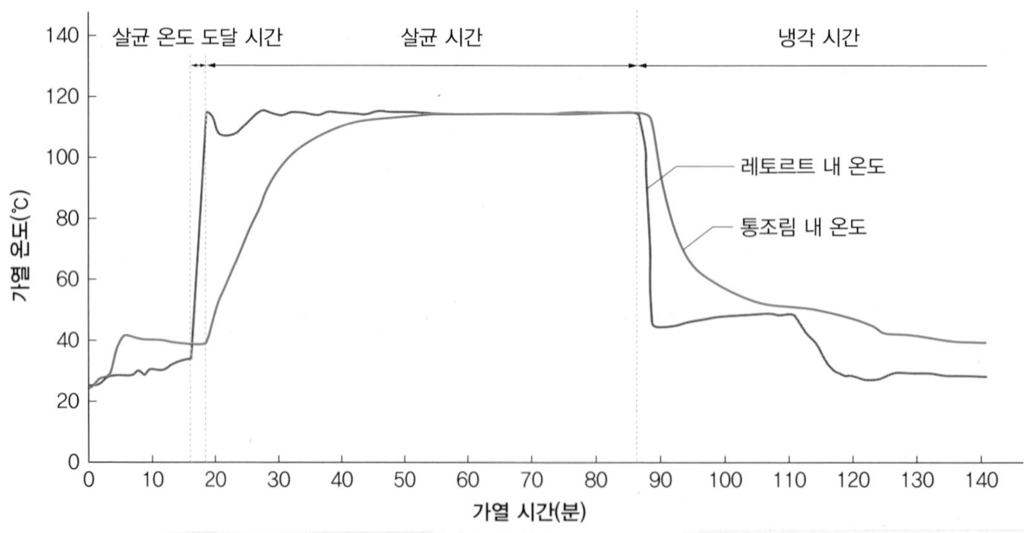

그림 14-21 증기식/열수식 레토르트 및 통조림식품 내의 열전달 곡선

(3) 열전달 곡선

열전달 곡선은 식품을 가열할 때 식품 중의 한 점에서 시간-온도의 관계로 표시한 곡선으로, 보통 시간 경과에 따른 온도의 변화량으로 나타낸다.

5) 미생물의 내열성 표시

미생물의 내열성은 일정한 기준에 따라 하나의 특성 값으로 나타내야 하며, 그 특성 값들은 다음과 같이 정의되고, 산출된다.

(1) 살균 감소지수

살균 감소지수sterilization reduction exponent는 미생물을 일정 온도에서 열처리하여 농도를 초기 농도의 10^{-m} (m log cycle)으로 감소시켰을 때의 m을 말한다. 살균 감소지수는 다음의 식에 의하여 구할 수 있다.

살균 감소지수 = Log(가열 처리 전 균 농도/가열 처리 후 균 농도)

(2) D값

D값decimal reduction time은 일정 온도에서 주어진 미생물의 농도를 1/10로, 즉 90%를 감소시키는 데 소요되는 시간(분)으로 표 14-17과 같이 정리할 수 있다.

표 14-17 D값의 정의, 계산 및 해석

항목	설명
정의	• 일정 온도에서 주어진 미생물의 농도를 1/10로, 즉 90%를 감소시키는 데 소요되는 시간(분) • 미생물의 초기 농도가 10^4 CFU/g인 것이 최종 농도가 10^3 CFU/g으로, 초기 농도가 10^3 CFU/g인 것이 최종 농도가 10^2 CFU/g으로, 초기 농도가 10^2 CFU/g인 것이 최종 농도가 10^1 CFU/g으로 감소시키는 데 소요된 시간(분)을 의미
계산	• D값(min) = 가열 처리 시간(분)/(Log 초기 균 농도 - Log 가열 처리 후 균 농도)
사멸률 곡선	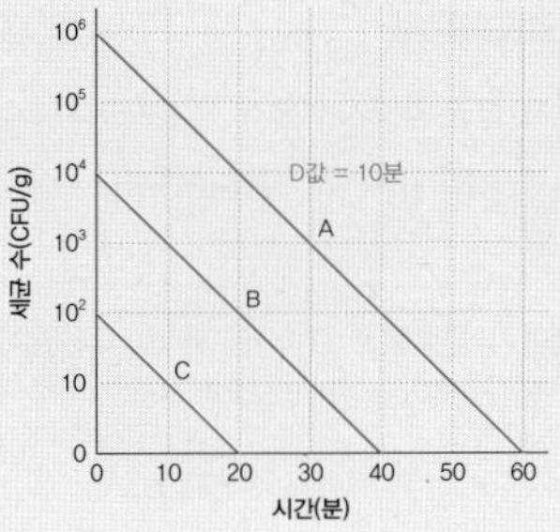 해석 • 일정한 온도에서 미생물의 내열성을 의미 • 동일 온도에서 D값이 높은 것은 내열성이 강한 것을 의미하고, 낮은 것은 내열성이 약한 것을 의미함

(3) Z값

Z값은 D값을 1/10, 즉 90%를 감소시키는 데 소요되는 온도 변화 값으로 표 14-18과 같이 정리할 수 있다.

표 14-18 Z값의 정의, 계산 및 해석

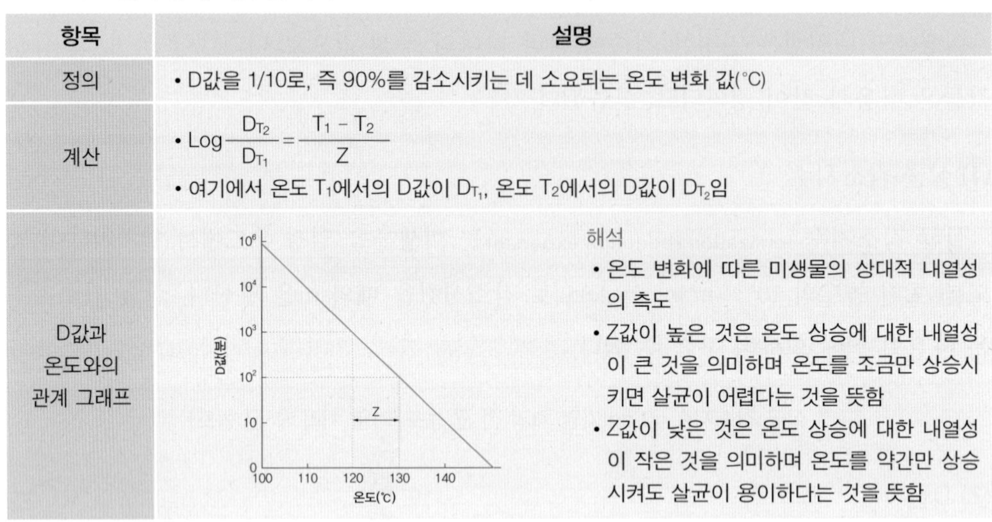

항목	설명
정의	• D값을 1/10로, 즉 90%를 감소시키는 데 소요되는 온도 변화 값(°C)
계산	• $\mathrm{Log}\dfrac{D_{T_2}}{D_{T_1}} = \dfrac{T_1 - T_2}{Z}$ • 여기에서 온도 T_1에서의 D값이 D_{T_1}, 온도 T_2에서의 D값이 D_{T_2}임
D값과 온도와의 관계 그래프	해석 • 온도 변화에 따른 미생물의 상대적 내열성의 측도 • Z값이 높은 것은 온도 상승에 대한 내열성이 큰 것을 의미하며 온도를 조금만 상승시키면 살균이 어렵다는 것을 뜻함 • Z값이 낮은 것은 온도 상승에 대한 내열성이 작은 것을 의미하며 온도를 약간만 상승시켜도 살균이 용이하다는 것을 뜻함

(4) 가열 치사 시간

가열 치사 시간thermal death time, TDT과 관련된 용어로는 F값과 F_0값이 있으며, 이에 대한 자세한 내용은 표 14-19와 같다.

표 14-19 가열 치사 시간의 정의, 계산 및 해석

항목		설명
F값	정의	• 치사 온도 T에서 열처리하여 미생물의 농도를 초기 농도 10^{-m} (m log cycle)으로 감소시키는 데 소요되는 시간(여기에서 m은 살균 감소지수) • 가열 치사 시간(TDT)으로도 표기
	계산	• F_T값 = $m \cdot D_T$값 (여기에서 살균 감소지수를 m, T 온도에서 D값을 D_T로 표기)
F_0값	정의	• 기준 온도 121.1°C에서 Z값이 10°C인 경우의 가열 치사 시간 • $F^{10}_{121.1}$값으로 표기
	계산	• $F1^{10}_{121.1}$값 = $m \cdot D_{121.1}$ (여기에서 살균 감소지수를 m, $D_{121.1}$값을 $D_{121.1}$으로 표기)

(5) 치사율

치사율lethal rate, L은 기준 온도 121.1℃에서 1분간 열처리하였을 때 클로스트리디움 보툴리눔*Cl. botulinum*의 치사율을 기준인 1로 하여, 이것을 다른 살균 온도에서 1분간 열처리한 경우의 살균 효과와 비교하여 나타낸 것으로, 이의 계산, 그래프 및 의미는 표 14-20과 같이 정리할 수 있다.

표 14-20 치사율(L)의 정의, 계산 및 해석

항목	설명
정의	• 기준 온도 121.1°C에서 1분간 열처리하였을 때 클로스트리디움 보툴리눔(*Cl. botulinum*)의 치사율을 기준인 1로 하여, 이것을 다른 살균 온도에서 1분간 열처리한 경우의 살균 효과와 비교하여 나타낸 것
계산	• $L=\frac{F_0}{F_T}=\frac{D_{121.1}}{D_T}=10^{\frac{T-121.1}{z}}$ • 여기에서 온도 T에서의 D값을 D_T, F값을 F_T, 기준 온도 121.1°C에서 Z값이 10°C인 경우의 가열 치사 시간을 F_0로 표기
치사율 곡선	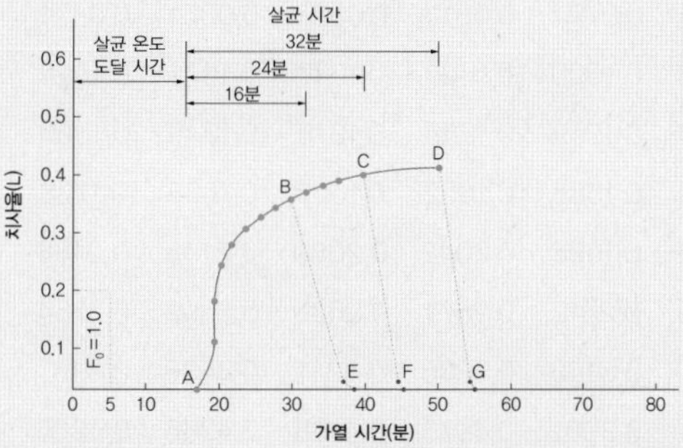
의미	• 치사율은 살균 온도 도달 시간, 살균 시간 및 냉각 시간 등과 같이 다양한 온도에서 나타나는 살균 효과를 121.1°C에서 1분간 살균한 효과와 비교하여 나타낸 것 • 여러 온도에서 살균한 것을 치사율 L로 환산한 다음, 그것의 총합, 즉 전 치사율 L=1로 나타났다면 F_0값=1분, 즉 121.1°C에서 1분간 살균한 것과 같은 효과가 있다는 것이고, L=10으로 나타났다면 F_0값=10분, 즉 121.1°C에서 10분간 살균한 것과 같은 효과가 있다는 것 • 100°C 미만에서 치사율은 무시할 정도

통조림식품의 살균에서는 치사율이 자주 이용된다. 그 이유는 통조림의 가열 치사시간(F값)을 계산할 때는 115℃, 121.1℃와 같이 항온으로 단순 처리하지만 실제로 통조림을 살균하는 경우 용기 내 중심 온도가 일시에 115℃나 121.1℃로 바로 상승하지 않고 서서히 올라간다. 따라서, 실제로 통조림의 살균 온도와 시간을 계산하기 위해서는 전

체 통조림에 살균 처리된 시간과 온도를 모두 고려하여 산정하여야 하므로, 살균 처리된 통조림의 시간과 온도를 총합하기 위하여 치사율을 산출한다.

표 14-21 F_0값 산출을 위한 치사율표

온도(℃)	0.0	0.1	0.2	0.3	0.4	0.5	0.6	0.7	0.8	0.9
100	0.0078	0.0079	0.0081	0.0083	0.0085	0.0087	0.0089	0.0091	0.0093	0.0096
101	0.0098	0.0100	0.0102	0.0105	0.0107	0.0110	0.0112	0.0115	0.0117	0.120
102	0.0123	0.0126	0.0129	0.0132	0.0135	0.0138	0.0141	0.0145	0.0148	0.0151
103	0.0155	0.0158	0.0162	0.0166	0.0170	0.0174	0.0178	0.0182	0.0186	0.0191
104	0.0195	0.0200	0.0204	0.0209	0.0214	0.0219	0.0224	0.0229	0.0234	0.0240
105	0.0245	0.0251	0.0257	0.0263	0.0269	0.0275	0.0282	0.0288	0.0295	0.0302
106	0.0309	0.0316	0.0324	0.0331	0.0339	0.0347	0.0355	0.0363	0.0371	0.0380
107	0.0389	0.0398	0.0407	0.0417	0.0427	0.0436	0.0447	0.0457	0.0468	0.0479
108	0.0490	0.0501	0.0513	0.0525	0.0537	0.0549	0.0562	0.0575	0.0589	0.0602
109	0.0617	0.0631	0.0646	0.0661	0.0676	0.0692	0.0708	0.0725	0.0741	0.0759
110	0.0776	0.0794	0.0813	0.0832	0.0851	0.0871	0.0891	0.0912	0.0933	0.0955
111	0.0978	0.1000	0.1023	0.1047	0.1071	0.1096	0.1122	0.1148	0.1175	0.1202
112	0.1230	0.1259	0.1288	0.1318	0.1349	0.1380	0.1413	0.1446	0.1479	0.1514
113	0.1549	0.1585	0.1622	0.1659	0.1698	0.1738	0.1778	0.1820	0.1862	0.1905
114	0.1950	0.1995	0.2042	0.2089	0.2138	0.2188	0.2239	0.2291	0.2344	0.2399
115	0.2445	0.2512	0.2571	0.2630	0.2692	0.2754	0.2818	0.2884	0.2952	0.3020
116	0.3090	0.3163	0.3236	0.3311	0.3436	0.3467	0.3549	0.3631	0.3715	0.3802
117	0.3891	0.3981	0.4073	0.4168	0.4266	0.4365	0.4466	0.4570	0.4677	0.4787
118	0.4897	0.5013	0.5128	0.5249	0.5371	0.5495	0.5624	0.5754	0.5889	0.6024
119	0.6165	0.6309	0.6456	0.6605	0.6761	0.6920	0.7077	0.7246	0.7413	0.7587
120	0.7764	0.7943	0.8130	0.8319	0.8511	0.8711	0.8913	0.9124	0.9328	0.9551
121	0.9775	1.000	1.023	1.047	1.071	1.096	1.122	1.148	1.175	1.202
122	1.230	1.259	1.288	1.318	1.349	1.380	1.413	1.446	1.479	1.514
123	1.549	1.585	1.622	1.659	1.698	1.738	1.778	1.820	1.862	1.905
124	1.950	1.995	2.042	2.089	2.138	2.188	2.239	2.91	2.344	2.339
125	2.455	2.512	2.571	2.630	2.692	2.754	2.818	2.884	2.952	3.020
126	3.090	3.163	3.236	3.311	3.436	3.467	3.549	3.631	3.715	3.802
127	3.891	3.981	4.073	4.168	4.266	4.365	4.466	4.570	4.677	4.787
128	4.897	5.013	5.128	5.249	5.371	5.495	5.624	5.754	5.889	6.024
129	6.165	6.309	6.456	6.605	6.761	6.920	7.077	7.246	7.413	7.587
130	7.764	7.943	8.130	8.319	8.511	8.711	8.913	9.124	9.328	9.551

6. 냉각

1) 냉각의 목적

저장성을 얻기 위하여 가열살균 처리한 통조림식품은 다음과 같은 이유로 가능한 급속 냉각하여야 한다.

① 내용물의 고온 방치시간을 단축한다.

- 조직 연화 방지 : 가열살균 처리한 통조림식품을 급속 냉각 처리함으로써 장시간 고온 방치로 발생할 수 있는 내용물의 과열에 의한 조직 연화를 방지한다.
- 황화수소H_2S 가스의 발생 억제 : 가열살균 처리한 통조림식품을 급속 냉각 처리함으로써 장시간 고온 방치로 발생할 수 있는 근육단백질의 분해에 의한 황화수소의 발생으로 일어나는 흑변을 방지한다.

② 스트루바이트의 성장을 억제한다.

스트루바이트struvite는 수산물(게, 연어, 오징어, 참치 등) 통조림식품의 내용물 중 마그네슘Mg이나 인P 화합물과 근육 분해 생성물인 암모니아가 가열 중에 화합하여 냉각할 때 용해도가 적은 결정으로 석출된 유리 모양의 결정이다. 스트루바이트의 분자 구조식은 $Mg(NH_4)PO_4 \cdot 6H_2O$이며, 성장 적정 온도는 30~50℃이므로 냉각 속도가 신속할 경우 육안으로 볼 수 없는 소형의 결정이 다수 석출되지만, 완만할 때는 육안으로 볼 수 있는 큰 결정이 석출되기도 한다.

수산물 통조림식품에서 간혹 발생하는 스트루바이트는 급속 냉각하여 성장 적온을 신속히 통과하는 경우 성장을 억제할 수 있다. 스트루바이트는 소비자의 기호에는 맞지 않으나 독성을 가지고 있지 않는 무독성 화합물이다.

③ 호열성 세균의 발육을 억제한다.

일반적으로 호열성 세균의 발육 최적 온도는 50~60℃이며 내열성이 강하므로 호열성 세균은 살균 처리하여도 포자 상태로 잔존할 가능성이 높고, 이들의 최적 발육 온도에 머무르는 시간이 길수록 발아 및 증식할 우려도 높다. 따라서, 살균 처리한 통조림식품을 급속 냉각 처리하는 경우 이들 호열성 세균의 위험으로부터 벗어날 수가 있다.

2) 냉각방법

가열살균하는 동안에는 대부분 용기 내 압력과 레토르트 내의 압력이 어느 정도 상쇄되어 용기의 파손이나 변형이 방지된다. 그러나 살균이 끝나 가열 매체를 방출하여야 하는 경우, 가열 매체의 방출로 레토르트 내의 압력은 곧 내려가나 용기 내에는 높은 압력이 유지되어 용기가 팽창하게 된다. 용기의 팽창 정도가 심할 경우 용기가 냉각되어 용기 내 압력이 내려가도 팽창하여 변형된 부분이 원래 상태로 되돌아가지 않고 영구 변형되는 버클링buckling 현상이 발생한다. 이와 같은 팽창 변형 캔은 외관적으로 변형되어 있을 뿐만 아니라 밀봉부를 느슨하게 하거나 파손시켜 진공도를 떨어뜨린다. 이는 미생물 침입의 빌미가 되어 변패를 일으키는 주요 원인이 된다.

냉각 중에 레토르르 내 압력과 용기 내 압력의 불균형으로 발생하는 버클링 현상을 막으려면 용기와 레토르트 내의 압력 균형을 맞추어 주기 위하여 가압 냉각 또는 레토르트 내의 증기 배출 속도를 천천히 하여야 한다. 버클링 현상의 억제를 위한 냉각방법은 다음과 같다.

(1) 가압 냉각

가압 냉각은 고압 증기의 방출로 발생하는 팽창 변형인 버클링 현상을 억제하기 위하여 냉각 중 가열살균 시의 압력을 그대로 유지하면서 물을 주입하여 냉각하는 것이다.

① 방법

- 압축 공기와 냉각수에 의한 방법 : 냉각 중에 레토르트 내에 압축 공기를 송입하여 레토르트 내부 압력을 유지하면서 레토르트 상부로부터 냉각수를 살포하는 방법이다. 이 방법은 냉각 속도가 빠르고 비교적 균일하게 냉각시킬 수 있다는 특징이 있다.
- 증기와 냉각수에 의한 방법 : 냉각 중 레토르트 내에 증기를 송입하여 레토르트 내 압력을 유지하면서 레토르트 하부로부터 냉각수를 주입하는 방법이다. 이 방법은 상부에 있는 통조림식품은 가열 과다 및 버클링이 일어나기 쉬운 반면에 하부에 있는 통조림식품은 과도하게 냉각되어 패널링panelling 현상이 발생하기 용이하다.

② 변패 통조림식품의 발생

일반적으로 압력의 변화에 의한 변형 통조림식품은 대형 통조림식품일수록 발생하기 쉽다.

- 팽창 변형 통조림식품(버클드 통조림식품) : 일반적으로 팽창 변형 통조림식품은 가압 냉각법에서 냉각수의 주입 속도를 너무 빠르게 하여 대량의 증기가 일시에 응축하는 경우 레토르트 내 압력이 급격히 내려가 발생하기도 한다,
- 수축 변형 통조림식품(패널드 통조림식품) : 증기와 냉각수를 이용하여 냉각하는 경우 처리를 잘못하면 하부의 통조림식품은 빨리 냉각되어 통조림식품 내부 압력이 레토르트 내부 압력보다 낮을 때에 수축 변형 통조림식품이 생기기 쉽다.

(2) 가압 냉각을 할 수 없는 경우

가압 냉각을 할 수 없는 레토르트는 증기를 서서히 배출시켜 레토르트 압력을 천천히 대기압으로 내려가도록 한 후 압력계가 0이 되었을 때 레토르트의 문을 열고 통조림식품을 드러내어 냉각수를 살포하거나 냉각수 탱크에 담가 빠르게 냉각시킨다.

3) 냉각 정도

(1) 스트루바이트의 발생이 문제되지 않는 통조림식품

냉각의 정도는 내용물의 평균 온도가 38℃ 정도가 되도록 하는 것이 바람직하다. 이렇게 하면 통조림 용기에 부착한 수분은 여열에 의해 비교적 신속하게 건조되기 때문이다. 만약 이 온도 이하로 과도하게 냉각하는 경우 용기 표면의 수분이 잘 증발되지 않아 녹이 스는 원인이 되므로 주의하여야 한다.

(2) 스트루바이트의 발생이 문제가 되는 통조림

스트루바이트의 발생이 문제가 되는 통조림은 스트루바이트의 성장 적정 온도(30~50℃) 부근인 38℃에서 냉각을 완료하지 못하고 실온까지 냉각하여야 한다. 용기 표면에 발생할 수 있는 녹을 방지하기 위하여 용기 외면의 수분을 철저하게 제거하고 냉각실에서 확실하게 통풍시킨다.

4) 냉각수의 위생

가열살균 후 통조림을 냉각하는 과정에서는 용기 안은 진공이고 밀봉부의 밀봉보조제(실링 콤파운드)는 연화된 상태이므로 극소량의 냉각수가 밀봉부를 통하여 용기 내부

로 스며들어 갈 가능성이 있다. 따라서, 냉각수 중에 세균 수가 많을수록 세균이 용기 내부로 침입할 기회가 많아진다. 그러므로 냉각수는 세균에 오염되지 않도록 무균 상태 유지를 위하여 염소 처리하여야 한다. 이때 잔류 염소 농도는 2 mg/L 정도가 되도록 하면 된다.

7. 통조림식품의 제조 및 저장 중 변화

통조림식품은 다양한 식품 중에서도 가장 이상적인 장기 저장 식품이지만 가공 및 저장 과정에서 부주의하게 취급할 경우 품질 변화 및 변패가 일어난다. 여기에서는 통조림식품의 가공 및 저장 중에 발생하는 여러 가지 품질 변화 현상과 그 원인을 검토하기 위하여 내용물과 용기의 변화, 미생물에 의한 품질 변화 등에 대하여 살펴보기로 한다.

표 14-22 통조림식품의 다양한 변패 요인과 형태

변패 요인	변패 형태	변패 요인	변패 형태
미생물적	• 살균 부족 • 불충분한 냉각 • 밀봉 불량 • 살균 전 부패	화학적	• 어드히전(adhesion), 커드(curd), 허니콤(honey comb)
화학적	• 수소 팽창 • 흑변, 여러 가지 변색, 백탁 • 주석 이상 용출 • 캔 내면 부식	물리적	• 팽창 변형(buckling) • 수축 변형(panelling) • 탈기 부족 • 살쟁임 과잉
		기타 원인	• 캔 외면 녹 • 캔 손상

1) 내용물의 품질 변화

(1) 황화수소의 발생과 흑변

통조림식품의 가공 및 저장 중 발생하는 흑변blackening은 약간만 부주의하여도 쉽게 발생하고 소비자도 쉽게 식별할 수 있어 통조림식품 업계로서는 가장 심각한 변패 중의 하나이다.

① **황화수소의 발생**

- 고온 가열 처리 : 수산물 통조림은 내용물의 pH가 4.6을 초과하면 클로스트리디움 보툴리눔*Cl. botulinum*이 증식할 우려가 있어 반드시 고온 살균한다. 이때의 고온 가

열로 단백질이 주성분인 수산물 통조림은 단백질이 아미노산으로 분해되고, 이 중 황 함유 아미노산(메티오닌, 시스테인, 시스틴)을 구성하는 -SH기가 환원되어 황화수소 가스를 발생하기도 한다.

- 세균의 발생 : 클로스트리디움 니그리피컨스*Cl. nigrificans*는 펄에 서식하여 바지락 등 패류에도 존재하며, 혐기성이고 호열성(발육온도 범위 : 27~70℃, 최적 발육온도 : 55℃), 포자 형성 간균이다. 이 세균은 바지락 통조림의 제조 과정 중 살균이 부족할 경우 통조림식품 내에 잔존하여 혈액색소인 헤모시아닌hemocyanin을 분해하여 구리(Cu)를 발생시키거나, 황 함유 아미노산을 분해하여 황화수소 가스를 발생시켜 황화 흑변을 일으킨다.

표 14-23 클로스트리디움속과 바실루스속 미생물의 내열성 비교

미생물		변패 패턴	대상 통조림	D_{121} 값 (분)	F 값 (분)	Z 값 (℃)
클로스트리디움 (*Cl.*)	속	팽창	게 보일드	0.47	2.31	14.8
	스포로제네스(*sporogenes*)	팽창	게 보일드	1.55	6.28	21.9
	써모사카로리티쿰 (*thermosaccharolyticum*)	팽창	바지락 보일드	1.65	6.65	19.7
	니그리피컨스(*nigrificans*)	흑변	바지락 보일드	2.03	8.31	23.1
	비퍼르멘탄스(*bifermentans*)	팽창	전복 보일드	1.22	4.18	18.2
바실루스 (*B.*)	속	플랫사워	게 보일드	1.49	5.70	20.4
	스테아로써모필러스 (*stearothermophilus*)	플랫사워	오징어 조미	0.78	2.75	19.1

② 흑변 메커니즘

흑변은 수산물의 근육에서 발생한 황화수소 가스와 근육이나 용기에 존재하는 금속 성분(근육은 헤모시아닌으로부터 유래하는 구리, 미오글로빈으로부터 유래하는 철, 기타 근육에 존재하는 금속 성분이고, 용기는 강판의 철, 도석한 주석 등)이 결합하여 황화철FeS, 황화구리CuS, 황화주석SnS 등과 같은 검은색 황화금속을 생성하여 발생한다.

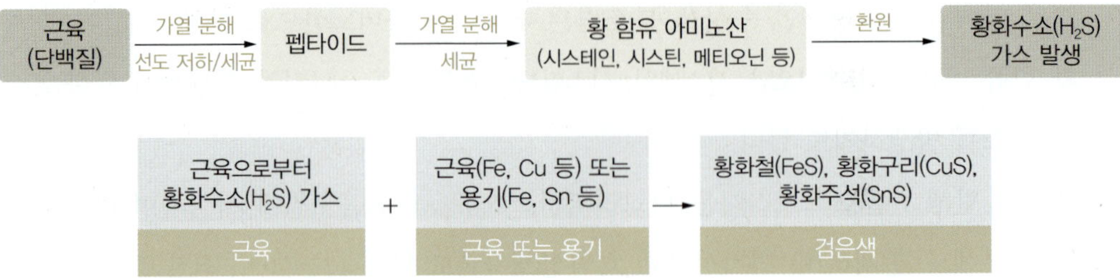

그림 14-22 근육으로부터 황화수소의 생성과 근육이나 용기로부터 금속물질의 생성에 의한 흑변 메커니즘

③ 흑변 억제

통조림식품 업계는 여러 변패 중 가장 문제가 되는 흑변을 방지하기 위하여 적절한 내면 도료의 선택, 황산지(유산지) 이용, 내용물의 pH 저하 등의 방법을 적용하고 있다.

a. 적절한 내면 도료(에나멜 도료)의 사용

수산 및 축산 통조림은 원료의 단백질 함량이 높고, 가열 및 미생물에 의하여 황화수소가 다량 발생하여 흑변이 발생하기 쉬우므로 내면에 에나멜enamel 도료로 코팅한 용기를 사용한다.

참치 통조림은 내면에 에나멜 도료를 적용한 용기를 사용하는데, 만약 내면 도료를 적용하지 않은 무도장관을 사용하거나 에나멜 도료를 적용하였어도 핀홀pin hole 등이 발생하는 경우 다음과 같은 메커니즘에 의하여 흑변이 발생할 우려가 높다. 즉, 수산물 통조림은 참치(가다랑어 또는 황다랑어) 등 내용물을 구성하는 단백질이 열이나 미생물에

그림 14-23 흑변이 발생한 참치 통조림과 안전성

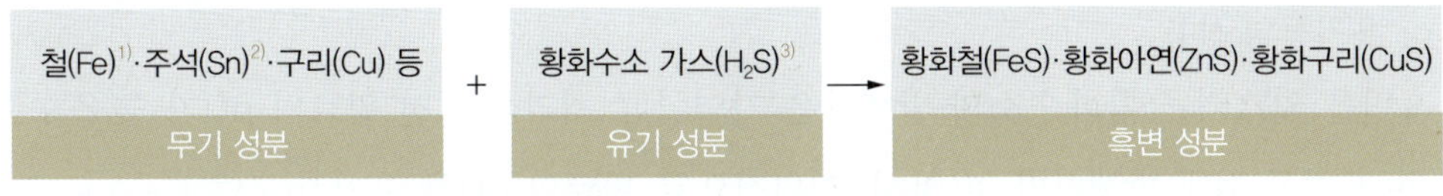

그림 14-24 수산물 통조림의 흑변 메커니즘

1)철의 유래 : TFS 캔, 양철 캔, 미오글로빈, 근육 자체 2)주석의 유래 : 양철 캔,
3)황화수소의 유래 : 근육의 황 함유 아미노산

의해 펩타이드, 유리아미노산이 되고 황 함유 아미노산의 환원으로 황화수소가 생성이 되며, 근육과 용기로부터 철(TFS 용기 또는 양철 용기의 유래 또는 헤모글로빈, 미오글로빈과 근육 자체 유래)이나 주석(양철 용기에 한함)과 같은 금속 성분이 직접 결합하여 흑색을 나타내는 황화철FeS, 황화주석SnS이 생성되어 흑변이 일어난다.

이때 수산물 통조림의 흑변은 내면에 에나멜 도료를 적용한 용기를 선택하고, 핀 홀 등의 결함이 없는 경우 흑변 야기 인자인 황화수소(내용물 유래)와 금속 성분〔철(TFS 용기, 양철 용기와 같은 통조림 용기, 혈액색소 헤모글로빈, 근육색소 미오글로빈 등), 주석(양철 용기), 구리(혈액색소인 헤모시아닌 등)〕 사이에 벽을 두어 직접적인 접촉을 방지하거나, 황화수소와 용기의 흑변 야기 금속 성분이 반응하기 전에 에나멜 도료에 미리 첨가하여 둔 알루미늄이나 아연과 반응함으로써 백색 또는 무색으로 나타나는 황화아연Zns이나 황화알루미늄AIS으로 되어 방지할 수 있다(그림 14-25 참조).

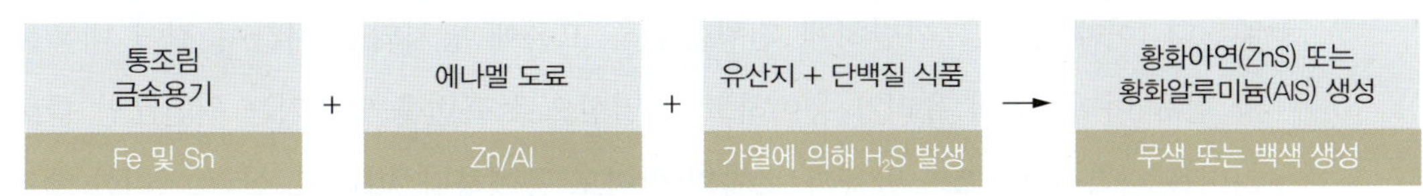

그림 14-25 통조림식품의 에나멜 도료와 유산지에 의한 흑변 방지 메커니즘

b. 유산지의 사용

통조림식품의 제조 중 흑변 방지를 위하여 유산지를 사용하는 경우가 간혹 있다. 특히, 게나 새우 같은 알칼리 식품을 원료로 할 때는 에나멜 도료 용기를 사용하여도 흑변이 일어나기 쉬우므로 유산지를 사용한다. 유산지는 통조림 용기의 금속 성분과 내용물의 황화수소가 직접 접촉하지 못하도록 통조림 용기에 사용한 내면 도료 외에 격벽을 하나 더 만들어 흑변을 억제하려는 방법이다.

c. 유기산의 사용

흑변을 일으키는 황화수소의 발생량은 가열살균 처리하기 전 원료의 pH가 높을수록 많아 흑변이 쉽게 발생한다. 따라서, 인위적으로 원료의 pH를 유기산(구연산citric acid, 피트산phytic acid 등)으로 저하시키는 것도 흑변 방지를 위한 좋은 방법 중의 하나이다.

그림 14-26 통조림식품의 유기산에 의한 흑변 방지 메커니즘

d. 신선도 유지

황화수소는 흑변 발생의 주요 인자이며, 황 함유 아미노산의 분해에 의해 생성된다. 황 함유 아미노산은 선도가 떨어지면 단백질로부터 유리되며 환원하여 황화수소를 발생시킨다. 따라서, 다양한 방법으로 신선도가 잘 유지된 원료 또는 선도가 좋은 원료로 통조림식품을 제조하는 경우 황화수소의 발생이 저감되어 흑변의 발생도 어느 정도 제어할 수 있다.

e. 급속 냉각

통조림식품은 저장성을 부여하기 위해 반드시 살균 처리(115~118℃)한 후 급속 냉각시킨다. 이때 냉각을 완만하게 진행할수록 고온에 방치되는 시간이 길어 내용물에서 황 함유 아미노산의 유리가 용이하고, 호열성으로 흑변을 일으키는 원인균인 클로스트리디움 니그리피컨스의 발육과 포자의 발아도 용이하다. 따라서, 살균 처리한 통조림을 신속히 냉각시킬 경우 고온 방치 시간의 단축으로 황화수소 가스의 발생 저감, 흑변 발생 원인균인 클로스트리디움 니그리피컨스의 발육 억제 등으로 흑변을 방지할 수 있다.

f. 과열 억제

식품은 일반적으로 가열 온도가 높을수록 단백질의 저분자화로 황 함유 아미노산의 유리가 용이하여 흑변이 쉽게 발생한다. 통조림식품의 제조 과정 중 반드시 가열살균 처리를 하여야 하는데, 이때 적정 살균 처리로 과열에 의해 유리되는 황화수소 가스의 생성을 억제함으로써 흑변을 막을 수 있다.

표 14-24 통조림식품의 흑변

항목	해설
정의	• 통조림식품의 내용물 또는 용기에 흑색 물질이 존재하는 현상
발생 기구	• 내용물의 황 함유 아미노산 유래 황화수소 가스가 내용물 중의 구리, 용기의 철, 주석 등과 결합하여 황화철, 황화주석, 황화구리 등의 흑색 물질을 생성
원인물질	• 내용물 유래 황화수소 가스, 내용물 중의 구리 등과 용기의 철, 주석 등
발생 통조림	• 단백질 함량이 많은 수산물 또는 축산물 통조림
억제방법	• 내면 도료로 에나멜 수지를 도포한 통조림 용기 사용 • 유산지 등을 사용 • 유기산 처리 • 원료로 신선 수산물 또는 축산물 사용 • 급속 냉각 • 과열 억제

(2) 플랫사워

가스의 발생 없이 산acid만을 생성하여 내용물이 산패되어 있으나 외관상으로는 정상처럼 보이는 통조림을 플랫사워flat-sour라고 하고, 평면산패라고도 한다. 플랫사워 발생 통조림식품은 외형만으로는 구별이 되지 않아 품질 관리가 어려운 변패 중의 하나이므로 유의하여야 한다. 통조림식품에서 플랫사워 발생 원인, 발생 통조림 및 억제방법은 표 14-25와 같다.

표 14-25 통조림식품의 플랫사워

항목	해설
정의	• 가스 발생 없이 산만을 생성해 내용물이 산패되어 있으나 외관상 정상처럼 보이는 통조림
발생 기구	-
원인	• 살균 부족(바실루스 스테아로써모필러스(*B. stearothermophilus*), 바실루스 코아굴란스(*B. coagulans*) 등의 내열성 세균) 또는 밀봉 불량(락토바실러스속(*Lactobacillus* spp.) 등의 비내열성 세균 등)
발생 통조림	• 주로 토마토 통조림이나 옥수수(감미종) 통조림 등
억제방법	• 철저한 살균 • 밀봉 공정 확립

(3) 폼알데하이드의 생성

통조림식품에서 폼알데하이드formaldehyde의 생성 전구물질은 트리메틸아민옥사이드trimethylamine oxide, TMAO이다. TMAO는 수산동물 조직에 널리 분포하며 삼투압 조절에 관여하고 생체 내에서 암모니아 해독 작용을 하는 등 매우 중요한 작용을 한다. 이들 TMAO는 선도가 저하하면 헤모글로빈hemoglobin이나 철Fe이 촉매가 되어 세균이 생성한 효소에 의하여 TMA로 환원되고, TMA는 다시 DMA와 폼알데하이드로 분해된다.

① **생성**

TMAO가 다량 함유되어 있는 신선한 새우, 게, 청어 등을 원료로 하여 제조한 통조림식품은 폼알데하이드를 다량 함유하고 있다. 통조림식품은 고온 가열 처리로 효소가 모두 실활되어 이때의 TMAO 분해 경로는 일반적인 분해 경로와 차이가 있다. 이와 같이 통조림식품의 제조 중 TMAO가 가열 처리에 의하여 폼알데하이드가 생성되는 메커니즘에 대하여는 좀 더 연구되어야 할 것으로 판단된다.

그림 14-27 수산물 통조림의 폼알데하이드의 생성

② **출현 통조림식품**

자주 출현되는 통조림식품은 번데기 등이고, 예전에 사회적으로 크게 파장을 일으킨 적도 있다.

(4) 어류 뼈의 연화

어류 통조림은 제조 중 가열살균 처리로 어류 뼈가 연화되어 그대로 먹을 수 있는 것과 연화되지 않아 먹을 수 없는 것이 있다.

① **연화 메커니즘**

어류 뼈는 불용성 단백질인 콜라겐collagen을 주로 하는 단백질과, 칼슘이나 인을 주로 하는 무기질이 서로 단단하게 결합되어 이루어져 있다. 이러한 형태의 어류 뼈는 고온에서 가열 처리하면 콜라겐이 가용성 젤라틴으로 되어 단백질의 중심축이 느즈러져

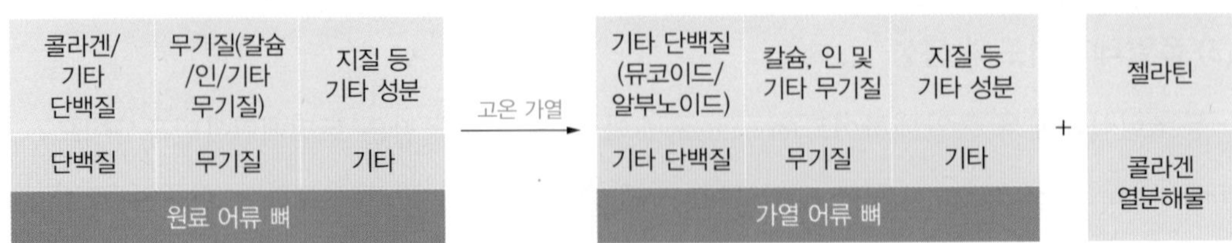

그림 14-28 어류 뼈의 가열에 의한 연화 메커니즘

용출됨으로써 무기질이 느슨해지면서 연화된다.

② **연화 정도에 따른 어류의 분류**

- 연화되기 쉬운 어종 : 고온 가열 처리하여 제조한 통조림식품을 뼈째 식용할 수 있는 어종을 말한다. 대체로 어류 뼈의 무기질이 50% 미만이며 콜라겐 비율이 높은 어종으로, 정어리, 꽁치, 고등어 등이 해당한다. 이들 어종은 어체가 작다.
- 연화되기 어려운 어종 : 고온 가열 처리하여 제조된 통조림식품을 뼈째 식용할 수 없는 어종을 말한다. 대체로 어류 뼈의 무기질이 50% 이상이며 콜라겐의 비율이 낮은 어종으로, 가다랑어, 황다랑어 등과 같은 다랑어 등이 해당한다. 이들 어종의 어체는 크다.

표 14-26 가열 처리에 의한 어류 뼈의 연화

뼈 연화가 쉬운 어종	뼈 연화가 어려운 어종
고등어, 꽁치 등	다랑어류 등
• 어체기 작음 • 콜라겐 함량이 많음 • 뼈의 무기질 함량이 50% 미만 • 통조림 제조 시 어류 뼈 분리의 불필요	• 어체가 큼 • 콜라겐 함량이 적음 • 뼈의 무기질 함량이 50% 이상 • 통조림 제조 시 어류 뼈의 분리 필요

③ **연화의 필요성**

수산물 통조림 중 가열살균 공정에서 연화되기 쉬운 어종인 경우 별도의 뼈 분리 공정이 필요하지 않아 뼈째 일정한 크기로 절단하면 되므로 가공 공정이 단순화된다. 그뿐만이 아니라 이러한 어종으로 통조림을 만들면 연화된 뼈가 칼슘의 공급원으로 우수하고 아삭거림으로 소비자의 선호도도 높다.

(5) 스트루바이트

스트루바이트struvite는 통조림식품을 열었을 때 내용물 중에 생성한 무색 또는 약간 착색된 무독성의 유리 모양의 결정을 말한다. 스트루바이트에 대한 발생 기구, 원인물질, 특성, 발생 통조림 및 억제방법은 표 14-27에 나타내었다.

표 14-27 통조림식품의 스트루바이트

항목	해설
정의	• 통조림식품을 열었을 때 내용물에 생성한 무색 또는 약간 착색된 무독성의 유리 모양의 결정
발생 기구	• 원료육 중 마그네슘 및 인 화합물과 근육 분해산물인 암모니아가 살균 과정에서 결합한 후 고온에서는 용해도가 높아 가용화되나 냉각, 특히 성장 적온에서 용해도가 떨어져 석출하여 저장 중 결정이 성장
원인물질	• 원료육 중에 마그네슘 및 인 화합물과 근육 분해산물인 암모니아가 용해되어 있는데 이들이 pH, 온도 등의 조건이 적절하여 성장
특성	• 분자 구조식 : $Mg(NH_4)PO_4 \cdot 6H_2O$ • 성장 적정 온도 : 30~50°C • 용해도 : 일반적으로 산성에 가용성, 중성 또는 알칼리성에 난용성 • 독성 : 무독성 • 모양 : 무색 또는 착색된 유리 모양의 결정
발생 통조림	• 오징어, 게, 참치 통조림 및 번데기 통조림 등
억제방법	• pH를 가능한 산성(0.2% 헥사메타인산나트륨(sodium hexametaphosphate) 첨가 또는 0.07~0.13% 구연산 첨가, 0.05~0.13% 피트산 첨가)으로 유지 • 온도를 30~50°C 범위 밖 유지 • 가열살균 후 즉시 급랭 • 교질(CMC 또는 젤라틴)을 첨가하여 액즙의 점도를 높임 • 0.2% 이하의 황산알루미늄 첨가

(6) 어드히전

통조림식품에서 어드히전adhesion은 어육 통조림을 열었을 때 육의 일부가 용기의 내부나 뚜껑에 붙어 있는 현상을 말한다. 이에 대한 발생 기구, 원인물질, 발생 통조림 및 억제방법의 설명은 표 14-28에 나타내었다.

표 14-28 통조림식품의 어드히전

항목	해설
정의	• 어육 통조림을 열었을 때 육 일부가 용기의 내부나 뚜껑에 붙어 있는 현상
발생 기구	• 신선한 어육은 단백질 등이 점착성을 지니며, 그중에서도 콜라겐은 가열하면 점착성의 젤라틴으로 분해 노출되어 있어 어육이 용기 내부에 붙게 됨
원인물질	• 육 단백질 성분
발생 통조림	• 고등어, 연어, 송어 등의 통조림
억제방법	• 빈 용기 내면에 물 분무 • 어육 표면에 식염 살포 • 통조림 용기 내면에 식용유의 에멀션을 도포 • 통조림 용기 내면 도료로 규소 수지를 사용

고등어 통조림의 어드히전

(7) 커드

커드curd는 수산물 통조림의 표면에 부착된 두부 모양의 응고물을 말한다. 커드에 대한 발생 기구, 원인물질, 발생 통조림 및 억제방법의 내용은 표 14-29에 나타내었다.

표 14-29 통조림식품의 커드

항목	해설
정의	• 수산물 통조림의 표면에 부착된 두부 모양의 응고물
발생 기구	• 원료 어육의 내부에서 표면으로 유출된 수용성 단백질이 가열 처리에 의해 열 응고
원인물질	• 수용성 단백질
발생 통조림	• 보일드 통조림
억제방법	• 신선한 원료 사용 • 신속 가열 • 긴밀한 살쟁임 • 묽은 염수 처리

연어 통조림의 커드

(8) 허니콤

허니콤honey comb은 통조림 내용물의 육질에 작은 구멍이 생겨서 벌집 모양으로 된 것을 말한다. 허니콤에 대한 발생 기구, 원인, 발생 통조림 및 억제방법의 내용은 표 14-30에 나타내었다.

표 14-30 통조림식품의 허니콤

항목	해설
정의	• 통조림 내용물의 육질에 작은 구멍이 뚫려 있는 것
발생 기구	• 근절 간이나 근육의 상처 부분에 수용성 단백질이 생성 • 열 처리에 의하여 상처 부분의 수용성 단백질이 열 응고 • 상처 부분의 가스 방출에 의하여 수용성 단백질의 방출 • 육질에 많은 양의 구멍 생성
원인	• 거친 어체 처리
발생 통조림	• 대형어 통조림
억제방법	• 어체를 조심스럽게 취급

2) 용기의 이상 변화

용기의 이상 변화는 플리퍼flipper(통조림의 용기 뚜껑과 밑바닥은 거의 편평하나, 한쪽 면이 약간 부풀어 있어 이를 손끝으로 누르면 소리를 내며 원상태로 되돌아가는 현상), 스프링어springer(통조림 용기 상하의 한쪽 면이 플리퍼일 때보다 심하게 팽창되어 있어서 이를 손끝으로 누르면 팽창하지 않은 반대쪽 면이 소리를 내며 튀어나오는 현상), 스웰swell(통조림식품의 변패가 많이 진행되어 용기의 상하 양면이 모두 부푼 현상), 버클링buckling〔통조림식품의 내압이 외압(레토르트압)보다 크고, 이러한 관계가 심해져 캔의 탄성 한계를 넘어설 때 생기는 돌출 변형 현상〕, 패널링panelling(버클링과는 반대로 통조림 용기의 외압이 용기 내압보다 커서 용기의 일부가 안쪽으로 쭈그러져 들어가는 변형), 통조림식품 용기의 부식 등이 있다. 통조림식품 용기의 이상 변화에 대한 자세한 설명은 표 14-31에 정리하였다.

표 14-31 통조림 용기의 이상 변화

이상 변화	용어	해설
플리퍼	정의	• 통조림 용기의 뚜껑과 밑바닥은 거의 편평하나, 한쪽 면이 약간 부풀어 있어 이를 손끝으로 누르면 소리를 내며 원상태로 되돌아가는 현상
	발생 원인	• 가스 비형성 세균 • 살쟁임 과다 • 탈기 부족 • 밀봉 후 살균까지 장시간 방치 • 가벼운 정도의 수소 팽창
스프링어	정의	• 통조림식품 용기 상하의 한쪽 면이 플리퍼보다 심하게 팽창되어 있어서 이를 손끝으로 누르면 팽창되지 않은 반대쪽 편이 소리를 내며 튀어나오는 현상
	발생 원인	• 가스 형성 세균에 의한 팽창으로 진행 과정에 있는 경우 • 가스 비형성 세균에 의한 경우 • 살쟁임 과다 • 탈기 부족 • 밀봉 후 살균까지 장시간 방치 • 수소 팽창
스웰	정의	• 통조림식품의 변패가 많이 진행되어 용기의 상하 양면이 모두 부푼 상태 • 소프트 스웰은 손끝으로 눌렀을 때 약간 안으로 들어가는 느낌이 있는 것 • 하드 스웰은 손끝으로 눌러도 아무런 반응이 없는 단단한 것
	발생 원인	• 수소 팽창 • 살균 부족 • 밀봉 불량
버클링	정의	• 통조림식품의 내압이 외압(레토르트압)보다 크며, 이 관계가 심해져 캔의 탄성 한계를 넘어설 때 생기는 돌출 변형
	발생 원인	• 통조림식품 용기의 내압력이 약한 경우 • 레토르트 증기를 급격히 배출하는 경우 • 탈기 부족 • 살균 전의 부패나 수소 팽창 • 살쟁임 과다

표 14-31 통조림 용기의 이상 변화(계속)

이상 변화		용어	해설
패널링		정의	• 버클링과는 반대로 통조림 용기 외압이 내압보다 커서 통조림 용기의 일부가 안쪽으로 쭈그러져 들어가는 변형
		발생 원인	• 증기 송입이 급격한 경우 • 가압 냉각수가 급격하게 송입된 경우
용기 부식	외면	정의	• 캔 면의 손상된 부분이 수분과 공기 중의 산소에 노출되어 녹이 스는 현상
		발생 원인	• 레토르트 녹 • 탈기함의 온도 • 냉각의 정도 • 가공 용수의 염류 정도 • 캔 표면의 이물질 • 캔 표면의 상처
	내면	정의	• 산소 또는 산화력을 가진 물질에 의하여 용기 내부가 부식되는 현상
		발생 인자	• 내용물 종류 • 내용물 산성도 • 산소 • TMAO • 구리 • 색소류

8. 통조림식품의 제조

수산물 통조림은 주입액에 따라 보일드 통조림식품, 조미 통조림식품, 기름담금 통조림식품, 기타 통조림식품으로 분류할 수 있다. 수산물 통조림의 주입액에 따른 분류는 표 14-32에 자세히 정리하였다.

표 14-32 주입액에 따른 수산물 통조림의 분류

분류	주입액	통조림식품의 종류
보일드 통조림식품	소금물	고등어 보일드 통조림, 꽁치 보일드 통조림, 게 보일드 통조림, 바지락 보일드 통조림 등
조미 통조림식품	조미액	고등어 조미 통조림, 꽁치 조미 통조림, 골뱅이 조미 통조림, 소라 조미 통조림 등
기름담금 통조림식품	식용유	참치 기름담금 통조림, 연어 기름담금 통조림, 굴 훈제 기름담금 통조림, 바지락 훈제 기름담금 통조림, 지중해담치(홍합) 훈제 기름담금 통조림 등
기타 통조림식품	토마토소스 등	고등어 토마토소스담금 통조림, 정어리 토마토소스담금 통조림 등

1) 보일드 통조림식품

보일드 통조림식품은 주입액으로 식염수를 사용함으로써 소비자가 입맛에 맞게 조미하여 식용하도록 만든 제품이다. 소비자가 직접 조미하여 먹을 수 있다는 강점이 있었지만, 최근 간편 편의성을 중요시하는 소비 트랜드와는 배치되기 때문에 예전만큼 소비되지 않는다. 우리나라에서 많이 생산하는 보일드 통조림식품은 고등어 보일드 통조림, 꽁치 보일드 통조림, 게 보일드 통조림, 바지락 보일드 통조림 등이 있다.

(1) 고등어 보일드 통조림

고등어 보일드 통조림은 간고등어와 더불어 고등어를 활용한 주요 가공품 중의 하나이다. 그러나 고등어 보일드 통조림은 소비자들이 구매하여 그대로 먹기보다 또 다른 조리 공정이 있어야 먹을 수 있는 불편함과 비린내 등으로 예전만큼 판매가 되지 않고 있다. 고등어 보일드 통조림의 제조 공정은 그림 14-29와 같다.

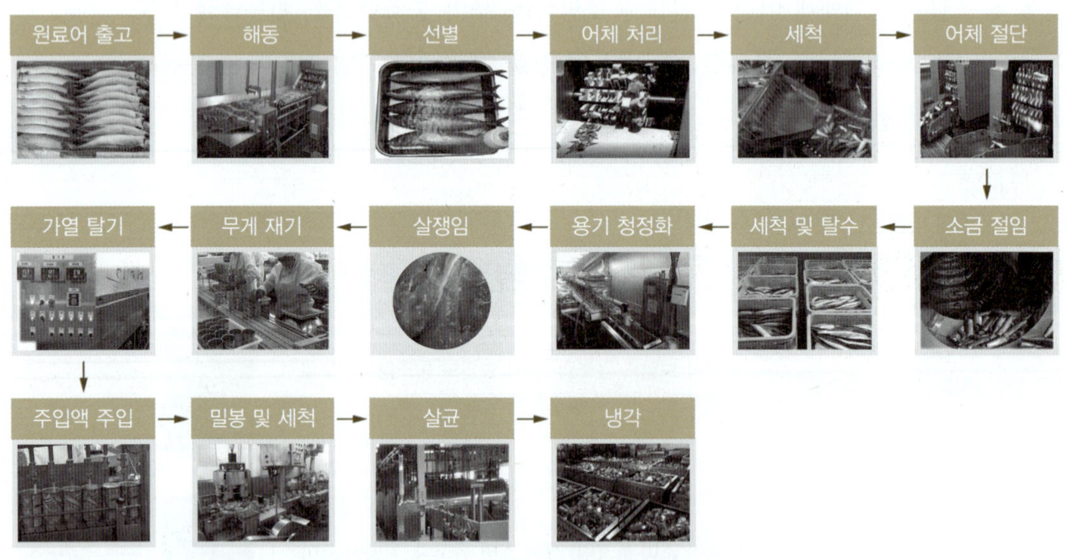

그림 14-29 고등어 보일드 통조림의 제조 공정

① 원료 고등어의 구입 및 동결

원료 고등어는 고등어, 망치 고등어가 주로 사용되고 있다. 고등어는 어체의 크기, 어획 시기, 어획 장소에 따라 성분, 특히 수분과 지질의 함량이 크게 다르며, 우리나라의 전 연안과 일본, 타이완, 중국 및 만주 연해에 분포한다. 고등어는 가을에 가장 맛이 좋으며 가을에서 겨울에 걸쳐 지질 함량이 최대가 된다. 지질 함량이 많은 시기의 대형 고등어는 선어로는 맛이 좋지만 가공용으로는 적합하지 않다.

원료는 선어를 사용하기도 하나, 일반적으로 냉동고에 보관하여 둔 것을 많이 사용한다. 원료어의 동결을 위해 입고할 때에는 크기, 동결 일자별로 로트lot 구분을 하여, -18℃ 이하가 되도록 냉동 보관하고, 입고된 원료는 선입선출을 원칙으로 한다.

원료의 품질 관리를 위하여 선도검사를 하는데 관능적 방법(안구, 색택, 탄력 등)과 화학적 방법(휘발성 염기질소 등)을 병용한다.

그림 14-30 원료 고등어

② **원료 해동**

원료로 사용하는 냉동 고등어의 해동은 침수 해동하는 것이 좋으나, 자연 해동하는 경우에는 선도 관리에 유의하여야 한다. 원료 고등어의 해동 후 어체 품온은 -4~-1℃ 범위가 되도록 반해동한다. 반해동하면 품질뿐만이 아니라 작업하기에도 좋다.

그림 14-31 냉동 고등어의 해동

③ **원료 선별**

해동 고등어는 전처리하기에 앞서 어체의 크기, 선도, 상처의 유무 등에 따라 선별함으로써 제품의 수율을 높이는 동시에 품질을 균일하게 한다.

④ **어체 처리**

작업대 위에서 꼬리를 잡고 등지느러미, 뒷지느러미, 배지느러미, 가슴지느러미를 제거하고 머리를 잘라 낸 다음, 꼬리지느러미를 기부에서부터 1.5 cm 정도 안쪽에서 절단한다. 이어서 근육이 손상하지 않도록 배를 가르고 내장을 제거한다.

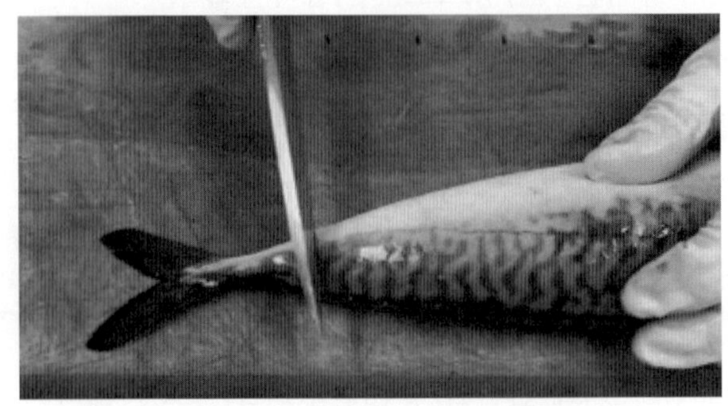

그림 14-32 고등어의 꼬리지느러미 절단

최근에는 고등어 보일드 통조림 제조를 위한 어체 처리용 자동화 기계(어체 처리기)가 개발되어, 선별한 고등어를 어체 처리기에 투입하면 머리, 내장, 꼬리 등을 제거하고 적당한 크기로 절단한 후 세척까지 되어 나온다. 따라서, 어체 처리기를 사용하면 어체 처리, 세척, 어체 절단의 공정이 동시에 이루어진다.

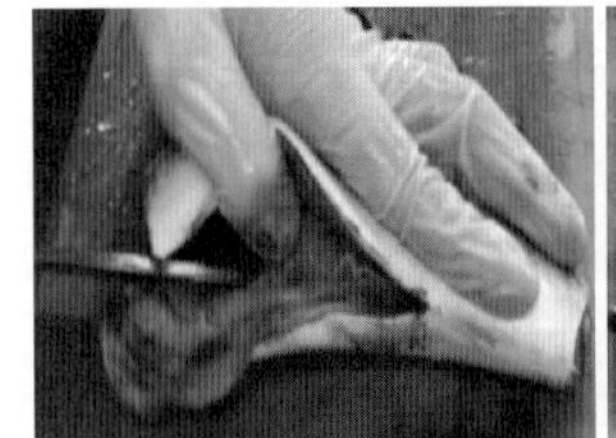

어체 처리 작업

어체 처리 부산물

수작업 공정

어체 처리 작업

어체 처리 부산물

자동화 공정

그림 14-33 원료 고등어의 어체 처리 공정

⑤ **세척**

어체 처리가 끝난 것은 수세 탱크에서 표면과 내장을 제거한 배 부위의 오물을 완전히 씻어 내고, 이어서 가벼운 탈수를 한다. 세척할 때에 배 부위를 손상시키면 다음 공정에서 어육이 허물어지므로 유의하여야 하며, 세척수는 자주 보충하거나 2시간마다 교체하여 오염과 온도 상승을 억제하여야 한다.

⑥ **어체 절단**

세척한 어체는 피시 커터fish cutter로 캔 크기에 맞추어 어체의 중심선에서 길이가 일정하도록 자른다. 어체의 절단은 원통형 용기의 종류에 따라 달리 자른다. 이때 길이가 너무 짧으면 살쟁임 양이 부족할 뿐 아니라 내용물의 동요가 심하여 어육이 허물어질 염려가 있다. 반대로 길이가 너무 길면 밀봉이 불량해질 수 있고 진공도는 떨어지기 쉽다. 어체의 절단은 항상 중심선과 직각으로 실시하여야 개봉 후에도 모양이 좋다.

수작업에 의한 절단 작업

자동화에 의한 절단 작업

그림 14-34 고등어의 어체 절단

⑦ **소금 절임**

혈액 제거, 커드 생성 억제를 위한 수용성 단백질의 용출, 짠맛 부여, 어류 껍질의 벗겨짐 저감, 육조직의 수축 등을 위하여 소금 절임을 한다. 전처리 고등어의 소금 절임에 사용하는 소금물의 농도와 처리 시간은 원료의 선도, 크기, 온도 등에 따라 차이가 있으나 일반적으로 표 14-33과 같은 조건으로 실시한다.

표 14-33 고등어 보일드 통조림의 제조를 위한 소금 절임 조건

항목	조건	비고
소금물 농도	10~15%	-
처리 시간	20~30분	-
사용 횟수	적정	사용 횟수가 과다한 경우 오염될 수 있어 주의하여야 함
용수 온도	10°C 이하	선도 저하를 고려하여 온도 상승 시 얼음을 넣음

⑧ **세척 및 탈수**

소금 절임된 고등어는 가공 용수가 채워져 있는 용기에 플라스틱 바구니를 넣어 잔존 내장, 혈액, 과다 염분을 제거한 후 플라스틱 바구니로부터 물이 분리될 수 있도록 경사를 두어 약 2분 정도 탈수한다.

⑨ **용기의 청정화**

용기 청정화는 먼지와 같은 이물질 제거뿐만이 아니라 어드히전adhesion을 방지하기 위하여 세척을 실시하였으나, 최근에는 공기분사로 대체되고 있다.

⑩ **살쟁임**

고등어 통조림의 살쟁임은 반드시 1단으로 하고, 꼬리부의 어육은 내용량을 조절하기 위하여 사용하되 저급품으로 인식되지 않도록 한 토막 이상은 넣지 않는 것이 좋다. 소비자의 인식을 고려하여 복강부의 육부는 복부 안쪽으로부터 등뼈를 따라 길게 벌려 여기에 꼬리육을 포개 넣어 살쟁임한다. 이때 윗면은 고르게 정리하여 보기 좋도록 한다. 고등어의 살쟁임 양은 규정량에 맞추어야 한다(표 14-34).

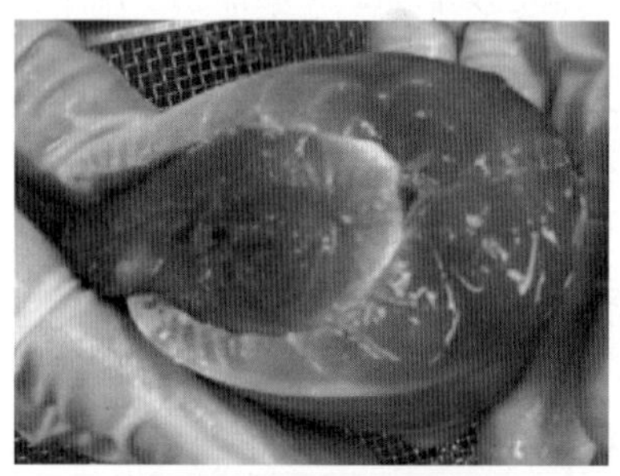

살쟁임을 위한 전처리

살쟁임 후 모습

그림 14-35 살쟁임 처리 및 형태

표 14-34 고등어 보일드 통조림 제조를 위한 살쟁임 양

(단위 : g)

용기 종류	401-2호	307-2호	301-7호	301-4호	2호
어체 절단 길이	455	255	445	215	860

⑪ **무게 재기**

살쟁임이 끝난 것은 무게를 재고, 규정량과 비교해서 부족한 경우 규정량에 맞도록 조절한다.

⑫ **가열 탈기(탈기함 처리) 및 주입액 주입**

살쟁임을 마치면 탈기함(90~98℃) 처리를 하는데 내용물의 양에 따라 다르나 일반적으로 20~30분 정도 진행한다. 이때 자숙 중 분리된 자숙수는 커드 방지를 위하여 가능하면 제거한다.

보일드 통조림식품의 주입액은 원료어의 종류에 관계없이 일반적으로 2% 식염수를 사용하며, 주입 시에는 진공도를 고려하여 끓여서 사용한다.

탈기함 처리

식염수 주입

그림 14-36 탈기 처리 및 주입액 주입 공정

⑬ **밀봉**

통조림식품의 밀봉은 외부로부터 미생물의 침입을 막고 캔 내의 공기 유통을 방지하여 저장성 있는 식품을 제조하기 위하여 자동 밀봉기seamer를 이용하여 처리한다. 밀봉은 외관상 이상이 없어야 하고, 밀봉 규격 관리 이내에 있어야 한다. 진공도는 25.4 cmHg 이상이 되도록 한다.

⑭ **세척**

밀봉한 캔은 공정 중에 캔 표면에 부착한 내용물 및 주입액인 소금물로 인하여 녹이 발생할 우려가 있으므로 캔 세척기로 세척한다. 이때 세척수는 1일 3~4회 교환하고, 세제 주입 시에는 60℃ 이상을 유지하여야 한다. 세척된 캔은 10분마다 밀봉 및 세척 상태를 육안으로 검사한다.

⑮ **살균**

탈기 및 밀봉을 완료한 통조림식품은 가능한 빨리 레토르트에서 살균하여 미생물 발육으로 인한 여러 변패를 억제한다. 살균 시간 및 온도는 원료의 선도, 캔의 형태, 어획 시기 등 여러 가지 요인에 따라 다소 차이는 있다. 단, 밀봉을 마친 통조림을 목표 온도까지 상승시키는 데 소요되는 시간은 급격히 빨리하는 경우 육질에 균열이 생기고, 반대로 완만하게 가열하면 표피가 벗겨지므로 유의하여야 한다.

⑯ **냉각**

살균이 끝난 통조림식품은 레토르트 내에서 가압 냉각수로 냉각한다. 스트루바이트가 문제되지 않는 경우 중심 온도 약 38℃에서 냉각을 종료하고, 건조실에서 송풍기 등을 사용하여 캔 표면의 물기를 건조한다.

그림 14-37 고등어 보일드 통조림

(2) 꽁치 보일드 통조림

꽁치 보일드 통조림은 우리나라에서 고등어 보일드 통조림과 함께 보일드 통조림으로는 가장 많이 생산되는 보일드 통조림 중의 하나이다. 꽁치 보일드 통조림은 개봉해서 그대로 먹기보다는 김치찌개, 여러 가지 식품을 조리할 때 중간 소재로 많이 활용한다. 꽁치 보일드 통조림의 제조 과정은 그림 14-38과 같이 정리할 수 있다.

① **원료 꽁치의 구입 및 동결**

원료인 꽁치는 크기가 어느 정도 균일하고 상처가 없으며, 조직이 단단하고 선도가 우수한 것을 사용하여야 한다. 또한 기생충이 없는 것을 구매하도록 하여야 한다. 꽁치는 일시에 다량 어획되고 선도 저하가 신속한 어종이므로 원료 취급에 유의하여야 한다. 원료는 선어로 사용하기도 하나, 일반적으로 동결고에 보관하여 둔 냉동어를 많이 쓴다.

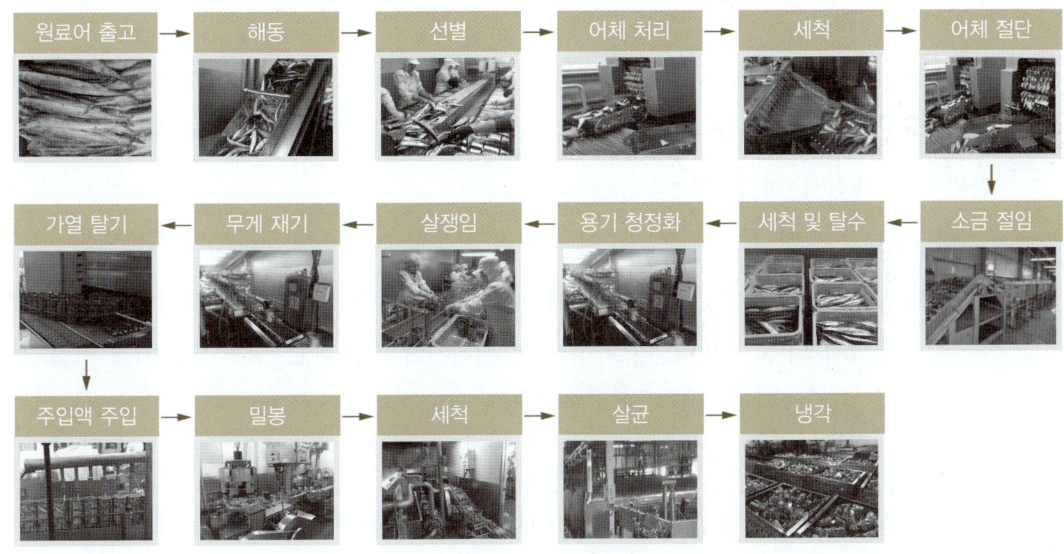

그림 14-38 꽁치 보일드 통조림의 제조 공정

그림 14-39 원료 꽁치

동결을 위해 원료어를 입고할 때에는 크기, 동결 일자별로 로트를 구분하여 -18℃ 이하에서 냉동 보관한다. 입고된 원료는 선입선출을 원칙으로 한다.

원료의 품질 관리를 위하여 선도검사를 하는데 관능적 방법(안구, 색택, 탄력 등)과 화학적 방법(휘발성 염기질소 등)을 병용한다.

② 원료 해동

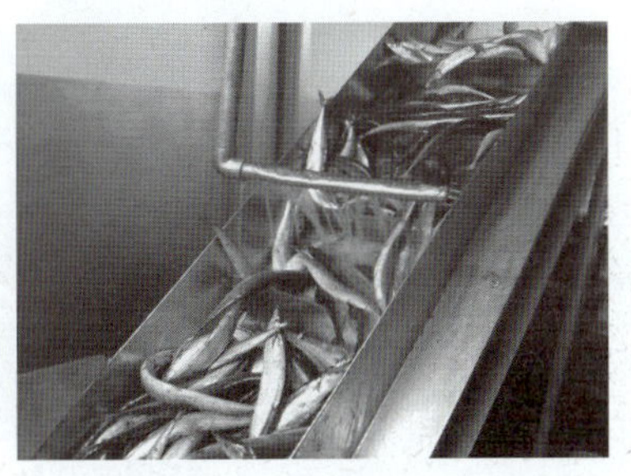

그림 14-40 냉동 꽁치의 해동

원료로 선어보다는 냉동어를 많이 사용한다. 원료로 사용하기 위하여 냉동 꽁치를 해동할 때는 침수 해동 또는 자연 해동을 하여 사용하되, 해동 후 어체 품온이 -4~-1℃가 되도록 반해동한다. 반해동은 품질뿐만이 아니라 작업하기에도 좋다.

③ 원료 선별

해동 꽁치는 전처리에 앞서 어체의 크기, 선도, 상처의 유무 등에 따라 선별하여 제품의 수율을 높이고 품질은 균일하게 한다.

④ **어체 처리**

작업대 위에서 왼손으로 꽁치의 몸통을 잡고, 오른손으로 배지느러미가 붙은 부분에서 직각으로 머리를 자른 후 왼손으로 육이 손상되지 않도록 가볍게 복부를 눌러 오른손의 칼로 내장을 제거한다.

최근에는 꽁치 보일드 통조림용 어체 처리 자동화 기계(어체 처리기)가 개발되어, 선별한 꽁치를 어체 처리기에 투입하면 머리, 내장, 꼬리 등을 제거하고 적절한 크기로 절단한 후 세척까지 되어 나온다. 따라서, 어체 처리기를 사용하는 경우에는 어체 처리, 세척 및 어체 절단의 공정이 동시에 이루어진다.

⑤ **세척**

원료 처리가 끝나면 수세 탱크에서 어체 표면과 내장을 제거한 배 부위의 오물을 완전히 씻어 내고, 이어서 가벼운 정도로 탈수를 한다. 이때 세척하면서 배 부위를 손상시키면 다음 공정에서 어육이 허물어지므로 유의하여야 한다. 세척수는 자주 보충하거나 2시간마다 교체하여 오염과 온도 상승을 억제한다.

⑥ **어체 절단**

세척한 어체는 피시 커터로 캔 크기에 맞추어 어체의 중심선에서 길이가 일정하도록 절단한다. 이때 길이가 너무 짧으면 살쟁임 양이 부족함은 물론이고 내용물의 동요가 심하여 어육이 허물어질 염려가 있으며, 반대로 길이가 너무 길면 밀봉 불량이 발생하기 쉽고 진공도가 떨어진다.

수작업에 의한 절단 작업

자동화에 의한 절단 작업

그림 14-41 꽁치의 어체 절단 공정

⑦ **소금 절임**

혈액 제거, 커드 생성 억제를 위한 수용성 단백질의 용출, 짠맛 부여, 어류 껍질의 벗겨짐 저감, 육조직의 수축 등을 위하여 소금 절임을 실시한다. 전처리한 꽁치의 소금 절임에 사용하는 식염수 농도와 처리 시간은 원료의 선도, 크기 및 온도 등에 따라 차이가 있으나, 10℃ 이하의 10~15% 소금물에 20~30분 동안 침지하는데 소금물은 적정하게 사용한 후 교체하여야 한다.

그림 14-42 소금 절임 공정

⑧ **세척 및 탈수**

소금 절임한 어체는 가공 용수가 채워져 있는 용기에 플라스틱 바구니를 넣어 잔존 내장, 혈액, 과다 소금을 제거한다. 플라스틱 바구니로부터 물이 분리될 수 있도록 경사를 두어 약 2분 정도 탈수한다.

⑨ **용기의 청정화**

용기 청정화는 먼지와 같은 이물질 제거뿐만이 아니라 어드히전adhesion을 방지하기 위하여 세척하였으나, 최근에는 공기 분사로 대체되고 있다.

⑩ **살쟁임**

살쟁임은 용기에 따라 가로 살쟁임과 세로 살쟁임이 있으며, 용기에 따라 각각 방법을 달리한다.

- 가로 살쟁임 : 타원형 캔 및 사각형 캔의 살쟁임 방법으로, 대형어는 1단, 중형어는 2단으로 살쟁임한다. 2단 살쟁임은 먼저 하단에는 복부를 아래쪽으로 향하게 하고 머리는 꼬리 쪽과 각각 반대 방향으로 가로로 배열한다. 상단은 이와는 반대로 복부를 위로 향하게 하고 하단의 어체 배열과 반대 방향으로 머리와 꼬리를 놓아 머리와 머리, 꼬리와 꼬리가 겹치는 일이 없도록 한다.
- 세로 살쟁임 : 일반적으로 원통형 캔은 세로로 살쟁임한다. 어체를 캔 높이에 맞추어 절단하고 밀감의 절단면과 같은 모양이 되도록 살쟁임한다.

⑪ **무게 재기**

살쟁임한 후 무게를 재고, 규정량과 비교해서 부족한 경우 규정량에 맞추어 조절한다.

⑫ **가열 탈기(탈기함 처리) 및 주입액 주입**

살쟁임을 마친 것은 탈기함(90~98℃)을 10~20분 만에 통과하게 한다. 이때 자숙 중 분리된 세척수는 커드 방지를 위하여 가능하면 제거한다.

보일드 통조림식품의 주입액은 원료어의 종류에 관계없이 일반적으로 2% 식염수를 사용하며, 주입할 때는 진공도를 고려하여 끓여서 사용한다.

탈기함 처리

식염수 주입

그림 14-43 탈기 처리 및 주입액 주입 공정

⑬ **밀봉**

통조림식품은 외부로부터 미생물의 침입을 막고, 캔 내의 공기 유통을 방지하여 저장성 있는 식품을 제조하기 위하여 자동 밀봉기를 이용하여 밀봉 처리한다. 밀봉은 외관상 이상이 없어야 하고 밀봉 규격 관리 범위 내에 있어야 한다. 진공도는 25.4 cmHg 이상이 되도록 한다.

그림 14-44 밀봉

⑭ **세척 및 레토르트 바스켓에 적재**

밀봉한 캔은 표면에 부착한 내용물 및 주입액인 소금물로 인하여 녹이 발생할 수 있으므로 캔 세척기로 세척한다. 이때 세척수는 하루에 3~4회 교환하고, 세제를 주입할 때는 60℃ 이상을 유지한다. 세척된 캔은 10분마다 밀봉 및 세척 상태를 육안으로 검

세척

적재

그림 14-45 용기 세척 및 적재

사한다.

⑮ **살균**

탈기 및 밀봉을 완료한 통조림식품은 가능한 빨리 레토르트에서 살균하여 미생물 발육에 의한 여러 변패를 억제한다. 살균 시간 및 온도는 원료의 선도, 캔 형태, 어획 시기 등의 요인에 따라 다소 차이가 있다. 목표 온도까지 상승시키는 데 소요되는 시간은 급격히 빨리하는 경우 육질에 균열이 생기며, 반대로 완만하게 가열하면 표피가 벗겨지므로 유의하여야 한다.

⑯ **냉각**

살균이 끝난 통조림식품은 레토르트 내에서 가압 냉각수로 냉각한다. 스트루바이트가 문제되지 않는 경우에는 중심 온도 약 38℃에서 냉각을 종료하고, 건조실에서 송풍기 등을 사용하여 캔 표면의 물기를 건조한다.

그림 14-46 꽁치 보일드 통조림

(3) 게 보일드 통조림

게는 전 세계 소비자들이 모두 선호하고 있는 대표적인 수산물의 하나이고, 우리나라에서는 경상북도 포항 인근 지역에서 붉은대게(홍게)를 대량 생산하고 있다. 게 보일드 통조림의 제조 과정은 그림 14-47과 같이 정리할 수 있다.

그림 14-47 게 보일드 통조림의 제조 공정

① **원료 게**

게 보일드 통조림의 원료로는 왕게, 대게, 털게, 붉은대게(홍게) 등을 이용하나, 우리나라는 동해안 등에서 많이 어획되는 붉은대게를 주로 사용한다.

원료 게의 선도가 제품 품질에 크게 영향을 미치므로 선도가 우수한 것(향긋한 갯내가 나면서 pH 6.8 정도)을 사용한다. 이때 원료 게의 어획 시간 차이가 크면 선도도 차이가 나므로 별도로 분리하여 작업하여야 한다.

② **원료 선별**

원료 게는 크기, 선도 등에 따라 선별하여 제품의 품질을 균일하게 한다.

③ **탈갑**

보일드 통조림의 원료로 사용하는 게는 어획하는 즉시 탈갑한다. 탈갑하지 않고 방치하면 내장의 자가소화효소에 의하여 어깨살이 분해되어 제품의 품질이 저하되며 수율도 떨어진다. 탈갑은 예전의 경우 수작업(게를 뒤집어 복부를 누르며 손으로 양쪽에 있는 셋째와 넷째의 두 다리를 각각 잡아당기면 복부가 내장과 함께 쉽게 분리되고, 손에는 다리 부분만 남음)으로 하였으나 최근에는 탈갑기로 탈갑한다.

④ **세척**

분리한 다리는 깨끗한 바닷물로 닦아 내는데, 이 세척 과정을 생략하거나 오염된 용수를 사용할 경우 육색이 갈색으로 변하거나 육질이 연화되며, 색택이 좋지 않고 푸른 반점이 생긴다.

⑤ **자숙**

게를 날 것 그대로 상온에 장시간 방치하면 게의 자가소화효소에 의하여 근육 단백질이 분해되어 선도가 급격히 떨어지고, 육질은 붕괴되어 액화된다. 이러한 이유로 분리한 다리는 자가소화효소(80℃ 이상에서 10분 정도 가열로 활성 억제)의 활성을 억제하여 저장 기간을 연장하기 위하여 자숙한다. 원료의 자숙은 균일하게 실시하여야 한다. 자숙 시간은 원료의 크기, 선도 등에 따라 달라 대형은 15~20분, 소형은 13~15분으로 하는데 선도가 저하된 것은 2~3분 정도 연장한다. 자숙 시간이 부족하면 제품의 액즙량이 많아지는 반면 고형량은 줄어든다.

자숙 탱크는 스테인리스나 콘크리트로 만든다. 내부에 증기 파이프를 설치하여 가열하며, 내부에 게를 얹을 수 있는 철망을 넣는다. 자숙할 때는 묽은 식염수나 바닷물을 사용한다.

표 14-35 게의 다리 살 자숙 시간

원료 게	대형		소형	
	신선	선도 저하	신선	선도 저하
자숙 시간	15~20분	17~23분	13~15분	15~18분

⑥ **냉각**

자숙 게 다리는 즉시 건져 내어 8~10분간 급속 냉각하여 근육단백질을 긴축시켜 채육하기 쉽게 한다. 이때 세균 오염에 주의하여야 한다.

⑦ **육 분리**

냉각 처리한 게 다리는 칼 또는 가위로 관절 부분을 중심으로 절단한다. 먼저 어깨살을 분리하고, 가위로 관절의 양쪽을 잘라서 1번 다리 살, 2번 다리 살, 3번 다리 살 등으로 나누어 채육한다.

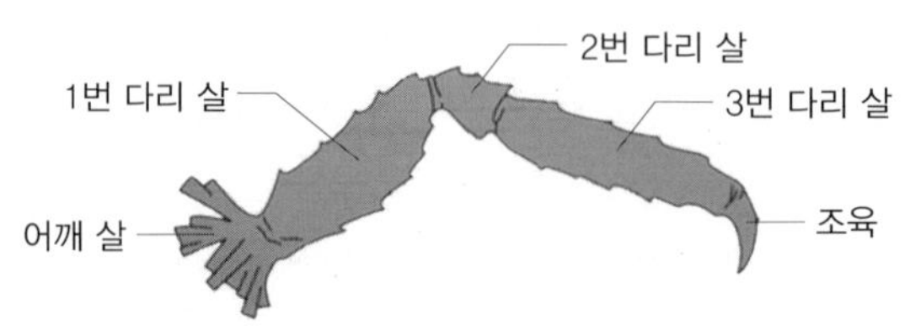

그림 14-48 게 다리 살의 명칭

⑧ **세척 및 선별**

채육한 게살은 표면 또는 조직 내의 응고한 피와 오물을 씻어 내고 각 부분의 게살을 종류별로 구분한 후 발이나 탈수 처리대에서 탈수한다.

탈수한 게살은 여러 갈래로 찢어져 있는지를 조사하고, 품질별로 1등살, 2등살 등으로 구분한다. 이때 부위별 상급품을 순서대로 나열하면 1번 다리 살, 2번 및 3번 다리 살, 부스러진 육 등이다.

⑨ **용기의 청정화**

용기 청정화는 먼지와 같은 이물질의 제거뿐만이 아니라 어드히전adhesion을 방지하기 위하여 세척하는데, 최근에는 공기 분사로 대체되고 있다.

⑩ **살쟁임**

게 보일드 통조림의 제조를 위한 게살의 살쟁임은 반드시 흑변 방지를 위하여 에나멜을 도료한 캔에 유산지를 같이 사용한다. 게 보일드 통조림은 소비자에게 고급스럽다는 인식을 주기 위하여 캔을 열었을 때 1번 다리살의 붉은색이 바로 보이도록 위에 놓는다. 게 보일드 통조림의 살쟁임 순서는 다음과 같다.

- 흑변 방지를 위하여 살쟁임하기 전에 유산지를 캔 내면에 깐다.
- 용기의 바닥에 1번 다리 살 2~3개를 붉은 쪽이 밑으로 가도록 깐다.
- 그 위에 2번 및 3번 다리 살을 넣는다.

- 중심부에 부스러진 육을 넣는다.
- 다시 2번 및 3번 다리 살을 올려놓는다.
- 1번 다리 살의 붉은색 쪽이 위가 되도록 올린다.
- 유산지를 국화 송이 모양으로 접어 위를 봉한다.

⑪ **무게 재기**

살쟁임한 것은 무게를 재고, 규정량과 비교하여 부족한 경우 규정량에 맞도록 조절한다.

⑫ **가열 탈기 및 주입액 주입**

무게를 재고 용량을 맞춘 것은 탈기함(90~98℃)을 10~20분 만에 통과시켜 가열 탈기한다. 이때 자숙 중 분리된 자숙수는 커드 방지를 위하여 가능하면 제거한다.

보일드 통조림식품의 주입액은 2% 식염수를 사용하며, 주입 시에는 진공도를 고려하여 끓여서 사용한다.

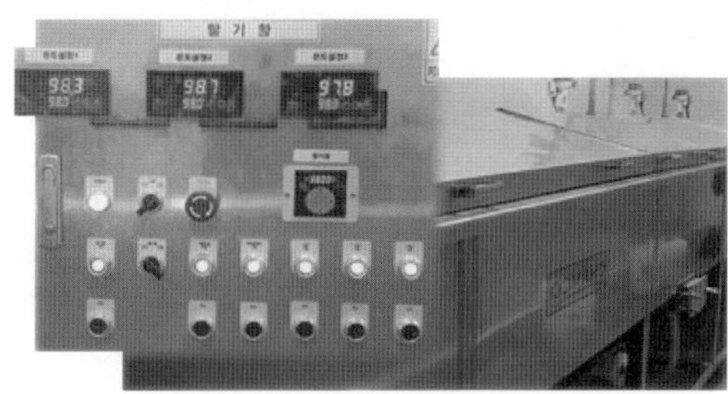

가열 탈기 처리

주입액 주입

그림 14-49 주입액 주입

⑬ **밀봉**

식염수의 주입을 마친 후 진공 밀봉기를 사용하여 밀봉한다.

⑭ **캔 세척**

밀봉한 캔은 살쟁임할 때 내용물이나 소금물이 용기의 표면에 묻어 녹이 발생할 우려가 있으므로 캔 세척기로 씻어 낸다.

⑮ **살균**

게 보일드 통조림에 저장성을 부여하기 위한 살균 시간 및 온도는 원료의 선도, 캔의 형태, 어획 시기 등 여러 요인에 따라 다소 차이가 있다.

⑯ 냉각

살균한 통조림은 레토르트 내에서 가압 냉각수로 냉각한다. 스트루바이트가 문제되지 않는 경우에는 중심 온도 약 38℃에서 냉각을 종료하고, 건조실에서 송풍기 등으로 캔 표면의 물기를 건조한다.

그림 14-50 게 보일드 통조림

2) 조미 통조림식품

조미 통조림식품은 원료를 전처리한 후 이를 살쟁임하고 주입액인 조미액을 넣고 무게를 잰 다음에 탈기, 밀봉, 살균, 냉각하여 제조한다. 조미 통조림식품은 소비자의 입맛에 맞는 조미액을 주입하여 제조하므로 구입한 후 아무런 조리 과정 없이 바로 먹을 수 있는 대표적인 가정간편식이다.

조미 통조림식품의 조미액은 지역, 국가에 따라 식습관과 입맛이 다른 소비자의 기호를 고려하여 각기 달리 제조되어야 한다. 조미액의 주재료는 장유이며 부재료로는 설탕, 미림, 물엿, 향신료 등을 사용하나, 제조회사마다 재료와 그 비율은 차이가 있다. 그럼에도 조미액의 제조, 즉 재료 배합 시에는 반드시 다음의 사항은 지켜야 한다.

- 조미액의 재료는 가급적 우량 재료를 사용하여야 한다.
- 조미액의 배합은 각각의 재료 분량을 정확히 하여야 한다.
- 조미액은 제품 구매자의 기호에 맞추어 배합한다.
- 조미액은 배합한 후 균일하게 혼합되도록 한 번 끓여야 한다.

조미 통조림식품은 최근 소비자 요구needs와 맞아 다량 생산되고 있으며 앞으로도 증가할 것으로 예상된다. 현재 우리나라에서 생산되는 주요 수산물 조미 통조림은 소라, 골뱅이 조미 통조림 등이며, 여기에서는 이들 통조림의 제조 공정 등에 대하여 살펴보기로 한다.

(1) 소라 조미 통조림

소라는 우리나라 남부 연안에 많이 서식하는 수산 자원으로, 고단백이면서 특유의 조직감으로 소비자들의 선호도가 높은 수산 자원 중의 하나이다. 최근 국내에서 소라 조미 통조림이 개발되어 인기리에 시판되고 있다. 이때 통조림 제조회사에서 직접 생소라를 구매하여 전처리한 다음 원료로 사용하기보다는 자숙 처리하여 냉동한 것을 구매하여 통조림을 제조하는 것이 일반적이다.

그림 14-51 소라 조미 통조림의 제조 공정

① 원료 소라의 구입

통상적으로 소라라고 하면 고둥, 골뱅이 등과 같은 고둥류를 총칭하나, 실제로는 고둥류 중 유일하게 석회질 뚜껑을 가지고 있는 종류를 말한다. 조미 통조림의 원료 소라는 크기가 균일하고 선도가 우수한 것을 사용하여야 한다.

소라는 크기, 선도, 상처의 유무 등에 따라 선별하여 제품의 품질을 균일하게 유지한다. 선별한 소라는 작업대 위에 올려 외피에 붙은 모래나 이물질을 담수로 깨끗이 씻어 낸다.

세척한 소라는 열탕 처리(100℃에서 10~20분)한 다음 탈각하고, 식염수로 세척한 후 수분을 제거한다. 다시 깨끗한 물로 세

그림 14-52 원료 소라

척한 후 큰 소라는 2등분한다. 일반적으로 이 공정을 마친 소라는 그대로 사용하거나, 냉동하여 통조림 공장에 납품을 한다.

② **해동 및 세척**

냉동 소라는 일반적으로 해동실에서 침수 해동하고, 세척하여 원료로 사용한다.

③ **선별**

소라의 선별은 기계x-ray와 사람의 감각 평가가 순차적으로 이루어진다. 기계는 주로 패각의 혼입 같은 이물질을 선별하고, 사람은 이물질 선별과 함께 크기를 대, 중, 소로 구분함은 물론 선도, 상처의 유무 등을 확인하여 선별함으로써 제품의 품질을 균일화한다.

선별이 끝난 소라는 다음 공정인 자숙하기 전에 동결되어 있는 원료가 없도록 하여야 한다.

표 14-36 무게에 따른 소라의 선별

기준 항목	사이즈		
	대	중	소
무게 (g)	20 g 이상	12 g 이상	5 g 이상

④ **자숙**

중심 온도가 65℃가 되도록 탈기, 육의 수축으로 살쟁임 등이 용이하도록 98~100℃에서 자숙한다. 자숙 시간은 크기에 따라 차이가 있다.

⑤ **용기 검사 및 청정화**

도장 상태의 균일성, 결함부pin hole의 존재 여부 등을 철저히 검사한 후 이물질 제거를 위하여 용기를 세척하거나 공기 분사하여 청정화한다.

⑥ **살쟁임**

살쟁임은 용기에 규정된 고형물 양에 맞추어야 하며, 탈기 및 살균한 후 탈수에 의한 감량도 고려한다.

⑦ **무게 재기**

살쟁임한 것은 무게를 재고, 규정량과 비교하여 부족한 경우 규정량에 맞도록 조절한다.

⑧ **가열 탈기**

통조림은 탈기함의 온도가 90~98℃ 정도가 되도록 하여 일정 시간 동안 가열 탈기한다. 이때 가열 탈기 시간은 원료의 선도 및 크기 등에 따라 달리한다.

그림 14-53 탈기

⑨ **조미액 주입**

조미액은 소비 지역이나 제조회사 등에 따라 차이가 있으나, 대체로 간장 1.6 L, 설탕 800 g, 물 1,500 g의 비율에 기타 이성화당, 글루탐산나트륨 등을 적절히 배합하여 조제한 다음 첨가한다. 이때 진공도를 고려하여 주입액은 끓여서 주입한다.

⑩ **밀봉 및 세척**

조미액을 주입한 캔은 밀봉기로 밀봉한다. 밀봉한 캔은 살쟁임할 때 내용물 및 조미액이 용기 표면에 묻었으면 녹이 발생할 우려가 있으므로 캔 세척기로 닦아 낸다. 이때 세척수는 1일 3~4회 교환하고, 세제를 주입할 때는 60℃ 이상을 유지하여야 한다. 세척한 캔은 10분마다 밀봉 및 세척 상태를 육안으로 검사한다.

밀봉

살균

그림 14-54 밀봉 및 살균

⑪ **살균**

탈기 및 밀봉을 완료한 통조림은 가능한 한 20~30분 이내에 레토르트에서 살균하여 미생물 발육으로 인한 여러 가지 변패를 억제한다. 살균 시간 및 온도는 원료의 선도, 캔의 형태, 어획 시기 등 여러 요인에 따라 다소 차이가 있다.

⑫ **냉각**

살균을 끝낸 통조림식품은 레토르트 내에서 가압 냉각수로 냉각한다. 스트루바이트가 문제되지 않으면 중심 온도 약 38℃에서 냉각을 종료하고, 건조실에서 송풍기 등으로 캔 표면의 물기를 건조한다.

그림 14-55 소라 조미 통조림

(2) 골뱅이 조미 통조림

골뱅이 통조림은 국내에서 생산되고 있는 통조림 중 단위 가격이 가장 높으면서 조미 통조림 중 생산량 및 매출 총액이 가장 높은 제품이다. 골뱅이 조미 통조림은 소비자 기호에 맞춘 기호 식품이어서 누구나 선호하는 고급 식품 소재 중의 하나이다. 골뱅이 무침, 비빔밥, 비빔국수, 데리야끼 볶음 등의 소재로도 널리 이용된다.

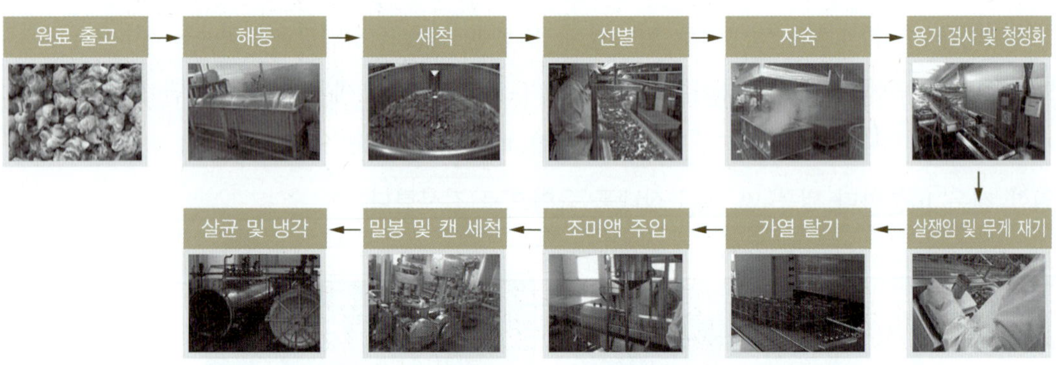

그림 14-56 골뱅이 조미 통조림의 제조 공정

① **원료 골뱅이의 구입**

골뱅이는 3~8월에 생산하며, 산란기는 5~6월이다. 골뱅이 조미 통조림의 원료로는 산란기 직전인 3~4월에 생산한 것이 좋다. 골뱅이의 수율은 생산 시기, 산란 여부, 선도 및 원료 처리의 신속성 여부에 따라 1~3% 정도 차이가 난다. 원료 골뱅이의 선도는 제품의 품질에 크게 영향을 미치므로 선도가 우수한 것을 사용한다. 예전에는 국내산 골뱅이를 원료로 사용하기도 하였으나, 최근에는 모두 수입산(대부분 아일랜드산) 탈각 골뱅이를 사용한다. 수입 탈각 골뱅이는 개별급속동결individual quick freezing, IQF 상태로 수입된다.

그림 14-57 원료 골뱅이

② **해동 및 세척**

개별급속동결IQF 골뱅이를 침수 해동하면서 동시에 교반하여 세척을 한다.

그림 14-58 원료 골뱅이의 해동 및 세척

③ **선별**

골뱅이의 선별은 기계x-ray와 사람의 감각 평가가 순차적으로 이루어진다. 기계는 주로 패각의 혼입 같은 이물질을 선별하고, 사람은 이물질 선별과 함께 어체의 크기를 대, 중, 소, 극소로 구분함은 물론 선도, 상처의 유무 등을 확인하여 선별함으로써 제품의 품질을 균일화한다.

선별이 끝난 골뱅이는 다음 공정인 자숙하기 전에 동결되어 있는 원료가 없도록 하여야 한다.

기계(x–ray)에 의한 선별

수작업에 의한 선별

그림 14-59 원료 골뱅이의 선별

표 14-37 무게에 따른 골뱅이 선별

기준 항목	크기			
	대	중	소	극소
무게 (g)	20 g 이상	12 g 이상	5 g 이상	1.5 g 이상

④ **자숙**

탈기, 원료 표백, 액의 백탁화 방지, 육의 수축으로 살쟁임 등이 용이하도록 98~100℃에서 자숙한다. 자숙 시간은 크기에 따라 차이가 있다.

⑤ **용기 검사 및 청정화**

도장 상태, 도장면의 결함 등을 검사한 후 이상이 없으면 캔을 세척하거나 공기를 분사하여 캔의 청정화를 실시한다.

⑥ **살쟁임**

용기에 규정된 고형물 양에 맞추어 살쟁임하는데 탈기 및 가열살균 후 탈수에 의한 감량을 고려하여 채운다.

⑦ **무게 재기**

살쟁임한 것은 무게를 재고, 규정량과 비교한 후 부족한 경우에는 규정량에 맞추어 조절한다.

⑧ **가열 탈기**

무게를 잰 통조림은 탈기함 온도를 95℃ 정도로 조정하여 일정 시간 동안 가열 탈기한다. 이때 가열 탈기 시간은 원료의 선도와 크기 등에 따라 차이가 있다.

그림 14-60 골뱅이의 자숙

그림 14-61 살쟁임 및 무게 재기

⑨ **조미액 주입**

조미액은 소비 지역 및 제조회사 등에 따라 차이가 있으나, 대체로 간장, 설탕, 물, 설탕, 이성화당, 글루탐산나트륨 등을 적절히 배합하여 조제한다. 조미액은 진공도를 고려하여 반드시 끓인 상태로 첨가한다.

⑩ **밀봉 및 캔 세척**

진공 밀봉기로 밀봉한 다음 살쟁임한 내용물이나 조미액이 용기 표면에 묻으면 녹이 발생할 우려가 있으므로 용기 세척기로 씻어 낸다.

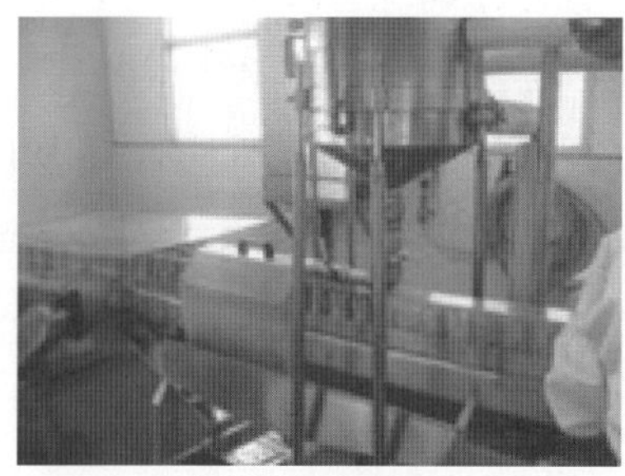

조미액 주입

밀봉

그림 14-62 주입액 주입과 밀봉

⑪ **살균**

탈기 및 밀봉을 완료한 캔은 가능한 빨리 레토르트에서 살균하여 미생물 발육으로 인한 여러 가지 변패를 억제하여야 한다. 살균 시간 및 온도는 원료의 선도, 캔의 형태, 어획 시기 등 여러 요인에 따라 다소 차이가 있다.

⑫ **냉각**

살균이 끝난 통조림식품은 레토르트 내에서 가압 냉각수로 냉각한다. 스트루바이트가 문제되지 않는 경우에는 중심 온도 약 38℃에서 냉각을 종료하고, 건조실에서 송풍기 등으로 캔 표면의 물기를 건조한다.

그림 14-63 살균 및 냉각

그림 14-64 골뱅이 조미 통조림

3) 기름담금 통조림

기름담금 통조림의 제조 과정은 보일드 통조림, 조미 통조림 등과 유사하나, 살재임한 후 주입액으로 보일드 통조림의 식염수, 조미 통조림의 조미액 대신에 소량의 조미액을 포함한 식물성 기름을 주입하는 것이 다르다. 주입하는 식물성 기름은 다음과 같은 일정한 조건을 갖추어야 한다.

- 맑고, 향미와 색택이 좋아야 한다.
- 유지의 산값이 올리브유는 2.0 mg KOH/g oil 이하, 면실유도 0.2 mg KOH/g oil 이하, 대두유는 0.3 mg KOH/g oil 이하이어야 한다.

기름담금 통조림의 원료로는 다랑어류, 굴, 바지락, 지중해담치 등을 사용하는데 여기에서는 참치 기름담금 통조림, 연어 기름담금 통조림, 굴 훈제 기름담금 통조림, 바지락 훈제 기름담금 통조림, 지중해담치 훈제 기름담금 통조림 등에 대하여 살펴보기로 한다.

(1) 참치 기름담금 통조림

참치 통조림은 남녀노소 할 것 없이 국내 소비자 모두가 즐겨 생산량, 매출액 기준 국내 시장 1위를 차지하고 있으며, 그중에서도 기름담금 통조림이 단연 1위이다. 참치 기름담금 통조림의 제조 과정은 그림 14-65와 같이 정리할 수 있다.

① 원료 참치의 구입

다랑어의 종류는 날개다랑어, 눈다랑어, 참다랑어, 황다랑어, 가다랑어 등 매우 다양하나, 통조림 원료로는 주로 가다랑어skipjack tuna를 사용하고 황다랑어yellowfin tuna가

그림 14-65 참치 기름담금 통조림의 제조 공정

일부 사용되며 날개다랑어albacore도 극히 일부 쓰인다. 이 중 날개다랑어로 만든 통조림 제품을 화이트 미트white meat라 하며 품질이 가장 좋다. 날개다랑어 이외의 원료로 만든 제품은 모두 라이트 미트light meat라 한다. 통조림 원료로는 원양에서 어획된 냉동 다랑어를 사용한다.

그림 14-66 참치 통조림의 원료 다랑어류

② **해동**

냉동 다랑어는 음용수에 담가 침수 해동을 실시한다. 냉동 다랑어의 해동 조건은 계

냉동 다랑어

해동

그림 14-67 원료 냉동 다랑어의 해동

절, 수온, 기온 및 크기에 따라 차이가 있으나 일반적으로 2~6시간 동안 침수 해동한다.

③ 원료 세척 및 전처리

해동된 다랑어는 세척장치를 이용하여 이물질을 제거한다. 1차 세척한 원료어는 큰 개체의 경우는 머리와 내장을 제거하고, 작은 개체의 경우 내장만을 제거한 후 뱃살을 분리한다.

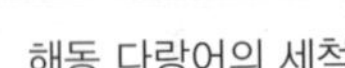
해동 다랑어의 세척

전처리

그림 14-68 세척 및 전처리

④ 세척

내장 및 뱃살 제거 처리한 참치를 맑은 물이나 식염수로 혈액을 제거하면서 어체를 충분히 씻는다.

⑤ 선별

어체의 크기에 따라 자숙 시간이 달라지므로, 자숙 조건을 균일하게 조정하기 위하여 크기 또는 중량별로 선별한다.

⑥ 자숙

전처리한 다랑어를 크기 또는 중량별로 자숙 대차에 담아 증기로 찐다. 자숙 시간은 어체의 크기, 선도, 동결 유무, 지질 함량에 따라 다르나, 일반적인 조건은 표 14-38과 같다. 이때 어체의 중심 온도는 65℃ 정도이면 적당하다.

표 14-38 다랑어의 자숙 조건

처리 항목	다랑어류 무게	
	12~15 kg	3 kg
처리 온도	102~105℃	100~105℃
처리 시간	3.5~4.0 시간	1~2 시간

⑦ 냉각

육질이 긴축하여 적당한 경도와 온도가 될 때까지 분무 냉각을 실시한다. 냉각 시간은 어체의 온도와 크기에 따라 다르다. 일반적으로 자숙과 냉각 후 어체의 감량 비율은 25% 정도이다.

어체 처리를 위한 자숙

분무 냉각

그림 14-69 다랑어의 자숙 및 냉각

⑧ 로인 분리

비늘과 어류 껍질을 제거한 후 몸통을 두 쪽으로 쪼개어 등뼈를 제거하고 등살과 뱃살로 나눈다. 작은 뼈, 붉은살, 어류 껍질 등을 완전히 제거하여 로인loin만을 분리한다. 이때 로인은 생원료에 대하여 약 33%, 자숙 어육에 대하여 57% 정도이다.

그림 14-70 로인(loin) 분리

⑨ **기계 및 사람에 의한 이물질 검사**

분리한 로인은 금속성 이물질을 제거하기 위하여 금속검출기를 통과시킨다. 이어서 살쟁임 전 원재료 및 뼈, 비늘, 껍질 등과 같은 이물질을 제거하기 위하여 사람(종업원)이 직접 이물질 검사를 실시한다.

금속검출기에 의한 금속성 이물질 검사

수작업에 의한 이물질 검사

그림 14-71 금속성 이물질 검사

⑩ **어체 절단**

통조림 용기의 높이에 따라 어체의 중심선에서 길이가 일정하도록 절단한다.

표 14-39 로인의 절단 길이

용기의 종류	401-1 (참치 1호)	307-1 (참치 2호)	211-1 (참치 3호)
어체 절단 길이 (cm)	4.0	3.0	2.4

⑪ 용기 검사 및 청정화

용기에 대하여 도장 상태의 균일성, 결함부 등을 검사하고, 이상이 없으면 세척 또는 공기 분사를 실시하여 청정화한다.

⑫ 살쟁임

투입되는 용기에 따라 규격에 맞추어 적정량의 로인을 살쟁임한다. 한국산업규격(KS 규격)에서는 살쟁임 형태에 따라 솔리드 팩solid pack, 스탠다드 팩standard pack, 청크 팩chunk pack, 플레이크 팩flake pack의 4종류로 분류하여 정의하고 있다. 플레이크는 살코기에서 부스러져 나온 부스러기 육으로 12.0 mm의 체눈을 통과한 것이다. 우리나라에서 생산하는 참치 통조림은 대부분 스탠다드 팩으로 충전되고 있다.

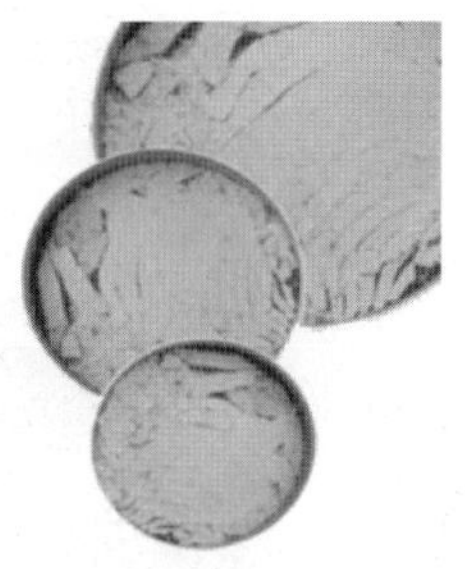

그림 14-72 살쟁임

표 14-40 참치 기름담금 통조림의 제조를 위한 살쟁임 형태

살쟁임 종류	살쟁임 형태			
	솔리드 팩	스탠다드 팩	청크 팩	플레이크 팩
절단 유무	무절단 덩어리	무절단 덩어리	절단 덩어리 (청크)	무절단 덩어리
플레이크 비율	18% 이하	20% 이하	30% 미만	30% 이상

⑬ 무게 재기

살쟁임한 것은 무게를 재고, 규정량과 비교한 후 부족하면 규정량에 맞추어 조절한다.

표 14-41 참치 기름담금 통조림(스탠다드 팩)의 고형량 및 내용량

캔 형태		고형량 (g 이상)	내용량 (g 이상)	캔 형태		고형량 (g 이상)	내용량 (g 이상)
호칭	명칭			호칭	명칭		
603-3	참치 2 kg	1,400	1,880		신참치2호	130	165
401-4	수2호	600	800	301-2	신평3호	80	100
307-1	참치2호	150	190	211-1	참치3호	75	95

⑭ 이물질 검사

참치 기름담금 통조림 내의 뼈, 금속성 물질 같은 이물질을 완벽하게 제거하기 위해 기계, 즉 엑스-레이 검사기X-ray inspection system를 통과시킨다.

그림 14-73 엑스레이 검사기를 활용한 참치 기름담금 통조림의 이물질 검사

⑮ 주입액 주입

로인의 살쟁임이 완료되면 내용량에 맞도록 80℃ 이상의 식물성 기름과 조미액즙(소량)을 주입한다.

⑯ 탈기 및 밀봉

조미액과 기름의 주입이 완료되면 35 cm Hg 이상의 조건이 되도록 조절한 자동 밀봉기를 이용하여 탈기 및 밀봉한다.

⑰ 용기 세척 및 적재

밀봉한 캔은 살쟁임할 때 내용물이나 주입 기름이 용기 표면에 묻어 있을 우려가 있으므로 캔 세척기로 씻는다. 세척한 캔은 살균 처리를 위하여 레토르트 바스켓retort basket에 적재한다.

주입액 주입

밀봉

그림 14-74 주입액 주입 및 밀봉

용기 세척

레토르트 바스켓에 적재

그림 14-75 용기 세척 및 살균을 위한 적재

⑱ 살균

탈기 및 밀봉을 완료한 다랑어 통조림은 가능한 신속히 레토르트에서 살균하여 미생물 발육으로 인한 여러 가지 변패를 억제한다. 살균 시간 및 온도는 원료의 선도, 캔의 형태, 어획 시기 등 여러 요인에 따라 다소 차이가 있으나 일반적인 조건은 표 14-42와 같다.

표 14-42 참치 기름담금 통조림의 일반적인 살균 조건

용기	살균 온도(˚C)	압력(kg/cm²)	시간(분)		
			살균	살균 온도 도달 시간	
참치 1호	111.3~113.3	0.49~0.59	70~90	5~20	
참치 2호	111.3~112.6	0.49~0.56	70~80	7~25	
참치 3호	111.3~112.6	0.49~0.56	60~90	5~30	
참치 2 kg	111.3~113.3	0.49~0.59	180	12~40	

⑲ **냉각**

살균이 끝난 통조림식품은 레토르트 내에서 가압 냉각수로 냉각한다. 스트루바이트가 문제되지 않을 경우에는 중심 온도 약 38℃에서 냉각을 종료하고, 건조실에서 송풍기 등으로 캔 표면의 물기를 건조한다.

⑳ **엑스레이 검출기에 의한 최종 이물질 검사**

제조된 참치 기름담금 통조림은 안전성 확보를 위하여 최종적으로 엑스레이 검출기를 사용하여 이물질 검사를 실시한다.

가다랑어
기름 담금 통조림

황다랑어
기름 담금 통조림

날개다랑어
기름 담금 통조림

엑스레이 검사

그림 14-76 안전성 확보를 위한 엑스레이 검사

㉑ **날인 및 포장**

참치 기름담금 통조림은 출하하기 전에 유통기한을 날인하고, 박스에 제품을 넣은 후 포장한다.

그림 14-77 날인 및 포장

(2) 연어 기름담금 통조림

연어는 맛이 좋고 요리하기도 좋다. 단백질이 풍부하고 오메가-3 지방산 등이 풍부하여 고혈압, 동맥경화, 심장병, 뇌졸중 등 혈관 질환을 예방하는 효과가 있어 미국의 영양 전문가 스티븐 프랫이 선정한 슈퍼 푸드 14가지 중 유일한 생선이기도 하다. 이에 따라 국내에서도 연어 기름담금 통조림이 생산되어 통조림 시장 점유율이 급격히 상승하였으나, 가격 등으로 인하여 지금은 시장이 위축된 상태이다. 연어 기름담금 통조림의 제조 과정은 그림 14-78과 같이 정리할 수 있다.

그림 14-78 연어 기름담금 통조림의 제조 공정

① 원료 연어의 구입

슈퍼 푸드로 알려진 연어류는 다랑어류, 대구류, 가자미류 등과 함께 서구권에서 즐겨 먹는 대표적 어류 중의 하나이며, 우리나라에서도 식생활이 서구화되면서 소비량이 급격히 증가하고 있다. 더불어 연어류 관련 가공품의 종류도 나날이 증가하고 있다.

연어류는 왕연어King salmon, 홍연어Sockeye salmon, 은연어Silver salmon, Coho salmon, 대서양 연어Atlantic salmon, 송어(시마연어Cherry salmon, 백연어Chum salmon, 곱사연어(핑크연어Pink salmon) 등으로 분류되며, 우리나라에서는 핑크 연어와 은연어를 통조림 제조에 주로 사용한다.

연어류의 특성, 용도 및 품질에 관한 자세한 내용은 제1장 표 1-4를 참조한다.

② 해동

냉동 연어는 음용수에 담가 침수 해동한다. 냉동 연어의 해동 조건은 계절, 수온, 기온 및 크기에 따라 차이가 있다.

③ 세척 및 전처리

해동 연어는 세척장치(살수형)를 이용하여 세척하고 이물질을 제거한다. 세척 연어는 머리를 자르고 내장을 제거하는 드레스dressed 처리를 한다. 이러한 드레스 처리를 산업계에서는 일반적으로 H&Gheaded and gutted라고도 한다.

④ 세척

내장 제거 연어는 맑은 물 또는 식염수로 혈액을 제거하면서 어체를 충분히 씻어 낸다.

드레스드 처리

세척

그림 14-79 연어의 드레스 처리 및 세척

⑤ 선별

어체의 크기에 따라 자숙 시간이 달라지므로 자숙 조건을 균일하게 하기 위하여 크기 또는 중량별로 선별한다.

⑥ 자숙 대차에 적재 및 자숙

선별이 끝난 연어는 적정 자숙을 목적으로 크기 또는 중량별로 자숙 대차에 담아 증기로 찐다. 이때 자숙 시간은 어체의 크기, 선도, 동결 유무, 지질 함량에 따라 다르나, 일반적인 자숙 조건은 어체의 중심 온도가 65℃ 정도 되도록 레토르트에서 증기steam로 115℃에서 30분 정도 쪄 낸다.

대차 적재

자숙

그림 14-80 로인 분리를 위한 대차 적재 및 자숙

⑦ 냉각

자숙이 완료된 연어는 냉각에 의하여 육질을 긴축시켜 로인의 분리를 용이하게 하고, 지나치게 뜨겁지 않아 작업자의 작업 조건을 양호하게 할 목적으로 적당한 경도와 온도가 될 때까지 음용수를 분무하면서 냉각시킨다. 이때 냉각 시간은 어체의 온도에 따라 달라진다.

그림 14-81 로인 분리를 위한 냉각

⑧ 로인 분리

비늘과 어류 껍질을 제거한 후 몸통을 두 쪽으로 쪼개어 등뼈를 제거하고, 몸통 살에서 작은 뼈, 어류 껍질, 붉은살 등을 완전히 제거하여 로인만을 분리한다. 이때 로인은 H&G 처리된 생원료에 대하여 약 50~54% 범위이다.

⑨ 금속 검출 및 이물질 검사

분리가 끝난 로인은 금속성 이물질을 제거하기 위하여 금속검출기를 통과시킨다. 이어서 살쟁임 전 원재료 및 뼈, 비늘, 껍질 등과 같은 기타 이물질을 제거하기 위하여 사

그림 14-82 로인 분리

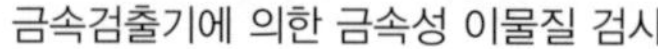
금속검출기에 의한 금속성 이물질 검사

수작업에 의한 이물질 검사

그림 14-83 로인의 이물질 검사

람이 직접 이물질 검사를 실시한다.

⑩ 어체 절단

통조림 용기의 높이에 따라 어체의 중심선에서 길이가 일정하도록 절단한다.

⑪ 용기 검사 및 청정화

용기에 대하여 도장 상태의 균일성, 결함부 등을 검사하고, 이상이 없는 경우 세척 또는 공기 분사로 청정화한다.

⑫ 살쟁임 및 규정량 비교

투입된 용기에 따라 규격에 맞추어 적정량의 로인을 살쟁임한다.

표 14-43 연어 기름담금 통조림의 고형량 및 내용량

캔 형태		고형량 (g 이상)	내용량 (g 이상)	캔 형태		고형량 (g 이상)	내용량 (g 이상)
호칭	명칭			호칭	명칭		
603-3	참치 2 kg	1,400	1,880		신참치2호	130	165
401-4	수2호	600	800	301-2	신평3호	80	100
307-1	참치2호	150	190	211-1	참치3호	75	95

그림 14-84 살쟁임

⑬ 2차 이물질 검사

연어 기름담금 통조림 내의 뼈, 금속성 물질 등과 같은 이물질을 완벽하게 제거하기 위하여 엑스레이 검사기를 통과시킨다.

⑭ 주입액 주입

연어 로인의 살쟁임이 완료되면 내용량에 맞도록 80℃ 이상의 식물성 기름과 조미액즙(소량)을 주입한다.

⑮ 기계적 탈기 및 밀봉

연어 기름담금 통조림의 탈기 및 밀봉은 자동 밀봉기를 이용하여 연속적으로 이루어진다. 기름의 주입이 완료되면 35 cm Hg 이상의 조건이 되도록 조절한 자동 밀봉기로 탈기 및 밀봉을 동시에 실시한다. 통조림 제조를 위한 탈기는 고등어, 꽁치, 굴 등과 같이 형상을 그대로 유지하는 경우에는 탈기함이라는 장치를 이용하여 가열 탈기하고, 다랑어, 연어와 같이 로인을 분리하여 탈기하는 경우에는 진공 밀봉기만으로 기계적 탈기를 하거나 증기 취입을 실시한다.

주입액 주입

밀봉

그림 14-85 주입액의 주입 및 밀봉

⑯ 용기 세척 및 적재

밀봉한 캔은 살쟁임 시 내용물이나 기름이 용기 표면에 묻어 있을 우려가 있으므로 캔 세척기로 씻어 낸다. 이어서 살균 처리를 하기 위하여 레토르트 바스켓에 적재한다.

용기 세척　　　　레토르트 바스켓에 적재

그림 14-86 용기 세척 및 살균을 위한 적재

⑰ 살균

연어 기름담금 통조림의 살균 및 냉각은 레토르트에서 연속적으로 이루어지진다.

탈기 및 밀봉 과정을 완료한 연어 기름담금 통조림은 가능한 신속하게 레토르트에서 살균하여 미생물 발육에 의한 여러 가지 변패를 억제한다. 연어 기름담금 통조림은 안전성 확보를 위하여 살균 공정을 중요관리점(CCP-1)으로 설정하여 관리하고 있다. 살균 시간 및 온도는 원료의 선도, 캔의 형태, 어획 시기 등 여러 요인에 따라 다소 차이가 있으나, 일반적인 조건은 표 14-42를 참고한다.

그림 14-87 살균 및 냉각

⑱ 냉각

살균한 통조림식품은 레토르트 내에서 가압 냉각수로 냉각한다. 스트루바이트가 문제되지 않는 경우에는 중심 온도 약 38℃에서 냉각을 종료하고, 건조실에서 송풍기 등으로 용기 표면의 물기를 건조한다.

⑲ 최종 엑스레이 검출기에 의한 이물질 검사

통조림의 최종적인 안전성 확보를 위하여 앞의 공정에서 걸러내지 못한 이물질을 엑스레이 검출기로 걸러 낸다. 연어 기름담금 통조림은 안전성 확보를 위하여 살균 공정을 중요관리점(CCP-2)으로 설정하여 관리하고 있다.

그림 14-88 엑스레이 검사

⑳ 날인 및 포장

완성된 통조림은 출하를 위하여 유통기한을 날인하고, 박스에 제품을 넣은 후 포장한다.

㉑ 개관검사 및 출고

완제품 통조림의 출하에 앞서 가온검사와 개관검사를 실시한다. 검사에서 이상이 없으면 창고에 보관 및 출고한다.

그림 14-89 연어 기름담금 통조림

(3) 굴 훈제 기름담금 통조림

굴 훈제 기름담금 통조림은 통조림식품 중 수출 품목 1위인 수산물 통조림으로, 국내에서는 대형마트 일부에서만 볼 수 있을 정도로 잘 유통되지 않고 있다. 과거 우리나라는 서구권에서 유통되는 굴 훈제 기름담금 통조림의 시장 점유율이 1위를 기록하였으나, 최근 중국에 1위 자리를 내주는 등 변화가 있다. 따라서, 국내 관련 산업계는 이에 대한 절실한 검토와 대책이 요구된다.

굴은 육질이 부드러워 붕괴되기 쉬운데 통조림 제조 과정에서 살균을 위해 고온고압 처리를 하게 되고 저장 중에도 육질이 더 연화된다. 이러한 이유로 굴 훈제 기름담금 통조림은 제조하기 어려운 수산물 통조림 중의 하나이며, 원료의 선도 유지와 처리에 많은 주의가 필요하다.

우리나라 굴 통조림 공장은 각부굴을 직접 레토르트 처리하여 탈각한 후 사용하는 경우도 있으나, 대부분은 생굴 생산 공장에서 각부굴의 처리 과정을 거쳐 탈각한 후 납품받아 사용하고 있다. 굴 훈제 기름담금 통조림용 원료로 미국은 패각이 붙어 있는 각부굴을, 일본은 탈각한 박신굴을 사용하는데, 우리나라는 인건비 등 가공비를 낮추고 주요 수출 상대국인 미국과 같이 각부굴을 사용하고 있다.

여기에서는 굴 통조림 공장에서 양식굴을 직접 탈각하여 굴 훈제 기름담금 통조림을 제조하는 공정 전반에 대하여 살펴보기로 한다.

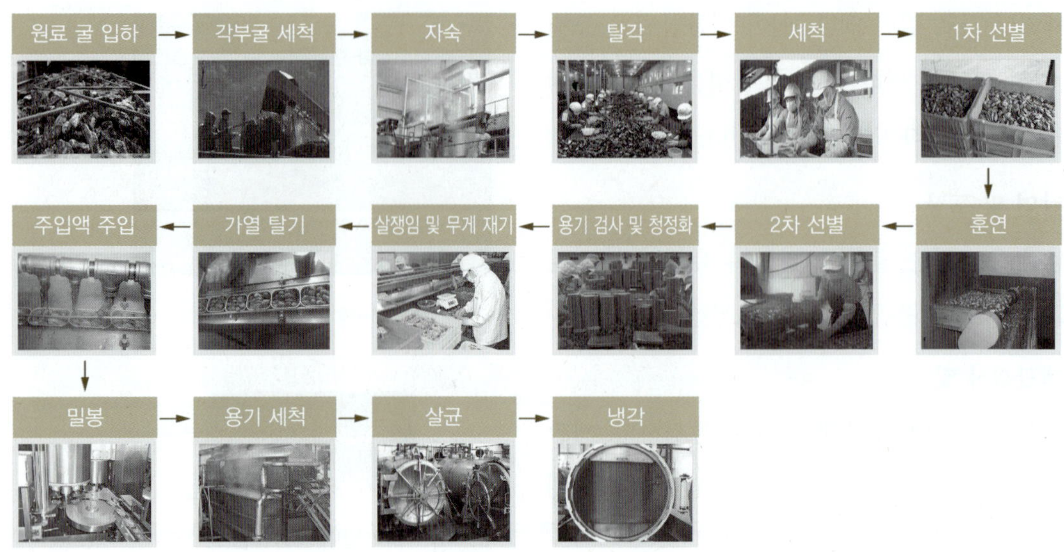

그림 14-90 굴 훈제 기름담금 통조림의 제조 공정

① 원료 굴의 구입

굴 훈제 기름담금 통조림의 원료 굴은 산란기 직전에 채취한 신선한 굴로 염도가 적절한 것을 선택하여야 한다.

- 수확 시기 : 굴은 10월부터 출하를 시작하여 3~4월 정도까지는 대부분 생굴로 이용하고, 산란기인 4~6월 정도까지는 냉동 굴, 통조림, 건조 굴 같은 가공 원료를 사용한다. 이때 원료로서 산란기의 굴은 품질 면에서는 육질에 탄력이 없고 부스러지기 쉬우며, 위생 안전성 면에서는 독소mytilotoxin를 가지고 있고, 경제적 측면에서는 수율이 약 1/3로 줄기 때문에 문제가 있다. 3월 이전에 수확한 미숙한 굴도 녹변 현상이 일어날 수 있어 유의하여야 한다.

그림 14-91 원료 양식산 굴

- 신선도 : 원료 굴의 선도는 제품의 품질에 크게 영향을 미치므로 중요한 요소이다. 굴의 선도는 일반적으로 pH로 판단하며, 그 기준은 그림 14-92에 나타내었다. 원료로서 굴은 pH 5.9 이상의 신선한 것을 사용하여야 한다.

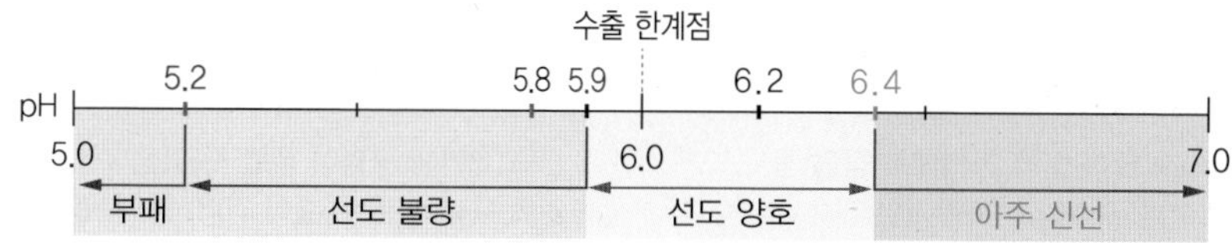

그림 14-92 굴의 pH와 선도

② 각부굴의 세척

굴 훈제 기름담금 통조림의 원료인 양식 굴은 양식장에서 수확한 다음 육상으로 이동한다. 스테인리스로 된 원통에 넣고, 원통을 회전시키면서 물을 분사하여 패각에 붙은 펄, 기타 이물질을 제거한다. 일반적으로 패각굴은 육상 운송 후 2일 정도 살아 있으나, 가능하다면 채취 당일 처리할 수 있도록 공장의 제조시설을 고려하여 반입한다.

그림 14-93 양식 굴의 세척

③ 자숙

세척한 굴은 탈각하기 용이하도록 레토르트에 넣고 가열한다. 이때 가열 정도는 직접 제품에 영향을 미칠 뿐만이 아니라 제조 작업의 능률과도 관계가 있으므로 중요하다. 레토르트에서 105℃로 7~15분 정도 가열 처리한다.

최근에는 자숙할 때 유출되는 자숙수를 농축하여 소스 등의 원료로 이용하기도 하나, 각부굴이 함유하고 있던 염수로 인하여 염도가 높아 저급품으로 제공되거나 또는 세척수와 혼합하여 사용하기도 한다.

레토르트

자숙굴

자숙수 농축

그림 14-94 레토르트, 자숙굴과 자숙수 농축

표 14-44 자숙 정도에 따른 각부굴의 특성

가열 부족	가열 과다
• 패각이 열리지 않아 탈각 작업에 지장을 줌 • 원료 육의 수분 유출이 부족함	• 원료 표면에 균열이 생길 수 있음 • 원료 육의 수분 유출이 과다하여 수율 저하함

④ **탈각**

레토르트에서 가열 처리한 각부굴은 1개씩 손이나 칼로 단번에 패각을 벌려 패각으로부터 패주를 분리하여 탈각한다. 이때 육에 굴이 접촉되어 육이 파괴되지 않도록 하며, 패주를 패각으로부터 분리할 때에도 패주가 육에서 분리되지 않도록 주의하여야 한다. 육과 패주가 분리된 탈각굴은 제품으로서의 가치를 잃게 되고 수율도 저하되므로 각별히 신경 써야 한다.

탈각 공정

탈각굴

그림 14-95 통조림 제조용 양식산 굴의 탈각

⑤ **세척**

탈각굴은 원료 표면의 점액질과 기타 혼입된 오물을 제거하기 위하여 담수의 가공용수로 단시간 세척한 다음 탈수한다. 단시간 내에 세척을 완료하지 못하면 육은 탄력을 잃으면서 수분이 빠져 나와 수율이 낮아지고 모양도 잃게 된다.

과거에는 굴의 윤기 및 탄력성을 부여하기 위하여 바닷물이나 염수로 수세하였으나, 최근에는 세척수를 농축하여 소스 등의 원료로 이용하기 위하여 담수의 가공용수를 사용한다. 최근에는 세척 공정까지 생굴 생산 공장에서 처리한 후 통조림 공장에 납품하는 것이 일반적이다.

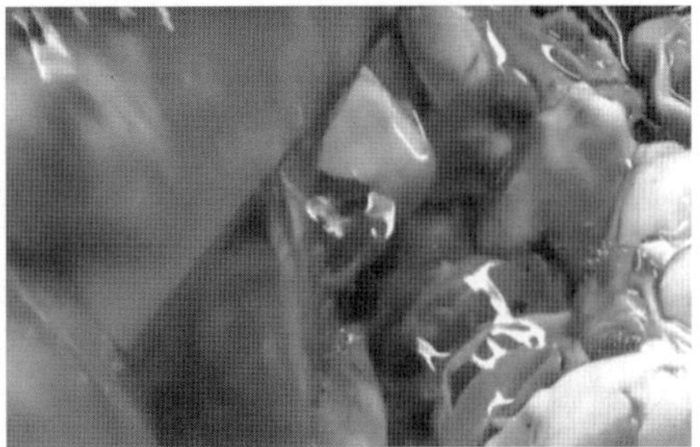

그림 14-96 탈각굴의 세척

⑥ **1차 선별**

훈연의 정도가 균일하도록 굴의 형태가 완전하고 크기가 같은 것을 대large, L, 중medium, M, 소small, S, 극소tiny, T로 선별한다.

⑦ **훈연**

a. 훈연법(온훈법)

굴의 훈연은 100~130℃에서 단시간(30~40분) 실시한다. 훈연은 굴에 독특한 향미를 부여할 뿐 아니라 자가소화효소의 파괴, 단백질 응고, 미생물의 사멸에 관여하여 저장기간을 연장한다. 굴을 훈연할 때 선반에 얹어 실시하면 15분에 한 번씩 뒤집거나 순차적으로 위아래 단을 바꾸어 주어야 했으나 최근에는 컨베이어conveyor를 사용하여 이러한 번거로움은 없다.

훈연 정도는 기호에 따라 차이가 있으나 비교적 훈연도가 적은 것을 선호하는 경향으로, 표면이 연한 초콜릿색 정도가 표준이라 할 수 있다. 온도가 높으면 외투막이 단단해지는 경향이 있고, 온도가 낮으면 제품의 광택이 나빠지면서 산미를 느끼게 된다.

훈연 공정

훈연굴

그림 14-97 탈각굴의 훈연

b. 훈연재

훈제 기름담금 통조림의 제조를 위한 훈연 재료로는 떡갈나무, 느티나무, 상수리나무, 벚나무, 굴참나무 같은 활엽수를 사용한다. 이들 목재는 천천히 타면서 연기는 많고 그을음이 적으며 수지가 적은 것이 특징이다.

⑧ 2차 선별

훈연 처리가 끝난 것은 크기(대, 중, 소 및 극소)별로 선별한다. 이때 내장이 노출되었거나 외투막이 절단된 것, 패주가 탈락한 것 등은 제외시킨다.

표 14-45 굴 훈제 기름담금 통조림의 원료 선별 기준

용기 종류	기준 고형량 (g 이상)	굴 개체 수(마리)			
		대(L)	중(M)	소(S)	극소(T)
각3호B	90	13 이하	14~20	21~30	31 이상
신 각5C (RR-90)	65	8 이하	9~15	16~25	26 이상
수4호	300	20 이하	21~30	31~40	41 이상
평3호	95	10 이하	11~20	21~30	31 이상

⑨ 용기 검사 및 청정화

용기에 대한 도장 상태의 균일성, 결함부 등을 검사하고, 이상이 없는 경우에는 세척 또는 공기를 분사하여 청정화를 실시한다.

⑩ 살쟁임

선별된 굴은 용기(대부분 사각형 캔)에 적정의 양을 세로로 살쟁임한다. 소비자가 통조

살쟁임 공정

살쟁임된 모습

그림 14-98 훈연굴의 살쟁임

림을 열었을 때 고급스럽게 보이도록 외투막 부분을 바닥으로, 굴의 몸통부 중 불룩하게 나온 부분이 뚜껑을 향하도록 넣는다. 살쟁임 양은 저장 및 유통 중에 완제품의 고형량에 기름이 스며드는 것을 고려하여 규정량보다 조금 적게 넣는 것이 좋다. 단, 고형량 부족 현상이 발생하지 않도록 유의하여야 한다. 이 공정에서는 외투막이 떨어지거나 육편이 허물어진 굴을 최종적으로 선별해 낼 수 있으므로 주의하여야 한다.

⑪ 무게 재기

살쟁임한 것은 무게를 재고, 규정량과 비교하여 부족한 경우에는 규정량에 맞추어 양을 조절한다(표 14-46). 굴 크기별, 훈제 정도에 따라 저울 지시량은 수시로 조절하여야 한다.

표 14-46 굴 훈제 기름담금 통조림의 고형량 및 내용량

캔 형태		고형량 (g 이상)	내용량 (g 이상)	캔 형태		고형량 (g 이상)	내용량 (g 이상)
호칭	명칭			호칭	명칭		
106-2	각3호B	90	105	301-7	수4호	300	350
-	신 각5C(RR-90)	65	85	301-1	평3호	95	110

⑫ 가열 탈기

살쟁임이 끝난 통조림은 탈기함 온도가 95℃ 정도가 되도록 조정하여 일정 시간 동안 가열 탈기한다. 가열 탈기 시간은 원료의 선도 및 크기 등에 따라 달라진다.

가열 탈기 공정

주입 공정

그림 14-99 탈각굴의 가열 탈기 및 주입

⑬ **주입액 주입**

살쟁임이 완료되면 내용 총량에 맞추어 80℃ 이상의 면실유, 올리브유, 땅콩기름, 채종유 등의 식물성 유지를 사용하며, 진공도 상승을 위하여 끓여서 사용하는데 내용량에 맞게 주유한다.

⑭ **밀봉 및 용기 세척**

캔은 밀봉기로 밀봉한 다음, 살쟁임할 때에 내용물이나 조미액이 용기 표면에 묻어 녹이 발생할 우려가 있으므로 캔 세척기에 온수 세제를 넣어 분사하여 세척한다.

밀봉 공정

용기 세척 공정

그림 14-100 밀봉 및 용기 세척 공정

⑮ **살균**

탈기 및 밀봉을 완료한 통조림식품은 가능한 신속히 레토르트에서 살균하여 미생물 발육에 의한 여러 가지 변패를 억제한다. 살균 시간 및 온도는 원료의 선도, 용기의 종류, 수확 시기 등 여러 요인에 따라 다소의 차이가 있으며, 일반적인 조건은 표 14-47에

레토르트 외부 모습

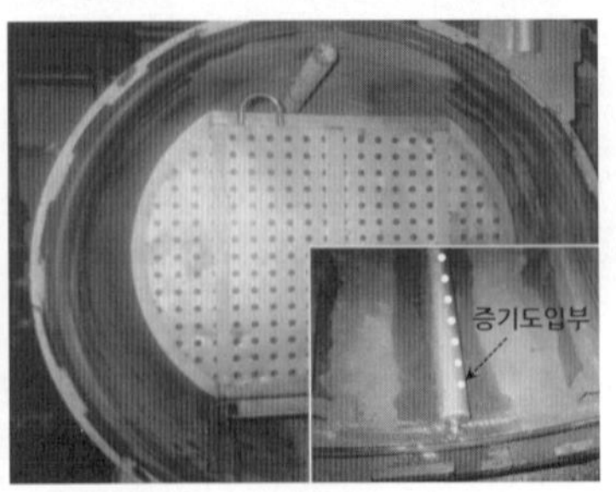

레토르트 내부 모습

그림 14-101 살균 공정

표 14-47 굴 훈제 기름담금 통조림의 살균 조건(각3호B)

살균 온도(℃)	압력(kg/cm²)	시간(분)	
		살균 시간	살균 온도 도달 시간
112.6~115.8	0.56~0.73	65~75	10~20

나타내었다.

⑯ **냉각**

살균이 끝난 통조림식품은 레토르트 내에서 가압 냉각수로 냉각한다. 스트루바이트가 문제되지 않는 경우에는 중심 온도 약 38℃에서 냉각을 종료하고, 건조실에서 송풍기 등으로 용기 표면의 물기를 건조한다.

그림 14-102 굴 훈제 기름담금 통조림

(4) 바지락 훈제 기름담금 통조림

바지락은 수심 약 10 m 얕은 바다의 모래와 펄이 섞인 곳에 서식한다. 식물성 플랑크톤을 여과 섭식하며 이동하지 않고 한곳에 머물러 사는 특성이 있어 양식하기 용이한 패류 중의 하나이다. 산란기인 7월 초순부터 8월 중순까지는 독을 생성하여 채집하지

그림 14-103 바지락 훈제 기름담금 통조림의 제조 공정

않는다. 칼슘, 마그네슘, 구리를 다량 함유하고 있으며, 펄에 서식하는 클로스트리디움 니그리피컨스*Cl. nigrificans*에 의해 흑변이 발생하기 쉬운 통조림 소재이므로 주의하여야 한다.

① 원료 바지락의 구입

원료 바지락은 살아 있는 것을 수세하여 사용한다. 즉, 바지락의 입이 굳게 닫혀 있어 속이 보이지 않으며, 패각이 깨지지 않고 윤기가 있는 것이 좋다. 채취한 지 오래 된 것은 탁한 갈색으로 변하므로 골라내야 한다.

그림 14-104 원료 바지락

② 토사 처리

갯벌 속에서 생활한 바지락의 소화기관에는 펄이나 모래 등 이물질이 들어 있어, 반드시 이를 제거하는 해감 과정을 거쳐야 한다. 살아 있는 바지락을 맑은 바닷물이나 소금물이 담긴 용기에 30분 이상 담가 두면 입을 벌리고 이물질을 뱉어 내는 것을 해감이라 하며, 이때 녹이 슨 쇠붙이를 같이 넣어 두면 해감이 빠르게 진행된다.

바지락 훈제 기름담금 통조림 제조회사에서는 바닷물 탱크에 넣어 얇게 펴서 48시간 동안 토사 처리한다. 이때에 직사광선은 피하는 것이 좋으며, 바닷물은 펄이나 기름이 많지 않는 청정 해수를 사용하고 자주 갈아 주는 것이 좋다. 토사 시간이 너무 길어지면 제품의 풍미에 손상을 줄 수 있으므로 주의한다.

③ 자숙

바지락 훈제 기름담금 통조림의 원료인 바지락의 탈각방법은 생박법과 탕박법이 있다. 통조림 산업계에서는 풍미는 좋으나 작업 능률이 낮고, 제조 단가가 높은 생박법은

그림 14-105 바지락의 토사 처리

그림 14-106 바지락의 자숙 처리

거의 사용하지 않고, 열탕 처리하는 탕박법(풍미는 다소 떨어지나 작업 능률이 좋고 제조 단가가 낮음)을 주로 사용한다. 탈각 처리를 위한 자숙 온도와 시간은 바지락의 상태 및 개관 고형량 등을 감안하여 결정하는데, 일반적으로 끓는 물에 7~10분간 처리한다.

④ 탈각 및 세척

자숙 처리한 바지락은 탈각한 다음 3~4% 식염수에 1~2분간 세척하고, 흐르는 깨끗한 물에 재세척한 다음 탈수한다.

⑤ 1차 선별

바지락의 훈연 정도를 균일하게 처리하기 위하여 형태가 완전하고 크기가 같은 것을 대략 대large, L, 중medium, M, 소small, S, 극소tiny, T로 선별한다. 또한, 이물질을 제거하면서 내장이 노출되거나 외투막이 잘린 것, 패주가 탈락한 것 등을 골라낸다.

⑥ 훈연

훈연 공정은 굴 훈제 기름담금 통조림과 동일하므로 해당 내용을 참조하기 바란다.

⑦ 냉각 및 2차 선별

훈연한 바지락은 냉각한 다음 바지락의 형태가 완전하고 크기가 같은 것을 기준에 따라 대L, 중M, 소S, 극소T로 선별한다.

표 14-48 원료 바지락의 선별 기준

용기 종류	기준 고형량 (g 이상)	마리 수			
		L	M	S	T
각3호B	90	40 이하	41~60	61~80	81~120
각5호C	55	20 이하	21~40	41~60	61~100

⑧ 용기 검사 및 청정화

바지락의 혈액색소는 구리를 중심 원자단으로 하는 헤모시아닌이고, 펄에 주로 서식하는 클로스트리디움 니그리피컨스가 잔존하여 흑변이 발생하기 쉽기 때문에 에나멜 도료가 도색된 용기를 선택한다. 바지락 훈제 기름담금 통조림의 용기는 도장 상태의 균일성, 결합부 등을 검사하고, 이상이 없는 경우에는 세척 또는 공기 분사로 청정화한다.

⑨ 살쟁임

선별한 훈제 바지락은 용기(대부분 사각형 캔)에 소정의 양을 세로로 살쟁임한다. 살쟁임 양은 제품으로 제조한 후 저장 및 유통 과정에서 고형량에 기름이 스며드는 것을 고려하여 규정량보다 적게 담는 것이 좋다. 그렇다고 단가 절감을 위해 고형량이 부족할 정도로 줄여서는 안 된다.

살쟁임 공정

살쟁임 모습

그림 14-107 훈연 바지락의 살쟁임

⑩ 무게 재기

살쟁임한 것은 무게를 재고, 표 14-49에 나타낸 규정량과 비교하여 부족한 경우에는 규정량에 맞추어 조절한다.

표 14-49 바지락 훈제 기름담금 통조림의 고형량 및 내용량

용기의 종류		고형량 (g 이상)	내용량 (g 이상)
호칭	명칭		
106-2	각3호B	90	105
603-1	각5호C	55	70

⑪ 가열 탈기, 주입액 주입, 밀봉 및 용기 세척

가열 탈기, 주입액 주입, 밀봉, 용기 세척의 일련의 공정은 굴 훈제 기름담금 통조림과 동일하므로 해당 편을 참조하기 바란다.

⑫ **살균**

탈기 및 밀봉을 완료한 통조림식품은 가능한 한 신속히 레토르트에서 살균하여 미생물 발육에 의한 여러 가지 변패를 억제한다. 특히, 바지락 훈제 기름담금 통조림은 호열성이면서 내열성 포자 형성 간균인 클로스트리디움 니그리피컨스에 의한 흑변이 발생할 수 있으므로 주의한다. 살균 시간 및 온도는 원료의 선도, 용기의 종류, 수확 시기 등 여러 요인에 따라 다소 차이가 있을 수 있다.

⑬ **냉각**

살균이 끝난 바지락 훈제 기름담금 통조림은 레토르트 내에서 가압 냉각수로 냉각하거나 냉각 탱크에서 냉각수로 급랭한다. 용기에 녹이 발생하지 않도록 중심 온도가 38℃ 부근일 때 냉각을 완료한 후 건조실에서 여열 및 송풍기로 충분히 건조한다.

그림 14-108 바지락 훈제 기름담금 통조림

(5) 지중해담치 훈제 기름담금 통조림

서유럽이 원산지인 외래종 지중해담치는 이미 우리나라에 토착화되어 전 해역에 분포한다. 홍합보다 작고 큰 군체를 형성하며, 부유물을 걸러 먹는 대표적인 여과 섭식자이

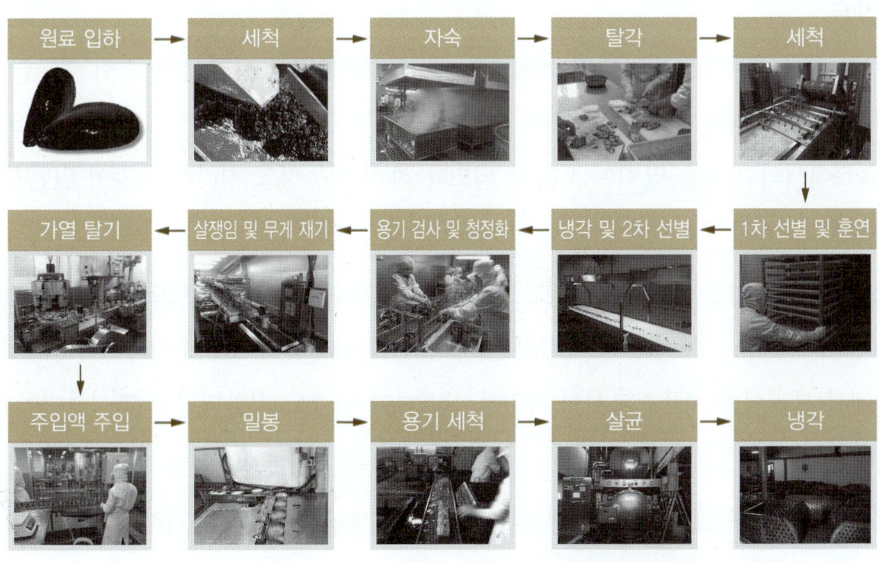

그림 14-109 지중해담치 훈제 기름담금 통조림의 제조 공정

다. 한류성이며 조간대에서 수심 20 m 사이의 바위에 족사를 내어 붙어 사는데 족사의 강도가 매우 강해 어른도 떼어내기 힘들 정도이다. 산란기는 3~6월로 알려져 있으며, 이때에 독소를 가지고 있으므로 섭취하면 안 된다. 수하식 굴 양식장에 굴보다 먼저 착생하여 성장하며, 맛은 홍합보다 못하다.

지중해담치의 육질이 연약하여 살균 공정에서 고온 고압을 가하면 육질이 연화된다. 또 저장 중에 육질이 완전히 붕괴되는 경우도 있으므로 굴과 더불어 통조림으로 제조하기 어려운 소재 중의 하나이다. 따라서, 원료의 선도 유지나 처리에 많은 주의가 필요하다.

① **원료 지중해담치의 구입**

지중해담치 기름담금 통조림의 원료로는 비탈각 국내산 살아 있는 지중해담치와 탈각 중국산 지중해담치를 사용한다. 여기에서는 비탈각 국내산 살아 있는 지중해담치를 이용한 통조림의 제조법에 대하여 살펴보기로 한다.

그림 14-110 지중해담치

② **세척**

탈각하지 않은 지중해담치를 스테인리스 원통에 넣고, 원통을 회전시키면서 물을 분사하여 패각에 붙은 펄, 기타 이물질 등을 제거한다.

③ **자숙**

세척한 지중해담치를 탈각하기 용이하게 레토르트에 넣고 가열한다. 가열 정도는 제품에 직접 영향을 미칠 뿐 아니라 제조 작업의 능률과도 관계가 있으므로 매우 중요하다. 레토르트에서의 가열은 압력이 3 Lb가 되도록 하여 5분 정도 처리하는 것이 일반적이다.

④ **탈각**

레토르트에서 가열 처리한 지중해담치를 칼로 1개씩 한 번에 패각으로부터 패주를 분리한다. 이때 육은 지중해담치 패각에 접촉되어 파괴되지 않도록 주의하여야 하고, 패주가 살에서 분리되면 제품으로서의 가치를 상실하고 수율도 저하되므로 조심하여야 한다.

⑤ **세척**

탈각한 원료는 원료 표면의 점액질과 기타 혼입된 오물 등을 제거하기 위하여 3~4% 식염수 또는 바닷물에서 1~2분간 세척하고, 맑은 물로 헹구어 탈수한다. 이때 세척수의 양은 넉넉하여야 하며, 물이 밑에서 위로 올라오도록 하여야 한다.

⑥ 1차 선별 및 훈연

1차 선별 및 훈연은 굴 훈제 기름담금 통조림의 공정과 동일하므로, 해당 편을 참조한다.

⑦ 냉각 및 2차 선별

훈연이 끝난 지중해담치는 냉각한 다음 형태가 완전하고 크기가 같은 것을, 표 14-50에 나타낸 기준에 따라 대L, 중M, 소S, 극소T로 선별한다. 이때 내장이 노출되거나 외투막이 잘린 것, 패주가 살과 분리된 것 등은 골라낸다.

표 14-50 지중해담치 훈제 기름담금 통조림의 원료 선별 기준

용기 종류	기준 고형량 (g 이상)	마리 수			
		L	M	S	T
각3호B	90	20 이하	21~30	31~40	41 이상
신각5호C (RR-90)	65	10 이하	11~20	21~30	31 이상

⑧ 용기 검사 및 이후 공정

용기 검사 및 이후 공정, 즉 용기 검사, 청정화, 살쟁임, 무게 재기, 가열 탈기, 주입액 주입, 밀봉, 캔 세척, 살균 및 냉각은 굴 훈제 기름담금 통조림과 동일하므로 해당 편을 참조한다.

그림 14-111 지중해담치 훈제 기름담금 통조림

4) 기타 통조림

(1) 고등어 토마토소스담금 통조림

원료부터 무게 재기까지의 공정, 즉 ① 원료 고등어의 구입 및 동결, ② 원료 해동, ③ 원료 선별, ④ 어체 처리, ⑤ 세척, ⑥ 어체 절단, ⑦ 소금 절임, ⑧ 세척 및 탈수, ⑨ 용기의 청정화, ⑩ 살쟁임, ⑪ 무게 재기 과정은 고등어 보일드 통조림의 제조 공정과 동일하므로, 앞에서 설명한 고등어 보일드 통조림편을 참조한다.

⑫ 가열 탈기

살쟁임한 것은 탈기함(90~98℃)에서 처리하는데 처리 시간은 원료의 선도와 크기, 캔의 형태 등에 따라 차이가 있다. 이때 자숙 과정에서 배출된 자숙수는 가능하면 버리는 것이 커드 방지를 위하여 좋다.

⑬ 토마토소스 주입

토마토소스담금 통조림은 주입 소스로 토마토소스를 사용한다. 타원 3호에 살쟁임한 고등어 토마토소스담금 통조림은 전처리 고등어 69.08%, 물 19.54%, 정제염 0.8%에 토마토소스 10.58%를 혼합하여 제조한다(표 14-51).

표 14-51 고등어 토마토소스담금 통조림의 제조를 위한 배합 비율

(단위 : %)

전처리 고등어	토마토소스	물	정제염	합계
69.08%	10.58%	19.54%	0.8%	100%

⑭ 밀봉 및 용기 세척

밀봉과 용기 세척의 공정은 고등어 보일드 통조림의 제조 공정과 동일하므로, 해당 편을 참조한다.

⑮ 살균

탈기 및 밀봉을 완료한 고등어 토마토소스담금 통조림은 가능한 빨리 레토르트에서 살균하여 미생물 발육에 의한 여러 가지 변패를 억제한다. 살균 시간 및 온도는 원료의 선도, 캔의 크기, 어획 시기 등 여러 요인에 따라 다소 차이가 있다. 일반적으로 살균 온도 116℃, 압력 10 Lb에서 약 80분 정도(타원 3호의 경우) 살균 처리한다. 살균을 위하

여 목표 온도까지 상승시키는 데 소요되는 시간을 급격히 빨리하면 육질에 균열이 생기고, 반대로 완만하게 가열하면 표피가 벗겨지므로 유의한다.

⑯ **냉각**

살균이 끝난 통조림식품은 레토르트 내에서 가압 냉각수로 냉각한다. 스트루바이트가 문제되지 않는 경우에는 중심 온도 약 38℃에서 냉각을 종료하고, 건조실에서 송풍기 등으로 캔 표면의 물기를 건조한다.

그림 14-112 고등어 토마토소스 담금 통조림

9. 통조림식품의 검사

통조림식품의 검사는 제조 공정의 적정성, 위생 안전성 등을 알아보기 위하여 여러 가지 방법으로 검토한다. 통조림식품의 검사는 내용 및 방법에 따라 크게 일반적 검사, 화학적 검사, 세균학적 검사, 밀봉부 검사 등으로 분류할 수 있다.

1) 일반적 검사

통조림식품의 일반적 검사는 외관 검사, 포장 검사, 타검 검사, 세균발육시험, 개관 검사 등으로 나뉜다.

(1) 외관 검사

눈으로 전 부위에 대하여 외관의 밀봉 불량, 녹이나 물리적 변형 등 통조림식품의 외형적 이상을 검사하는 방법이다.

(2) 포장 검사

완제품을 출고하기 전에 통조림식품 포장의 표시 이상, 외포장 이상 등에 대하여 검사하고 있다.

① **표기 사항**

통조림식품은 내용물의 종류, 제조 공장, 날짜와 관련된 사항(제조 일자, 유통기한, 소비기한, 품질유지기한 등)의 정보를 의무적으로 용기에 표기하도록 되어 있다. 통조림식품에

표 14-52 통조림식품의 검사 항목 및 세부 분류

대분류	중분류		세부 분류
일반적 검사	외관 검사		• 녹의 생성 유무 • 밀봉 상태 • 물리적 변형 여부 등 외형적 이상
	포장 검사		• 표기 이상 • 외포장 이상 유무
	타검 검사		• 살쟁임 이상 여부 • 초기 변패 여부
	세균발육시험		• 밀봉 불량 여부 • 살균 부족 여부
	개관 검사		• 진공도 이상 여부 • 내용량, 고형량 적합 여부 • 관능적 이상 여부
화학적 검사	pH 검사		• 플랫사워(flat-sour) 여부
	휘발성 염기질소 측정		• 선도 저하에 의한 변패 여부
	기타 변패 생성물 측정		• 히스타민(histamine) 생성 여부 • 적정 산도 • 인돌(indole) • 기타 질소 화합물(총질소, 가용성 질소, 엑스 성분 질소)
	중금속 측정		• 주석, 납, 수은, 카드뮴 등의 중금속
	첨가물 정량		• 프로피온산(propionic acid) • 소브산(sorbic acid) 등
	통조림 가스 조성		• 이산화탄소, 질소, 수소, 황화수소 등
세균학적 검사	• 세균발육시험에서 팽창한 제품으로부터 특정 균의 분리, 동정		
밀봉부 검사	외부 검사	육안 검사	• 립(lip), 비(vee), 드루핑(drooping), 커트 오버(cut over) 등
		치수 측정	• 캔 높이, 밀봉 두께, 밀봉 폭 등
	내부 검사	육안 검사	• 내부 공극, 주름도, 커버 훅의 처진 정도 등
		치수 측정	• 보디 훅(body hook), 커버 훅(cover hook) 길이, 중합부 길이(overlap length, OL) 등
	내압 검사		

대한 정보 표시는 내수용과 수출용이 달리 표기된다.

a. 내수용

내수용 통조림식품의 정보 표기는 내용물의 종류, 식품 유형, 제조원 및 판매원, 내용물의 양 및 고형물의 양, 영양 성분과 유통기한 또는 품질유지기한 등에 대하여 실시하고 있다.

- 일반 사항 : 통조림식품에 대한 일반적 정보(내용물의 종류, 식품 유형, 제조원 및 판매원, 내용물의 양 및 고형물의 양, 영양 성분 등)는 몸통에 표기한다.
- 날짜 관련 사항 : 내수용 통조림 식품에 대한 정보 표시 중 날짜와 관련된 표기는

뚜껑 또는 밑바닥에 표기하고 있다. 현행법상 의무사항으로 유통기한 또는 품질유지기한을 표기하여야 하는데 일반적으로 품질유지기한으로 표기하고 있다.

품질유지기한은 "○○년 ○○월 ○○일", "○○. ○○. ○○", "○○○○년 ○○월 ○○일", "○○○○. ○○. ○○"으로 표기하고, 유통기한은 이들 표기 뒤에 "까지"를 붙여 표기한다.

- 시간 관련 사항 : 예를 들어 통조림식품의 뚜껑 또는 밑바닥에는 날짜 관련 사항을 상단에 나타내고 하단에 '09:02 홍길동'으로 표기하기도 한다. 이는 통조림 생산 시간이 09시 02분이며 생산자는 홍길동이라는 것을 나타낸다. 이와 같이 생산 시간과 생산자를 표기하는 것은 문제가 발생하였을 때 회수를 위한 조치이다.

b. 수출용

수출용 통조림식품에는 내용물의 종류, 제조원 및 판매원, 영양 성분과 함께 제조 일자 등에 대한 정보를 표시하며, 몸통 또는 뚜껑이나 밑바닥에 표기하고 있다.

- 일반 사항 : 수출용 통조림식품에 대한 일반적 정보(배합비, 영양 성분, 주의 사항 및 기타 사항 등)는 모두 몸통에 표기한다.
- 원료의 종류, 조리방법, 크기 및 생산 공장에 대한 표기 : 수출용 통조림식품에 대한 정보 표시 중 원료 종류, 조리방법, 원료의 크기, 생산자, 제조연월일 등은 뚜껑이나 밑바닥에 표기하며, 예전과 달리 주로 인쇄하고 있다. 이때 날짜 표기는 6자리 표기법을 사용하기도 하나 4자리 표기법을 많이 사용한다.

  4자리 표기법은 예전에는 상단, 중단, 하단으로 분리하였으나 최근에는 상단과 하단에 표기하기도 한다. 4자리 표기법은 일반적으로 상단에 원료의 품종(예를 들어 굴의 영문 oyster의 약자인 OY)과 조리방법(예를 들어 smoked in oil(훈제 기름담금)의 약자인 SO)을, 중단에는 원료의 크기(예를 들어 중간 크기 medium의 약자인 M) 및 공장 허가번호(예를 들어 B-12)를, 하단에는 제조연월일을 표시한다. 공장 허가번호는 과거에는 특별시, 광역시 및 도별 기호를 부여하였으나, 현재에는 각 시군에서 자체적으로 부여하고 있다.
- 생산 일자 표기 : 4자리 표기법에 의한 제조연월일은 4개의 문자로 표기한다. 첫 글자는 서력 끝의 숫자를 의미하여 연도를, 둘째 문자는 월을 표시하는 것으로 1~9월은 숫자로, 10~12월은 각 월의 영문 이니셜initial로 표기하여 Ooctober, N

November, DDecember로 표시한다. 셋째와 넷째 문자는 날짜를 나타내며, 1~9일은 01~09로 표시하고 나머지는 해당 날짜 수치를 그대로 표기한다. 예를 들어 2025년 12월 3일 제조한 통조림이라면 5D03으로 표기한다.

② 외포장 표시

a. 수출용

수출용 통조림식품에는 다음과 같이 통일하여 영어로 표시하는 것이 원칙이나, 필요할 경우에는 수요 국가의 언어와 한국어로 표시할 수 있다. 수출용 통조림 외포장의 예는 다음과 같다.

- 원산지명 : PRODUCT OF KOREA로 표기한다.
- 내용량 : 고형량과 주입액의 양을 포함하는 양으로, NET WEIGHT 또는 NET CONTENTS로 표기한다.
- 고형량 : 고형량은 살쟁임한 고형물의 양으로 DRAINED WEIGHT으로 표기한다.
- 공급자명 : 제품을 생산한 회사의 영문명으로 PACKED FOR 공급자명 또는 DISTRIBUTED BY 공급자명으로 표기한다.
- 주 원료명, 조리방법, 살쟁임 형태 등 : 주 원료명, 조리방법, 살쟁임 형태 등은 표기법에 따라 영문으로 표기한다.

(3) 타검 검사

통조림식품의 변패가 심하여 캔이 팽창된 것은 육안으로도 쉽게 판별할 수 있으나, 진공도가 떨어지는 정도의 변패는 육안으로 구별할 수 없다. 타검 검사는 타검봉을 사용하여 개관 및 기타 검사를 하지 않고도 진공도만 떨어진 캔을 쉽게 식별할 수 있는 검사방법이다.

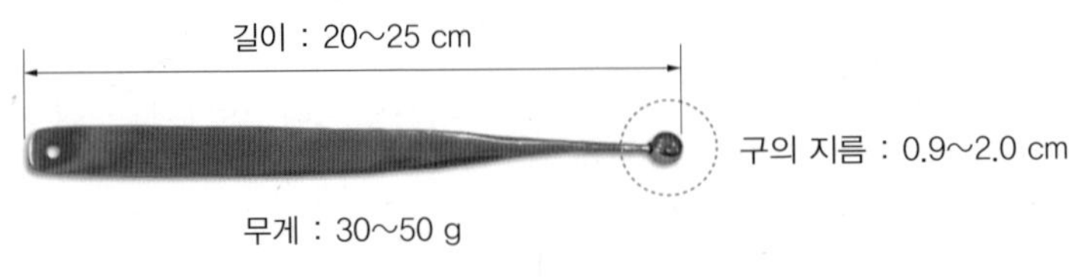

그림 14-113 타검봉

① **검사방법**

타검 검사는 여러 개의 통조림식품을 늘어놓고 뚜껑 또는 밑면을 타검봉으로 두드려서 소리와 손에 전달되는 촉감으로 판정하는 방법이다.

그림 14-114 타검 검사

② **판정**

타검 검사는 고진공도와 저진공도에 따라 다음과 같이 판정한다. 고진공도의 통조림식품은 맑은 소리를 내고 음이 높으면서 짧은 반면에, 저진공도의 통조림식품은 탁한 소리를 내며 음이 낮으면서 길다.

(4) 세균발육시험

장기 보존 식품(통조림 또는 병조림식품, 레토르트식품)은 살균 처리하므로 세균이 증식하여서는 안 된다. 따라서, 장기 보존 식품은 품질 관리상 세균의 발육 여부를 반드시 「식품공전」의 세균발육시험에서 제시한 방법에 따라 확인하며, 자세한 사항은 '9. 통조림식품의 검사'의 '3) 세균학적 검사' 중 '(1) 세균발육시험'을 참조하기 바란다.

(5) 개관 검사

통조림식품을 개봉하면서, 그리고 개봉한 후 실시하는 검사이며 진공도 검사, 내용물 검사, 관능검사가 여기에 해당한다. 대부분의 통조림식품은 변패하는 경우 가스의 팽창 등으로 진공도 검사, 외관 검사와 타검 검사 등에 의하여 판별해 낼 수 있다. 그러나 통조림식품의 내용물이 산만 생성하고 가스 등의 생성이 없는 변패인 플랫사워flat-sour가 발생하였을 때는 외관 검사, 타검 검사로는 식별되지 않고, 개관 검사에 의한 pH 측정으로만 식별된다.

따라서, 개봉하지 않고는 판별되지 않는 통조림식품의 품질 판정을 위한 방법으로 개관 검사를 실시할 수 있는데, 품질 판정상 중요한 기준이 되므로 다음과 같은 순서로 실시한다.

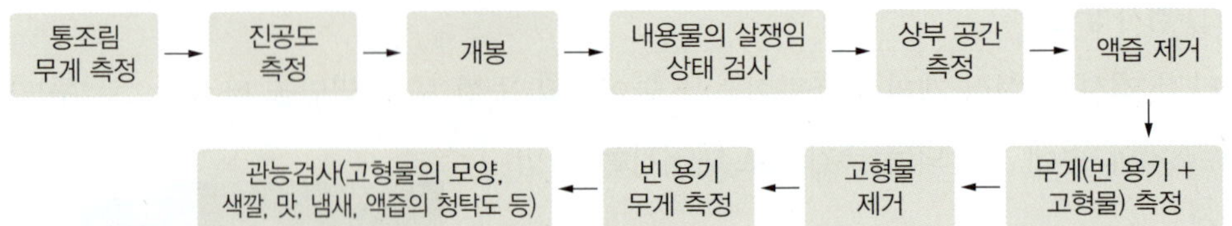

그림 14-115 개관 검사의 순서

① 진공도 검사

진공도는 원통형 통조림식품은 지시진공도를 측정하고, 사각형과 타원형의 통조림식품은 진진공도를 측정한다. 기타 진공도 관련 자세한 실험에 대한 내용은 '탈기 편'에서 진공도를 참고한다.

② 내용물 및 고형물의 무게 측정

a. 무게 측정의 방법 및 순서

- 내용물(액즙이 응고한 경우에는 20~30℃에 12시간 방치)이 들어 있는 용기의 외면을 깨끗이 닦고 무게를 정밀하게 측정한다(A). 단, 통조림식품은 뚜껑의 일부분이 용기에 붙어 있게 개봉한다.
- 원형 망체(2.8×2.8 mm)의 무게를 측정한다(B).

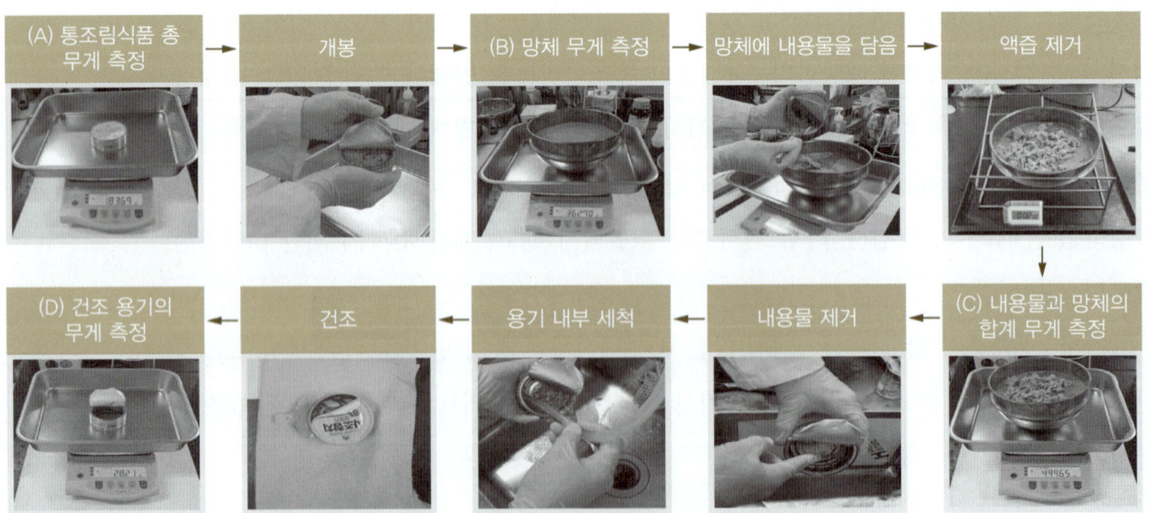

그림 14-116 통조림식품의 내용물 및 고형물의 무게 측정

- 무게를 측정한 망체에 내용물을 붓고 17~20°로 기울여 2분간 물기를 뺀 후 내용물을 포함한 망체의 무게를 측정한다(C).
- 내용물을 완전히 제거하고 물 등으로 용기 내부를 깨끗이 씻어 말린 후 무게를 측정한다(D).

검체 3개를 시험하여 평균값을 고형물의 양과 내용물의 양으로 한다.

다만, 내용물의 양이 통조림식품의 부피를 기준(예를 들어 용기 용적의 90% 이상)으로 용기의 부피를 계산해야 할 때에는 용기의 높이가 변하지 않도록 용기 뚜껑을 제거하고 내용물을 완전히 비운 후 4°C의 물을 용기의 최상면에서 수직으로 5 mm까지 채운 양을 부피로 한다. 이때 고형물의 양 계산(예를 들어 내용량의 70% 이상 등)은 내용물 양의 기준에 대한 계산을 말한다.

b. 내용물 및 고형물의 계산

내용물과 고형물의 양을 계산하는 방법을 표 14-53에 나타내었다.

표 14-53 통조림식품의 고형물 및 내용물의 양 계산

용어	정의	계산
고형물의 양	내용물과 망체의 무게에서 망체의 무게를 뺀 값	내용물과 망체의 무게(C) – 망체의 무게(B)
내용물의 양	통조림식품 총무게에서 건조시킨 빈 용기의 무게를 뺀 값	통조림식품의 총무게(A) – 건조 빈 용기의 무게(D)

③ **관능검사**

통조림식품의 관능검사는 내용물과 용기에 대하여 채점하고 판정한다. 일반적으로 통조림식품의 내용물과 용기에 대한 관능검사는 살쟁임, 액즙의 청탁도, 염도 또는 당도, 육질, 향미, 빛깔, 청결도 등에 대하여 실시한다.

2) 화학적 검사

통조림식품의 화학적 검사는 통조림 내용물의 변패 정도, 원료 선도의 좋고 나쁨을 판정하는 검사법의 하나로, 내용물의 변패 정도와 변패 원인을 추정하기 위하여 실시한다.

(1) 내용물의 pH

통조림식품은 내용물에 따라 고유의 pH를 가지고 있으며, 이는 선도의 변화에 따라 변한다. 따라서, 통조림식품 내용물의 이상 여부를 살펴보기 위하여 내용물의 pH를 측정한다. 통조림식품의 pH는 내용물의 종류 및 제조방법 등에 따라 차이가 있으나, 대체로 표 14-54에 나타낸 것과 같다.

표 14-54 여러 가지 수산물 통조림의 pH

종류	원료	내용물 pH	종류	원료	내용물 pH
보일드	참치	5.8~6.2	조미	주꾸미	6.3
기름담금	참치	5.8~6.2		소라	6.3
토마토소스담금	정어리	5.8~6.2		피조개	5.0
	꽁치	4.2~5.8		홍합	6.0
조미	참치	5.8~6.1		바지락	6.0
	고등어	5.7~6.5	구이	꽁치	6.5
	정어리	6.0~6.5		장어	6.0
	꽁치	6.0~7.0	채소 혼합	어패류	5.5~6.5
	고래	6.0~7.0	수프	굴	5.8
	오징어	5.6~6.4			

(2) 변패 생성물

일반적으로 통조림식품의 원료가 품질이 저하되면 휘발성 염기질소volatile basic nitrogen, VBN, 적정 산도, 인돌indole, 히스타민histamine, 총질소total nitrogen, 가용성 질소soluble nitrogen, 엑스 성분 질소extractives nitrogen 등이 증가한다. 따라서, 통조림식품 내용물의 이상 여부를 살펴보기 위하여 내용물의 이들 항목을 측정한다.

(3) 통조림식품 용기 유래 중금속의 정량

통조림식품 용기에서 유래하는 물질은 다양하지만, 이 중에서 양철 캔의 경우 주석이 가장 우려된다. 「식품공전」에 통조림식품의 기준 규격으로 주석이 설정되어 있으며, 그 기준은 일반 통조림식품이 150 mg/kg 이하, 산성 통조림이 200 mg/kg 이하이다. 이는 양철 캔의 주요 소재인 양철판이 연강철에 주석을 도금하고 유막 처리한 것이기 때문이다. 최근 통조림식품 산업계에서는 용기로 양철 캔보다는 무주석 도금 캔TFS can을 많이 사용하고 있어 주석에 대한 규정도 양철관에 한정한다는 제한이 필요하다.

(4) 통조림식품 내의 가스 조성

통조림식품 내에 조성된 가스를 측정하는 것은 내용물의 변패 유무나 변패 원인을 추정하는 데 유용하다. 예를 들어 정어리 토마토소스담금 통조림의 변패 원인을 가스 조성으로 판정한 결과를 표 14-55에 나타내었다.

표 14-55 불량 정어리 토마토소스담금 통조림의 가스 조성

통조림	가스 조성
밀봉 불량 통조림식품	이산화탄소(CO_2)와 질소(N_2) 등
냉각수 침입 통조림식품	이산화탄소, 질소, 수소(H_2) 등
살균 부족 통조림식품	황화수소(H_2S), 이산화탄소, 질소, 수소, 메탄(CH_4) 등

3) 세균학적 검사

(1) 세균발육시험

장기 보존 식품(통조림식품 및 병조림식품, 레토르트식품)은 살균 처리를 하기 때문에 세균이 증식하여서는 안 된다. 따라서, 장기 보존 식품은 품질 관리를 위하여 세균의 발육 여부를 반드시 확인하여야 한다.

① 가온보존시험

시료 5캔을 개봉하지 않은 그대로 35~37℃로 조정된 배양기에 10일간 두었다가 상온에서 추가로 하루 동안 더 방치한 후 관찰한다. 용기가 팽창 또는 새는 것은 세균 발육 양성으로 판정하고, 가온보존시험에서 음성인 제품은 다음과 같은 세균시험을 한다.

② 세균시험

세균시험은 가온보존시험한 검체 5캔에 대하여 각각 시험한다.

a. 시험 용액의 조제

검체 5캔의 개봉부 표면을 70% 알코올을 묻힌 탈지면으로 잘 닦고 개봉하여 검체 25 g을 희석액 225 mL에 넣어 균질화한다. 이 액의 1 mL를 멸균시험관에 채취하여 희석액

9 mL에 넣고 잘 혼합한 것을 시험 용액으로 한다.

b. 시험방법

시험 용액을 1 mL씩 5개의 티오글리콜산염 배지(배지 13)에 접종하여 35~37℃에서 48±3시간 배양한 후 5캔 중 어느 하나라도 세균 증식이 확인되면 세균 발육 양성으로 한다.

(2) 세균 분리 동정시험

세균학적 검사는 통조림식품 내에 잔존하는 미생물의 종류와 수로 내용물의 변패 여부 및 원인을 검토하는 방법이다. 통조림식품의 세균학적 검사는 개봉, 내용물 채취, 검경, 접종 및 분리 배양, 분리균의 확인, 분리균 포자의 내열성 시험, 분리균의 독성시험, 시험 결과의 전체적인 검토 등과 같은 방법으로 실시한다. 이 시험은 산업계에서 직접 실시하기보다는 전문 기관에 분석을 의뢰하는 것이 일반적이다.

4) 밀봉부 검사

통조림식품의 밀봉부 검사는 밀봉기의 검증인 동시에 상품으로서 제 기능을 다할 수 있는지를 최종적으로 판단하는 단계이다.

표 14-56 밀봉부 검사의 개요 및 분류

대분류	중분류	세부 항목	사용기기
밀봉 외부 검사	육안 검사	립(lip), 비(vee), 드루핑(drooping), 커트 오버(cut-over), 커트 심(cut-seam), 웨이브드 심(waved seam), 슬립(slip), 점프드 심(jumped seam), 폴스 심(false seam) 등	-
	치수 측정	캔 높이(H), 밀봉 두께(T), 밀봉 폭(W), 카운터 싱크 깊이(counter sink depth, C) 등	시밍 마이크로미터(seaming micrometer), 시밍 스케일(seaming scale), 캘리퍼스(calipers) 등
밀봉 내부 검사	육안 검사	내부 공극의 상태, 커버 훅(cover hook)의 주름도(WR), 커버 훅의 수하도 등	-
	치수 측정	보디 훅(body hook, BH), 커버 훅(CH), 훅 중합률(overlap %, OL %)	시밍 마이크로미터, 시밍 스케일, 캘리퍼스 등
내압시험			핸드 캔 테스터(hand can tester)

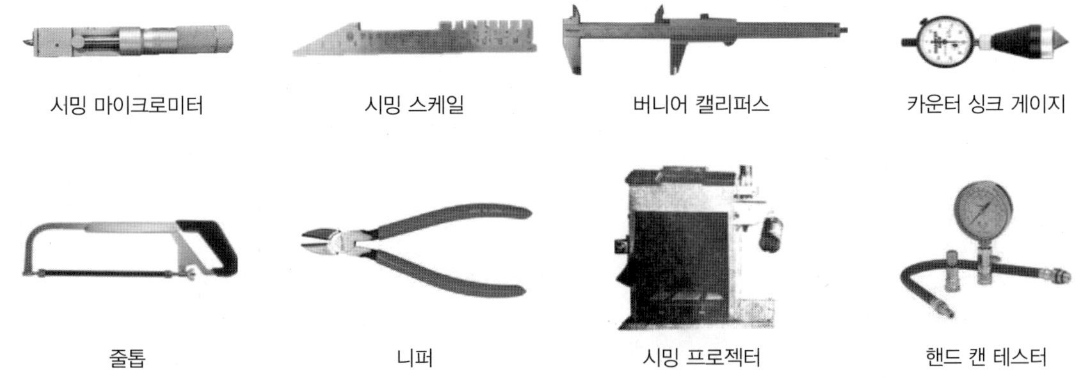

그림 14-117 통조림 밀봉부 검사기기

(1) 사용기기

밀봉 치수에 사용되는 기기는 일반적으로 시밍 마이크로미터seaming micrometer, 시밍 스케일seaming scale 및 버니어 캘리퍼스vernier calipers, 카운터 싱크 게이지counter sink gauge, 줄톱, 니퍼, 시밍 프로젝터seaming projector, 핸드 캔 테스터hand can tester 등이 있다.

(2) 측정 위치

밀봉부 검사는 밀봉부의 모든 부위에서 실시하는 것이 이상적이지만, 실제 현장에서는 실용성을 살려 밀봉 불량이 나타나기 쉬운 부위에 한정하여 실시한다.

① 육안 검사

육안 검사는 모든 밀봉부에 대하여 실시한다.

② 치수 측정 검사

치수 측정 부위는 특정 부위에 한정하여 실시하는 것이 일반적이나, 육안 검사에서 필요하다고 판단되는 부위는 용기의 종류에 관계없이 반드시 실시한다.

a. 스리피스 캔

스리피스 캔three piece can은 분리하였을 때 3개의 조각으로 분리되는 캔으로 일부 원통형 캔에 한정하여 적용되고 있다. 스리피스 캔의 밀봉부 치수 측정은 표 14-57에 표시된 A, B, C의 세 부위 이외에 랩lap부(옆 이음매side seam부와 뚜껑의 컬curl부가 만나 밀봉되는 부위)를 추가로 측정하여야 한다. 이와 같이 밀봉에 특정 한 부위인 랩부를 추가하여 측정하는 것은 두 겹으로 되어 있는 랩부는 다른 이중밀봉부의 5겹이 겹쳐 있는 것

표 14-57 밀봉부 치수 측정 검사 위치

관 모양	원형관		사각형관	타원형관
	스리피스 캔	투피스 캔	투피스 캔	투피스 캔
매수	3	2	2	2
치수 측정 부위	A, B, C, 120°, 120°, 120°, 랩 부위, L	A, B, C, 120°, 120°, 120°	A, B, C	15°, 15°, A, B
	4곳(A, B, C, L)	3곳(A, B, C)		

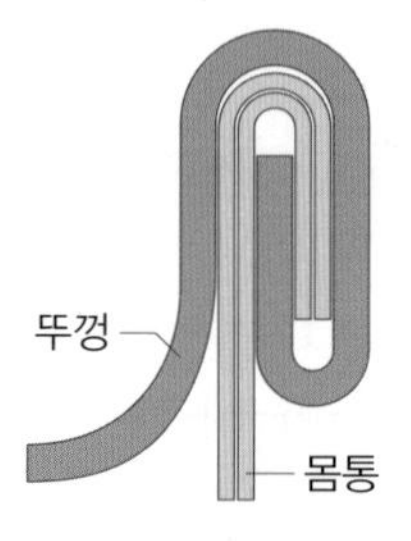

랩 부위 밀봉 상태(7겹)

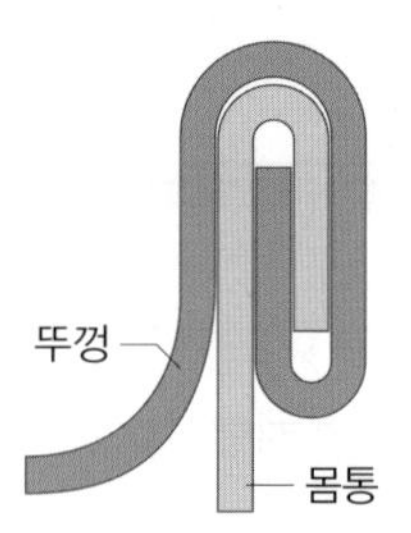

랩 부위를 제외한 일반 부위의 밀봉 상태(5겹)

랩 부위의 이중밀봉 상태

그림 14-118 스리피스 캔의 부위별 밀봉 상태

과는 달리 7겹으로 겹쳐 있어 다른 밀봉부보다 두꺼워 밀봉 불량이 발생하기 쉽기 때문이다(그림 14-118).

b. 투피스 캔

원통형 캔 중 투피스 캔, 사각형 캔, 타원형 캔은 2개의 조각으로 분리되고, 이중 밀봉부도 모두 5겹으로만 겹쳐 밀봉부의 치수 측정은 A, B, C의 3부위만 실시하면 된다.

(3) 밀봉 외부의 육안 검사

밀봉 외부의 육안 검사는 육안으로 밀봉부 외부 전체에 걸쳐 검지 가능한 결함을 관찰한다.

① 립

립lip은 보디 훅의 일부가 마치 혀를 내어놓은 것처럼 밀봉부 밑으로 빠져 나온 것을 말하며, 이 부분의 보디 훅이 커버 훅과 함께 말려 들어가지 않기 때문에 일어난다. 립은 일반적으로 밀봉부 일부에만 나타난다.

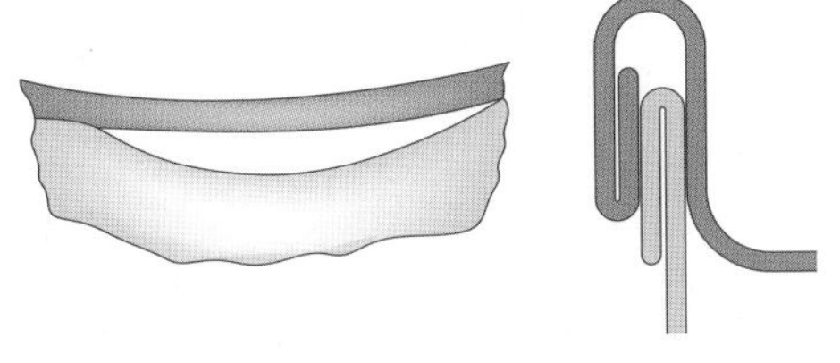

그림 14-119 립(lip)

② 비

비vee는 뚜껑의 컬이 말려 들어가지 않고 마치 발을 내어 놓은 것과 같이 밀봉부 밑으로 처진 것을 말하며, 밀봉부 아래쪽에 예리한 V 자형으로 나타난다. 비는 상당한 길이에 걸쳐서 나타나는 수가 많은데, 주로 랩부 주위에서 많이 볼 수 있다.

③ 드루핑

드루핑drooping은 밀봉부가 과도하게 아래로 처진 것을 말하며, 일반적으로 다른 부위보다 밀봉 두께가 두꺼운 랩 부위에서 주로 발생한다.

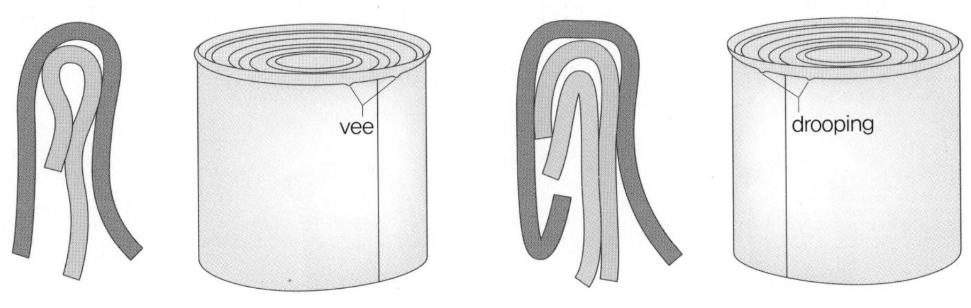

그림 14-120 비(vee)

그림 14-121 드루핑(drooping)

④ 샤프 심

샤프 심sharp seam은 밀봉할 때 밀봉부의 안쪽 윗부분이 척 플랜지 위로 밀려 올라가 안쪽 윗부분이 칼날처럼 예리하게 모난 것으로, 경미한 커트 오버를 말한다. 일반적으로 다른 밀봉 부위보다 밀봉 두께가 두꺼운 랩부에 발생하는 경우가 많으며, 그 부분을 손끝으로 만져 보면 쉽게 알 수 있다.

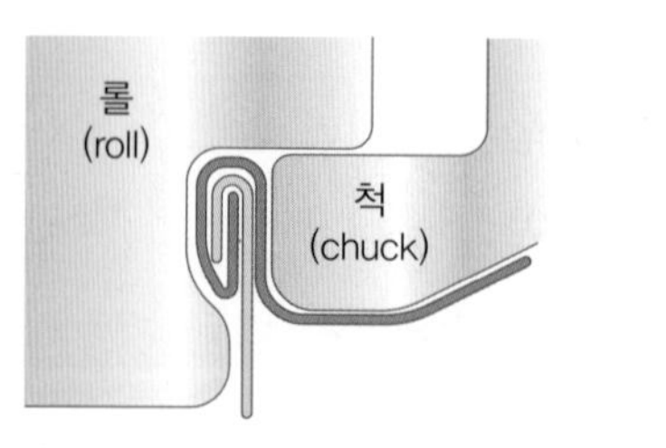

척 플랜지(chuck flange)

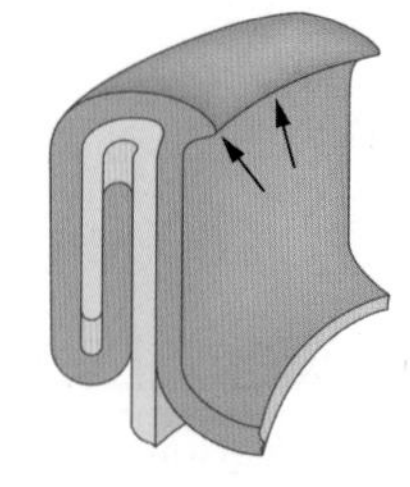
샤프 심(sharp seam)

그림 14-122 샤프 심

⑤ 커트 오버

커트 오버cut-over는 샤프 심의 정도가 심해 윗부분에 금이 가거나 절단되는 것을 말한다. 일반적으로 다른 밀봉 부위보다 밀봉 두께가 두꺼운 랩부에 발생하는 경우가 많으며, 그 부분을 손끝으로 만져 보면 쉽게 알 수 있다.

⑥ 커트 심

커트 심cut-seam은 밀봉부의 아래쪽에 금이 가거나 절단된 것을 말하며, 주로 랩 부분의 드루핑이 매우 커서 제2롤에 의해 밑으로 쳐지는 부분이 절단된다. 커트 심은 일반적으로 다른 밀봉 부위보다 밀봉 두께가 두꺼운 랩부에 많이 발생한다.

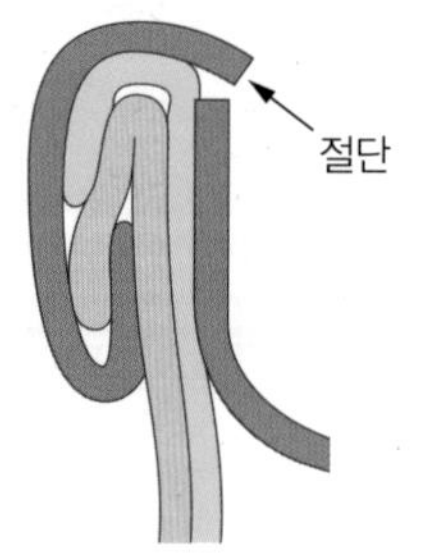

그림 14-123 커트 오버(cut-over)

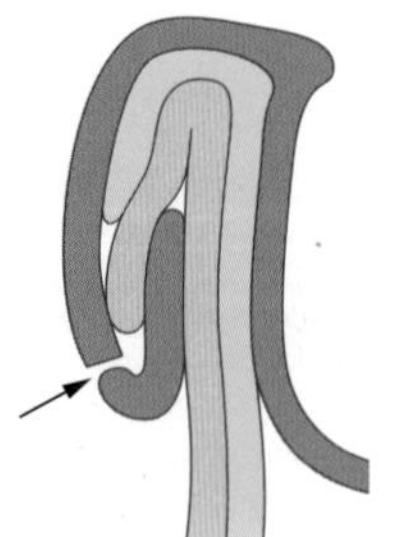

그림 14-124 커트 심(cut-seam)

⑦ 폴스 심

폴스 심false seam은 뚜껑의 컬과 용기의 플랜지flange가 서로 말려 들어가지 않고 접히기만 했는데, 외관상으로는 이중밀봉이 된 것처럼 보이는 것을 말한다. 폴스 심이 발생한 부위는 정상 부분보다 약간 얇아 보이며, 특정 부위에서 발생하기보다는 전 부위에 가릴

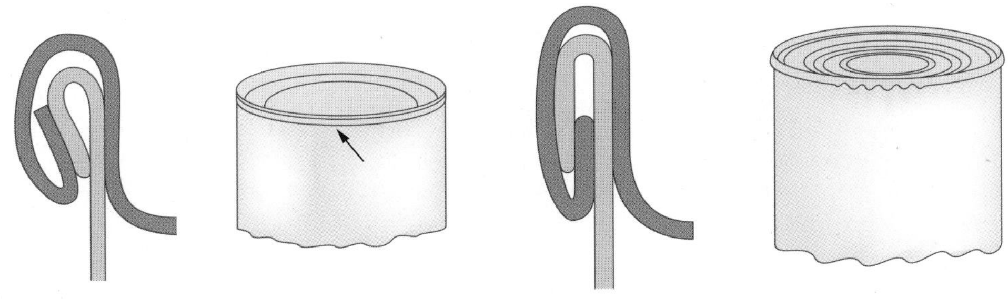

그림 14-125 폴스 심(false seam)　　그림 14-126 웨이브드 심(waved seam)

것 없이 발생할 수 있다. 폴스 심은 일반적으로 제1롤의 작동 불량으로 발생한다.

⑧ 웨이브드 심

웨이브드 심waved seam은 밀봉부 측면 또는 아랫부분이 균일하게 밀봉되어 있지 않고 파형으로 된 것으로, 밀봉부 아래쪽이 캔 몸통에 대한 밀착 상태가 불량한 것을 말한다. 웨이브드 심은 어느 특정 부위에서 발생하는 것이 아니라 전 부위에서 발생하기 쉽고, 대체로 제1롤의 작동 불량에 의하여 많이 발생한다.

⑨ 점프드 심

점프드 심jumped seam은 랩부가 다른 밀봉부에 비해 두꺼워 시밍 롤seaming roll의 압착력이 약해서 이 부분의 압착 상태가 불량해지는 현상이다. 랩부가 다른 밀봉부보다 두꺼워서 발생하는 현상이므로 주로 랩부에서 발생하며, 제2롤의 작동 불량으로 일어난다.

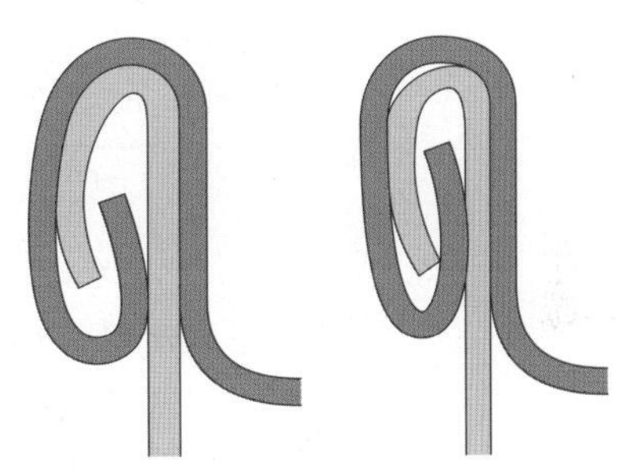

그림 14-127 점프드 심(jumped seam)

(4) 밀봉 외부의 치수 측정

밀봉 외부의 치수 측정은 그림 14-128에 나타낸 위치들에 대하여 캔 높이H, 밀봉 두께T, 밀봉 폭W을 측정한다.

① 캔 높이

캔의 높이can height, H는 일반적으로 측고계 또는 1/20 mm까지 읽을 수 있는 버니어 캘리퍼스 등으로 측정하며, 원통형 캔이나 기타 이형 캔(사각형 캔 또는 타원형 캔)의 측

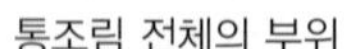
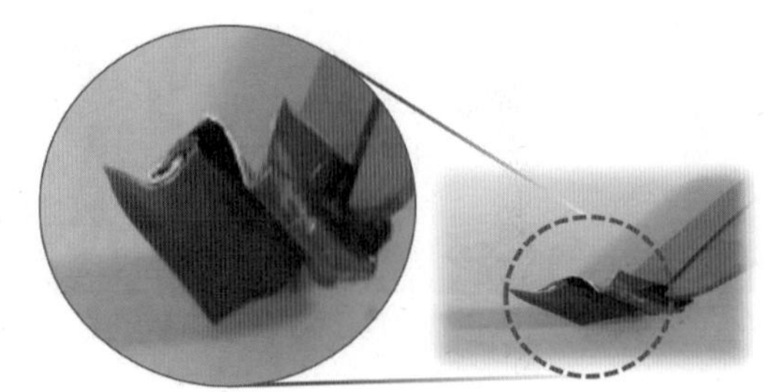

통조림 전체의 부위　　　　　　　　　　부위의 확대에 의한 형태 구조

그림 14-128 통조림식품 용기의 밀봉 부위

정방법은 차이가 있다. 원통형 용기의 높이는 측정 바를 측정 부위의 접선 방향에 맞추어서 어미자가 용기와 평행이 되도록 용기를 단단히 잡은 상태에서 측정한다. 타원형 용기는 약간 경사가 있어 버니어 캘리퍼스의 양쪽 측정 면이 뚜껑 밑면과 평행이 되도록 잡고 한층 신중하게 측정해야 한다.

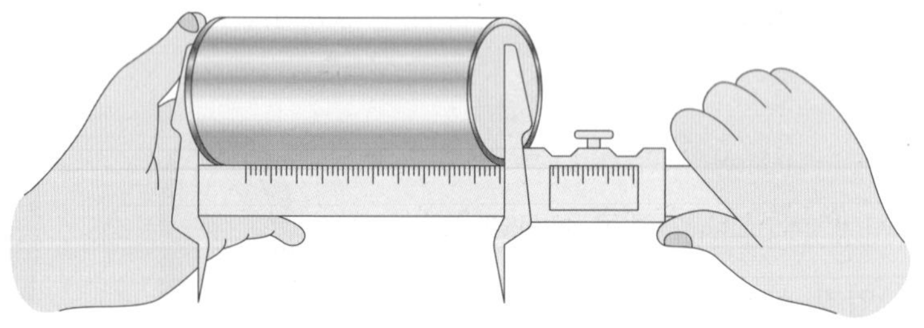

그림 14-129 버니어 캘리퍼스에 의한 캔 높이 측정

② 밀봉 두께

밀봉 두께seam thickness, T는 시밍 마이크로미터로 1/100 mm까지 측정한다. 측정 부위에 시밍 마이크로미터를 올리고 그 위에 위치하는 인지로 균형이 유지되도록 고정시켜 측정한다.

③ 밀봉 폭

밀봉 폭seam width, W도 시밍 마이크로미터로 1/10 mm까지 측정한다. 측정 부위에 시밍 마이크로미터의 평면부를 캔 몸통에 붙이고, 왼쪽 엄지손가락으로 고정시켜 측정한다.

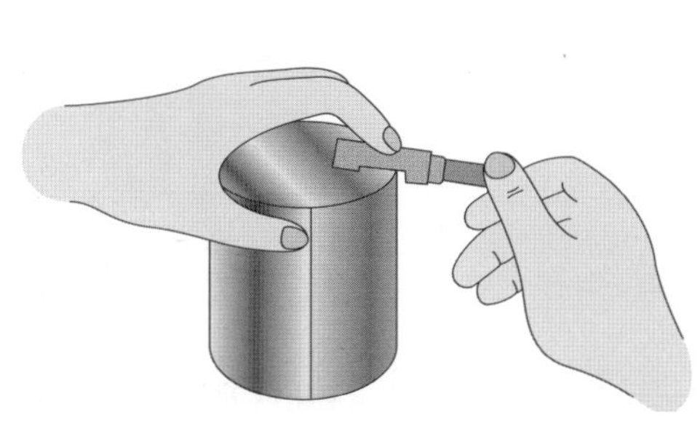

그림 14-130 시밍 마이크로미터에 의한 밀봉 두께 측정

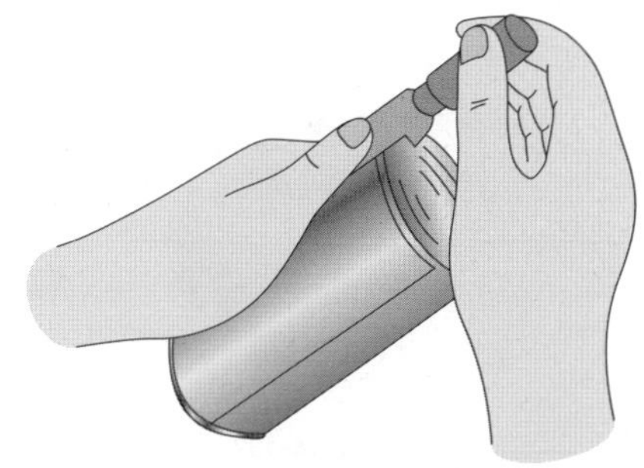

그림 14-131 시밍 마이크로미터에 의한 밀봉 폭 측정

④ 카운터 싱크 깊이

카운터 싱크 깊이counter sink depth, C는 카운터 싱크 게이지로 1/100 mm까지 측정하는 것이 이상적이다. 카운터 싱크 게이지가 준비되어 있지 않은 경우에는 시밍 마이크로미터로 측정하기도 한다. 카운터 싱크 깊이를 시밍 마이크로미터로 측정할 때는 캔을 평면 위에 놓고, 측정 부위에 시밍 마이크로미터를 직립하여 측정한다. 시밍 마이크로미터로 측정한 카운터 싱크 깊이는 처음 시밍 마이크로미터를 평면에 세웠을 때의 값에서 측정값을 뺀 값이다.

⑤ 랩 수하도

밀봉용 시밍 마이크로미터로 랩부의 밀봉 폭이 제일 큰 것을 1/100 mm까지 측정한 값에서 밀봉 폭 평균값(표 14-57에 나타낸 측정 부위 3곳의 평균값)을 뺀 값에서 소수점 둘째 자리까지 구하여 나타낸다.

(5) 밀봉 내부의 육안 검사

표 14-57에 나타낸 부위를 줄톱 등으로 밀봉선이 접선과 수직 방향이 되도록 절단 해체(그림 14-132)하여, 그 내부 상태를 육안 또는 시밍 프로젝터 등으로 관찰한다.

① 밀봉부 내의 틈

밀봉기 조절 불량으로 생기는 밀봉부 내의 틈은 그림 14-133의 1, 2, 3, 4 네 곳이다. 이 네 곳의 틈은 밀봉기의 조절이 완전해짐에 따라 1, 2, 3, 4의 순서로 없어진다. 예를 들어 3번 틈이 없어졌는데 1번 틈은 남아 있는 일은 없다. 다만, 3번, 4번 틈은 조절이 잘 된 경우에도 생기기 쉽다. 밀봉부 내의 틈은 밀봉 기구의 조절 불량, 또는 불량 시밍

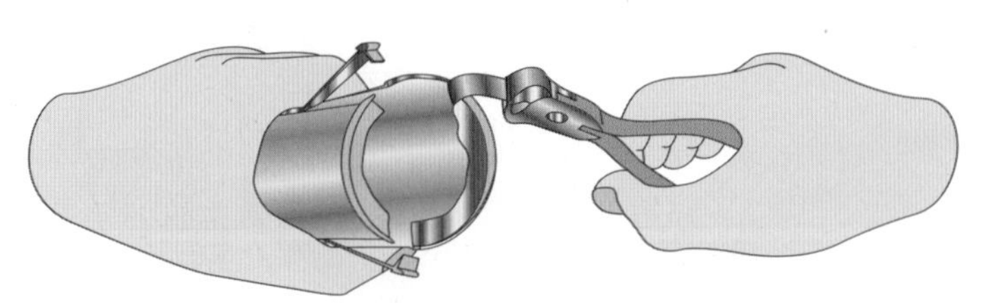

그림 14-132 밀봉부 해체 과정

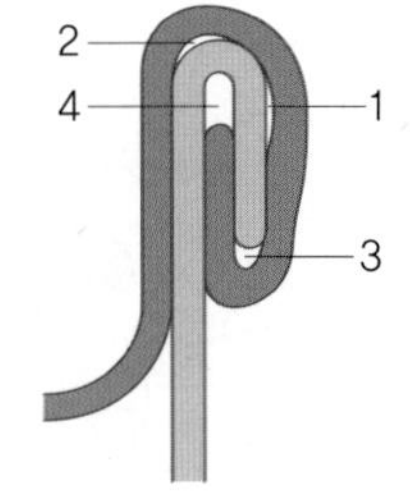

그림 14-133 밀봉부 내의 틈

롤이나 시밍 척seaming chuck으로 밀봉하였을 때에 생긴다. 밀봉부의 틈은 없는 것이 좋으며, 특히 1번, 2번 틈은 절대 있어서는 안 되고 3번과 4번 틈도 적을수록 좋다.

② 커버 훅의 주름도

커버 훅cover hook의 주름도pressure ridge는 밀봉의 강도를 나타내는 것으로, 시밍 제2롤의 압착력이 강하면 눌러 없어지고 약하면 주름이 많이 생기는 것이다. 커버 훅의 주름도는 시밍 롤의 압착 강도가 동일해도 캔의 지름, 캔의 경도 및 두께 등에 따라 달라진다. 일반적으로 대형 캔일수록 곡률이 감소하여 주름이 적어지므로 캔의 지름에 따라 주름의 허용 한계가 다르다.

주름도는 주름의 등급도와 비교하여 판정하는데 주름이 없는 주름도 0에서 커버 훅 전체에 걸쳐 주름이 있는 주름도 10까지 11등급으로 나누는 방법이 있으나, 0에서 3까지 4단계로 나누는 주름도 등급은 표 14-58과 같다.

표 14-58 커버 훅의 주름도

주름도	기준
0	주름이 없거나 거의 없는 것
1	주름이 명백히 보이나 그 길이가 커버 훅 길이의 1/4 이하
2	주름 길이가 커버 훅 길이의 1/4~1/2
3	주름 길이가 커버 훅 길이의 1/2 이상

③ 커버 훅의 처진 정도

외관 검사에서 랩 부분이 밑으로 많이 처진 것은 커버 훅을 벗겨서 처진 길이를 측정한다. 처진 길이가 커버 훅의 길이의 50% 이상일 때는 밀봉력이 감소하므로 밀봉 불량으로 보아야 한다.

(6) 밀봉 내부의 치수 측정

① 보디 훅 및 커버 훅

내부 육안 검사를 위한 밀봉 절단편 또는 해체로 나온 보디 훅BH 또는 커버 훅CH으로부터 시밍 마이크로미터 또는 시밍 프로젝터와 기타 계측기기로부터 1/100 mm까지 측정한다.

② 훅 중합부의 길이

내부 육안 검사에서 조제한 밀봉 절단편으로부터 시밍 프로젝터, 시밍 마이크로미터 등의 계측장치로 앞의 그림 14-15의 a부분을 측정하는 것이 가장 이상적이다. 한편, OL % 산출식으로 개략의 수치를 산출할 수도 있다.

$$\text{OL }\% = \frac{\text{BH}+\text{CH}+1.1t_c-\text{W}}{\text{W}-2.6t_c+1.1t_b} \times 100$$

③ 훅 중합률

내부 육안 검사에서 조제한 밀봉 절단편으로부터 시밍 프로젝터 등의 계측장치로 그림 14-15의 a, b 부분을 측정하고, 이로부터 (a/b)×100에 의하여 산정하는 것이 가장 이상적이다. 이미 측정한 값으로 OL % 산출식 또는 산출표에서 대략의 수치를 구할 수 있으나, 이 값이 한계점 근처에 있을 때에는 반드시 실측하는 것이 좋다.

(7) 캔의 내압시험

캔의 내압시험은 캔의 이중밀봉부 또는 캔 접합부가 실제로 일정한 압력을 견디어 낼 수 있는지를 검사하는 것으로, 핸드 캔 테스터로 압력을 가하여 누설 여부를 조사한다.

단원정리

1 통조림식품은 전처리한 식품을 금속 용기에 살쟁임하고 탈기(기체 제거 공정), 밀봉(기밀 유지 공정), 살균(가열 처리 공정) 및 냉각(급속 냉각 공정)하여 상온에서 장기 저장할 수 있도록 만든 제품을 말한다.

2 탈기 공정은 원료를 용기에 담은 후 용기 내에 있는 공기를 제거하는 공정으로, 진공 펌프를 이용한 기계적 탈기법, 탈기함을 이용하는 가열 탈기법, 증기와 치환하여 실시하는 증기 분사법 등이 있다.

3 이중밀봉은 밀봉기(seamer)에 의하여 컬(curl : 캔 뚜껑의 가장자리를 안쪽으로 굽힌 부분)을 플랜지(flange : 용기 상부의 가장자리를 밖으로 구부린 부분) 밑으로 말아 넣고, 압착하여 캔의 몸통과 뚜껑을 접착시켜 기밀을 유지하도록 조작하는 것이다.

4 살균 처리는 식품을 레토르트에서 압력이 가해진 상태의 높은 온도로 장시간 처리하여 미생물을 사멸시킴으로써 보존성과 위생을 향상시키고, 아울러 식품은 가열 조리만으로 바로 먹을 수 있도록 이용 편리성을 높이는 공정이다.

5 냉각은 가열살균 처리한 통조림식품을 고온 방치 시간을 단축시켜 내용물의 분해와 스트루바이트 생성을 막고, 호열성 세균의 발육을 억제하기 위한 공정이다.

6 통조림의 가공 및 저장 중에 일어나는 품질 변화로 내용물의 변화는 흑변, 평면산패, 허니콤, 스트루바이트, 어드히전, 커드 등이 있고, 용기의 이상으로 인한 변화는 플리퍼, 스프링어, 스웰, 버클링, 패널링 등이 있다.

7 수산물 통조림은 주입액의 종류에 따라 소금물을 주입하는 보일드 통조림식품, 조미액을 주입하는 조미 통조림식품, 식용유를 주입하는 기름담금 통조림식품, 토마토소스 등을 주입하는 기타 통조림식품 등으로 분류한다.
국내 주요 수산물 통조림 중 보일드 통조림식품은 고등어 보일드 통조림, 꽁치 보일드 통조림, 게 보일드 통조림 등이 있고, 조미 통조림식품은 소라 조미 통조림, 골뱅이 조미 통조림 등이 있으며, 기름담금 통조림식품은 참치 기름담금 통조림, 연어 기름담금 통조림, 굴 훈제 기름담금 통조림, 바지락 훈제 기름담금 통조림, 지중해담치 훈제 기름담금 통조림 등이 있다. 또 기타 통조림식품으로 고등어 토마토소스담금 통조림, 정어리 토마토소스담금 통조림 등이 있다.

8 통조림의 일반 검사 항목은 외관 검사, 포장 검사, 타검 검사, 세균발육시험, 개관 검사 등이 있으며, 밀봉부 검사 항목은 밀봉 외부의 치수 측정(캔 높이, 밀봉 두께, 밀봉 폭, 카운트 싱크 깊이), 밀봉 내부의 치수 측정(보디 훅 길이, 커버 훅 길이, 밀봉 훅 중합률), 캔 내압시험 등이 있다.

연습문제

1 **통조림식품의 가공을 위한 4대 공정으로 올바르게 나열한 것은?**

① 탈기 – 밀봉 – 살균 – 냉각 ② 밀봉 – 탈기 – 살균 – 냉각
③ 탈기 – 살균 – 밀봉 – 냉각 ④ 밀봉 – 살균 – 탈기 – 냉각

2 **우리나라 수산물 통조림식품 산업계에서 적용하고 있지 않은 탈기법은?**

① 가열 탈기법 ② 기계적 탈기법
③ 증기 순환법 ④ 가스 취입법

3 **밀봉 공정을 위하여 사용하는 시머의 주요 3부분이 아닌 것은?**

① 시밍 롤 ② 시밍 척
③ 블리더 ④ 리프터

4 **저산성 통조림식품의 살균에 사용되는 기계로 옳은 것은?**

① 시머 ② 레토르트
③ 사일런트 커터 ④ 충전기

5 **우리나라에서 패류 통조림 제조용으로 가장 많이 사용하는 원료는?**

① 바지락 ② 굴
③ 꼬막 ④ 지중해담치

6 **급속 냉각의 목적이 아닌 것은?**

① 조직 연화 방지 ② 저온성 세균의 발육 억제
③ 황화수소(H_2S) 가스 발생 억제 ④ 스트루바이트의 성장 억제

7 **통조림식품 흑변의 원인물질로 올바른 것은?**

① 암모니아 ② V–에나멜
③ 황화수소와 철 ④ 지방산

8 **통조림식품의 내용물에 유리 조각 모양의 결정이 나타나는 현상은?**

① 스트루바이트　　② 점착
③ 커드　　④ 허니콤

9 **가스의 생성 없이 산을 생성하는 변형 통조림식품은?**

① 패널 캔(panelled can)　　② 플랫사워 캔(flat sour can)
③ 버클 캔(buckled can)　　④ 스프링어 캔(springer can)

정답 **1** ① **2** ④ **3** ③ **4** ② **5** ② **6** ② **7** ③ **8** ① **9** ②

CHAPTER 15

수산가공 부산물의 이용

1. 수산가공 부산물의 유용 소재로서의 특성 | 2. 수산가공 부산물의 종류와 이용
3. 수산가공 부산물의 고부가가치 기능성 소재로의 이용 | 4. 수산가공 부산물의 비식용 소재로의 이용

수산가공 부산물은 수산물 가공 과정에서 다량 발생하는 것으로, 여기에는 단백질, 지질, 무기질, 비타민, 맛 성분, 색소 등과 같은 유용 성분이 다량 함유되어 있어 우수한 수산가공식품 재자원이나 대부분 효율적으로 이용되지 못하고 폐기되고 있다. 이로 인하여 수산가공 부산물은 폐기 과정에서 처리 비용이 발생함은 물론이고 환경오염원도 된다.

한편, 국내외를 가릴 것 없이 수산가공업계와 수산 양식업계는 수산식품 원료 또는 사료의 원료난이 심각하다. 이러한 상황에서 수산가공 부산물은 사료, 어분 등과 같은 비식용 자원뿐만이 아니라 어육의 대체 자원, 여러 가지 건강 기능성 물질의 추출 소재로도 이용할 수 있다. 이와 같은 면에서 수산가공 부산물을 수산가공 소재, 건강 기능성 물질 추출 소재 및 사료, 비료와 같은 소재로 효율적으로 이용할 수 있다면 자원의 효율적 이용일 뿐만이 아니라 환경오염원의 근원적 제거라는 측면에서도 의미가 크다.

그림 15-1 훈제 연어 가공 중 발생한 부산물

여기에서는 수산가공 부산물을 비식용 분야로 이용하는 어분, 어유, 피시 솔루블fish soluble과, 건강기능식품 소재로 이용하는 오메가-3 지방산, 헴철, 칼슘, 타우린, 콜라겐, 키틴, 키토산 및 키토산 관련 물질, 콘드로이틴황산, 감마아미노부티르산γ-aminobutyric acid, GABA, 글루코사민glucosamine, 그 외 앤서린anserine, 카노신carnosine 등에 대하여 살펴보기로 한다. 그리고 일반 식품 소재로 이용하기 위한 조미료 소재의 자원으로 이용하는 것에 대해서도 살펴보고자 한다.

1. 수산가공 부산물의 유용 소재로서의 특성

부산물의 사전적 의미는 주산물의 생산 과정에서 더불어 생기는 물건이라고 되어 있다. 따라서, 수산가공 부산물은 수산가공품을 생산하는 과정에서 생산된 주산물인 수산가공품을 제외한 나머지 파생 산물 모두를 말한다.

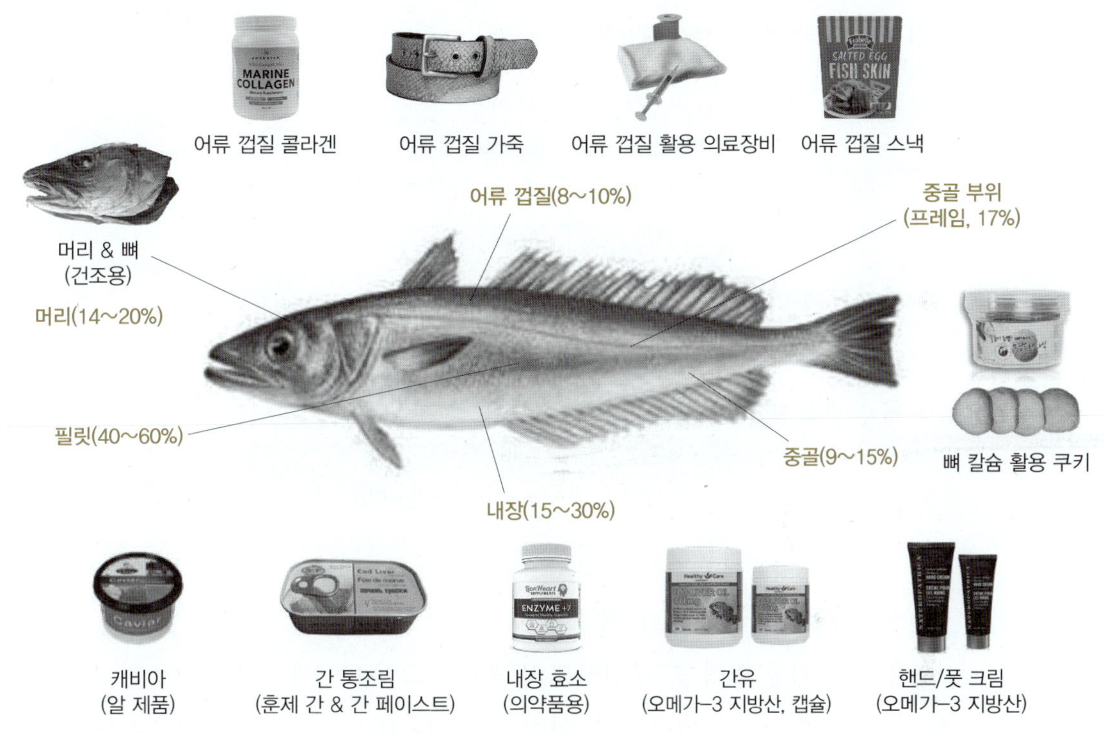

그림 15-2 수산물 가공 중 발생하는 다양한 부산물과 이를 활용한 제품

1) 수산가공 부산물의 특성

(1) 유용 수산 재자원

① 수산 부산물의 종류 및 전처리에 의한 수율 비교

수산물을 활용하여 수산가공품을 제조할 때에 대부분이 어류는 필릿fillet 처리를, 패류는 탈각 처리를, 갑각류는 두절 및 탈각 처리를, 두족류는 내장 제거를 실시한다. 이 과정에서 부산물로는 어류의 경우 필릿 처리한 나머지인 머리, 내장, 피시 프레임fish frame(필릿 가공 시 발생하는 어육 2편 이외에 등뼈 부위), 지느러미, 껍질 등이, 패류의 경우

탈각 처리로 패각이, 갑각류는 두절 및 탈갑 처리로 머리와 갑각이, 두족류는 내장 제거로 내장과 먹물 등이 발생한다. 부산물의 발생량은 어류 45% 이상, 패류 85% 이상, 갑각류 40% 이상, 두족류 70% 이상이다.

표 15-1 수산물의 일반적인 전처리 형태, 부산물의 종류와 발생 비율

원료	전처리	대상 수산물	수율(%)	부산물	
				종류	발생률(%)
어류	필릿(fillet)	학공치	40~45	머리, 내장, 피시 프레임(fish frame), 지느러미, 껍질 등	45% 이상
		붕장어	50~55		
		보리멸	45~47		
		광어	30~35		
패류	탈각	소라	10	패각	85% 이상
		피조개	14		
갑각류	두절, 탈각	새우(대)	50~55	머리, 갑각	40% 이상
		새우(중)	45~50		
		새우(소)	56		
두족류	내장 제거	오징어	25~30	내장, 먹물	70% 이상

② 수산가공품 가공 공정 중 물질 수지

연육surimi 가공 공정 중 부산물의 발생량은 그림 15-3과 같다. 광어 전 어체에서 내장을 제거하면 크기에 따라 다소 차이는 있으나 내장이 15~30% 범위로 발생한다. 이어서 두부를 절단해 내면 14~20% 범위로 부산물이 발생하고, 필릿 처리하면 등뼈를 포함한 프레임이 17%, 껍질을 제거해 내면 8~10% 범위로 발생한다. 초퍼로 마쇄한 다음 세척하면 가용성 물질이 14~16% 범위로 발생하고, 이를 갈아서 민스mince로 제조한다. 최종적으로 육 정선기refiner로 힘줄(건)tendon, 비늘, 껍질 조각과 같은 이물질을 제거하면 이물질이 8% 발생한다. 이렇게 만들어진 것이 연육이다.

이 중 껍질 제거 공정까지는 연육 제조를 위한 공정이라기보다는 일반적인 수산가공품 제조 공정으로, 다량의 부산물이 발생한다.

그림 15-3 연육 가공 공정 중 물질 수지

(2) 유용 성분의 다량 함유

수산가공 부산물에는 머리의 경우 오메가-3 지방산이, 뼈에는 칼슘이, 내장에는 유용 효소와 콜라겐이, 껍질에는 콜라겐이, 자숙수에는 맛 성분, 수용성 단백질, 유용 아미노산과 펩타이드 같은 유용 성분이 다량 함유되어 있다. 따라서, 식품 소재로 안전성만 확보된다면 우수한 건강 기능 성분의 추출 소재로 적절하다. 수산가공 부산물이 식용 재자원으로 이용되기 위해서는 식품안전관리인증기준hazard analysis and critical control point, HACCP 프로그램의 적용 식품 생산 루트를 통하여야 하고, 이를 벗어나는 것은 폐기물로 취급되어 관리된다.

(3) 선도 저하가 빠름

수산가공 부산물은 머리, 뼈, 내장, 껍질 등이 포함되어 있고, 여기에는 미생물과 효소가 다량 함유되어 있어 선도 저하가 매우 빠르다. 이 때문에 수산가공 부산물이 가공 중 파생되는 즉시 선도 유지를 위한 적절한 처리를 하지 않으면 악취 등이 발생하기 쉽다.

(4) 유해물질도 다량 함유

수산가공 부산물에는 유용 성분이 다량 함유되어 있는 반면, 이에 못지않게 복어독과 같은 여러 가지 독성 성분, 수은이나 납, 카드뮴 등과 같은 중금속, 기생충, 선도 관리 부실로 야기될 수 있는 여러 가지 바이오제닉 아민biogenic amine 등과 같은 유해물질도 다량 함유되어 있다. 따라서, 식품 또는 사료로 재활용하기 위해서는 이들 물질의 저감화 또는 제어 기술이 도입되어야 한다.

2. 수산가공 부산물의 종류와 이용

수산가공 부산물은 다양한 가공품을 제조하는 과정에 발생하며, 이는 수산물의 종류, 조직, 파생 경로, 이용 제품의 종류 등에 따라 다양하게 분류할 수 있다.

1) 수산가공 부산물의 발생 부위에 따른 분류

수산가공 부산물은 발생 조직 부위에 따라 그 종류를 분류할 수 있다. 어류 근육은 피시 프레임으로부터 분리되는 근육과 정형 공정에서 분리되는 근육은 물론이고 힘줄(건) 등으로, 수산동물 껍질은 어류 껍질, 갑각류 갑각, 패각, 성게 껍질, 멍게 껍질 등으로, 어류 뼈는 어류 뼈 이외에도 지느러미, 비늘 등으로, 수산동물의 머리는 어류 머리, 갑각류 머리 등으로, 수산동물 내장은 어류 내장, 해삼 내장, 전복 내장, 게 내장 등으로, 수산동물의 생식소는 명란, 대구 알, 성게 알, 숭어 알, 연어 알 등으로, 두족류 관련 조직은 오징어의 갑, 연골 등으로, 그 외에 어류 혈액, 어류, 패류, 갑각류 및 두족류 자숙액 등으로 분류가 가능하다.

2) 수산가공 부산물의 종류 및 발생

(1) 어류 가공 부산물

어류 가공 부산물로는 근육 및 힘줄, 껍질, 머리, 지느러미, 비늘, 내장, 생식소, 어류 혈액, 그리고 어류 자숙액 등이 있다.

① 근육 및 힘줄

근육은 필릿 처리 시에 부산물로 나오는 피시 프레임에서 발생하거나 정형 공정 중에 작은 조각으로 발생한다. 또한, 근육에 포함되어 있는 힘줄은 정제 공정이 도입되는 냉동 연육frozen surimi을 제조할 때 발생한다.

② 껍질, 뼈, 머리, 지느러미, 비늘, 내장, 생식소 등

근육, 껍질, 뼈, 머리, 지느러미, 비늘, 내장, 생식소 및 혈액 등은 필릿 처리 공정이 도입되는 냉동식품, 건제품, 훈제품, 연제품 등을 제조할 때 발생한다.

③ 어류 혈액

어류 혈액은 혈액 제거 공정이 도입되는 참치, 광어 등의 횟감 제조 시에 발생한다.

④ 어류 자숙액

어류 자숙액은 가공 공정 중 자숙 공정이 도입되는 가공품의 제조 시에 발생하는 수산가공 부산물이다. 즉, 다랑어 통조림, 연어 통조림의 제조 시에 육(로인) 분리를 위한 자숙 공정, 가쓰오부시 제조를 위한 자숙 공정 등에서 발생하는 부산물이다.

(2) 패류의 가공 부산물

패류 가공의 부산물로는 패각과 자숙액 또는 세척액 및 저상품성 패류 육 등을 꼽을 수 있다.

① 패각

패각은 박신shucking(패각을 분리하는 과정) 공정을 도입하는 경우에 발생한다. 최종 제품이 생살 제품일 때는 수작업으로 탈각을 하고, 굴이나 꼬막, 골뱅이 등과 같이 통조림식품, 건제품, 냉동품 등의 중간 소재로 공급하는 경우에는 열탕으로 탈각을 한다.

② 액상 부산물

패류의 액상 부산물로는 자숙액과 세척액 등이 있다. 이 중 자숙액은 굴, 꼬막, 골뱅이 등을 통조림식품, 건제품, 냉동품 등의 중간 소재로 공급하는 경우 열탕으로 탈각을 하는데, 이때 열탕 중 발생하는 자숙수를 말한다. 세척액은 패류를 열탕 탈각한 후 이물질 제거를 위하여 세척하는 공정에서 발생하는 액체를 말한다.

③ 저상품성 패류 육

자숙굴의 제조 시에 상품성이 떨어지는 패류 육들이 다소 발생하고, 이는 유용한 식품 재자원이다.

(3) 갑각류의 가공 부산물

갑각류의 가공 부산물로는 껍질과 머리, 자숙액 그리고 내장 등이 있다.

① **껍질과 머리**

갑각류 껍질과 머리는 주로 두절이나 탈각 공정이 도입되는 냉동식품이나 통조림식품 제조 시에 발생한다.

② **자숙액**

갑각류의 자숙액은 근육 분리 공정이 도입되는 통조림식품의 제조 과정에 주로 발생한다.

③ **게 내장**

게 내장은 통조림식품 등의 제조 중에 부산물로 발생하여 게 내장 소스 등으로 사용된다.

(4) 두족류의 가공 부산물

두족류의 가공 부산물로는 껍질, 내장, 연골, 갑 및 먹물 등이 있다. 이와 같은 두족류 가공 부산물은 냉동식품, 조미식품 등을 제조할 때에 근육을 채취하는 전처리 공정에서 주로 발생한다.

(5) 기타 수산물 가공 부산물

이외의 수산물 가공 부산물로는 껍질과 해동 드립 등이 있다.

① **껍질**

기타 수산물 가공 부산물로는 내용물을 분리하는 공정에서 발생하며 성게 껍질, 멍게 껍질 등이 여기에 속한다.

② **해동 드립**

멍게는 주 생산시기에 다량 어획하여 전처리에 의하여 내용물을 얻고, 이를 동결한 다음 필요시에 해동하여 가공품을 생산한다. 해동 드립은 멍게를 해동할 때 얻어지는 부산물이다.

표 15-2 수산가공 부산물의 종류

부산물		유래 제품	발생 공정	주요 성분	이용
분류	발생 부위				
어패류 근육	프레임 근육	냉동식품, 건제품, 연제품, 훈제품	필릿 처리	근육	증량제
	힘줄(tendon)	연제품	정제 처리	콜라겐, 젤라틴	콜라겐, 젤라틴
	저상품성 근육	냉동굴/자숙굴	선별	근육	조미 소스 등
수산동물 껍질	어류 껍질, 오징어 껍질	냉동식품, 연제품	탈피 처리, 육 분리	콜라겐, 젤라틴	콜라겐, 젤라틴 또는 스낵
	갑각류 껍질	냉동식품, 통조림	탈각 처리, 육 분리	키틴, 키토산, 무기질	키틴, 키토산 및 저분자 키토산
	패각	생패류, 통조림	탈각 처리	무기질(칼슘)	칼슘
	성게 껍질	성게알	알 분리	무기질(칼슘)	칼슘
	멍게 껍질	생멍게	육 분리	셀룰로스, 색소	셀룰로스, 색소
어류 뼈 등	어류 뼈	냉동식품, 건제품, 연제품, 훈제품, 통조림	필릿 처리	콜라겐, 젤라틴, 무기질, 지질 등	콜라겐, 젤라틴, 무기질, 지질
	지느러미	냉동식품, 건제품, 연제품, 훈제품, 통조림	필릿 처리	콜라겐, 젤라틴, 무기질	콜라겐, 젤라틴, 무기질
	비늘	냉동식품, 건제품, 연제품, 훈제품, 통조림	필릿 처리	콜라겐, 젤라틴, 무기질	콜라겐, 젤라틴, 무기질
수산동물 머리	어류 머리	냉동식품, 건제품, 연제품, 훈제품, 통조림	필릿 처리	엑스 성분, 지질	엑스 성분, 기능성 지질
	갑각류 머리	냉동(식)품	두절 처리	엑스 성분	엑스 성분
수산동물 내장	어류 내장	냉동식품, 건제품, 연제품, 훈제품, 통조림	필릿 처리	지질, 단백질, 유용 효소	단백질, 지질, 효소
	어류/전복/해삼/게 내장	냉동식품, 건제품, 연제품, 훈제품, 통조림	필릿 처리, 육 분리	단백질, 유용 효소	젓갈, 조미 소스
수산동물 생식소	어류 알, 성게 알	냉동식품, 건제품, 연제품, 훈제품, 통조림	어류 처리, 육 분리	단백질, 유용효소	젓갈
두족류 부산물	오징어 갑	냉동식품	육 분리	칼슘	칼슘
	연골	조미 훈제품	육 분리	키틴	키토산
	먹물	조미 훈제품	육 분리	항균제	항균제 및 기타 기능 성분
어류 혈액	어류 혈액	횟감	탈혈 처리	효소 저해제	효소 저해제
기타	어류/패류/두족류 자숙액	자숙 냉동식품/건제품/훈제품/통조림	자숙 처리	엑스 성분, 맛 성분	조미 소재
	해동 드립	냉동품	해동 처리	엑스 성분, 맛 성분	조미 소재

3) 수산가공 부산물의 주요 성분

수산가공 부산물은 다양하여 그 기원에 따라 어류 부산물, 패류 부산물, 갑각류 부산물, 두족류 부산물 및 기타 부산물과 같이 분류한다. 여기에서는 이들의 주요 성분에 대하여 살펴보기로 한다.

(1) 어류 부산물

① 근육

어류 근육 부산물은 피시 프레임 유래의 근육과 정형 공정 중 발생하는 작은 근육 조직 등이 있으며, 이들은 어육의 대체제 및 증량제로 이용된다.

② 껍질

어류 껍질 및 근기질 단백질인 힘줄 부산물의 주요 성분은 모두 콜라겐이므로, 이들 성분의 추출원으로 이용될 수 있다. 또한, 어류 껍질은 스낵의 소재로도 활용 가능하다.

③ 뼈, 지느러미, 비늘 등의 부산물

어류 뼈, 지느러미, 비늘 등의 부산물은 칼슘과 콜라겐이 주요 성분이므로, 이들 성분의 추출원으로 이용될 수 있다.

④ 머리

어류의 머리 부분, 특히 눈 주위 부분은 맛과 관련 있는 엑스 성분과 건강 기능 성분인 오메가-3 지방산 등이 주요 성분이므로, 이들 성분의 추출원으로 이용될 수 있다.

⑤ 내장

어류의 내장은 조직감과 관련이 있는 콜라겐이 주요 성분이므로, 이들 성분의 추출원이나 스낵 등의 소재로 이용될 수 있다.

⑥ 생식소

어류 생식소는 특유의 조직감을 가지고 있으며, 콜라겐을 주로 하는 단백질과 유용 효소가 주성분이어서 내장 스낵 또는 젓갈의 주요 소재로 쓰인다.

⑦ 혈액

어류의 혈액에는 효소 억제제enzyme inhibitor와 헤모글로빈hemoglobin이 다량 함유되어 있어, 이를 추출하여 숙성 억제제나 단백질 분해효소의 저해제, 그리고 헤모글로빈의 구성 성분인 헴철 등의 추출 소재로 이용할 수 있다.

⑧ **자숙액**

참치나 연어 통조림을 제조할 때 흰살생선, 즉 로인을 분리하기 위하여 자숙 공정이 도입되는데 이때 다량의 자숙액이 발생한다. 자숙액의 주성분은 맛 성분인 엑스 성분과 앤서린, 카노신 등과 같은 디펩타이드이어서 이를 농축하는 경우 조미료 등의 원료로, 분리할 경우에는 디펩타이드의 소재로 이용될 수 있다.

(2) 패류 부산물

패류 부산물로는 고형 부산물인 패각, 액상 부산물인 세척액과 자숙액, 저상품성 근육 및 내장 등이 있다.

① **패각**

패각 부산물의 주성분은 칼슘을 주로 하는 탄산칼슘 $CaCO_3$이어서 그 추출 소재로 적절하나, 난가와 흡수성 등의 변에서 단점이 있다.

② **자숙액 및 세척액**

자숙액과 세척액은 모두 엑스 성분이 주요 성분이어서 이를 농축하면 주요 조미료가 될 수 있고, 다량의 타우린이 함유되어 있어서 타우린 정제 소재로도 이용될 수 있다. 글루탐산도 다량 함유되어 있어 탈탄산효소를 적절히 적용하는 경우 GABA의 추출 소재로도 이용할 수 있다.

③ **저상품성 근육**

냉동 굴 또는 자숙굴은 형태가 정상과 차이가 있어 선별 공정에서 분리된 것이나 상품성 제품과 성분 등에 차이가 없어 조미 소스나 스낵 등의 소재로도 이용이 가능하다.

④ **내장**

전복은 건제품, 통조림식품 제조 공정 중 분리된 것이나 독특한 맛과 향미가 있어 조미 소스로도 이용되고 있다.

(3) 갑각류 부산물

갑각류 부산물은 껍질, 머리, 자숙액 및 내장 등이 있다

① 갑각류 껍질

갑각류 껍질은 키틴과 무기질로 구성되어 있어서 주로 키틴, 키토산, 키토올리고당의 소재로 많이 이용된다.

② 머리 및 자숙액

갑각류의 머리와 자숙액에는 엑스 성분 함량이 많이 포함되어 있어, 추출이나 농축에 의하여 우수한 조미료 원료가 될 수 있다.

③ 내장

게 내장은 통조림식품이나 냉동식품의 제조 중 분리되는 것으로 독특한 향미와 맛이 있어 조미 소재로도 이용되고 있다. 하지만 게 내장에는 중금속 함량이 높아 원료 입고 시에 관리가 필요하다.

(4) 두족류 부산물

두족류 부산물로는 껍질, 내장, 연골, 갑, 먹물 및 자숙액 등을 들 수 있다.

① 껍질

오징어 껍질의 주성분은 콜라겐이어서 콜라겐, 젤라틴, 콜라겐펩타이드의 추출 및 제조의 주요 소재이다.

② 내장

오징어 내장의 주성분은 단백질 및 지방(오메가-3 지방산)이어서 이들을 활용하고자 하는 사료나 어유의 소재로 주로 이용된다.

③ 연골

오징어 연골의 주성분은 β-키틴이어서 키틴, 키토산 및 키토올리고당의 소재로 많이 이용된다.

④ 먹물

오징어 먹물의 주요 성분은 항균이나 항암 성분 등이 있어서 이들의 주요 추출원으로 이용될 수 있다.

⑤ 자숙액

오징어는 조미오징어 등의 가공 시에, 문어는 숙회의 가공 시에 자숙 공정이 도입되고 있고, 이때 엑스 성분이 많이 유출되어 자숙액으로 이행된다. 이들은 농축하여 조미 소스 소재로 활용되기도 한다.

(5) 기타 부산물

기타 수산가공 부산물로는 성게 껍질, 멍게 껍질과, 전복 및 해삼 등의 내장, 그리고 멍게의 해동 드립 등이 있다.

① 성게 껍질

성게껍질의 주요 성분은 칼슘이어서 이의 주요 추출원이나, 단가 및 흡수율 등으로 인하여 이용에 제한을 받고 있다.

② 멍게 껍질

멍게 껍질의 주요 성분은 셀룰로스 및 카로테노이드carotenoid 등이어서 이의 주요 추출원으로 이용될 수 있으나, 단가 등의 문제로 이용에 제한이 있을 수 있다.

③ 전복 및 해삼 내장

전복이나 해삼 내장의 주요 성분은 효소, 단백질 등이어서 젓갈 제조의 주요 소재로 이용되고 있다.

④ 해동 드립

멍게는 수확 적기에 수확한 다음 전처리하고, 내용물을 동결한 후 필요시 해동하여 사용한다. 이때 해동 시에 다량의 드립이 유출되고 여기에 엑스 성분이 많이 함유되어 있어, 이를 농축하여 조미 소스로 이용하는 것도 좋으리라 본다.

4) 수산가공 부산물의 유효 이용 조건

수산가공 부산물이 수산가공품 소재로서 보다 효율적으로 이용되기 위해서는 이들 식품 성분의 우수성이 있어야 할 뿐만 아니라, 충분한 원료 확보와 적절한 가격, 위생이 확보되어야 한다.

3. 수산가공 부산물의 고부가가치 기능성 소재로의 이용

수산가공 부산물의 기능성 성분을 표 15-3에 정리하였다. 콜라겐과 젤라틴, 그리고 이들 펩타이드의 추출 소재는 어류 껍질, 뼈, 비늘 등이고, 타우린, GABA의 추출 소재는 패류 및 두족류 자숙수 등이다. 헴철의 추출 소재는 어류 혈액이고, 칼슘의 추출 소재는 어류 뼈, 패류 패각, 오징어 갑각이며, EPA 및 DHA와 같은 오메가-3 지방산의 추출 소재는 어류와 오징어의 내장, 참치 눈 주위이다. 간유의 추출 소재는 어류 간이고, 스쿠알렌의 추출 소재는 심해성 어류의 간, 키틴과 키토산 그리고 이들 유도체의 추출 소재는 갑각류 껍질 및 오징어 연골 등이다.

글루코사민의 추출 소재는 어류 뼈이고 콘드로이틴황산의 추출 소재는 어류 연골, 해조 다당류의 추출 소재는 해조 부산물, 핵산의 추출 소재는 어류의 붉은살이며, 클로렐라의 추출 소재는 미세조류이다. 또한, 오징어 먹물의 추출 소재는 오징어, 앤서린 및 카노신의 추출 소재는 붉은살생선의 자숙수와 붉은살이 쓰인다.

표 15-3 건강 기능 성분과 이의 추출 소재로서 수산가공 부산물

기능성	부산물	기능성	부산물
콜라겐, 젤라틴의 펩타이드	어류 껍질, 뼈, 비늘 등	글루코사민	어류 뼈
타우린, GABA	패류 및 두족류 자숙수	콘드로이틴황산	어류 연골
헴철	어류 혈액	해조 다당류	해조 부산물
칼슘	어류 뼈, 오징어 갑각	핵산	어류의 붉은살
오메가-3 지방산 (EPA/DHA)	어류 및 오징어 내장, 참치 눈 주위	클로렐라	미세조류
간유	어류 간	오징어 먹물	오징어
스쿠알렌	심해성 어류의 간	앤서린 및 카노신	붉은살생선의 자숙수 및 붉은살
키틴과 키토산, 이들의 유도체	갑각류 껍질		

1) 콜라겐과 젤라틴, 이를 활용한 펩타이드

콜라겐은 동물의 피부, 비늘, 뼈, 근육, 혈관, 힘줄 및 이빨 등 거의 모든 부위에 존재하여 조직의 형태를 유지한다. 콜라겐은 포유동물에서는 전체 단백질의 약 30% 정도이

고, 수산물에서는 1.4~9.1% 정도 차지한다.

(1) 추출 소재

최근까지 콜라겐의 추출 소재로는 주로 육상동물의 껍질을 이용하여 왔으나, 광우병, 돼지 콜레라, 조류 독감 등 동물병의 만연과 종교적 이유로 소나 돼지를 식용하지 않는 사람들의 영향으로 육상동물 대신 어류 껍질이나 비늘 등을 이용하는 추세이다. 다만, 어류 껍질이나 비늘에서 추출한 콜라겐 관련 물질들은 육상동물 유래 콜라겐 관련 물질에 비하여 비린내가 나고 응고점과 녹는점이 낮으며, 제조 원가가 비싸다는 단점이 있다.

(2) 조직 구조

① 콜라겐

콜라겐은 3선 나선 구조가 서로 꼬여 있으며 꼬여 있는 나선 1개의 분자량은 약 100 kDa이고, 아미노산은 약 1,000개로 이루어져 있다. 이로 인하여 콜라겐과 젤라틴의 아미노산 조성은 다른 식품의 아미노산 조성의 단위(mg/100 g)와는 달리 1,000잔기당 잔기 수로 표기한다. 이들 아미노산은 글리신glycine이 약 1/3, 이미노기imino group를 가진 하이드록시프롤린hydroxyproline이나 프롤린proline이 약 1/5로 이루어져 있으며, 시스테인cystein, 히스티딘histidine, 류신leucine, 이소류신isoleucine, 트립토판tryptophan 등은 거의 존재하지 않거나 미량 존재한다. 따라서 콜라겐과 젤라틴, 이들의 펩타이드의 단백가는 0에 가깝다. 콜라겐은 산에는 가용성이나 물에는 용해하지 않으며, 저온에서 겔gel, 고온에서 졸sol로 전환하는 열가역적 반응을 하지 않는다.

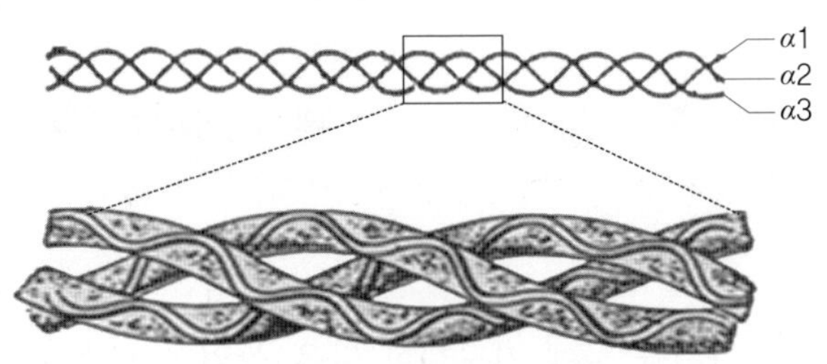

그림 15-4 콜라겐의 구조

표 15-4 정어리 비늘 콜라겐의 아미노산 조성

(단위 : 잔기/1,000잔기)

종류	잔기 수	종류	잔기 수	종류	잔기 수
Hydroxyproline	99	Alanine	112	Phenylalanine	15
Aspartic acid	47	Cysteine	ND	Hydroxylysine	7
Threonine	26	Valine	21	Lysine	23
Serine	40	Methionine	14	Histidine	9
Glutamic acid	74	Isoleucine	10	Tryptophan	ND
Proline	112	Leucine	20	Arginine	46
Glycine	320	Tyrosine	5		

② **젤라틴**

젤라틴의 어원은 라틴어 'Gelate'에서 유래하였다. 콜라겐을 알칼리 처리하고 가공 용수에서 가열 처리하면 나선이 하나씩 풀어지는데 이것이 젤라틴이다. 따라서, 젤라틴의 분자량은 약 100 kDa이고, 나선 1개에 아미노산은 약 1,000개이다(그림 15-5). 젤라틴은 온수에는 가용성이나 찬물에는 용해하지 않으며, 저온에서 겔, 고온에서 졸로 전환하는 열가역적 반응을 한다. 점도가 아주 우수하고, 유화 특성이 있으며, 필름 형성능 등이 있다.

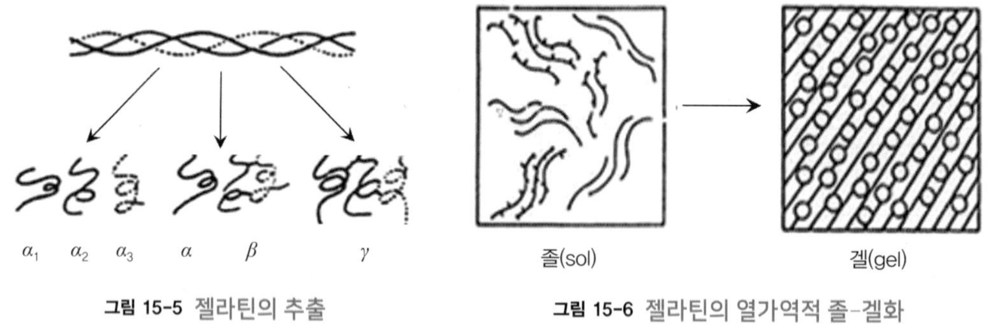

그림 15-5 젤라틴의 추출

그림 15-6 젤라틴의 열가역적 졸-겔화

③ **콜라겐펩타이드**

콜라겐펩타이드는 젤라틴을 물에 가용화한 다음 상업적 효소로 가수분해하고 한외여과 등으로 얻은 저분자 화합물로, 분자량이 2,000 Da 이하이어야 흡수가 가능하다. 콜라겐펩타이드는 찬물에도 녹고, 고혈압 저해능, 산화방지능 등과 같은 다양한 건강

기능성도 나타낸다.

(3) 제조

① 콜라겐의 추출 및 정제

수산물에서 콜라겐은 어류의 껍질과 비늘에서 많이 추출한다. 어류의 껍질을 잘게 자른 다음 물로 깨끗하게 세척한 후 10배량의 0.4% 수산화나트륨NaOH 용액을 가하여 4℃에서 반나절 정도 저어 주면서 콜라겐 이외의 물질들은 제거한다. 여기에 20배가량의 0.5% 아세트산CH_3COOH 용액을 넣고 2일 동안 저어 주면 콜라겐이 추출되므로 그 용액을 원심분리한다. 이 상층액을 5% 염화나트륨NaCl 용액으로 염석(염에 의해 단백질이 응집되는 현상) 및 원심분리하는 과정을 수회 반복하여 콜라겐을 정제한다.

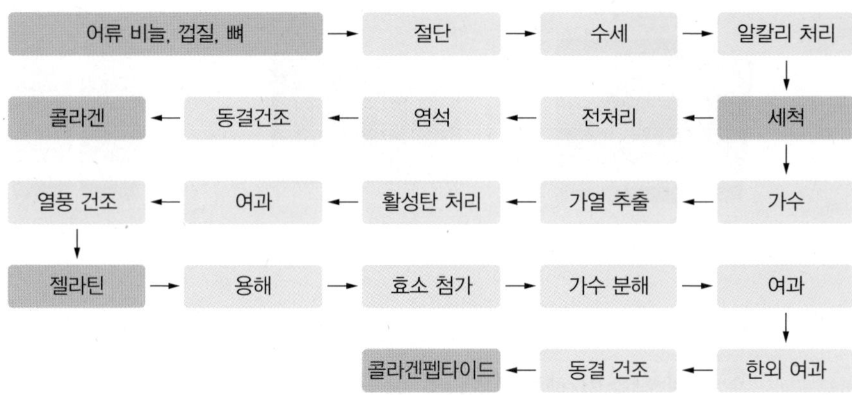

그림 15-7 콜라겐과 젤라틴, 콜라겐펩타이드의 제조 공정

② 젤라틴의 추출 및 정제

어류 껍질에 존재하는 콜라겐은 열에 의해 젤라틴으로 변한다. 어류 껍질 유래의 젤라틴은 육상동물의 껍질에 존재하는 젤라틴보다 비교적 짧은 시간 내에 추출할 수 있다. 어류 껍질은 잘게 자른 다음 물로 깨끗하게 세척한 후 10배량의 0.4% 수산화나트륨NaOH 용액을 가하여 4℃에서 1일 동안 저어 주면서 콜라겐 이외의 물질들은 제거한다. 전처리한 껍질로부터 젤라틴은 원료량에 대해 5배 정도의 물을 넣어 pH를 5~6으로 조절하고 50℃ 부근에서 4~6시간 가열하여 추출한다. 이 젤라틴 원액을 활성탄이나 이온교환수지로 냄새와 색을 제거시킨 후 건조하여 젤라틴 제품을 얻는다.

③ 콜라겐펩타이드

콜라겐펩타이드는 물에 녹고, 상업적 효소로 가수분해한 다음 한외여과하고 동결 건조하여 제조한다.

(4) 이용

일반적으로 콜라겐은 마스크 팩, 가식성 필름 등으로 이용되고, 젤라틴은 의약용 캡슐, 가식성 필름, 보습제, 샴푸, 립스틱 등과 같은 화장품 소재 등으로 이용되며, 콜라겐펩타이드는 건강 기능성 소재 등으로 이용된다.

표 15-5 콜라겐, 젤라틴 및 관련 물질의 이용

물질명	콜라겐	젤라틴	콜라겐펩타이드
사용처	마스크 팩	의약용 캡슐	콜라겐 음료

2) 헴철

헴철heme iron은 혈액 색소인 헤모글로빈의 중심 원자단으로 자세한 헴과 미오글로빈의 구조는 그림 2-17을 참조하기 바란다.

(1) 헴철의 제조

헴철은 헤모글로빈에 물을 넣고 효소 처리하여 분리해서 얻은 것을 열처리 및 한외여과한 후 분무 건조하여 제조한다.

그림 15-8 헴철의 제조 공정

(2) 헴철의 특성

헴철은 흑갈색의 분말 또는 과립으로 냄새가 없거나 약간 특유의 냄새가 있는 천연 강화제이다. 물에는 잘 녹지만 산성에서는 잘 용해되지 않으며, 유기 철이고 무기 철(염화제2철, 구연산철, 구연산철암모늄, 호박산 구연산 철나트륨, 젖산철, 피로인산제2철 등)보다 흡수율이 매우 높다. 다른 식사 요인에 영향을 받지 않으며 부작용이 거의 없다. 단, 과잉 섭취 시에는 중독될 수도 있으므로 적정량을 섭취하여야 한다. 헴철 중 철은 포피린고리porphyrin ring에 배위하고 주위를 펩타이드가 보호하고 있으며, 함량은 1~2%이고 펩타이드 함량이 70~90%이다.

(3) 철의 결핍 원인 및 결핍 우려군

철iron, Fe은 세포에 산소를 공급하며 이산화탄소와 노폐물을 폐로 이동시키는 혈액색소 헤모글로빈의 구성 성분이다. 또한, 근육에 산소를 저장하였다가 근육 수축에 사용되는 근육 조직인 미오글로빈myoglobin의 구성 성분이기도 하다.

그림 15-9 헴철 제품

① **철의 결핍 원인**

일반적으로 철의 결핍 원인은 부적절한 철의 섭취, 철 흡수 불량, 빠른 성장과 혈액 손실, 반복되는 임신으로 저장 철의 고갈 등이다.

② **철 결핍이 우려되는 군**

철 결핍이 우려되는 군은 급격한 신체 성장이 이루어지는 영유아기(6개월~4세), 사춘기, 가임기 여성, 임신기 여성 등이다.

③ **헴철의 이용**

헴철은 헤모글로빈을 효소 처리 후 분리하여 얻은 철 원자를 함유한 포피린 복합체를 말하는 것으로, 무기철 등에 비하여 흡수율이 매우 높아 철 강화제로 선호된다.

3) 칼슘

칼슘calcium, Ca은 인체 내에 가장 많이 함유되어 있는 무기질로, 체내 칼슘의 99%는 골격과 치아를 구성하고 1%는 체액과 연조직에 함유되어 있다.

(1) 기능과 결핍 현상

칼슘은 골격과 치아의 구성, 근육의 수축 작용, 신경 자극 전달 및 혈액 응고 작용 등의 기능을 하고, 결핍 시 어린이의 경우 성장 저해, 구루병의 원인이 되며, 어른은 골다공증이 발병한다(표 2-8).

(2) 주요 급원

칼슘은 뼈째 먹는 멸치, 우유, 치즈, 요구르트 등에 다량 함유되어 있고, 우리가 일상생활에서 주로 섭취하는 곡류, 육류, 채소 및 과일 등의 함유량은 적다. 이 때문에 일반 사람들에게 부족하기 쉬운 무기질 중의 하나이다.

(3) 흡수

① **흡수에 영향을 미치는 식품 성분**

칼슘의 흡수에 방해하는 식품은 시금치, 근대 등의 녹색 식품, 쌀겨, 밀기울 등이 있고, 기여하는 식품은 버섯 등이 있다. 칼슘의 흡수에 영향을 미치는 식품을 표 15-6에 정리하였다.

표 15-6 칼슘의 흡수에 영향을 미치는 식품

칼슘 흡수	관여 성분	대상 식품
방해 식품	• 옥살산(oxalic acid) • 피트산(phytic acid) • 인산	• 시금치, 근대 등의 녹색 식품 • 쌀겨, 밀기울 등 • 대부분의 식품
기여 식품	• 비타민 D	• 버섯 등

② **흡수 부위**

칼슘은 인체 내에서 대부분 소장 상부에서 능동적 운반에 의하여 흡수되고, 소장 하부에서는 단순 확산에 의하여 흡수된다.

③ **흡수율**

칼슘은 함량도 중요하지만 흡수율이 더욱 중요하다. 칼슘의 흡수율은 우유가 40~50% 범위로, 멸치 20~30% 범위, 채소류 10~20% 범위, 곡류 및 감자류 등 10% 이하에 비하여 월등히 높다.

표 15-7 식품의 칼슘 흡수율*

(단위 : %)

우유 등 유제품	뼈째 먹는 멸치, 뱅어	채소류	곡류 및 감자
40~50	20~30	10~20	10% 이하

*위 식품의 흡수율은 조리방법과 섭취 시 같이 먹는 음식에 따라 달라질 수 있음

(4) 용해도 및 이의 개선 기술

① **용해도**

칼슘과 같은 무기질은 소장에서 흡수되기 위해서는 반드시 용해되거나 현탁 상태로 되어야 하며, 용해되지 않고 불용 상태인 것은 흡수되지 않는 것은 물론이고 결석의 원인이 된다. 패각 등은 탄산칼슘이 주성분이어서 칼슘의 주요 급원이지만, 용해도가 낮아 칼슘제로 이용하는 데 제한을 받는다.

그림 15-10 칼슘의 용해도

② **용해도 이용 기술**

a. 유기산 처리

용해도를 개선하기 위하여 일부에서는 유기산 칼슘의 형태로 제조하기도 하나, 이는 위 내의 여러 가지 단백질 분해물과 결합하여 다시 불용화가 됨으로써 석출하여 소변으로 배출되거나 요도를 막아 결석의 원인이 된다.

따라서, 유기산 처리 칼슘은 칼슘 강화 목적의 칼슘제로 사용하기보다는 오이지나 토마토 가공품의 조직감 개선이나 단백질을 주성분으로 하는 폐수(연육 폐수 등) 처리 등

에 이용하면 효과적이다.

b. 미분세 처리

용해도를 개선하기 위하여 일부에서는 유기산 칼슘의 형태로 제조하기도 하나, 결석의 원인이 된다. 이와 같은 현상을 방지하기 위하여 최근 굴의 패각 등을 이용하는 나노 분쇄 기술을 적용하여 식용 산업화 자원 등으로 이용하기도 한다.

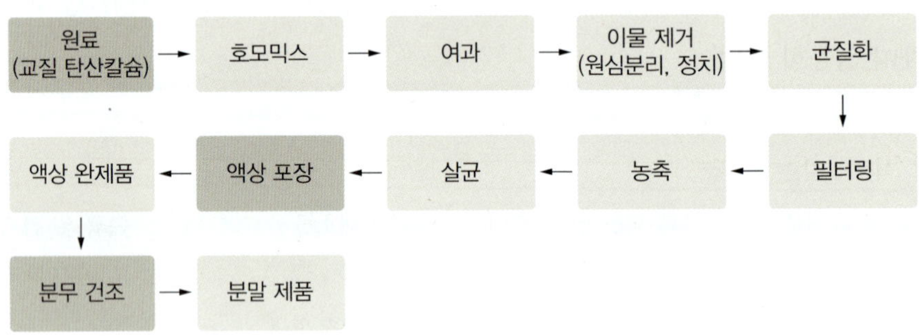

그림 15-11 패각을 활용한 나노 칼슘의 제조 공정

(5) 칼슘의 이용

칼슘은 우유의 칼슘 강화제, 칼슘 흡수제, 치즈 응고제 등과 같이 다양하게 이용되고 있으며, 일부 김치와 식해 등의 숙성 조정제로 이용에 시도되기도 한다.

그림 15-12 칼슘 강화 우유

4) 오메가-3 지방산

(1) 종류, 구조 및 조성

지질은 여러 가지의 구조로 존재하나 일반적으로 트리글리세라이드triglyceride를 말하고, 트리글리세라이드는 라이페이스lipase에 의하여 글리세린과 다양한 지방산으로 가수분해가 된다(그림 15-13). 이들 지방산 중 오메가-3 지방산omega-3 fatty acid은 지방산 말단 잔기 중 메틸기methyl group, $-CH_3$에서부터 3번째 탄소 원자에 이중결합이 시작되는 지방산으로, n-3 지방산이라고도 한다.

$$\begin{matrix} CH_2OOCR \\ | \\ CHOOCR \\ | \\ CH_2OOCR \end{matrix} + 3H_2O \xrightarrow[\text{또는 염산}]{\text{라이페이스}} \begin{matrix} CH_2OH \\ | \\ CHOH \\ | \\ CH_2OH \end{matrix} + 3RCOOH$$

유지 물 글리세린 지방산

그림 15-13 트리글리세라이드(triglyceride, TG)의 구조

① 종류

오메가-3 지방산은 리놀렌산linolenic acid, 18:3n-3, 에이코사펜타엔산eicosapentaenoic acid, EPA, 20:5n-3, 도코사헥사엔산docosahexaenoic acid, DHA, 22:6n-3 등이 있으며, 일반적으로 EPA와 DHA를 주로 가리킨다.

② 구조

EPA는 탄소 수가 20개이고 이중결합이 5개이며, DHA는 탄소 수가 22개이고 이중결합이 6개이면서 대표적인 오메가-3 지방산 중의 하나이다. EPA와 DHA의 구조를 표 15-8에 정리하였다.

표 15-8 오메가-3 지방산의 구조와 대표 급원 식품

지방산	구조	등푸른 생선
EPA	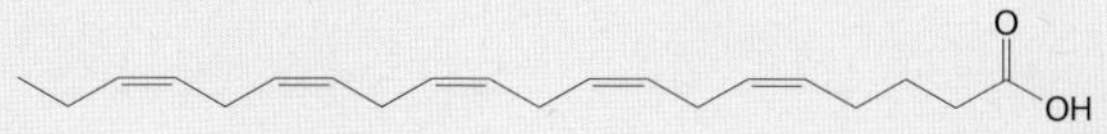 (구조식: O, OH)	고등어, 꽁치, 다랑어, 멸치, 방어, 전갱이, 정어리, 청어 등
DHA	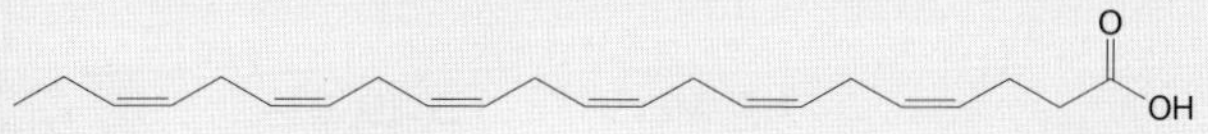 (구조식: O, OH)	

③ 조성

여러 수산물 유래 오메가-3 지방산의 조성을 그림 15-14에 나타내었다. 오메가-3 지방산은 정어리, 고등어, 꽁치 등과 같은 붉은살생선의 경우 근육에 많이 함유되어 있고,

명태 등 흰살생선과 두족류인 오징어의 경우 내장 등에 많이 함유되어 있다. 대체로 정어리유와 명태 간유는 EPA의 조성이 훨씬 높고, 고등어유, 꽁치유, 다랑어 안와유 및 오징어 간유의 경우는 DHA의 조성이 높다. 최근 수산물의 내장에 카드뮴과 같은 중금속이 다량 함유되어 있는 것이 확인되어 오징어 내장이나 명태 내장으로 어유를 추출하고자 할 때에는 중금속 등의 오염물질에도 유의하여야 한다.

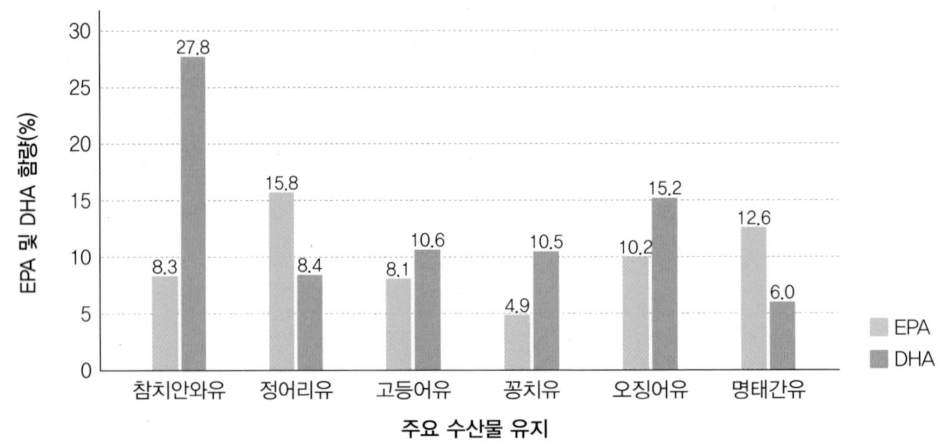

그림 15-14 주요 수산 유지의 EPA와 DHA 함량

(2) 어유의 정제 및 오메가-3 지방산의 농축

① 윈터리제이션

윈터리제이션winterization은 조원유를 탈검, 탈산, 탈색 및 탈취하여 정제한 정제유의 혼탁 물질이나 일부 포화지방산을 제거하여 품질을 향상시키는 공정으로, 지방산으로

그림 15-15 윈터리제이션에 의한 오메가-3 지방산 농축

가수분해한 다음 실시하기보다는 어유를 그대로, 또는 알코올 등의 용제에 녹여 냉각하면 녹는점이 높은 포화지방산 위주의 지방이 고체상으로 석출, 제거됨으로써 상대적으로 불포화지방산의 농도를 높일 수 있는 방법이다. 이 방법은 유지의 구조상 농축에 한계가 있으며, 상당량의 포화지방산과 저급불포화지방산이 남는 단점이 있다.

② EPA 및 DHA의 분리·농축법

a. 저온 분리 결정법

저온 분리 결정법은 지방산 혼합물에서 선택적으로 불포화도가 높은 지방산을 대량 분리하기 위한 방법으로, 비교적 순도가 낮으나 조작이 간편하고 산화의 위험성이 적다. 또한, 경제성 등을 고려하여 산업적으로 적절한 방법으로 채택되고 있다.

먼저 적정량(500 g)의 유지에 6배량의 1 N KOH-에탄올 용액을 첨가하여 2시간 동안 환류 가열한 후 에틸에테르ethyl ether를 추가하여 비누화물을 형성시킨 다음, 여과하여 비비누화물을 제거한다. 이어서 비누화물에 잔존하는 에테르를 제거하고, 진한 염산(약 600 mL)과 온수(약 600 mL)를 넣고, 지질을 가수분해하여 지방산을 제조한다. 이들 지방산은 에틸에테르로 분리하고, 에틸에테르를 제거하여 저온 분별 결정을 위한 전처리 시료유로 사용한다. 저온 분별 결정을 위하여 일정량의 전처리 시료유에 7배량의 95% 아세톤을 가하여 -80℃에서 210분 동안 동결한 후 생성된 결정을 여과하여 제거하고 액상을 농축하여 제조한다.

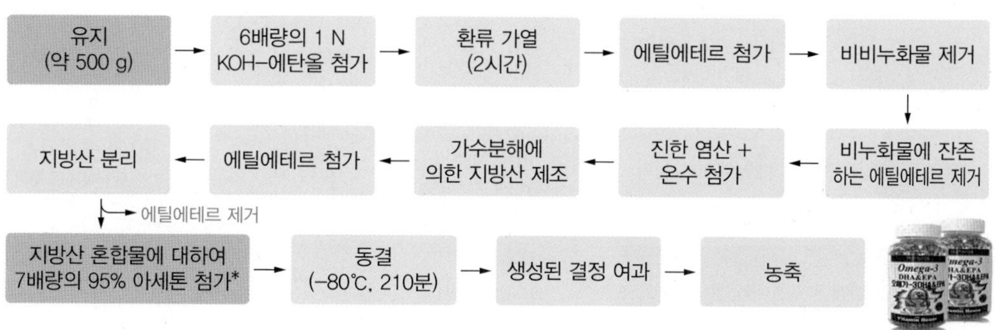

그림 15-16 저온 분리 결정법에 의한 오메가-3 지방산 농축

*저온 분리 결정법에 따른 농축방법

b. 요소 부가법

요소는 긴사슬의 유기 화합물이 존재하면 이와 결합하여 결정을 이룬다. 요소와 복합 결정체를 만든 긴사슬 유기 화합물은 분자의 크기와 형성에 제약이 있어서 포화지방산은 불포화지방산보다 빨리 안정한 복합체를 만들고, 이중결합이 1개인 지방산은 이중결합이 2개인 지방산보다도 용이하게 복합체를 만든다. 이러한 성질을 이용하면 포화지방산 및 저급 불포화지방산을 제거할 수 있다. 지방산의 요소 부가물은 산화에 대하여 비교적 안정하기 때문에 온수를 가하여 쉽게 가수분해시켜 지방산을 유리시킬 수 있는 장점이 있다.

가다랑어 안와(눈 주위) 조직에서 추출한 지방산 혼합물의 고도불포화지방산 농축은 지방산을 대량 분리하기 위한 방법으로, 비교적 순도가 낮으나 저온 분별 결정법보다는 높고 간편하다. 경제성 등을 고려하여 다음과 같은 공정으로 요소 부가법을 이용한다.

먼저 요소 처리 용제를 준비한다. 이때 요소 처리 용제는 요소와 지방산 복합체를 완전히 녹일 수 있으며 독성이 없는 에탄올을 이용한다. 이어서 준비된 에탄올에 요소의 농도가 10~20%가 되도록 한 후 이를 완전히 용해시킨다. 요소 용액과 지방산 혼합물을 서로 혼합하여 균질화homogenization시킨다. 이 요소-지방산 복합체를 3~4℃로 냉각시키면서 장시간 한곳에 놓아두면 요소 결정이 침전되는데, 주로 포화지방산(이중결합이 없는 지방산)과 단일불포화지방산(이중결합이 한 개인 지방산)이 결정화되고, -10℃로 냉

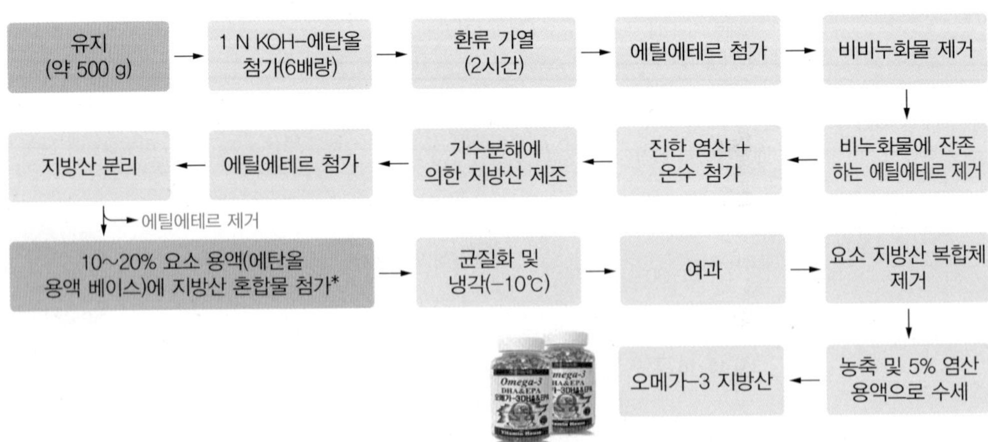

그림 15-17 요소 부가법에 의한 오메가-3 지방산의 농축

*요소 부가법에 따른 농축방법

각하면 더 좋은 효과를 얻을 수 있다. 요소-지방산 복합체는 여과하여 제거하고 농축한 후 남아 있는 요소는 5% 염산 용액으로 수세, 제거한다.

c. 염 형성법

염 형성법은 고도불포화지방산의 금속 염류는 어떤 종류의 용제에는 가용성이지만, 그 외의 지방산은 대부분이 결정화되어 석출하는 성질을 이용하는 방법이다. 저온 분별 결정법에서 얻은 정어리유의 불포화지방산 농축물을 원료로 하여 나트륨염-아세톤법이나 리튬염-아세톤법으로 -40℃에서 처리할 경우 회수된 고도불포화지방산 농축물은 전체 지방산에 대하여 EPA와 DHA의 비율이 70~75%가 된다.

③ EPA 및 DHA의 단리법

저온 분리 결정법, 요소 부가법, 염 형성법 등은 비교적 간단한 조작에 의해 어유 지방산으로 오메가-3 지방산을 조제하는 방법이지만, 이들 방법은 EPA나 DHA을 단리, 분획할 수는 없다. EPA 및 DHA의 단리법에는 여러 가지 방법이 있는데, 어유의 지방산 조성은 대단히 복잡하기 때문에 미리 고도불포화지방산 농축물을 조제해 이용하면 충분히 EPA 및 DHA를 단리할 수 있다.

EPA 및 DHA의 단리법으로는 감압 증류법 및 분자 증류법, 고속 액체 크로마토그래피법, 자동 분취 가스 크로마토그래피법, 초임계 가스 추출법 등이 실용화되어 있다.

(3) EPA 및 DHA의 생리 활성

① EPA

EPA는 혈액의 흐름을 개선하고, 혈액 속 중성지질의 함량을 낮추어 고지혈증, 혈전증, 동맥경화, 심장 질환을 예방하는 기능을 한다.

② DHA

DHA는 사람의 뇌와 눈의 망막, 모유에 많이 존재한다고 알려져 있으며, 사람의 혈액 속 중성지질을 개선하고 혈액의 흐름을 좋게 하는 기능과 더불어 기억력 개선 등에 의한 학습 기능 향상, 유아의 뇌 발달 촉진 등의 작용을 하는 것으로 알려져 있다.

표 15-9 EPA와 DHA의 생리 활성

지방산	생리 활성	
EPA	• 고지혈증 개선 • 콜레스테롤 저하 • 암(유방암, 대장암, 전립선암)의 억제 • 면역력 증가 등	• 심혈관계 개선 • 혈소판 응집 억제 • 혈압 저하
DHA	• 고지혈증 개선 • 세포막 유동성 개선 • 항암 작용 • 시력 향상 등	• 중추신경 개선 • 칼슘의 세포 내 유입 억제, • 노인성 치매 억제

(4) EPA 및 DHA의 저장 중 변화

EPA와 DHA는 불안정한 물질이므로 산소, 자외선, 금속의 영향을 받아 변질되기 쉽다. 이들이 변질되면 냄새가 나빠지고 기능은 떨어진다.

5) 키틴, 키토산, 키토올리고당

(1) 원료

키틴은 수산물 중 게, 새우 등 갑각류의 껍데기와 오징어 등의 연체동물의 골격 성분에 많다. 갑각류 껍질 중 건물량 기준으로 게 껍질의 경우 13~15% 범위, 새우 껍질에는 14~17% 범위로 함유되어 있으며, 크릴은 약 1.0~1.7% 범위로 함유되어 있다.

키틴 추출을 위한 수산물 원료는 게, 새우와 같은 갑각류의 껍질, 오징어의 연골 등이 있다.

(2) 정의

키틴chitin은 갑각류의 껍데기를 이루고 있는 동물성 식이섬유의 한 종류로, 식물의 섬유소인 셀룰로스와 유사한 구조를 하고 있으며 키토산을 만들기 위한 소재이다.

키토산chitosan은 키틴을 탈아세틸화한 물질이며, 키토올리고당chitooligosaccharide은 키틴이나 키토산을 효소 가수분해하여 만든 물질이다.

표 15-10 키틴, 키토산 및 그 유도체에 대한 정의

키틴 관련 물질	정의	구조식
키틴	• 갑각류나 곤충의 외골격을 이루고 있는 동물성 식이섬유의 일종 • 식물의 셀룰로스와 유사한 구조 • 천연에 매우 드물게 존재하는 고분자 염기성 아미노 다당류	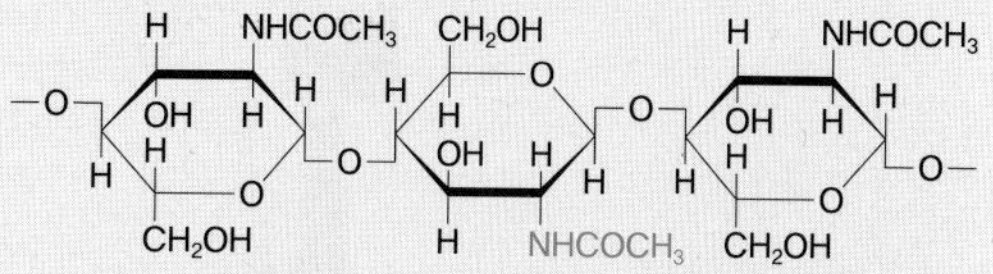
키토산	• 키틴을 탈아세틸화한 것	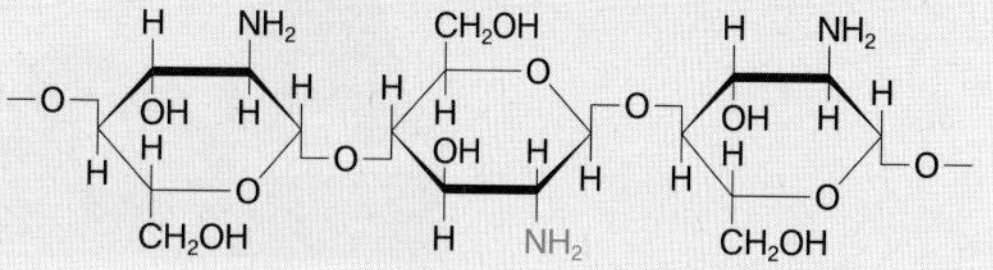
키토올리고당	• 키토산을 효소로 저분자화한 것	

(3) 제조

① 키틴

게나 새우 껍데기로 키틴을 제조하고자 할 때는 먼저 무기 성분인 탄산칼슘$CaCO_3$을 염산으로 제거해야만 한다. 탄산칼슘을 제거한 후 묽은 수산화나트륨NaOH에 침지시키면 단백질이나 색소 등이 분해되는데 이들을 제거하면 키틴이다.

② 키토산

키틴을 약 40% 농도의 수산화나트륨(NaOH) 용액으로 95℃ 이상의 고온에서 2시간 이상 처리하면 얻을 수 있다. 키토산은 키틴의 구조 중에서 아세틸기CH_3CO-만이 해리되어 제거된 것이며, 일반적으로 아세틸기가 70% 이상 제거된 것을 키토산이라고 한다. 키토산은 0.2% 정도의 묽은 아세트산 용액에 녹고 반응성도 풍부해지면서 여러 가지 기능성이 나타나는 것으로 알려져 있다.

③ 키토올리고당

키토산은 글루코사민이나 저분자 올리고당으로 분해되어야만 흡수가 가능한데 사람의 소화관에는 키토산을 분해하는 효소가 없어 섭취해도 섬유소와 마찬가지로 흡수되지 않는다. 키토올리고당은 키토산을 기질로 하여 키토산 분해효소를 사용하면 D-글루코사민GlcN이 β-(1-4) 형태로 결합한 키토올리고당을 얻을 수 있다. 키토올리고당의 효소적 생산에 한외여과막 반응기를 이용하면 고가의 효소를 계속하여 재사용할 수 있으므로 연속적 대량 생산이 가능하다. 한외여과막 반응기는 한외여과막의 분자량 크기에

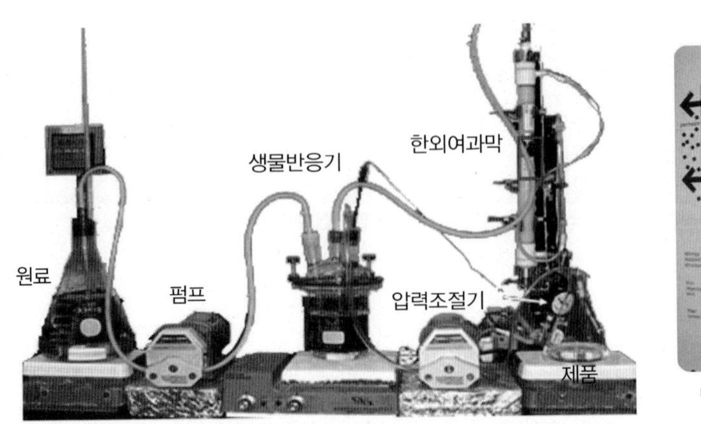

그림 15-18 키토산으로 키토올리고당을 연속적으로 제조하는 장치

따라 막을 통해 분리되는 올리고당의 크기가 결정되므로 특정 분자량의 올리고당을 생산할 수 있다. 특히, 키토올리고당은 그 분자량의 크기에 따라 생체 내의 생리 기능성이 다르므로 분리막의 이용 기술은 매우 중요하다.

(4) 이용

① 키틴

키틴은 보통 용매에 불용성이기 때문에 그 용도가 매우 제한적이며 대부분 키토산의 원료로 한정되어 사용된다.

② 키토산

키토산은 다가 양이온polycation의 성질을 갖고 있어 예로부터 물 처리용 금속 흡착체로 실용화되었지만, 최근에는 이온 교환체, 효소 고정화 운반체, 의약용품 등 많은 분야

표 15-11 키틴 및 키토산의 이용

적용 분야	키틴	키토산
의료 소재	인공피부, 흡수성 수술용 실	-
고분자 재료	-	중금속 흡착제, 폐수 처리제
식품		식이섬유, 가식성 필름, 항균제, 항곰팡이제
의약품	상처 치유 촉진제, 면역 증강제, 항암제	상처 치유 촉진제, 면역 증강제, 항암제, 콜레스테롤 저하제, 약물 운반체
농업	-	종자 코팅제, 동물사료
기타	키토산 제조의 원료물질	보습제, 화장품 원료 등

에 응용되고 있다.

③ 키토올리고당

a. 혈압 강하

키토올리고당의 혈압 강하 효과는 널리 알려져 있다. 실제 동물실험에서도 고혈압(150 mmHg) 발병 쥐에게 키토올리고당의 일정 농도(2.5 mg/kg) 이상이 함유된 사료를 투여한 결과 고혈압 개선 효과가 확연히 나타났다(그림 15-19).

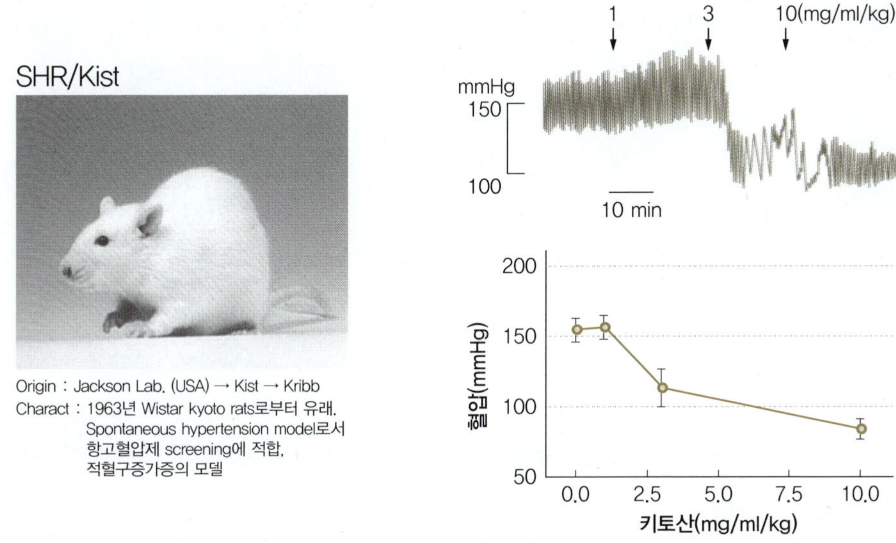

그림 15-19 고혈압 쥐에 대한 혈압 강하 효과

b. 항암 효과

키토올리고당은 항암 효과도 있는 것으로 널리 알려졌다. 실제 동물실험에서도 키토올리고당에 의한 육종암과 자궁경부암에 대한 억제 효과가 확인되었다. 이들 키토올리고당의 항암 효과는 암세포 이식 후 6~14일간 키토올리고당을 매일 3~5회 투여하고, 4주 후 결과를 확인하였을 때 키토올리고당의 항암 효과는 분자량과 농도에 따라 차이가 있었다. 분자량이 3~5 kDa의 것을 50 mg/kg/day가 되도록 투여한 것이 육종암의 경우 66.6%, 자궁경부암의 경우 73.6%의 항암 효과가 인지된다(표 15-12).

표 15-12 키토올리고당의 항암 효과

시료	투여량 (mg/kg/day)	Mouse (마리)	육종암		자궁경부암	
			종양 무게 (mg)	암 억제율 (%)	종양 무게 (mg)	암 억제율 (%)
Control		12	1032.5±839.5		912.2±612.1	
COS I (5~10 kDa)	50	12	1147.0±933.9	-	965.2±839.7	-
	20	12	901.0±741.7	12.7	803.3±641.8	11.9
	10	12	795.5±384.8*	22.9	772.7±592.2	15.3
COS II (3~5 kDa)	50	12	345.2±218.6*	66.6	240.5±202.5*	73.6
	20	12	665.6±340.1	35.5	352.3±331.1	61.4
	10	12	739.5±351.8	28.4	669.5±562.3	26.6
COS III (1~3 kDa)	50	12	904.0±510.3	12.4	665.0±477.9	27.1
	20	12	874.8±516.6	15.3	841.1±602.1	7.8
	10	12	973.5±417.1	5.7	879.9±650.3	3.5

*암세포 이식 후 6~14일간 키토올리고당을 매일 3~5회 투여하고, 4주 후 결과를 확인했을 경우의 육종암(Sarcoma 180) 및 자궁경부암(uterine cervical cancer)의 억제 효과를 보임

6) 콘드로이틴황산

콘드로이틴황산은 황산과 아미노당을 함유하는 뮤코 다당류의 한 종류이며, 뮤코다당 단백이라고도 한다.

(1) 원료

콘드로이틴황산은 연골어류(상어, 홍어, 가오리)의 연골조직에 특히 많이 함유되어 있고, 오징어와 해삼에도 함유되어 있다. 콘드로이틴황산을 제조하는 원료로는 상어 연골을 많이 이용한다.

(2) 존재 형태

콘드로이틴황산은 생체 내에서 유리되어 존재하지 않고, 단백질과 결합한 뮤코다당, 단백질 복합체로 물과 함께 결합되어 거대 분자로 존재한다.

(3) 제조

콘드로이틴황산은 상어, 가오리, 홍어 등의 연골어류의 연골을 마쇄한 후 상업적 효

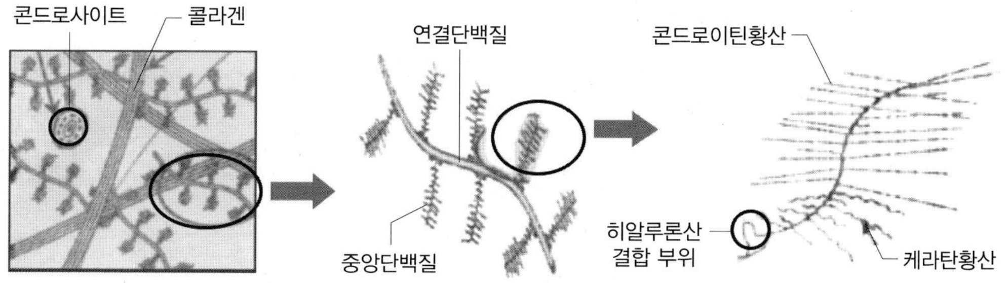

그림 15-20 콘드로이틴황산의 존재 형태

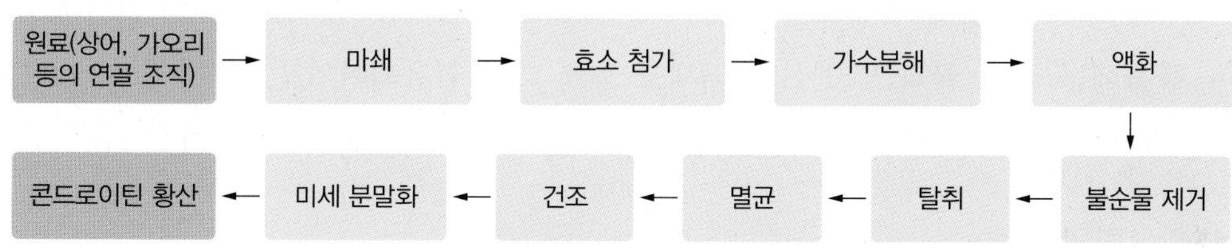

그림 15-21 콘드로이틴황산의 제조 공정

소를 가하여 가수분해하고 액화한 다음 불순물과 비린내를 제거하고 멸균한다. 멸균한 것을 건조하고 미세 분말화하여 최종적으로 콘드로이틴황산을 만든다.

(4) 기능성

콘드로이틴황산은 관절 및 연골 건강에 도움을 주는 것으로 알려져 있다. 이러한 기능성 외에 피부 보습 및 감염 방지 등의 작용도 한다.

표 15-13 콘드로이틴황산의 기능성

기능성	작용
세포외액의 대사 조절	이온과의 결합능, 보수능으로 미네랄 등 영양물질 이송, 흡수
뼈 형성	칼슘이온과의 강한 친화 작용
관절염 예방 및 치료	관절 조직 윤활 작용으로 인대와 힘줄의 탄력 유지
항종양	신생 혈관 생성 억제를 통한 종양의 성장 억제
항동맥경화	콜레스테롤 저하, 지혈 청정 작용
감염 방지	감염소의 포위로 확대 억제
윤활 작용	관절, 인대 및 힘줄의 탄성 유지
혈액 응고 저지	혈액 응고 작용의 트롬빈 활성 억제

표 15-13 콘드로이틴황산의 기능성(계속)

기능성	작용
지혈 청정	지방산과 혈청알부민의 결합 촉진
시력 및 각막 보호	로돕신 합성 증가, 각막의 투명도 유지 및 안구 건조 증상 예방
신경 발생	신경 성장 및 분화 단백질과의 친화 작용

7) 타우린

타우린taurine은 황을 함유하고 있는 아미노산으로 식물에는 거의 함유되어 있지 않으며, 동물에는 심장, 골격근, 혈소판, 뇌세포 등에 다량 함유되어 있는 β-아미노산이다. 다른 아미노산들과는 달리 단백질을 구성하고 있지 않는 유리아미노산이다.

(1) 타우린의 구조

타우린은 시스테인cysteine과 메티오닌methionine과 같은 황 함유 아미노산에 의하여 합성이 가능한 β-아미노산이다. 타우린은 2-아미노에탄설폰산2-aminoethanesulfonic acid 구조를 가진 베타-알라닌β-alanine 유사물로, 동물의 담즙 중 콜산cholic acid과 결합하여 타우로콜산taurocholic acid으로 다량 존재한다.

$$H_2N-CH_2-CH_2-S(=O)_2-OH$$

그림 15-22 타우린의 구조

(2) 타우린 추출 소재

타우린은 해산 어류의 붉은살, 오징어, 문어 등과 같은 두족류, 굴, 지중해담치 등과 같은 패류에 다량 존재하는 것으로 알려져 있으며, 이들의 수산가공 부산물인 자숙수에도 다량 함유되어 있다. 이들은 타우린의 분리, 정제 자원이기도 하다.

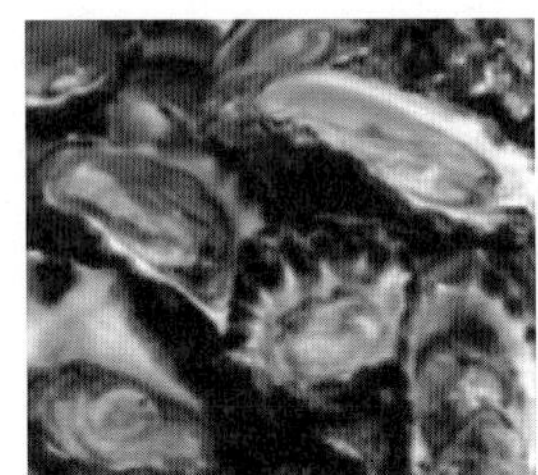
굴 자숙수

멸치 자숙수

지중해담치 자숙수

문어 자숙수

그림 15-23 타우린의 함량이 많은 수산물 자숙수

(3) 제조

타우린을 제조하기 위하여 어패류 자숙액은 먼저 부유하는 협잡물의 제거를 위하여 여과하고, 양이온 교환수지Amberlite IR-120 H^+ Form 처리하여 분획물을 얻어 이를 암모니아수로 중성이 되도록 pH를 조정한다. 이를 다시 음이온 교환수지Amberlite IR-400 OH^- Form 처리하여 조타우린 분획물crude taurine fraction을 얻는다. 에탄올을 이용하여 최종 농도가 80%가 되도록 만들어 0℃에서 하룻밤 방치하여 타우린을 석출한다. 정제 타우린 분말은 원심분리(20,000 × g, 10분)하여 석출한 타우린 결정을 분리하고, 진공 건조하여 얻는다. 이 과정, 즉 수산물 자숙액에서 정제 타우린 분말의 분리 및 정제 공정을 그림 15-24에 나타내었다.

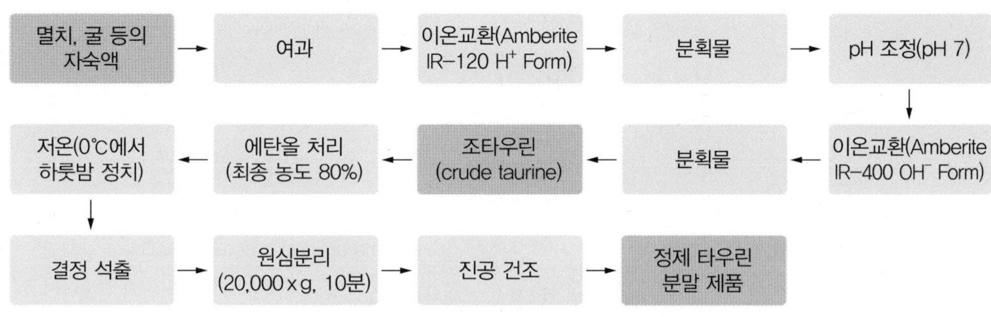

그림 15-24 정제 타우린 분말 제품의 제조 공정

(4) 타우린의 효능 및 가공품

타우린은 피로 회복, 인슐린 분비 촉진에 의한 당뇨 예방, 근육 활동 개선에 의한 심장마비 예방, 태아의 뇌 발달, 야맹증 개선 효능, 콜레스테롤, 중성지질의 감소에 의한 성인병 예방 등의 기능이 있다. 이러한 다양한 기능으로 인해 현재 이를 응용한 제품들이 출시되어 있다. 그 대표적인 제품이 박카스와 마시는 타우린 제품들이다.

그림 15-25 타우린을 활용한 음료 제품

8) GABA

감마아미노부티르산gamma aminobutyric acid, GABA은 자연계에 분포하는 비단백질 아미노산의 일종으로 포유동물의 뇌나 척수에 존재하는 신경전달물질로 알려져 있다.

(1) 구조 및 생성

GABA는 4개의 탄소로 구성되어 있으며, 글루탐산탈탄산효소glutamate decarboxylase, GDC에 의한 L-글루탐산염L-glutamate의 탈탄산반응에 의하여 이산화탄소와 함께 생성되며 pyridoxal-5-phosphate dependent 경로로 합성되는 것으로 알려져 있다. 즉, GABA는 젖산균에 의하여 감칠맛을 내는 아미노산인 글루탐산glutamic acid의 탈탄산반응에 의하여 생성된다.

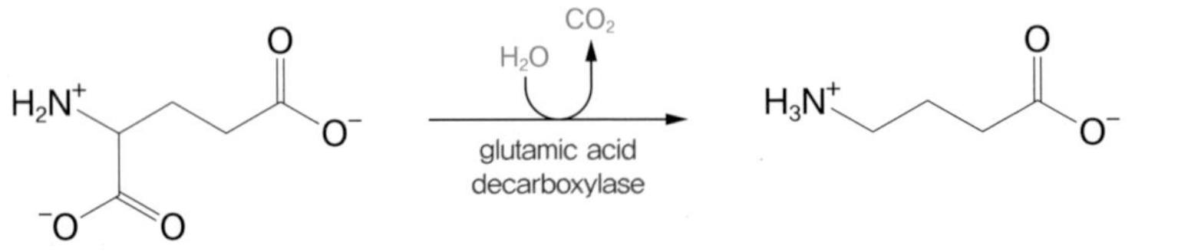

그림 15-26 GABA의 생성 및 구조

(2) 생산

최근 GABA 제품은 젖산 발효에 의하여 생산하는 것이 대부분이며, 그 전제조건은 다음과 같다.

① GABA의 원료가 되는 글루탐산이 함량이 많아야 한다.

② 글루탐산탈탄산효소GDC의 활성이 높아야 한다.

③ GABA 분해효소의 활성이 낮아야 한다.

수산가공 산업에서는 GABA의 생산 소재로 글루탐산이 많은 다시마나 굴의 발효산물을 생산하고자 하고, GDC를 산생하는 젖산균으로는 식염 내성이 있는 젓갈로부터 스크리닝screening하여 사용하고 있다. 예를 들어 젓갈 유래 젖산균*L. brevis* BJ-20을 활용하여 다시마 발효 중 글루탐산과 GABA의 농도 변화를 살펴본 결과 GABA 함량이

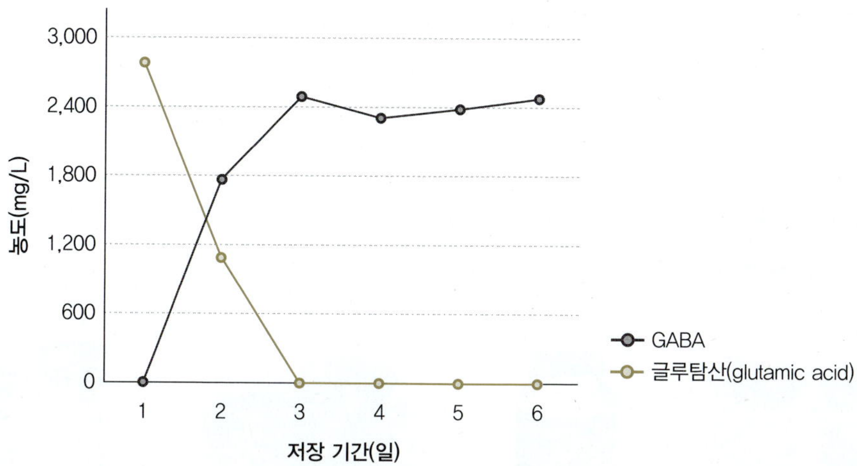

그림 15-27 젓갈 유래 젖산균을 활용한 다시마 발효 중 글루탐산과 GABA의 농도 변화

높아질수록 글루탐산의 농도는 감소하는 경향을 나타낸다.

(3) GABA의 효능

GABA는 성장호르몬의 분비 조절, 통증 완화, 정신신경 안정 작용, 혈압 강하 작용, 고혈압 저해 작용의 우수 등 생리적 작용이 매우 우수한 물질로, 억제성 신경전달물질이다. 따라서, 혈압 강하, 혈액 중 중성지질이나 콜레스테롤의 증가 억제, 신장, 간, 췌장 활동의 활성화, 혈당의 상승 억제, 비만 억제, 뇌의 혈류를 좋게 하여 뇌세포 대사 활발, 알코올 대사 촉진, 체취, 구취, 생리취, 노인취, 뇨취 등의 억제 효과, 감정 장애 및 불안

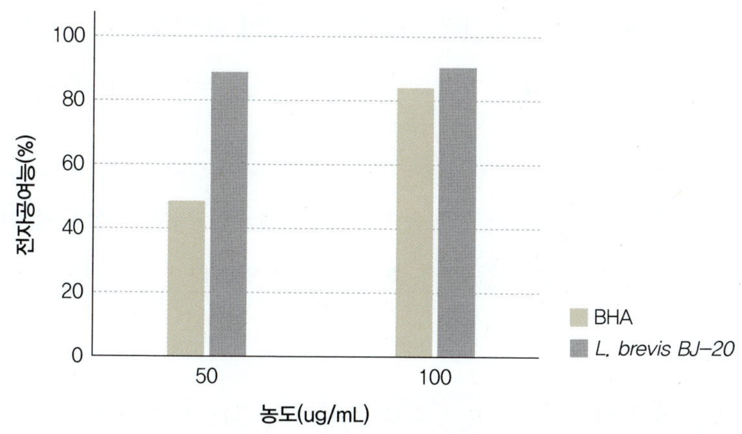

그림 15-28 젖산균을 활용한 다시마 발효물의 산화 방지 효과

장애 해소, 뇌졸중 후유증 개선, 대장암 억제, 성장호르몬 분비 촉진, 숙면, 산화 방지에 의한 노화 억제 등이 기대된다.

(4) GABA 활용 제품

GABA의 효능을 담은 제품이 다수 출시되었으며, 어린이의 집중력과 숙면을 위한 초콜릿, 정제, 환뿐만이 아니라 GABA 쌀, GABA 소금도 출시되어 있다.

초콜릿

GABA 정제

GABA 환 제품

GABA 소금

그림 15-29 GABA 응용 제품들

9) 글루코사민

글루코사민glucosamine은 아미노산과 당의 결합물인 아미노당의 하나로, 연골을 구성하는 필수 성분이다.

(1) 분포

글루코사민은 동물의 결합 조직, 피부 조직, 연골 및 관절액 등에 다량 분포하며, 사람의 혈액이나 점액에도 글루코사민과 결합한 단백질이 다량 함유되어 있다. 적혈구의 세포막에는 글루코사민과 결합한 당지질이 존재하는 것으로 알려져 있다.

(2) 추출 소재

수산물 중 게, 새우 등 갑각류의 껍질을 비롯하여 세균의 세포벽, 동물의 연골이나 피부에 다량 함유되어 있으므로 이들을 추출, 정제하여 얻는다.

(3) 구조 및 특징

글루코사민은 천연 아미노당의 일종으로 분자식은 $C_6H_{13}NO_6$이고, 갈락토사민과 함께 헥소사민hexosamine의 대표적 물질이다. 글루코사민은 무색의 침상 결정이며, 110°C

에서 분해되고 물에 녹으면 강한 염기성을 띤다.

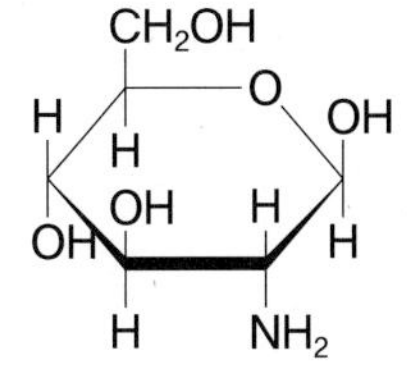

그림 15-30 β-D-글루코사민

(4) 제조

글루코사민 염산염은 게, 새우 등 갑각류의 껍질이나 오징어, 갑오징어 같은 두족류의 뼈에서 단백질과 칼슘을 제거하거나, 아스페르길루스 니게르*Aspergillus niger*의 세포벽을 파쇄하여 얻은 키틴 또는 키토산(같은 방법으로 얻은 키틴을 탈아세틸화하여 얻은 것)을 염산이나 키토산 가수분해효소chitosanase로 가수분해한 후 결정화시키고 물이나 주정을 이용하여 세척 및 중화시켜 식용에 적합하도록 만든 것이다.

글루코사민 염산염과 황산염 모두 순도는 95% 이상이어야 하며, 가수분해 과정에서 사용한 산이 잔류하지 않도록 물이나 주정으로 충분히 세척하는 것이 중요하다.

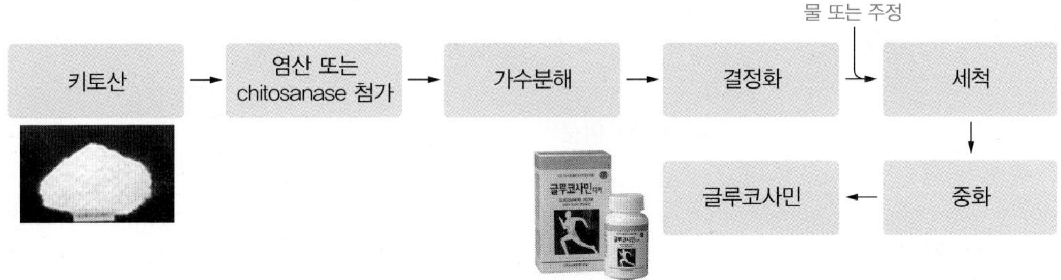

그림 15-31 글루코사민의 제조 공정

(5) 건강 기능성

글루코사민의 건강 기능성은 일차적 관절염, 류마티스성 관절염, 신장 결석 및 사고 등으로 인한 관절 계통의 상처 치유에 효과가 있다고 알려져 있다.

10) 기타

수산가공 부산물로부터 추출, 정제하여 고부가가치화 할 수 있는 여러 가지 건강 기능 성분으로는 간유, 스콸렌, 해조 다당류, 핵산, 미세조류, 오징어 먹물, 앤서린 및 카노신 등이 있다.

4. 수산가공 부산물의 비식용 소재로의 이용

수산가공 부산물이 비식용 소재로 이용되는 것은 어분fish meal, 어유fish oil 및 피시 솔루블fish soluble 등이 대표적이다.

1) 어분

어분fish meal은 가공 처리 공정 중에 부산물로 발생하는 머리 부위, 껍질, 뼈 등을 자숙하고 압착하여 기름을 짜낸 다음 건조시켜 분쇄한 것이다.

(1) 어분의 제조

어분의 제조는 일반적으로 원료의 입고, 증자, 압착, 건조, 분쇄의 공정으로 이루어진다.

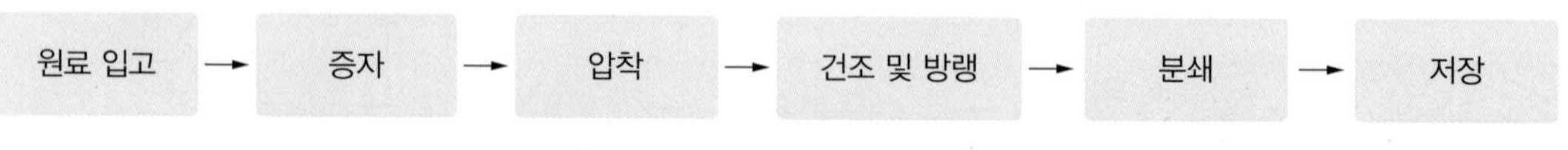

그림 15-32 어분의 제조 공정

① **원료어의 입고**

- 원료 : 정어리, 고등어, 꽁치 같은 붉은살생선과 대구, 임연수어, 가자미 같은 흰살생선이 많이 사용된다. 이외에 연육, 통조림, 건제품, 염장품, 냉동식품 등을 생산할 때 나오는 어류의 잔사나 찌꺼기 등도 사용한다. 원료는 가능한 선도가 우수하여야 하며, 만약 선도가 떨어지면 육질이 연화 및 붕괴되고 가용성 성분이 증가하기 때문에 수율이 낮아지고 색깔도 어두운 색으로 변한다.
- 전처리 : 어분의 원료는 단백질 함량을 조절하여야 하므로 전 어체와 가공 부산물을 적절하게 혼합하여 사용한다. 대형 어류는 절단하여 열의 침투를 좋게 하거나 마쇄 또는 분쇄할 수도 있다.

② **증자**

- 목적 : 증자는 조직의 연화, 단백질 응고, 효소의 파괴, 살균, 기름과 물을 효율적으로 분리하기 위하여 실시한다. 어분의 제조 공정 중 중요한 공정으로 어분의 최종

품질과 수율을 좌우한다.

- 조건 : 원료를 증자기cooker에 넣고 약 97℃에서 15~30분 증자한다. 증자가 지나치면 어육의 조직이 파괴되어 펄처럼 되어 압착하여도 고형분과 액즙이 완전 분리되지 않는다. 반대로 증자가 미흡하면 단백질의 열 응고, 세포막의 연화가 충분하지 않아 강하게 압착하여도 수분이나 유지가 잘 분리되지 않는다.

자숙 용수는 담수를 사용하는 것이 좋다. 만약 바닷물을 사용하면 제품 중의 소금 때문에 흡습하게 되어 곰팡이가 자라고 유지 산화 변색을 일으킨다.

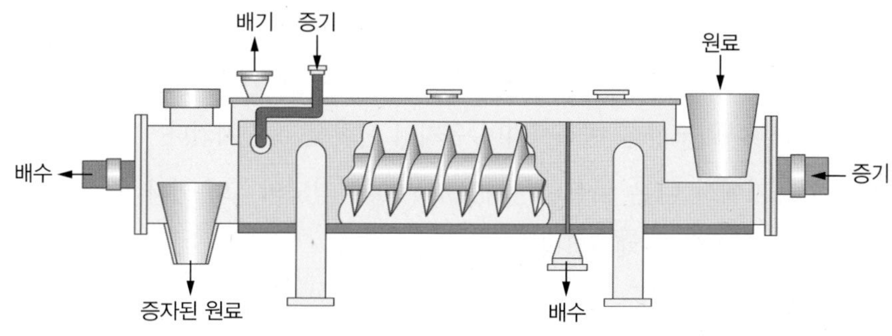

그림 15-33 어분 제조용 증자기

③ 압착

자숙한 원료의 액즙(수분 및 유지)을 효율적으로 제거하고 건조를 쉽게 하기 위하여 냉각되기 전에 신속히 스크루 압착기screw press로 압착한다. 이때 압착된 것을 압착박press cake이라 하며 수분 함량은 약 50%이다.

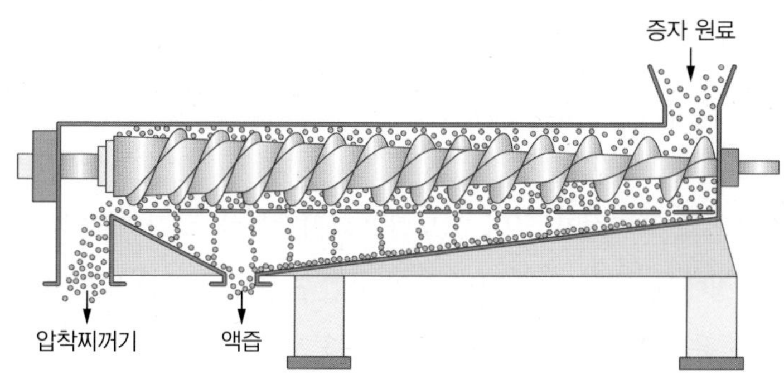

그림 15-34 연속식 압착기

압출된 액즙은 유지 및 가용성 성분을 함유하고 있으므로 원심분리하여 어유와 피시 솔루블로 나누어 회수한다.

④ **건조 및 방랭**

- 건조 : 압착박은 수분이 10% 정도로 될 때까지 건조기로 건조한다. 건조 중 표면 경화 현상case hardening을 억제하고 건조 효율을 높이기 위하여 충분히 압착하여 지질을 가능한 많이 제거한다. 압착박은 크기를 줄이기 위하여 파쇄하는데, 1.5 cm 정도 크기가 적당하다.

  건조 과정에서 문제가 되는 것은 가열에 의한 제품의 악변 현상이다. 즉, 건조 온도가 높아지면 어분의 단백질 소화율이 떨어지고, 라이신, 시스틴, 트립토판, 히스티딘 등 특정 아미노산을 변질시키며 유지의 산화를 촉진시킨다.
- 방랭 : 건조기에서 나온 굵은 가루는 70~80℃ 정도의 고온이다. 이를 40℃ 이하로 방랭하고 협잡물을 제거한다.

⑤ **분쇄**

건조물은 주로 충격식 분쇄기인 해머 밀hammer mill로 분쇄한다. 분쇄는 제품의 조성을 균일하게 하고, 부피를 최소화하여 관리 및 수송이 편리하도록 하며, 제품의 외관을 개량하기 위하여 실시한다. 분쇄된 입자는 체sieve를 통과시킨 후 제품화한다.

분쇄하여 어분으로 만들면 표면적이 확대되어 공기와의 접촉이 늘고 유지의 산화가 빨라지며 충해를 받기 쉽기 때문에 사용 직전에 필요한 양만 분쇄하는 것이 좋다.

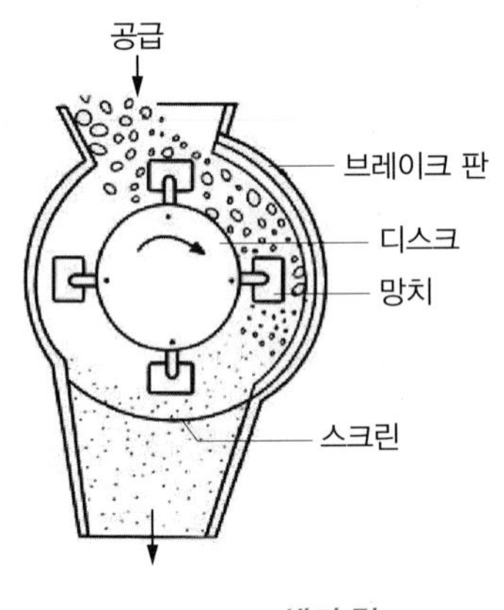

그림 15-35 해머 밀

⑥ **저장**

어분은 분말상으로 표면적이 크며 고도불포화지방산을 많이 함유하고 있기 때문에 저장 및 유통 과정에서 여러 가지 변질이 일어날 수 있다. 저장 및 유통 중 어분의 주된 변질의 원인은 유지의 산화와 수분의 흡습이다.

어분은 저장 및 유통 과정에서 과산화물이나 중합물이 생기면서 산화가 진행되거나,

수분을 흡습하여 딱딱하게 굳어지는 케이킹caking 현상이 일어난다. 이로 인하여 갈색화 등 표면의 악변, 영양 성분의 변질, 소화율 저하 등과 같이 가치가 현저하게 떨어지며, 심한 경우에는 부패하여 악취를 발생시킨다. 뿐만 아니라 유지의 산화나 곰팡이의 발육에 따른 발열로 자연 발화를 일으키는 경우도 있다.

저장 및 유통 중 변패를 억제하기 위해서는 충분히 건조시키고, 지질 함량과 습기를 최대한 줄이며 저온에서 저장 및 유통한다. 또한, 어분을 포장하기 전에는 산더미처럼 쌓아 두었다가 일정 시간마다 헤쳐서 다시 쌓는 과정을 반복하며 방열시키는 숙성aging 공정을 도입하여야 한다.

(2) 어분의 종류

어분은 원료에 따라 백색 어분, 갈색 어분, 잔사 어분 등으로, 생산지에 따라 선상 어분, 육상 어분, 수입 어분 등으로, 성분의 조정 유무에 따라 일반 어분과 환원 어분, 지질 함량에 따라 다지방 어분, 소지방 어분, 탈지 어분으로, 원료어에 따라 정어리 어분, 청어 어분, 대구류 이분 등으로, 생산국에 따라 노르웨이 어분, 미국 어분 등으로 분류할 수 있다.

① 원료에 따른 분류

- 백색 어분white meal, light meal : 가자미류, 명태, 대구류 같은 흰살생선의 전 어체로 만든다. 근육 중에 유지나 근육 색소의 함량이 적어 가공 및 저장 중 변색이 크지 않다. 최종 제품은 담황색을 띠며 어분 중에서 품질이 제일 좋고 갈색 어분보다 저장 및 유통 중 품질 변화가 적다.
- 갈색 어분brown meal : 정어리, 멸치, 꽁치, 고등어 같은 붉은살생선의 전 어체로 만든다. 근육 중에 유지나 근육 색소의 함량이 많아 가공 및 저장 과정에서 유지 산화나 갈변, 색소에 의한 변색이 잘되며, 최종 제품은 갈색을 띤다. 어분의 품질은 백색 어분보다 낮다.
- 잔사 어분scrap meal : 머리, 뼈, 껍질 등 가공 잔사인 비가식 부분을 원료로 하여 만든다. 잔사 어분은 다른 어분에 비하여 단백질 함량이 낮으므로, 다른 어분과 혼합하여 단백질 함량을 조절하여 사용하는 것이 좋다.

표 15-14 분류 기준에 따른 어분의 종류

분류 기준	어분	원료어		특성
		종류	부위	
원료 종류	백색 어분	흰살생선(가자미류, 명태, 대구류 등)	전 어체	• 흰살생선 전 어체로 만든 어분 • 최종 제품은 담황색이고, 품질이 우수한 어분 • 유지, 색소가 적어 가공 및 저장 중 변질이 적음
	갈색 어분	붉은살생선(정어리, 멸치, 꽁치, 고등어 등)	전 어체	• 붉은살생선 전 어체로 만든 어분 • 최종 제품이 갈색이고, 백색 어분보다 품질이 낮은 어분 • 유지, 색소가 많아 가공 및 저장 중 변질이 많음
	잔사 어분	흰살/붉은살생선	머리, 뼈, 껍질 등	• 가공 잔사로 만들어 단백질 함량이 낮고, 무기질 함량이 높음 • 다른 어분을 혼합해 단백질 조정 필요
생산지	선상 어분	흰살생선(연육 원료)	가공 잔사	• 연육 가공선에서 흰살생선 가공 잔사, 일부 전 어체 및 소실된 영양분을 가하여 만든 것 • 최종 제품은 암황색이고, 지질 산화가 적음 • 우리나라에서는 제조하지 않아 대부분이 수입됨
	육상 어분	붉은살생선	전 어체	• 붉은살생선, 가공 잔사, 영양분으로 제조 • 최종 제품은 갈색이고, 산화가 많이 진행됨
	수입 어분	붉은살생선	전 어체	• 국외에서 붉은살생선으로 제조한 것 • 단백질 소화율이 낮고, 영양 성분의 분해 및 산화가 일어나기 쉬워 품질이 낮음
성분 조정	환원 어분	흰살/붉은살생선	백색/갈색 어분 잔사	• 어분의 제조 중 소실된 영양 성분을 회수, 농축하고, 첨가하여 제조한 어분 • 전체 어분이라고도 함
지질 함량	다지방 어분	붉은살생선	-	• 지질 함량이 많은 어분 • 갈색 어분이 해당 • 원료어의 종류, 부위, 특성이 갈색 어분과 동일
	소지방 어분	흰살생선	-	• 지질 함량이 적은 어분 • 백색 어분이 해당 • 원료어의 종류, 부위, 특성이 백색 어분과 동일
	탈지 어분	붉은살생선	전 어체	• 갈색 어분을 탈지한 것 • 근육 중 유지 함량, 가공 및 저장 중 변색, 최종 제품의 품질, 저장 중 품질 변화 정도가 백색 어분보다 높고 갈색 어분보다 낮음
기타	• 원료어에 따라 정어리 어분, 청어 어분, 대구류 어분 등으로 분류 • 생산국에 따라 노르웨이 어분, 미국 어분 등으로 분류			

② **생산지에 따른 분류**

• 선상 어분 : 선상 연육 가공선에서 흰살생선의 가공 잔사, 일부 전 어체, 소실된 영양 성분을 추가하여 만든다. 최종 제품은 암황색을 띠며, 지질 함량이 낮아 저장

중 산화가 적다. 우리나라에서는 제조하지 않아 대부분 수입하고 있다.

- 육상 어분 : 일시에 대량 어획되는 정어리, 고등어, 멸치 등과 같은 붉은살생선과 가공 잔사를 적절히 혼합하고, 여기에 가공 중 소실되는 영양 성분을 첨가하여 제조한다. 최종 제품은 연한 갈색 또는 진한 갈색을 띠는데 이는 선상 어분보다는 진한 편이다. 지질 산화가 많이 진행되어 품질은 낮게 평가된다.
- 수입 어분 : 페루, 칠레, 남아프리카공화국 등의 외국에서 멸치, 청어류와 같은 붉은살생선을 원료로 하여 제조한 것을 수입한다. 단백질 소화율이 떨어지고, 영양 성분의 분해와 산화가 일어나기 쉬워 품질이 우수한 것은 아니다.

③ 성분 조정에 따른 분류

- 환원 어분whole meal : 백색 어분이나 갈색 어분의 제조 과정에서 소실되는 영양 성분(증자, 압착 등의 공정에 제거되는 영양 성분)을 회수하여 농축한 후 압축 공정으로 생산되는 압착 찌꺼기에 첨가하여 흡수시키고, 건조, 분쇄하여 제조한다. 일반 어분보다 영양분은 우수하고, 전체 어분이라고도 한다.

④ 지질 함량에 따른 분류

- 다지방 어분 : 지질 함량이 많은 어분으로, 갈색 어분이 여기에 해당한다. 원료어의 종류, 부위 및 특성이 갈색 어분과 동일하다.
- 소지방 어분 : 지질 함량이 적은 어분으로, 백색 어분이 여기에 해당한다. 원료어의 종류, 부위 및 특성이 백색 어분과 거의 동일하다.
- 탈지 어분 : 갈색 어분의 지질을 제거한 것으로, 근육 중의 유지 함량, 가공 및 저장 중 변색, 최종 제품의 품질, 저장 중 품질 변화 정도는 백색 어분보다 높고 갈색 어분보다는 낮다.

⑤ 기타 어분

기타 어분은 원료어에 따라 정어리 어분, 청어 어분, 대구류 어분 등으로 나뉘거나, 생산국에 따라 노르웨이 어분, 미국 어분 등으로 분류한다.

(3) 어분의 일반 성분

어분은 사용 원료나 제조방법에 따라서 다양한 종류의 제품이 생산되고 있으며, 품질이나 성분도 차이가 많다. 어분 품질이나 규격에 관계하는 주요 성분은 수분, 지질,

단백질, 무기질 등이다. 원료어의 종류에 따른 어분의 일반 성분 및 무기질 함량은 표 15-15에 정리하였다.

표 15-15 원료어의 종류에 따른 어분의 일반 성분 및 무기질 함량 비교

항목		검사 기준*	원료어(생산 국가)				
			명태 (일본)	가자미/잡어 (일본)	대구 (아이슬랜드)	청어 (노르웨이)	멸치 (페루)
일반 성분 (%)	수분	12 이하	11.8	12.1	9.0	9.7	8.5
	조지방	12 이하	6.9	5.0	2.8	7.0	5.8
	조단백질	50 이상	54.4	56.0	67.1	66.8	64.6
	회분	-	23.8	20.0	19.6	12.1	13.9
무기질 (mg%)	칼슘	-	7,660	5,950	5,970	1,950	4,470
	인	-	3,725	3,575	3,980	2,570	3,060
	철	-	76.8	88.2	68.5	31.7	30.3

*국립수산물품질관리원, 수산물·수산가공품 검사기준에 관한 고시, 2019

① **수분**

수분은 어분의 건조 정도를 나타내는 기준 성분이다. 수분 함량이 많아 건조가 적은 제품은 저장 중에 미생물이 발육하여 변질되고, 유효 성분이 감소하여 이취를 갖게 된다. 반대로 지나치게 건조한 제품은 외부로부터 습기를 흡수하여 문제가 된다. 일반적으로 어분의 적정 수분 함량은 5~12% 범위이다.

시판 어분의 수분 함량은 8.5~12.1% 범위이며, 이 중 백색 어분은 9.0~12.1% 범위, 갈색 어분은 8.5~9.7% 범위이다.

「수산물·수산가공품 검사기준에 관한 고시」(2019)에서 제시한 어분 및 그 밖의 어분(갑각류 껍질 등)의 수분 함량은 12% 이하이다.

② **지질**

지질은 압착 공정에서 충분히 제거되지 않고 어분 중에 많이 남으면 상대적으로 단백질의 함량이 낮아진다. 또한, 가공, 저장, 유통 과정에 산화되어 사료의 품질이 떨어진다. 따라서, 어분의 제조 공정 중 가능한 지질을 최대한 제거하여야 한다.

시판 어분의 지방 함량은 2.8~7.0% 범위이며, 이 중 백색 어분은 2.8~6.9% 범위, 갈

색 어분은 5.8~7.0% 범위이다.

「수산물·수산가공품 검사기준에 관한 고시」(2019)에서 제시한 어분 및 그 밖의 어분(갑각류 껍질 등)의 조지방 함량은 12% 이하이다.

③ **단백질**

어분의 단백질 함량은 가격을 결정하는 데 가장 중요한 요소로, 단백질 함량이 높을수록 가격이 높다. 비만어로 만든 어분일수록 단백질 함량이 높다.

시판 어분의 조단백질 함량은 54.4~67.1% 범위이며, 이 중 백색 어분은 54.4~67.1% 범위, 갈색 어분은 64.6~66.8% 범위이다.

「수산물·수산가공품 검사기준에 관한 고시」(2019)에서 제시한 어분 및 그 밖의 어분(갑각류 껍질 등)의 조단백질 함량이 35% 이상이고, 혼합 어분은 45% 이상, 일반 어분은 50% 이상이다.

④ **회분**

어분은 지질과 단백질의 공급원일 뿐만이 아니라 칼슘과 인을 비롯한 요오드, 아연, 철 등 무기질의 공급원이기도 하다. 어분의 회분 함량은 전 어체를 원료로 한 어분보다는 수산가공 부산물, 즉 잔사를 원료로 한 어분에서 높은데, 이는 어류 뼈의 주성분이 콜라겐과, 칼슘, 인을 주로 하는 무기질이기 때문이다.

시판 어분의 회분 함량은 12.1~23.8% 범위이며, 백색 어분은 19.0~23.8% 범위, 갈색 어분은 12.1~13.9% 범위이다.

「수산물·수산가공품 검사기준에 관한 고시」(2019)에서 제시한 어분의 회분 함량은 그 밖의 어분(갑각류 껍질 등)에 한정하여 30% 이하로 제시되어 있다.

⑤ **무기질 함량**

시판 어분의 무기질 함량은 칼슘이 1.95~7.66% 범위, 인은 2.57~3.98% 범위, 철은 30.3~88.2 mg% 범위이다.

(4) 검사기준

「수산물·수산가공품 검사기준에 관한 고시」(2019)에서 제시한 어분, 혼합 어분 및 그 밖의 어분(갑각류 껍질 등)에 대한 검사기준을 표 15-16에 나타내었다.

관능검사 항목은 분말, 냄새, 색택, 협잡물, 곰팡이 및 충해 등에 대하여 제시하고 있

표 15-16 어분, 혼합 어분 및 그 밖의 어분(갑각류 껍질 등)에 대한 검사기준

항목		합격		
		어분	혼합 어분	그 밖의 어분
관능	분말	입자가 고른 것	-	고르며 적당한 것
	냄새	암모니아취, 탄 냄새 등 이취가 심하지 않은 것	-	변패취가 없는 것
	색택	-	-	변색되지 아니한 것
	협잡물	거의 없는 것	-	거의 없는 것
	곰팡이	없는 것	-	-
	충해	없는 것	-	-
정밀	수분	12.0% 이하	-	12.0% 이하
	조단백질	50.0% 이상	45.0% 이상	35.0% 이상
	조지방	12.0% 이하	-	12.0% 이하
	회분	-	-	30.0% 이하
	염도	3.0% 이하	-	-
	토사	3.0% 이하	-	-

자료 : 국립수산물품질관리원. 수산물·수산가공품 검사기준에 관한 고시, 2019

고, 어분과 그 밖의 어분에서 채택하고 있다. 정밀검사 항목은 수분, 조단백질, 조지방 및 회분과 같은 일반 성분, 염도 및 토사 등에 대하여 제시되어 있고, 어분, 혼합 어분 및 그 밖의 어분에서 채택하고 있다.

(5) 어분의 사용

어분은 주로 가축이나 양식어의 사료로 사용하거나 비료로 사용되며, 일부 정제한 것은 가공식품의 원료로도 사용된다.

2) 어유

어유fish oil는 수산동물의 근육 및 기타 부산물(머리 부위, 껍질, 뼈 등)로부터 채유한 후 탈검, 탈산, 탈색, 탈취 및 윈터리제이션 등의 정제 공정을 거쳐 제조한 유지이다. 이때 어유를 짜낸 다음 건조하고 분쇄한 것이 바로 어분이다.

(1) 어유의 종류

어유는 수산동물의 근육 및 기타 수산가공 부산물에서 추출하여 제조하므로 추출 대상 수산동물의 종류, 즉 어류 전 어체, 수산가공 부산물(간) 및 수산 대형 동물에 따라 어체유, 간유, 해수유로 분류할 수 있다. 이들 각각의 특징은 표 15-17에 나타내었다.

표 15-17 어유의 종류 및 특성

추출유	특성
어체유	정어리, 고등어, 멸치 등과 같은 붉은살생선 전체에서 추출, 정제하여 얻은 어유
간유	대구, 명태 및 상어 등의 수산 부산물(간)로부터 추출, 정제하여 얻은 어유
해수유	고래나 물치 등과 같은 수산동물로부터 추출, 정제하여 얻은 어유

① 어체유

어체유의 지질 함량은 어종에 따라서 서로 다를 뿐만 아니라 동일 어종이라도 계절, 연령, 생식선의 숙성도, 영양 상태, 부위 등에 따라서도 크게 변동한다. 따라서, 어체유를 추출할 때는 원료 선정에 유의하여야 한다. 어체유는 고도불포화지방산을 많이 함유하고 있으며 산화되기 쉽고 특유의 어체유 냄새가 난다.

- 정어리유 : 정어리유 제조를 위한 채유는 자숙 추출법(자취법)을 주로 사용한다. 정어리유의 성상은 산지, 어기 등에 따라 다르다. 우리나라에서 생산하는 정어리유의 색깔은 황갈색이며, 고도불포화지방산을 많이 함유하고 있으므로 산화하여 불쾌한 냄새가 나기 쉽고, 요오드값이 높아서 건성도가 높다. 총지방산에 비하여 포화지방산의 함량도 총지방산의 24~26%이므로 건조피막의 성질은 그렇게 좋지 않다. 정어리유는 경화유, 도료용 건성유, 인쇄 잉크 등에 쓰인다.
- 청어유 : 청어유 제조를 위한 채유는 전 어체 또는 폐기물을 압착법으로 시행한다. 채유된 어유의 색깔은 담황색 내지 적갈색이며, 원료의 크기에 따라 청어유의 성상이 다르므로 다른 어유와 섞여 있으면 감정하기가 어렵다.

② 간유

대구, 명태, 상어 등의 간에서 채유한 기름을 간유라고 하며, 특히 비타민 A, 비타민 D를 많이 함유하는 간유는 비타민유라고 한다.

- 명태 간유 : 명태를 가공할 때 나오는 내장에서 간을 떼어 내어 채유 원료로 사용한다. 명태의 간을 소화 분해하여 원심분리한 후 불순물을 제거하고 알칼리 정제법으로 정제한다. 명태 간유는 비타민의 양을 조정하기 위하여 뱀장어 등 양식어 사료에 첨가한다.
- 상어 간유 : 심해에 서식하는 상어류는 간의 무게가 생선 체중의 17~27%를 차지하며 간의 25~80% 이상이 간유이다. 간유의 주성분은 스쿠알렌squalene이다. 스쿠알렌은 산화하기 힘들고 응고점이 -60~-65℃로 낮기 때문에 내한성 윤활제로 시계, 카메라, 컴퓨터 등의 정밀기계에 사용된다. 또한, 피부에 침투성과 퍼짐성이 좋아 화장품 원료로도 사용된다.

③ **해수유**

해수유는 고래와 같은 어체가 큰 수산동물로부터 추출·정제한 어유를 말한다. 해수어에는 큰고래유와 향유고래유가 있으며, 큰고래유는 수염고래로부터 채취하는 기름을 말한다. 고래유는 고래 껍질과 뼈를 잘게 절단하고, 자숙 가마솥에서 바닷물로 자숙하여 기름 부분을 분리, 정제하여 제조한다. 큰고래유의 용도는 어체유와 똑같지만, 향유고래유는 부동 윤활유의 제조에 이용된다.

(2) 어유의 제조

① **원료 구입**

원료는 정제 어유의 수율 및 품질을 고려하여 가능한 신선한 것을 구입하여야 한다. 원료는 정어리, 고등어, 전갱이와 같은 전 어체를 구입하는 경우도 있고, 수산가공 부산물을 구입하는 경우도 있으며, 오징어 내장, 다랑어 눈 주위 등과 같은 특정 부위를 원료로 사용하는 경우도 있다.

② **채유**

어류로부터 유지를 추출하기 위해서는 탈수와 동시에 유지를 분리시켜야 한다. 유지의 채유법으로는 예로부터 자숙 추출법(자취법), 건식 추출법(전취법), 압착법, 효소 소화법, 알칼리 소화법, 용매 추출법 등이 쓰이고 있다.

- 자숙 추출법(자취법) : 원료를 자숙하여 떠오르는 유지 부분을 채취하는 방법으로 자취법이라고도 한다. 어분을 제조할 때도 응용되는데 증자 및 압착하여 얻는 자

표 15-18 어유 채유법

채유법	방법	적용
자숙 추출법	• 원료를 자숙하여 떠오르는 유지 부분을 채취 • 자취법이라고도 함	어분에서 채유
건식 추출법	• 세절한 원료를 편평한 솥에서 직화로 가열 용출·분리하여 채취 • 전취법이라고도 함	축산동물에서 채유
압착법	• 압착 채유	식물유 채유
효소 소화법	• 잘게 분쇄한 원료에 물을 넣고 가열(50°C에서 3~4시간)한 다음 효소로 추출하여 채유	간유 채유
알칼리 소화법	• 원료에 물을 넣어 가온하고, 수산화나트륨(NaOH) 용액을 교반하면서 첨가한 다음 가열하여 조직을 용해, 추출하여 채취	간유 채유
용매 추출법	• 용제를 사용하여 유지를 추출하여 채유	어분 탈지

숙액으로부터 어유를 분리한다.

- 건식 추출법(전취법) : 세절한 원료를 편평한 솥에 넣고 직화로 가열하여 원료 중의 수분을 증발시키는 동시에 유지 부분을 융출, 분리시키는 방법이다. 떠 있는 유지는 별개의 용기에 빨아들여 취하고, 정치하여 고형분 등의 불순물을 침전시킨다. 이 방법은 축산 원료와 같이 지질 함량이 많은 소재에 채택되는데 수산물에서는 고래 껍질과 같은 특수한 원료에 사용된다.
- 압착법 : 주로 식물유 채취에 이용되는 방법으로, 가열해서 압착하는 온압법과 가열하지 않고 압착하여 채유하는 냉압법이 있다. 냉압법으로 채유한 것은 색이 연하고 품질은 좋으나 수율이 떨어지며, 온압법은 냉압법으로 채유한 것보다 품질은 떨어지지만 수율이 좋다. 이 때문에 냉압법은 식물유 추출에, 온압법은 어유 추출에 주로 이용한다. 온압법에 의한 어유 추출의 수율이 좋은 이유는 가열 처리함으로써 단백질이 응고되고 유지의 점도는 낮아져 쉽게 흘러내리기 때문이다.
- 효소 소화법 : 초퍼chopper로 잘게 분쇄한 원료를 가열조에 넣고 물을 가한 다음 가열(50℃에서 3~4시간)한다. 이때 오징어 내장은 자가소화로 분해되므로 그대로 하여도 되지만, 대구류 내장은 자가소화효소 활성이 낮아 상업적 효소를 사용하여야 한다. 이후 단백질의 가수분해로 조직이 용해하여 유지가 떠오르면 이를 원심분리하여 채유한다.

• 알칼리 소화법 : 지질 함량이 비교적 적거나 비타민 A와 비타민 D가 많은 간에서 기름을 채취하는 방법으로, 원료에 대하여 약 절반 정도의 물을 넣고 가온한 다음 원료의 1~3%에 해당하는 수산화나트륨NaOH 용액을 교반하면서 첨가한다. 이를 가열하여 조직을 용해시켜 어유 부분을 떠오르게 하는데, 이때 최상층 유지와 그 밑의 백색 유화유 부분을 채취하여 원심분리해서 조제유를 얻는다. 알칼리 소화법은 알칼리 정제도 동시에 실시되므로 유리지방산이 거의 함유되지 않은 어유를 얻을 수 있다.

• 용매 추출법 : 용제를 사용하여 유지를 추출하는 방법으로, 다른 채유법보다 채유율이 훨씬 높다. 수분이 많은 원료에는 이용하지 못하며, 수산동물의 경우에는 어분의 탈지, 또는 다른 방법으로 채유한 어분의 2차 탈지 등에 이용한다.

③ **정제**

채취한 어유는 조어유crude oil로 정제되지 않은 상태이므로 어유 외에 수분이나 고형물도 많이 함유하고 있어서 이대로 저장하면 유지는 착색되고 불쾌취가 나기 때문에 정제가 필요하다.

채취한 조어유는 정제를 위하여 가스 빼기, 탈검(밀납 빼기)degumming, 탈산deaciding, 탈색decoloring, 탈취deodorizing, 윈터리제이션 등의 공정을 거친다. 조제유는 정제에 의하여 검질, 유리지방산, 냄새물질, 색소 등이 제거된다.

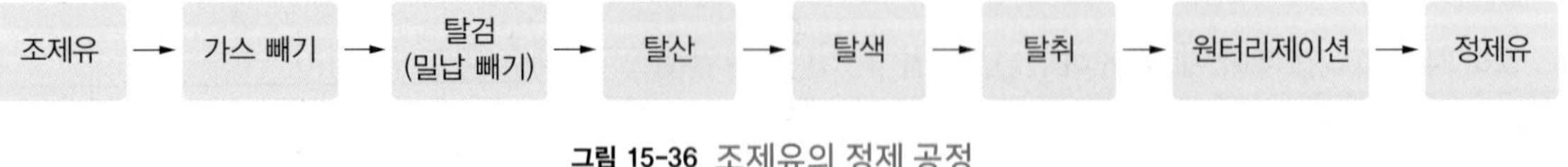

그림 15-36 조제유의 정제 공정

• 가스 빼기 : 채유한 조제유는 2~3%의 수분, 단백질 등의 불순물을 함유하고 있다. 증기관을 구비한 가스 빼기 용기조에서 60℃ 정도로 하룻밤 방치하고, 분리된 수분이나 가스를 제거한다.

• 탈검(밀납 빼기) : 가스 빼기한 조제유는 인지질, 지질단백질 일부, 점질물 등과 같은 검질을 포함하고 있으며, 이들 성분은 무수로 기름에 용해되지만, 수증기 등으로 처리하면 기름에 용해되지 않는다. 따라서, 탈검 공정은 조제유에 대하여 1.0~

1.3%의 물을 가하고 65~70℃로 가열한 다음, 정치 또는 원심분리하여 이들 검질을 제거하는 공정이다.

- 탈산 : 탈검 어유에는 소량의 유리지방산이 함유되어 있어 이를 제거하여야 한다. 탈검 어유를 60~70℃로 가온하고, 느리게 교반하면서 5~20% 수산화나트륨 용액을 샤워 상태로 처리하고 정치하면 지방산은 색소나 불순물을 흡착하여 암흑색의 나트륨염을 생성하고 침전한다. 이 침전물을 제거하고, 따뜻한 물로 반복하여 수세한 다음 원심분리기로 분리한다. 유리지방산을 제거한 탈산 어유는 탈검유에서 단백질이나 인지질이 제거되므로 담황색 액상의 기름을 얻을 수 있다.
- 탈색 : 유지 중의 색소는 탈산이나 탈취 공정 중에도 일부 제거되지만 충분하지 않으므로 흡착에 의하여 탈색하여야 한다. 탈산 어유의 색은 원료 자체에서 유래하는 것이 많으며 주로 카로테노이드계 색소의 영향을 받는다. 탈산 어유에 대해서 활성 백토를 0.5~2.0% 첨가하고 90~100℃에서 가열한 후 여과하여 탈색한다.
- 탈취 : 어유의 냄새는 어유에 남아 있는 암모니아, 트리메틸아민trimethylamine, 고도불포화지방산의 산화 분해 생산물, 비비누화물 등에서 유래한다. 이들 물질은 상압 또는 감압 하에서 유지 속에 과열 수증기를 통과시키면 제거된다. 탈취 처리는 고진공 하에서 고온으로 가열한 기름에 수증기를 취입하여 휘발성 성분을 수증기 증류로 유출시킨다. 이때의 처리 조건은 3~6 mmHg, 처리 온도 170~250℃, 수증기 사용량 3~5%이다.
- 윈터리제이션 : 포화지방산의 석출로 겨울에 흐려지는 것을 억제하기 위하여 처리하는 공정이다. 이 공정은 0~6℃에서 18시간 정도 방치하여 석출한 것을 저온에서 여과 및 원심분리하여 제거한다.

④ 포장 및 제품

정제된 어유는 불포화도가 높아 산화가 빠르게 이루어진다. 따라서 산화의 억제를 위한 산화방지제 처리는 물론이고, 용기와 포장재도 빛을 차단할 수 있도록 신경을 써야 한다.

(4) 검사기준

「수산물·수산가공품 검사기준에 관한 고시」(2019)에서 제시한 어간유, 어유에 대한

표 15-19 어간유, 어유에 대한 검사기준

항목		합격	시료	항목		합격	시료
관능검사	색택	투명하고 양호	어유/어간유	정밀검사	수분	1% 이하	어유/어간유
	취기	산패취 없는 것	어유/어간유		산가	2.0% 이하	어간유
						4.0% 이하	어유
					비타민 A 함량	8,000 IU/g	어간유

자료 : 국립수산물품질관리원, 수산물·수산가공품 검사기준에 관한 고시, 2019

검사 기준을 표 15-19에 나타내었다. 「수산물·수산가공품 검사기준에 관한 고시」에서 제시한 어간유, 어유의 관능검사 항목은 색택 및 취기이고, 정밀검사 항목은 수분, 산가 및 비타민 A 함량이다.

(5) 어유의 이용

① 식용 및 의약용

식용하는 어유는 상온에서는 액체이지만, 이중결합에 수소가 첨가되어 포화에 가까워지면 고체로 되는 성질을 이용하여 경화유로 만든다. 마가린margarine이나 쇼트닝shortening, 계면활성제 등에 쓰인다. 대구 간유 등은 비타민 A, 비타민 D의 공급원으로서 의약용으로 이용된다.

② 공업용으로 이용

오징어 내장유 등은 대표적인 건성유이므로 도료 소재로, 경화유로 만들어 비누 소재로, 상어 간유에 함유되어 있는 탄화수소인 스쿠알렌에 수소를 첨가하여 내한성 윤활유로, 향유고래유에서 얻은 올레산 에스테르를 에폭시epoxy화한 것은 염화비닐의 가소제로서 우수한 성상을 지니므로 농업용 염화비닐필름이나 전선 피복용 비닐에 사용된다.

3) 피시 솔루블

피시 솔루블fish soluble은 참치 통조림의 가공 공정이나 어분 가공 공정 중에 발생하는 부산물인 자숙 액상물에서 고형물과 유지를 제거하고 농축한 것이다.

(1) 일반 제조법

피시 솔루블은 어분이나 자건품을 제조할 때 생기는 압착액이나 자숙액을 농축한 제품과, 수산가공 부산물인 내장이나 가공 잔사, 가공에 적합하지 않은 소형 잡어 등을 자가소화시켜서 만든 액즙을 농축한 제품이 있다. 후자인 액즙을 농축한 피시 솔루블은 원료의 소화, 분리, 농축의 세 공정을 거쳐 제조된다.

① **원료의 소화**

오징어의 간, 어류 내장, 잡어 등을 소화조에 넣고 45~50℃에서 2~3시간 정도 소화 분해한다. 원료 자체의 단백질 분해효소가 약한 경우에는 세균으로 조제한 단백질 분해효소제를 첨가하는 경우도 있다. 효소 소화가 종료된 후에는 효소의 실활을 위해 80℃ 이상에서 가열 처리한다.

② **분리**

소화액에서 고형물을 분리하는 데에는 고체 액체 분리기를 사용한다. 고형물을 제거한 분리액은 원심분리기로 유지 및 미량 고형물을 제거한다.

③ **농축**

단백질 소화액을 농축기에 넣어 조단백질 35% 이상, 수분 50% 이하가 될 때까지 연속적으로 농축한다. 농축에는 일반적으로 진공 증발관을 사용한다.

(2) 피시 솔루블의 가공 중 질소 성분 변화

고등어 내장 1,400 kg, 참치 내장 200 kg, 잡어 1,600 kg을 사용하여 앞에서 언급한 공정대로 제조한 피시 솔루블의 제조 과정 중 질소 성분의 변화를 표 15-20에 나타내었다.

표 15-20 피시 솔루블의 제조 과정 중 질소 성분의 변화*

질소 성분	전처리	제1소화	제2소화	농축물
	30℃, 15분	45~47℃, 85분	55~56℃, 90분	농축물
총질소	2.14	2.14	2.17	6.19
단백질 질소	0.72	0.54	0.43	0.61
비단백 질소	1.42	1.60	1.74	5.58
아미노 질소	0.313	0.339	0.472	2.27

*고등어 내장 1,400 kg, 참치 내장 200 kg, 잡어 1,600 kg을 이용한 피시 솔루블의 제조

피시 솔루블 제조 중 질소 성분은 전처리에서 소화물 단계로 갈수록 총질소는 변화가 없으며, 단백질 질소는 감소 경향을 보이는 반면에 맛 성분인 비단백 질소와 아미노 질소는 증가 경향을 나타낸다. 소화물에서 농축물로 전환됨으로써 질소 성분 함량은 총질소, 단백질 질소, 비단백질 질소 및 아미노 질소 등 질소의 종류에 관계없이 모두 증가하는 경향을 보인다.

(3) 품질과 이용

① **품질**

피시 솔루블의 영양 성분은 펩타이드, 아미노산, 비타민류이지만, 이들은 원료나 제법에 따라 조성에 차이가 크다.

② **이용**

피시 솔루블은 식용할 경우 조미료 생산 등에 쓰이고, 어분의 경우는 압착박에 첨가하여 환원 어분 생산 등에 이용된다.

단원정리

1 부산물이란 주산물의 생산 과정에서 더불어 생기는 산물이다. 따라서, 수산가공 부산물은 수산가공품을 생산하는 과정에서 생산되는 주산물인 수산가공품을 제외한, 나머지 파생 산물 모두를 가리킨다.

2 수산 부산물의 특성은 발생량이 많아 유용 수산 재자원으로, 유용 성분이 다량 함유되어 있으며 선도 저하가 빠르게 진행된다는 것이다. 또 유해물질도 다량 함유되어 있다.

3 수산가공 부산물로는 전처리 과정에서 피시 프레임으로부터 어류 근육과 힘줄(건, tendon), 어류 뼈 등이 분리되고, 껍질류(어류 껍질, 갑각류 갑각, 패각, 성게 껍질, 멍게 껍질 등과 지느러미, 비늘), 머리(어류 머리, 갑각류 머리)와 내장(어류 내장, 해삼 내장, 전복 내장 등), 생식소(명란, 대구 알, 성게 알, 숭어 알, 연어 알 등), 기타 두족류 관련 조직(오징어 갑, 연골 등), 어류 혈액, 어류와 패류의 자숙액 등이 발생한다.

4 수산가공 부산물이 함유하고 있는 기능성 성분은 다음과 같다.

- 어류 껍질, 비늘, 뼈 등 : 콜라겐, 젤라틴, 젤라틴 펩타이드, 글루코사민 등
- 패류 및 두족류의 자숙수 등 : 타우린, GABA(γ-aminobutyric acid) 등
- 어류 혈액 : 헴철 등
- 어류뼈, 오징어 갑각 : 칼슘 등
- 어류 및 오징어 내장, 다랑어 눈 주위 : EPA와 DHA 같은 오메가-3 지방산 등
- 어류 간 : 간유, 스쾰렌 등
- 갑각류 껍질 : 키틴, 키토산, 키토산 유도체 등
- 어류 연골 : 콘드로이틴황산 등
- 해조 부산물 : 해조 다당류 등
- 붉은살생선 : 핵산 등
- 미세조류 : 클로렐라 등
- 오징어 : 오징어 먹물 추출 소재 등
- 붉은살생선의 자숙수 및 붉은살 : 앤서린, 카노신 등

5 수산가공 부산물은 건강기능식품의 추출 소재 외에 식용 소재로 사용되는데 피시 프레임(fish frame)에서 추출한 근육은 근육 증량제로, 생식소는 젓갈로, 머리 및 기타 자숙액 등은 조미료 등으로 이용 및 가공된다.

6 수산가공 부산물이 비식용 소재로 이용되는 것으로는 어분(fish meal), 어유(fish oil) 및 피시 솔루블(fish soluble) 등이 있다.

연습문제

1 **수산가공 부산물과 주요 기능성 성분이 올바르게 연결되지 않은 것은?**

① 어류 껍질 – 콜라겐 ② 어류 뼈 – 헴철
③ 새우 껍질, 게 껍질 – 키틴 ④ 굴 패각 – 칼슘

2 **굴 통조림을 제조할 때 탈각 공정에서 분리되는 굴 자숙액으로 제조되는 것은?**

① 조미료 ② 키토산
③ 콜라겐 ④ 콘드로이틴황산

3 **어분의 제조 공정으로 올바른 것은 ?**

① 건조 – 분쇄 – 증자 – 압착 ② 압착 – 증자 – 건조 – 분쇄
③ 증자 – 압착 – 건조 – 분쇄 ④ 분쇄 – 건조 – 증자 – 압착

4 **어유 제조 중 원료를 자숙하여 떠오르는 유지 부분을 채유하는 방법은?**

① 용매 추출법 ② 건식 추출법
③ 압착법 ④ 자숙 추출법

5 **어유의 정제 공정으로 올바른 것은?**

① 조제유 → 가스 빼기 → 탈검 → 탈산 → 탈색 → 탈취 → 원터리제이션 → 정제유
② 조제유 → 가스 빼기 → 탈산 → 탈색 → 탈취 → 탈검 → 원터리제이션 → 정제유
③ 조제유 → 탈산 → 탈색 → 가스 빼기 → 탈검 → 탈취 → 원터리제이션 → 정제유
④ 조제유 → 가스 빼기 → 원터리제이션 → 탈검 → 탈산 → 탈색 → 탈취 → 정제유

6 **감마아미노부티르산(γ-aminobutyric acid)의 전구물질로 올바른 것은?**

① 콜라겐 ② 글루탐산
③ 타우린 ④ 키틴

정답 **1** ② **2** ① **3** ③ **4** ④ **5** ① **6** ②

참고문헌

강인수, 김정숙, 성태수, 조득문, 조효찬 (1997). **현대식품화학**. 지구문화사.

김정상, 강남주, 남주옥, 이성준, 정우식 (2020). **생각이 필요한 영양화학**. 수학사.

김진수 (2003). **식품냉동냉장학**. 도서출판 효일.

김진수, 김혜숙, 허민수 (2006). **현대식품학**. 도서출판 효일.

김진수, 염동민, 강한규, 김인수, 공청식, 이태기, 허민수 (2005). **통조림 식품의 기초와 응용**. 도서출판 효일.

김진수, 허민수, 김혜숙, 하진환 (2007). **수산가공학의 기초와 응용**. 도서출판 효일.

경상북도교육청 (2014). **고등학교 수산가공**. 한글그라픽스.

구재근 (2011). **수산식품화학**. 바이오사이언스출판.

국립수산과학원 (2009). **한국 수산물 성분표.** 한글그라픽스.

냉동물제조수산업협동조합 (1995). **냉동식품의 이론과 실제**. 유림출판사.

노봉수, 김석진, 장판식, 이현규, 박원종, 송경빈, 이희섭, 이수복, 황금택, 민세철, 심재훈 (2015). **실무를 위한 식품가공저장학**. 수학사.

박영호, 장동석, 김선봉 (1995). **수산가공이용학**. 형설출판사.

박희열 (1988). **수산가공학**. 수학사.

박희열, 조영제, 오광수, 구재근, 이남걸 (2000). **응용수산가공학**. 수협문화사.

변유량, 권윤중, 김명환, 김병용, 박지용, 이동선, 이신영, 이준호, 이현용, 임종환, 조형용, 최용희, 황재관 (2014). **식품공학**. 제2개정판, 지구문화사.

손광태, 심길보, 임치원, 윤나영, 서정화, 정삼근, 정우영, 조영제 (2014). 굴(*Crassotrea gigas*)의 선도에 따른 pH, 글리코겐, 가용성단백질, 탁도와의 상관관계. **한국수산과학회지**.

손태화, 성종환, 강우원, 문광덕 (1997). **식품가공학**. 형설출판사.

이배진 (2009). 전통발효식품으로부터 GABA 생성 유산균의 분리 및 이를 이용한 다시마로부터 천연 GABA의 생성. 석사학위논문. 경상대학교.

이응호, 손태화, 박정룡, 우상규, 이만정 (1981). **식품가공 및 저장**. 동명사.

Kim SK. (2014). *Seafood Processing By-products.* Springer.

Brennan JG, Butters JR, Cowell ND and Lilly AEV. (1976). ***Food Engineering Operations.*** 2nd edition. Applied Science Publishers.

Deman JM. (1980). ***Principle of Food Chemistry.*** The AVI Publishing Company, Inc.

Hall GM. (1997). ***Fish Processing Technology.*** 2nd edition. Blackie Academic & Professional.

Lee CM and Lanier TC. (1992). ***Surimi Technology.*** Marcel Dekker, Inc.

Martin AM. (1994). ***Fisheries Processing.*** Chapman & Hall.

Nollet LML and Toldrā F. (2010). ***Handbook of Seafood and Seafood Products Analysis.*** CRC Press.

Park JW. (2014). ***Surimi and Surimi Seafood.*** 3rd edition. CRC Press.

Shahidi F. (2006). ***Maximising the Value of Marine By-products.*** Woodhead Publishing Ltd.

Schrrieber R and Gareis H. (2007). ***Gelatin Handbook.*** Wiley-VCH Verlag GmbH & Co.

Seymour S. Block. (1983). ***Disinfection, Sterilization and Preservation.*** Lea & Febiger.

Sikirski ZE, Pan BS and Shahidi F. (1994). ***Seafood Proteins.*** Chapman & Hall.

The Food Processors Institute. (1989). ***Canned Foods.*** 5th edition. The Food Processors Institute.

기타 자료

국가기술표준원 (2020). e나라표준인증. 참치 기름담금 통조림(KS H 6015) (https://standard.go.kr)

국립수산과학원 수산생명자원정보센터 (2021). 생물종정보 (http://www.nifs.go.kr)

국립수산물품질관리원 (2019). 수산물·수산가공품 검사기준에 관한 고시 (https://nfqs.go.kr)

국제식품규격위원회(CODEX Alimentarius International Food Standards) (2021). Codex texts standards (http://www.fao.org/fao-who-codexalimentarius/codex-texts/list-standards/en/)

미국 식품의약국(FDA) (2021). *Fish and fishery products hazards and controls guidance 4th Edition* (https://www.fda.gov/food)

식품의약품안전처 (2021). 식품공전 (https://www.foodsafetykorea.go.kr)

식품의약품안전처 (2021). 식품첨가물공전 (https://www.foodsafetykorea.go.kr)

식품의약품안전처 (2019). 냉동식품 택배 가이드 (https://www.mfds.go.kr)

식품의약품안전처 (2017). 생선 안전섭취 가이드(임신·수유 여성과 어린이 대상으로) (https://www.mfds.go.kr)

식품의약품안전처 (2016). 숙성젓갈 유충 발생 예방 등 젓갈 단계별 위생적 관리 지침 (https://www.mfds.go.kr)

식품의약품안전처 (2016). 「식품의 기준 및 규격」에서 정하는 가공식품이란?, 가공식품 해당여부 판단 매뉴얼 (https://mfds.go.kr)

식품의약품안전처 (2013). 젓갈류 위생관리 지침서 (https://www.mfds.go.kr)

일본 후생노동성(Japan Ministry of Health, Labour and Welfare) (2021). Food safety information (https://www.mhlw.go.jp/english/topics/foodsafety/)

한국영양학회 (2020). 한국인 영양소 섭취기준 (http://www.kns.or.kr)

호주/뉴질랜드 식품규격(Food Standards Australia New Zealand) (2021). Food Standards Code (https://www.foodstandards.gov.au/Pages/default.aspx)

Government of Canada (2021). *Health Canada's maximum levels for chemical contaminants in foods* (https://www.canada.ca/en.html)

찾아보기

ㄷ

ㄹ

ㅁ

ㅇ

ㅈ

ㅍ

ㅎ

저자 소개

김진수 부경대학교 식품공학과 학사
부경대학교 식품공학과 대학원 석사, 박사
현재 경상대학교 해양식품공학과 교수
경상대학교 수산식품산업화 기술지원센터 센터장

주요 저서
『신판 식품냉동기술』『약용어류』『고등학교 수산가공』『수산과학기술용어집』『건강한 수산물 밥상』『한국의 주요 수산가공품 편람 101선』『Maximising the value of marine by-products』『Advances on Seafood Processing By-Product: Trends and Applications』『Surimi and Surimi Seafood, 3rd edition』 등

강상인 경상대학교 해양식품공학과 학사
경상대학교 해양식품공학과 대학원 석사
경상대학교 해양식품공학과 대학원 박사수료
현재 경상대학교 수산식품산업화 기술지원센터 연구원

주요 저서
『한국의 주요 수산가공품 편람 101선』

실무를 위한 **수산가공학**

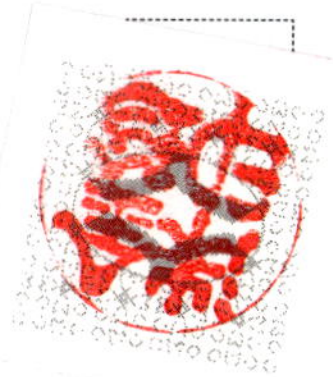

2023년 8월 10일　초판 2쇄 발행
2021년 2월 25일　초판 1쇄 발행

지은이　김진수 · 강상인

발행인　이 영 호
발행처　**수 학 사**
10881 경기도 파주시 회동길 56 기한재 1층
출판등록　1953년 7월 23일 제2020-000143호
전화번호　031) 946-4642(代)　팩스 031) 944-1457
http://www.soohaksa.co.kr
디자인　북큐브

정가 30,000원

ISBN 978-89-7140-733-2 93570